中国气象局气象干部培训学院
基层台站气象业务系列培训教材

U0814477

台站气象装备保障

主　编　胡　雯

气象出版社
China Meteorological Press

内容简介

本书介绍了基层气象台站常用气象装备的基本结构和工作原理，台站气象装备保障技术人员开展气象装备安装、维护、运行监控、故障维修、现场校准和数据质量控制等所需的专业知识和业务技能。

全书分8章。第1章介绍了气象装备保障的概念、业务范畴、发展特点和趋势，台站气象装备保障的主要任务和新要求；第2章介绍了气压、空气温度和湿度、风向风速、降水、蒸发、日照、地温、雪深、雪压、冻土、电线积冰等地面人工观测仪器的原理、结构、日常维护和维修知识；第3章介绍了新型自动气象站及其他自动气象站的基本原理、结构、设备安装、日常维护和故障维修知识，以及场室建设、软件管理、备件管理、仪器检定知识；第4章介绍了L波段雷达结构、原理、安装、维护和维修知识；第5章介绍了新一代天气雷达结构、原理、维护和常见故障维修知识；第6章介绍了雷电观测系统、自动土壤水分观测系统、GPS/MET、酸雨观测系统的结构、原理、日常维护和常用维修知识；第7章介绍了通信网络、新一代气象数据卫星广播系统、视频会商系统、Notes邮件系统的日常维护和常见故障处理知识，以及信息安全知识，第8章介绍了计算机、打印机、供电系统和防雷等公用装备保障知识。附录部分分别介绍了电工电子基本知识和基本操作技能，自动气象站连线图和地面气象观测规范化建设范例。

本书可作为基层台站气象装备保障人员岗位培训的教材，也可作为综合气象观测业务技术人员、业务管理人员的参考用书。

图书在版编目(CIP)数据

台站气象装备保障/胡雯主编. —北京：气象出版社，2013.5（2022.8重印）
ISBN 978-7-5029-5715-5

Ⅰ.①台… Ⅱ.①胡… Ⅲ.①气象台-气象观测-设备
Ⅳ.①P414

中国版本图书馆CIP数据核字(2013)第104846号

台站气象装备保障
胡　雯　主编

出版发行：气象出版社
地　　址：北京市海淀区中关村南大街46号　　**邮政编码**：100081
电　　话：010-68407112（总编室）　010-68408042（发行部）
网　　址：http://www.qxcbs.com　　**E-mail**：qxcbs@cma.gov.cn
责任编辑：林雨晨　　**终　　审**：汪勤模
封面设计：燕　彤　　**责任技编**：吴庭芳
印　　刷：北京中石油彩色印刷有限责任公司
开　　本：787 mm×1092 mm　1/16　　**印　　张**：35.75
字　　数：915千字
版　　次：2013年5月第1版　　**印　　次**：2022年8月第5次印刷
定　　价：128.00元

《基层台站气象业务系列培训教材》编写委员会成员

主　任　高学浩

副主任　姚学祥　肖子牛

委　员（按姓氏笔画排列）

马舒庆　王　强　邓北胜　孙　涵　成秀虎

余康元　张义军　李集明　陈云峰　郑江平

俞小鼎　姜海如　胡丽云　赵国强　曹晓钟

章国材　章澄昌

编写委员会办公室成员

主　任　邹立尧

副主任　刘莉红　申耀新

成　员（按姓氏笔画排列）

马旭玲　刘晓玲　孙　钢　张　斌　李玉玲

李余粮　李志强　侯锦芳　胡宜昌　胡贵华

赵亚南　高　婕　黄世银　彭　茹　韩　飞

《台站气象装备保障》编写人员

主　　编　胡　雯

副 主 编　马　红　汪腊宝　赵宝义

编　　委：吴奇生　陈汝龙　姚鹏义

胡　禹　范裕祥　孙小东

总　序

《国务院关于加快气象事业发展的若干意见》(国发〔2006〕3 号)提出,要按照“一流装备、一流技术、一流人才、一流台站”的要求,以增强防灾减灾能力、保护人民群众生命财产安全以及满足气候变化国家应对需求为核心,为构建社会主义和谐社会、全面建设小康社会提供一流的气象服务,实现全社会气象事业的协调发展。

基层气象台站是气象工作的基础。中国气象局党组历来高度重视基层气象台站的建设,并始终将其摆在全局工作的重要位置,特别是进入新世纪以来,中国气象局党组强化领导,科学规划,大力推进,不断完善利于基层气象台站发展的政策措施,不断改善基层气象台站的发展环境,不断加大对基层气象台站发展的投入力度,基层气象台站建设取得了明显成效。例如,气象现代化装备和技术在基层气象台站得到广泛应用,气象观测能力显著提高,气象服务能力和效益显著提高,气象队伍素质显著提高,台站工作生活环境和条件显著提高,在保障地方经济社会发展中作用显著提高,地方党委、政府对气象工作的认识也显著提高。可以说,基层气象台站发展面临的形势和机遇前所未有,挑战和任务也前所未有。与经济社会发展对气象预报服务越来越多的需求相比,基层气象台站的气象预报服务能力和水平还难以适应,差距较大,特别是气象服务能力和气象队伍整体素质不适应的问题越来越突出。为此,中国气象局从 2009 年起开展了全国气象部门县级气象局长的轮训,力图使他们通过培训,能够以创新的思维和求真务实的作风,破解基层气象台站建设与发展中遇到的难题,这样轮训的实际效果超出了预期。

做好基层气象工作,推进一流台站建设,既要有一支政治素质和业务素质高的领导干部队伍,也要有一支踏实肯干、敬业爱岗、业务素质高的气象业务服务队伍,这是新时期加强基层气象工作、夯实气象事业发展基础的必然要求。为此,中国气象局气象干部培训学院组织有关教师和业务一线专家,从基层气象台站实际出发,以建设现代气象业务和一流台站的要求为目标,编写了《基层台站气象业务系列培训教材》。这套教材涵盖了地、县级气象业务服务工作领域，体现“面向生产、面向民生、面向决策”的气象服务要求。我相信，这套教材的编写、出版，将会受到广大基层气象台站工作者的广泛欢迎。我希望，各地气象部门要充分利用好这套教材，通过面授、远程培训等方式，做好基层气象工作者的学习培训工作。我也借此机会，向为这套教材的编写、出版付出努力的专家学者和编辑人员表示衷心的感谢。

郑国光

2010 年 12 月于北京

丛书前言

基层气象工作是整个气象工作的基础，是发展现代气象业务的重要基石。抓基层、打基础是建设中国特色气象事业、实现“四个一流”建设目标的重要任务。基层气象台站承担着繁重的气象业务、服务和管理任务，是气象科技转化成防灾减灾效益的前沿阵地。

全国气象部门现有 2435 个县级基层台站、14050 个乡村信息服务站，36％的在编职工、45％的编外人员和 37.5 万气象信息员工作在基层，努力提高基层人才队伍综合素质是当前和今后一段时期气象教育培训面临的一项重要而紧迫的任务。为了全面开展面向基层台站人员的培训工作，加快提高基层台站人员的总体素质，我们根据现代气象业务体系建设对基层气象台站业务服务和管理的总体要求，组织编写了《基层台站气象业务系列培训教材》。

这套教材立足于为基层职工奠定扎实的气象业务理论基础和技术基础，全面提升基层职工岗位业务能力，内容涵盖了地、县级气象业务的主要领域，包括综合观测、分析预测、应用气象、气候变化、气象服务、人工影响天气、雷电灾害防御、信息技术、装备保障、综合管理和气象科普等。教材的编写遵循针对性、实用性、先进性和扩展性的原则，尽可能为基层气象台站人员的学习或省级培训机构培训提供一套实用的系列培训参考教材。

《基层台站气象业务系列培训教材》共分 16 册，分别是《地面气象观测》、《高空气象观测》、《天气雷达探测与应用》、《卫星遥感应用》、《天气预报技术与方法》、《雷电防护技术及其应用》、《人工影响天气技术与管理》、《农业气象业务》、《气候与气候变化基础知识》、《气候影响评价》、《气象灾害风险评估与区划》、《风能太阳能开发利用》、《基层台站气象服务》、《气象台站信息技术应用》、《台站气象装备保障》和《县级气象局综合管理》。这套系列培训教材计划用两年左右时间完成，并将随着现代气象业务技术的不断发展随时进行修订和补充。

这套系列教材的编写凝聚了多方的智慧，各省级气象部门、相关高等院校及气象行业的专家、学者以及众多气象部门的领导参加了该套教材的编写与审定工作,《基层台站气象业务系列培训教材》编委会办公室做了大量细致的组织工作,在此,我对他们为此付出的辛勤劳动表示衷心的感谢。由于开展这项工作尚属首次,难免存在不尽如人意之处,诚挚地欢迎大家提出宝贵意见!

高学浩
2010 年 12 月于北京

前 言

气象装备保障是综合气象观测的基础，是保持和提高气象装备能力和效率、保证各类气象数据准确、可靠的基础性工作。

随着气象现代化的快速发展，计算机、通信网络设备的迅速普及，大量自动化遥感遥测设备陆续在基层台站投入业务运行，观测任务和内容越来越多，技术手段越来越丰富。基层台站气象装备保障，在早期日常维护、备件管理和故障简单维修基础上，新增了运行监控、质量控制、仪器标校等内容，从以人工观测仪器维护为主向为自动化气象装备提供保障发展，从单纯的保障仪器向保障气象资料质量发展，并对可能影响资料质量的采集、处理、传输、存储、分发、共享等各环节提供保障。

为适应基层台站气象装备保障发展形势，促进各类气象装备建设效益进一步发挥，气象装备保障人员需要了解气象装备的结构和原理，增强气象装备安装、维护、运行监控、故障维修、现场校准和数据质量控制的业务知识和技能，保证气象装备的稳定运行和数据可靠，最大限度地为综合观测、预测预报、气象服务和气象科研提供及时准确的数据。

本书围绕地面气象人工观测仪器、自动气象站、L 波段测风雷达、新一代天气雷达、闪电定位仪、自动土壤水分观测仪、GPS/MET、酸雨观测系统、通信网络、新一代气象数据卫星广播系统、视频会商系统、Notes 邮件系统，以及计算机、打印机、供电系统、防雷装置等基层台站常用装备，较全面地介绍了各类气象装备的应用、维护和维修知识，电工电子基本知识、基本操作技能和规范化建设范例等，以方便气象装备保障人员、观测业务技术人员和管理人员参考和使用。

本书的编写得到了中国气象局综合观测司、气象探测中心、气象干部培训学院的大力支持和帮助，广东省气象局、相关气象仪器厂家及安徽省气象局部分台站一线业务人员为相关章节提供了素材，在此一并表示感谢。

由于作者的能力和水平，本书难免出现错误、疏漏和不当之处，敬请批评指正。

编者

2012 年 11 月

目　录

第1章 绪论

内容提要

学习《台站气象装备保障》主要是了解台站常用气象装备的基本结构和工作原理，掌握台站气象装备的安装、维护、运行监控、故障维修、现场校准和数据质量控制等知识和技能。本章阐述了气象装备保障概念、业务范畴、发展特点和趋势，台站气象装备保障的主要任务和新要求，台站气象装备保障课程的作用与任务、学习要求和方法。

1.1 气象装备保障的概念与业务范畴

1.1.1 气象装备保障的概念

气象装备是气象信息采集、传输、处理、加工等的重要工具，是气象基本业务系统的物质基础。保障通常是指为完成各种任务而采取的各项保证性措施与相应活动的统称。气象装备保障就是气象部门为使各类气象装备可靠运行，顺利完成气象信息采集、传输、处理和加工而采取的各项保证性措施与相应活动的统称。气象装备保障为了满足气象装备稳定高效运行和业务质量不断提高的需要，逐步从单纯的保障仪器向保障气象观测资料质量发展，并对可能影响资料质量的采集、处理、传输、存储、分发、共享等各环节进行保障。气象装备保障通常包括以下几个有机组成部分：

(1)保障人员：实施气象装备保障的主体，按层级可分为国家级、省级、市级、台站级和生产厂家；按隶属关系可分为气象装备保障专职人员、外聘人员、气象信息员和其他具有相应技术或资质的人员等。气象装备保障人员素质的高低直接关系到气象装备保障的总体水平，是气象装备保障诸要素中最为重要的一个。

(2)保障工具：用于维修保障的仪器、仪表、设备等，主要包括用于维护、维修保障的各种配套设备，各种检定、标校、校准、测试、测量、诊断仪器设备与工具。保障工具同气象装备一样，集中反映了气象部门科技水平和技术能力，是衡量气象装备保障能力高低的主要标志之一。

(3)保障器材：气象装备使用与维修中所需的备件与消耗品，是装备保障的物质基础。合理确定备件与耗材的计划、购置、储存、供应以及实现备件与耗材的标准化、通用化和互换性，对提高气象装备保障的总体水平至关重要。

(4)保障设施：使用、维修、检定、考核、测试和储存气象装备所需的永久和半永久性的建

(构)筑物、户外场地及其有关设备,如备件仓库、维修室、检定室、考核场地等。建设设备配套齐全、布局合理的装备保障设施是做好装备保障工作的必要基础。

(5)保障信息:与气象装备运行和保障活动有关的各种资料和状态信息,包括气象装备的技术性能、环境信息、运行状态、消耗情况及装备保障预案等。随着现代气象业务的发展,保障信息在气象装备保障活动中的地位、作用日趋突出,保障信息的内容及采集、传输、处理方式等均在不断变化,及时、准确、完整地收集、传输、处理装备保障信息,成为提高装备保障效能、发挥装备效益的重要条件。

(6)保障体制:气象装备保障的组织体系、机构设置、职责划分以及规章制度等的总称。保障人员、保障工具、保障器材等构成了气象装备保障的“硬件”,保障体制则相当于“软件”,只有“硬件”和“软件”同时发生作用,才能形成高效有力的气象装备保障能力。

1.1.2 气象装备保障的业务范畴

气象装备保障的业务范畴包括物资供应、运行监控、日常维护、故障维修、计量检定、质量控制和应急保障等内容,具体是指:开展器材和备件的购置、储备和供给;开展气象装备运行情况的监控;实施气象装备的管理和维修;开展气象装备量值传递和溯源;实施气象观测数据的质量控制和信息反馈等。

(1)物资供应。包括组织实施气象装备、备件和耗材的筹措、供应、储备和运输,以及装备的领用、更换和报废。20世纪50年代初,气象部门开始建设气象装备物资供应系统,初期,以接收国民政府遗留下来的国外生产的技术装备、使用国外进口气象仪器为主。随后,组织开展地面和高空气象探测仪器的引进、消化、吸收、仿制和研发,陆续建立自己的气象仪器专业工厂,专业从事气象仪器的生产并逐步发展形成规模,满足了国内对气象仪器的需要。60年代初,气象装备的生产和分配纳入了计划管理的渠道,按照“统一计划、分级管理”的原则,在国家气象局的统一供应计划下,实行国家、省两级管理。1990年,制定了《气象装备供应管理办法》,省级气象部门实行“核定指标、计价供应”的办法,保证了集中统一供应管理。随后,气象部门分年度对国家和省级气象装备仓库进行改造,使气象装备物资供应系统基本完善,并将常用备件及耗材储备到地、县级,扩展了物资供应的渠道,对提高气象装备保障效率发挥了积极作用。

(2)计量检定。为评定气象装备的性能(精确度、稳定性、灵敏度等),并确定或证实其技术性能是否合格所进行的全部工作。气象计量检定业务于20世纪50年代开始建立,经过不断发展,建成了国家、省两级气象计量标准传递网,配备了标准器和检定设备。90年代开始,气象部门进一步改造气象计量检定设备,提高计量检定设备的自动化程度和精度,计量检定系统的功能进一步得到增强。目前,省级气象部门普遍建成了大气压力标准、空气温度标准、空气湿度标准、空气流速标准、雨量标准、酸度标准等,建立了省级气象计量检定自动化业务系统,并积极推进省、地级移动气象计量系统建设。

(3)日常维护。通过气象装备的安装、清洁、技术检查、更换等,保证气象装备处于正确的运行状态。日常维护与气象台站建立和各类气象装备使用同时出现。各类气象观测规范对气象装备的安装使用和日常维护提出了明确技术要求,日常维护知识也是对大多数气象观测业务人员的基本素质要求。

(4)运行监控。运用计算机和通信网络技术建立气象装备保障信息管理系统,及时、准确、完整和连续地收集各类气象装备保障信息并进行分析判断，为装备维护、维修和更新提供支撑，为气象装备保障决策、管理提供科学依据。早期的气象装备管理以人工方式为主，随着气象装备数量不断增加和信息技术的广泛应用，为提高气象装备管理效率，本世纪初，装备保障信息系统建设在各省级气象部门陆续开展，并逐步形成以装备基本信息和运行监控为主要内容的信息化管理手段。2003年，运行监控被中国气象局作为一项重要工作确定下来并开始组织总体规划、设计和建设。目前，已形成了以国家级综合气象观测系统运行监控平台（ASOM）为主，省级装备运行、数据传输监控平台为辅，台站观测业务系统监控为补充的监控内容广泛、功能相对完整的运行监控业务。

(5)故障维修。快速、优质、低耗、安全地组织实施气象装备的维修、修复，迅速恢复气象装备的技术性能，保证气象装备的持续稳定可靠运行。早期的气象装备数量少、结构相对简单，故障维修工作未成体系。随着气象装备规模的扩大、探测技术的进步，原有的故障维修模式难以满足要求，20世纪90年代开始，故障维修作为一个独立的系统开始进行建设，建立了层次清楚、各有侧重的国家、省两级管理，国家、省、地三级维修的气象装备维修管理、技术服务系统。目前，伴随着自动气象站建设数量的不断增加，逐步建立起国家、省、地三级管理，国家、省、地和县四级维修的业务布局。

(6)质量控制。通过各种技术手段，确定正确记录，找出缺测记录、错误记录、可疑记录，并且对这些记录做出标识或使用尽可能准确的值来代替，保证数据具有更好的代表性、准确性、比较性。质量控制是保障气象观测记录达到所要求质量的操作技术和活动的总称。观测记录的质量控制分为实时控制和非实时控制。实时控制主要是对自动气象站采样值和测量值的实时质量检查，保证原始记录的正确；非实时控制是对气象观测记录及统计值的质量检查，以进一步保证资料质量。

1.2 气象装备保障发展特点与趋势

1.2.1 气象装备保障发展特点

20世纪90年代以前，气象业务模式比较单一，气象观测以人工为主，气象装备使用的主要是传统观测器材，种类单一、结构简单。随着气象观测自动化的不断发展，计算机、通信网络的广泛应用，自动气象站、新一代天气雷达、L波段雷达、闪电定位仪、自动土壤水分仪、GPS/MET等大量自动化遥感遥测设备陆续在气象台站投入业务运行，观测的任务和内容越来越多，技术手段越来越丰富，资料获取的时效要求越来越高，台站气象装备保障业务表现出新的特点。

1.业务内涵更加丰富

物资供应、计量检定、维护维修等业务不断完善、规范。运行监控业务不断拓展，建立了国家和省级运行监控业务，在全国推广使用综合气象观测系统运行监控平台，以满足故障准确定位和快速响应的业务需求。质量控制手段进一步丰富，不断适应高时空密度观测资料的质量控制要求。

2.保障任务更加艰巨

集现代高新技术于一体的气象装备越来越多，气象装备体积小、电子集成度高、软硬件紧密结合，增加了气象装备保障的复杂性。气象装备的系统性、成套性和各部件之间的一致性越来越强，部分气象装备从观测原理上发生根本变化，计量检定、校标以及各探测要素合格性的测试需要新的方法和模式。装备故障的原因多样化，包括硬件故障、软件故障和软件与硬件共同故障，检测和修复需要有更先进的仪器和技术手段。

3.保障方式更加灵活

保障对象的发展和保障手段的更新，推动了保障方式的发展。信息管理系统逐步成为各种保障方式的重要支撑，实时监控和分析气象装备的运行状态数据和观测资料，疑误信息时及时传递到业务人员，由业务人员选择最合适的力量、最恰当的手段、以最快捷的方式实施保障。通过视频系统能远程指导装备保障人员开展气象装备保障工作，并在很多场合发挥着重要作用。移动检定和移动保障能力的建设，检定和标校工作逐步从检定室向外延伸。社会化保障在一些发达省份的陆续展开，充分调用社会资源共同参与气象装备的巡查、维护、器件更换或简单维修，气象装备保障的组织实施也发生了深刻变化。

4.保障时效不断提高

自动化气象装备的资料频次达到了分钟级，明显加快了气象业务节奏，推进精细化预报和服务的发展，又反过来推动装备保障时效的不断提高。保障人员通过高时空间密度的观测数据，快速判定分布在不同地点的气象装备运行状态，对需要保障的气象装备，在最短的时间内作好装备保障准备，开展高效的保障活动，缩短气象装备保障工作时间。

5.信息保障日益重要

气象观测时空密度提升，使得气象信息数量急剧增加，信息保障成为保证气象信息的数量和质量的重要手段。气象装备保障的组织、调度等，需要丰富翔实的装备运行和管理信息支撑，海量气象信息的快速获取、传输和处理，对气象装备、计算机、通信网络等提出了更高的要求，进一步扩充了信息保障的内涵。气象装备保障中信息技术含量的不断增加，极大地提升了信息保障的地位和作用。

6.应急保障逐步完善

随着信息网络技术的进步和自动化技术的广泛应用，减轻和避免突发状况、自然灾害和其他紧急事件对气象业务时效性和准确性的影响，推动了气象装备应急保障的发展。各级气象部门逐步建立起观测设备、信息网络设备、供电、通信等气象装备故障的应急处置流程和方法，不定期组织气象装备保障应急演练。国家和省级气象部门相继建立了日常应急观测设备的储备和配套管理制度，建设了气象装备保障应急手段和配套设施。

1.2.2 气象装备保障存在问题

气象装备的种类和数量急剧增加，技术含量不断提高，人工观测逐渐被自动观测代替，对装备保障人才、维修维护技术、保障业务管理的要求越来越高，气象装备保障发展与气象现代化的需求存在一定的差距。

1.保障业务机构不够完备

近年来，气象装备保障业务机构建设逐步加强，中国气象局2002年挂牌、2004年正式成立了大气探测技术中心(现为中国气象局气象探测中心)，对全国气象部门的技术保障进行技术指导、开展外场试验、大型设备的维修等。随后，省级技术装备保障机构逐步建立，基本业务定位进一步清晰，业务维持经费得以增加，技术力量有了一定程度加强。但省级气象装备保障机构人员普遍较少，不能满足业务急剧扩展需求，很多地（市）没有建立地（市）级保障机构，仅有个别人员从事仪器维修维护，县级还没有实质意义的保障岗位。

2.保障职责分工不够明确

近年来的规章、规定和技术文件，初步理顺和规范了气象装备保障的技术标准，建立了气象装备保障制度，对台站级气象装备保障提出了要求。但由于不同观测系统设备的布设规模、技术复杂性各不相同，所采取的维护保障模式也各具特点，尚未建立起针对性、完备的保障流程，各级保障的职责分工也不够明确。受职责分工不够明确影响，保障技术培训仍以自动气象站为主，其他装备保障缺乏足够的技术培训，出现较复杂问题时，保障人员难以完成故障定位和维修。

3.保障能力和技术水平不足

多年来，各级气象部门通过气象装备保障培训，采用请进来、送出去的方式，促进保障技术人员不断提高业务技术水平。但仍存在技术培训的内容相对简单，自动化装备保障所需的监控平台功能仍需进一步完善，必要的维修测试平台、维修工具、移动维修系统和故障远程诊断系统等极其缺乏，气象计量设备、计量检定实验室也需更新和扩充，移动计量检定系统和区域气象观测站现场标校系统数量仍太少等不足。同时，由于气象装备器材价格昂贵，一些新型自动化设备未及时确定配套运行维持经费渠道，台站备件不全，业务人员即便确定了故障也难以及时排除，降低了装备维修时效。

1.2.3 气象装备保障发展趋势

中国气象局《综合气象观测系统发展规划(2010—2015年)》中，提出“技术装备保障体制健全，适应观测系统运行要求的保障业务体系基本建立，气象观测仪器和方法技术标准体系基本形成，技术装备保障能力明显增强”的目标，对气象装备保障的人才、制度和管理提出了新要求。

1.气象装备保障技术人员向一专多能发展

气象装备自动化和智能化，需要装备保障人员有更全面的专业知识水平和动手操作能力。装备保障人员要适应不同类型气象装备的保障要求，对各类气象装备和仪器设备的工作原理、技术指标、安装应用、日常维护和故障维修等知识有系统的了解，不断培养和提高其综合能力。通过维修保障技术培训的改进，引进和培养具有技术开发和运行维护能力的技术人员等方式，进一步改善气象装备保障技术人员的业务能力和知识结构，建立起一专多能的气象装备保障队伍。

2.气象装备保障业务向规范化发展

针对保障工作量不断增加和人力资源有限的矛盾，推动部门内部与社会资源共同保障，明晰各级保障部门对不同气象装备的保障职责和业务流程，不断优化省、市、台站或社会保障力量业务分工和布局。根据设备的技术性能和工作实际，建立维修技术标准，完善报修制度，规范维修行为，建立严格的考核制度和灵活的激励机制，改进维修手段和方式，促进装备保障业务的规范化。

3.气象装备保障管理向信息化发展

自动化气象装备结构复杂，使得保障方式和内容发生很大变化，装备保障管理信息系统的建设和应用，将各级技术维修机构、维修人员情况、技术装备备件、设备的管理及维修资料等信息进行综合管理和分析，提高了装备保障的效率和效益。ASOM 和省级运行监控平台的应用经验和效益，推动台站级包含所有观测设备的集中、统一的监控平台建设，并实现运行监控的告警和分级提示，促进仪器故障及时响应、处理和排除。

1.3 台站气象装备保障的主要任务和新要求

1.3.1 台站气象装备保障的主要任务

早期的基层台站气象装备保障要求不高，仅限于日常维护、备件管理和故障简单维修，未建立装备保障业务。兼职的仪器保管员主要通过备件更换恢复正常工作，更换下来的故障备件，能够通过简单维修修复的自行修复，故障复杂的仪器会被送往市级业务管理部门更换，重新领用一套正常设备用于台站备份。随着业务发展，基层台站气象装备保障逐步扩充，备件的领用、更换和故障维修，降低了故障几率、减少故障时间，增加了气象装备的观测能力、效率；定期开展气象装备的现场标校、计量检定和加强日常维护，更好地保持气象装备的良好运行状态，提升设备的精确度，保证各类观测数据的准确性。

1. 仪器维护

基层台站气象装备的仪器维护是为了防止故障的发生，或防止气象装备的安装、工作环境与规范要求出现偏差，确保投入气象业务系统使用的气象装备经常处于良好技术状态并准确探测气象要素资料而开展的工作，主要包括检查、清擦、保养、紧固等活动，一般以日、周、季、年为维护周期。

日常维护是基层台站气象装备保障最主要的工作，是对观测员的基本要求。《地面气象观测规范》以及相关规章制度，对自动气象站和其他仪器都规定了日、周、月、季、年维护活动需要开展的工作。新一代天气雷达观测系统的定期维护包括日维护、周维护、月维护、年维护(汛期巡检)四种，并分别对应规范的维护表。高空观测、雷电观测、自动土壤水分观测等业务的观测规范和业务流程也都分别对维护的内容、时间要求进行了规定。各类通信设备和线缆、高清会商系统、CMACast 等设备，以及计算机、打印机、光纤等公用设备，也需要按照不同要求开展日常维护。

2. 故障维修

基层台站气象装备的维修包含预防性维修和修复性维修。其中，预防性维修为了避免气象装备性能下降或达不到技术指标，按预定的时间间隔和规定的标准进行维护，对气象装备的异常状况进行早期发现和早期维修。故障维修工作比较复杂，需要不同层次技术人员和单位分担，台站只承担部分任务。

对于自动气象站等原理相对较简单的设备，基层台站的装备保障人员应能够进行简单的维修，做到小修不出站，并能够在省、市级装备保障部门的指导下，解决有一定难度的技术问题。对于 L 波段雷达、新一代天气雷达以及其他复杂气象探测设备，要求能够利用台站级备件开展板卡级维修。随着气象装备保障技术的发展，台站维修方式也会发生改变，判断与检测故障和更换备件将是对观测员的基本要求。

3. 运行监控

基层台站气象装备的运行监控是通过对气象装备的工作环境、运行状态以及观测数据进行实时监控，及时发现存在的问题并组织处置。基层台站气象装备运行监控方式主要有自动监控、人工巡查监控两种，随着台站气象装备种类不断增加，常规人工巡查监控难以满足位于不同地点和高空间密度的气象装备的运行监控，自动监控成为日益重要的运行监控模式。

目前，台站自动监控平台包括三部分，一是 ASOM 系统，目前已纳入日常监控业务的包括全国新一代天气雷达、地面自动气象观测站和探空系统，台站级主要负责运用 ASOM 系统填报设备故障信息、停机信息和设备维护信息。二是省级装备保障部门和气象信息部门提供的、ASOM 系统尚未纳入监控的其他观测系统的运行情况以及资料传输情况监控平台。三是各类气象观测系统在台站的业务软件，根据该业务软件采集的观测数据和状态数据，以及告警信息开展自动监控。今后，随着观测自动化的进一步发展和观测业务集成平台的建立，将实现台站运行监控业务平台的整合。

4. 质量控制

基层台站质量控制包括对业务软件发现的观测资料质量问题的处理和对上级下发的资料质量疑误信息处理两部分工作。目前，主要围绕国家级自动气象站和区域自动气象站开展，国家级台站的质量控制包括对台站、省、国家三级质量控制中发现的错误和可疑信息的判定、处理、反馈，区域自动气象站的质量控制主要是对省、国家级质量控制中发现的错误和可疑信息的判定、处理、反馈。

5. 备件管理和现场校准

基层台站备件管理是气象部门物资供应工作的组成部分，是保证气象观测系统稳定可靠运行的基础。台站负责本站装备/备件管理，包括本站装备/备件采购计划、验收、登记入库、库存、出库等管理，应急状况下的备件调拨申请等工作。国家级和省级气象部门根据不同观测系统组成、传感器的易损情况及备份成本，确定各类观测系统的台站级备件，台站也可以根据自身实力自行确定备件种类。现场校准是仪器检定工作的一个环节，对提高基层台站观测数据的比较性、准确性和一致性有重要作用。由于气象计量检定工作对检定仪器和环境都有很严格的要求，目前台站能现场校准的仪器有翻斗式雨量传感器、称重式降水传感器，其他计量检定工作由具有气象计量检定资质的机构（国家级、省级或市级）完成。

1.3.2　台站气象装备保障的新要求

《中国气象局关于进一步加强气象装备保障工作的意见》，要求“进一步明确各级业务保障部门职责任务；建立分级分类的保障模式，形成以部门保障和社会力量相结合的保障机制；完善气象装备标准化和质量监督体系；到 2015 年，实现规范管理、确保气象装备稳定可靠运行、充分发挥现代化建设的效益，建立和完善能不断适应满足现代气象业务发展需求的气象装备保障体系”。在此背景下，台站气象装备保障的新要求包括：

1. 气象装备保障业务内容的优化

市级主要开展气象装备运行监控信息反馈，区域自动气象站等装备的故障部件更换和故障的处理，监督管理社会资源参与的保障业务，开展区域气象站等备品备件的储备供应，开展区域自动气象站数据采集器的现场校准和其他传感器的性能检查、撤换与送检工作。县级主要开展气象装备运行监控信息反馈，承担装备的日常维护、处理常见故障，监督管理社会资源参与的保障业务，负责台站级备品备件的日常管理，开展区域自动气象站雨量传感器的现场校准。

2.气象装备保障队伍建设的加强

设立市级专门装备保障机构，按气象装备数量和种类，合理配备专职保障人员，台站合理设置观测岗位，落实保障工作，优化观测人员岗位职责，由现行以观测运行值班为主向天气监测、保障装备稳定运行和监控数据质量的一专多能方向转变。围绕社会化保障需求，开展面向社会的气象装备保障技术培训，培养具备资质的气象装备专业人员，建立持证上岗制度。

3.气象装备保障模式的完善

依照国家、省、地、县职责划分，发挥省、地气象装备保障部门的主体作用，建立层级结构清晰、任务明确的分级保障模式。根据气象装备建设数量、地域分布情况、性能特点和技术复杂程度的不同，建立分类保障模式。根据气象装备故障对预测预报业务和气象服务需求的影响程度，科学划分不同故障的响应级别，合理调配保障资源，提高保障效率。建立社会资源参与装备保障工作的监督管理办法等规章制度，明确省、地、县级保障部门在社会资源保障中的监督检查职责。

1.4 台站气象装备保障课程的作用和任务

台站气象装备保障课程是基层台站气象业务系列培训教材之一。本教材阐述了台站主要气象装备的结构原理和维护维修技术方法，对于近年来新投入业务运行的气象装备，则通过多年来出现过的故障及解决方法的分类归纳总结，形成故障现象、存在的问题和解决方法的学习材料。教材注重基本原理与业务实践的结合，帮助业务人员建立气象装备不同类别故障的处理思路，启发解决类似故障的方法，达到举一反三、触类旁通的效果，提高解决气象装备问题和故障的能力。

对基层台站的气象观测与装备保障业务人员而言，本课程与日常工作联系紧密，课程的内容加强了理论联系实际的故障检测定位和排除方法等内容，通过该课程学习，可以培养基层台站业务人员的气象装备保障能力。

1.5 台站气象装备保障课程学习要求及方法

学习《基层台站气象装备保障》课程要明确学习目的，即提高技术装备保障水平，将所学的知识直接应用到保障工作中去。

首先，要充分认识到台站气象装备保障的系统性。传统的观测员以观测为主，随着业务发展，运行监控、质量控制、维护维修、观测产品加工、将观测产品直接用于服务等业务逐步成为气象工作的重点，这就要求业务人员不断适应业务发展的需求，一专多能、一岗多能，把气象业务发展理念和工作要求贯穿到教材学习中，不断提高增强装备保障业务能力的自觉性。

其次，由于该课程是一门实践性很强的学科，最好的学习方法是理论联系实际。在理论学习阶段，要弄清各种装备的结构和工作的基本理论知识、常见故障分析、判断及处理方法。在实践学习阶段，重点学习对仪器故障的分析判断，运用所学的理论为指导，去分析、判断和解决每个气象装备的实际问题，同时，要对所学的理论进行检验。经过实践、认识、再实践、再认识的过程，理论学习和实践学习的循环往复，从而不断充实和提高气象装备保障的理论水平和处理仪器故障的实际工作能力。

复习思考题

1. 试述气象装备保障的业务范畴。
2. 简述气象装备保障的发展特点。
3. 试述台站气象装备保障的主要任务。
4. 简述台站气象装备保障课程的作用与任务。
5. 如何学好《台站气象装备保障》课程？

参考文献

安徽省气象局. 2012. 安徽省气象志. 北京：气象出版社.
温克刚. 2004. 中国气象史. 北京：气象出版社.
杨学强，等. 2011. 装备保障信息化建设概论. 北京：国防工业出版社.
中国气象局. 2007. 地面气象观测规范. 北京：气象出版社.

第2章　地面人工气象观测仪器

内容提要

本章阐述了气压、温度、湿度、风向风速、降水、蒸发、日照、地温、雪深、雪压、冻土、电线积冰等常用人工观测仪器的结构原理、安装、日常维护与维修等内容。重点阐述了动槽式水银气压表、液体温度表、EL电接风常见故障的维修方法。

2.1　气压

2.1.1　概述

气压是作用在单位面积上的大气压力，即等于单位面积上向上延伸到大气上界的垂直空气柱的重量。气压以百帕(hPa)为单位，取一位小数。人工观测气压主要用动槽式和定槽式水银气压表。

2.1.2　结构原理

2.1.2.1　动槽式水银气压表

它是利用作用在水银面上的大气压强和与其相通、顶端封闭且抽成真空的玻璃管中的水银柱对水银面产生的压强相平衡的原理而制成的。该方法是将一根一头开口的玻璃管的开口端插入液体槽内，将管内抽成真空，这时槽内的液体在大气压力作用下流入真空玻璃管内，当管内液体上升到管内液体的重力在液体槽液面上的压强等于液体槽液面上的大气压强时，达到平衡，管内液面稳定在某个高度上，此高度即表示当时的气压。动槽式水银气压表分为内管、外套管、水银槽三个部分，见图2.1。通常选用水银为液体用来制成测量气压的水银气压表，这时的管内水银柱高度即为以毫米汞柱(mmHg)为单位的气压。

2.1.2.2　定槽式水银气压表

定槽式(又名寇乌式)水银气压表的构造与动槽式水银气压表大体相同，也分为内管、外套管、水银槽三个部分，见图2.2。所不同的是刻度尺零点位置不固定，槽部无水银面调整装置。因此，采用补偿标尺刻度的办法，以解决零点位置的变动。

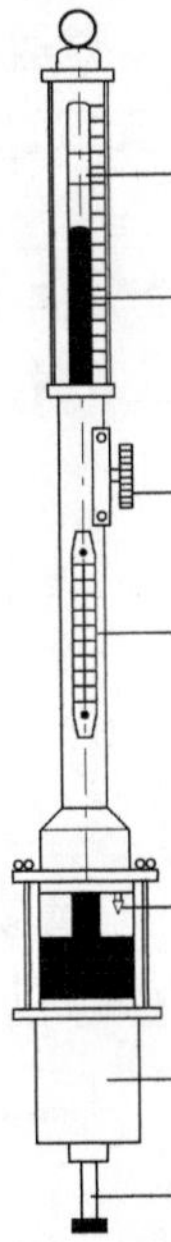

图 2.1　动槽式水银气压表

图 2.2　定槽式水银气压表

2.1.3　安装

2.1.3.1　动槽式水银气压表

气压表应安装在温度少变、光线充足、既通风又无太大空气流动的气压室内。气压表应牢固、垂直地悬挂在墙壁、水泥柱或坚固的木柱上，切勿安装在热源(暖气管、火炉)和门窗、空调器旁边，以及阳光直接照射的地方。气压室内不得堆放杂物。

安装前，应将挂板牢固地固定在准备悬挂气压表的地方。再小心地从木盒(皮套)中取出气压表，槽部向上，稍稍拧紧槽底调整螺旋约 1～2 圈，慢慢地将气压表倒转过来，使表直立，槽部在下。然后先将槽的下端插入挂板的固定环里，再把表顶悬环套入挂钩中，使气压表自然下垂后，慢慢旋紧固定环上的三个螺丝(注意不能改变气压表的自然垂直状态)，将气压表固定。最后旋转槽底调整螺旋，使槽内水银面下降到象牙针尖稍下的位置为止。安装后要稳定 4 个小时，方能观测使用。

2.1.3.2　定槽式水银气压表

定槽式水银气压表安装要求同动槽式水银气压表，安装步骤也基本相同。不同点是当气压表倒转挂好后，要拧松水银槽部上的气孔螺丝，表身应处在自然垂直状态，槽部不必固定。

2.1.4 维护

2.1.4.1 动槽式水银气压表

(1)应经常保持气压表的清洁。

(2)动槽式水银气压表槽内水银面产生氧化物时,应及时清除。对有过滤板装置的气压表,可以慢慢旋松槽底调整螺旋,使水银面缓缓下降到“过滤板”之下(动作要轻缓,使水银面刚好流入板下为止,切忌再向下降,以免内管逸入空气),然后再逐渐旋紧槽底调整螺旋,使水银面升高至象牙针附近。用此方法重复几次,直到水银面洁净为止。无“过滤板”装置的气压表,若水银面严重氧化时,应予以更换。

(3)气压表必须垂直悬挂,应定期用铅垂线在相互成直角的两个方向上检查校正。

(4)气压表水银柱凸面突然变平且不再恢复,或其示值显著不正常时,应予以更换。

2.1.4.2 定槽式水银气压表

定槽式水银气压表的水银是定量的,所以要特别防止漏失水银。其余同动槽式水银气压表维护中(1)、(3)、(4)条。

2.1.5 维修

动槽式水银气压表在使用中会出现一些故障,它的排除和修理一般应由省级气象装备保障部门处理。对于有合格的标准水银气压表(器差+0.3 hPa),或有未超过检定周期的备用水银气压表的地方,可以根据情况对下列故障进行修理排除。

2.1.5.1 内管水银柱不下来

气压表挂好后,旋松槽部调整螺丝,水银柱充满管顶不下来。这有两个原因:一是内管真空度较好,水银与内管之间吸附力较大,使水银不易下降;二是内管内径细的一段进入空气切断了水银柱,也会造成水银柱不下降。

排除方法:轻轻敲击表身,水银柱受到震动后一般就会下降。若经过多次轻击表身,水银柱仍不下降时,可将表垂直挂好,待几小时后水银柱会自动下降。下降后应进行一次真空度检查,看是否符合要求。

2.1.5.2 槽部水银氧化

由于水银气压表槽部与空气接触,时间长了产生一种氧化物,水银的不纯带来其物理特性的变化,内聚力变小,附着力增大,以至浸润玻璃表面,使弯月面渐趋平坦,影响观测记录的准确性。

排除方法:槽部水银氧化应分两种情况处理,对于有过滤隔板的水银槽,在氧化不严重的情况下,可以随时过滤清除氧化物。对于无过滤隔板,或虽有过滤板但槽部水银已严重氧化的气压表应采取清洗水银槽的办法。水银槽清洗应由省级气象装备保障部门执行。

2.2　空气温度和湿度

2.2.1　概述

空气温度（简称气温，下同）是表示空气冷热程度的物理量，气象台站观测的是距地面 1.5 m高度处的气温，以摄氏度（℃）为单位，取一位小数。

空气湿度（简称湿度，下同）是表示空气中的水汽含量和潮湿程度的物理量。

人工测量气温和湿度的仪器主要有干球温度表、湿球温度表、最高温度表、最低温度表、毛发湿度表、通风干湿表。

2.2.2　结构原理

温度表是根据水银（酒精）热胀冷缩的特性制成的，分感应球部、毛细管、刻度磁板、外套管四个部分。

2.2.2.1　干湿球温度表

干湿球温度表是用于测定空气的温度和湿度的仪器。它由两支型号完全一样的温度表组成，见图 2.3。气温由干球温度表测定，湿度是根据热力学原理由干球温度表与湿球温度表的温度差值计算得出。

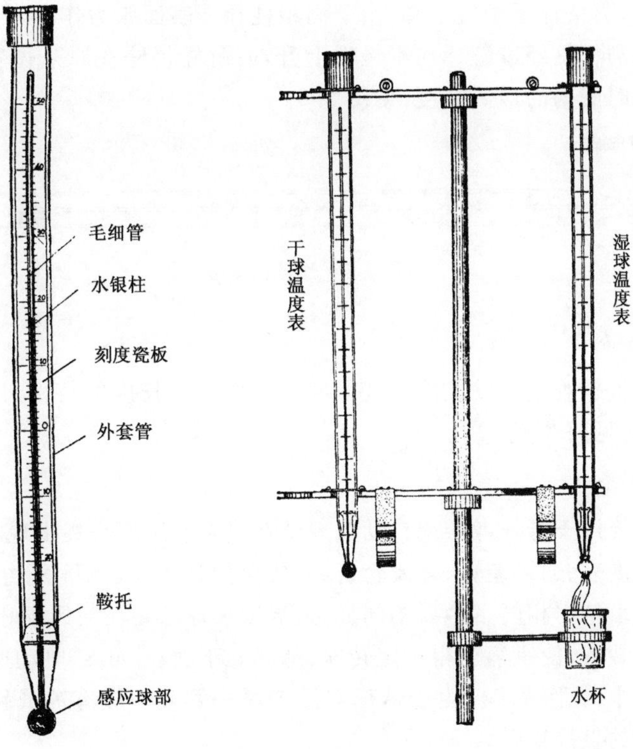

图 2.3　干湿球温度表

2.2.2.2 最高温度表

最高温度表与普通的玻璃液体温度表的工作原理基本相同，只是在球部附近的内管结构略有不同，最高温度表有一根玻璃针伸进毛细管内，使连接球体的一段毛细管内形成一个窄道，见图 2.4。当温度升高时，球体内的水银因膨胀而挤入毛细管；当温度降低时，球体内水银收缩，而毛细管内的水银因窄道的阻碍不能缩回球体内，在窄道处出现水银断裂。这时毛细管内的水银柱指示的则是过去一段时间内的最高温度值。为了避免气体压力作用在水银柱顶部，将毛细管内的水银压回球体内，最高温度表不像普通温度表那样在水银柱上部充干燥气体，而是抽成真空。

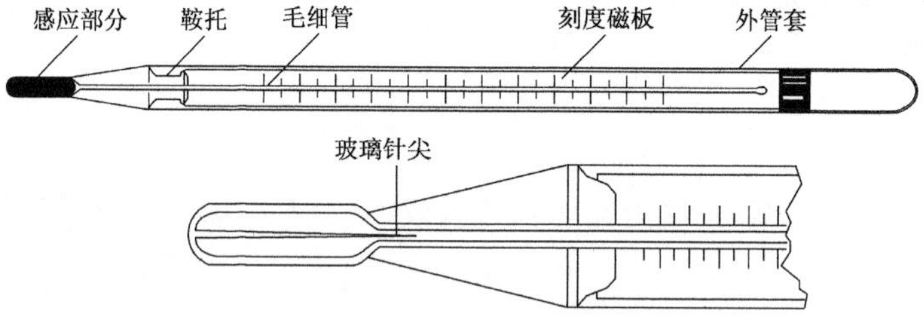

图 2.4 最高温度表

2.2.2.3 最低温度表

最低温度表的感应液是酒精，它的毛细管内有一哑铃状游标。

当温度下降时，酒精柱便相应下降，由于酒精柱顶端表面张力作用，带动游标下降；当温度上升时，酒精膨胀，酒精柱经过游标周围慢慢上升，而游标仍停在原来位置上，因此，它能指示上次调整以来这段时间内的最低温度，见图 2.5。

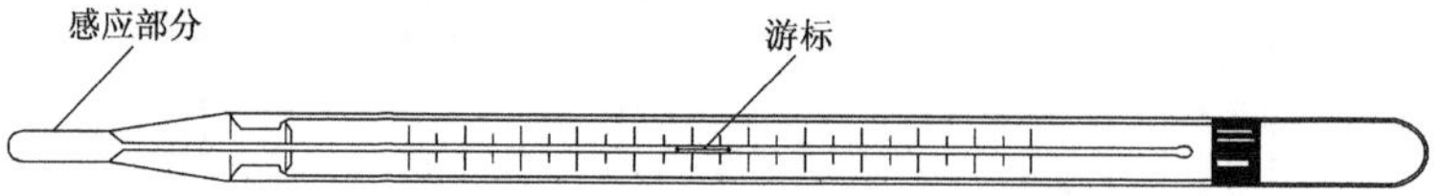

图 2.5 最低温度表

2.2.2.4 毛发湿度表

毛发湿度表是根据脱脂人发能随空气湿度大小而改变长度的特性，用人发制成的测定空气相对湿度的仪器，见图 2.6。

2.2.2.5 通风干湿表

通风干湿表主要用于野外考察或自动气象站在气温或湿度采集出现故障时进行补测时使用。它由干湿球温度表、通风装置、金属套管、双层保护管和上水滴管等组成。其作用、原理与百叶箱干湿球温度表基本相同。主要不同处是：温度表球部装在与风扇相通的管形套管中，利用机械或电动通风装置，使风扇获得一定转速，球部处于≥2.5m/s（电动通风可达 3m/s 以上）的恒定速度的气流中，见图 2.7。由于球部双层金属护管表面镀有镍或铬，是良好的反射体，能防止太阳对仪器的直接辐射。

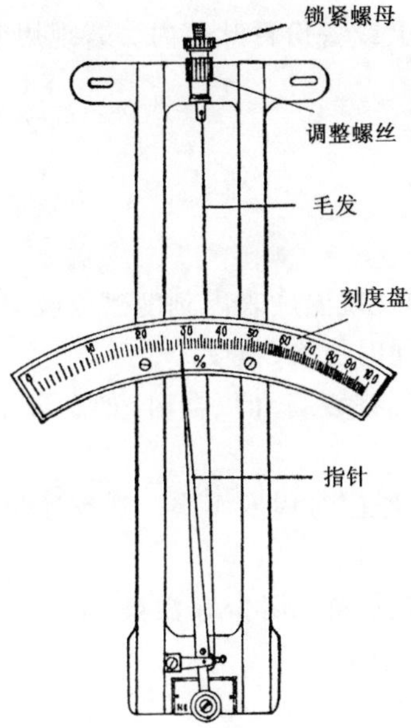

图 2.6　毛发湿度表

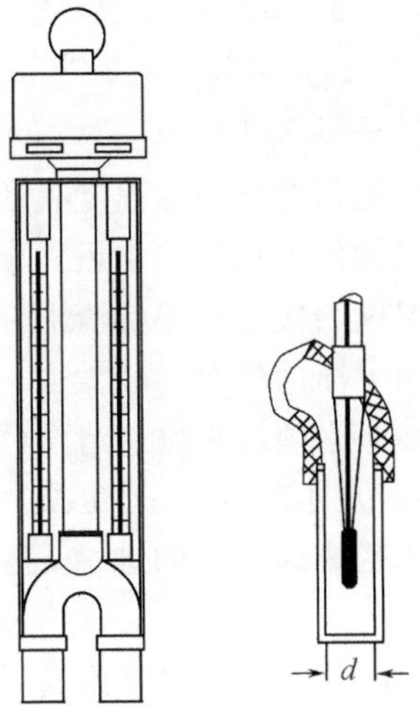

图 2.7　通风干湿表

2.2.3　安装

2.2.3.1　干湿球温度表

干湿球温度表安装在小百叶箱内，在小百叶箱的底板中心，安装一个温度表支架，干、湿球温度表垂直悬挂在支架两侧的环内，球部向下，干球在东，湿球在西，球部中心距地面 1.5m 高。湿球温度表球部包扎一条纱布，纱布的下部浸入一个带盖的水杯内。杯口距湿球球部 3cm，杯中盛蒸馏水（只允许用医用蒸馏水），供湿润湿球纱布用。

湿球包扎纱布时，要把湿球温度表从百叶箱内拿出，先把手洗干净，再用清洁的水将温度表的感应部分洗净，然后将长约 10cm 的新纱布在蒸馏水中浸湿，使上端服帖无褶皱地包卷在感应部分上（包卷纱布的重叠部分不要超过球部圆周的 1/4）；包好后，用纱线把高出感应部分上面的纱布扎紧，再把感应部分下面的纱布紧靠着球部扎好，但不要扎得过紧，并剪掉多余的纱线。

2.2.3.2　最高温度表

最高温度安装在温度表支架下横梁的一对弧形钩上，感应部分向东稍向下倾斜。高出干湿球温度表球部 3cm。

2.2.3.3　最低球温度表

最低温度表水平地安装在温度表支架下横梁下面一对弧形钩上，感应部分向东，低于最高温度表 1cm。

2.2.3.4　毛发湿度表

凡冬季使用毛发湿度表作正式记录的气象站，应配备两个毛发湿度表，并妥为保管。在气温降到－10.0℃的多年平均日期以前约一个半月内，用软刷蘸蒸馏水对毛发湿度表的毛发进行预湿，并将两个毛发湿度表都安装好。一个作为现用表垂直地悬挂在温度表支架的上横梁上，表的上部用螺钉固定；另一个固定在百叶箱南壁上或备份百叶箱内。若现用毛发湿度表出现故障，可将备份毛发湿度表安装到温度表支架上。

2.2.4 维护

2.2.4.1 干湿球温度表

(1)必须注意保持干湿球温度表的正常状态。如发现温度表内刻度磁板破损，毛细管内有水银滴、黑色沉淀的氧化物或水根柱中断等情况，应同时更换、报废。

(2)干球温度表应经常保持清洁、干燥。观测前巡视设备和仪器时，如发现干球上有灰尘或水，须立即用干净的软布轻轻拭去。

(3)湿球纱布必须经常保持清洁、柔软和湿润，一般应每周换1次。遇有沙尘等天气，湿球纱布上明显沾有灰尘时，应立即更换。

在海岛、矿区或烟尘多的地方，湿球纱布容易被盐、油、烟尘等污染，应缩短更换纱布的期限。

(4)水杯中的蒸馏水要时常添满，保持洁净，一般每周更换1次。

2.2.4.2 最高温度表

(1)同干球温度表。

(2)在温度下降时，最高温度表的水银柱有时也会回缩到感应部分，遇到这种情况，应立即换用备份表，报废该故障表。

2.2.4.3 最低温度表

(1)在移运和存放最低温度表时，最好将表身直立放置，感应部分向下，并避免高温及震动，以免酒精柱蒸发和中断。

(2)有时由于搬运和调整不当，或者毛细管内一部分酒精被蒸发后凝结于管顶，或者因为毛细管内酒精柱上端有残留气体，使酒精柱分离成几段，这些故障可用甩动、加热、撞击等方法将其修复或报废。

2.2.4.4 毛发湿度表

(1)禁止用手触摸毛发，以免手上的油脂覆盖毛发小孔，影响其正常感应。

(2)如果毛发及其部件上附有雾凇、冰或水滴，应轻敲金属架，使它脱落；或从百叶箱拿回室内，使它慢慢地干燥。但须注意不能使表接近炉子，也绝不能触及毛发，要等到干燥后，再把它放回原处。

(3)毛发湿度表不用时，应放在盒子里。如果没有盒子，应把指针移向左边，使毛发放松，并用手指将指针贴紧刻度尺，用线绳扎住，或将指针卡在刻度尺的后面，妥善包装保存。

(4)空气湿度很大时，如果毛发湿度表的指针超出刻度范围，应调整示度。调整示度应选在编制订正图前，相对湿度在70%或70%以上时进行，方法是：旋动调整螺丝，将指针往小的刻度方向调，调整的幅度按超出刻度的最大范围再加上3%来定。在正式编制订正图和冬季正式使用时，则不能进行调整。

2.2.4.5 通风干湿表

仪器的金属部分，特别是下端保护管的镀镍面应细心保护，使其不要受到任何损伤。每次观测后，应用纱布擦净外壳，并放回盒中。从盒中取出仪器时，应拿着风扇帽盖下的颈部，不要捏在金属护板处，也不能用手触摸防护管。

注意定期检查风扇旋转是否正常。可以用风扇中央的发条盒旋转速度来判断，在发条盒上绘有短划或箭头，从圆顶上小窗孔可以看到。上发条后，发条盒每转一周的时间，如果与检定证上所给的时间相差不到 5s，则可认为风扇转速正常。如果转速显著降低则应进行修理。

湿球纱布应经常保持清洁。

2.2.5　维修

2.2.5.1　水银或酒精柱中断的修理

中断主要采用撞击法、手甩法、加热法修复。

(1)撞击法。用手握住温度表的球部，使球部处于掌心，表要垂直。然后将握住球部的手在桌上垫有厚书或其他软的东西上面撞击。在撞击时手握住球部不要太紧但要稳，表身要保持垂直而不宜过于摆动。另外，还可以用一只手握住表的中部并使球部向下，然后用握表的手腕在另一只手掌上撞击。注意手握表的松紧要适宜，撞击时表的松紧要适宜，撞击时表身保持垂直运动。对表身较长或过细的温度表不宜用撞击法，最好用手甩法。

(2)手甩法。此法与调整最高温度表的方法一样，是修理最低温度表中断的最好方法。操作时应在比较空旷的地方进行，以免碰撞物体。中断排除后，应将表垂直放置一段时间，待毛细管内壁附着的酒精全部落入酒精柱顶后再使用。

(3)加热法。只适用于毛细管顶部有较大的空腔(即安全泡)且中断部分离液柱顶部较近的温度表。进行时先盛半杯与气温差不多的水，将温度表球部插入水中，慢慢地加入热水，使温度逐渐上升，直至水银柱或酒精柱上端中断部分及气泡全部升入安全泡后，轻轻震动温度表头部，气泡即可升至顶端，液柱即相互连接。加热法如操作不当容易损坏温度表，操作时应注意下列事项：

除最高温度表外，一般温度表毛细管上部充有气体。当液柱上升时，充进管内的气体体积被压缩，压力增大，如果压力增大到球部玻璃管不能承受的程度时，会引起球部的爆裂。所以加热不能太快，尤其是液柱快接近安全泡时，更应慢些。当液柱充满安全泡的 1/3 处时，应立即停止加热水。中断处接好后，不应立即把表取出骤然冷却，最好让表在水中自然冷却后再取出。温度的突然降低会引起订正值的突然改变。最低温度表还会在毛细管内留下一层厚酒精膜而促成再行中断。经过热处理后，玻璃的分子排列不能很快恢复原状，其订正值也会暂时改变，所以经过热处理的温度表应放置一段时间(一般 24 小时以上)再检定或使用。如果中断部分较长且靠近球部，加热法不能奏效，可采用冷却法修理排除。

2.2.5.2　表顶套帽脱落的处理

可用火漆或虫胶(洋干漆)重新焊牢。焊时先将金属套帽加热使其内部的焊漆熔化，再将表头部稍稍加热，把套帽套在头上，再均匀地稍加热使焊漆与表身密合后再冷却凝固住。

如套帽是胶木制品则不能加热。此时要用石膏粉中加入含胶的水，调成适量的稀石膏泥状，将石膏泥酌量放入帽中，把表的头部插入套帽很快旋转(或震动)使表头与石膏密合，垂直放置一天即可固定。

2.2.5.3　刻度不清的处理

刻度不清是指棒状温度刻度不清，可用黑油抹在刻度上，再揩去多余部分，即可清楚显见其刻度。

2.2.5.4　湿球球部水锈的处理

用少量较浓的酸类溶液擦拭球部，或用小刀轻轻刮除。

2.3　风向风速

2.3.1　概述

空气运动产生的气流，称为风。它是由许多在时空上随机变化的小尺度脉动叠加在大尺度规则气流上的一种三维矢量。

地面气象观测中测量的风是两维矢量（水平运动），用风向和风速表示。

风向是指风的来向，最多风向是指在规定时间段内出现频数最多的风向。人工观测，风向用 16 方位法；自动观测，风向以度（°）为单位。

风速是指单位时间内空气移动的水平距离。风速以米/秒（m/s）为单位，取一位小数。

测量风的仪器主要有 EL 型电接风向风速计、EN 型系列测风数据处理仪、海岛自动测风站、轻便风向风速表、单翼风向传感器和风杯风速传感器等。

2.3.2　结构原理

2.3.2.1　EL 电接风向风速计感应器

（1）风向标

风向标是各种测风仪器中用以指示风向的最主要的部件。分为头部、水平杆与尾翼三部分，见图 2.8。整个风向标可绕垂直轴旋转，它的重心正好在转动轴的轴心上。

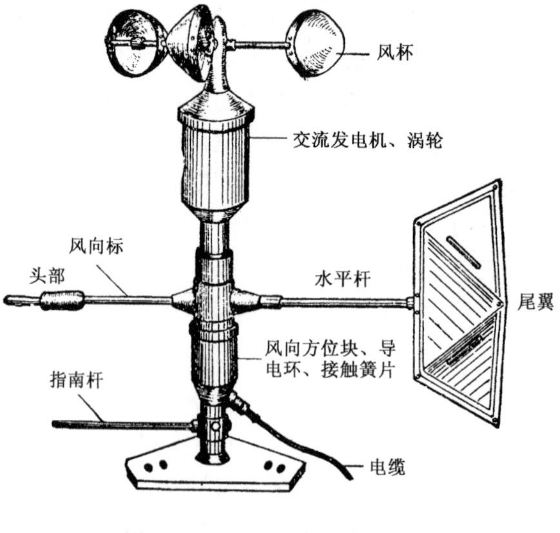

图 2.8　EL 型电接风感应器

当风的来向与风向标成某一交角时，风对风向标产生压力，这个力可分解成平行和垂直于风向标的两个分力。由于风向标头部受风面积较小，尾翼受风面积较大，因而感受的风压不相等，垂直于尾翼的风压产生挤压力矩，使风向标绕垂直轴旋转，直至风向标头部正对风的来向时，由于翼板两边受力平衡，风向标就稳定在某一位置。

(2)风速器

风速器通常有两种类型。一种是风杯，因风而绕垂直轴旋转；一种是风车(平翼式和旋桨式)因风而绕水平轴旋转。

目前台站普遍采用的测定风速的仪器为杯形风速器。它的感应部分由三个或四个圆锥形(或半球形)固定在架上的风杯组成。整个架子连同风杯装在一个可以自由转动的轴上，所有风杯都顺着一面。在风压的作用下，风杯就顺着圆锥(半球形)的凸面方向自由旋转。

其测风原理，现以三杯为例讨论之。

当风从左方吹来，风杯1与风向平行，风对风杯1的压力在垂直于风杯轴方向上的分力，近似为零。风杯2与风杯3同风向成60°角相交，对风杯2而言，其凹面迎风，承受风压最大；风杯3其凸面迎风，风的绕流作用使其所受风压比风杯2小，由于风杯2与风杯3在垂直于风杯轴方向上的压力差，而使风杯开始顺时针方向旋转，风速越大，起始的压力差越大，产生的加速度越大，风杯转动也越快。

当风杯开始转动后，由于风杯2顺着风的方向转动，受风的压力相对减小，而风杯3迎着风以同样的速度转动，所受风压相对增大，风压差不断减小，经过一段时间后(风速不变时)，作用在3个风杯上的风压差为零时，风杯变做匀速转动。这样根据风杯的转速(每秒钟转的圈数)就可以确定风速的大小。风杯转速通常是根据机械装置的指针读数或电传装置来测量的。下面是电接风风速公式

$$V=2\pi RKN=2\times 3.14\times 14.75\times 2.65N=2.5N$$

式中，$R=14.75$ cm(风杯转动半径)，$K=2.65$(实验常数)，N为风杯转动频率。式中$2\pi RK$为常数，即风杯转动一圈，风的行程。因此，V与N成正比。

2.3.2.3　轻便风向风速表

仪器由风向部分(包括风向标、方位盘、制动小套)、风速部分(包括十字护架、风杯、风速表主机体)和手柄三部分组成，见图2.9。

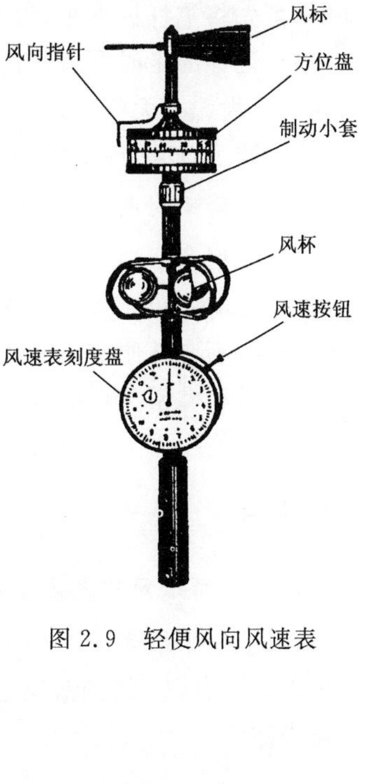

图2.9　轻便风向风速表

2.3.3　安装

EL电接风的安装：

(1)安装前应进行运转试验，如运转正常，方可进行安装。

(2)感应器应安装在牢固的高杆或塔架上，并附设避雷装置。风速感应器(风杯中心)距地高度10～12m。若安装在平台上，风速感应器(风杯中心)距平台面(平台有围墙者，为距围墙顶)6～8m，且距地面高度不得低于10m。

(3)感应器中轴应垂直，方位指南杆指向正南。为检查校正方位，应在高杆或塔架正南方向的地面上，固定一个南北桩作标志。

(4)指示器、记录器应平稳地安放在值班室内的桌面上,用电缆与感应器相连接,电缆不能架空,必须走电缆沟(管)。

(5)电源使用交流电(220V)或干电池(12V)。若使用干电池,应注意正负极不能接错。

2.3.4　维护

2.3.4.1　EL 电接风向风速器

(1)因感应器与指示器是配套检定的,所以在撤换仪器时二者应同时成套撤换。

(2)电源(串联的干电池)电压如已低于 8.5V(测量电压时,要切断交流电源,打开风向扳键开关),就不能保证仪器正常工作,应全部调换新电池。干电池与整流电源并联使用时,要经常检查干电池。如锌壳发软或者有微量糊状物冒出,应立即更换以免腐蚀仪器。如经常发生这种情况,可能是电源电压太高或短路造成,应检查原因。如由于电源电压太高造成的,应改换电源变压器的输出插头。如仍不见效,就不宜将干电池和整流电源并联使用。

(3)如风向画线后笔尖复位超越基线过多,可能造成判断错误,应向里调节笔杆上的压力调整螺钉,以加大笔尖压力。如画线后回不到基线上,有起伏,就应调节螺钉减小笔尖压力。

(4)风向方位块应每年清洁一次。如发现风向指示灯泡严重闪烁,或时明时暗时灭,应及时检查感应器内风向接触簧片的压力和清洁方位块表面。

(5)更换风向灯泡时,应从八灯盘后面拧下正中的一个大螺钉,再把装灯泡的底板连同后半个胶木壳一起拔出来。换好灯泡后,重新放回时,应注意使前后两胶木壳的色点对准,否则灯泡相应的方位就会错乱。

调换风向指示灯泡时,要用同样规格(6～8V,0.15A)的,切不可使用超过 0.15A 的灯泡。

(6)5 个笔尖不在同一时间线上时,应首先调好风速笔尖在笔杆上的位置,然后将风向笔尖沿笔杆移动与风速笔尖对齐。移动、清洗或调换笔尖时,均应注意勿使笔杆变形;感到难于拨动时,可先将笔杆拆下来,再细心处理。

(7)自记钟的走时有较大误差时,应调整快慢针。若偏慢较多,应检查套在钟轴上的双片大齿轮上下齿轮有无相对转动一个角度,钟机内的 2 分半钟自动开关对双凸轮的压力是否过大,并加以调节,同时检查钟轴上的螺帽是否旋紧。若无效,应进行检修。

2.3.4.2　轻便风向风速表

(1)保持仪器清洁、干燥。若仪器被雨、雪打湿,使用后须用软布擦拭干净。

(2)仪器应避免碰撞和震动。非观测时间,仪器要放在盒内,切勿用手摸风杯。

(3)平时不要随便按风速按钮,在计时机构运转过程中亦不得再按该按钮。

(4)轴承和螺帽不得随意松动。

(5)仪器使用 120 小时后,须重新检定。

2.3.5　维修

2.3.5.1　EL 指示器常风故障及其检修方法

(1)风速偏小很多

可能原因有:12 线插头座进水;发电机线圈部分短路;风杯打滑;降压电阻变值或失调;磁钢严重失磁。

检修方法:12 线插头座进水应取下插头,用棉花吸掉水分,再吹干。否则可能导致 A10、B1 间短路,使发电机线圈短路,电流很少流到指示器,造成风速偏小。用万用表测发电机两输出端的电阻值,如电阻小于或等于 500Ω,说明有短路现象,应更换线圈组,并经检定后才能用。磁钢受撞击或长期使用而失磁,降压电阻变值和失调,需要通过检定解决。

(2)风速有指示,但指针有间断性回零

可能原因有:12 线插头座接触不可靠;风速表固定不牢;同心插头座短路。

检修方法:这种故障如重复出现的周期差不多,那就是同心插头座短路造成的。如周期长短不一,那就是 12 线插头座接触不可靠,或风速表固定不牢而造成的。后者多在大风情况下出现。把风速表固定螺丝拧紧即可。

同心插头短路时,相当于把 12 线插座 A9、A10 连起来,当风速电接点闭合时,发电机出来的电流突然被分流,所以电表指针回零。只要在风速表上盖与外壳之间,或风向标大压帽下加垫圈来抬高同心插头位置便可解决。

(3)风速电表的指针间断性突然向大刻度方向摆动

可能原因有:风速表固定不牢;风向标大压帽松动;风速表外壳螺扣不导电;风速表内线头脱焊。

检修方法:这一故障发生时,常常是电表无指示,但每隔一段时间指针向大刻度方向摆动一次,之后又无指示。如果偶尔电表能在一段时间里指示正常,那肯定是前两种原因,否则是后两种原因。从总电路图可知,当上述四个原因造成外壳不导电,那么在风速表电接点闭合时,放电电流经过发电机线圈跑到瞬时风速测量线路中去,所以表针突然摆向大刻度。排除上述原因,仪器即恢复正常。

(4)静风时,风速电表也有指示

可能原因有:同心插头座短路;电池流液导致指示器 20 线插座 A9 与 A10 短路。

检修方法:在带有记录器的情况下,即使静风时,打开风速开关,电表也有 1～2m/s 的数值。电流从电源经风速继电器线圈,到 A9、A10 短路处,再到电表,经 B1、B2 回到电源,所以电表有指示。修理方法是,将指示器的电液糊擦去后,用毛刷蘸酒精刷净 20 线插座。同心插头座短路的修理同前所述。

(5)电表指针严重抖动,电表指针严重抖动将会影响读数。

检修方法:如没有伴随其他故障,则可能是风速测量电路中的整流电路有一个二极管击穿或老化。分析总图可知,若电桥下边的二极管老化,那么当电桥右端为正时,通过电表的电流就要比电桥左端为正时的电流小,所以电表指针就发生抖动。若二极管击穿,原理也是一样的。这种情况只要更换一只二极管、并使其桥臂上两管参数一致便可克服。对于桥臂上两分流电阻的参数也要求一致。近年出产的仪器在电表两端并联一只 100μF 电解电容,可起到旁路交流成分的作用,使指针稳定。

(6)瞬时风向无指示

可能原因有:电源故障;灯泡损坏;插头座接触不良或断线;风向接触器不良。

检修方法:首先检查长电缆的 20 线插头座接触是否良好。应查出具体原因予以排除。第二步,检查整流电源是否正常。方法是测指示器正负接线柱间电压,如无电压,说明故障在整流电源,可能是电源插头没有插好或内部脱焊;电源保险丝烧坏;整流二极管烧坏;变压器烧坏等。如果测正负接线柱间有电压,但在 10V 以下,这时断开交流电,换上新电池再测电压,如仪器恢复正常，说明整流电源有故障，可能是整流二极管被击穿，变压器次级线圈局部短路。当换新电池后，电压仍很低，说明电路中有短路现象，这时应切断电源，检查电池夹正负端、印刷板及20线插座B2、B3有否短路。

如果电源没有故障，第三步用短路法检查指示器，可取下长电缆20线插头，合上风向开关，将20线插座B9与A1—A8分别短路，如八个指示灯泡仍然不亮，说明故障在风向开关或20线插座B2至负接线柱间存在断线或接触不良。经短路检查如只是个别灯泡不亮，那么多数是灯泡烧坏，可换一新灯泡试试；也可能灯座接触不良，隔离二极管老化或烧坏。如果经短路检查每个灯泡都能亮，而接上电缆后风向仍无指示，说明故障在20线插头到感应器一段。可能是：风向接触簧片上的三个触头对方位盘压力不够，可在根部调节其压力，一般在12g左右；方位盘表面太脏，致使接触器接触不良，可按感应器保养方法清洁方位盘；长电缆20线或12线插头接触不良或断线；长电缆断芯。

(7)不该亮的灯光点亮

可能原因有：方位块短路；插头座进水或碰线；记录器里相应的隔离二极管击穿。

检修方法：取下短电缆，看不该亮的灯泡是否熄灭，如果熄灭，说明记录器相应的隔离二极管击穿。若取下短电缆不该亮的灯泡仍旧点亮，这时应检查指示器的20线插头座的A1—A8有无碰线。如无碰线那很可能是12线插头座进水或碰线，也可能是感应器方位块间短路。

2.4 降水

2.4.1 概述

降水是指从天空降落到地面上的液态或固态（经融化后）的水。

降水量是指某一时段内的未经蒸发、渗透、流失的降水，在水平面上积累的深度。以毫米(mm)为单位，取一位小数。

常用测量降水的仪器有雨量器、翻斗式雨量计、虹吸式雨量计和双阀容栅式雨量传感器等。

2.4.2 结构原理

2.4.2.1 雨量器

雨量器是观测降水量的仪器，它由雨量筒与量杯组成，见图2.10。雨量筒用来承接降水物，它包括承水器、贮水瓶和外筒。我国采用直径为20cm正圆形承水器，其口缘镶有内直外斜刀刃形的铜圈，以防雨滴溅失和筒口变形。承水器有两种：一是带漏斗的承雨器，另一种不带漏斗的承雪器。外筒内放储水瓶，以收集降水量。量杯为一特制的有刻度的专用量杯，其口径和刻度与雨量筒口径成一定比例关系，量杯有100分度，每1分度等于雨量筒内水深0.1mm。

2.4.2.2 虹吸式雨量计

虹吸式雨量计是用来连续记录液体降水的自记仪器，它由承水器（通常口径为20cm）、浮子室、自记钟和虹吸管等组成，见图2.11。

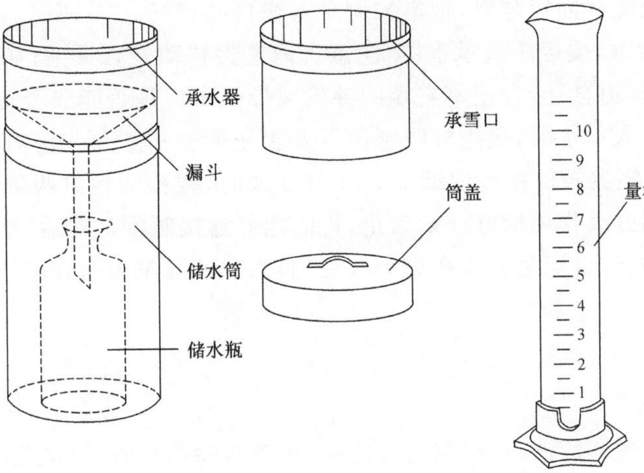

图2.10　雨量器

有降水时,降水从承水器经漏斗进水管引入浮子室。浮子室是一个圆形容器,内装浮子,浮子上固定有直杆与自记笔连接。浮子室外连虹吸管。降水使浮子上升,带动自记笔在钟筒自记纸上划出记录曲线。当自记笔尖升到自记纸刻度的上端(一般为10mm)浮子室内的水恰好上升到虹吸管顶端。虹吸管开始迅速排水,使自记笔尖回到刻度"0"线,又重新开始记录。自记曲线的坡度可以表示降水强度。由于虹吸过程中落入雨量计的降水也随之一起排出,因此,要求虹吸排水时间尽量快,以减少观测误差。

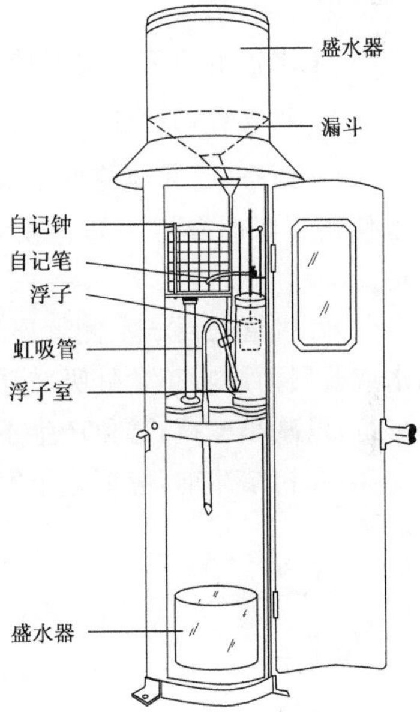

图2.11　虹吸式雨量计

2.4.3　安装

2.4.3.1　雨量器

气象站雨量器安装在观测场内固定架子上。器口保持水平,距地面高70cm。冬季积雪较深地区,应备有一个较高的备份架子。当雪深超过30cm时,应把仪器移至备份架子上进行观测。

单纯测量降水的站点不宜选择在斜坡或建筑物顶部,应尽量选在避风地方。不要太靠近障碍物,最好将雨量仪器安在低矮灌木丛间的空旷地方。

2.4.3.2　虹吸式雨量计

内部机件的安装:先将浮子室安好,使进水管刚好在承水器漏斗的下端;再用螺钉将浮子室固定在座板上;将装好自记纸的钟筒套入钟轴;最后把虹吸管插入浮子室的侧管内,用连接螺帽固定。虹吸管下部放入盛水器。

开始使用前必须按顺序进行调整检查:

(1)调整零点,往承水器里倒水,直到虹吸管排水为止。待排水完毕,自记笔若不停在自记纸零线上，就要拧松笔杆固定螺钉，把笔尖调至零线再固定好。

(2)用 10mm 清水，缓缓注入承水器，注意自记笔尖移动是否灵活；如摩擦太大，要检查浮子顶端的直杆能否自由移动，自记笔右端的导轮或导向卡口是否能顺着支柱自由滑动。

(3)继续将水注入承水器，检查虹吸管位置是否正确。一般可先将虹吸管位置调高些，待 10mm 水加完，自记笔尖停留在自记纸 10mm 刻度线时，拧松固定虹吸管的连接螺帽，将虹吸管轻轻往下插，直到虹吸作用恰好开始为止，再固定好连接螺帽。此后，重复注水和调节几次，务必使虹吸作用开始时自记笔尖指在 10mm 处，排水完毕时笔尖指在零线上。

2.4.4 维护

2.4.4.1 雨量器

(1)经常保持雨量器清洁，每次巡视仪器时，注意清除承水器、储水瓶内的昆虫、尘土、树叶等杂物。

(2)定期检查雨量器的高度、水平，发现不符合要求时应及时纠正；如外筒有漏水现象，应及时修理或撤换。

(3)承水器的刀刃口要保持正圆，避免碰撞变形。

2.4.4.2 虹吸式雨量计

(1)在雨季，每月应将盛水器内的自然排水进行 1～2 次测量，并将结果记在自记纸背面，以备使用资料时参考。如有较大误差且非自然虹吸所造成，则应设法找出原因，进行调整或修理。

(2)虹吸管与浮子室侧管连接处应紧密衔接，虹吸管内壁和浮子室内不得黏附油污，以防漏水或漏气而影响正常虹吸。浮子直杆与浮子室顶盖上的直柱应保持清洁，无锈蚀；两者应保持平行，以减小摩擦，避免产生不正常记录。

(3)在初结冰前，应把浮子室内的水排尽；冰冻期长的地区，应将内部机件拆回室内保管。

2.5 蒸发

2.5.1 概述

气象站测定的蒸发量是水面(含结冰时)蒸发量，它是指一定口径的蒸发器中，在一定时间间隔内因蒸发而失去的水层深度，以毫米(mm)为单位，取一位小数。

测量蒸发量的仪器有 E－601B 型蒸发器和小型蒸发器。

2.5.2 结构原理

2.5.2.1 E－601B 型蒸发器

E－601B 型蒸发器由蒸发桶、水圈、溢流桶和测针等组成，见图 2.12。

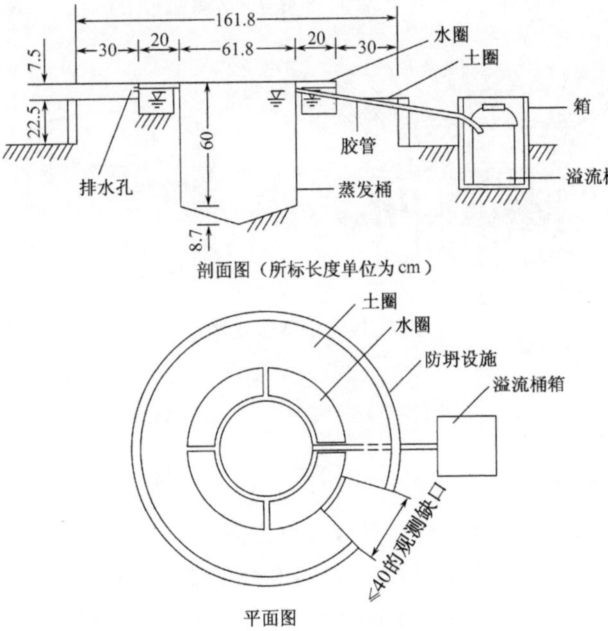

图 2.12　E—601B 型蒸发器

(1)蒸发桶：由白色玻璃钢制作，是一个器口面积为 3000cm²，有圆锥底的圆柱形桶，器口正圆，口缘为内直外斜的刀刃形。器口向下 6.5cm 器壁上设置测针座，座上装有水面指示针，用以指示蒸发桶中水面高度。在桶壁上开有溢流孔，孔的外侧装有溢流嘴，用胶管与溢流桶相连通，以承接因降水较大时从蒸发桶内溢出的水量。

(2)水圈：是安装在蒸发桶外围的环套，材料也是玻璃钢。用以减少太阳辐射及溅水对蒸发观测的影响。它由四个相同的弧形水槽组成。水圈安装时，口缘高度低于桶口 5～6cm。每个水槽的壁上开有排水孔。水圈内的水面应与蒸发桶内的水面接近。

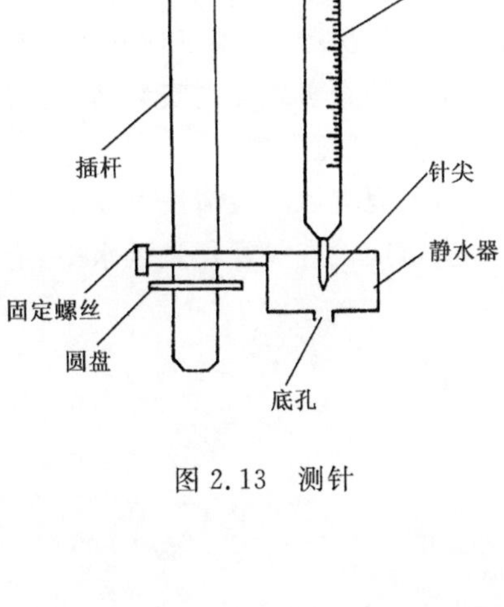

图 2.13　测针

(3)溢流桶：是承接因降水较大时而由蒸发桶溢出的水量的圆柱形盛水器，可用镀锌铁皮或其他不吸水的材料制成。桶的横截面以 300cm² 为宜，溢流桶应放置在带盖的套箱内。

(4)测针：专用于观测蒸发器内水面高度，根据螺旋测微器的原理制成，见图 2.13。

测针读数精确到 0.1mm。测针插杆的杆径与蒸发器上测针座插孔孔径相吻合。观测时使针尖上下移动，对准水面。测针针尖外围还设有静水器，上下调节静水器位置，使底部没入水中。

2.5.2.2　小型蒸发器

小型蒸发器为口径 20cm，高约 10cm 的金属圆盆，口缘镶有内直外斜的刀刃形铜圈，器旁有一倒水小嘴，见图

2.14。为防止鸟兽饮水，器口附有一个上端向外张开成喇叭状的金属丝网圈。

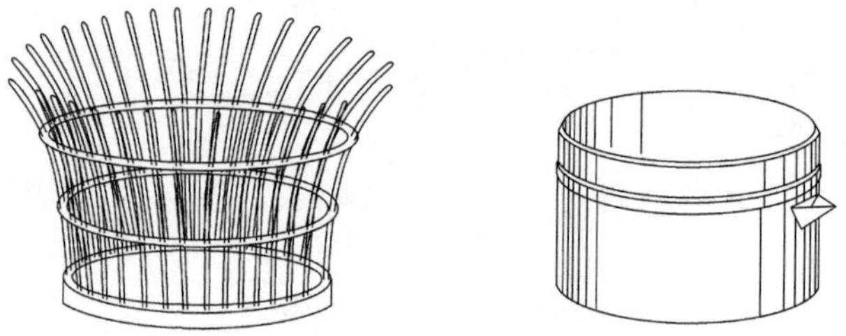

图 2.14　小型蒸发器

2.5.3　安装

2.5.3.1　E—601B 型蒸发器

E—601B 型蒸发器安装在观测场内，具体埋设按图 2.12 尺寸进行。

安装时，力求少挖动原土。蒸发桶放入坑内，必须使器口离地 30cm，并保持水平。桶外壁与坑壁间的空隙，应用原土填回捣实。水圈与蒸发桶必须密合。水圈与地面之间，应取与坑中土壤相接近的土料填筑土圈，其高度应低于蒸发桶口缘约 7.5cm。在土圈外围，还应有防塌设施，可用预制弧形混凝土块拼成，或水泥砌成外围。

2.5.3.2　小型蒸发器

在观测场内的安装地点竖一圆柱，柱顶安一圈架，将蒸发器安放其中。蒸发器口缘保持水平，距地面高度为 70cm。冬季积雪较深地区的安装同雨量器。

2.5.4　维护

(1)E—601B 型蒸发器

蒸发器用水的要求：应尽可能用代表当地自然水体（江、河、湖）的水。在取自然水有困难的地区，也可使用饮用水（井水、自来水）。器内水要保持清洁，水面无漂浮物，水中无小虫及悬浮污物，无青苔，水色无显著改变。一般每月换一次水。蒸发器换水时应清洗蒸发桶，换入水的温度应与原有水的温度相接近。

每年在汛期前后（长期稳定封冻的地区，在开始使用前和停止使用后），应各检查一次蒸发器的渗漏情况等，如果发现问题，应及时进行处理。

定期检查蒸发器的安装情况，如发现高度不准、不水平等，要及时予以纠正。

(2)小型蒸发器

每天观测后均应清洗蒸发器，并换用干净水。冬季结冰期间，可十天换一次水。

应定期检查蒸发器是否水平，有无漏水现象，并及时纠正。

2.6　日照

2.6.1　概述

日照是指太阳在一地实际照射的时数。在一给定时间，日照时数定义为太阳直接辐照度达到或超过 120 瓦/米^2(W/m^2)的那段时间总和，以小时(h)为单位，取一位小数。日照时数也称实照时数。

人工观测日照的仪器有暗筒式日照计、聚焦式日照计。

2.6.2　结构原理

2.6.2.1　暗筒式日照计

暗筒式日照计又称乔唐式日照计，由金属圆筒(底端密闭，筒口带盖，两侧各有一进光小孔，筒内附有压纸夹)、隔光板、纬度盘和支架底座等构成，见图 2.15。它是利用太阳光通过仪器上的小孔射入筒内，使涂有感光剂的日照纸上留下感光迹线来计算日照时数。

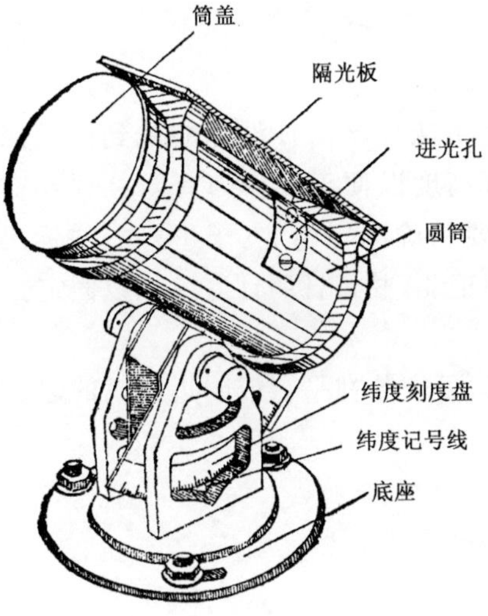

图 2.15　暗筒式日照计

2.6.2.2　聚焦式日照计

聚焦式日照计又称康培司托克式日照计，它由固定在弧型支架两端的实心玻璃球、金属槽(安装自记纸用)、纬度刻度尺和底座等构成，见图 2.16。它是利用太阳经玻璃球聚焦后烧灼日照纸(卡片)留下的焦痕，来记录日照时数的。我国高纬度地区使用这种仪器。

金属槽内有上、中、下三道沟：下面一道，插夏季(4 月 16 日—8 月 31 日)用的长弧形纸片；中间一道，插春、秋季(3 月 1 日—4 月 15 日，9 月 1 日—10 月 15 日)用的直形纸片；上面一道，插冬季(10 月 16 日至翌年 2 月底)用的短弧形纸片。放纸时，12 时的时间线应与槽内中线对齐。

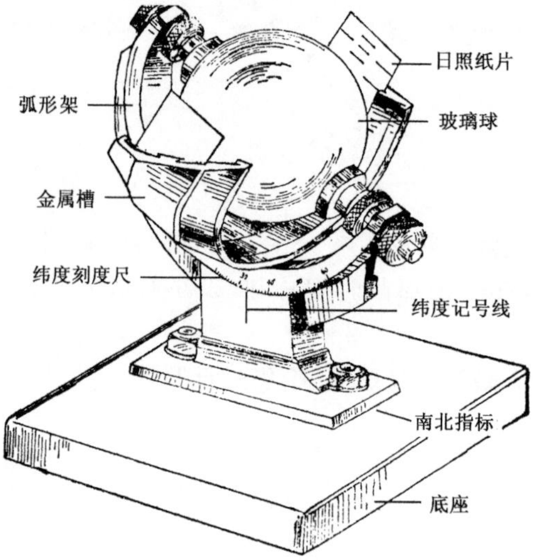

图 2.16 聚焦式日照计

2.6.3 安装

2.6.3.1 暗筒式日照计

日照计要安装在开阔的终年从日出到日没都能受到阳光照射的地方。如安装在观测场内,要先稳固地埋好一根柱子(高度以便于操作为宜),柱顶要安装一块水平而又牢固的台座(比日照计底座稍大),座面上要精确测定南北(子午)线,并标出标记。再把仪器安装在台座上,仪器底座要水平,筒口对准正北,并将日照计底座加以固定。然后,使支架上的纬度线对准当地纬度值。

如果观测场没有适宜地点,可安装在平台或附近较高的建筑物上。

2.6.3.2 聚焦式日照计

安装要求同暗筒式日照计。

2.6.4 维护

2.6.4.1 暗筒式日照计

每月应检查仪器安装情况,仪器的水平、方位、纬度等是否正确,发现问题,及时纠正。日出前检查日照计的小孔,有无小虫、尘沙等堵塞或被露、霜等遮住。

2.6.4.2 聚焦式日照计

每日检查一次,安装的方位、水平、纬度等是否正确。应经常保持玻璃球的清洁,如有灰尘可用麂皮或软布擦净,但不能用粗布等擦拭,以免磨损玻璃球。如玻璃球上蒙有霜、雾凇等冻结物,应在日出前用软布蘸酒精擦除。有降水时,应加上防雨罩,但在降水稀疏且有日照时,应及时去掉。

聚焦式日照计记录与日照纸质量以及天气条件影响甚大。有的日照纸在太阳或蔽或露的多云天气,使日照纸烧灼的焦痕往往比实际日照时数偏多。阴雨天日照纸受潮使焦痕显不出来造成记录偏小。

2.7 地温

2.7.1 概述

下垫面温度和不同深度的土壤温度统称地温。

下垫面温度包括裸露土壤表面的地面温度、草面(或雪面)温度及最高、最低温度。

浅层地温包括离地面 5cm、10cm、15cm、20cm 深度的地中温度。

深层地温包括离地面 40cm、80cm、160cm、320cm 深度的地中温度。

地温以摄氏度(℃)单位，取一位小数。

人工测量地温使用玻璃液体地温表。

2.7.2 结构原理

2.7.2.1 地面温度表

地面温度表(又称 0cm 温度表)、地面最高和最低温度表的构造和原理，与测定空气温度用的温度表相同。

2.7.2.2 曲管温度表

5cm、10cm、15cm、20cm 曲管地温表的结构和原理基本同上，只是表身下部伸长、长度不一，并且在感应部分上端弯折，与表身成 135°夹角。

2.7.2.3 直管温度表

40cm、80cm、160cm、320cm 直管地温表是装在带有铜底帽的管形保护框内，保护框中部有一长孔，使温度表刻度部位显露，便于读数。保护框的顶端连接在一根木棒(或三节棒)上，木棒长度依深度而定。整个木棒和地温表(保护框)又放在一根硬橡胶套管内。木棒顶端有一个金属盖，恰好盖住硬橡胶套管。木棒上几处缠有绒线圈，金属盖内装有毡垫，以阻滞管内空气对流和管内外空气交换，也可防止降水等物落入，见图 2.17。

2.7.3 安装

2.7.3.1 地面温度表

地面和浅层地温的观测地段，设在观测场内南面平整出的裸地上，地段面积为 2m×4m。地表疏松、平整、无草，并与观测场整个地面相平。

地面三支温度表须水平地安放在地段中央偏东的地面，按 0cm、最低、最高的顺序自北向南平行排列，感应部分向东，并使其位于南北向的一条直线上，表间相隔约 5cm；感应部分及表身，一半埋入土中，一半露出地面，见图 2.18。埋入土中部分的感应部分与土壤必须密贴，不可留有空隙；露出地面部分的感应部分和表身，要保持干净。

为了避免观测时践踏土壤，应在地温表北面相距约 40cm 处，顺东西向设置一观测用的栅条式木制踏板。踏板宽约 30cm，长约 100cm。

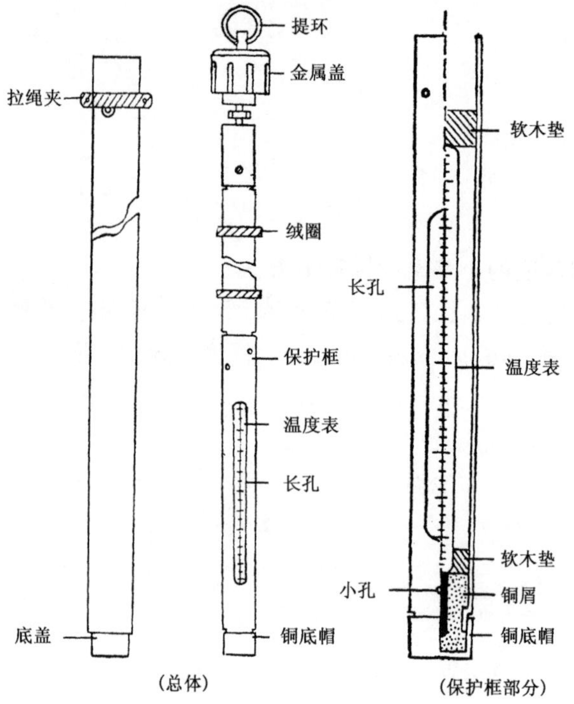

图 2.17 直管地温表

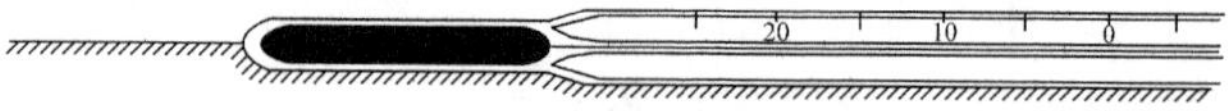

图 2.18 地面温度表

2.7.3.2 曲管温度表

曲管地温表安装在地面最低温度表的西边约 20cm 处，按 5cm、10cm、15cm、20cm 深度顺序由东向西排列，感应部分向北，表间相隔约 10cm；表身与地面成 45°夹角，各表表身应沿东西向排齐，露出地面的表身须用叉形木(竹)架支住，见图 2.19。

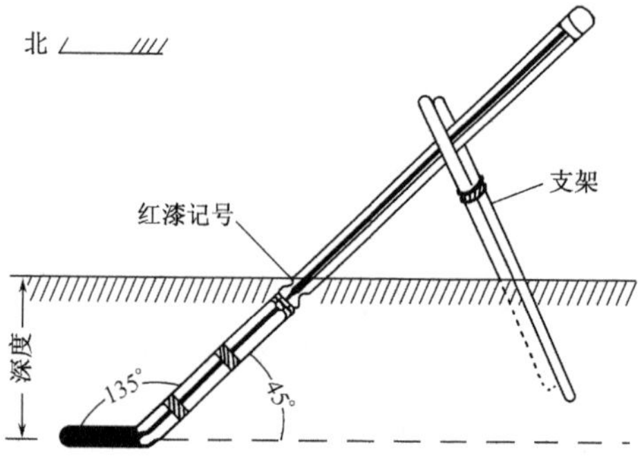

图 2.19 曲管地温表

安装时，须按上述要求，先在地面划出安装位置，然后挖沟。表身露出地面的沟壁(称南壁)呈东西向，长约 40cm，沟壁往下向北倾斜，与沟沿成 45°坡；沟的北壁呈垂直面，北沿距南沿宽约 20cm；沟底为阶梯形，由东至西逐渐加深，每阶距地面垂直深度分别约为 5cm、10cm、15cm、20cm，长约 10cm。沟坡与沟底的土层要压紧。然后安放地温表，使表身背部和感应部分的底部与土层紧贴，各表的深度、角度和距离均符合安装要求，再用土将沟填平。填土时，土层也须适度培紧，使表身与土壤间不留空隙。整个安装过程，运作应轻巧，以免损坏仪器。

为便于正确安装地温表和日后检查深度变化，在安装前用米尺和量角器量准地温表埋置的深度部位，并在表身的相应处做一红漆记号，安装后的土面应与记号平齐。

2.7.3.3　直管温度表

在观测场内南面，标出一块地面有自然覆盖物（草皮或浅草层，不长草的地区除外），面积为 3m×4m 的范围，作为深层地温的观测地段。地段的地面要与观测场其他地面一样平坦，若有洼陷，应及时垫平和植上草层，草层应与观测场上草层同高。

直管地温表安装应自东向西，由浅而深，表间相隔约 50cm，在地段中部排列成一行。应尽量采用钻孔法将直管地温表的套管垂直埋入土中。套管埋放后，要使各表感应部分中心距离地面的深度符合要求，并把管壁四周与土层之间的空隙用细土充填、捣紧。

为了保护地段的草层和有积雪时的积雪层，在地温表北侧约 30cm 处，应设置一个木制观测台架。架宽约 30cm，长度按观测方便而定，高度与地温表外管露出地面的高度相同（无积雪或积雪不深的地方，台架高度可适当放低）。

2.7.4　维护

2.7.4.1　地面温度表和曲管温度表

（1）裸地表土应保持疏松、平整、无草，雨后造成地表板结时，应及时将表土耙松。

（2）必须经常注意地面三支温度表感应部分的安装状态，切实做到一半埋入土中（球部与土壤须密贴），一半露出地面；露出地面部分要保持干净，及时擦拭掉黏附在上面的雨、露、霜、尘土等。每天 20 时观测后和大风、雷雨天气过后，应认真检查一次，保证安装正常。

每月检查一次曲管温度表的安装状况。安装深度、角度超过允许误差时，应立即纠正。

（3）场地有积水或遇有强降水时，为防止地面的三支温度表漂动，可用竹、木或金属丝做成的叉形物叉住表身。

（4）在夏季高温的日子里，为防止地面最低温度表失效，应在早上温度上升后观测一次地面最低，记入观测簿 08 时栏，随后将地面最低温度表收回，并使其感应部分向下，妥善立放室内或于荫蔽处。20 时观测前巡视时再放回原处（游标须经调整）。若遇雷雨天气，因可能有显著降温，应提前将表放回原处，以免漏测最低温度。

（5）在可能降雹之前，为防止损坏地面温度表和曲管地温表，应罩上防雹网罩，雹停后立即取掉。

（6）冬季，为防止潮湿土壤冻结时冻住和损坏地面三支温度表，可事先用等量的凡士林和机油的混合物，涂抹表身贴地的一面；但在调整温度表时，注意勿使表从手中滑脱。

2.7.4.2　直管温度表

（1）经常注意检查直管地温表的套管内有无积水。检查时，可在长棒上缚以吸水物来进行。若发现有水，应及时用竹竿或长棒缚上海绵、棉花等易吸水物反复插入管内将水蘸干。若管内经常积水，则应查明原因，视情况进行修理或更换硬橡胶套管。

(2)每月检查一次地温表安装状况，并经常注意地温表保护框的清洁，特别要清除保护框铜底帽上的泥垢。

2.8 雪深、雪压、冻土、电线积冰

2.8.1 概述

雪深是从积雪表面到地面的垂直深度，以厘米(cm)为单位，取整数；雪压是单位面积上的积雪重量，以克/厘米^2(g/cm^2)为单位，取一位小数。测定雪深用量雪尺或普通米尺；测定雪压用体积量雪器或称雪器。

冻土是指含有水分的土壤因温度下降到0℃或以下而呈冻结的状态。承担冻土观测的气象站，应根据埋入土中的冻土器内水柱结冰的部位和长度，来测定冻结层次及其上限和下限深度。冻土深度以厘米(cm)为单位，取整数，小数四舍五入。

雨凇、雾凇冻附在导线上或湿雪冻结在导线上的现象，称为电线积冰。附着在导线上的霜、干雪花和黏附的雨滴，因气温下降至零下而冻结少量的冰，都不作为电线积冰。

从积冰架上的导线开始形成积冰起，至积冰消失止，称为一次积冰过程。有电线积冰观测任务的气象站，须视机测定每一次积冰过程的最大直径和厚度，以毫米(mm)为单位，取整数。当所测的直径达到以下数值时，尚须测定一次积冰最大重量，以克/米(g/m)为单位，取整数。

电线积冰观测，应在电线积冰架上进行。

2.8.2 结构原理

2.8.2.1 体积量雪器

体积量雪器是测量雪压用的一种仪器，见图2.20。由一内截面积为100cm^{2}的金属筒、小铲、带盖的金属容器和量杯组成。

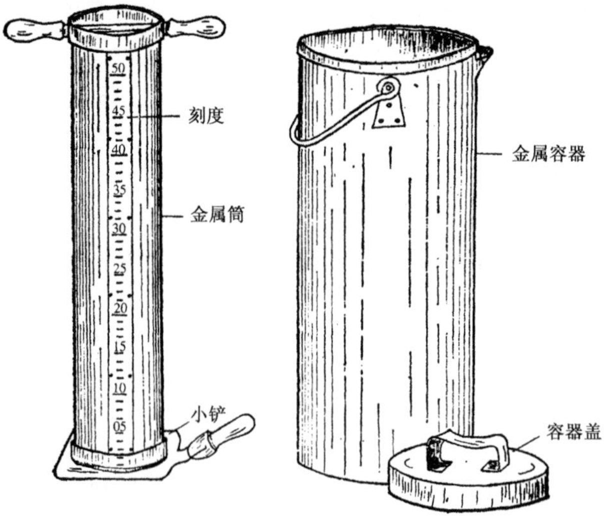

图2.20 体积量雪器

2.8.2.2　称雪器

称雪器是由带盖的圆筒、秤和小铲等组成的一种测量雪压的仪器，见图 2.21。

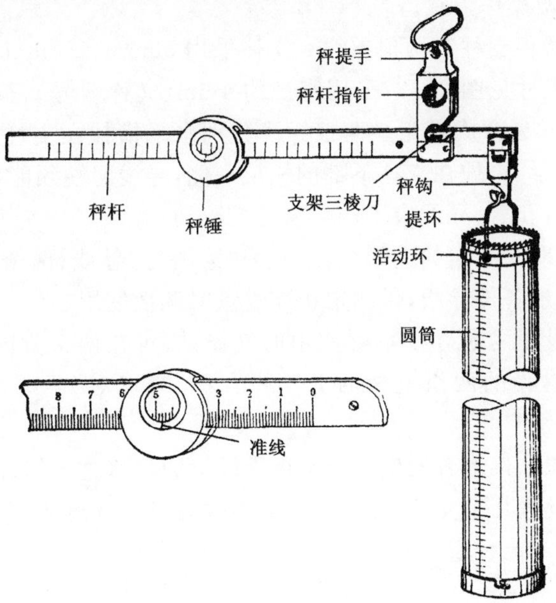

图 2.21　称雪器

2.8.2.3　冻土器

冻土器由外管和内管组成，见图 2.22。外管为一标有 0cm 刻度线的硬橡胶管；内管为一根有 cm 刻度的橡皮管（管内有固定冰用的链子或铜丝、线绳），底端封闭，顶端与短金属管、木棒及铁盖相连。内管中灌注当地干净的水（河水、井水、自来水等）至刻度的 0 线处。

气象站须根据当地可能出现的最大冻土深度，采用长度规格适用的冻土器。

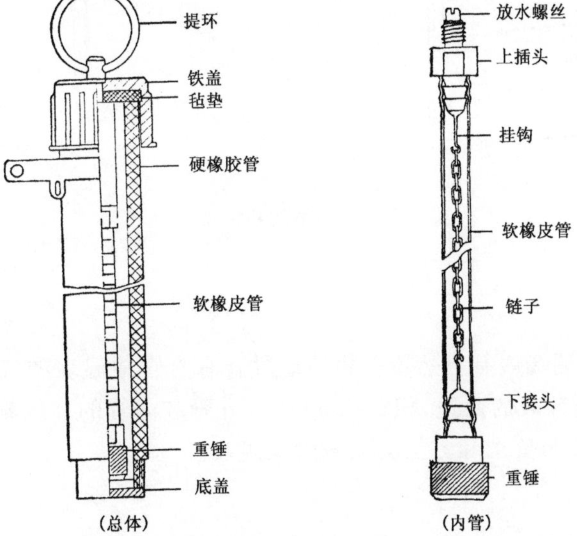

图 2.22　冻土器

2.8.2.4 电线积冰

电线积冰架一般由两组支架组成，一组成南北向，一组成东西向，两组之间距离(150～200cm)以互不影响、方便操作为宜。

每一组支架，包括两根支柱和两根导线。支柱采用 50mm×50mm×5mm 规格的角钢，支架总长约 280cm，具体尺寸见图 2.23，采用直径约 4mm(又称 8 号)、长 100cm 铁(钢)丝作为导线，两端在距端点 5cm 处弯成直角。两根导线分别水平横挂在支柱的上下绊钉上，上绊钉拧在支柱上部的一侧，下绊钉拧在支柱下部的相反一侧，导线两端须能自由地插入绊钉孔中并容易取出，但在插入绊钉孔后，导线应不产生移动或滚动。

南北向支架和东西向支架上的上导线，合称为“第一对”导线；两个方向上的下导线，称为“第二对”导线。应有两根备份导线，供测定积冰重量时调换使用。

在积冰比较严重，设置两对导线不够使用的气象站，可在两个方向上再分别增设一组支架，架设要求同前述。增设的两组支架的上导线合称“第三对”导线，下导线合称“第四对”导线。

在积冰严重地区，积冰架上有发生上下两根导线上的积冰过于靠近、甚至相连情况的气象站，可在两个方向上多设置几组支架，并将每组支架改为只挂置离地 220cm 高的一根导线。

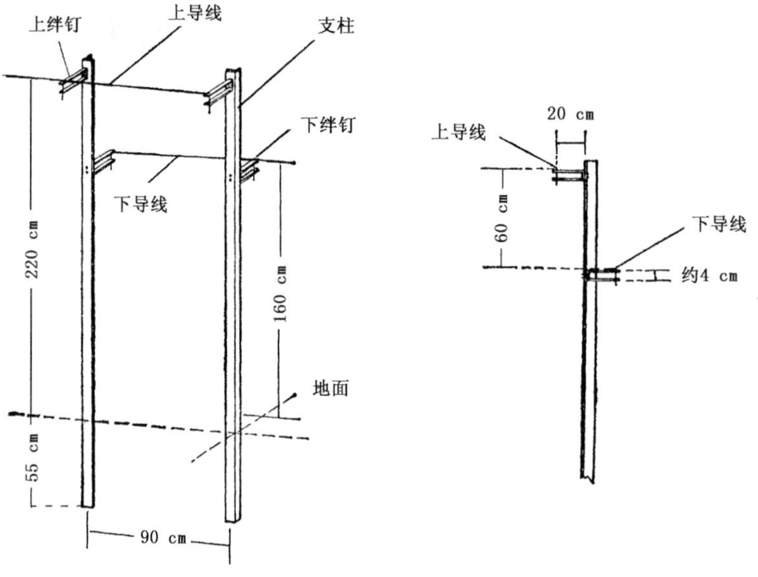

图 2.23 电线积冰架

2.8.3 安装

冻土器应安装在观测场内有自然覆盖物的地段。有直管地温表的气象站，可安装在直管地温场中 320cm 深层地温表的西边，相距约 50cm。外管和内管的 0 线刻度要平齐，并与地表在同一水平面上，其他安装要求和方法均同直管地温表。

2.8.4　维护

2.8.4.1　体积量雪器

每次观测后，必须将仪器擦净，并防止金属筒的刀刃口变形、变钝。

2.8.4.2　称雪器

观测后必须将仪器擦净，秤杆上的两个三棱刀要经常保持清洁，涂油防锈。注意维护锯齿圈，防止变形。

2.8.4.3　冻土器

(1)当内管水量不足时，应及时补充加水。但不能在临近观测前加水，以免水温偏高影响记录。内管灌水时，应注意不能使水柱中遗留气泡。

(2)注意内管是否漏水，管里的链子(铜丝或线绳)是否牢固，若有漏水或不牢固，应及时修复。

(3)勿使降水和其他物体落入外管内，否则应及时清除。

(4)每年使用冻土器前，应注意检查内管、外管的 0 线与地面是否齐平。若产生位移，应在土壤冻结前调整好。冻土期结束后，应将内管的水放掉，晾干，收回室内妥善保管；外管口用不渗水的物品包扎牢。

(5)在冻结较深的地区，为提取内管和观测的方便，可在靠近冻土器的东北侧设一吊架供观测时吊取内管用。

2.8.4.4　电线积冰

(1)每年非积冰季节，应将绊钉、导线和合页箱等金属器械、工具擦干净，适当涂油，防止锈蚀。在积冰季节临近前，再把积冰架等各项用具检查擦拭一次，并安装好导线。

(2)为防止积冰时导线在绊钉孔中冻住，可事先在绊钉孔内外和导线两端的插入段上，涂上一些油脂(用机械油和凡士林油等量混合配制)。但要注意切勿把油脂沾到导线的水平段上，以免影响积冰的形成。

(3)在积冰过程中，为了勿使支柱上的积冰影响导线上积冰的发展与变化，可视具体情况，适当刮除附着在支柱上的积冰物。

复习思考题

1. 雨量器器口变形或安装不水平，对降水测量有什么影响？
2. 试述轻便风向风速表的观测与维护。
3. 试述虹吸式雨量计的工作原理，如何对其进行精度的调整和维护？
4. 简述最高温度表的工作原理。
5. 试述动槽式水银气压表的维护和维修。

参考文献

崔讲学. 2011. 地面气象观测. 北京：气象出版社.
王振会，等. 2011. 大气探测学. 北京：气象出版社.
中国气象局. 2003. 地面气象观测规范. 北京：气象出版社.

第3章 自动气象站

内容提要

本章介绍了自动气象站系统结构、主要功能以及故障处理。重点阐述了采集器、传感器、自动气象站的结构原理、仪器安装和常见故障的处理,介绍了有关软件的安装及设置、自动气象站运行监控等内容。

3.1 概述

自动气象站,是指能按设定的要求,对多种气象要素自动进行采集、处理、存储和传输的地面气象观测设备,可以减少观测人员的地面观测工作量,提高观测时效和质量。自20世纪80年代以来,芬兰、美国、日本等许多国家的地面气象观测网中就已普遍采用了自动气象站。我国在业务上最早使用的自动气象站是1986年从日本和美国引进的,安装在泰山等5个站。1992年引进了25套意大利自动站,安装在黄河沿线的气象站,1999年引进了34套芬兰Vaisala的MILOS500型自动站,布设到青海省,进行业务组网观测。我国自主研制自动站始于20世纪60年代。1991年研制出有线遥测自动气象站样机,经多年试验和业务考核,1999年开始投入使用,2003年正式纳入业务运行,陆续配备到国家级气象站。21世纪初,区域自动气象站迅速发展,多种类型的单要素、2要素和多要素自动气象站大量布设到中尺度灾害性天气监测网。2008年中国气象局制定了"第二代自动气象站功能规格书"(后改为新型自动气象站),统一了自动气象站的设计要求,在国家级地面气象观测业务中使用的自动气象站逐步实现了升级换代。

自动气象站在我国已运行近十年,气象工作者积累了丰富的经验,同时也发现尽管国产的自动气象站发展迅速,但气象传感器的技术水平较低,距世界先进水平还有一定的差距。传统自动气象站的结构为集中式,系统开放性不高,不同型号的传感器对应不同的数据采集器,各厂家之间标准不统一。维修或增加传感器都必须对自动气象站重新进行校准标定,过程复杂,不符合我国气象发展战略研究中综合气象观测系统工程的发展要求。同时国产自动气象站所采用的数据采集器大多与相应的自动气象站配套使用,当需要扩充自动气象站观测功能,增加新的气象要素传感器时,不能直接进行升级,必须更换,从而造成重复建设和资源浪费。

与国产自动气象站相比,国外的自动气象站可以根据用户的不同需求增减传感器的种类和数量,实际操作简便。采用通用的数据传输格式,用户能自由配置数据的输出格式。基本满足世界各国各种业务应用的需要;同时设备具有良好的防护措施,能够适用于各种复杂环境。

在装备使用的机动性、操作的便捷性、维修的快捷性、恶劣环境的适应性等方面都做得较好。

由此可见，要进一步提升我国地面气象观测的自动化水平，升级自动气象站和提升国产传感器的生产水平是关键。在对自动气象站进行改造和升级换代时，应当以丰富的经验为基础，以实际业务需求为参考，研制国际领先的自动气象站和气象传感器，使我国的新一代自动气象站能够进入世界一流的行列。

3.1.1　系统结构

(1)自动气象站

自动气象站一般由传感器、数据采集器、主控微机、显示打印系统和供电系统等部分组成，传感器包括有温湿度传感器、气压传感器、风向风速传感器和降水传感器等。自动气象站将各要素传感器所测要素的量值以各种电信号(模拟信号和数字信号)的形式传入或数据采集器；数据采集器采集各传感器信号，并对信号进行处理，通过一根通信电缆与主控机进行通信；主控微机接收数据采集器传送来的数据信号，并通过终端软件按地面气象观测规范的要求，实施地面气象观测业务工作，其系统结构见图 3.1。

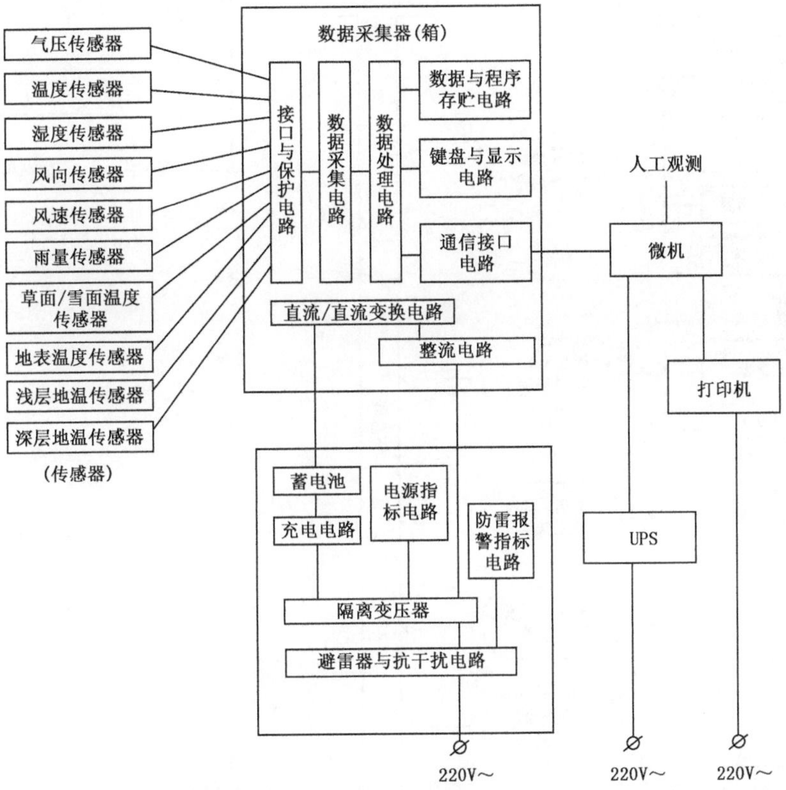

图 3.1　自动气象站系统结构图

(2)新型自动气象站

新型自动气象站采用了最先进的嵌入式系统技术和外部现场总线技术，采用的是“主采集器＋外部总线＋分采集器＋传感器＋外围设备”的结构设计方式。硬件部分包括：采集器(1

个主采集器和若干个分采集器)、外部总线、传感器、外围设备四部分;其系统结构见图 3.2。

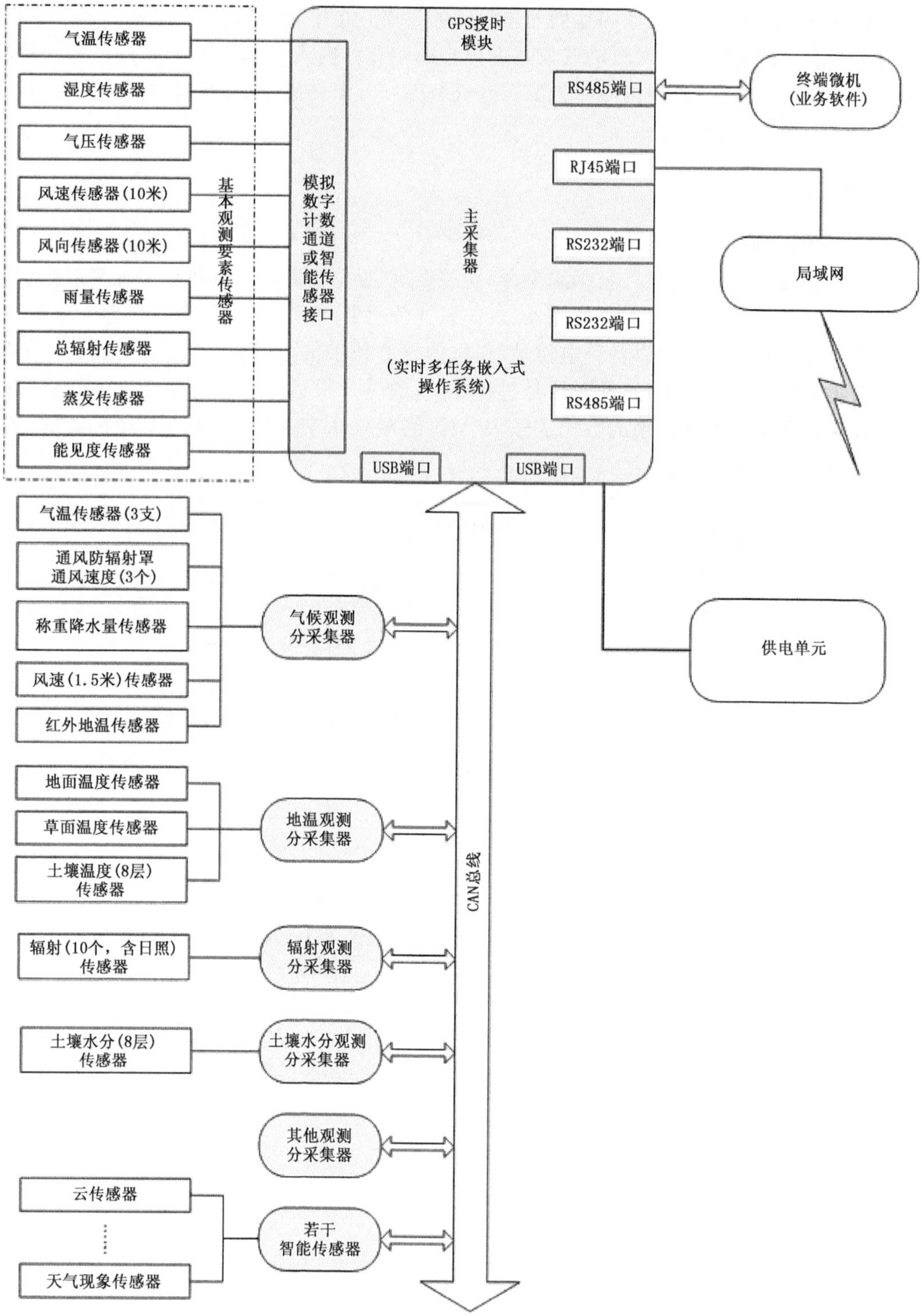

图 3.2 新型自动气象站系统结构图

3.1.2　主要功能

(1)数据采集

自动气象站的数据采集功能就是采集要观测的气象要素值。通常是由传感器将气象要素量(如气温)感应转换成一种电参量信号(电压、电流等),再由采集器按一定的采集速率(假设1 秒钟采集 1 次)获得代表这个采集时刻气象要素量(气温)的电信号值(电压或电流采集值)。

(2)数据处理

自动气象站的数据处理功能就是将采集到的代表气象要素量(如气温)的电信号值(电压或电流采集值)经运算处理转换成要观测的气象要素值(如气温采样值和气温观测值)。这种运算处理一般包括测量、计数、累加、平均、公式运算、线性处理、选极值等。这种运算处理都由采集器完成。

接有微机终端的自动气象站将观测数据传输给微机终端后,可通过微机终端的业务软件对观测数据作进一步的业务处理(如数据显示、存储和质量控制、编发气象报告、编制气象报表等)。

(3)数据存储

自动气象站的数据存储功能是将经数据处理获得的各气象要素采样值和气象要素观测值按规定的数据格式存储在存储器内。该存储器包括容量有限的内部存储器和通过采集器存储卡接口连接的大容量外接存储卡。

接有微机终端的自动气象站将观测数据传送给微机终端后,观测数据可存入微机终端的存储器内。

自动气象站的存储是实时存储;微机终端的存储可以是非实时存储,即由于某种原因使微机终端有段时间未能存取数据时,事后微机终端可通过调取所需的数据再补充进行数据存储。

(4)数据传输

自动气象站的数据传输功能就是将各种观测数据按照规定的格式编制成数据文件、报文,通过采集器通信接口将观测数据传送给连接的终端设备,也可经连接的各种通信传输设备传送给指定的用户。

(5)数据质量控制

数据质量控制功能是为保证观测数据质量,采集器所要完成的观测数据差错检测和标示工作,一般包括采样值的质量控制和观测值的质量控制。通常是检查数据的合理性和一致性,再根据检查的结果对被检查的数据按规定的条件做出取舍和标示处理。

3.1.3　故障处理

设备故障,一般是指设备或系统在使用中丧失或降低其规定功能的现象。

自动气象站是为满足常规气象要素观测而配备的设备,由于其结构复杂,自动化程度高,各部分、各系统的联系紧密,只要设备出现故障,都有可能会影响到台站的测报工作。因此,探索故障发生的规律,对故障进行记录,对故障机理进行分析,以采取有效的措施控制故障的发生。

当自动气象站出现故障时,应按照故障分析、判断的基本原则和方法,进行合理的排查。

3.1.3.1 故障分析和判断的基本原则

(1)安全原则

需要插拔电源时,请牢记:采集器、后备电源、计算机、UPS、打印机均与市电相接,插拔电源插头时,注意安全。

(2)逻辑原则

逻辑原则指依据电路原理分析的原则。

例如,某一气象要素值超差或明显不正常,大部分是相应的传感器或连接线路故障,不太可能是采集器产生故障,更不太可能是计算机或电源故障造成。

反之,采集器没有显示时,请首先检查电源系统;若采集器显示不正常,出现乱码或者状态灯闪烁不正常,这多半是采集器故障。软件引起的故障可用清零的方法试图解决,清零无效时,可能是采集器硬件有问题。

要进行充分的分析,列出众多的故障可能性,找出最符合逻辑即最符合电路原理的故障原因,从而判别故障部位。

(3)分解原则

自动气象站系统的组件很多,有时,分析的结果可能是多个原因和多个组件产生的故障,在这种情况下,就要断开部分连接线,把自动气象站系统分成几个部分,缩小范围进一步检查分析。

在自动气象站的设备组成示意图中,把数据采集器与计算机间的信号线断开,自动气象站就被拆成采集系统、计算机系统两个独立系统。

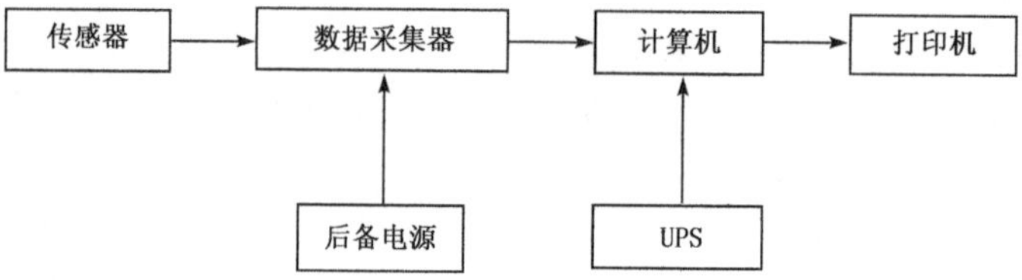

图 3.3 自动气象站系统组成示意图

在计算机系统中,把计算机和 UPS 断开,可分别查找计算机和 UPS 的故障。

在采集系统中,可以把后备电源断开,用市电直接对采集器供电,这样就可以在采集器和传感器这个范围内查找故障。

如果把采集器与传感器断开,则可进一步缩小判别故障的区域,故障部位可被锁定在传感器和连接导线处的区域。

例如,有的台站因遭受雷击使自动气象站出现多处故障现象,这时可以把自动气象站分拆成单个有独立功能的小系统,多处故障现象将被分散在几个小系统中,相对独立的因果关系使故障判别变得简单。

(4)替代原则

依据电路原理进行分析,可大体上分析出故障部位。简单而又可行的方法是用好的组件替代坏的组件。此时,若故障现象消失,则替代成功,说明分析判断正确。

注意:替代时,必须切断电源,严禁带电操作,以免损坏自动气象站设备。

3.1.3.2 故障分析和判断的基本方法

(1)替代的方法

依据电路原理图,进行逻辑分析,确定故障部位。用好的组件替代坏的组件,故障现象消失,则说明分析判断正确。

(2)测量的方法

如果台站没有备用组件,此时,可用万用表测量关键测试点电信号参数,分析判断出可能出现故障的组件。

测量电信号参数时,一般使用万用表,请注意万用表的挡位、量程和极性。

3.2 采集器

3.2.1 工作原理

数据采集器是自动气象站的核心。采集器从传感器采集数据,然后由内部的微处理器按照规定的算法进行运算处理和质量控制,生成各气象要素的观测值,再以规定的数据格式将这些观测值存储在存储器内,并能按照规定响应传输要求。见图3.4。

数据采集器以CPU为核心,配置有存储电路、通信电路、模数转换(A/D)电路、输入通道多路模拟开关控制电路、通道量程控制电路、通道测量类型控制电路、通道激励源控制电路、主运算放大器、数字量信号输入/输出锁存电路、计数器电路、电源控制电路等。

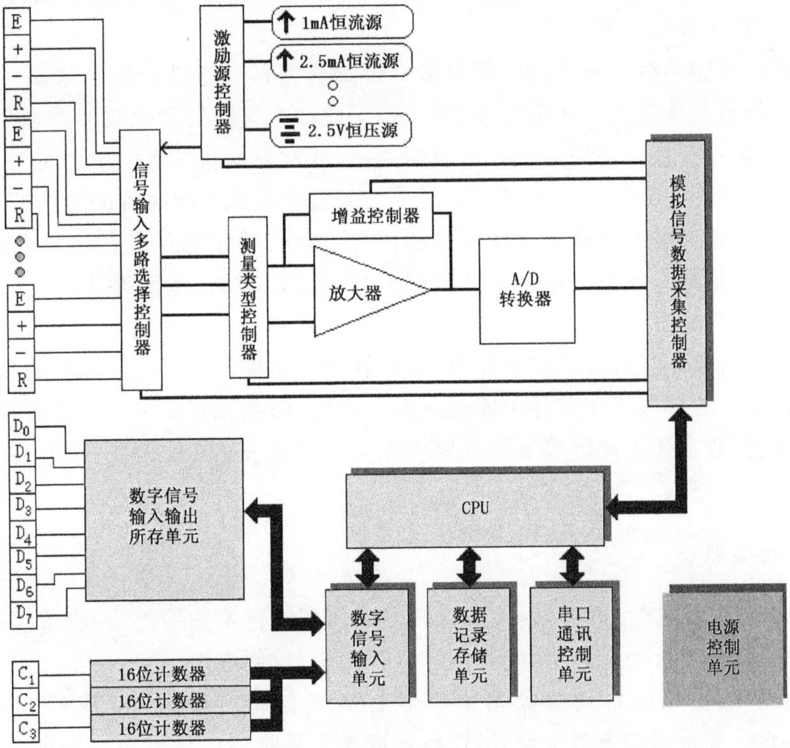

图3.4 采集器组成框图

(1)数据采集通道

传感器的输出信号通过信号输入通道接入数据采集器,根据传感器输出信号的不同,接入相应类型的通道,一般对于通用的采集器来说,输入通道分为三种类型,即:模拟通道、数字通道和计数通道。

模拟通道:模拟通道可以用于采集模拟电压、电路、电阻和频率信号。一般一个模拟通道,有四个输入端子:参考地、激励源输出和差分输入端。一个模拟通道可以采集两个单端输入的电压信号和电流信号;采集一个双端输入的电压信号;以及四线制热电阻的测量等等。模拟通道的测量组合十分丰富,可根据实际的测量需要变换。对于气象要素传感器而言,温度传感器输出为热电阻信号;湿度传感器输出为电压信号;风向传感器(天津厂)输出为模拟电压信号或数字信号;辐射传感器输出为毫伏级的电压信号;气压传感器输出信号为电压或频率信号;蒸发传感器输出为电流或电压信号。

数字通道:数字通道可以用于采集开关量数字信号、数字电平信号以及输出控制信号。对于气象传感器,只有风向传感器输出信号是数字电平信号,即格雷码信号,一般是六位或七位格雷码。由于格雷码占用的位数比较多,所以现在应用的更多是模拟信号输出的风向传感器。

计数通道:计数通道可以用于采集处理脉冲频率信号的计数,处理方式包括:计数处理或频率采样,一般一个计数通道对应一个14位~16位的二进制计数器,计数器可以对脉冲信号进行计数测量。风速传感器输出的信号是最典型的脉冲信号,另外,雨量传感器输出信号在经过整形之后也是低速的脉冲信号。所以风速和雨量数据采集要各占一个计数通道。

(2)数据采集软件

采集软件是在采集器内部运行,用于完成气象观测数据的采集、质量控制、数据处理、数据存储、运行状态检测和观测数据传送。

采集器要以设定的时序和时间间隔对多个传感器测量通道进行数据采集,并对采集到的多个气象要素信息按规定的算法进行加工处理,形成多个气象要素观测数据,并执行外部发送来的命令,进行数据交换。要完成这样的观测过程,通常采集软件将由一个实时多任务操作系统和能完成具体处理任务的软件组成。实时多任务操作系统按照时钟的节拍调度和管理任务的运行;应用软件则在实时多任务操作系统的调度下执行确定的任务。通过采集软件的这种运行过程,实现采集器对各个气象要素的数据采集、处理、存储、传输等功能,完成地面气象观测业务。

为了使自动气象站具有升级扩充能力,采集软件应能提供一个比较灵活的软件环境,即对一些系统配置设定的参数不在软件中固定成不可修改,而是设置成可按需要进行修改的设定;另外在内存设置、数字代码设定等方面也要事先考虑到未来扩充的需要,留有一定的余量作为扩充空间。

3.2.2 采集器维护

为保证自动气象站能良好地运行,应定期对采集器进行维护检查,一般每月进行一次。如遇灾害性天气,应及时检查采集器,随时了解运行状态,以便维修。

我国气象系统使用的自动气象站采集器有新型自动气象站、CAWS600、DYYZ、DZZ、ZQZ和Milos500等系列二十多个型号,这些不同类型采集器的维护方法类似,主要分安装在室内还是室外两种情况来进行维护。

(1)安装在室内的采集器维护方法

江苏省无线电科学研究所有限公司生产的 ZQZ－CⅡ型自动气象站，长春气象仪器厂生产的 DYYZ－ⅡA 和 DYYZ－ⅡB 自动气象站采集器安装在室内，这 3 种采集器的维护方法如下。

保持采集器的整洁，上面无覆盖物；

不要随意搬动，以免拉松后面板上的接线；

不要随意操作后面板上的电源开关、0—1 开关和前面板上的复位键，以免形成误操作；

每天都要察看采集器状态灯显示是否正常，发现问题，要及时处理；

保证计算机时间准确，发现采集器数据异常应及时对采集器复位，如果复位不能解决问题，应对采集器内存进行清除；

每周将数据采集软件和计算机关闭一次；

每年春季应按照《自动气象站场室防雷技术规范》(QX 30—2004)对场室防雷设施进行全面检查，对采集器接地电阻进行复测；

每两年对自动气象站整机进行 1 次现场检查、校准，校准方法严格按照中国气象局自动气象站校准方法进行。

(2)安装在室外的采集器维护方法

各厂家生产的新型自动气象站、中国华云公司生产的 CAWS600B(S)、CAWS600SE 和 CAWS600BS－N 型自动气象站，中环天仪股份有限公司(天津气象仪器厂)生产的 DZZ2 型自动气象站、Milos500 及各种 2 要素、4 要素、6 要素区域自动气象站的采集器都安装在室外，因此采集器箱的防水工作非常重要。

大气监测自动化系统自动气象站应该每月检查采集器箱的防水状况，其他维护方法参照安装在室内的采集器维护方法进行。

(3)区域自动气象站采集器维护方法

汛期每 1～2 个月，非汛期每 3～4 个月到现场对自动气象站例行维护一次；

保持采集器的整洁，内外干净、干燥，上面无覆盖物；

每年春季应按照《自动气象站场室防雷技术规范》(QX 30—2004)对采集器接地电阻进行复测。

不要带电插拔各种接线端子，不要带电撤换或安装传感器。

3.3　传感器

3.3.1　传感器概述

(1)传感器的组成

传感器是指能感受规定的被测量并按照一定的规律转换成可用输出信号的器件或装置。见图 3.5。

由于电信号便于测量、传输、变换、存储和处理，因此，气象传感器一般为电信号输出。输出的电信号通常有：电压、电阻、电容、电流、频率等。

气象传感器是直接从信号源(大气中)获得信息的前沿装置，传感器是否准确、可靠是影响自动气象站观测结果的关键。

传感器的组成：传感器一般由敏感元件、变换元件组成。变换元件也称为变换器。有时将变换器也作为传感器的一部分。

敏感元件：直接感受（响应）被测量，并输出与被测量成确定关系的电的或非电的信号的元件。

变换器：接受敏感元件输出的信号，转换成标准电信号输出的元件。

并非所有传感器都包括敏感元件和变换器两部分，例如热敏电阻将被测量温度直接转换成电阻输出，因此，热敏电阻同时兼有变换器的功能。

传统的传感器，变换器是单独的一部分，而新型固态电路传感器常将变换器与敏感元件集成在一块半导体芯片上。

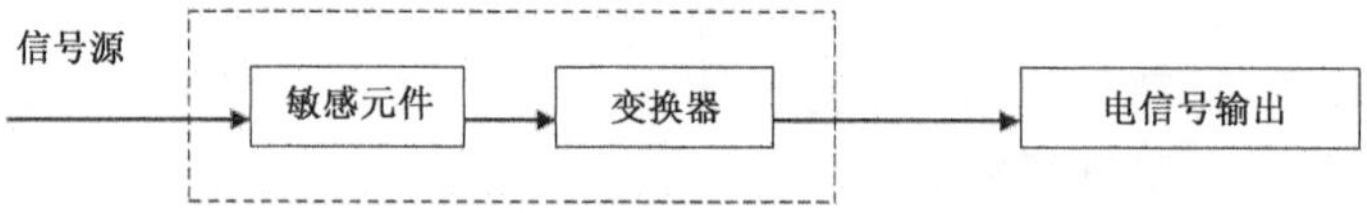

图 3.5 传感器的组成

(2)自动气象站常用传感器信号变换原理

光/电、电/磁： 风速、风向、雨量

机/电： 气压

电容： 湿度、感雨、气压

电阻： 温度

热电偶： 辐射

超声波： 风、蒸发等

光学测量： 能见度仪、云高等

(3)传感器的种类

传感器可分为模拟传感器、数字传感器和智能传感器三种类型。

模拟传感器：是将感应到的气象要素值转换成电阻、电容、电压等模拟信号输出的传感器。

数字传感器：是将感应的被测气象要素值转换成脉冲或频率等串行计数信号或并行数字电码信号输出的传感器。

智能传感器：是一种带有微处理器的传感器，具有一定的采集和处理功能，能直接输出被测要素的采样值或观测值。

(4)传感器的特性

1)线性度

理想情况下，输出与输入应该为直线关系，线性的特征便于显示、记录和数据处理。但通常传感器的输出与输入关系并非直线，一般可以用多项式方程确定

$$y = a_0 + a_1 x_1 + a_2 x_2 + ... + a_n x_n \tag{3.1}$$

式中，a_0 为零位输出；a_1 为传感器的灵敏度；$a_2,\cdots,a_n$ 为非线性特定系数。

实际应用中，若非线性项方次不高或非线性项的系数很小，且输入量程不大时，常用一条称为拟合直线的割线或切线来代替实际的特性曲线。但更多的是使用变换器使之线性化，或用计算机直接计算。

2)灵敏度

传感器在稳态工作时,输出量变化值与相应的输入量变化值之比,称为传感器的灵敏度 K

$$K = \frac{\Delta x}{\Delta y} \tag{3.2}$$

3)响应时间

通常传感器用来测量某一被测参数时,都不能立即响应参数的真实情况,它总是逐渐接近被测参数的真实情况,这种滞后现象被称为传感器的滞后性或惯性。

4)分辨率

传感器测量时能给出被测量量值的最小间隔。

5)量程

传感器测量时能给出被测量值的最大范围。

6)漂移

传感器特性发生变化称为漂移,一般分为时漂和温漂两种。

时漂是指当输入量不变时,传感器输出量在规定的时间内发生的变化。

温漂是外界环境温度变化引起传感器输出量的变化。温漂又分零点漂移与特性(例如灵敏度)漂移。

3.3.2　气温和湿度传感器

3.3.2.1　结构原理和技术规格

气温的测量一般用铂电阻传感器,湿度的测量一般用湿敏电容传感器。

(1)铂电阻温度传感器

1)结构原理

铂电阻温度传感器是根据铂电阻的电阻值随温度变化的原理来测定温度的(图 3.6)。铂电阻丝烧制在细小的石英棒或磁板上,外面有金属保护管。铂电阻在 0℃时的电阻值 R_0 为 100Ω,以 0℃作为基点温度,在温度 t 时的电阻值 R_t 为

$$R_t = R_0(1 + at + bt^2) \tag{3.3}$$

式中,a、b 为系数。经标定,可以求出其值。

或采用下面的方法计算温度值:

测 V_1、V_2 值即可求得 R_t

$$R_t = R_0(V_1/V_2) \tag{3.4}$$

温度计算公式为

$$t = A + B \cdot R_t + C \cdot R_t^2 \tag{3.5}$$

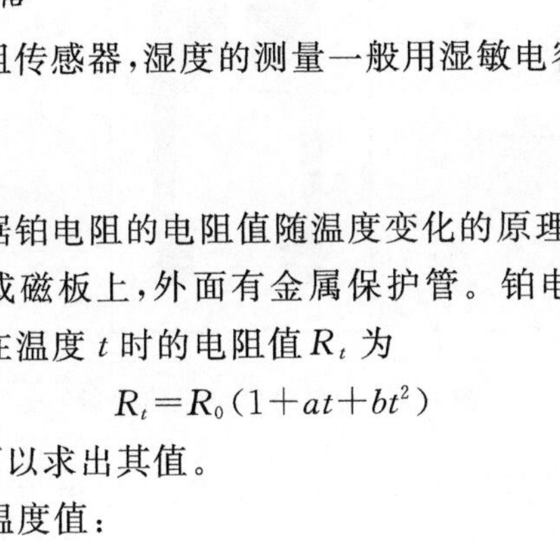

图 3.6　温度测量原理图

2)技术规格

HMP45D：

输出： 标准4线制测温铂电阻

测量范围： －50～＋60℃

灵敏度： 0.385Ω/℃

准确度： 优于＋0.08℃(0℃时)

元件类型： Pt100

HMP45A：

测量范围： －39.2～＋60℃

输出： －40～＋60℃，对应0～1VDC

精度(＋20℃)： ±0.2℃

元件类型： Pt1000

(2)湿敏电容湿度传感器

1)结构原理

湿敏电容湿度传感器是用有机高分子膜作介质的一种小型电容器(图3.7)。

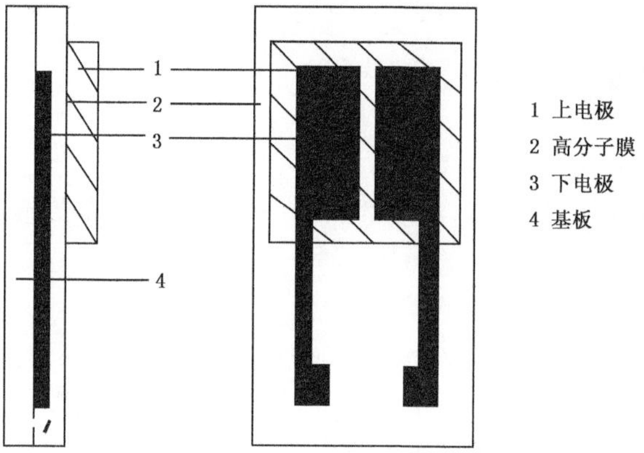

图3.7 湿敏电容湿度传感器

湿敏电容器上电极是一层多孔金膜，能透过水汽；下电极为一对刀状或梳状电极，引线由下电极引出。基板是玻璃。整个感应器是由两个小电容器串联组成。

传感器置于空气中，当空气中水汽透过上电极进入介电层，介电层吸收水汽后，介电系数发生变化，导致电容器电容量发生变化。电容量的变化正比于相对湿度。

2)技术规格

测量范围 0.8%RH～100%RH

输出标度 0～100%RH等于0～1VDC

＋20℃时准确度(包括非线性和滞后误差)：

对照工厂的标准 ±1%RH

对照外场校准的标准 ±2%RH(0～90%RH)

±3%RH(90%RH～100%RH)

长期稳定性 优于±1%RH/a

温度依赖性　±0.05%RH/℃
+20℃时响应时间(90%)带薄膜滤器 15s
工作温度范围　−40～+60℃
存储温度范围　−40～+80℃
供电电压　7～35VDC
稳定时间　500ms

目前我国气象部门地面气象观测网内自动气象站上使用的测量气温和相对湿度的传感器为芬兰 Vaisala 公司生产的 HMP45D/45A 温湿度传感器、DWHC2 型温湿度传感器。

(3)HMP45D 型温湿度传感器

1)工作原理

HMP45D 型温湿度传感器可以和数据记录仪、实验室设备和气象站等各种仪器匹配使用。传感器接口简易方便,便于维护。温度和湿度感应元件装在传感器头部带有滤膜的保护罩内,见图 3.8 和图 3.9。

HMP45A 和 HMP45D 温湿传感器用来同时测量空气温度和相对湿度。测湿元件是聚合物薄膜电容传感器 HUMICAP180。测温元件是铂电阻传感器(Pt100 和 Pt1000)。感应部件位于传感器杆顶端保护罩内。HMP45A 和 HMP45D 湿度输出相同,但对于温度输出 HMP45A 为有源输出(电压 0～1V),HMP45D 为无源输出(电阻 Pt100)。

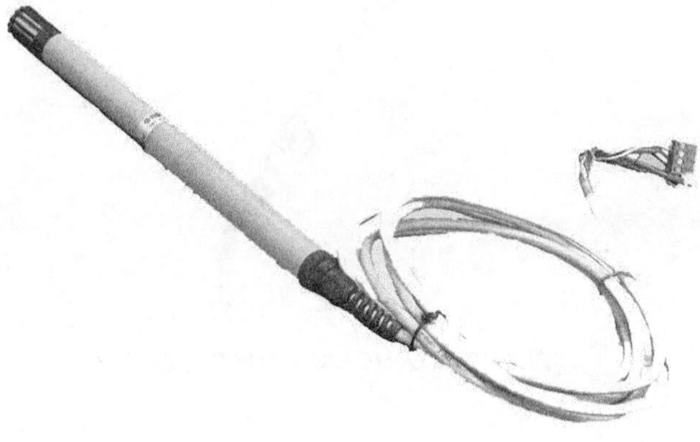

图 3.8　HMP45D 温湿度传感器

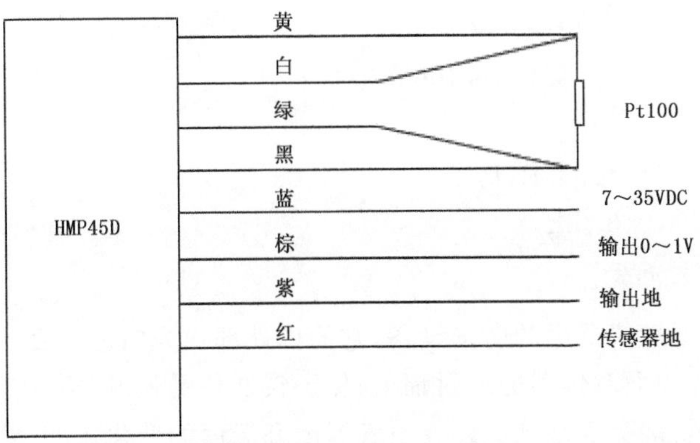

图 3.9　温湿度传感器接线图

2)技术规格

工作温度范围	－50～＋60℃
贮存温度范围	－40～＋80℃
供电	7～35VDC
功耗	＜4 mA
输出负载	＞10kΩ
重量	350 g
电缆长度	3.5 m

(4)DWHC2 型温湿度传感器

1)工作原理

DWHC2 型温湿度传感器可以和数据记录仪,实验室设备和气象站等各种仪器匹配使用。传感器接口简易方便,便于维护。

DWHC2 探头配备新型 HygroClip 传感器。传感器应用范围广,具有 100％可互换性、高湿环境下精度高、良好的长期稳定性。不易受灰尘、化学气体等环境因素的影响。见图 3.10。

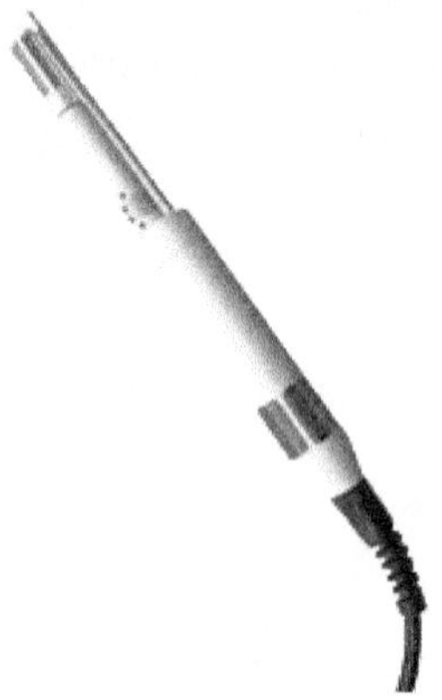

图 3.10 DWHC2 型温湿度传感器

2)技术规格

工作电压	5～12VDC
工作温度	－40～＋60℃
温度测量范围	－40～＋60℃
湿度测量范围	0.8％RH～100％RH
温度最大允许误差	±0.2℃
湿度最大允许误差	±3％RH
电缆长度	3.5m

3.3.2.2 温湿度传感器安装

百叶箱是安装温、湿度仪器用的防护设备,它的内外部均为白色。百叶箱的作用是防止太阳对仪器的直接辐射和地面对仪器的反射辐射,保护仪器免受强风、雨、雪等的影响,并使仪器感应部分有适当的通风,能真实地感应外界空气温度和温度的变化。

百叶箱通常由木质或玻璃钢两种材料制成，箱壁两排叶片与水平面的夹角约为 45°，成“人”字形，箱底为中间一块稍高的三块平板，箱顶为两层平板，上层稍向后倾斜。

百叶箱内部高 612mm、宽 460mm、深 460mm，用于安装温度计、湿度计或铂电阻温度传感器和湿敏电容湿度传感器。

(1)百叶箱基础要求

底座基础应为长 600mm，宽 600 mm，深 500mm；将地脚螺栓同时浇注在混凝土中（或者用膨胀螺丝固定），并使其顶部高出混凝土表面 80mm。混凝土表面应与地面平行。在百叶箱基础的中央位置应事先预埋入直径为 50mm 的 PVC 管，从水泥基础的底部通向地沟，预留穿线用。见图 3.11。

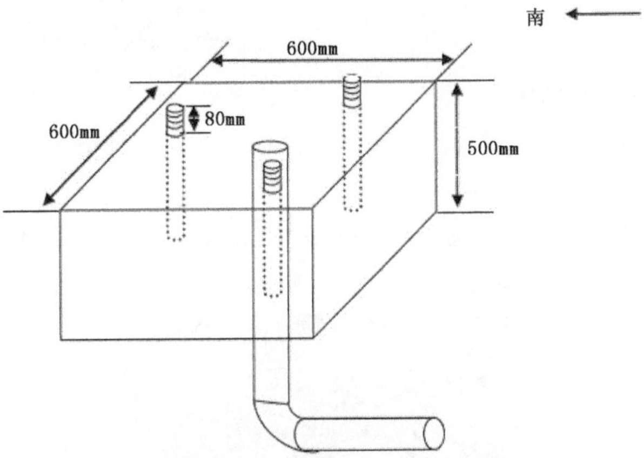

图 3.11　百叶箱基础

(2)温湿度传感器安装要求

在百叶箱底部中间平板的中心位置向东约 10cm 处凿一圆孔（现已凿孔，位置不对的，仍以原孔不变），大小以能穿过传感器的电缆线插头为宜，电缆线从底座经此孔引入百叶箱内，在百叶箱内侧顶板的中间位置安装一个挂钩，将连接传感器的电缆线固定在挂钩上，使传感器自然下垂，或在百叶箱底部内侧平板中心，安装一个类似于安装干湿球温度表的专用支架（若中间平板在两侧平板之上，则安装在中间平板），将传感器固定在该支架的西侧，感应器直立，头部向下，感应器与支架中心立杆的距离为 5～8cm，感应器中心点距地面 1.50m。百叶箱内电缆线不应太多，其长度以便于安装或拆卸为宜。

若温度和湿度传感器分开安装，或同时单独安装温度传感器，则温度传感器的信号线也从底部圆孔中引入，在百叶箱内侧顶板安装两个挂钩，挂钩之间的距离约为 15cm，两挂钩的中间位置也是顶板的中心位置，温度传感器固定在东侧挂钩上，湿度传感器固定在西侧挂钩上，使传感器自然下垂。若采用支架固定，则温度传感器在支架的东侧，湿度传感器在支架的西侧，感应器直立，头部向下，两个感应器之间的距离约为 15cm。

3.3.2.3　HMP45D 温湿度传感器的维护

我国气象系统目前广泛使用 HMP45D 温湿度传感器实时测量空气温度和相对湿度要素探测数据，温湿度传感器的维护方法如下：

(1)安装自动气象站传感器的百叶箱不能用水洗，只能用湿布擦拭或毛刷刷拭。百叶箱内的温、湿传感器也不得移出箱外。

(2)冬季在巡视观测场时,要小心用毛刷把百叶箱顶、箱内和壁缝中的雪和雾凇扫除干净。百叶箱内不得存放多余的物品。

(3)湿敏电容传感器的头部有保护滤膜,防止感应元件被尘埃污染。每月应拆开传感器头部网罩,若污染严重应更换新的滤膜。禁止手触摸湿敏电容,以免影响正常感应。

(4)定期检查温湿传感器与数据传输线的连接,发现松动或生锈要及时处理。更换温湿传感器时要小心插拔,避免造成不必要的损失。

(5)每两年对温湿度传感器进行 1 次现场检查、校准,校准方法严格按照中国气象局规定的《自动气象站现场校准方法》进行。

3.3.3 雨量传感器

3.3.3.1 结构原理和技术规格

(1)双翻斗雨量传感器

1)结构原理

双翻斗雨量传感器主要由承水器(常用口径为 20cm)、上翻斗、汇集漏斗、计量翻斗、计数翻斗和干簧管等组成。常用的双翻斗雨量传感器为 SL3－1 型,见图 3.12。

图 3.12 SL3－1 双翻斗雨量传感器

承水器收集的降水通过漏斗进入上翻斗,当雨水积到一定量时,由于水本身重力作用使上翻斗翻转,水进入汇集漏斗。降水从汇集漏斗的节流管注入计量翻斗时,就把不同强度的自然降水,调节为比较均匀的降水强度,以减少由于降水强度不同所造成的测量误差。当计量翻斗承受的降水量为 0.1mm 时(也有的为 0.5mm 或 1mm 翻斗),计量翻斗把降水倾倒到计数翻斗,使计数翻斗翻转一次。计数翻斗在翻转时,与它相关的磁钢对干簧管扫描一次。干簧管因磁化而瞬间闭合一次。这样,降水量每次达到 0.1mm 时,就送出去一个开关信号,采集器就自动采集存储 0.1mm 降水量。

2)技术规格

承水口直径　200mm

测量降水强度　≤4mm/min

测量分辨率　0.1mm

最大误差　±4mm(降水量≤10mm)

±4%(降水量≥10mm)

(2)单翻斗雨量传感器

1)结构原理

该传感器也是用来自动测量降水量的仪器,主要由承水器(口径为159.6mm)、过滤漏斗、翻斗、干簧管和底座等组成。目前使用最多的为SL2—1型,见图3.13。

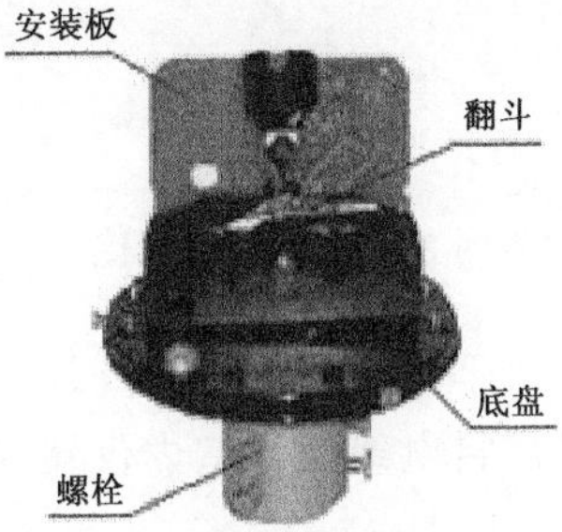

图3.13　SL2—1单翻斗雨量传感器

雨水由截面积为200cm²集水器汇集,通过装有小圆护网的小漏斗及其下端的引流管注入翻斗。当翻斗承积的水量达到一定的数量值时,翻斗翻倒,另一半翻斗开始盛雨。计数翻斗中部装有一块小磁钢,磁钢上端有干簧管。当计数翻斗翻动时,磁钢对干簧管扫描,使干簧接点因磁化而瞬间闭合一次,送出一个电路导通脉冲。相当于0.1mm降雨量。

2)技术规格

集水口径　200cm²(直径159.6mm)

测量降水强度　≤4mm/min

测量分辨率　0.1mm

最大误差　±0.4mm(降水量≤10mm)

±4%(降水量≥10mm)

工作温度　0～60℃

3.3.3.2　雨量传感器安装

(1)雨量筒基础要求

1)用3∶1的沙石水泥浇铸底座,底座基础应为长400mm×宽400mm×深400mm。见图3.14。

2)在雨量基础的中央位置应事先预埋入直径为50mm的PVC管,从水泥基础的底部通向地沟,预留穿线用。

(2)雨量传感器安装要求

先将承水器外筒安在观测场内,底盘用三个螺钉(预埋的螺钉或膨胀螺丝)固定在混凝土

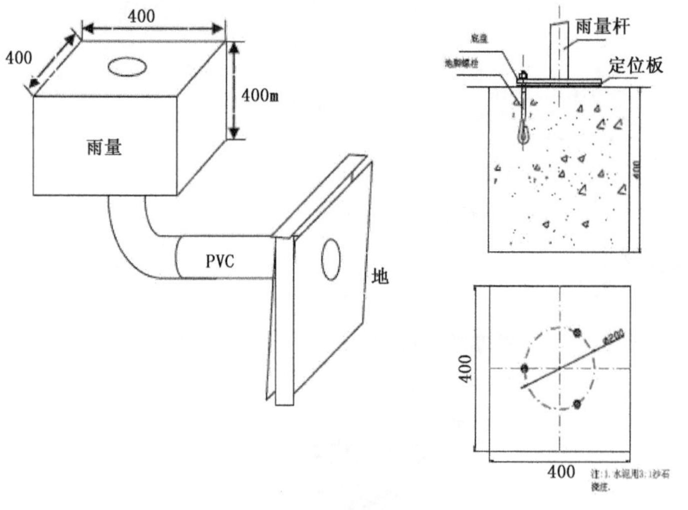

图 3.14 雨量基础图

底座或木桩上，要求安装牢固、器口水平。感应器安在外筒内，注意当上翻斗处于水平位置时，漏斗进水口应对准其中间隔板。最后将电缆线与室内仪器连接，电缆线不能架空，必须走电缆沟(管)。

接线时先将线穿入筒底后打上一个结再与传感器接口相连，以防线拉动时把接线拉松。雨量传感器安装时要注意调好水平，雨量传感器调水平方法：人站在两水平螺丝的中间，先同时调两个水平螺丝，将水泡调整到与第三个螺丝和人的位置在同一直线上，然后调第三个螺丝，直到将水泡调整到中心圆圈内。

3.3.3.3 雨量传感器的常规维护

我国气象系统目前广泛使用 SL3－1、SL2－1 和 RG13/RG13H 这 3 种雨量传感器实时测量雨量要素探测数据。这 3 种雨量传感器的维护方法基本相同，具体内容如下。

(1)维护

仪器每月至少定期检查一次，保持传感器器口不变形，器口面水平，器身稳固。定期清除承水器滤网上的杂物(入口滤网可取下清洗)，检查漏斗通道是否有堵塞物，发现堵塞要及时清洗干净，特别要注意保持节流管的畅通。必要时可用中性洗涤剂清洗翻斗表面，但严禁用手触摸翻斗内壁。

可按下列操作对雨量传感器做常规维护：

1)松开地盘两侧的固定螺钉，向上取下外筒；

2)从安装板上断开电缆线；

3)拿出防堵罩和长过滤网，用清水将外筒、防堵罩和长过滤网冲洗干净，再按原样装好防堵罩和长过滤网；

4)小心取出翻斗和短过滤网，用清水冲洗干净后再按原位小心放回，注意不能用手触摸翻斗内壁；

5)取下出水口上的防虫罩，用清水冲洗干净后装回；

6)观察传感器底盘上的水平器中的水泡是否居中，通过调整支架底盘上的三个调整螺钉，将传感器调成水平状态；

7)按原位接好二芯电缆，安装上外筒，拧紧固定螺钉。

无雨或少雨的季节，可将承水器口加盖，但注意在降水前及时打开。翻斗内壁禁止用手或其他物体抹拭，以免沾上油污。

结冰期长的地区，在初冰前将感应器的承水器口加盖，不必收回室内，并拔掉电源。

(2)调整

新仪器(包括冬季停用后重新使用或调换新翻斗)工作一个月后的第一次大雨，应作精度对比，即将自身排水量与计数、记录值相比。如发现差值超过±4%时，应首先检查记录器工作是否正常，计数与记录值是否相符，干簧管有无漏发或多发信号现象。如确是由于仪器的基点位置不正确所造成时，应作基点调整。

调整方法：旋动计量翻斗的两个定位螺钉。将一个定位螺钉旋动一圈，其差值改变量为3%左右；如两个定位螺钉都往外或往里旋动一圈，其差值改变量为6%左右。

如差值是负2%时，可将其中的一个定位螺钉往外旋动2/3圈。如差值是正6%时，可将两个定位螺钉都往里旋动一圈。

为使调节位置准确，在松开定位螺帽前，需在定位螺钉上作位置记号。调节好后，需拧紧定位螺帽。

每一次降水过程将计数值与自身排水总量比较，如多次发现10mm以上降水量的差值超过±4%，则应及时进行检查。必要时应调节基点位置。

(3)现场检查、校准

每两年对雨量传感器进行1次现场检查、校准，校准方法严格按照中国气象局规定的《自动气象站现场校准方法》进行。

3.3.4 风传感器

普通风传感器由风向传感器、风速传感器及传感器支架三部分组成。传感器供电电源为+12 V。风向、风速传感器用于测量距地10m处的地面风的速度及方向值，并转换为电信号，此信号可以直接传送到显示仪器或记录设备进行处理。

3.3.4.1 结构原理和技术规格

(1)风向传感器

风向测量利用一个低惯性的风向标部件作为感应元件，风向标部件随风转动，带动转轴下端的风向码盘，此码盘按7位格雷码进行光电扫描输出模拟信号。

1)EL15－2D型风向传感器

①结构原理

天津气象仪器厂生产的EL15－2D型风向传感器是低启动风速的光电码盘式风向传感器，由风向标部件、内装风向码信号发生器的壳体以及信号输出插座组成。风向标转轴连接一个由七位格雷码盘和红外发光二极管、光敏管组成的风向信号发生器。一组红外发光二极管和光敏管对正一个格雷码盘的码道，七组红外发光二极管和光敏管对正七个格雷码盘的码道产生代表风向的七位格雷码，转换成模拟电压输出。传感器输入、输出端均采用瞬变抑制二极管进行过载保护。

②技术规格

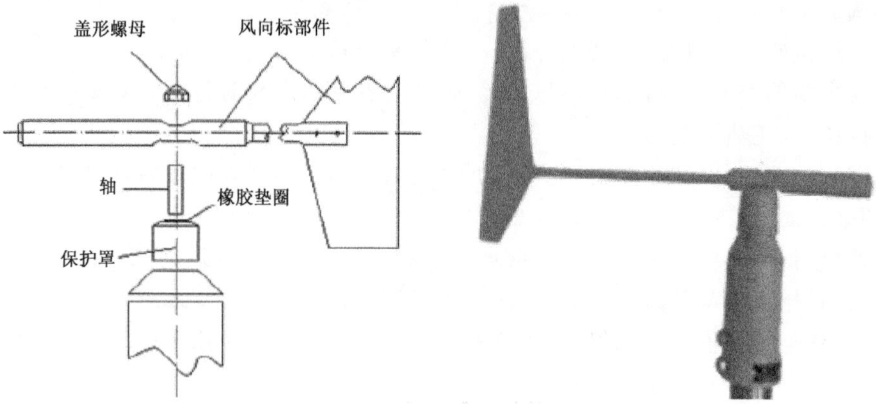

图 3.15 风向传感器结构图

测量范围	0～360°
分辨率	3°
启动风速	0.3m/s(30°偏角)
准确度	±5°
输出	七位格雷码 0～2.5VDC 或 4～20mA
工作电压	10～14 VDC
功耗	<30mA
抗风强度	75m/s
工作环境	－40～60℃,0～100%RH

格雷码输出电器连接见图 3.16。1 脚:＋10～14VDC;2 脚:地;4～10 脚:格雷码 A～G 位;11 脚:格雷码信号地。

电压或电流输出见图 3.17。4 脚:＋12V;5 脚:电源地;6 脚:电压输出;7 脚:电流输出;8 脚:信号地。

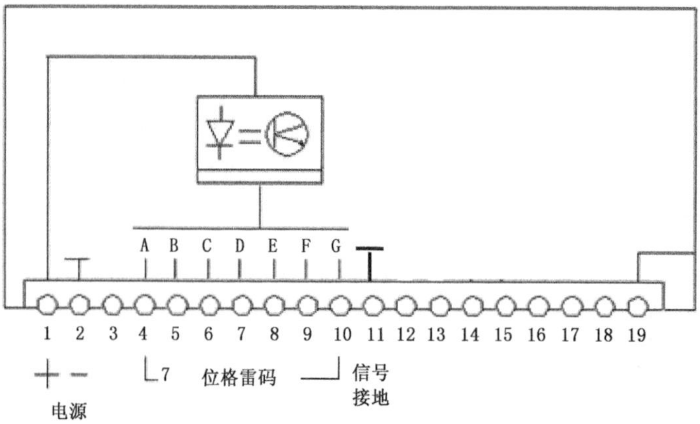

图 3.16 EL15－2D 型风向传感器格雷码输出电器连接图

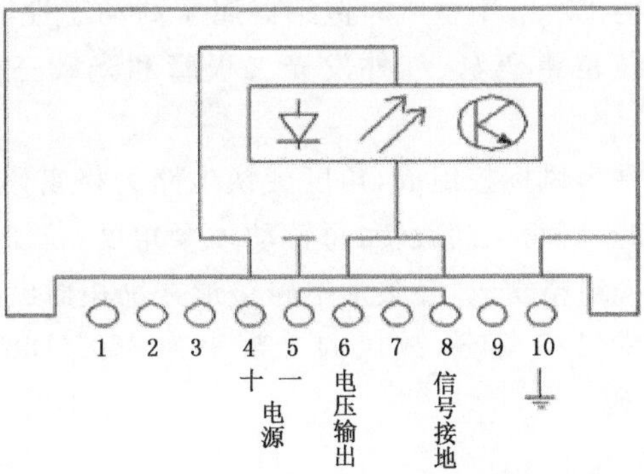

图 3.17　EL15－2D 型风向传感器电压输出电器连接图

2)EL15－2/2A 风向传感器

①结构原理

EL15－2/2A 是低启动风速的光电风向传感器。风向的信号发生装置是由风标转轴连接一个由风标带动的 6～8 位格雷码光码盘组成，码盘由 7 个等分的同心圆组成，由内到外分别作 0、2、2^2、2^3、2^4、2^5、(2^6、2^7)等分，相邻每份作透光与不透光处理，通过位于码盘两侧同一半径上的 6～8 对光电耦合器件输出相应的 6～8 位格雷码，码盘的上面安装有一组(6～8 个)红外发光二极管，下面有一组光电转换器(6～8 个)，都正对码盘的 7 个轨道。随风向标的转动，码盘下面的光电管接收到电码发生变化，每一个格雷码代表一个风向，分辨率为 5.6～1.4°。每次只能变化一位，这种编码方法有助于消除乱码。传感器有格雷码、电压、电流三种输出方式。

传感器内部的加热元件使整个轴承在寒冷的天气下仍能够保持不冻结。它一般能提供 25W 的加热功率。建议在传感器支架处设一热动开关，使之在低于 4℃时启动加热装置。

②技术规格

测量范围	0°～360°
启动风速	0.3 m/s(30°偏角)
工作电源	10～14VDC
功耗	＜30mA
分辨率	3°
准确度	±5°
线性	±0.2％
输出	7 位格雷码
电压	0～2.5VDC
电流	4～20mA
抗风强度	75m/s
工作环境	－40～60℃、0～100％RH
活动直径	550mm

(3)EZC－1 型风向传感器

1)结构原理

长春气象仪器厂生产的EZC－1型风向传感器属于高动态性能测风传感器。EZC－1型风向传感器由风标板、七位格雷码盘、红外发光二极管和光敏三极管构成的光电变换电路组成。

风向传感器的感应元件为风标板组成，角度变换电路为格雷码盘加光电路。当风标板组件随风向旋转时，带动主轴及码盘一同旋转，每转动一个角度，位于光电器件支架上下两边的七位光电变换电路就输出一组格雷码，经整形电路整形并反相输出。每组格雷码有七位，代表一个风向。由于码盘外圈是128等分，故风向分辨率为360°/128＝2.8125°，也就是每转过2.8125°输出一组新的格雷码。

2)技术规格

测量范围	0°～360°
分辨率	2.8°
启动风速	0.4m/s
准确度	±3°
距离常数	1.0m
阻尼比	0.45
输出	cmOS电平，七位格雷码
工作电压	5V DC(12V DC可选)
功耗	<5mA
抗风强度	80m/s
工作环境	－40～55℃，0～100%RH

(4)ZQZ－TF型风向传感器

1)结构原理

ZQZ－TF型测风向传感器由江苏省无锡无线电科学研究所生产。ZQZ－TF风传感器的感应元件为风向标组件，角度变换采用七位码盘及D/A转换电路。当风向标组件随风向旋转时，带动主轴及码盘一同旋转产生一组数字编码信号，该信号再经D/A转换电路转换，最终输出连续变化的电压信号。

2)技术规格

测量范围	0°～360°
分辨率	取决于数据采集器
启动风速	≤0.5m/s
准确度	±5°
输出信号	0～2.5V DC
阻尼比	≥0.4
输出	cmOS电平，七位格雷码
工作电压	5V DC(12V DC可选)
功耗	<20mA
抗风强度	≥85m/s
工作环境	－40～55℃，0～100%RH

(2)风速传感器

1）EL15－1/1A 型风速传感器

①结构原理

图 3.18 EL15－1/1A 型风速传感器图

EL15－1/1A 型风速传感器是响应快、启动风速小的风杯式光电风速传感器。见图 3.18。该传感器由三个铝材轻质风杯、内装随风杯轴旋转的截光盘和光电转换器的壳体以及信号插座组成。风杯带动附着在中心不锈钢轴上的截光盘随轴旋转，每转动一圈，切割红外光束 14 次，从而由光电晶体中产生出一个脉冲链。输出的脉冲速率与风速成正比。传感器输入、输出端均采用瞬变抑制二极管进行过载保护。

公式为

$$WS = F_0 + f(F) \tag{3.6}$$

式中，WS 为风速（m/s），F 为每秒计数值，F_0 为启动风速。

$$WD = K \times GM \tag{3.7}$$

式中，WD 为风向（度），GM 为风向格雷码，K 为分辨率。

②技术规格

测量范围	0.3～60m/s
分辨率	0.05m/s
启动风速	≤0.3m/s
准确度	±0.3m/s（风速≤10m/s） ±0.03%（风速＞10m/s）
距离常数	2.0m
输出信号	0～1221Hz 方波脉冲 高电平＞14V，低电平＜1V
工作电压	15VDC（信号转换），24VAC（加热）
功耗	＜10mA
抗风强度	75m/s
工作环境	－40～60℃，0～100%RH
电器连接	五芯圆形密封插头（1 脚：信号转换工作电源；2 脚：地；3 脚：方脉冲输出；4 脚：加热电源；5 脚：加热电源）

2）EZC－1 型风速传感器

①结构原理

EZC－1 型风速传感器为长春气象仪器厂生产。它由三个压塑成型的碳纤维增强塑料风杯、磁性圆圈和霍尔开关元件组成。风速传感器的感应元件为三杯式风杯组件，信号变换电路为霍尔开关电路。在水平风力的驱动下，风杯组旋转，通过主轴带动磁棒盘旋转，其上的 36 只磁体形成 18 个旋转的小磁场。风杯组每旋转一圈，在霍尔开关电路中感应出 18 个脉冲信号，其频率随风速的增大而线性增加。测出频率就可以计算出风速，一般为线性关系。

②技术规格

测量范围　0～75m/s

分辨率　0.1m/s

启动风速　0.4m/s

准确度　±(0.3+0.03V)m/s

距离常数　2.7m

输出信号　cmOS 电平 脉冲(频率)信号

工作电压　5V DC(12V DC 可选)

功耗　<10mA

抗风强度　80m/s

工作环境　−40～55℃,0～100%RH

3)ZQZ−TF 型风速传感器

①结构原理

同 EZC−1 型风速传感器。其校准方程为

$$V=0.1F \tag{3.8}$$

式中,V 为风速(单位:m/s),F 为脉冲频率(单位:Hz)。

②技术规格

测量范围　0～75m/s

分辨率　0.1m/s

启动风速　≤0.5m/s

准确度　±(0.3+0.02V)m/s

距离常数　≤2.5m

输出信号　脉冲频率

工作电压　5V DC(12V DC 可选)

功耗　<10mA

抗风强度　≥85m/s

工作环境　−40～55℃,0～100%RH

(3)超声波风传感器

1)工作原理

在风向上,声音在静止空气中的速度叠加上空气流动速度成分,在声波传播方向上有风力成分支持,所以使速度增加。相反,声波传播相反方向上有风的成分掺入,将会减低传播速度。在一个固定的测量路径上,由于风速、风向的不同,导致叠加后的速度传播所用时间不同。由于声波传播速度只与空气温度有关,波速的传播时间是在两个不同路径的两个方向上测得。因此,温度影响可根据声波速度测量结果估算出来:结合两个位于正确角度上的路径,可获得总计算结果和矩阵分量的风速向量。矩阵速度分量测得后,然后它们被风力计的 N 程序处理机转换为两极坐标并以风向、风速数据输出。

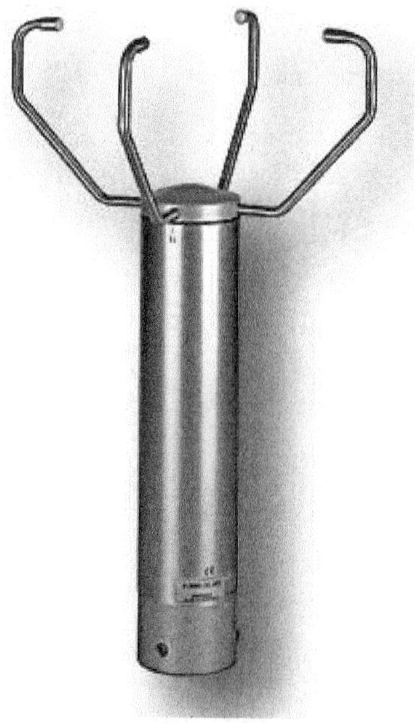

图 3.19　超声波风传感器

超声波风传感器外形见图3.19。

2)技术指标

超声波风传感器的主要技术指标见表3.1。

表3.1 超声波风传感器技术指标

风速	范围	0～60m/s
	精确度	±0.1m/s(0～5m/s)
		±2%（>5m/s)
	分辨率	0.1m/s
风向	范围	0～360°
	精确度	±1.0°
	分辨率	1.0°
实际温度	范围	-40～70℃
	精确度	±1 K
	分辨率	0.1 K
数据输出(数字的)	接口	RS232;RS465/422
	波特率	1200,2400,4800,9600,19200可调节
	输出值	瞬时值1s,10s,1min,2min
	形态鉴定	加热器,故障输出
数据输出(模拟的)	电子输出	0～22mA/0～10V或4～20mA/2～10V
	输出	瞬时间1秒,10秒,1,2,10分
	输出速率	0.1秒
	分辨率	12节

3.3.4.2 风传感器安装

(1)风杆及拉线基础要求

1)底座基础应为长400mm,宽400mm,深1500mm。

2)用3∶1的沙石水泥浇铸,浇铸时应加钢筋笼。技术要求:钢筋笼上圈距水泥基础面约30mm;若施工地点土质较硬基础深度允许缩短,但不应小于1000mm;热轧圆盘条6～6.5。

3)浇铸风杆底座时应将定位板一同浇铸,并用指北针精确定位南北方向。

4)固定风杆底座的螺丝,同一侧的两颗螺丝应在水泥底座上方留出45～48mm,另一侧的一颗螺丝应在水泥底座上方留出84mm。

5)拉线基础应距风杆基础5m,3个拉线基础为等边三角形,两根拉线基础与风杆基础之间的夹角为120°(见图3.20、图3.21)。

6)风杆总长度为10m,共分三节,第一节风杆直径为55mm用来固定风横臂,第二节直径为75mm,第三节直径为108mm,用来固定采集器。

7)风杆基础旁边应预留两根PVC管,高出地面600mm,另一端直接通向地沟。一根为直径100mm用来穿观测场内各个传感器的信号线,另一根为直径50mm用来穿从观测室接到观测场的交流电源线。

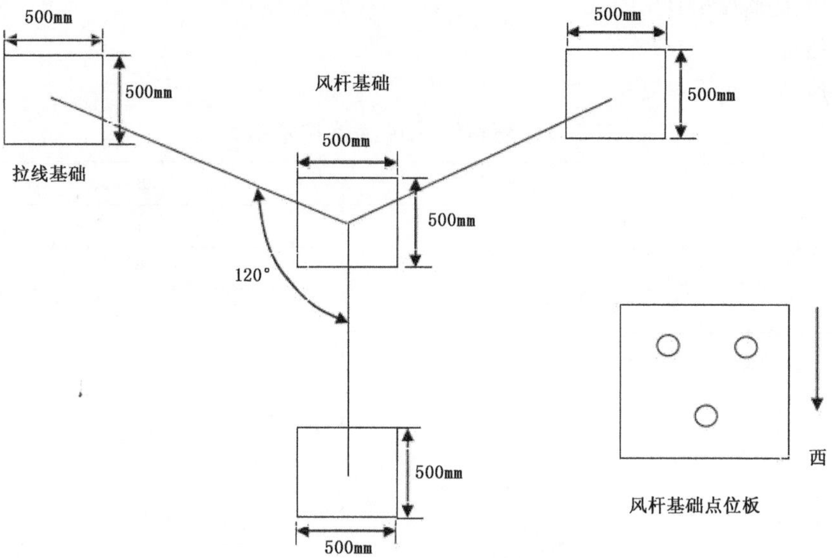

图 3.20 风杆及拉线基础

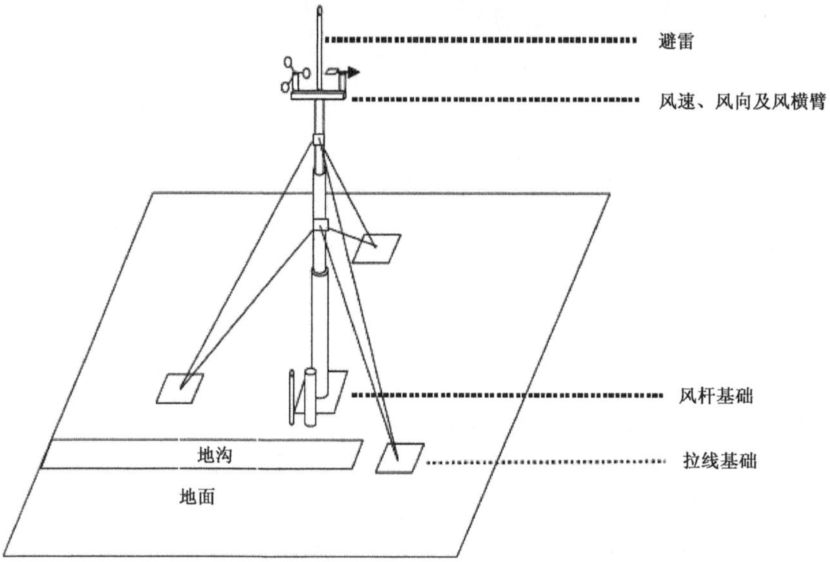

图 3.21 风杆样式

(2)风传感器安装

首先把两个传感器用法兰盘分别固定在长 0.8m 的风传感器安装横臂的两端。传感器的电气连接线接入接线盒。然后再将横臂安装在风塔(杆)上。

安装时,中轴应垂直,横臂应水平,风向标的方位要对准正北。

传感器的信号电缆要捆扎在风杆上,不使电缆悬空挂着。

风杆顶端要安装避雷针,避雷针用紫铜线做下引线,顺风杆下来接到避雷针接地桩上。

3.3.4.3　风传感器的维护

我国气象系统目前广泛使用 EC9－1、EL15 和 ZQZ－TDF 这 3 种测风传感器实时测量风向和风速要素探测数据。这 3 种风向、风速传感器的维护方法基本相同，具体维护内容如下：

(1)要保证传感器轴与水平面垂直；

(2)保持风杯和风标板不变形；

(3)经常观察风杯和风向标转动是否灵活、平稳。发现异常时，换用备份传感器并将故障器件邮回上级维修单位；

(4)每年定期维护一次风传感器，检查、校准风向标指北方位；

(5)每两年对风向、风速传感器进行 1 次现场检查、校准，校准方法严格按照中国气象局规定的自动气象站现场校准方法进行。

3.3.5　气压传感器

目前各自动气象站普遍采用的气压传感器为 PTB220 型全补偿式数字气压传感器和 GQY－2D 型振筒数字式气压传感器。

3.3.5.1　结构原理和技术规格

(1)PTB220 型全补偿式数字气压传感器

1)结构原理

PTB220 是完全补偿的数字气压表，具有较宽的工作温度和气压测量范围。感应元件采用 VISALA 研制的硅电容压力传感器 BAROCAP。BAROCAP 具有很好的滞后性和重复性及温度特性、长期稳定性。全貌见图 3.22。

图 3.22　气压传感器外形图

PTB220 的工作原理是基于一个先进的 RC 震荡电路和三个参考电容，电容压力传感器和电容温度传感器连续测量，微处理器进行压力线性补偿和温度补偿获得精确的气压值。在全量程范围内有 7 个温度点，每个温度点有 6 个全量程压力调整点。所有调整参数均存储在 EEPROPN 内，用户无法改变出厂设置。

PTB220 有三种输出方式：软件可设的 RS232 串行输出；TTL 电平输出；模拟(电压、电流)输出、脉冲输出。

目前我国自动气象站气压传感器与采集器之间通过 RS232 串口连接，管脚定义为：2 脚接收数据，3 脚发送数据，5 脚为地，7 脚为电源负，9 脚为电源正。

PTB220 有两种低功耗工作方式：软件可控的睡眠模式；外部激励触发模式。

2)技术规格

测量范围	500～1100hPa
分辨率	0.1hPa
准确度	±0.25hPa
响应时间	B 级 1s
快测量	200ms
工作温度	－40～＋60℃

存储温度	－60～＋60℃
湿度	不凝结
供电电压	10～30VDC，反接保护
电流	＜30mA
	＜10mA（休眠模式）
	＜0.1mA（停测时）
输出	RS232C

(2)GQY－2D型振筒数字式气压传感器

1)结构原理

GQY－2D型气压传感器是以恒弹合金敏感元件为基础，高性能数字处理技术为核心，制成的一种先进气压传感器。具有测量精度高，可直接读取气压值、超温超压也可读取气压值、可根据客户需要自行更改命令符及波特率等、操作简便、体积小、无汞害、耐冲击、振动；可直接与计算机或其他设备相连接等优点。用于精确测量气体的绝对压力。见图3.23。

图3.23 GQY－2D型振筒气压传感器

2)技术规格

基本参数：

静压	10～1100hPa
精度	±0.30hPa

技术参数：

全压	10～3100hPa
精度	±0.30～±1.00hPa
气象专用传感器	500～1100hPa
精度	±0.30hPa
尺寸	90mm×65mm×50mm

性能描述：

测量范围	500～1100hPa
	10～1100hPa
	10～3100hPa
工作湿度	0～95％RH
补偿温度	－10～＋50℃
工作温度	－20～＋50℃
存储温度	－55～＋80℃

重复性　≤0.01%FS
迟滞　≤0.01%FS
互换性　≤0.05%FS
分辨率　0.01hPa
供电电压　4～6VDC
功耗　≤0.315W
毛重　≤0.3kg(净重:≤0.115kg)
接口标准　5 芯航空插头座
通信接口　A—EIARS232
　B—EIARS485

3.3.5.2　气压传感器安装

气压传感器及其组件安装在采集器机箱内,其感应部位与台站水银气压表的感应部位高度一致,如果无法调整到一致,则要重新测定海拔高度。气压传感器应避免阳光的直接照射和风的直接吹拂。

3.3.5.3　气压传感器的维护

我国气象系统目前广泛使用 PTB220 气压传感器实时测量气压要素探测数据,气压传感器的维护方法如下:

(1)安装在观测场采集器箱内的 PTB220 气压传感器,需确保静压管连接完好,保证气压传感器气嘴口通畅;

(2)安装在室内数据采集器内的 PTB220 气压传感器,采集器应避免放置在靠近空调出风口的地方使用,以使气压传感器气嘴口空气与周围环境空气保持一致;

(3)每两年对气压传感器进行 1 次现场检查、校准,校准方法严格按照中国气象局规定的自动气象站现场校准方法进行。

3.3.6　地温传感器

地温包括地表温、浅层地温和深层地温。地温传感器共 9 支(12 支),其中地表温 1 支(部分台站为 4 支),5cm、10cm、15cm、20cm、40cm、80cm、160cm、320cm 地温各一支,均为标准 4 线制铂电阻测温。40cm、80cm、160cm、320cm 深层地温应配有套管。

3.3.6.1　结构原理和技术规格

(1)工作原理

铂电阻地温传感器的测量原理与铂电阻气温传感器相同,也是采用 4 线制铂电阻测温,温度升高或降低 1℃,电阻增加或降低 0.385Ω。原理可参考温湿度传感器中温度部分。

(2)技术规格

测量范围　－50～＋50℃
分辨率　0.1℃
准确度　±0.2℃
输出　80.31～119.40Ω
测温元件型号　Pt100

(3)温度数据传输原理

1)CAWS600 系列

WZP1 温度传感器是用来精确测量土壤温度和水温的传感器,传感器的精度和稳定性依赖于 Pt100 型铂电阻元件的特性及精度级别。传感器配有 5m、10 m 的屏蔽电缆,

地温变送器 CAWS－BS01 是基于电子开关的多路分配器,作为个别传感器与 CAWS600 系列自动气象站的接口。CAWS－BS01 受自动气象站采集器发出的控制信号触发,分别选通变送器的 CH1－CH12 接口,使采集器可以对连接在 12 路接口上传感器依次进行数据采集。具有低功耗、低输入阻抗、宽供电范围的特点。

逻辑图见图 3.24。

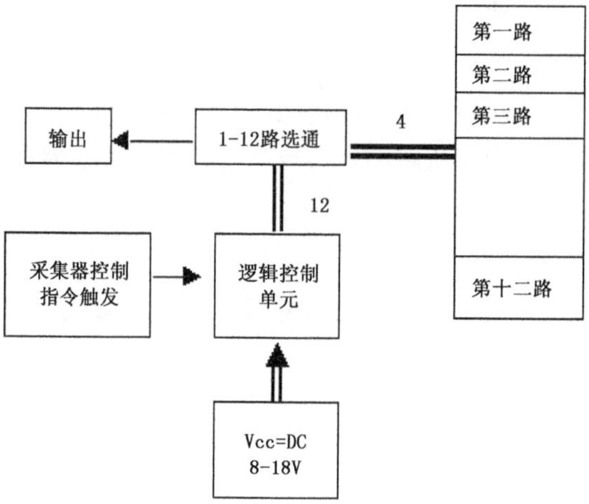

图 3.24　CAWS－BS01 地温变送器逻辑图

2)ZQZ－CⅡ型自动气象站

气温、草面/雪面温度、地表温度、浅层地温和深层地温均采用同一类型的传感器(Pt100 铂电阻)。

线路中采用一个信号测量电路、信号放大电路和 A/D 转换电路,通过前端加入多路模拟开关来达到测量不同传感器的目的。

由于铂电阻阻值随温度变化而变化的灵敏度较小(大约每度变化 0.39Ω),为消除长线和接触电阻等影响,达到高精度的测量要求,采用四线制电路方式测量铂电阻的变化。每个温度传感器引出 4 根线,每端 2 根,连到采集器,4 根线分别为传感器激励电源 a 端、传感器激励电源地 b 端、信号输出 c 端和信号地 d 端。见图 3.25。

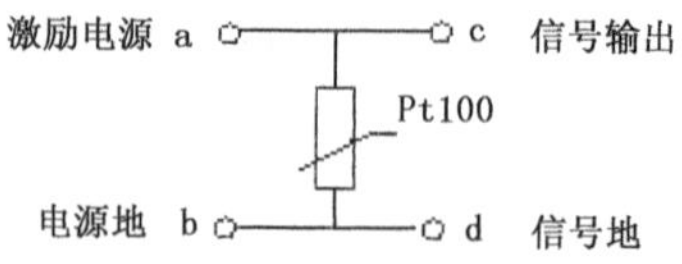

图 3.25　温度传感器四线制接法

3.3.6.2　地温传感器安装

(1)地面及浅层地温传感器安装

自动观测系统中的地面温度和浅层地温的观测地段，设在原安装地面温度表和曲管地温表东侧的裸地内，地表应疏松、平整、无草，并与观测场地相平。

地面温度传感器一半埋入土中，一半露出地面。埋入土中部分必须与土壤密贴，不可留有空隙，露出地面部分应保持干净。

与地面温度传感器连接的电缆掩埋入浅土层中。

5cm、10cm、15cm、20cm 地温感应器按图 3.26 穿入相应的板条孔中，感应头朝南。

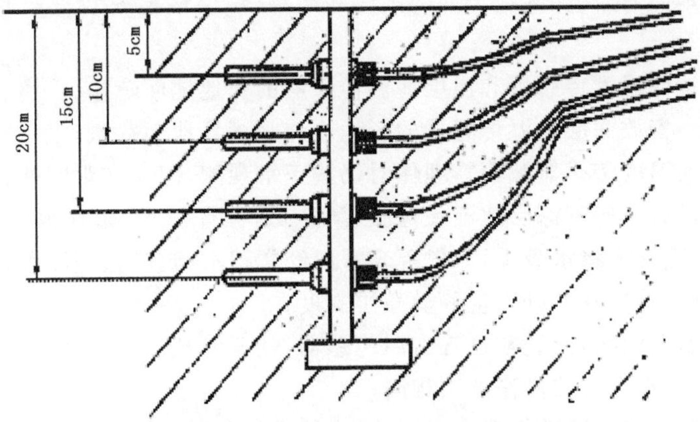

图 3.26　浅层低温传感器安装示意图

板条全长 250mm，宽 30mm，厚 5mm。板条用木料或硬塑料等不易导热的材料制成。

与各浅层地温传感器连接的电缆应有 1m 左右的长度埋入大致相应的土中，然后引入地沟内。

(2)深层地温基础及地温变送器预埋管道要求

1)深层地温应安装在观测场左后一排，在观测场东面的位置。

2)深层地温自东向西一字排开分别为 40cm、80cm、160cm、320cm。每支地温表之间间隔 50cm。

3)预先将地温套管预埋进去，每根地温套管分别有一条红线，红线与地平面平行。

4)每根深层地温的正面前应预埋一根∅50 的 PVC 管，高度与地温套管相同。PVC 管串联后通向地沟。见图 3.27。

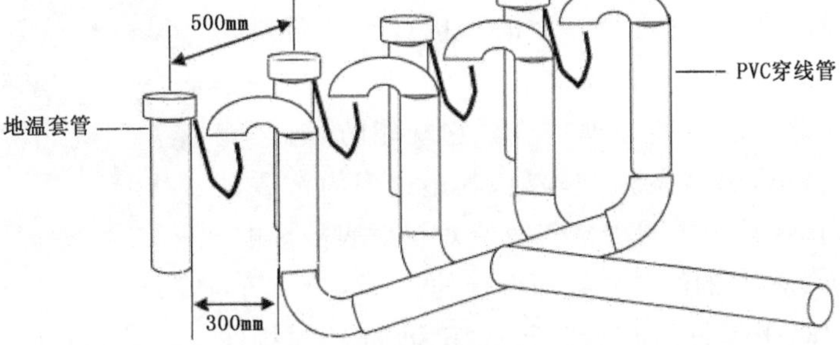

图 3.27　深层地温基础

5)地温变送器应放置在观测场最后一排，辐射支架的左侧。应事先埋好 PVC 管，一端升出地面在地温变送器的附近，另一端通向地沟。

3.3.6.3　地温传感器的维护

我国气象系统的地温传感器目前均采用 Pt100 的铂电阻，其具体维护方法如下：

(1)保证地温变送器箱内清洁，保证机箱密封良好；

(2)机箱内走线要整齐，绕开接线端子，屏蔽线要可靠接地，地温传感器的接线要确保牢靠，没有锈迹；

(3)每日查看地面温度传感器和浅层地温传感器的埋设情况，保持地面温度传感器一半埋在土内，一半露出地面，擦拭黏附在上面的雨露和杂物，浅层地温安装支架的零标志线要与地面齐平；

(4)保持安放地面温度传感器和浅层地温传感器的裸地地面疏松、平整、无草，雨后及及时耙松板结的地表土；安放深层地温传感器的场地应与观测场地面一致；

(5)铂电阻地面温度传感器被积雪埋住时仍按正常观测，但需在观测簿备注栏注明；

(6)雨后和雪融后应检查深层地温硬橡胶套管内是否有积水，如有积水，应用头部缚有棉花或海绵的竹竿插入管内将水吸干，如发现套管内经常积水，则应检查原因，进行维修；

(7)当草株高度超过 10 cm 时，应修剪草层高度；

(8)观测雪面温度期间，应经常巡视雪温传感器，使其置于积雪表面上。其操作方法与人工观测地面温度表有积雪时的操作方法相同；

(9)每两年对地温传感器进行 1 次现场检查、校准，标校方法严格按照中国气象局规定的自动气象站标校方法进行。

3.3.7　辐射传感器

辐射传感器主要包括总辐射表、反射辐射表、散射辐射表、直接辐射表和净辐射表。

3.3.7.1　结构原理和技术规格

(1)总辐射

1)工作原理

一般采用的总辐射传感器为 TBQ－2B 型，主要用来测量波长为 0.27～3.2μm 太阳总辐射的一级表。总辐射表由感应件、玻璃罩和附件组成，见图 3.28。

总辐射表的工作原理基于热电效应，感应元件是该表的核心部分，它由快速响应的线绕电镀式热电堆组成。感应面涂 3M 无光黑漆，感应面为热接点，当有阳光照射时温度升高，它与另一面的冷接点形成温差电动势，该电动势与太阳辐射强度成正比。

图 3.28　总辐射表

玻璃罩为半球形双层石英玻璃构成。它既能防风，又能透过波长 0.27～3.2μm 范围的短波辐射，其透过率为常数且接近 0.9。双层玻璃罩是为了减少空气对流对辐射表的影响。内罩是为了截断外罩本身的红外辐射而设计的。

附件：包括机体、干燥器、白色挡板、底座、水准器和接线柱等。此外还有保护玻璃罩的金属盖(又称保护罩)。干燥器内装干燥剂(硅胶)与玻璃罩相通,保持罩内空气干燥。白色挡板挡住太阳辐射对机体下部的加热,又防止仪器水平面以下的辐射对感应面的影响。底座上设有安装仪器用的固定螺孔及调整感应面水平的三个调节螺旋。

2)技术规格

灵敏度	7～14μV/(W·m^{-2})
响应时间	＜35s(99％响应)
年稳定度	≤±2％
余弦响应	≤±7％(太阳高度角 10°时)
方位	≤±5％(太阳高度角 10°时)
非线性	≤±2％
光谱范围	0.27～3.2μm
温度系数	≤±2％(－10～40℃)

(2)净辐射

净辐射是研究地球热量收支状况的主要资料。净辐射为正表示地表增热,即地表接收到的辐射大于发射的辐射,净辐射为负表示地表损失热量。净辐射用净辐射表测量。常用的净辐射表为 FNP－1 型净辐射表传感器,它的测量范围为 0.27～3.2μm 的短波辐射和 3～100μm 的长波辐射。

1)工作原理

净辐射表由感应件、薄膜罩和附件等组成(图 3.29)。该表的工作原理为热电效应,感应部分是由康铜镀铜组成的热电堆,热电堆的外面紧贴着涂有无光黑漆的上下两个感应面,由于上下感应面吸收辐照度不同,因此,热电堆两端产生温差,其输出电动势与感应面黑体所吸收的辐照度差值成正比。为了防止风的影响及保护感应面,该表装有既能透过长波辐射、又能透过短波辐射的聚乙烯薄膜罩。

公式为

$$E=V/K \tag{3.9}$$

式中,E 为辐射(W/m^2),V 为信号电压,K 为灵敏度系数(昼和夜系数不同)。

由于测量 0.3～100μm 波长的全波段的光辐射,所以感应面外罩为上下两个半球形聚乙烯薄膜罩,能透过短波辐射和长波辐射,为保持罩的半球形,用充气装置向罩内充入干燥气体,排出湿气。薄膜罩上放置橡胶密封圈,然后用压圈旋紧,使得薄膜罩牢牢固定住。

配件有:表杆、干燥器、低板、上下水准器与调节螺旋、接线柱以及橡皮球等。干燥器装在表杆内与感应件相通,用橡皮球打气,通过干燥器使上下薄膜罩充成半球形,并提供干燥气体,排除罩内潮气。此外还有上下两个金属盖和固定压圈用的金属环等。

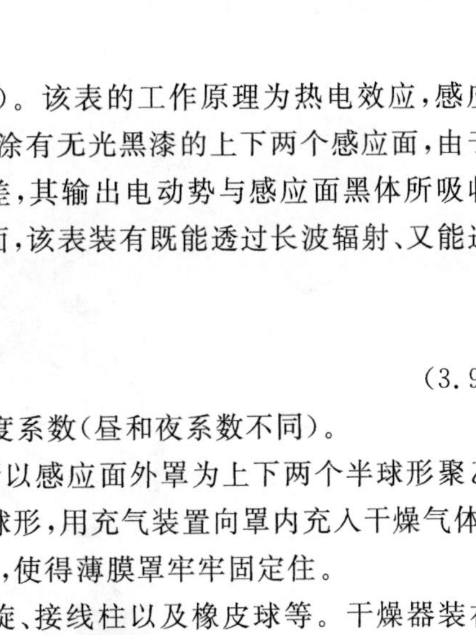

图 3.29　净全辐射表

2)技术指标

电气特性:

额定电阻	2.3Ω
响应时间	＜20s
额定灵敏度	10μV/(W·m^{-2})

信号范围　　－25～＋25mV
稳定度　　＜±2%/a
非线性　　＜1%（2000 W/m²）
光谱特性：
光谱范围　　0.2～100μm
测量类型　　热电堆
不对称性　　±20%
重量　　200g
环境温度　　－30～＋70℃

（3）太阳直接辐射

测量垂直太阳表面（视角约 0.5°）的辐射和太阳周围很窄的环形天空的散射辐射称为太阳直接辐射。太阳直接辐射是用太阳直接辐射表（简称直接辐射表或直射表）测量。

常用的直接辐射表为 FBS－2B 型直接辐射表，用于测量光谱范围为 0.27～3.2μm 的太阳直辐射量。当太阳直辐射量超过 120W/m² 时和日照时数记录仪连接，也可直接测量日照时数。

1）基本原理

传感器包括光筒、自动跟踪装置和配件（图 3.30）。

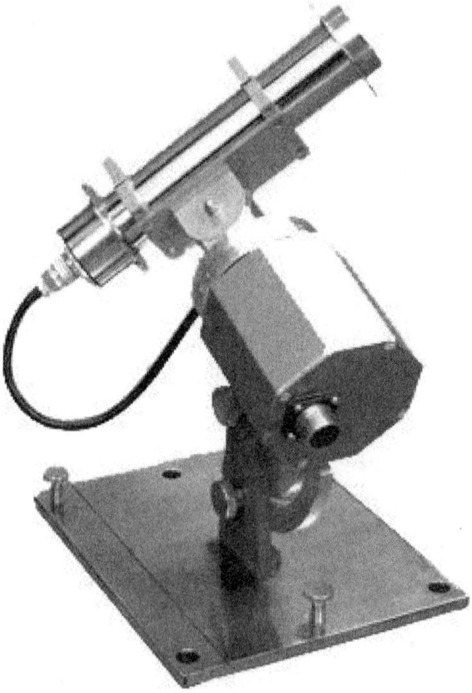

图 3.30　直接辐射表

光筒内部由 7 个光栏和内筒、石英玻璃、热电堆、干燥剂筒组成。7 个光栏是用来减少内部反射，构成仪器的开敞角并且限制仪器内部空气的湍流。在光栏的外面是内筒，用以把光栏内部和外筒的干燥空气封闭，以减少环境温度对热电堆的影响。在筒上装置JGS3石英玻璃片，它可透过0.27～3.2μm波长的辐射光。光筒的尾端装有干燥剂，以防止水汽凝结物生成。

感应部分是光筒的核心部分，它是由快速响应的线绕电镀式热电堆组成。感应面对着太阳一面涂有3M无光黑漆，上面是热电堆的热接点，当有阳光照射时，温度升高，它与另一面的冷接点形成温差电动势。该电动势与太阳辐射强度成正比。

自动跟踪装置是由底板、纬度架、电机、导电环、蜗轮箱（用于太阳倾角调整）和电机控制器等组成。驱动部分由石英晶体振荡器控制直流步进电机，电源为直流6～15V。该电机精度高，24小时转角误差0.25°以内。当纬度调到当地地理纬度，地板上的黑线与正南北线重合，倾角与当时太阳倾角相同，即可实现准确的自动跟踪。

配件有：表杆、干燥器、低板、上下水准器与调节螺旋、接线柱以及橡皮球等。干燥器装在表杆内与感应件相通，用橡皮球打气，通过干燥器可使上下薄膜罩充成半球形，并提供干燥气体，排除罩内潮气。此外还有上下两个金属盖和固定压圈用的金属环等。

计算公式为

$$E=V/K \tag{3.10}$$

式中，E为辐射（W/m^2），V为信号电压，K为灵敏度系数（昼和夜系数不同）。

直接辐射表孔径大小由半开敞角α和斜角β来定义（图3.31）

$$\alpha=\tan^{-1}(R/d) \tag{3.11}$$

$$\beta=\tan^{-1}[(R-r)/d] \tag{3.12}$$

式中，R为进光前孔半径；r为接收器半径；d为前孔到接收器的距离。

β角内的天空区域1的辐射能照射到全部感应面上，来自区域2和3的辐射只能照射到部分感应面上，它们的交界处圆周上的辐射正好只能照射感应面积的一半；区域3外的辐射则完全不能进入仪器。

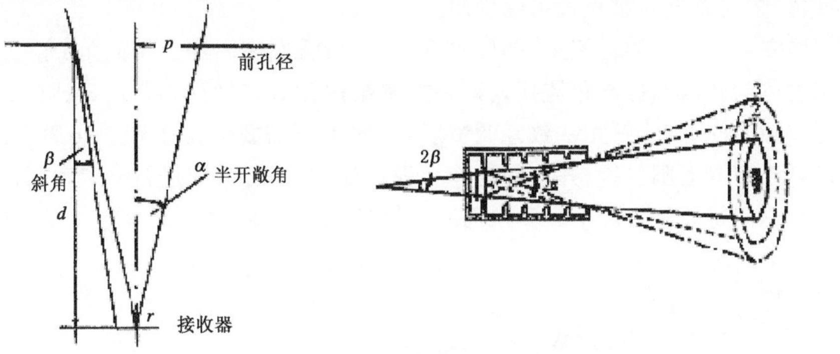

图3.31　直接辐射角度原理图

进光筒是一个金属圆筒，为使感光面不受风的影响，同时又减少管壁的反射，筒内有几层涂黑的光栏，光栏的坡度使得进入光筒的半开敞角为2.5°～5.5°，为保证筒内清洁，筒口装有石英玻璃片。进光筒前有一金属箍用来安放各种滤光片，筒内装有干燥气体以防止产生水汽凝结物。为了对准太阳，进光筒两端分别固定两个固定圆环，筒口圆环上有一小孔，筒末端白色圆盘有一黑点，小孔和黑点的连线与筒中轴线相平行。如果光线透过小孔落在黑点上，说明进光筒已对准太阳。

感应件是仪器的核心部分，由感应面与热电堆组成。安装在光筒的后部。当光筒对准太阳，黑体感应面吸收太阳直射增热，使得热电堆产生温差电动势，由导线输出。仪器灵敏度约为 7～14μV/(W·m^{-2})，响应时间为 35 s 左右(响应稳态度 99%时)。

跟踪架是支撑进光筒使之自动准确跟踪太阳的一种装置，常用的跟踪架有时钟控制、直流电机控制和全自动 3 种形式：

①时钟控制跟踪架：实际为一石英钟。信号发生器及电源部分一般安在室内，用导线与跟踪架上的钟机连接，钟机操纵输出轴带动进光筒跟踪太阳，跟踪精度为±1°/d(相当于 4min/d)。

这种跟踪架由于每天不停地转动，使得进光筒上两根输出线容易缠绕，发现缠线后，应在不观测时(日落后)，松开进光筒的固定螺旋，向相反方向转动，直至导线完全放松为止，再拧紧固定螺旋。

②直流电机控制跟踪架：单片计算机和电源部分用导线与跟踪架上的直流电机相连接，单片机控制电机从而推动进光筒跟踪太阳，每日准确转动一圈。

以上两种跟踪架也称赤道架。

③全自动跟踪架：它由机械主体、控制箱与电缆线等构成。机械主体安在室外，由准光筒、固定直射表用的架子、电机、转动轴、底座等组成。该仪器以单片计算机为控制核心，采用传感器定位和太阳运行轨迹定位两种自行切换的跟踪方式，弥补了赤道架跟踪的缺点，具有全自动、全天候、跟踪精度高(±0.2°)、不绕线等特点，是辐射仪器的主要跟踪装置。

跟踪的原理是利用单片计算机的软件(每天日出至日落每一时刻的太阳高度角与方位角参数)控制电机转动，带动准光筒跟踪太阳。此外，准光筒内均匀安装有 4 个光敏传感器，当准光筒跟踪太阳稍有偏差时，筒内的 4 个传感器接收到阳光信号就不相同，从而驱动准光筒自动瞄准太阳。使得装在架子上的直接辐射表进光筒准确对准太阳。这种装置可带动多台直接辐射表，以及散射辐射表上的遮光板跟踪太阳。

机械主体安装在牢固的台架上，调好水平、方位后将底座固定。用时角、赤纬、传感器三根电缆将机械主体与室内的控制箱连接。调整控制箱内参数：时间(年、月、日、时、分、秒)和经纬度与本站的实际时间、经纬度相一致。调整后，一般不再需要人工干预。接通电源后，由计算机控制可以自动搜寻太阳位置，并自动选择合理跟踪方式，对太阳进行全自动跟踪。日落 6 分钟后装置自动返回初始位置。下一日出前 6 分钟仪器将自动运行到适当位置，开始新的跟踪过程。

2)技术指标

灵敏度	7～14μV/(W·m^{-2})
响应时间	25s(99%)
内阻	约 100Ω
信号范围	−25～+25mV
跟踪精度	24 小时<±1°
光谱范围	0.27～3.2μm
稳定性	±1%
重量	5kg
电源电压	6～9V DC±15%

220V AC±10%

工作环境温度　－50～＋50℃

相对湿度　0～100%RH

(4)散射辐射与反射辐射

总辐射中把来自太阳直射部分遮蔽后测得为散射辐射或天空辐射。总辐射表感应面朝下所接收的为反射辐射。散射辐射和反射辐射都是短波辐射。这两种辐射均用总辐射表(以TBQ－2B 型为例)配上有关部件来进行测量。

1)工作原理

散射辐射表是由总辐射表和遮光环两部分组成(图 3.32)。遮光环的作用是保证从日出到日落能连续遮住太阳直接辐射。它由遮光环圈、标尺、丝杆调整螺旋、支架、底盘等组成。

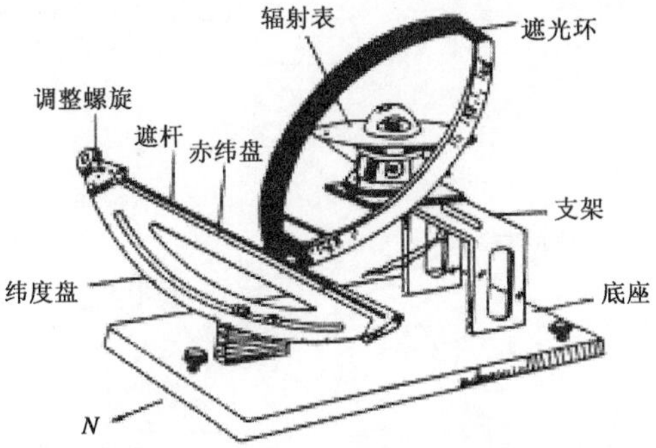

图 3.32　带遮光环的散射辐射表

我国采用遮光环圈的宽度为 65mm，直径为 400mm。固定在标尺的丝杆调整螺旋上，标尺上刻有纬度与赤纬刻度。但由于遮光环不仅遮住太阳的直接辐射，而且把太阳轨迹周围的一部分天空散射辐射也遮住了，使测得的散射辐射比实际值偏小，所以必须进行遮光环系数订正。

厂家提供的遮光环系数订正公式为

$$E=K_0\times(V/K) \tag{3.13}$$

式中，E 为辐照度(W/m^2)，V 为信号电压，K 为灵敏度系数，K_0 为遮光环系数。

反射辐射表原理与总辐射表一样，使总辐射表感应面朝下，即可测定短波反射辐射。

2)技术指标

同总辐射的技术指标。

3.3.7.2　辐射传感器安装

(1)辐射及辐射变送器基础要求

1)定位板上的定位线精确指向南北，水泥基础上的三颗螺丝应和定位板吻合。见图 3.33。

2)底座为长 350mm，宽 350mm，深 500mm，由水泥浇铸而成。

3)水泥底座应高出地面 50mm，地脚螺丝 3 颗为 M20×300，应高出底座 60mm。

4)底座中心用(50 的 PVC 管穿至定位板中心部位。从辐射基础的右侧升出地面，距辐射基础 500mm 左右，升出地面的高度为 400mm 左右。见图 3.34。

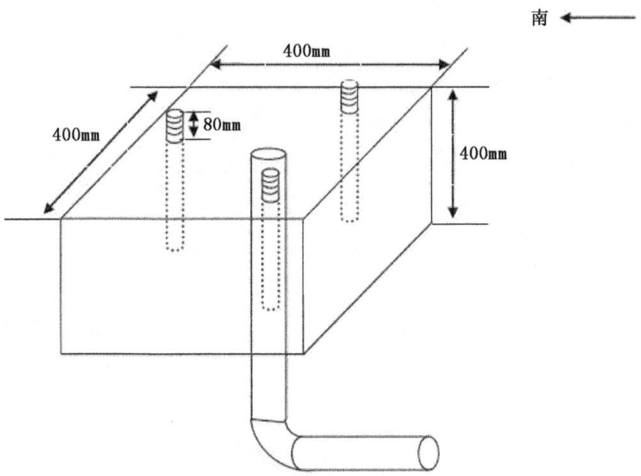

图 3.33　辐射基础俯视图

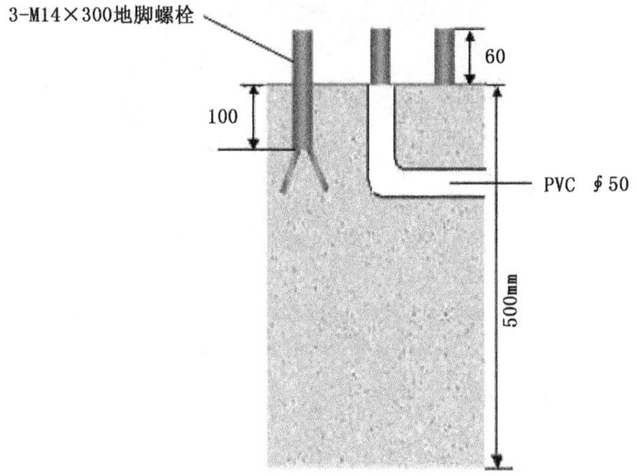

图 3.34　辐射基础剖面图

(2)总辐射传感器的安装

总辐射表应牢固安装在专用的台柱上。台柱是用一根金属管或木柱，上部固定一块比总辐射表底座稍大的金属板或木板构成。台柱离地面约 1.50m，下部埋入地中要很牢固，长时间内不会出现下陷或变形现象，即使台柱受到严重冲击振动(如大风等)，也不改变仪器的水平状态。

安装时，先把总辐射表的白色挡板卸下，再将总辐射表安装在台上，使仪器接线柱方向朝北。用 3 个螺钉将仪器固定在台柱上，若台架为金属板则事先打好 3 个孔，用螺栓固定仪器。然后利用仪器上所附的水准器，调整底座上 3 个螺旋，使总辐射表的感应面处于水平状态，最后将白色挡板装上。

仪器安装后，用导线与接线柱、记录仪表连接，有的接线柱有三根引出线，其中一根连接机体，用于连接电缆的屏蔽层，起到防干扰和防感应雷击的作用。

(3)净辐射表的安装

安装净全辐射表的架子是由台柱和伸出的长臂所组成，长臂的末端固定一块比净全辐射表底座稍大的金属板或木板。安装架子时，要求台柱离地面约1.5m，长臂基本水平，方向朝南。台柱埋入地下部分要很牢固，不要因长臂末端安装仪器长期承受重量而下垂。

安装时，把表的底板用不锈螺栓固定在金属板上，使感应件伸出长臂，接线柱方向朝北。用调整螺旋将感应面调平。最后用电缆线连接记录仪，接线时要注意正负极。

(4)直射辐射表的安装

直接辐射表安装在专用的台柱上，专用台柱的要求和安装方法与总辐射表基本相同。

直接辐射表跟踪太阳的准确度与仪表安装是否正确关系极为密切，安装时必须对准南北向、纬度、调整水平以及观测时的赤纬和时间。

1)调整、对准南北向。表底座方位线对准南北向是非常重要的。对准南北向，首先必须测定南北线。测定南北线的主要方法如下：

经纬仪法：真太阳时正午，用经纬仪(通过深色玻璃)观测太阳，然后降低物镜到水平面一点，这一点与观测点相连，即南北线并在仪器台柱上画出南北线。

在晴朗夜晚用经纬仪测北极星的方法也可确定南北线。

铅垂线法：这是较常用的一种方法。在真太阳时正午，用铅垂线观测其投影(当地子午线)，使仪器底座上的南北方位线与其重合，尽可能达到±0.25°以内。应用铅垂线对方位时，应先算出当地当日真太阳时正午对应的北京时间(钟表时间)。

对方位往往不是一次能对好的，反复几次对准后，初步将底座固定。

2)调整对准纬度(全自动跟踪架例外)。松开纬度刻度盘上的螺旋，转动刻度盘对准当地纬度(准确至0.1°)然后再固定。

3)调整水平。用3个水平调整螺旋调整，使水准器气泡位于中央。

方位、纬度、水平调整好后，再将仪器牢固地固定在台架上。仪器安装完成后，转动进光筒对准太阳(光点恰好落在瓷盘黑点中央)。这时仪器的赤纬与时间指针应指在当时的太阳赤纬和时间(真太阳时)上，但往往有一定差别，这是由于制造仪器时刻度误差等原因造成的。直射表安装好后，应试跟踪太阳一段时间，检查其是否准确，否则，应反复调整，直到准确为止(一天跟踪误差<1光点约4分钟)。

(5)散射辐射表的安装

散射辐射表安装的地方条件与台架安装的要求与总辐射表相同。由于遮光环很重而且底盘较大，因此，仪器台架的安装更应牢固。

1)先将遮光环架安装在观测台架上。安装必须使底盘边缘对准南北向，使仪器标尺指向正南北(遮光环丝杆调整螺旋柄朝北)。用水平尺和底板3个调节螺旋把底板调水平，然后，用螺栓将遮光环底板固定在观测台架上。

2)根据当地的地理纬度，固定标尺位置。

3)把总辐射表水平地安装在遮光环中的平台上，使接线柱朝北，其位置应正好使辐射表涂黑感应面位于遮光环中心。调好总辐射表水平并固定。

4)将遮光环按当日的太阳赤纬调到相当的位置上，使遮光环恰好全部遮住总辐射表的感应面和玻璃罩。

5)将接线柱导线与记录仪连接。

(6)反射辐射表的安装

使总辐射表感应面朝下，即可测定短波反射辐射，此时该称为反射辐射表。

反射辐射表安装的条件与净全辐射表相同，一般安装在浅草平铺的观测场内。

安装反射辐射表的架子也是由台柱和伸出的长臂组成。长臂下端（靠近净全辐射表）固定一个比仪器底座稍大的金属板，把感应面朝下的反射辐射表底座用不锈螺栓固定在金属板上。仪器接线柱方向朝北。然后用调整螺旋把感应面调平，通常有上下两个水准器。安装反射辐射表时一定要把仪器上的白色挡板翻过来安装，否则降雨时，雨水将聚在白色挡板上，流入感应元件，损坏仪器。

3.3.7.3 辐射传感器的维护

（1）总辐射传感器的维护

每日上下午至少各一次对总辐射表进行如下检查和维护：

1）仪器是否水平，感应面与玻璃罩是否完好等；

2）仪器是否清洁，玻璃罩如有尘土、霜、雾、雪和雨滴时，应用镜头刷或麂皮及时清除干净，注意不要划伤或磨损玻璃；

3）玻璃罩不能进水，罩内也不应有水汽凝结物。检查干燥器内硅胶是否变潮（由蓝色变成红色或白色），否则要及时更换。受潮的硅胶，可在烘箱内烤干变回蓝色后再使用；

4）总辐射表防水性能较好，一般短时间或降水较小时可以不加盖。但降大雨（雪、冰雹等）或较长时间的雨雪，为保护仪器，观测员应根据具体情况及时加盖，雨停后即把盖打开。如遇强雷暴等恶劣天气时，也要加盖并加强巡视，发现问题及时处理；

5）为了保证总辐射表测量值的准确，应每 2 年对总辐射表进行 1 次检定。

6）注意事项：

开启与盖上金属盖应特别小心，要旋转到上下标记点对齐，才能开启或盖上。由于石英玻璃罩贵重且易碎，启盖时动作要轻，不要碰玻璃罩。冬季玻璃罩及其周围如附有水滴或其他凝结物，应擦干后再盖上，以防结冻。金属盖一旦冻住，很难取下时，可用吹风机使冻结物融化或采用其他方将盖取下，但都要仔细，以免损坏玻璃罩。

（2）净辐射传感器的维护

净全辐射表和总辐射表一样，除每日上下午至少各检查一次仪器状态外，夜间还应增加一次检查。每次检查和维护的内容如下：

1）感应面是否水平；

2）薄膜罩是否清洁和呈半球状凸起。罩外部如有水滴，应用脱脂棉轻轻抹去，若有尘埃、积雪等，可用橡皮球打气，使罩凸起并排除湿气；

3）薄膜罩通常每月更换一次，对于风沙多、大气污染严重或紫外光强易使聚乙烯老化的地区，要增加更换次数；

更换薄膜罩时要用专用工具（金属环）把压圈旋下，取下橡皮密封圈与旧罩，然后换上新罩，放上密封圈，再用专用工具把压圈旋紧。换罩时如发现密封圈老化或损坏应同时更换，更换时注意不要弄脏或碰坏黑体。如果感应面有脏物，要用橡皮球清除，不要用刷子等硬物去清除。

遇有雨、雪、冰雹等天气时，应将上下金属盖盖上，加盖条件同总辐射表，稍大的金属盖在上，以防雨水流入下盖内。降大雨时应另加防雨装置。降水停止后，要及时开启。

由于薄膜罩密封性能不好或金属盖盖得不紧，大雨时，常把感应面弄湿，使得仪器短路或出现负值，应及时把仪器烘干或换上备份表。

4)要注意观测结果的正负值。正常天气净全辐射夜间为负值，日出后 1～2 小时升为正值至中午为最大，日落前 1～2 小时又转为负值。如果出现相反情况，可能仪器的正负极接错；

5)干燥剂失效要及时更换；

6)注意保持下垫面的自然和完好状态。平时不要乱踩草面，降雪时要尽量保持积雪的自然状态；

净全辐射表出现的故障和处理方法与总辐射表基本相同。但最常见的故障是薄膜罩漏水使得感应面潮湿，造成记录出错。因此，气象站要备足薄膜罩与橡皮垫圈并及时更换，保持好密封性；

7)为了保证净辐射表测量值的准确，应每 2 年对净辐射表进行 1 次检定。

(3)直接辐射表的维护

直接辐射表与其他辐射表相比，不仅感应件要灵敏，而且还要跟踪准确，才能获得准确的直接辐射。要保持在任何天气条件下常年不断地、准确可靠地跟踪太阳是不容易的，因此要严格遵守操作规程。

每天工作开始时，应检查进光筒石英玻璃窗是否清洁，如有灰尘、水汽凝结物应及时用软布擦净。跟踪架要精心使用，切勿碰动进光筒位置，每天上下午至少各检查一次仪器跟踪状况(对光点)，遇特殊天气要经常检查。如有较大的降水、雷暴等恶劣天气不能观测时，要及时加罩，并关上电源。转动进光筒对准太阳，一定按操作规程进行，绝不能用力太大，否则容易损坏电机。直接辐射表每月检查的内容和总辐射表基本相同，除检查感应面、进光筒内是否进水、接线柱和导线的连接状况外，重点应检查仪器安装与跟踪太阳是否正确。

为了保证直接辐射表测量值的准确，应每 2 年对直接辐射表进行 1 次检定。

(4)散射辐射表的维护

散射辐射表的使用与维护基本同总辐射表。观测散射辐射时，日出前，转动丝杆调整螺旋，将遮光环按当日赤纬调在标尺相应的位置上(有时也可几天调整一次)，使遮光环全天遮住太阳直射辐射。每日上下午各巡视一次，检查遮光环阴影是否完全遮住仪器的感应面与玻璃罩，否则应及时调整。

平时要经常保持遮光环部件的清洁和丝杆的转动灵活。发现丝杆有灰尘或转动不灵活时，尤其是风沙过后，要用汽油或酒精将丝杆擦净。较长时间不使用，应将遮光环取下或用罩盖好，以免丝杆和有关部件锈蚀。长时间使用遮光环，当圈环颜色(外白内黑)退色或脱落时，应重新上漆。

为了保证散射辐射表测量值的准确，应每 2 年对散射辐射表进行 1 次检定。

(5)反射辐射表的维护

反射辐射表维护和一般性检查与总辐射表相同。

为了保证反射辐射表测量值的准确，应每 2 年对反射辐射表进行 1 次检定。

3.3.8　蒸发传感器

3.3.8.1　结构原理和技术规格

(1)结构原理

常用的蒸发传感器为德国 THIES 公司生产的 AG 型超声波蒸发量传感器。它是利用超声波测距原理测量标准蒸发皿内水面高度变化，转换成电信号，从而测得蒸发量。并且配置了PT100温度校正部分，以保证在使用温度范围内的测量精度。

蒸发传感器由超声波测量头和不锈钢圆筒支架两部分组成。测量头为超声测量装置，圆筒支架为安装和净水装置。

(2)技术指标

测量范围	0～100mm
分辨率	0.1mm
测量精度	±1.5%(0～+50℃)
供电	10～15V DC
耗电	<100mA (15V)
输出	0～5V(电流最大5mA)
输入阻抗	<500Ω
最高水位输出	4mA,0V
最低水位输出	20mA,5V,10V
工作温度	0～+50℃
电缆长度	5m
重量	传感器0.9kg,圆筒架2.8kg

(3)电气连接

电气连接见图3.35。

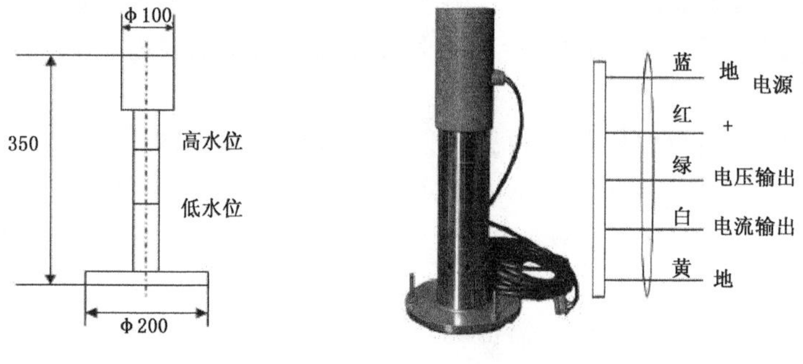

图3.35 蒸发示意图及接线图

3.3.8.2 蒸发传感器安装

(1)蒸发基础要求

首先准备一块直径为161.8cm的空地，在中心点挖一个直径61.8cm深度38.7cm的坑，底部为椎型。注意：保持排水孔距地高度22.5cm。将水圈围在蒸发皿周围紧贴，在有水面指示针的位置留大约40°左右的夹角。在水圈外30cm内放入土。在土圈外贴上白色瓷砖。在蒸发土圈的旁边应预留伸出地面的PVC管，埋入地下通向地沟，预留穿线用(图3.36，图3.37)。

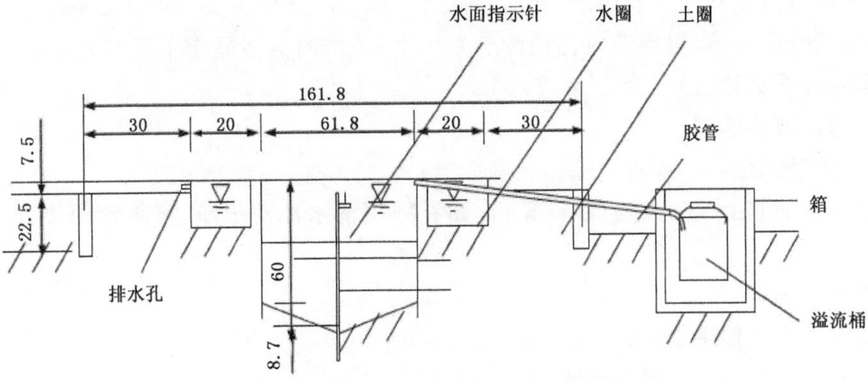

图 3.36　蒸发基础剖面图(单位：cm)

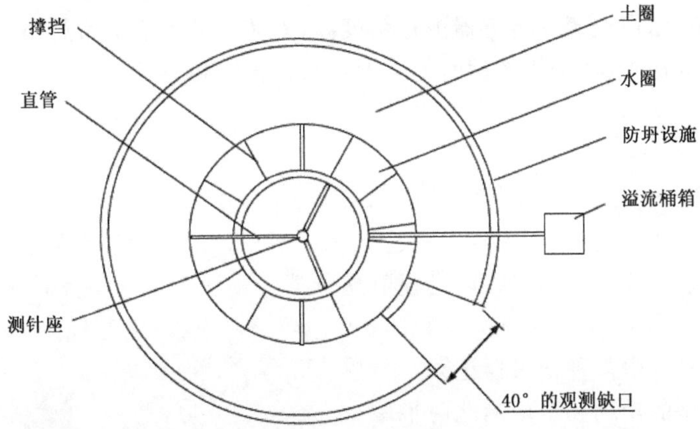

图 3.37　蒸发基础俯视图

(2)蒸发传感器安装要求

安装时,力求少挖动原土。蒸发桶放入坑内,必须使器口离地 30cm,并保持水平。桶外壁与坑壁间的空隙,应用原土回填并压实,水圈与蒸发桶必须密合,水圈与地面之间,应取与坑中土壤相接近的土料填筑土圈,其高度应低于蒸发桶口缘约 7.5cm。在土圈外围,还应有防塌设施,可用预制弧形混凝土块拼成,或水泥砌成外围。

3.3.8.3　蒸发传感器的维护

我国气象系统目前广泛使用 AG 型超声波蒸发量测量传感器来实时测量蒸发要素的探测数据。具体维护内容如下。

(1)蒸发器用水的要求

应尽可能用代表当地自然水体(江、河、湖)的水。在取自然水有困难的地区,也可使用饮用水(井水、自来水)。器内水要保持清洁,水面无漂浮物,水中无小虫及悬浮污物,无青苔,水色无显著改变。一般每月换一次水。蒸发器换水时应清洗蒸发桶,换入水的温度应与原有水的温度相接近。

(2)每年在汛期前后(长期稳定封冻的地区,在开始使用前和停止使用后),应各检查一次蒸发器的渗漏情况等;如果发现问题,应进行处理。

(3)定期检查蒸发器的安装情况，如发现高度不准、不水平等，要及时予以纠正。

(4)定期清洗蒸发器，更换蒸发器内的蒸发用水，清洗的具体操作步骤如下：

1)将电缆插头拔掉；

2)取下超声波传感器；

3)将不锈钢圆筒拆下，并将内部的丝网取出；

4)观察不锈钢圆筒是否有泥沙或异物，如有则用清水冲洗干净，再将丝网放回不锈钢圆筒内；

5)清洗蒸发桶；

6)重新安装蒸发传感器；

7)向蒸发桶内注入一定量的清水。

(5)每两年对蒸发传感器进行1次现场检查、校准，校准方法严格按照中国气象局规定的自动气象站现场校准方法进行。

(6)注意事项：超声波蒸发传感器测量精度高，安装尺寸要求非常严格，切勿撞击或用手接触摸超声传感器的探头，冬季不使用时把电缆插头拔掉将传感器探头取出放到室内。

3.3.9 日照传感器

(1)工作原理

目前使用较为普遍的为Vaisala公司生产的DSU12型日照传感器(图3.38)。DSU12日照传感器是当照射在仪器上的直接阳光辐射高于某一预设阈值时触点接触闭合，用以精确探测阳光辐射。它不需要季节性的调节和维护。接触闭合输出信号可由多种记录器记录。传感器具有低的可忽略的功耗和全球南北两半球0°～65°纬度间使用的特点。

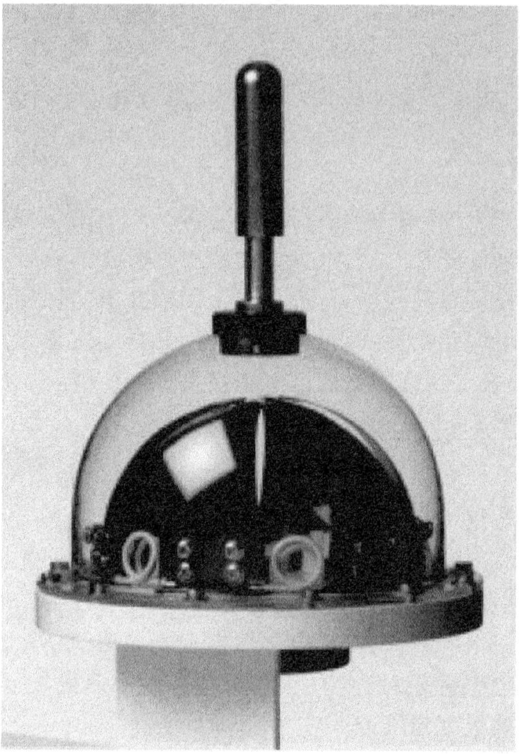

图3.38 DSU12型日照传感器

DSU12由置于聚丙烯圆罩下相互均匀隔开的6对双金属黑化元件构成。每一对元件的接触间隙是对应于辐射能量的一个阈值预先设定的。每个仪器的间隙和阈值设定值都在仪器具下部的规格标示牌上注明。

当环境温度变化时，这些相同材料制成，长度相等的元件间隙都引起了相似的变化。然而当直接阳光辐射高于一定阈值时，外部元件的受热高于位于里侧背光处的元件。结果导致正向的接触闭合形成电回路。外部和内部元件的不同弯折度又使它们产生自动擦除动作，形成接触闭合。接触闭合的瞬间和持续时间很容易被时基(以时间为坐标轴)记录器记录下来。

当光线变暗时，落在白色基板上的漫射辐射光反射到内部元件的下侧，从而对内部元件的温度进行补偿，以此避免假接触闭合。通过这种方式，仪器可以分辨直接太阳辐射和阳光漫射。

DSU12 通过聚丙烯罩顶部的风道和螺纹管端底部的网孔来通风散热。风道的外形使得在下雪时仍然能正常通风。

外部罩上的雨水或霜对 DSU12 性能的影响是可以忽略的。积聚在外部罩上的阳光产生的热量可通过黑化元件对和通风道迅速将积雪或霜融化。大雪也许会削弱这种作用。

(2)技术指标

光谱特性：

光谱响应灵敏度	在 350～1600nm 间高于－3dB
感光性(释放点)	从 80W/m^2 开始可调，通常在 15℃时设定为 120W/m^2
响应时间	20～40s
精度	20%(与纬度无关)
稳定性	年变化小于 10W/m^2
温漂	从释放点温度开始 2(W/m^2)/℃
方位误差	360°内小于 7%
水平误差	20°内可忽略

工作条件：

温度最小	－20℃(－4 ℉)
最大	＋50℃(122 ℉)
地理纬度最小	0°(赤道)
最大	65°

物理性质：

元件数量	6 对
外包装直径	151mm
总高度	190mm
重量	800g
安装方法	和外部的 BSP 插头相接
装运重量	1200g(2.6 磅)

3.3.10　称重降水传感器

3.3.10.1　结构原理和技术规格

(1)工作原理

振弦式称重传感器的原理是由一根被拉紧的金属细丝(弦)作为敏感元件(图 3.39)，金属丝内部将产生一定的张力，此时金属丝的固有振动频率与其内部张力就具有一定的定量关系，根据动力学原理可以得到金属丝振动公式，即：一根工作长度为 L，工作段质量为 m 的细弦，一端固定，另一端施加一个初始张力 F 时，弦的横向振动的固有频率 f 可由下式计算

$$f = \frac{1}{2}\sqrt{\frac{F}{mL}} \tag{3.14}$$

当 m、L 不变，张力 F 变化 ΔF 时，弦的自振频率也有一个变化 Δf。这里的 ΔF 是由拉力 p 经膜片产生的，测出这个频率变化，便可计算得相应压(拉)力 F。

为了保持金属弦振荡，它必须有一个电子驱动电路保持振荡，并提供输出信号。

为了能够使弦振传感器能长时间稳定工作，又能节约线缆成本(四芯变两芯)，改造为使用两芯电缆连续运行励磁系统。(图 3.40)

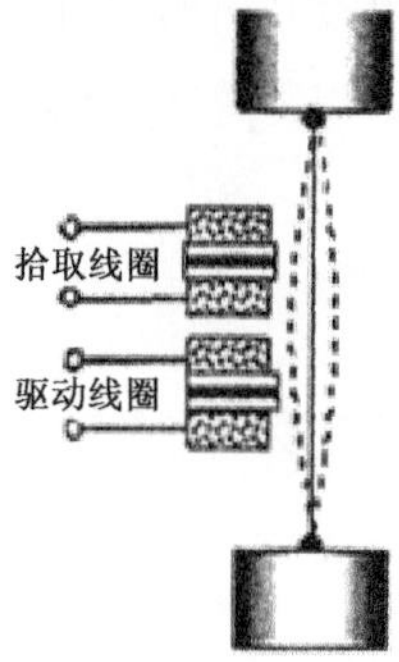

图 3. 39　称重降水传感器原理图

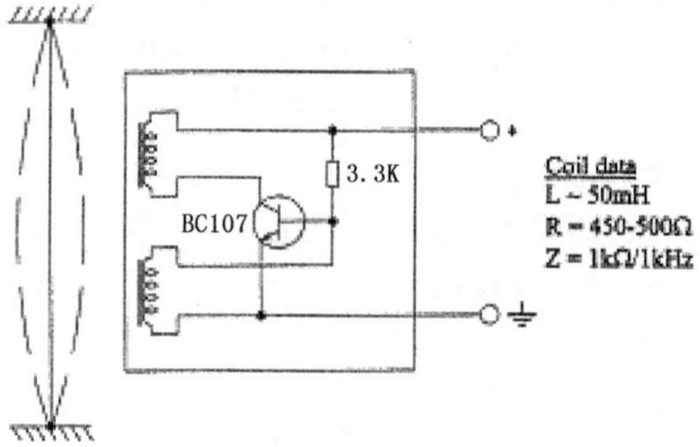

图 3. 40　称重降水传感器原理图

一般地讲，称重降水传感器是一个谐振传感器，谐振传感器具有比传统的模拟传感器的优势，因为输出是一个随时间变化的信号，它可以准确计量，在数字系统中直接脉冲计数，而且它的长期稳定性也很好。

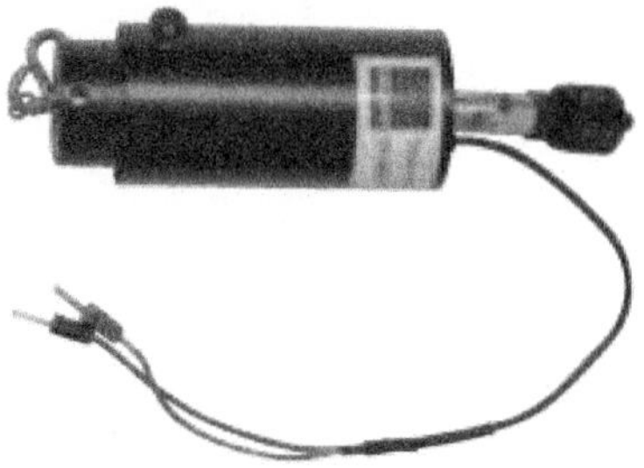

图 3. 41　振弦称重传感器

图 3. 42　传感器被安装上后的状态

图 3.41 是振弦称重传感器，图 3.42 是传感器被安装上后的状态。塑料桶内收集到的降水(截面积为 314 cm^2)通过振弦式称重传感器计算出降水量，传感器给出一个频率输出，频率反应的是弦的张力功能，通过该功能，就可以计算出总降水数量，频率信号通过 0～5V 的方波信号被记录下来，该信号可以很容易地被变送，而且可以连接至大多数的数据收集系统上。仪器没有任何的机械移动部件，消除了可能的共源误差。在空桶时，传感器输出一个频率 f_0，有雨水时实时输出一个频率 f，通过下面的公式可以计算出降水量

$$P = A(f-f_0)+B(f-f_0)^2 \tag{3.15}$$

式中，P 为降水量(mm)，A 和 B 为传感器校准常数，f 为传感器输出的频率，f_0：为空桶时输出的频率。

三个振弦称重传感器测量出频率值分别计算，然后根据处理算法求出最终值。

(2)技术指标

工作环境温度	－40～60℃
量程(包括防冻液)	0～400mm 降水量
雨/雪采集面积	$314cm^2$
最大测量误差	±0.4mm(≤10 mm)，±4%(>10mm)
分辨率	0.1mm
缺测率	<2%
降水感应一致性	>95%
降水误报率	每月不大于一次
平均无故障时间	5000 小时
尺寸	直径 400mm，高 780mm
输出 1	0.1mm 降水的输出脉冲
输出 2	RS232 端口输出的数字信号

3.3.10.2　称重降水传感器的安装

(1)混凝土基础

混凝土基础大小为 100cm(长)×100cm(宽)×30cm(深)，高度与地面齐平，制作时应将固定传感器支架的地脚螺栓预埋件一同浇筑。

(2)安装高度

称重式降水传感器安装在观测场内混凝土基础上。承水口保持水平，根据冬季地面积雪情况，承水口距地面高度一般选择 120cm±3cm ，在北方积雪较厚的个别地区可以选择150cm±3cm。

防风圈应高于承水口约 2cm。防风圈开口应朝北。

(3)线路连接

称重式降水传感器的电源线和数据线应接到自动气象站采集器相应的电源和降水接线端子。

为了防雷、防鼠、防水和安装、维修方便，电源线、数据线应穿入带屏蔽层的线槽内，线槽应安置在电缆沟内。

3.3.10.3　称重降水传感器的日常维护

(1)定时检查内筒内液面高度和供电情况。

(2)定时进行仪器小清洁，口沿以外的积雪、沙尘等杂物应及时清除，如遇有盛水口沿被积雪覆盖，应及时将口沿积雪扫入桶内，口沿以外的积雪及时清除。

(3)较大降水过程后及时检查，防止溢出。

(4)预计将有沙尘天气但无降水，应及时将桶口加盖；沙尘天气结束后及时取下盖。

(5)降水过程中，因降水量较大可能超过量程时，应在降水间歇期及时排水。

(6)当内筒内的液体较多或杂物过多时，应清空，然后添加相应的防冻液和蒸发抑制油。

3.3.11 前向散射式能见度传感器

3.3.11.1 结构原理和技术规格

(1)工作原理

大气中光的衰减是由散射和吸收引起的，在一般情况下，吸收因子可以忽略，而经由水滴反射、折射或衍射产生的散射现象是影响能见度的主要因素。故测量散射系数的仪器可用于估计气象光学视程(meteorological optical range，MOR)。

前向散射能见度仪的发射器与接收器在成一定角度和一定距离的两处。接收器不能接收到发射器直接发射和后向散射的光，而只能接收大气的前向散射光。通过测量散射光强度，可以得出散射系数，从而估算出消光系数。见图 3.43。

根据柯什密得定律计算气象光学视程的公式为

$$MOR \approx \frac{-\ln\varepsilon}{\sigma} \tag{3.16}$$

式中，MOR 为气象光学视程，ε 为对比阈值，σ 为消光系数。

当 ε=0.05 时，有

$$MOR \approx \frac{2.996}{\sigma} \tag{3.17}$$

从而可以得出气象光学视程。

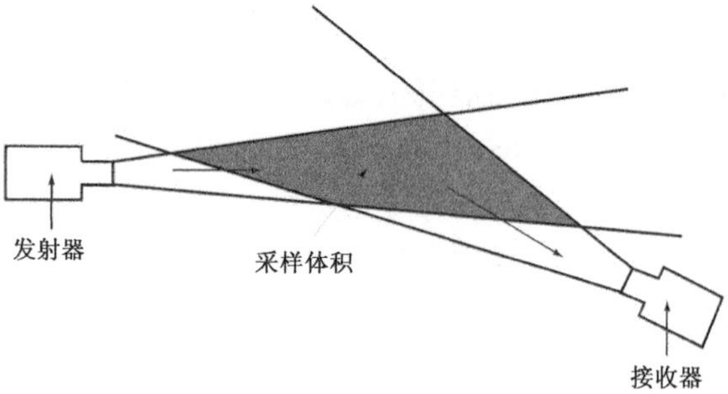

图 3.43 前向散射能见度传感器的光学原理图

(2)技术指标

测量范围	10m～30km
分辨率	1m
测量精度	±10%(<15km)
	±20%(>15km)
供电	12V DC
输出方式	RS232
安装高度	2.8m

3.3.11.2 前向散射能见度传感器的安装

(1)混凝土基础

混凝土基础大小为长 60cm×宽 60cm×深 40cm(大风区可适当加大、加深)，预埋件与接地体连接，基础中预留电源、信号管线，基础表面水平，高出地面3～5cm。

(2)安装高度

前向散射能见度传感器支架安装在观测场内混凝土基础上。支架成南北向，接收器在南侧，发射器在北侧，采样区中心高度2.8m(±0.1m)。避免光学系统朝向强光源，和朝向诸如雪或沙之类的反射表面，高纬度地区要加遮光罩。

(3)线路连接

前向散射能见度传感器的电源线和数据线应接到自动气象站采集器相应的电源和数据接线端子。

为了防雷、防鼠、防水和安装、维修方便，电源线、数据线应穿入带屏蔽层的线槽内，线槽应安置在电缆沟内。

3.3.11.3 前向散射能见度传感器的日常维护

(1)巡视仪器时，发现能见度传感器(尤其是采样区)有蜘蛛网、鸟窝、灰尘、树枝、树叶等影响数据采集的杂物，应及时清理(可在基座、支架管内放置硫黄，预防蜘蛛)。

(2)定期清洁传感器透镜，可根据设备附近环境的情况，延长或缩短擦拭镜头的时间间隔(遇沙尘、降雪等影响能见度天气现象时，应及时清洁)。

(3)日常维护时应尽量避免用手电筒等光源照射能见度观测设备。

(4)前向散射能见度仪在运行中，发射端镜头沿镜筒方向连续发射激光光束，长时间连续直射眼睛会损伤眼睛健康。应尽量避免长时间连续直视发射端镜头。

3.4 自动气象站

3.4.1 新型自动气象站

3.4.1.1 结构原理

3.4.1.1.1 系统组成

新型自动气象站是按照中国气象局《新型自动气象(气候)站功能规格书(业务试用版)》(以下简称《功能规格书》)的要求而研制的新一代自动气象站。它采用当今成熟的、稳定的、先进的电子测量、数据传输和控制系统技术而设计，能满足现有气象观测站的气候观测、天气观测和区域观测业务的需要。新型自动气象站具有高可靠性、高准确性、易维护、易扩展等特点，在硬件结构设计上，采用“积木式”结构和CAN总线技术，利用双绞线互联主采集器和各分采集器。新型自动气象站能基于客户需求在现场快速实现功能扩展，充分贯彻了灵活性的特点。硬件结构上由传感器、采集器和外围设备等组成。

(1)主采集器

新型自动气象站的主采集器是整个系统的核心控制单元集。整个的系统控制流程、数据处理全部由主采集器负责完成。

主采集器的处理器采用目前先进的ARM9架构的32位CPU，型号Atmel9263。另外配加其他外部电路，包括：SDRAM、CF卡、以太网控制器、IDE控制器、USB控制器、CAN总线控制器、串口以及扩展串口控制器等，其构成了核心处理单元。

加载 Linux 操作系统、文件处理系统，同时配接各种外部设备接口，包括：CF 存储卡、RJ45 网络端口、USB 端口、大容量 Flash 存储器、多个 RS232 串口等。使主采集器的核心处理单元成为一个功能强大单板电脑，因而大大提高了主采集器对数据处理的能力，从而可以满足各种复杂气象探测系统的数据处理要求。

同时在主采集器内部还增加了一个对常规气象要素进行数据探测的数据采集单元。在主采集器的气象要素数据采集单元中，可以完成对 10m 的风速、风向、空气温度、相对湿度、降水(0.1mm 的翻斗式雨量)、气压、蒸发、总辐射以及能见度气象要素的观测数据采集。从而进一步扩展了主采集器的功能，可以使主采集器能够独立成为一个高性能的气象数据采集器，构建基本的气象探测系统。

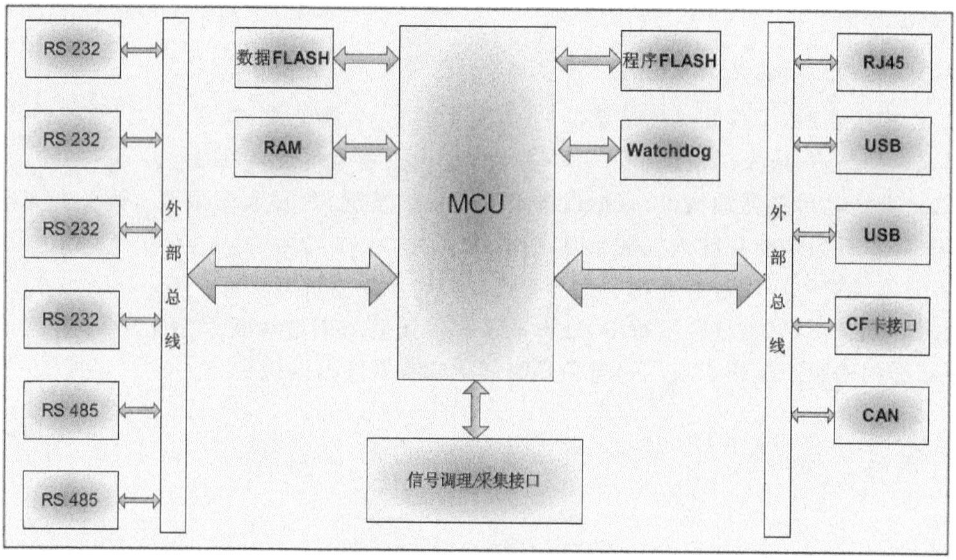

图 3.44 主采集器结构图

(2)分采集器

在新型自动气象站中，按照对观测数据的需求设置的若干个分采集器，用于完成对相关气象要素的数据采样处理。

分采集器的设置是按照观测要素的基本类型进行分类设置的。

在分采集器中主要是按照能够规定时序，完成对相关气象要素的数据采集处理，并通过 CAN 总线把观测数据传送到主采集器中。

1)气候观测分采集器

气候分采集器主要应用于与气候观测相关气象要素的数据采集，观测要素包括：三只带强制通风的温度传感器、翻斗雨量传感器(0.5mm 的翻斗雨量)、称重雨量传感器(3 只 T200B 弦振式的称重雨量)、1.5m 风速传感器、红外地温传感器，另外，还包括 3 只强制通风扇的转速检测。

气候分采集器的测量通道包括 3 个差分测量通道和 8 个脉冲频率测量通道。

3 个差分测量通道中，3 个用于 Pt100 温度的测量，2 个用于红外地温的测量(目标温度和腔体温度测量)；8 个脉冲频率测量通道中，3 个用于称重雨量的测量，3 个用于强制通风扇的检测，1 个用于翻斗雨量的测量，1 个用于 1.5m 风速的测量。

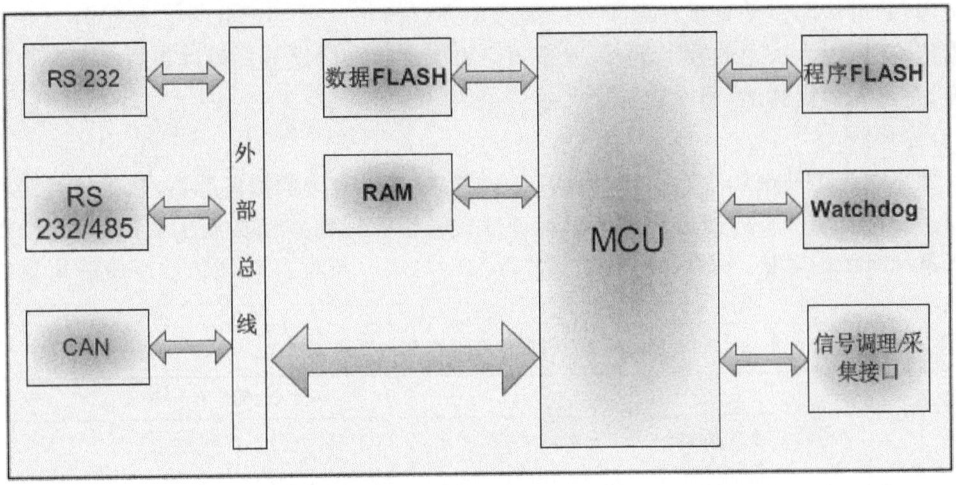

图 3.45　分采集器结构图

2)辐射观测分采集器

辐射分采集器主要应用于与辐射观测相关气象要素的数据采集,观测要素包括:总辐射、净辐射、直接辐射、反射辐射、散射辐射、紫外 A 辐射、紫外 B 辐射、地面长波辐射(包括腔体温度)、大气长波辐射(包括腔体温度)、光合有效辐射以及日照。

辐射分采集器的测量通道包括 12 个差分测量通道,用于 10 个辐射要素和 2 个 Pt100 腔体温度测量。

3)地温观测分采集器

地温分采集器主要应用于与地温观测相关气象要素的数据采集,观测要素包括:地表温度、草面温度、5cm 地温、10cm 地温、15cm 地温、20cm 地温、40m 地温、80cm 地温、160cm 地温、320 地温。

地温分采集器的测量通道包括 12 个带 2mA 恒流源的差分测量通道,其中 10 个用于 Pt100 地温测量。

4)土壤水分观测分采集器

土壤水分分采集器主要应用于与土壤水分观测相关气象要素的数据采集,观测要素包括:8 层土壤水分,即:5cm、10cm、20cm、30cm、40m、50cm、100cm、180cm 土壤水分观测。

土壤水分分采集器的测量通道包括 12 个差分测量通道,其中 8 个用于 8 层土壤水分的测量。

5)海洋观测分采集器

海洋观测分采集器主要应用于与海洋观测相关气象要素的数据采集,观测要素包括:表层海水温度、海盐、海表波高、海表流速流向、水质、浮标方向等。

6)温湿度分采集器

温、湿度分采集器和其他分采集器一样通过 CAN 总线把观测采样数据传送给主采集器,取代了直接接入主采集器的温湿度观测数据。这样做的目的主要是为了使对温湿度观测的计量检定能够与主采集器完全脱离开,可以进行独立检定。

温湿分采集器相对比较小巧,在对温湿度传感器进行检定时,可以连同温湿分采集器一起进行检定，并对检测误差直接在温湿分采集器中进行修正。由温湿分采集器在向主采集器进行数据传输时，因为采用的数字量，因此是不会再产生附加的误差。可以提高温湿度观测的测量精度，并且大大提高温、湿度计量检定的功效。

(3)传感器

新型自动气象站使用传感器，根据输出信号的特点可分为模拟传感器、数字传感器和智能传感器。新型自动气象站所选用的传感器符合相关行业标准并经行业主管部门列装，或通过中国气象局组织的考核，或由中国气象局进行设计定型。新型自动气象站使用的主要传感器见表3.2。

表3.2　自动气象站使用的传感器

种类	名称	简介
模拟传感器	地温传感器 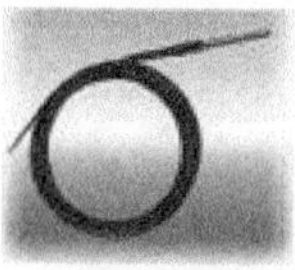	测量范围－60～＋80℃。适合于土壤或不同下垫面(如地面、草面、路面等)的温度测量。
	高精度气温传感器 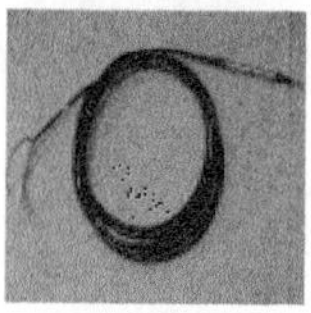	测量范围－50～＋60℃。具有极佳的可互换性和长期稳定性。
	湿度传感器 	电容式湿度传感器，具有更高的测量准确度，更好的耐高湿性能和长期稳定性。
	蒸发传感器 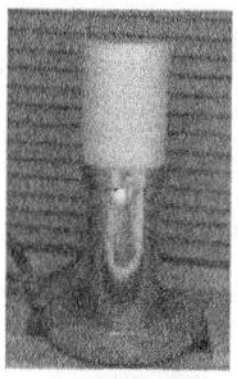	采用连通器原理和超声波测距原理，大大降低了水面波动对蒸发测量的影响，具有高稳定性、高分辨力、高测量准确度等优点。
数字传感器	翻斗式雨量计 	双翻斗式雨量计，通过上翻斗的缓冲，可有效减少计量翻斗翻动过程中的降雨损失，提高测量准确度。
	风向、风速传感器 	风杯进行了优化设计，并由特种工程塑料注塑成型，提高了测量精度和抗风强度；风向标尾翼板用质量轻、强度高、刚性好、在高温高压条件下成型的非金属材料制造，提高了抗风强度。

续表

种类	名称	简介
智能传感器	气压传感器 	电容式气压传感器，具有卓越的压滞特性、重复性、高可靠性、高准确性、长期稳定性好、免维护等特点。
	能见度传感器 	前向散射式能见度传感器，它可以用于自动气象站、机场的能见度测量，以及公路上的雾探测。
	称重式降水传感器 	全天候降水观测传感器，可测量固态、液态和混合态降水，具有高可靠性、高准确性、易维护、易扩展等特点。它既可以输出开关量信号，也可以提供 RS232/RS485 接口。

(4)外围设备

新型自动气象站使用的外围设备中，增加了 GPS 授时器、光纤转换器、CF 卡等，保障设备能够更加稳定、可靠地运行。具体见表 3.3。

表 3.3　自动气象站外围设备

名称	简介
市电供电单元 	由开关电源、防雷组件、蓄电池、充电器等组成，为自动气象站提供稳定可靠、容量充足的 DC12V 电源。 国家基准气候站、国家基本气象站、国家一般气象站、或其他具备市电的气象台站，均可选用市电供电单元。
太阳能供电单元 	由太阳能电池、蓄电池、PV 控制器等组成，为自动气象站提供稳定可靠、容量充足的 12V DC 电源。 区域站、无人站或其他太阳能资源充足的气象台站，均可选用太阳能供电单元。

续表

名 称	简 介
光纤转换器 	通过光纤转换器，可实现自动气象站与运行业务软件的终端微机之间的一对一的高质量、高可靠的光纤通信，传输数据、状态和控制信息。光纤转换器成对使用，自动气象站和业务计算机各需选配一个光纤转换器。 国家基准气候站、国家基本气象站、国家一般气象站、或其他具备光纤通信条件的气象台站，均可选用光纤转换器实现光纤通信。
GPRS 通信模块 	实现自动气象站与运行业务软件的终端微机之间的一对多的可靠、稳定的 GPRS 无线通信。中心站计算机需连接到网络并具有公网固定 IP 地址。 区域站、无人站或其他不具备光纤通信条件的气象台站，只要该地区具有较高质量的 GPRS 网络覆盖，均可选用 GPRS 通信。
GPS 授时模块 	为自动气象站提供高精度的实时时钟同步，确保自动气象站的实时时钟在任何时候的误差均小于 1 秒。
CF 卡 	扩展自动气象站的数据存储能力，每 1G 容量可存储 1 年多的分钟数据。
防雷组件 	提高自动气象站的防雷等级。采集器自身已具备较高的抗浪涌能力，通过选配外置的防雷组件，自动气象站可以适合于雷电频发且雷击能量较大的地区的应用。

(5)软件

1)嵌入式软件

主/分采集器中运行的软件称嵌入式软件，由嵌入式操作系统和应用软件组成。嵌入式操作系统为实时性高、性价比好、稳定可靠的多任务实时操作系统。

在主采集器中，嵌入式软件主要功能是实现 CANopen 主站协议，包括 NMT 管理、心跳消息检测、同步信号发送、PDO 发送和接收、SDO 服务、TimeStamp 发送；主采集器要在内部存储器和外部存储卡上实现 FAT 文件系统，存储数据文件、参数文件、配置文件、日志文件等;主采集器具备 GPS 自动对时功能,保证时间误差不大于 1s,GPS 对时功能失效时应提供报警功能;实现基本的数据采集、数据处理、数据存储和数据传输功能;建立 Web 控制台(Web Console),实现远程参数的设置、数据监视、数据文件下载、主采集器复位等功能。

分采集器的软件实现 CANopen 从站协议,包括接受 NMT 管理、同步信号接收、心跳消息服务、PDO 发送、SDO 服务、TimeStamp 接收,实现数据采集,包括对传感器按预定的采样频率进行扫描和将获得的电信号转换成微控制器可读信号,得到气象变量测量值序列;对气象变量测量值进行转换,使传感器输出的电信号转换成气象单位量,得到采样瞬时值。通过 CANopen 协议将采样数据发送到 CAN 总线。

2)业务软件

新型自动站业务软件是安装在微机中的应用软件,主要功能有:可实现采集计算机自动站连接,能实现对采集器的控制;将采集器中的数据实时地调取到计算机中,显示在实时数据监测窗口,写入规定的采集数据文件和实时传输数据文件;对各传感器和采集器的运行状态进行实时监控;负责数据采集并形成自动气象站数据文件,包括直接写入外存储卡的实时数据文件、通过终端微机写入的采集数据文件和实时上传数据文件。

3.4.1.1.2　技术指标

新型自动气象站的测量性能遵循《地面气象观测规范》和相关规范的要求,在技术指标和观测频率、算法上相比于上一代自动气象站有了更大的提高。具体要素观测性能要求见表 3.4。

表 3.4 新型自动站观测技术指标

测量要素	范围	分辨力	最大允许误差
气压	500～1100hPa	0.1hPa	±0.3hPa
气温	−50～50℃	0.1℃(天气观测)	±0.2℃(天气观测)
相对湿度	5%RH～100%RH	1%	±3%(≤80%)
			±5%(>80%)
露点温度	−60～50℃	0.1℃	±0.5℃
风向	0～360°	3°	±5°
风速	0～60m/s	0.1m/s	±(0.5+0.03V)m/s
降水量	翻斗:雨强 0～4mm/min	0.1mm	±0.4mm(≤10mm)
			±4%(>10mm)
	称重:0～200mm	0.1mm	0.1% FS
地表温度	−50～80℃	0.1℃	−50～50℃:±0.2℃
			50～80℃:±0.5℃
浅层地温	−40～60℃	0.1℃	±0.3℃
深层地温	−30～40℃	0.1℃	±0.3℃
日照	0～24h	1min	±0.1h
总辐射	0～1400W/m²	5 W/m²	±5%(日累计)
净辐射	−200～1400W/m²	1MJ/m²·d	±0.4MJ/m²d(≤8MJ/m²·d)
			±5%(>8MJ/m²·d)

续表

<table>
<tr><th>测量要素</th><th>范围</th><th>分辨力</th><th>最大允许误差</th></tr>
<tr><td>直接辐射</td><td>0～1400W/m²</td><td>1W/m²</td><td>±1%(日累计)</td></tr>
<tr><td>散射辐射</td><td></td><td>5W/m²</td><td>±5%(日累计)</td></tr>
<tr><td>反射辐射</td><td></td><td>5W/m²</td><td>±5%(日累计)</td></tr>
<tr><td rowspan="2">蒸发量</td><td rowspan="2">0～100mm</td><td rowspan="2">0.1mm</td><td>±0.2mm(≤10mm)</td></tr>
<tr><td>±2%(>10mm)</td></tr>
</table>

新型自动气象站设备采样频率见表3.5。

表3.5 新型自动气象站采样频率

<table>
<tr><th>测量要素</th><th>采样频率</th><th>计算平均值</th><th>计算累计值</th><th>计算极值</th></tr>
<tr><td>气压</td><td rowspan="6">30次/min</td><td rowspan="6">每分钟算术平均</td><td rowspan="5">—</td><td rowspan="6">小时内极值及出现时间</td></tr>
<tr><td>气温</td></tr>
<tr><td>湿度</td></tr>
<tr><td>草温</td></tr>
<tr><td>地温</td></tr>
<tr><td>辐射(辐照度)</td><td>小时累计值(曝辐量)</td></tr>
<tr><td>日照</td><td>1次/min</td><td>—</td><td>每分钟、小时累计值</td><td>—</td></tr>
<tr><td>风速</td><td>4次/s</td><td>以0.25s为步长求3s滑动平均值；以1s为步长(取整秒时的采样值)计算每分钟的1min、2min算术平均；以1分钟为步长(取1min平均值)计算每分钟的10min滑动平均</td><td>—</td><td>每分钟、每小时内3s极值(即极大风速)；每小时内10min极值(即最大风速)；小时内极值对应时间</td></tr>
<tr><td>风向</td><td>1次/s</td><td>计算1min、2min平均；以1min为步长(取1min平均值)计算每分钟的10min平均</td><td>—</td><td>对应极大风速和最大风速时的风向</td></tr>
<tr><td>降水量</td><td>1次/min</td><td>—</td><td rowspan="2">每分钟、小时累计值</td><td rowspan="2">—</td></tr>
<tr><td>蒸发量</td><td>6次/min</td><td>每分钟水位的算术平均</td></tr>
</table>

3.4.1.2 仪器安装

(1)传感器的安装

除蒸发传感器外，参照3.3中各要素传感器安装。

蒸发传感器的安装

蒸发传感器百叶箱的实际布局位置需根据台站的实际情况和布局原则确定。

1)埋放蒸发桶

E－601B型蒸发桶及水圈等均按其规范进行安置，蒸发桶上边沿离地面高300mm，蒸发桶上沿面用水平尺测量保持水平。填埋蒸发桶，周围土壤要压实填平。

2)连接管道

在蒸发桶上边沿向下 400mm 处,朝向正北做∅26mm 孔,用 3/4 螺母和 O 型圈固定连接管,蒸发桶上联接管外接口接 3/4 铝塑内丝,用 3/4 铝塑管连接至百叶箱混凝土平台中心,连接的铝塑管在通过蒸发桶和百叶箱平台中间的水泥井处断开装 3/4 铝塑阀门。

3)安置百叶箱

将百叶箱放置在蒸发桶正北已浇铸的平台上,确认百叶箱水平后,四脚用角件和地脚螺丝固定,百叶箱门朝北方。并固定好百叶箱顶。

4)安装连通器

注意:连通管铺设时应保持平直,尤其不允许出现上下弯曲。见图 3.46。

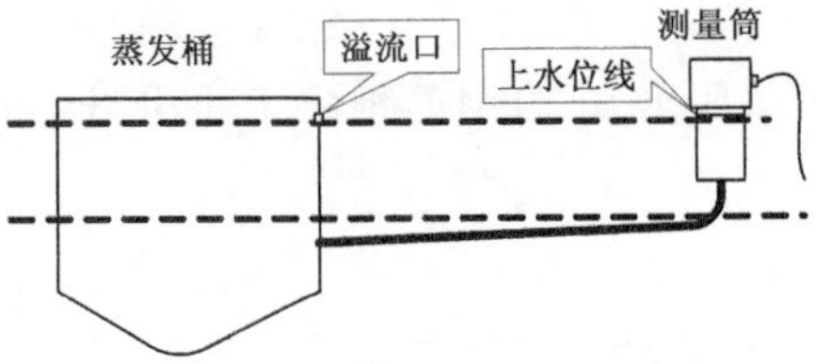

图 3.46　蒸发连通器布设示意图

将已旋好 3/4 铝塑外丝接头的不锈钢测量桶放置在百叶箱内,将由蒸发桶连接来的铝塑管从百叶箱底部的孔穿进百叶箱后与不锈钢测量桶上的外丝接头连接。从而使不锈钢测量桶与蒸发桶组成一个连通器。

调节三个支撑螺钉使测量桶水平并且高度符合要求后,用三个木螺钉将不锈钢测量桶紧固在百叶箱内。调节高度时,要求不锈钢测量桶高水位刻度线和蒸发桶溢流口下沿持平,或不锈钢测量桶上水位刻度线高于蒸发桶溢流口下沿 5mm 以内。(调节方法是用长乳胶管灌入 90%水,二端两个水位线应分别与高水位刻度线,溢流口下沿一致。也可使蒸发桶装满水,分别测量蒸发桶内水位和不锈钢测量桶内水位)

给蒸发桶和水圈上水后,打开水泥井内阀门,检查各接头是否渗漏,确认不渗漏后连接管道用土掩埋。

将超声波蒸发传感器罩在不锈钢测量桶上,并拧紧 3 只固定螺钉。

将传感器上的电缆引出百叶箱穿保护管后接至主采集机箱旁,待接线。

蒸发传感器安装示意图见图 3.47。

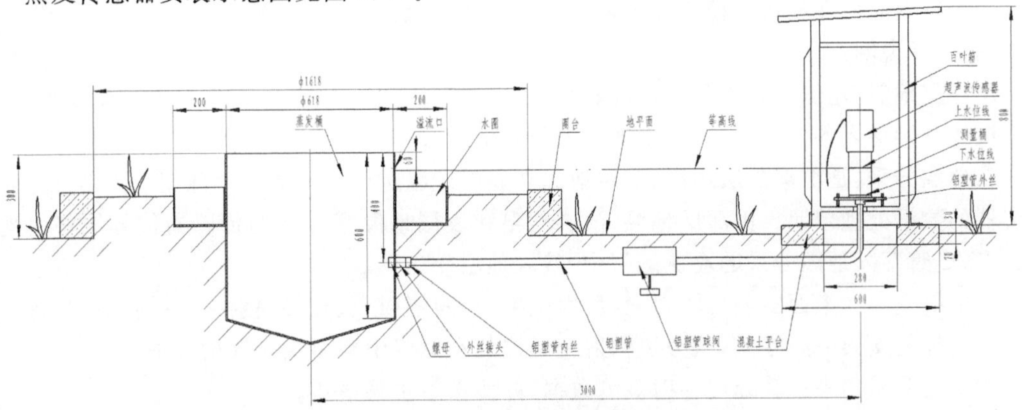

图 3.47　蒸发传感器安装示意图

(2)采集箱安装

将0.8m高的立柱固定在预先浇铸的基础上。

新型自动气象站采集箱安装在立柱上,因气压传感器安装于采集器箱内,所以安装高度要考虑气压传感器的安装要求;门朝向北;连接采集器的传感器接线、通信电缆、外部电源线和接地线要通过机箱的专用孔进出,连接牢固;接地电缆尽可能短,无弯曲。

(3)线缆安装

1)地沟及管道基础要求

地沟基础,深:50cm,宽:50cm。见图3.48。

地沟两侧应砌砖墙,水泥勾缝。底部用砖砌成或混凝土砌成厚5cm的地层,地沟上面盖石板。

在距地沟底部20cm处横向用∅10的钢筋棍将上下分开,每隔50cm一根,以免穿线的PVC管放在底部被水浸泡。

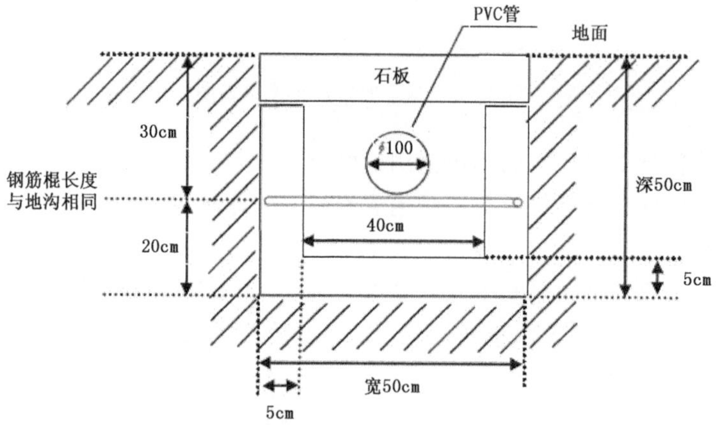

图3.48 地沟剖面图

地沟要留有排水口,以防雨后积水。

地沟里的电缆应穿在线缆槽中。

埋设的管道应选用金属材质及带有金属屏蔽层的PVC塑料套管等,起防腐及屏蔽作用,管道直径80～100mm。

埋设管道时应在拐弯处挖竖井方便检修和更换电缆。

图3.49说明:

①深层地温,左侧一排为深层地温套管用来放置地温传感器,右侧的一排为穿线管,将四支地温线分别穿入各自的管中,在出地沟的位置汇聚成一根管。

②地温分采,是汇聚深层地温、浅层地温和表层地温进行处理并将处理完的数据传送到主采集器的数据处理单元。由深层地温、浅层地温和表层地温穿过来的传感器信号线将由地沟中的PVC管穿入地温分采的左侧的管中,接入地温变送器。

③辐射支架在上面安装总辐射表、反射辐射表、净辐射表、直接辐射表、散射辐射表等。信号线将由辐射支架中间穿入,从旁边辐射变送器的左侧管中穿出接入辐射分采。

④辐射分采用来运算处理辐射观测数据,并传送给主采集器。

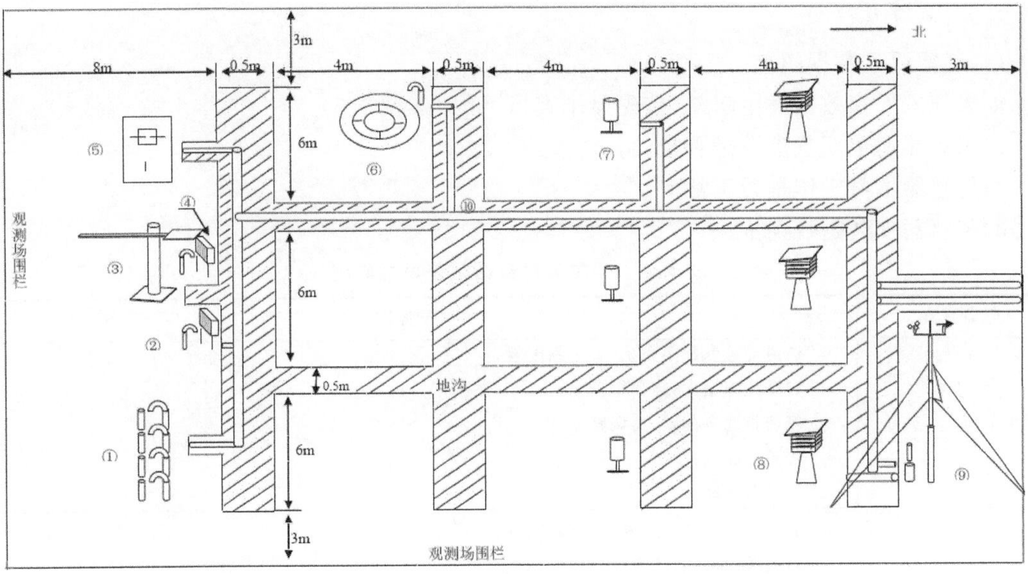

图 3.49　观测场地沟、传感器布置及 PVC 穿线管道布置

⑤浅层地温、深层地温。

⑥大型蒸发皿;大型蒸发皿的右侧为穿线管。

⑦雨量筒;雨量筒的信号线由雨量筒的基础中间穿入地沟

⑧百叶箱

⑨风杆

⑩穿线管或线缆槽

2)线缆安装

为了防雷、防鼠、防水及安装维修方便,自动气象站的电缆应穿入电缆管内,电缆管应安置在电缆沟内。

电缆沟要求便于排水、通风,两侧应砌砖墙,砖墙壁上预设安置电缆管的金属支架(或金属挂钩),为防止电缆被积水浸泡,安置电缆的金属支架(或金属挂钩)距离地沟底的高度以不小于 30cm 为宜;观测场内的电缆沟一般在小路下面,沟上面盖的水泥盖板就是小路的路面,沟的宽度以 30cm 左右为宜,沟的深度以便于安装电缆和防止大雨后积水为宜。

不宜建电缆沟的台站,也可采用埋电缆管和修建电缆井的方法铺设电缆。

铺设电缆的要点是:看清通道、多人协作、分段铺设、适度用力、没有死弯。

电缆要穿过多段管道,所以,一定要看清通道,以免返工。一般情况下,电缆在铺设时由室外远端向室内。

室内到室外的电缆长度在 100m 左右,分叉、转弯的地方较多,铺设电缆时要多人合作,分段进行。

拉动电缆时,切勿用力过猛,以免电缆被拉断或形成死结。

电缆在套管内均呈自由伸直状态,室外不留多余电缆,室内多余电缆盘成一盘后放在室内通风、干燥的地方。

电缆铺设完成后,管道的出入口建议用泡沫等松软的材料堵住,防止老鼠进入破坏电缆。

3.4.1.3 故障处理

(1)气象要素数据超差

如果气象要素数据发生超差，首先要排查以下内容(表 3.6)：

1)采集器通道配置参数是否正确；

2)传感器本身工作是否正常；

3)传感器安装是否到位。

表 3.6 气象要素数据超差可能原因

气象要素	可能原因
风向	通道配置参数不正确，要重新配置； 启动风速偏大，需要维护； 安装指北有偏差，需调整； 传感器故障； 采集器故障。
风速	通道配置参数不正确，要重新配置； 启动风速偏大，需要维护； 传感器故障； 采集器故障。
气温	通道配置参数不正确，要重新配置； 传感器或百叶箱有污染，需维护； 传感器故障； 采集器故障。
湿度	通道配置参数不正确，要重新配置； 传感器或百叶箱有污染，需维护； 传感器故障； 采集器故障。
雨量	通道配置参数不正确，要重新配置； 漏斗堵塞、翻斗不灵活，需维护； 传感器故障； 采集器故障。
气压	通道配置参数不正确，要重新配置； 电源电压偏低，请检查系统供电电压； 传感器故障； 采集器故障。
草温	通道配置参数不正确，要重新配置； 草株高度超过 10cm，需修剪； 被雪面覆盖，需调整到雪面上； 传感器故障； 采集器故障。
地表温	通道配置参数不正确，要重新配置； 传感器被土层掩埋或暴露太多，或有积水，需调整或维护； 传感器故障； 采集器故障。

续表

气象要素	可能原因
浅层地温	通道配置参数不正确，要重新配置； 土层板结或开裂，需调整或维护； 传感器故障； 采集器故障。
深层地温	通道配置参数不正确，要重新配置； 感应探头未与外套管底部铜盖紧密接触，需调整； 传感器故障； 采集器故障。
蒸发	通道配置参数不正确，要重新配置； 蒸发桶中水位过浅或过高； 连通器内有异物或冰冻导致堵塞； 连通管安装不直，内部可能有气泡； 连通管安装有漏水现象； 蒸发桶或测量筒内有冰冻； 传感器故障； 采集器故障。

(2)气象要素数据缺测

气象要素数据超差程度超出数据质量控制限值，也可能引起缺测，需要首先按上述气象要素数据超差现象进行排查。

1)主采集器的气象要素缺测

主采集器的气象要素(气压、雨量、风向、风速、蒸发)缺测，可能由以下几个原因导致。

①主采集器禁用了该传感器

在主采集器上用终端操作命令 SENST 检查相应的传感器是否被禁用，将它们启用即可。

②传感器工作不正常

检查以下内容：

相应的传感器是否连接正确，包括机箱上、采集器上、防雷组件上；

传感器通道的防雷组件是否已受冲击失效。

③主采集器工作不正常

检查主采集器的运行指示灯是否闪烁正常。

如果上述均正确，则可能是主采集器相应的通道损坏，需要更换主采集器。

2)分采集器的气象要素缺测

分采集器的气象要素(WUSH－BTH：气温、湿度；WUSH－BG：草温、地表温、浅层地温、深层地温)缺测，可能由以下几个原因导致。

①主采集器禁用了该传感器

在主采集器上用终端操作命令 SENST 检查相应的传感器是否被禁用，将它们启用即可。

②分采集器 CAN 通信不正常

检查分采集器的 CANR 指示灯(绿色)是否常亮，CANE 指示灯(红色)不亮。如果指示灯闪烁，可能的原因有以下几个，应逐个排除：

CAN 总线电缆未连接好，或线缆有断路、短路现象；

分采集器或主采集器的 CAN 通信防雷组件已受冲击失效；

如果上述均正常，则可能是分采集器或主采集器的 CAN 通信道已损坏，需要更换分采集器或主采集器。

③传感器工作不正常

检查以下内容：

相应的传感器是否连接正确，包括机箱上、采集器上、防雷组件上；

传感器通道的防雷组件是否已受冲击失效。

分采集器通道故障

如果上述均正确，则可能是分采集器相应的通道损坏，需要更换分采集器。

(3)采集器指示灯故障

1)主采集器 RUN 指示灯不正常

①不亮

可能是采集器供电断开了，请用万用表检查采集器的电源电压是否在 9～15V DC。

②半明半暗

可能是采集器的供电电压不足，请用万用表检查采集器的电源电压，应当在 9～15V DC。

③闪烁异常

对照指示灯状态的有关说明，确认处于哪种状态。

如果是 CF 卡的问题，重新插拔或更换 CF 卡可以排除；

如果是应用程序未成功启动或异常终止，可给采集器重新上电解决问题；

若故障不能排除，可能是主采集器故障，需要更换。

2)分采集器 RUN 指示灯不正常

①不亮

可能是分采集器供电断开了，请用万用表检查采集器的电源电压是否在 9～15V DC。

②半明半暗

可能是分采集器的供电电压不足，请用万用表检查采集器的电源电压，应当在 9～15V DC。

③闪烁异常

可能是分采集器故障，需要更换。

3)分采集器 CANR 或 CANE 指示灯闪烁

可能有以下几个原因：

CAN 总线电缆未连接好，或线缆有断路、短路现象；

分采集器或主采集器的 CAN 通信防雷组件已受冲击失效；

如果上述均正常，给分采集器重新上电。

若仍未解决问题，可能是分采集器或主采集器的 CAN 通信道已损坏，需要更换分采集器或主采集器。

(4)数据存储故障

1)CF 卡上不能存储文件

通过读卡器在计算机上确认 CF 卡是否存在故障或可用空间是否足够。

CF 卡在使用之前，必须格式化成 FAT32 格式。应当通过读卡器，在计算机上进行格式化操作。

如果可用空间不够，应将根目录下除区站号目录外的其他所有目录和文件全部删除或进行格式化操作。

检查采集器是否能够正确识别和操作 CF 卡

观察 RUN 状态指示灯的状态，确定 CF 卡是否工作正常，若不正常，则需要拔出 CF 卡后，重新插入，或更换 CF 卡。

或者通过输入终端操作命令 SAMPLES 来检查，如果响应的最后一行中显示“CF：已插入(已挂载，正常)”，则表明系统已正确识别和操作 CF 卡。否则等 2 分钟后，重新用 SAMPLES 检查，如果仍不能显示”正常”信息，则需要拔出 CF 卡后，重新插入，或更换 CF 卡。

2)采集器中存储数据达不到规定的天数

发生这个问题的最大的可能性是，修改区站号后，未及时删除原区站号的数据。请使用下列两个命令来删除原区站号的数据：

CLEARALLDATA 原区站号

CLEARALLDATA　WX001

或 CLEARALLDATA *

(5)GPS 授时功能不起作用

检查 GPS 工作状态是否正常。

检查 GPS 模块通信线连接是否正确。

检查 GPS 模块天线的连接和安装位置是合适。

检查 GPS 模块的工作模式是否设置为允许工作。

输入终端操作命令 GPSMODE，如果返回 0，则表示允许 GPS 工作。否则输入 GPSMODE0 命令允许 GPS 工作。

检查主采集器的 GPS 串口通信参数是否正确设置，必须与 GPS 模块的通信参数一致。建议都采用 48008 n1。

输入终端操作命令 SAMPLES，如果响应的最后一行中显示“GPS：已定位”，则表明 GPS 模块工作正常。

(6)电源故障排除

电源箱内部有空气开关和保险丝等电源保护装置。

检查空气开关是否在 ON 位置；

检查开关电源开关是否在接通(“|”)位置；

开关电源输入交流市电 220V 是否正常，输出 14.5V 直流电压是否正常，蓄电池输出 13.8V直流电压是否正常。

某一个采集器断电，则检查对应的保险丝是否烧坏。在自动站的资料袋中，备有保险丝，请予以更换。

(7)业务计算机故障排除

1)通信故障

表现为计算机无法与现场的自动站完成实时通信，则需要检查计算机后的通信模块和电缆是否正常；业务软件通信串口配置是否正确。

若故障不能排除时，需要通知厂家进行维护处理。

2)操作系统故障

如果由于系统感染病毒而无法正常运行，系统内部安装了"一键恢复功能"，停止业务软件的运行，备份数据后，启用"一键恢复"重新安装操作系统。安装操作系统后需要再次安装考核业务软件。

3)业务软件故障

业务软件异常退出或者有其他异常时，重新启动该软件。重启无效，尝试重新安装业务软件。仍无法解决，联系软件公司进行处理。

3.4.2 CAWS600 系列自动气象站

CAWS600 系列自动气象站共有 4 种类型，即：

CAWS600－B 型——为不带辐射的基本站配置；

CAWS600－S 型——为不带辐射的基准站配置；

CAWS600－SE 型——为带辐射的基准站或基本站配置；

CAWS600－R(X)系列——专门为 2、4、6 要素区域站定做。

基本结构图见图 3.50。

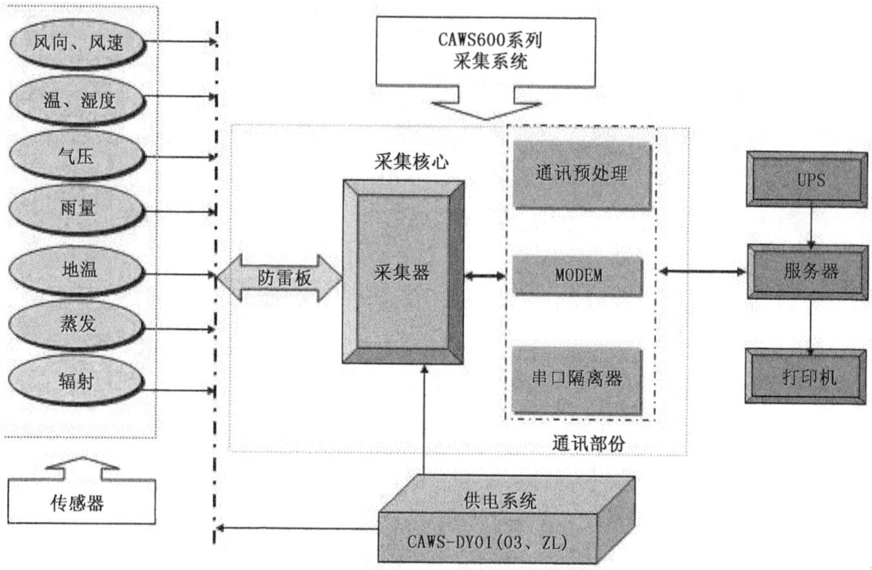

图 3.50 CAWS600 系列自动气象站基本结构框图

3.4.2.1 结构原理

3.4.2.1.1 CAWS600－B 型自动气象站

(1)结构原理

采集器内部结构图见图 3.51。

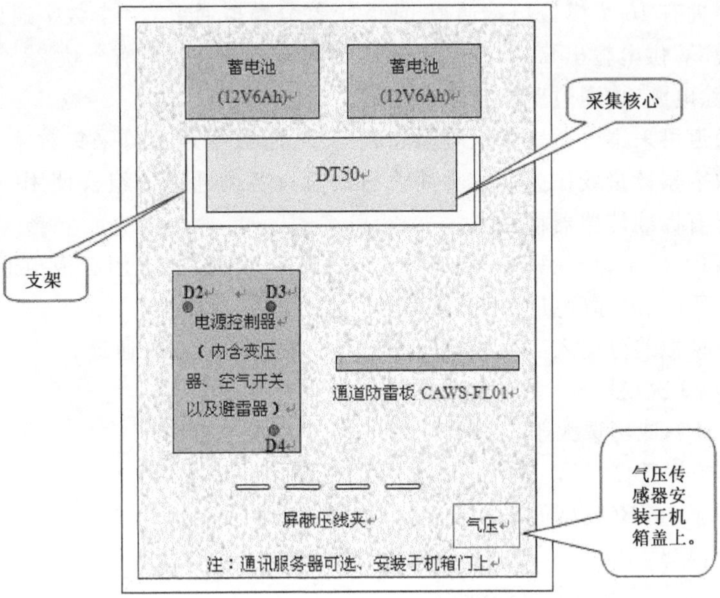

图 3.51　CAWS600－B 采集器内部结构图

(2)技术性能指标

使用环境条件

空气温度	－40～＋70℃
相对湿度	0～100%RH
抗阵风	≤75m/s
遥测距离	≤2km
供电	9～18VDC

可靠性

平均无故障时间	＞2000h
防雷性能	雷击感应电压小于 5kV；

雷击感应电流小于 1700A；

响应时间小于 10^{-12}s

(3)CAWS600－B 基本配置

密封防腐蚀机箱	1 台
CAWS600－B 数据采集器	1 台
通道防雷板	1 块
电源控制器	1 个
空气开关	1 个
变压器	1 个
电源保护器	1 个

CAWS600－B 选配部件：DCP 发射机、VHF/UHF 发射机、长线驱动器，MODEM 等。

1)数据采集器

该类采集器拥有10个模拟单端通道(或5个差分模拟通道),5个数字通道,3个计数器通道,+5V和+6.8V供电输出,1个RS232通信口存储卡插件。配有1块28个通道的防雷板,所有外部接线(除电源)均通过此板接入采集器。

其中模拟通道可采集电压、电流、电阻和频率信号;数字通道可采集数字量、开关量等;计数通道可采集数字累计量或作为计数脉冲输出。通过各种通道的组合使用,可采集各种类型包括国内外的所有标准传感器信号。

模拟通道:(1*、1+、1-、1R~5*、5+、5-、5R)。模拟通道用于模拟通道的测量,可以测量温度、湿度、风向、风速(电压)等模拟信号。主要技术指标为:

可作为5个模拟差分输入通道,也可作为10个模拟单端输入通道。

采样频率为25次/秒。

输入阻抗1MΩ,或可选大于100MΩ

共模范围±3.5VDC。

共模抑制大于90dB(典型值110dB)。

传感器激励:4.5V,250μA,或2.5mA。

全桥、半桥、1/4桥,电压或电流激励。

数字通道:(1、2、3、4、5Digital I/O;1、2、3Counterts)。

5个TTL/ cmOS兼容的数字输入、输出通道。

3个高速计数通道,1kHz或1MHz,16位。

所有的模拟通道都可以由用户定义用作数字通道。

供电:11~24V DC; 9~18V AC

串口:(RS232 CO mmS)采集器串口输出±4V,1200波特率传输距离为100m。

DIP开关(DIP Switch):

S1:选择国家ON——US(60Hz);OFF——其他(50Hz)。

S2、S3、S5:选择波特率(表3.7)

表3.7 波特率与S2、S3、S5

波特率	S2	S3	S5	地址范围
1200	OFF	OFF	X	0~15
9600	OFF	ON	OFF	0~7
300	OFF	ON	ON	0~7
2400	ON	OFF	X	0~15
4800	ON	ON	X	0~15

S4:可设置多路供电开关输入为最低功耗模式。ON—连续供电;OFF—开关模式。

S6、S7、S8:设置采集器组网地址。

2)电源控制器(CAWS-DY01)

电源控制器是专为野外环境工作、无人值守的自动气象站而设计。可为传感器及CAWS600-B供电,它有交流和太阳能电池两路输入,交流部分采用变压器耦合,有DC+5V、+9V(可选)、+12V三路DC/DC隔离电源输出,具有抗干扰,防雷击等功能。该电源工作时,对12V铅酸电池控制充电,并检测电池电压,使其充电控制在10.8~13.8V之间,不间断的向负载供电。

3)电源保护器

电源保护器用于防护沿电源通道侵入机内的感应雷电和其他瞬时过压对设备的损害，本保护器分为三段保护：

A 段为输入端具有过流保护及大电流浪涌放电器；

B 段为中继和 RF 过滤；

C 段为精细箝位保护；

因此本保护器不仅提供过压、过流保护，同时也具有消除电源噪声干扰的作用。

4)通道防雷板

通道防雷板具有防感应雷击的功能，其性能指标达到 CCITT 有关电话线防雷标准。

5)通信转换器

通信转换器使得遥测主控机与采集器通信距离可达到 2 km，并具有抗干扰，防雷击等功能。

6)指示灯

D1：红色，闪烁；位于内机壳右上角，指示采集器工作状态；

D2：绿色，常亮，亮——有输出；直流输出指示灯；

D3：红色，亮——充电；不亮——充满；

D4：绿色，常亮；交流输入指示灯。

(4)传感器配置

WZP1 型温度传感器

SL2－1 型翻斗式雨量传感器

PTB220 型完全补偿数字气压表

HMP45D 型温湿度传感器

EL15－1/1A 型风速传感器

EL15－2/2A 型风向传感器

3.4.2.1.2　CAWS600－S 系列自动气象站

(1)结构原理

采集器内部结构图见图 3.52。

(2)技术性能指标

使用环境条件

空气温度　－40～＋70℃

相对湿度　0～100％RH

抗阵风　≤75m/s

遥测距离　≤2km

供电　9～18VDC

可靠性

平均无故障时间　＞2000h

防雷性能　雷击感应电压小于 5kV；

雷击感应电流小于 1700A；

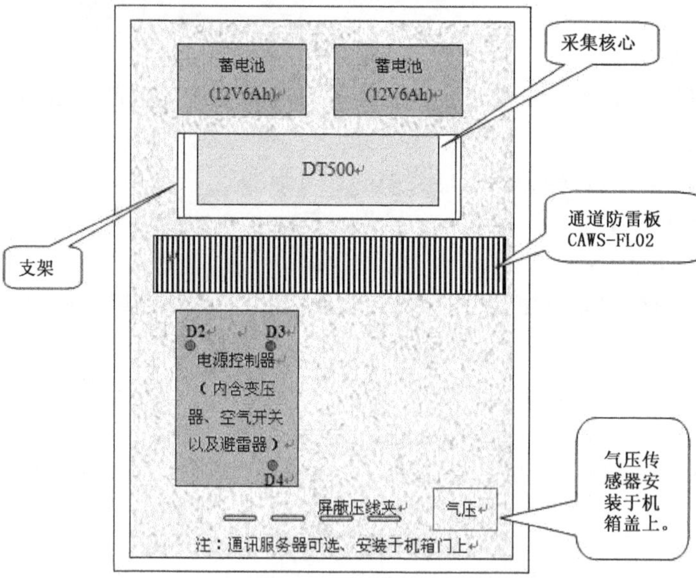

图 3.52 CAWS600－S 采集器内部结构图

响应时间小于 10^{-12}s。

(3)CAWS600－S 基本配置

密封防腐蚀机箱	1 台
CAWS600－S 数据采集器	1 台
通道防雷板	1 块
电源控制器	1 个
空气开关	1 个
变压器	1 个
电源保护器	1 个

CAWS600－S 选配部件

DCP 发射机、VHF/UHF 发射机、长线驱动器，MODEM 等。

1)数据采集器

该类采集器拥有 30 个模拟单端通道(或 10 个差分模拟通道)，4 个数字通道，3 个计数器通道，＋5V 和＋6.8V 供电输出，1 个 RS232 通信口存储卡插件。配有 1 块 50 个通道的防雷板，所有外部接线(除电源)均通过此板接入采集器。

其中模拟通道可采集电压、电流、电阻和频率信号；数字通道可采集数字量、开关量等；计数通道可采集数字累计量或作为计数脉冲输出。通过各种通道的组合使用，可采集各种类型包括国内外的所有标准传感器信号。

模拟通道：(1＊、1＋、1－、1R～10＊、10＋、10－、10R)

可作为 10 个模拟差分输入通道，也可作为 30 个模拟单端输入通道。

最大采样频率为 25Hz(无噪声抑制可达 70Hz)。

输入阻抗 1MΩ，或可选大于 100MΩ。

共模范围±3.5VDC。

共模抑制大于 90 dB(典型值 110 dB)。

传感器激励：4.5V，250μA 或 2.5mA。

全桥、半桥、1/4 桥，电压或电流激励。

数字通道：(1、2、3、4、5Digital I/O；1、2、3Counterts)

4 个 TTL/ cmOS 兼容的数字输入、输出通道，同时可作为低速技术通道(10Hz，16 位)。

3 个高速计数通道，1kHz 或 1MHz，16 位。

所有的模拟通道都可以由用户定义用作数字通道。

供电：11～24V DC；9～18V AC

串口：(RS232 CO mmS)采集器串口输出±4V，1200 波特率传输距离为 100m。

DIP 开关(DIP Switch)：

S1：选择国家 ON——US(60Hz)；OFF——其他(50Hz)。

S2、S3、S5：选择波特率(表 3.8)

表 3.8　波特率与 S2、S3、S5

波特率	S2	S3	S5	地址范围
1200	OFF	OFF	X	0～15
9600	OFF	ON	OFF	0～7
300	OFF	ON	ON	0～7
2400	ON	OFF	X	0～15
4800	ON	ON	X	0～15

S4、S6、S7、S8：设置采集器组网地址。

2)指示灯

D1：红色，闪烁；位于内机壳右上角，指示采集器工作状态。

D2：绿色，常亮，亮——有输出；直流输出指示灯。

D3：红色，亮——充电；不亮——充满。

D4：绿色，常亮；交流输入指示灯。

3)电源控制器(CAWS－DY01)

电源控制器是专为野外环境工作、无人值守的自动气象站而设计。可为传感器及 CAWS600－S 供电，它有交流和太阳能电池两路输入，交流部分采用变压器耦合，有 DC＋5V、＋9V(可选)、＋12V 三路 DC/DC 隔离电源输出，具有抗干扰，防雷击等功能。该电源工作时，对 12V 铅酸电池控制充电，并检测电池电压，使其充电控制在 10.8～13.8V 之间，不间断的向负载供电。

4)电源保护器

电源保护器用于防护沿电源通道侵入机内的感应雷电和其他瞬时过压对设备的损害，本保护器分为三段保护：

A 段为输入端具有过流保护及大电流浪涌放电器；

B 段为中继和 RF 过滤；

C 段为精细箝位保护。

因此本保护器不仅提供过压、过流保护，同时也具有消除电源噪声干扰作用。

5)通道防雷板

通道防雷板具有防感应雷击的功能,其性能指标达到 CCITT 有关电话线防雷标准。

6)通信转换器

通信转换器使得遥测主控机与采集器通信距离可达到 2 km,并具有抗干扰,防雷击等功能。

(4)传感器配置

WZP1 型温度传感器

SL2－1 型翻斗式雨量传感器

PTB220 型完全补偿数字气压表

HMP45D 型温湿度传感器

EL15－1/1A 型风速传感器

EL15－2/2A 型风向传感器

AG1－2 型超声波蒸发传感器

总辐射

FBS－2B 型直接辐射表

NP－1 型净辐射传感器

3.4.2.1.3 CAWS600－SE 数据采集器

(1)结构原理

采集器内部结构图见图 3.53。

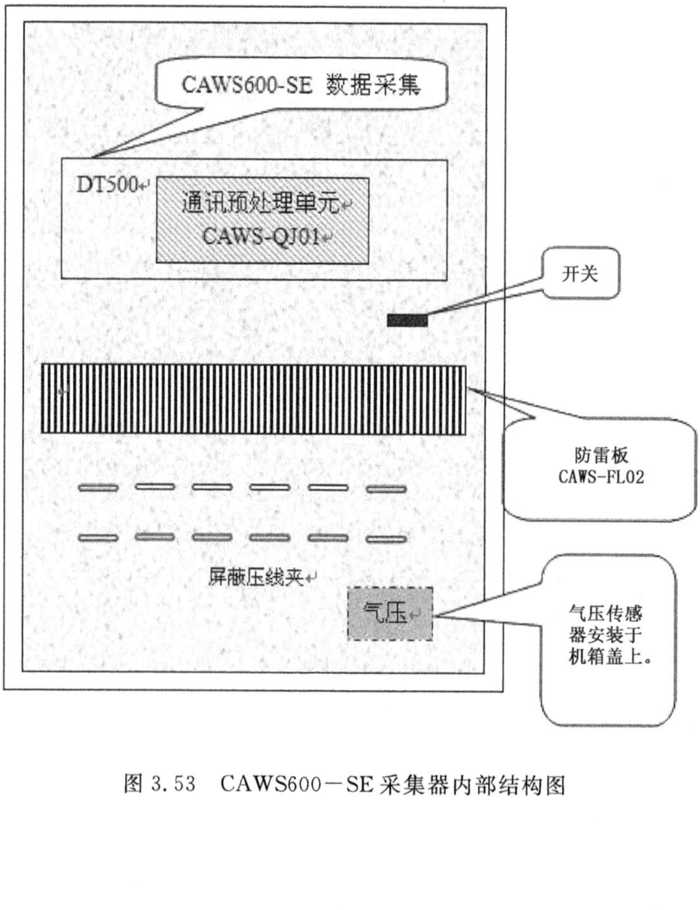

图 3.53 CAWS600－SE 采集器内部结构图

(2)技术指标

使用环境条件

空气温度　　$-40\sim+70$℃

相对湿度　　0～100%RH

阵风　　≤75m/s

遥测距离　　≤2km

供电　　9～18VDC

可靠性

平均无故障时间>2000h

防雷性能　　雷击感应电压小于 5kV;

雷击感应电流小于 1700A;

响应时间小于 10^{-12}s。

(3)CAWS600－SE 基本配置

密封防腐蚀机箱	1 台
CAWS600－SE 数据采集器	1 台
通道防雷板 CAWS－FL02	1 块
通信预处理单元(CAWS－QJ01)	1 块

CAWS600－SE 选配部件:DCP 发射机、VHF/UHF 发射机、长线驱动器,MODEM 等。

1)数据采集器

数据采集器拥有 30 个模拟单端通道(或 10 个差分模拟通道),4 个数字通道,3 个计数器通道,+5V 和+6.8V 供电输出,和 1 个 RS232 通信口及存储卡插件。并配有 1 块防雷板,50 个通道,所有外部接线(包括电源)均通过此板接入采集器。

其中模拟通道可采集电压、电流、电阻和频率信号;数字通道可采集数字量、开关量等;计数通道可采集数字累计量或作为计数脉冲输出。通过各种通道的组合使用,可采集各种类型包括国内外的所有标准传感器信号。

模拟通道:(1 * 、1＋、1－、1R;……;5 * 、5＋、5－、5R)

可作为 10 个模拟差分输入通道,也可作为 30 个模拟单端输入通道。

采样频率为 25 次/秒。

输入阻抗 1MΩ,或可选大于 100MΩ。

共模范围±3.5VDC。

共模抑制大于 90 dB(典型值 110 dB)。

传感器激励:4.5V,250μA,或 2.5mA。

全桥、半桥、1/4 桥,电压或电流激励。

数字通道:(1、2、3、4、5 Digital I/O;1、2、3Counterts)

4 个 TTL/ cmOS 兼容的数字输入、输出通道,同时可作为低速计数通道(10Hz,16 位)。

3 个高速计数通道,1kHz 或 1MHz,16 位。

所有的模拟通道都可以由用户定义用作数字通道。

供电:(Power AC/DC“～ ～G”、Bettery“＋ － ＋”)

采集器有多种供电方式,见表 3.9。

表 3.9 采集器供电方式

电源	范围	+	—
AC	9～18Vac	AC/DC~	AC/DC~
DC	11～24Vdc	AC/DC~	Gnd
9V 碱性电池	6.2～10Vdc	Alkaline+	Bat. —
6V 组合单元电池	5.6～8Vdc	Lead+	Bat. —

串口：(RS232 CO mmS)

采集器上采用 9 芯的 RS232 串口：

通信参数：数据位：8；奇偶校验：无停止位：1

波特率：300、1200、2400、4800、9600 可选

采集器串口输出±4V，1200 波特率传输距离为 100m。

DIP 开关：(DIP Switch)

S1：选择国家 ON——US(60Hz)；OFF——其他(50Hz)

S2、S3、S5：选择波特率(表 3.10)

表 3.10 波特率与 S2、S3、S5

波特率	S2	S3	S4	地址范围
1200	OFF	OFF	X	0—31
9600	OFF	ON	OFF	0—15
300	OFF	ON	ON	0—15
2400	ON	OFF	X	0—31
4800	ON	ON	X	0—31

S4、S6、S7、S8：设置采集器组网地址。

2)通信预处理单元

CAWS—QJ01 通信预处理单元通过 RS232C 标准串行通信口与主机和采集单元通信(图 3.54)。根据主控机的要求把预处理后的数据传到主机，为功能强大的主控机的后处理提供可靠的保证。CAWS—QJ01 的中央处理器(CPU)为 INTEL 公司的 80C31 单片机，16kB 程序存储器和可以用来存储 72 小时的观测数据的 64kB 数据存储器；有四个 RS232 异步串行口，与采集器、主控机进行串行通信，还可以连接智能传感器等串行设备。有 512 字节的 E-2PROM 存储器，保证关机后不丢失数据，保存主控机传送的重要参数。供电电源可用自动气象站电源提供的 12～14VDC，也可用 5VDC。

①结构

CAWS—QJ01 通信预处理单元结构见图 3.55。

端口：

POWER 供电：连接由自动气象站的供电系统 CAWS—DY02 提供的直流输出。

DB1 串口 1：与自动气象站的主控机进行通信。

DB2 串口 2：与自动气象站的采集器进行通信。

指示灯：

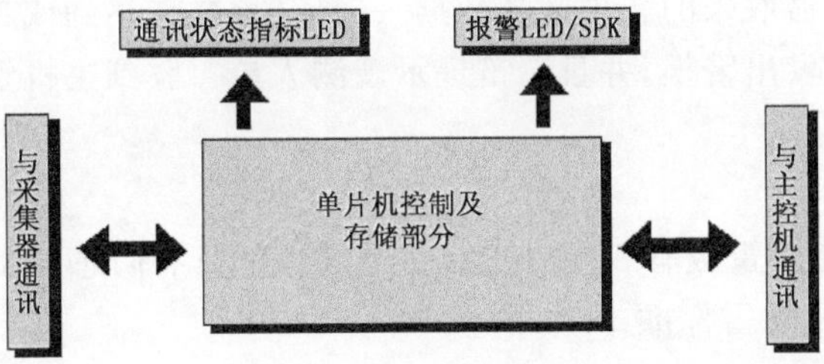

图 3.54 CAWS－QJ01 通信预处理单元原理示图

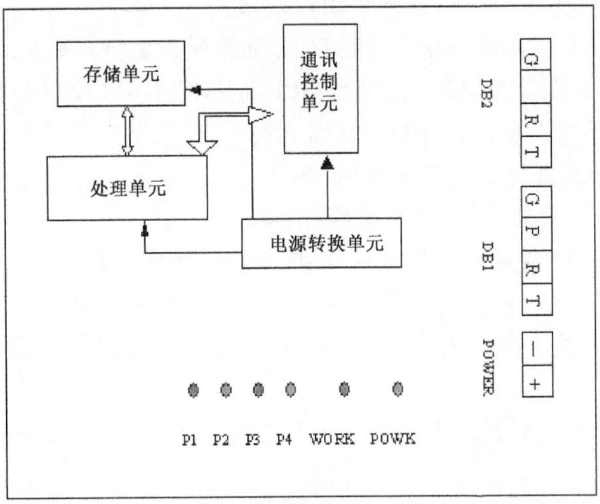

图 3.55 CAWS－QJ01 通信预处理单元结构图

POWR:绿色,常亮指示供电正常;

WORK:红色,闪烁,指示工作状态正常每秒闪烁一次;

P1:红色,DB1 发送数据到主控机;

P2:绿色,DB1 接受主控机传送的数据;

P3:红色,DB2 发送数据到采集器;

P4:绿色,DB2 接受采集器传送的数据。

②技术参数

供电	8～14V DC
遥测距离	＞150m
抗干扰性	光电隔离器
存储容量	64kB 随机内存

③软件组成及说明

CAWS－QJ01 上电后进行初始化,延时 30～40s 后,依据采集器的时间校正时钟,然后开始正常工作。

每分钟请求采集器发送实时数据,保存每分钟的雨量数据;每小时保存定时数据;随时接收并响应主控机发送的命令,如发送定时数据、发送地方时数据、发送时间、发送瞬时数据、发送警报,接收时间、接收台站参数等等。

每分钟检查从采集器取来的各项观测数据，一旦某项数据达到或超过报警域值时，系统前置机每到整分时向主机发出警报，并且鸣笛提示观测人员。收到主机解除警报的命令后，停止发送警报，停止鸣笛。

3)通道防雷板

CAWS－FL02 通道防雷板有 50 个通道，每个通道都具有防感应雷击的功能，其性能指标达到 CCITT 有关电话线防雷标准。

4)通信转换器

通信转换器使得主控机到采集器的遥测距离可达到 2km，并具有抗干扰，防雷击等功能。

3.4.2.1.4 CAWS600－R(X)系列自动气象站

CAWS600－R(X)系列自动气象站是为区域加密观测量身定做的，该产品由集成一体化的高精度数据采集器、太阳能充电控制、智能 GPRS\SMS\GSM 模块和相关传感器等组成，可以在无人值守的恶劣环境下全天候全自动正常运行。

CAWS600－R(X)系列自动气象站包括：

CAWS600－R：二要素自动气象站(温度、雨量)；

CAWS600－R(T)：四要素自动气象站(温度、雨量、风向、风速)；

CAWS600－R(E)：六要素自动气象站(温度、雨量、风向、风速、湿度、气压)。

另外，还可以扩充选配下列气象要素：土壤水分、辐射、日照、土壤热通量、光合有效辐射等。

采集器配备 128kB Flash 存储器，采用动态存储方式，可存储 2～6 个月的数据。

CAWS600－R(X)系列自动气象站的主要技术指标如下：

使用环境条件：

空气温度	－50～＋50℃
相对湿度	0～100％RH
阵风	≤75m/s 或≤100m/s
平均无故障时间	5000h
工作电压	6V DC
工作电流	
静态	32mA
信号查询	37mA
数据传输	210mA

3.4.2.2 仪器安装

3.4.2.2.1 CAWS600 系列自动气象站安装

(1)传感器安装

参照 3.3 自动气象站传感器安装。

(2)采集器安装

CAWS600－S(SE)采集器安装在自动气象站风杆下部，因气压传感器安装于采集器箱内，所以安装高度要考虑气压传感器的安装要求；门与风杆倒向方向相反，最好向北；连接采集器的传感器接线、通信电缆、外部电源线和接地线要通过机箱的专用孔进出，连接牢固；接地电缆尽可能短，无弯曲。

(3)线缆安装

参照新型自动气象站线缆安装。

3.4.2.2.2　CAWS600－R(X)系列自动气象站安装

(1)安装底座

1)在水泥基础上拧上水平调节螺母；

2)调节风杆底座南北，使底座倒下时方向与南北方向垂直；

3)使用水平尺调节底座水平调节螺母，使底座南北方向和东西方向保持水平，拧紧固定螺母，固定底座。

(2)穿风线并组装主体风杆

1)将风线由风杆顶部的穿线孔穿入，从风杆底座下孔穿出；

2)连接三节风杆(10m 风杆)，并将主杆与底座连接。

(3)安装风向风速传感器

1)将风横臂安装在风杆上且风向传感器正对北方，风速传感器正对南方；

2)紧固风横臂抱箍螺栓，固定风横臂，用罗盘矫正风横臂指向南北方向；

3)风向：将风向传感器安装好风标，再安装在风横臂的北边，安装时将风向传感器的两条风向指示线上下对齐，“N”标记指向北方，将风标杆与风横臂平行，紧固风向传感器上的螺栓使之固定在风横臂上即可；

4)风速：将风速传感器安装好风杯，再安装在风横臂的南边。

(4)安装避雷针及防雷接地线

1)将避雷针固定到风横臂下方；

2)将黄绿接地线与避雷针连接；

3)将接地线沿风杆外壁顺下，并用扎带间隔 1m 固定好(新规范风线由风杆内部走线，防雷接地线从风杆外部走线，以防止干扰)。

(5)安装拉线

将拉线固定在各节风杆上，上部拉线抱箍固定在距地 9.5m 左右，下部拉线抱箍固定在距地 6.4m 左右。

(6)安装太阳能电池板

1)将太阳能电池板与支架连接起来，注意可调节支架一边朝电池盒；

2)连接太阳能电池板与风杆，注意要使竖起风杆后，太阳能电池板方向朝向正南，并根据当地纬度调节好太阳能电池板角度。

(7)测试风向风速电压输出

风杆竖立之前需检查风传感器是否正常，以免多次竖立风杆，通过测试风向风速电压输出来判断。

风速：测量风速信号(PIN4)和地(PIN6)之间的电压，风杯转动时测量值应当接近 1/2 工作电压，风杯停止时，测量值为 0 或者接近工作电压值(注：工作电压为 5V)。

风向：测量风向信号(PIN1)和地(PIN6)之间的电压，测量电压正常范围为 0～2.5V，对应 0～360°。

(8)竖立风杆并固定拉线

1)竖立风杆并拧紧固定螺母；

2)套上拉线保护管，将拉线与拉线基础连接并通过调节螺杆旋紧拉线。

(9)安装主机箱

将主机安装于风杆上，门与风杆倒向相反方向，采集器上沿距地1.5m。

(10)安装温度传感器

1)连接通风罩与温度支架，并固定在风横臂上；

2)将温度传感器插入通风罩并固定；

3)将风横臂朝向正南固定在风杆1.5m高度上。

(11)安装雨量筒

1)首先要先取下雨量筒外的固定螺丝，将雨量筒外筒取下；

2)将雨量线从雨量筒底部的穿线孔穿上来；

3)将雨量线固定在雨量筒上固定螺丝上，屏蔽接在雨量筒底部的螺丝上；

4)最后根据雨量器上的水平泡调节水平。

(12)主机箱内的电气连接

1)确认采集器的电源开关为关闭状态(开关弹起为关闭)；

2)连接风信号线端子、雨量信号线端子、温度信号线端子并压好信号屏蔽线；

外接设备	采集器连接标识
太阳能电源板	太阳能＋、－
蓄电池	蓄电池＋、－
SIM卡	SIM卡插槽
雨量传感器	雨量＋、－
温度传感器	温度接线通道(四线制)
风传感器	风传感器通道
DY－07	采集器背面专属插槽

3)安装SIM卡至SIM卡座；

4)连接天线：将天线插在相应的位置并拧紧；

5)先连接蓄电池接线端子，再连接太阳能电池接入端子。

(13)防雷接地

1)防雷接地：将防雷接地线与地网连接起来(没有地网可埋接地铜板，将地线用螺丝紧固在接地铜板上)；

2)信号接地：将信号接地线与地网连接(与防雷接地点相距5m)。

3.4.2.3 故障处理

3.4.2.3.1 华云CAWS600自动气象站

(1)故障处理一般流程

华云CAWS600自动气象站的故障处理一般流程见图3.56。

(2)采集器部分

保障人员尤其注意不要带电插拔各种接线端子，不要带电撤换或安装传感器。如果发生故障则对相应部分做单独维护。

1)状态指示灯

数据采集器机箱内部右上角有一工作状态指示灯，可根据其状态判断故障：正常工作状态下其红色指示灯为闪烁状态，闪烁间隔大概为3s。闪烁间隔不对时，有可能是采集程序走乱，

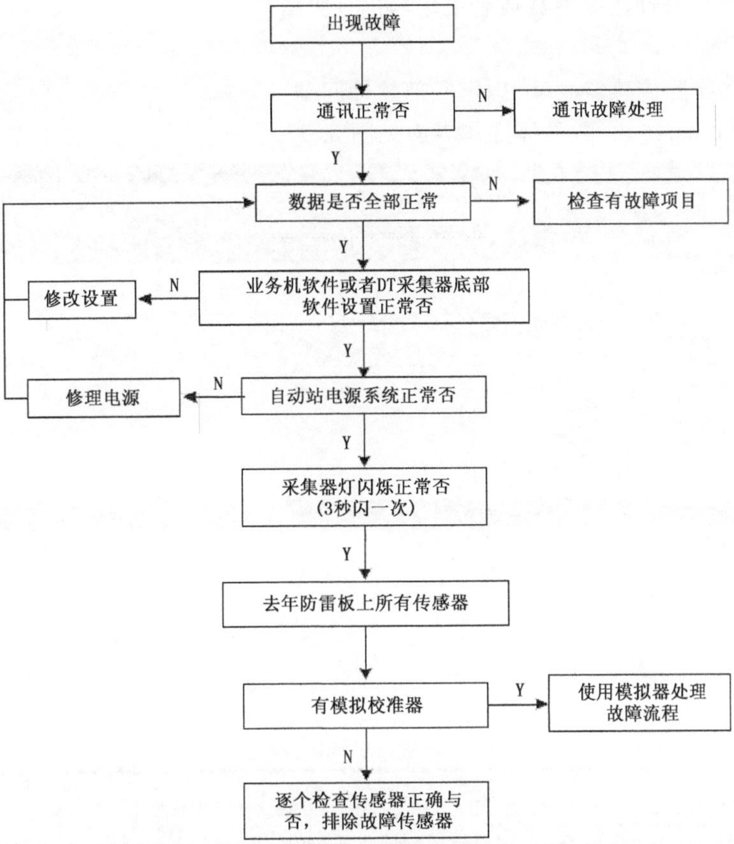

图 3.56　设备故障处理流程

这时如果采集数据也不正确，就需要重新启动数据采集器；传感器有故障时，也可能影响采集程序的运行，这时可以先拔下采集器上所有传感器插头，只留供电端，重新开机，查看采集器工作是否正常。若正常，然后再依次插上传感器插头，判断是哪一个传感器引起的故障。

①D1 灯不亮。

处理方法：

a)检查供电，正常值为 11～14VDC 之间，若供电不正常，则进行第二步；

b)检查电源，若供电正常，则 DT50 或 DT500 故障。

②D1 灯闪烁时间间隔不正常。

处理方法：

重新启动采集器，或更新采集器程序，更换或维修 DT50 或 DT500；

若确认采集器采集故障，使用 DeTransfer 软件来检测采集器通信状态以及调试 DT 系列采集器(采集器波特率：BS、SE 为 4800bps，BS—N9600bps。波特率由拨动开关控制，4800 对应 2、3ON，9600 对应 3ON。)。

通过该软件自带的命令可以对 DT 系列采集器进行采集数据测试、复位、重新写底部程序，查看采集器的日期、时间、采集的数据是否正确。连接成功后，T 为查看采集器时间，D 为查看采集器日期，U 为查看采集器分钟后正点数据(详细命令见附件)。

③无整点数据、分钟数据下载或者采集器出现野值。

处理方法：

a)检查通信，排除传感器故障，确定底部软件问题；

b)打开 DeTransfer 软件；具体操作界面见图 3.57。

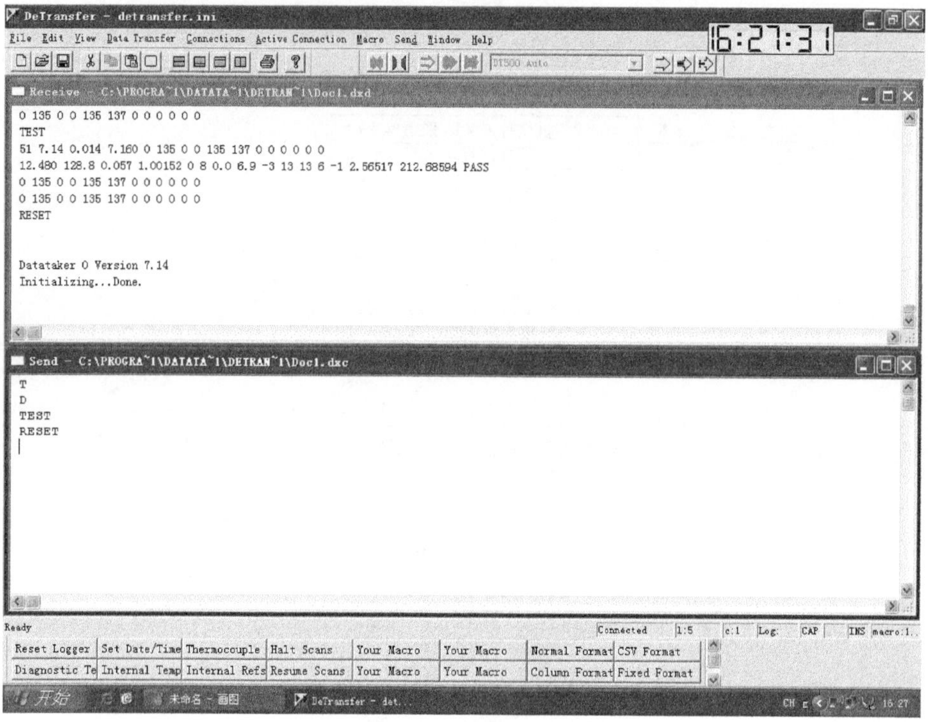

图 3.57 DeTransfer 操作界面

c)参数设置：打开 CONNECTIONS 下拉菜单选择 PROPERTIES 进行 Com 口和型号，如计算机用 Com1 口就在 Com 设置中选择 Direct to Com1，采集器型号选择 Data Taker 50/500/600 Series；

d)连通采集器；

e)在软件界面左上角工具条上，打开 file 下拉菜单中的 open，在弹出的打开对话框中找到所需的 sre 文件，注意把对话框中文件类型选为所有文件（＊.＊）这一项；

f)在对话框中单击所需的 sre 文件，单击打开按钮；

g)在软件界面下方的 send 窗口中输入大写的\026BOOTSTRAR（此命令中间无空格，要大写）回车，再输入 EF 60000,1（EF 后有一个空格，要大写）回车；

h)单击软件界面中 sre 文件的窗口，即激活窗口；

i)在界面右上角工具条上 send 下拉菜单中单击 ALL；

j)采集器开关机一次，确认程序是否灌入；

k)接通后修改采集器时间。不然会引起自动气象站通信软件连接超时或溢出故障。

2)防雷板

某一项或几项传感器示值异常。

处理方法：

a)跳过防雷通道将两端接线直接连接，如果故障消失则可确认是防雷板故障；

b)如果确认故障在防雷板，则检查其各个通道分别有无对地短路或两端开路，及相邻通道间有无短路；

c)如果确认某个通道有问题，则将此通道连接的线缆移至空余通道，或者更换防雷板。

3)电源系统

采集器电源直接从 2 节或 1 节蓄电池获取供电，可以使电源干扰大大降低。通电时先开直流开关，再开空气开关；断电时先关空气开关，再关直流开关。在交流电断电的情况下，蓄电池可以给采集器供电 2～3 天。

电源输出过低或过高，均会导致传感器或采集器工作异常。电源工作不正常，首先检查保险管。若电源无输出，需要检查时，最好关闭开关、断开交流电源线，再按顺序检查：输入、控制、输出等。若指示灯指示有输出，而采集器无电，则首先查看位于输出线上的输出保险管是否正常，然后查看连接线路情况；交流指示灯不亮，则查看空气开关是否打开，电源变换器是否正常；如果长期不使用电源系统，至少要半年给电池充电一次，充满为止(图 3.58)。

①CAWS—DY01 电源直流输出指示灯 D2(绿色，常亮，亮代表有输出)不亮或闪烁。

处理方法：

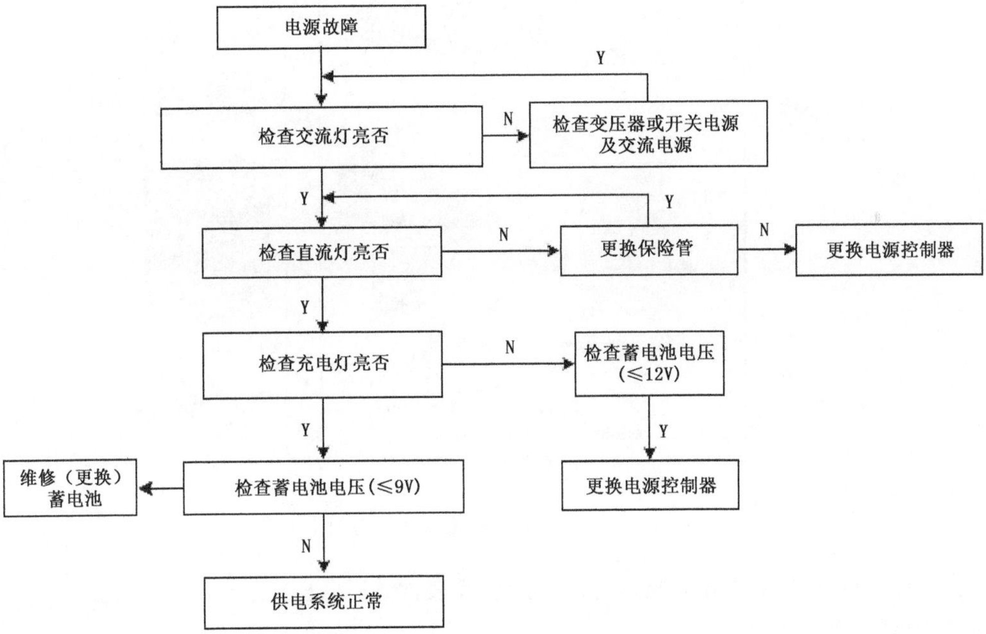

图 3.58　电源系统故障检测流程

a)检查保险是否损坏，若损坏则更换保险管(2A)；

b)检查交流输入指示灯是否亮，或者位于交流输入指示灯旁的交流输入端有无 17VAC；若不正常，检查市电输入及空气开关所处位置是否在 ON；

c)检查蓄电池电压，将蓄电池连接电缆—BATT 连接电缆从电源板上断开，用万用表直流 20VDC 挡测量蓄电池电压，(注意正负极)；若电压低于 10VDC，更换蓄电池(位于采集器机箱内部，见图 3.59)；

d)若保险管、交流输入及蓄电池均正常,则为电源板故障,需换 CAWS—DY01 电源。

②CAWS—DY01 电源充电指示灯 D3(红色,亮代表充电;不亮代表充满或者不充电)频闪,即不停闪烁。

处理方法:

可能为电源板故障,或交流电电压过低或过高。直接更换电池板或者对电源板上的电位器进行调整。

③CAWS—DY01 电源交流输入指示灯 D4(绿色代表常亮)不亮。

处理方法:

a)检查市电输入及空气开关所处位置是否在 ON;

b)若空气开关所处位置在 OFF。将其推上到 ON 的位置。如果再次跳闸,则检查是否有短路之处。

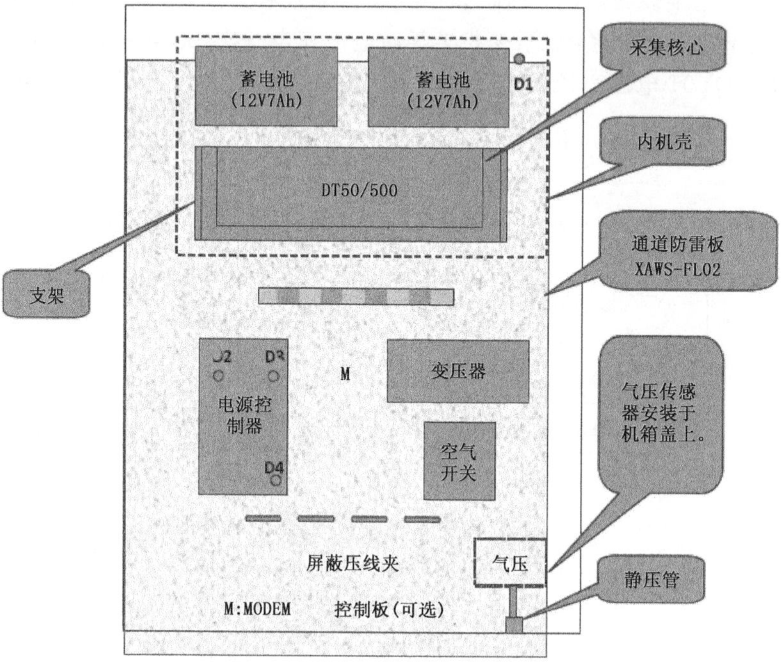

图 3.59 采集器机箱内部结构图

④CAWS—DY03 交流输入指示灯 D1(绿色代表常亮)不亮。

处理方法:

a)检查市电输入及空气开关所处位置是否在 ON;

b)若空气开关所处位置在 OFF。将其推上到 ON 的位置。如果再次跳闸,则检查是否有短路之处;

c)量取开关电源输入 220VAC,输出 17VDC;若输入正常,输出不正常,首先将空气开关置于 OFF,等待 30 分钟左右,再将其置于 ON,是否恢复,否则须更换此开关电源。

⑤CAWS—DY03 充电指示灯 D2(红色,亮代表充电)和直流输出指示灯 D3(绿色代表常亮)不亮或闪烁。

处理方法:

a)检查保险是否损坏，若损坏则更换保险管(2A)；

b)检查交流输入指示灯是否亮；不正常按照上节内容检查；

c)检查蓄电池电压，将蓄电池连接电缆“BATT”从电源板上断开，用万用表直流 20VDC 挡量取蓄电池电压(注意正负极)；若电压低于 10VDC，更换蓄电池；

d)若保险管、交流输入及蓄电池均正常，则为电源板故障，需换 CAWS—DY03 电源板。

4)通信

串口隔离器，也称长线驱动器，在采集器与主控计算机之间成对出现，作用是防雷击和干扰信号，提高传输信号的质量(一般 232 口可传输距离≤100m)。它是一个光耦器件，检查损坏的方法是：同时去掉两个串口隔离器，两个口直接对接，若传输正常，说明串口隔离器损坏，应更换。

所有示值均异常，则有可能是通信故障，其处理流程见图 3.60。

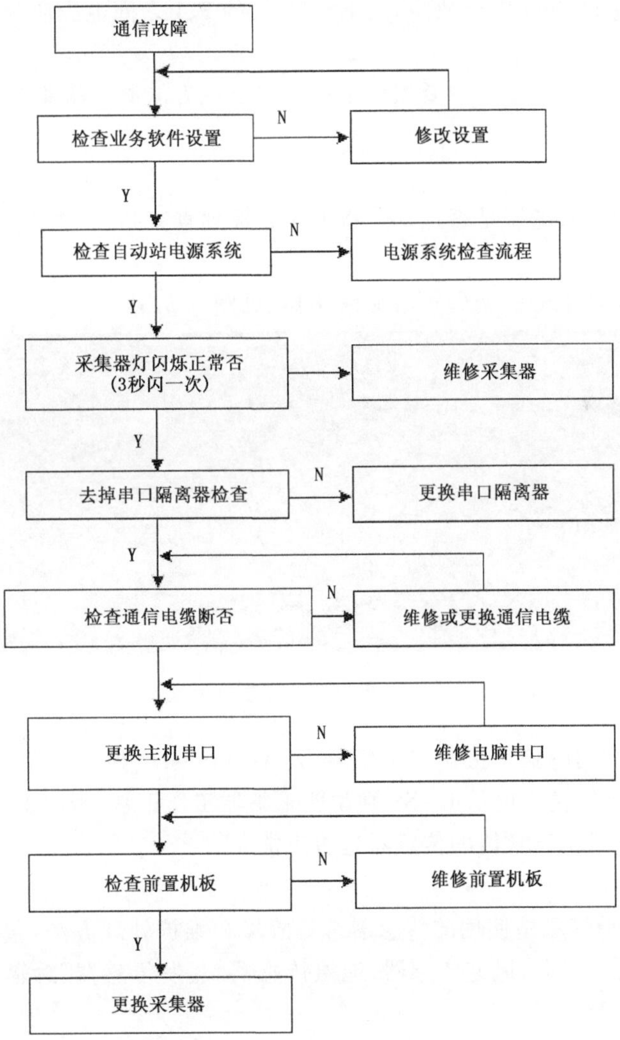

图 3.60　通信故障处理流程

处理方法：

a)首先应排除采集器故障；

b)检查通信链路上(从采集器串口至计算机串口)所有接插部件是否牢固，经常插拔处有无接触不良或断开，并检查数据采集器机箱和计算机是否有良好的接地，通信线是否断开；

c)观测场周围是否有强干扰源，如通信或电视广播发射塔等。若有，必须把通信电缆线穿到带屏蔽的 PVC 管中并埋在地沟中走线；

d)通信设置是否错误，默认为 Com1、4800、N、8、1(BS—N 为 9600)或根据具体要求及时变更；

e)排除串口隔离器故障，去掉串口隔离器若恢复正常，则需更换串口隔离器；

f)排除计算机串口问题，更换一台计算机，或换一个计算机串口是否恢复正常；

g)检查通信线上 RS232 口每个孔或针是否接触良好；

h)排除 DT50 或 DT500 串口故障，量 RS232 口的 3、1 之间电压应为 9VDC。

5)其他

从采集软件界面上发现有几项要素的值严重失真或者缺测。采集器故障或传感器连接电缆接触不良或短、开路。

处理方法：

a)检查采集器的输入电压是否正常。将万用表拨到直流 20 V 挡上，看采集器的输入电源是否是 12 V 左右；

b)打开固定在风杆上的机箱即可看见采集器，见图 3.61；

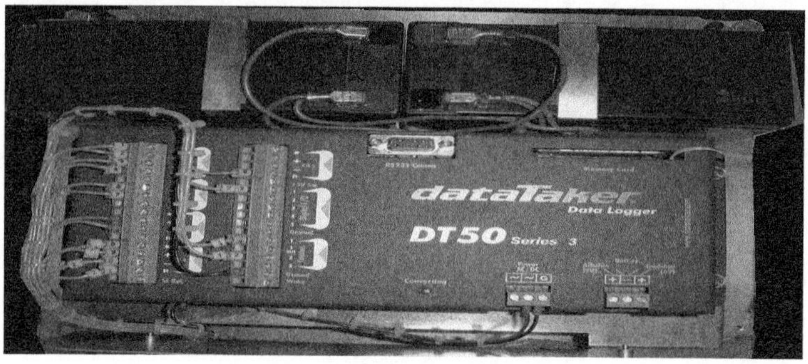

图 3.61 采集器电源接口示意图

c)若供电正常，则用电脑直接连接采集器，用 DeTransfer 检查采集器是否工作正常。检查时常用命令 TEST，如输出提示 PASS 则说明采集器工作正常，否则更换采集器；

d)检查采集软件显示异常值的传感器是否正常。

(3)传感器部分

CAWS600 型自动气象站使用的传感器常见故障和维护处理方法，包括温湿度传感器、气压传感器、雨量传感器、风向、风速传感器、地温传感器、蒸发传感器、总辐射传感器、直接辐射传感器和净辐射传感器。

1)温度、湿度传感器故障

①空气温度示值超差。

处理方法：

a)用模拟校准器对采集器进行校准，确认采集器通道是否正常；

b)取下温度传感器在防雷板上的插头(防雷板1—4号线)(图3.62，图3.63)，用万用表电阻200Ω挡量取：温度传感器标号1、2任一端与3、4任一端之间的电阻值是否在80～120Ω之间；

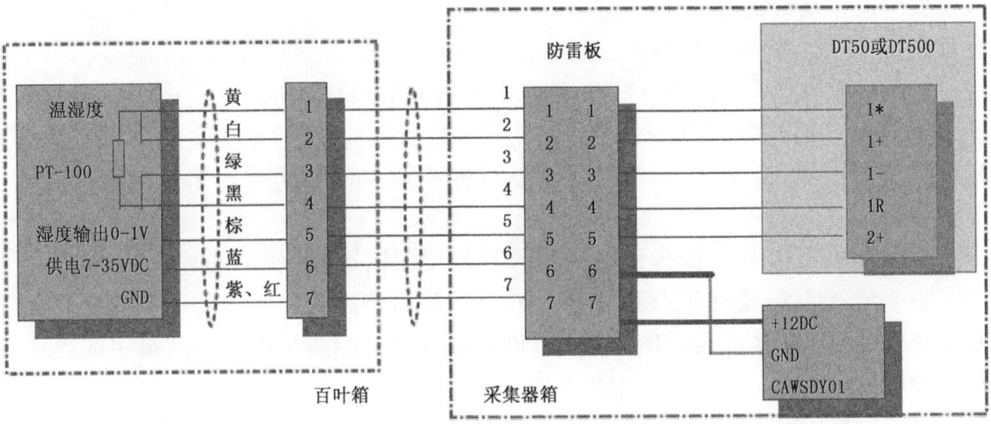

图3.62　温湿传感器与防雷板接线

c)用万用表电阻200Ω挡量取：温度传感器标号1、2端之间的电阻值是否在1～8Ω之间，3、4端之间的电阻值是否也在1～8Ω之间；

d)若以上2、3项测量中，有一项指标超出范围，应在百叶箱内传感器与接线的接头处继续测量，且注意观察接头是否有接触不良的现象。如果以上测量均不能满足2、3项测量中的要求，则应更换温度传感器；

图3.63　温湿传感器与防雷板实物接线

e)用标准表与其共置于同一相对稳定环境中，对比温度值是否一致，容许误差±1%；

f)查看温度传感器连接线接头处是否生锈，如严重锈蚀，则将连接线直接对接，同时做好防水和绝缘处理。若没有生锈则更换温湿度传感器；

g)可以使用DT软件测试方法判断空气温度传感器故障。根据当前温度对应的电压值判断湿度传感器正常与否。

②空气温度缺测、空气温度示值为－24.6℃，且长时间不变。

处理方法：

a)此故障一般为温度传感器断线所致，应按故障12中，第2、3项所列方法处理；

b)可以使用DT软件测试方法判断空气温度传感器故障。根据当前温度对应的电压值判断湿度传感器正常与否。

③湿度示值超差和缺测。

处理方法：

a)用模拟校准器对采集器进行校准，确认采集器通道是否正常；

b)取下湿度传感器在防雷板上的插头(防雷板5号线)，注意该插头不要与其他插头短路。用万用表电压20VDC挡测量：湿度传感器信号插头第5脚与防雷板第7脚之间的电压应为0～1 V；

c)用万用表电压20VDC挡测量：防雷板6、7脚之间电压应为12VDC左右；

d)若第2项测量中，指标超出范围，则应在百叶箱内传感器与接线的接头处继续测量，且注意观察接头是否有接触不良的现象。如果以上测量均不能满足第2项测量中的要求，则应更换湿度传感器；

e)用标准表与其共置于同一相对稳定环境中，对比湿度值是否一致，容许误差±1%；

f)查看湿度传感器连接线接头处是否生锈，如严重锈蚀则将连接线直接对接，同时做好防水和绝缘处理。若没有生锈则更换温湿度传感器；

g)可以使用DT软件测试方法判断空气湿度传感器故障。根据当前湿度对应的电压值判断湿度传感器正常与否。

2)气压传感器故障

①气压示值超差和缺测。

处理方法：

a)用模拟校准器对采集器进行校准，确认采集器通道是否正常；

b)用万用表电压20VDC挡量取气压传感器信号端：对CAWS600－S、SE型，防雷板8、9脚之间电压应为0～2.5VDC；对CAWS600－B型机，接在DT50模拟通道3＋、3－端口之间电压应为0～2.5VDC(图3.64)；

c)取下气压传感器接头，用万用表电压20VDC挡测量气压传感器接头供电；第7脚与第9脚之间的电压应为12VDC左右；

d)用标准表与其共置于同一高度的环境中，对比是否一致。

②气压输出值为400～500 hPa之间，且长时间不变。

处理方法：此故障一般为气压传感器信号线断线所致。

气压传感器故障DT软件测试方法，根据当前气压及当前气压对应的电压值判断气压传感器正常与否。气压换算公式为

$$V=(P_{实}-500)/(600\times 2500)(\mathrm{mV}) \tag{3.18}$$

式中，$P_{实}$ 为实际气压值，单位hPa。

3)雨量传感器故障

①雨量超差

处理方法：

a)用量杯量取10mm水缓慢注入雨量筒承水器，察看是否显示值为15.7mm的降雨量；

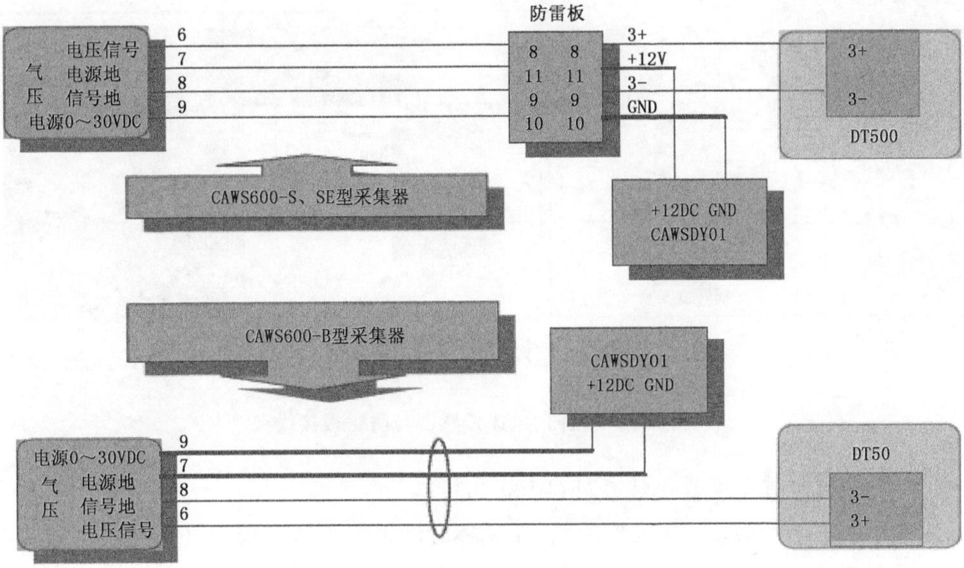

图 3.64　气压传感器与防雷板接线

b)直接用手翻动计数翻斗，用万用表电阻挡直接量取输出信号导通次数与翻动次数是否一致，测量方法将万用表拨到通断挡，将万用表的红、黑表笔分别插入雨量传感器的红、黑接线柱孔内，用手翻动雨量传感器的计数翻斗，每翻动计数翻斗一次应听到万用表发出一声“嘀”的叫声，否则更换干簧管；

c)当雨量偏大时，对支撑翻斗的两个螺母应向下调整，直到合适为止；

d)当雨量偏小时，对支撑翻斗的两个螺母应向上调整，直到合适为止。

调整方法：将计量翻斗的 2 个定位螺钉中的 1 个旋转 1 圈，其差值改变量为 3%左右；将 2 个定位螺钉都向内（2 个定位螺钉互相靠近）或都向外（2 个定位螺钉互相离开）旋转 1 圈，其差值改变量为±6%左右。

②雨量缺测

处理方法：

a)检查雨量通信线的各接头处是否可靠连接，或通信线是否断开；

b)用模拟校准器对采集器进行校准，确认采集器通道是否正常；

c)检查计数翻斗的刀口是否正确卡在卡槽内，磁铁的位置是否移动；

d)从防雷通道上取下雨量信号线，直接用手翻动计数翻斗，用万用表电阻挡量取电阻值是否为 100Ω 左右，否则检查更换干簧管；

e)若以上步骤均正常，则需要更换采集器。

4)风向、风速传感器故障

①风速示值超差或缺测

处理方法：

a)用模拟校准器对采集器进行校准，确认采集器通道是否正常；

b)检查风速信号线和供电电源线接触是否良好，信号线是否断开；

c)用万用表电阻 20VDC 电压挡量取：防雷板标号 15 端与 16 端之间的电压值是否在

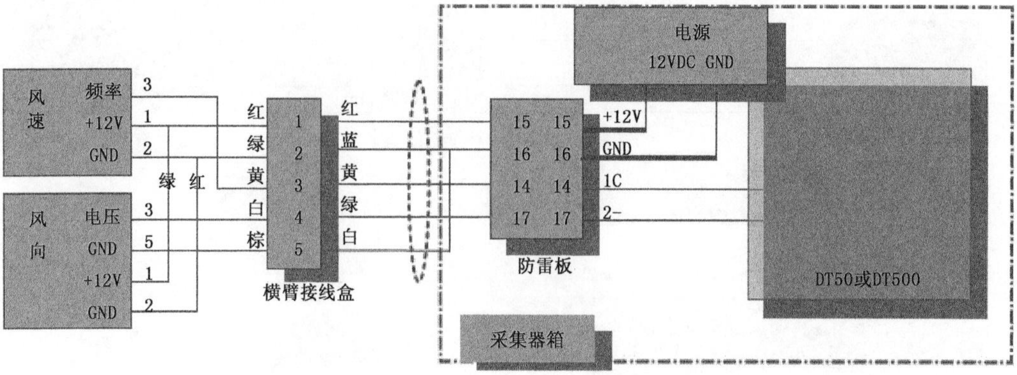

图 3.65 风向、风速传感器与防雷板接线

12VDC 左右，逐级量值至横臂接线盒处(图 3.65)；

d)用万用表电阻 20VDC 电压挡量取：在风杯转动情况下防雷板标号 14 端与 16 端之间的电压值是否在 6.5～11.5V 之间(对应 0～75m/s 左右)，逐级量值至横臂接线盒处，直至更换传感器。

②风向示值超差或缺测。

处理方法：

a)用模拟校准器对采集器进行校准，确认采集器通道是否正常；

b)检查风速信号线和供电电源线接触是否良好，信号线是否断开；

c)用万用表电阻 20VDC 电压挡量取：防雷板标号 15 端与 16 端之间的电压值是否在 12VDC 左右，逐级量值至横臂接线盒处；

d)用万用表电阻 20VDC 电压挡量取：防雷板标号 17 端与 16 端之间的电压值是否在 0～2.5VDC(对应 0～360°)之间，逐级量值至横臂接线盒处，直至更换传感器。

风向、风速传感器故障可借助 DT 软件测试方法，根据当前风向、风速及当前风向、风速对应的频率值判断风向、风速传感器正常与否。

5)地温传感器故障

①出现地温间歇性的不正常

处理方法：

这种情况很有可能是地温变送器受到干扰造成，还有可能是该传感器位于 CAWS—BS01 地温变送器的接线端松动，请检查并牢固。

②地温输出值均为－24.6℃

处理方法：

a)检查时先关闭采集器电源，可将地温传感器信号插头取下(防雷板 18—21 端口)，并将空气温度传感器插头(防雷板 1—4 端口)取下，插入地温传感器插座内，打开电源，若地温显示值均为当前气温值，说明通道防雷板正常(图 3.66，图 3.67)；

b)检查采集器到地温变送器信号线两端接触是否良好，12VDC 供电是否正常；

c)检查采集器到地温变送器的信号线是否断开，直至更换地温变送器内的电路板。

③个别地温传感器示值为－24.6℃不变

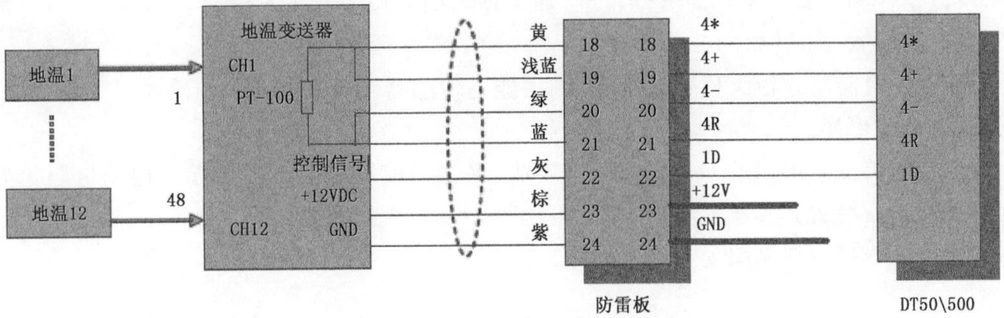

图 3.66　地温传感器与防雷板接线

图 3.67　地温转接板示意图

处理方法：

a)打开采集箱，关闭交流电源和直流电源；

b)打开地温变送器，检查故障地温传感器的接线是否良好；

c)用万用表的电阻挡量取故障地温传感器电阻，颜色相同两根线的电阻应为 1～8Ω，不同颜色两根线的电阻应为 100Ω 左右，0℃以上大于 100Ω，0℃以下小于 100Ω，若不正常，说明传感器损坏，应更换传感器；

d)若电阻正常，说明传感器良好，需要更换故障地温传感器对应的 4066 开关芯片。

④自动观测与人工观测值偏小或偏大

处理方法：

a)人工观测与自动观测仪器的响应时间、灵敏度不同，地温场的水平温度和垂直温度分布不均匀，一般来说，地温场的恒定是一个长期的过程，土壤松紧程度、土质等因素对其都会有一定的影响；

b)测量过程导致这种现象，如果传感器本身不稳定或者各级连接线接触不良，也会测量超差，所以请仔细观察一下它的波动范围，如果连续的一段过程上下波动比较大，就有可能是这个原因引起的；

c)如果长时间超差很大且变化不大，则可能是传感器性能下降或该传感器对应的4066开关损坏，应及时更换。

地温传感器故障可借助DT软件测试方法，根据当前地温及当前地温对应的电阻值判断地温传感器正常与否。

地温故障检测流程见图3.68。

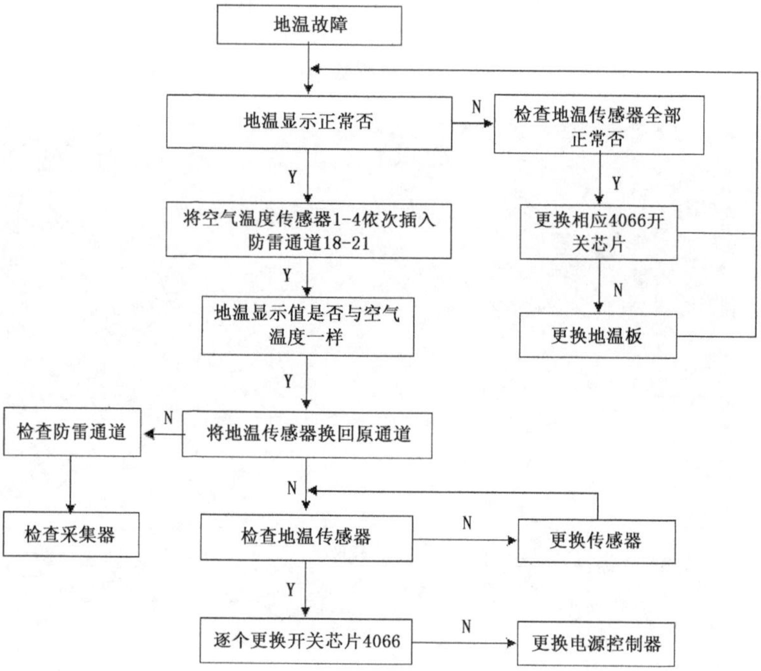

图3.68 地温故障检测流程

6)蒸发传感器故障

①蒸发示值超差及缺测

处理方法：

a)用模拟校准器对采集器进行校准，确认采集器通道是否正常；

b)用万用表电流200mA挡量取：蒸发信号线（防雷板第26脚）的电流应为4～20mA或用万用表电流20 V挡量取：蒸发信号线（防雷板第26脚）与地（防雷板第28脚）之间的电压应为0.3～2.1V之间（图3.69）；

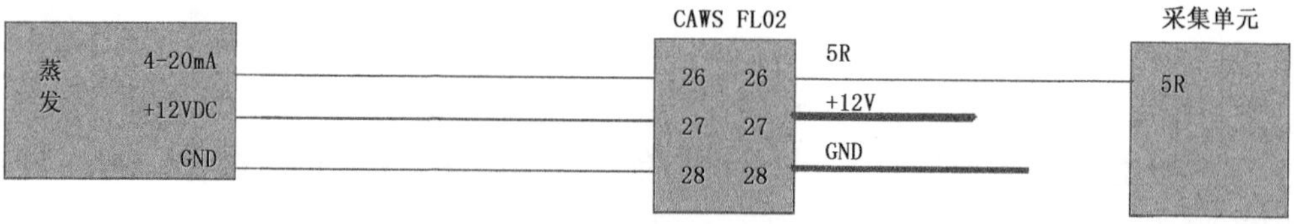

图3.69 蒸发传感器与防雷板接线

c)用万用表电流 20 V 挡量取蒸发传感器供电是否为 12VDC 左右；

d)以上两项检查中任意一种情况应更换蒸发传感器。

②从采集软件界面上发现为 0 或偏差太大。怀疑蒸发传感器损坏、蒸发传感器的传输线断路或接触不良或者蒸发传感器供电电压过低。

处理方法：

a)用万用表直流 20V 挡量取防雷板 27、28 接线端子，测量是否为＋12V，若过低则调整输入电压，若电压正常则进行下一步；

b)测量防雷板 26 接线端子与地之间的电压是否在 0.39～2V(对应水位 100～0)之间，若无电压则进行下一步；

c)测量蒸发传感器信号线是否正常，有无短、断路情况。

蒸发传感器故障可借助 DT 软件测试方法，根据当前蒸发及当前蒸发对应的电流值判断蒸发传感器正常与否。

7)总辐射传感器故障

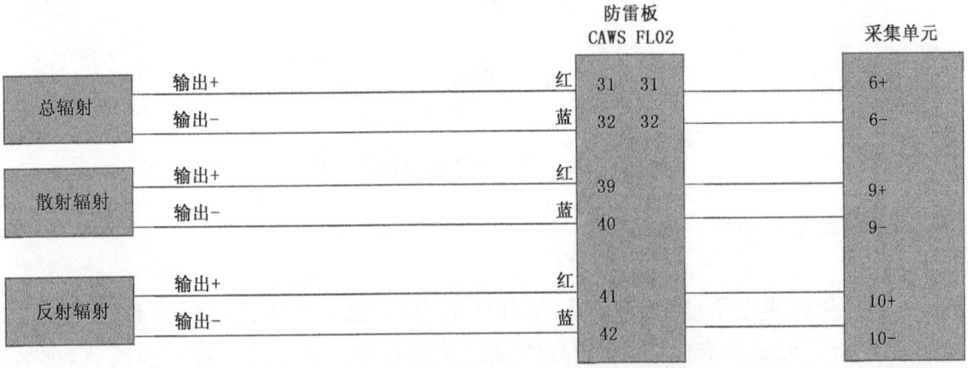

图 3.70　总辐射传感器与防雷板接线

①如发现计算机上显示结果为 0 或无数据显示。(以总辐射表为例，反射辐射和散射辐射处理方法类似)

处理方法：

a)如数据为 0，首先检查辐射表的输出是否为 0，方法是：将防雷板处 31、32 号端子拔下，将数字万用表拨到 2K 电阻挡，然后测量 31、32 两端是否有约 200Ω 电阻，如有电阻存在，辐射表没问题，可往后查。如果电阻为 0，说明辐射表和导线之间有短路现象。拔下辐射表的插头，直接量插座 1 针和 2 针之间电阻，如果还为 0，说明辐射表内短路，需送回厂家修理；

b)如果无数值显示，先检查辐射表输出是否处于开路状态，同样将 31、32 号端自拔下，用数字万用表 2K 挡测量，如显示为 1，说明开路，再检查辐射表与导线之间是否有断开现象。拔下辐射表插头，测量插座 1 针，2 针的电阻值，如显示 1，说明辐射表内开路，否则导线有问题；

c)如果对输出的辐照度有质疑，将数字万用表拨到 200mV 挡，红表笔接到 31 号端子，黑表笔接到 32 号端子，在太阳光下测量输出电压值。按下列公式计算当时的辐照度

$$E=V/K \tag{3.19}$$

式中，E 为辐照度，单位：W/m^2；V 为信号输出电压，单位：μV；K 为辐射表的灵敏度，单位：$\mu V \cdot W^{-1} \cdot m^2$。

如果该值与计算机显示相同，说明该表的灵敏度需要检查，否则应检查计算机内参数设置是否有误。

总辐射传感器故障可借助 DT 软件测试方法，根据当前总辐射及当前总辐射对应的电压值判断总辐射传感器正常与否。

8)直接辐射传感器故障

①跟踪不正常

处理方法：

检查 37、38 号端子之间的电压是否在 12V 左右，并把对时开关打开，看其能否正常转动，如果对时准确，说明直表电机及控制器没有问题，如果直表光筒上的光点跟踪不准确，则检查正南正北线是否正确，仪器是否水平，纬度是否调好等(图 3.71)。

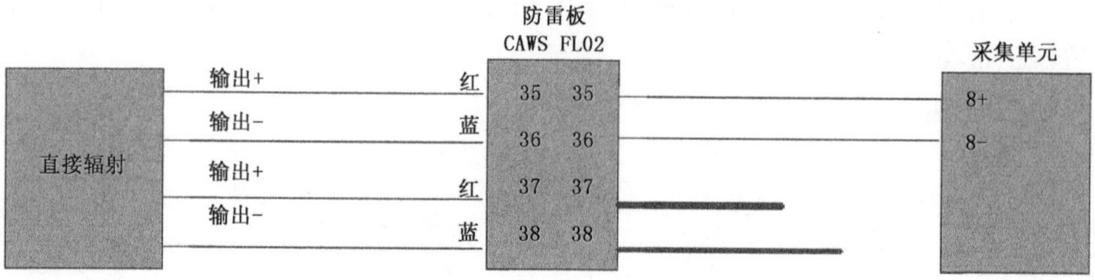

图 3.71 直接辐射传感器与防雷板接线

②如果跟踪正常而数值异常

处理方法：

拆下 35、36 号接线端子，用数字万用表 2kΩ 电阻挡，测量其输出电阻是否约为 70Ω，如果有电阻，说明正常。如果没有电阻，检查导线是否接触良好。如果还要进一步确认，那么，将数字万用表拨到 200mV 电压挡，红表笔接到输出导线 35 端子上，黑表笔接到输出导线 36 端子上，将光筒上光点对准太阳光检查是否有电压，然后把保护罩盖上，检查输出电压应为 0。如果符合上述条件，则说明辐射传感器正常。如果还是不正常，则应从接线端后查，确认辐射变送器到防雷板，再到采集单元的导线是否接触良好，再量一下采集单元上的 8＋、8－是否有电压输出，方法同上，如果正确，请检查采集单元和软件。

直接辐射传感器故障可借助 DT 软件测试方法，根据当前直接辐射及当前直接辐射对应的电压值判断直接辐射传感器正常与否。

9)净辐射传感器故障

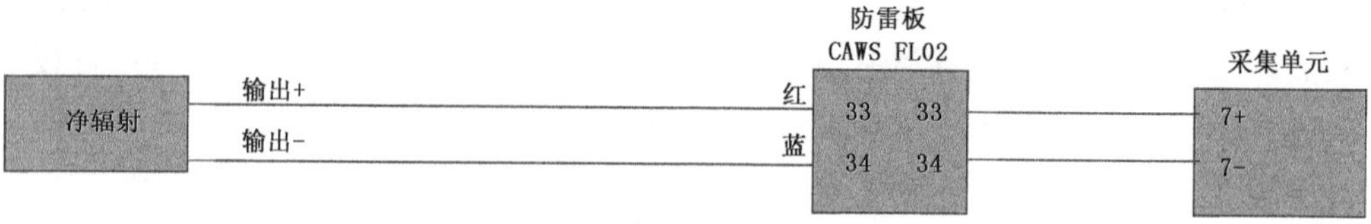

图 3.72 净辐射传感器与防雷板接线

①数值出现异常

处理方法：

测量传感器插头上输出导线间的电阻值(将万用表拨到 2kΩ 电阻挡)，看是否在 200Ω 左右。然后将万用表拨到 200mV 挡，红表笔插到输出导线正端，黑表笔插到输出导线负端，测量其输出电压是否会随光照强度的变化而变化。如果符合上述条件，则说明辐射传感器正常，否则应检查其接线端子、辐射变送器、防雷板和进入采集系统的导线，最后测量采集器输入端 7+、7－输出电压是否正确，如果正常，请查采集器和软件是否正常(图 3.72)。

净辐射传感器故障可借助 DT 软件测试方法，根据当前净辐射及当前净辐射对应的电压值判断净辐射传感器正常与否。

3.4.2.3.2　华云 CAWS600—RT 区域自动气象站

(1)通过手机远程诊断

CAWS600 系列区域自动气象站自带远程诊断及维护功能，通过普通手机给子站发送短信的方式，保障人员不需要到现场，就可以判断子站的工作状态，下面主要介绍一下 CAWS600 系列区域自动气象站的远程诊断功能。

正常情况下，通过手机给子站发送命令，比如编辑命令 GETCO mm00！发送给子站，子站在接受到这条短信后，会返回一条短信给这个手机。短信中会包含中心站 IP 地址，端口号及设置的区站号等相关参数，通过这个过程，就可以分析出子站的工作情况。

1)手机卡欠费

故障现象：

如果给某一个区域自动气象站发送短信命令时，子站没有返回相应的参数，并且此时手机返回提示，“发送信息失败”。那么这样就可以判定，放在这个子站内的 SIM 卡已经欠费停机。

处理方法：

此时必须要先充值，才能恢复子站的数据传输。并且由于移动的 GPRS 业务原因，充值后必须重启一次子站，GRPS 功能才能被激活。

2)电源工作不正常

故障现象：

如果给一个区域自动气象站发送短信命令时，子站没有返回相应的参数，并且查看信息报告，显示“等待发送”，并且长时间都处在“等待发送”状态，那么就可以判定，这个区域自动气象站电源系统存在问题，整个区域自动气象站处于关机状态。可能的原因为电池老化，或者太阳能电池板被遮挡等原因造成子站供电不足，从而导致子站工作不正常。

处理方法：更换电池或者检查太阳能电源板。

3)参数错误

故障现象：

如果给一个区域自动气象站发送短信命令，并且子站返回短信。那么可以对照中心站 IP 地址、端口号、区站号、传输方式等参数，通过返回的短信内容比较，判断是否存在不正确的参数。如果有，则会造成区域自动气象站无法正常工作。

处理方法：

通过有修改参数权限的手机卡对其发送远程命令来修改参数，不需要到现场进行参数修改。

4)状态不正常

故障现象：

如果给一个区域自动气象站发送短信命令，并且子站返回短信，检查参数后发现参数也完全正确。

处理方法：

此时可以通过有权限的手机卡发送 GETDEBUG10！命令，看子站返回的状态参数，通过这个参数可以看到子站的状态，比如目前子站的状态，登陆 GPRS 失败次数、登陆中心站的失败次数等，可以通过分析这些参数。远程判断子站无法登陆中心站的原因。

通过以上的检测方法，基本上可以远程判断出绝大部分区域自动气象站通信故障原因，并且部分故障可以通过远程发短信的方法直接解决，非常便捷。

(2)传感器常见问题诊断

1)数据通信正常，温度数据不准确，温度数据出现明显偏大或偏小。

处理方法：

a)检查周围的环境是否对温度产生干扰，比如温度通风罩周围是否有通风口或者较强的光反射，这些都可能造成温度数据不准确；

b)检查温度传感器是否正常，用万用表测量温度的电阻值，请测量 1 脚(或者 2 脚)与 3 脚(或者 4 脚)之间的电阻值，正常阻值根据实际温度不同应在 80～120Ω。判断是否符合当前温度；更换传感器判断温度值是否正确；提示：铂电阻的线缆分为两组，即 1、2 和 3、4，组内没有明确的线序；

c)检查数据采集器温度通道，更换数据采集器，查看温度值是否正常；

d)检查线路连接是否有问题，检查温度线是否破损；检查温度线连接采集器温度通道的端子接触是否良好。

2)风向传感器出现保持某一数据长期不变。

处理方法：

a)风向是否空接，检查风线与采集器连接端子接触是否良好；

b)供电是否正常，四要素站风向传感器供电为 5V，输出信号是 0～2.5V；测量风向信号(PIN1)和地(PIN6)之间的电压，测量电压正常范围为 0～2.5V，对应 0～360°；

c)可能是采集器通道问题，更换采集器再查看风向值。

3)风速数值明显偏大。

处理方法：

a)检查传感器是否受损；

b)四要素站风速传感器供电为 5V，输出信号是静风时，0 或 5V，有风时，2.5V 左右；测量风速信号(PIN4)和地(PIN6)之间电压，风杯转动时测量值应当接近 1/2 工作电压，风杯停止时，测量值为 0 或者接近工作电压值；

c)可能是采集器通道问题，更换采集器后再查看风速值。

(3)太阳能电池板和电源常见问题诊断

区域自动气象站电源故障处理流程见图 3.73。

1)太阳能电池板如果没有电压输出，或者输出电压明显偏低。

处理方法：

用万用表的直流电压挡测量太阳能的电压输出，如果没有输出值或者电压偏低，说明太阳能电池板或电池可能已经损坏。需经过以下方式判断：

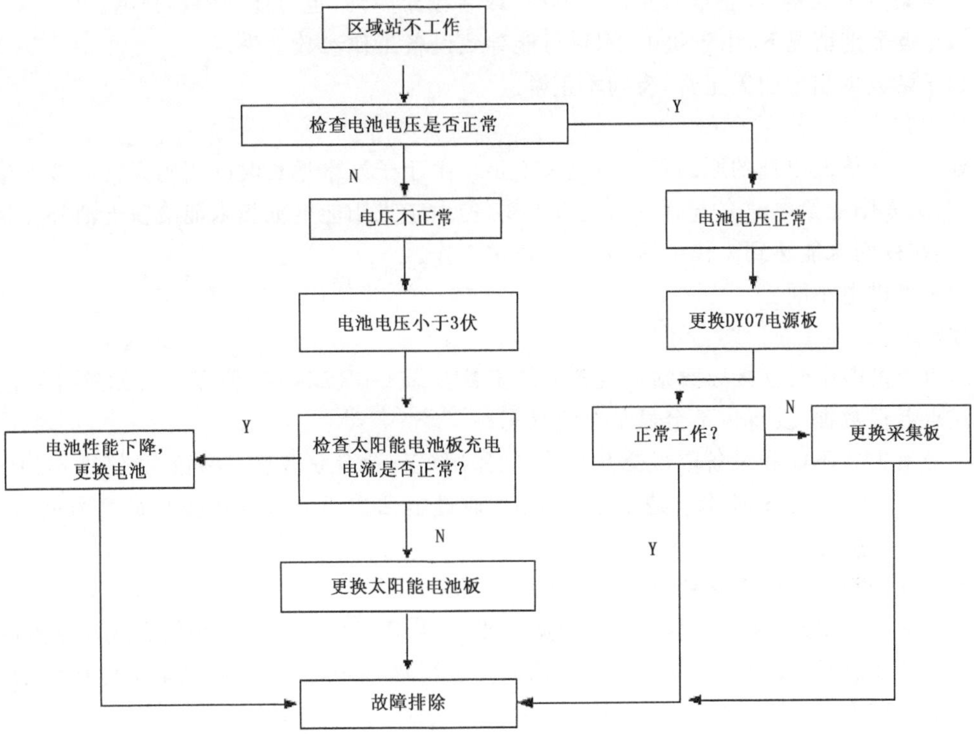

图 3.73　区域自动气象站电源故障处理流程

a)拔下太阳能电池板，测量太阳能电池板在正常日照情况下的空载电压，正常情况下输出电压 RT 系列是 6～10V(B 型系列是 16～22V)。检查太阳能电源线是否有破损，或者有断开的地方。如太阳能电池板没有电压输出或有损坏，请联系返厂维修；

b)观察电池是否有漏液现象，如有请及时更换电池；

c)拔下电池输入端，测量电池的空载电压，正常情况下电池输出电压为 6.3V 左右。如电池电压不足 6V，请及时充电。

2)太阳能电池板电压输出正常，但没有电流输出。

处理方法：

a)电流测量：用万用表的电流挡测量，把红表笔插在电流挡位上。将与太阳能电池板的连接线从采集器上拔下，将正极从端子上卸下(负极不动)，然后把端子插回采集器上，用红表笔连接太阳能的正极，黑表笔连接正极端子的那一端，测量电流；

b)CAWS600—R(T)的太阳能电池在日照良好情况下，电流可达到 1A，普通情况下也有 0.5A 左右电流；

c)如果测量太阳能输出电流很小或者没有，说明太阳能接线盒内的二极管可能损坏，或者电池板损坏。

3)站点蓄电池电量不足。

故障现象：

a)设备不能正常启动，或者启动后不能正常工作，直接导致不能及时上报正点观测数据，而且中心站软件显示设备不在线。

b)从站点上观察，设备电源指示灯不亮，或者频繁闪动，也可能蜂鸣器长鸣。

c)在极个别情况下，由于供电不足，可能导致设备工作参数丢失。

4)子站数据出现白天正常，夜间不正常。

处理方法：

导致这种情况出现的原因是电池电量不足。由于子站本地长时间阴雨天气或者其他原因导致，白天太阳能给电池充电后可以正常工作，但由于太阳能电池板未能给蓄电池补充足够电量，使其在夜间未能达到工作电压，而无法正常工作。

5)站点供电中断。

故障现象

a)由于供电中断直接导致站点设备不能正常登录 GPRS 网络，所以中心站软件不能及时收到正点上报数据，设备也不会显示在线状态；

b)短信方式不能和设备取得交互联系，例如用短信命令获取设备参数，始终得不到回应；

c)如果站点上的 SIM 卡开通了语音功能，通过电话拨号方式直接拨打那个号码，没有任何回音；

d)在现场观察则可以看到设备电源指示灯不亮；

e)从中心站观察，该站点不在线或数据不能上报，通过电话拨号或短信方式与站点联系不上。到达现场后观察，设备电源灯亮度不稳或处于熄灭状态，此时需测量电池电压如低于 6V 要对电池进行更换。

(4)通信常见问题诊断

区域自动气象站通信故障处理流程见图 3.74。

1)判断设备开机后状态是否正常

故障现象：

a)系统上电后绿色的电源指示灯亮起，随后蜂鸣器连续两声蜂鸣，指示设备上电启动成功；

b)正常上电约 10 秒后红色的网络指示灯由一秒一闪变为 3 秒一闪，表明设备已经正常注册到无线网络上，相当于手机开机成功。

2)如果不能连通中心站，如何解决?

处理方法：

a)检查 SIM 卡是否欠费或是否开通 GPRS 业务；

b)GPRS 相关参数是否配置正确；

c)设备硬件，天线、SIM 卡座的连接是否正确；

d)检查网络信号强度，如果信号太弱，可能导致无线数据传输误码率增大，从而导致不能登录 GPRS 数据网络；

e)特殊情况下，可能因为无线网络数据信道拥挤，暂时登录困难。因为语音信道和数据信道要共用无线通信资源，尤其在偏远地区，数据信道资源更有限，可能造成暂时登录困难；

f)也可能由于电信部门无线基站暂时故障、基站通信协议更新问题、导致暂时不能登录；

g)极特殊情况下，设备自身硬件出现故障，需要回厂返修。

3)网络灯在设备上电后一直未能点亮。

处理方法：

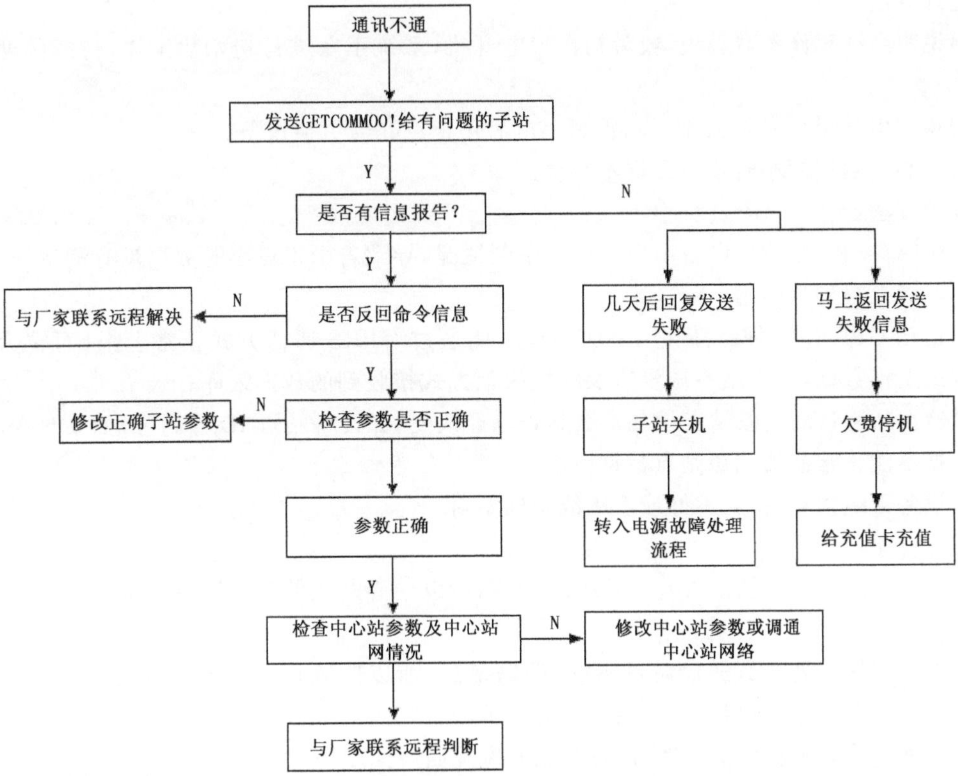

图 3.74　区域自动气象站通信故障处理流程

a)测量电池电压；

b)如果确认供电部分没有问题，而且系统加电后能听到滴滴两声响，但灯不亮，说明网络指示灯可能出问题了，需返厂维修；

c)如果确认供电部分没有问题，而且系统加电后不能听到滴滴两声响，灯也不亮，说明系统电路板出现故障，需返厂维修。

4)系统不能注册登录到无线通信网络。

处理方法：

a)检查天线、SIM 卡座连接情况，是否连接可靠；

b)检查 SIM 卡是否损坏或停机，可将卡卸下放到手机上检测；

c)检查网络信号强度，可通过手机信号判断；

d)如果上述情况确认无误，仍然不能注册登录无线网络，说明系统无线通信模块可能出现故障，这时候需要将设备返厂维修。

5)网络指示灯处于不规则的频闪状态，偶尔伴有蜂鸣器长鸣。

处理方法：

a)电源工作电压不足或者不稳定，请关闭设备电源开关，确认电源供电情况正常后重新上电；

b)极特殊情况下是采集器电路板损坏。

6)网络指示灯一直不亮，而且每隔 2 秒听到滴的一声响。

处理方法：

a)说明系统工作参数丢失，或者初次加电开机，系统正在进行初始化工作，持续约两分钟左右；

b)检查电池电压是否低于6V，重新上电后仍未点亮需更换设备。

7)中心站数据库小时正点数据不完整。

处理方法：

a)区域自动气象站点设备出现了供电中断情况，导致若干正点小时数据没有测量记录，当然也不可能上报到中心站；

b)由于GPRS数据网络问题，下面站点不能通过GPRS通信方式正常上报，而转为短信备份方式上报数据，中心站系统没有及时把短信方式接收到的数据入库；

c)检查区域自动气象站点设备参数是否已经改变，如设备站点ID号码等，如果改变，可能导致数据不能正常添加到该站点数据库中。

8)设备天线损坏、接触不好或者天线朝向不对。

故障现象：

a)可以导致设备不能正常登录GPRS网络，所以中心站软件显示设备不在线，数据上报不正常；

b)由于天线问题导致通信质量不好，误码率高，所以区域自动气象站点与中心站的无线通信连接会时断时续，不稳定，时而在线，时而掉线；

c)通过短信命令和设备联系时，设备无回应或回应速度慢；

d)在现场站点观察设备网络灯状态大部分时间为一秒一闪，表明设备频繁的登录注册网络；

e)通过设备本地串口或PDA诊断维护软件分析发现设备无法登陆GPRS网络，在检查SIM卡不欠费的情况下，大部分为设备天线损坏或接触不好。

处理方法：更换天线，或将天线重新安装，必要时调整天线所朝方向。

9)设备刚加电时蜂鸣器常鸣不断。

处理方法：

此现象说明采集主板内程序未能运转，出现此现象的主要原因是铅酸蓄电池电压小于6V，如果检查电池符合要求需更换采集主板。

10)当GPRS不能登录时，需要好长时间才能转到SMS方式。

处理方法：

出现此现象大多数是由于参数设置不匹配造成的。当CO mm01参数中的通信方式选择为GPRS与SMS备份的方式时，STATIC01参数中的间隔时间必须设置为1，才能保证每小时均切换至短信方式并上报温度、风速、风向数据。出厂参数中CO mm01参数的通信方式只是GPRS(即0)，STATIC01参数中的间隔时间是2。如果需要启用GPRS与SMS备份的方式时，必须同时将STATIC01参数中的间隔时间设置为1，才能保证SMS备份的及时性。

11)在中心站观察站点时而在线，时而又不在线。

处理方法：

a)CO mm03参数中，心跳时间间隔设置不匹配，如果心跳数据间隔设置较长，则GPRS无线网络网关可能因为数据链路空闲时间长而把该站点从无线GPRS连接中剔除下来，此时自动气象站点与中心站的连接中断，设备显示掉线，如果遇到此现象，则我们可以将心跳间隔参数设置改小一些，但如果改得太小，心跳数据发送太频繁，会加大通信资费；

b)可能是由于电信业务部门数据信道资源暂时紧张，导致 GPRS 通信连接偶尔中断，如果是此类情况，过一段时间通信会逐步恢复；

c)如果四要素采集器主板出现硬件故障，或者天线、SIM 卡物理连接出现不可靠的地方也会导致此类现象；

d)如果在中心站不能判断故障根源，则需要在现场通过 PDA 诊断维护管理软件对设备进行现场测试诊断。

3.4.3　DYYZ 系列自动气象站

3.4.3.1　结构原理

(1)DYYZ－Ⅱ型自动气象站

1)结构框图

DYYZ－Ⅱ型自动气象站的结构框图见图 3.75。

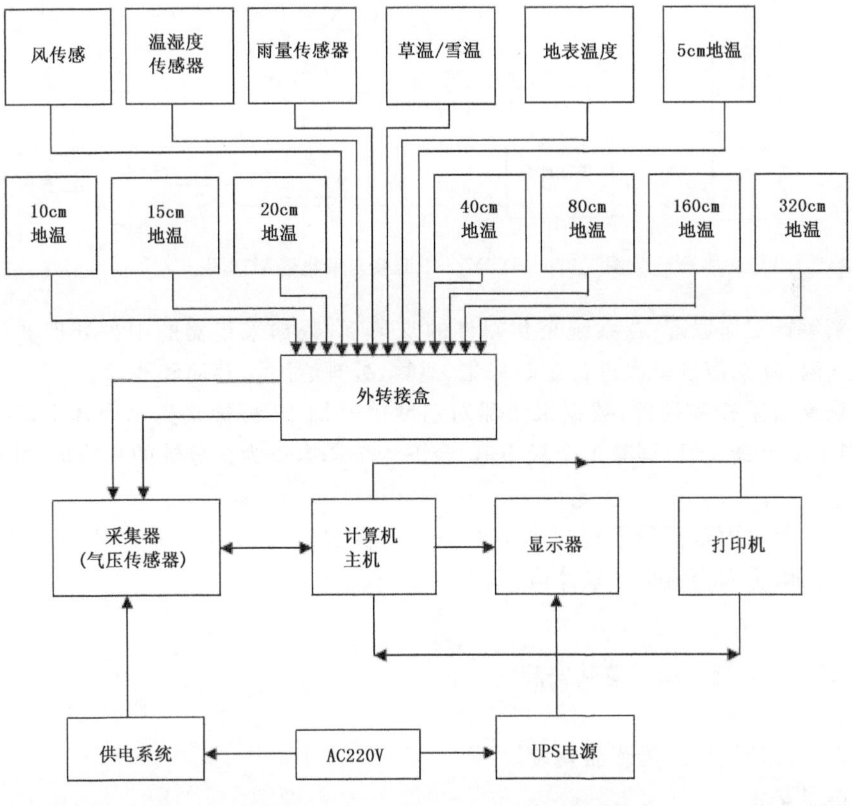

图 3.75　DYYZⅡ型自动气象站结构框图

2)传感器配置

温度传感器

SL3－1 型双翻斗式雨量传感器

PTB220 型完全补偿数字气压传感器

HMP45D 型温湿度传感器

EC9－1 型风传感器

DYYZⅡ自动气象站共有 15 支传感器，其中气压传感器安装在室内采集器箱内，其余 14 支安装在室外观测场。14 支传感器分别由各自的专用信号电缆接入外转接盒。气温、草温/雪温、地温传感器信号通过电子开关选通与湿度信号经 7 芯电缆接入数据采集器。风向风速、雨量传感器信号经转接盒汇接后，经 19 芯电缆接入数据采集器。

(2)DYYZ－RT 系列自动气象站

DYYZ－RT 型系列数据采集器由接口单元、信号处理、电源变换、单片机部分、通信控制、显示及键盘单元和存储单构成。原理框图见图 3.76。

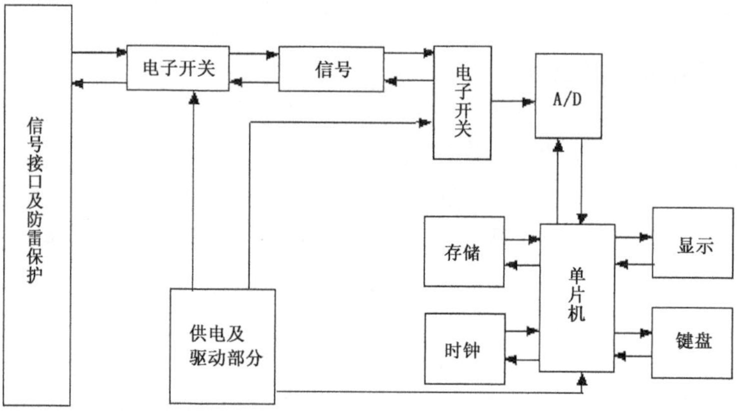

图 3.76 DYYZ－RT 系列采集器原理图

数据采集器工作原理：在系统采集软件的支持下，数据采集器的中央处理器(CPU)按时间顺序对气温、降水信号依次进行定时采集、运算、处理、显示、存储和通信。

数据采集器采样和处理：数据采集器对温度信号每 10 秒钟采集 1 个样本，1 分钟采集 6 个样本，剔除 1 个最大值，剔除 1 个最小值，余下 4 个样本作为该分钟的平均值，并在其中选取极值。

数据采集器对雨量信号采样速率小于 1ms 可实现记录 1h，3h，6h，24h 累计雨量值，采集器实时显示的雨量为当前小时累计值。

3.4.3.2 仪器安装

(1)DYYZ－Ⅱ型自动气象站安装

1)传感器的安装

参照 3.3 自动气象站传感器安装。

2)采集器安装

DYYZ－Ⅱ采集器安装在观测室内，因气压传感器安装于采集器内部，所以采集器安装高度、位置要满足气压传感器的要求，同时兼顾便于操作的原则。

3)线缆安装

参照新型自动气象站线缆安装。

(2)DYYZ 中小尺度自动气象站安装

在安装架设该设备之前，请详细地阅读安装维护手册，严格按照手册方法进行安装。

1)两要素自动气象站安装

①基础处理

按基础图所示用混凝土浇灌成一个 400 mm(长)×400 mm(宽)×450 mm(深)的立杆基础和 350 mm(长)×350 mm(宽)×400 mm(深)的雨量基础(图 3.77、图 3.78)。待保养好以后，将立杆和雨量传感器安装在基础上。

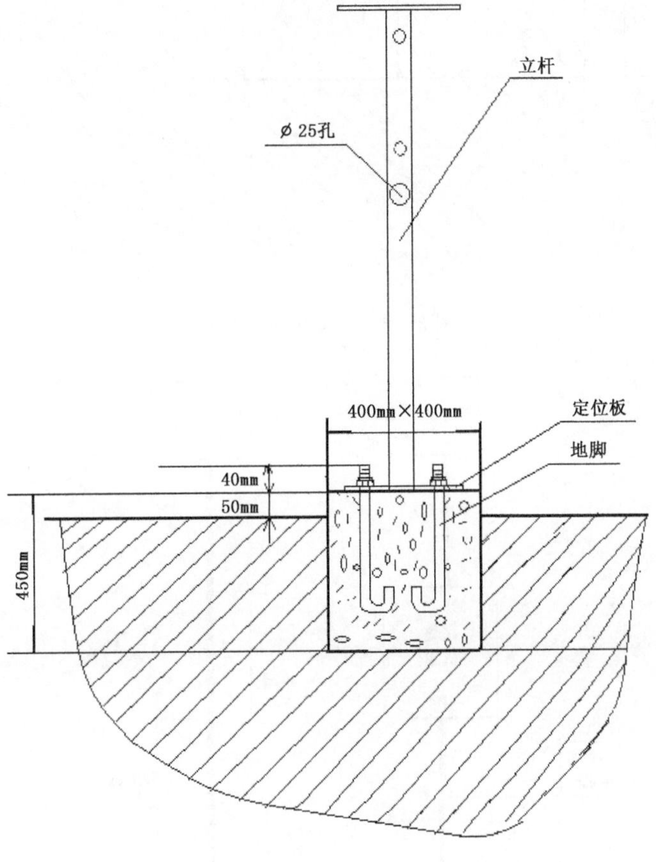

图 3.77　立杆基础图

注意：雨量传感器安装在上风口距立杆 1.5m 处，∅25 孔朝向正北方向。

②开箱检查清点设备成套性，将立杆安装在基础上，安置前把地线和雨量线从立杆的孔中穿出。

③将雨量桶安装在基础上。线从塑料纤维管中穿出后，将其固定在立杆上，仔细调整雨量桶使其水平。

④将温度传感器先安装在圆百叶箱内，将线由立杆管中穿出后，将百叶箱固定在立杆上。

⑤将太阳能板固定在支撑壁上，线从其管中穿出进入立杆的孔中，太阳能支撑臂安装在立杆上，方向朝南。

⑥将采集机箱正面朝北固定在立杆上，温度线、雨量线、地线、太阳能电池板输出线以及 GPRS 天线从相应的防水接头中穿入。将各导线接在相对应的接线端子上，安装高度示意图见图 3.79。

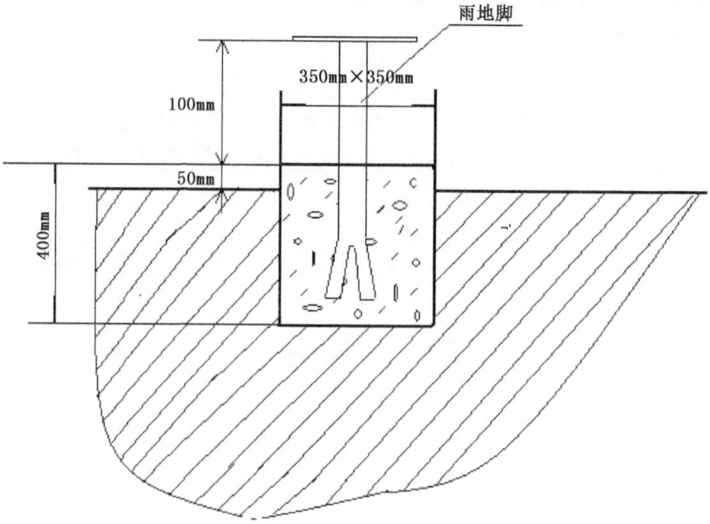

图 3.78 翻斗雨量基础图

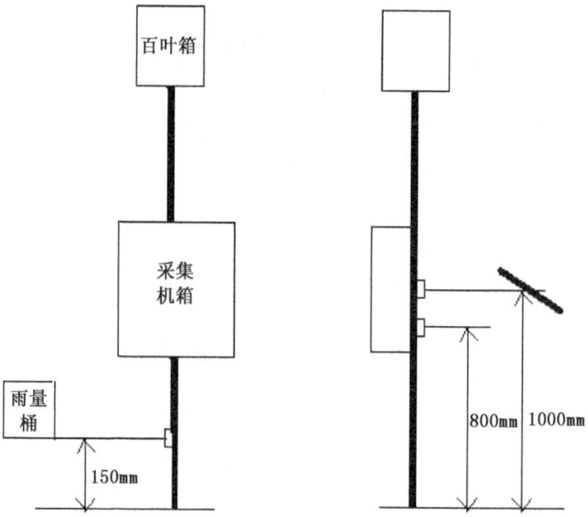

图 3.79 采集器安装高度示意图

⑦将 SIM 卡插入采集系统内的 GPRS 设备上；

⑧安装完毕后经反复检查无误，将充电保护器上的保险丝插上，测量电池输出正常后将电源线的接线端子接入数据采集器，这时采集器上的红色发光管每秒闪烁一次，然后通知中心站调取数据。

2）多要素站安装

①基础处理

在安装地点按基础图所示，用混凝土浇灌成 400 mm（长）×400 mm（宽）×600 mm（深）的一个风杆底座基础，距此坑周围 5～6m 处等分，按 ZCG 支撑杆地基布置图（图 3.80），挖 3 个拉线钎地脚基础坑，按基础布置图所示（图 3.82），将预埋件用混凝土浇灌成基础。雨量基础同二要素自动气象站相同,具体施工尺寸见图3.81。

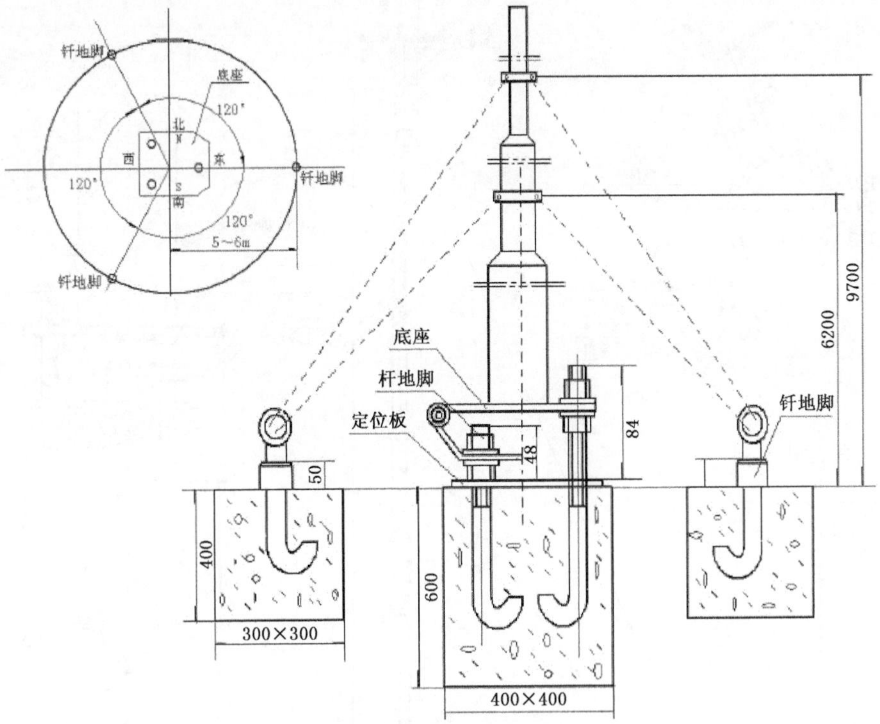

图3.80　ZCG支撑杆地基布置图

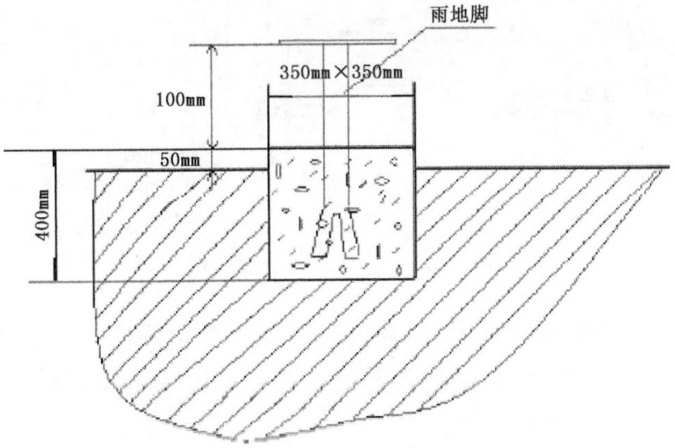

图3.81　翻斗雨量基础图

注意:

a)雨量传感器安装在上风口距风杆1.5m处,且不要安装在影响风杆放倒的位置。

b)开箱检查清点设备成套性。

c)组装风向风速传感器支座。

d)装风向、风速传感器。

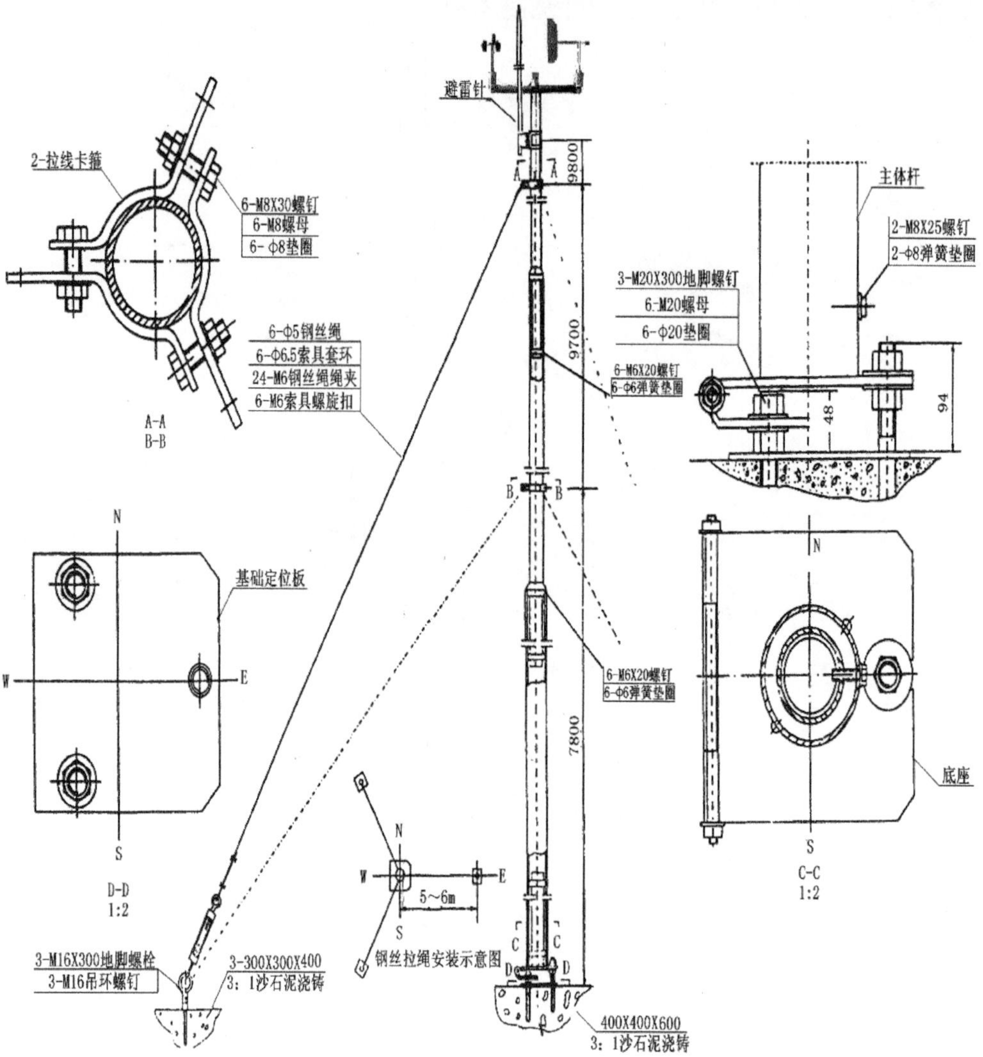

图 3.82　支撑杆基础安装图

e)将风向、风速传感安装在支座上，将风速传感器三个紧固螺丝旋紧(图 3.83)。

f)用手旋转风向传感器主体，使风向传感器指北杆与固定风传感器的横杆轴向平行，然后将风向传感器 3 个固定螺丝旋紧。

g)将支座电缆分别与风向风速传感器连接可靠。

h)风传感器电缆与支座电缆座连接可靠。

i)将组装好的风传感器横杆安装在已组装好的 10m 风杆上(注意：此时应用指北杆将安装现场的地理北确定好，调节横杆方向，使风杆立起后风向传感器指北一次完成。调节完成，锁紧横杆)。将风信号电缆插头可靠接入防水盒内电缆插座，将风信号电缆和避雷接地导线分别从风杆上端各孔穿入，风信号电缆从风杆下端出线孔穿出，避雷接地导线从风杆底部穿出，一切就绪，立起风杆，校准风向对北，确认对北无误，固定风杆底座固定螺栓和 6 根钢丝接线，利用拉线调整好风杆垂直度。

图 3.83　风向风速传感器与横杆支座连接图

j)将雨量桶安装在基础上。线从塑料纤维管中穿出后,将其固定在立杆上,仔细调整雨量桶使其水平。

k)将百叶箱固定支臂安装在风杆上,百叶箱固定在支臂上。将温度传感器安装在圆百叶箱内,将线从立杆管中穿出。

l)将太阳能板固定在支撑臂上,线从其管中穿出进入立杆的孔中,太阳能支撑臂安装在立杆上,方向朝南。

m)将采集机箱正面朝北固定在立杆上,温度线、雨量线、风线、地线、太阳能电池板输出线以及 GPRS 天线从相应的防水接头中穿入,各导线接在相对应的接线端子上。安装高度示意图见图 3.84。

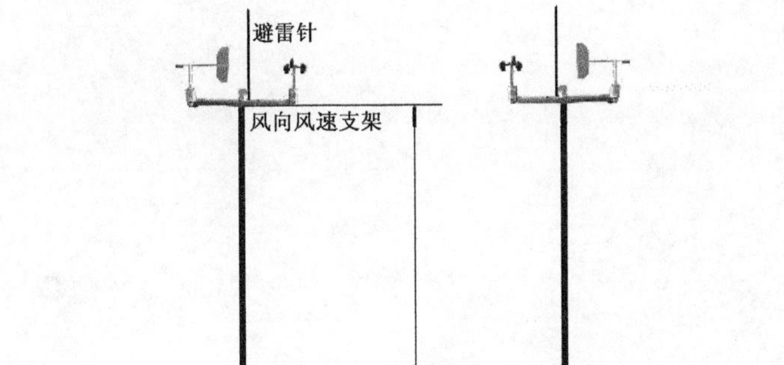

图 3.84　安装高度示意图

n)将 SIM 卡接入采集系统内的 GPRS 设备上。

o)安装完毕后经反复检查无误,将充电保护器上的保险丝插上,测量电池输出。正常后将电源线的接线端子接入数据采集器，这时采集器上的红色发光管每秒闪烁一次，如果发光管没有闪烁，需要仔细检查接线。然后通知中心站调取数据。正常后安装完毕。

3.4.3.3 故障处理

同CAWS600系列自动气象站相比，DYYZ系列自动气象站的采集器安装在室内，其风向、风速、雨量、地温、温度湿度等要素的信号首先汇聚到地温转接板上，再通过一根7芯和19芯电缆传输到室内采集器(图3.85，图3.86)。

图3.85 DYYZ采集器模拟板

图3.86 DYYZ采集器数字板

(1)关键的测试点

1)输入电压

此电压正常应为12.5V左右，测量保护器的输出端电压。

2)数字5V

测量模拟板上标有“D1”两端的电压，此电压正常为5V±3%V。

3)±9V的电压

测量模拟板上电源模块N9的输出端，正常为±(9±3%)V。

4)REF 5V(基准电压)

测量模拟板上C23两端之间的电压,正常为5V±5‰V。

5)A/D转换器的模拟电压

测量模拟板上集成电路N7的6脚对地的电压,正常为5V±1%V。

6)风传感器的供电电压

测量模拟板上二极管D3负端对地的电压,此电压正常为11V±3%V。

7)采集器内温度信号的测量方法(用短路块短接K6～K8)

测量N8的6脚对地的电压应为$V=21\times2\times R_T$,其中,R_T为实时的温度所对应的电阻值。

8)采集器内湿度信号的测量方法(用短路块短接K6～K8)

测量N10的6脚对地的电压应为$V=9\times10\times U_s$,其中,U_s为实时的湿度值。

9)太阳能电池板(此时应有阳光)

拆开与之相连的充电保护器的正极,用万用表直流电压挡测量输出端,此时电压应该在15V以上(视阳光强度)。

(2)传感器信号测量

在维修设备之前应该了解各种传感器信号如何测量,下面逐一介绍:

1)温度、地温传感器信号(在线断电测量)

①气温传感器

打开室外信号转接箱,在线路板找到标有"HP"的接线端子,测量标有"*"端子和标有"+"端子之间的电阻值小于10Ω,测量标有"－"端子和标有"G"端子之间的电阻值小于10Ω,测量标有"+"端子和"－"端子之间的电阻值是否在正常范围内。

②地温传感器(共有草温/雪温、地表、浅层地温、深层地温共计10支)(在线断电测量)

打开室外信号转接盒,在线路板上找到相应标志的传感器。

测量标有"*"端子和标有"+"端子之间的电阻值小于10Ω;

测量标有"－"端子和标有"G"端子之间的电阻值小于10Ω;

测量标有"+"端子和标有"－"端子之间的电阻值是否正常范围内。

2)湿度测量(带电测量)

用万用表测量标有"HP"标志处"+"端子与"－"端子之间电压,其值应在0～1V之间,计算方法是$V=U_s\times10$mV,其中U_s是实际的相对湿度值。

3)风向传感器(带电测量)

风向传感器的测量必须由两个人完成。一个人在风杆上慢慢转动风向传感器,另一个人打开外转接信号箱,用万用表电压挡测量标有"WIND"端子,正表笔接测试点E0～E6,负表笔接"G"电压是否有高低变化(高电平大于7V,低电平时小于1V)。

4)风速传感器(带电测量)

转动风杯,用万用表频率挡测量标有"WIND"端子的"FS"与"G"之间,应有频率变化。

5)雨量传感器(断电测量)

打开雨量传感器外罩,用万用表通断挡测量接线柱,同时拨动记数翻斗,每翻一下,万用表应导通一次。

6)气压传感器(带电测量)

参照传感器说明书,使用串口调试软件读取数据,看其是否正常(具体见附录)。

7)外转接板

①数字(风传感器)供电

测量板上的防雷管 T47 两端电压,此电压正常应为 12.6V±3%V(此时应有交流电)。

②模拟供电

线路板上的供电

测量板上的防雷管 T1 两端电压,此电压正常应为 11.8V±3%V。

温湿传感器的供电

拔下传感器,测量传感器接头 DB9 芯的接头的 3 脚与 4 脚之间的电压(注意千万不要短路),此电压正常应为 11.8V±3%V。

(3)常见故障及分析、处理方法(图 3.87)

1)采集器故障

①采集器通信错误

故障原因:

a)通信电缆损坏;

b)串口隔离器损坏;

c)计算机串口损坏;

d)采集器停止工作或通信片 MAX202 损坏。

处理方法:

a)检查采集器供电是否正常;

b)检查采集器是否正常(主要查看采集器工作状态灯指示是否正常,每 3 秒连续闪烁 2 下为正常);

c)更换串口隔离器;

d)检查计算机串口;

e)检查通信电缆与计算机的串口连接是否牢固、电缆导通情况是否正常;

f)若是打雷后出现此故障则检查方法 c)和 d),若是突然出现此故障则怀疑通信电缆被鼠咬断。

②从采集软件界面上发现有几项要素值严重失真或者缺测

故障原因:采集器故障或传感器连接电缆接触不良或短、断路。

处理方法:

a)检查采集器的输入电压是否正常。测量方法:将万用表拨到直流 20V 挡上,看采集器的输入电源是否是 12V 左右;

b)在室内查看采集器,若供电正常,则对采集器面板前面的触摸开关分别查看各要素指示值是否正常,若有乱码出现则说明采集器故障;

c)查看采集软件,看是否有异常值显示;

d)检查显示异常值的传感器是否正常。

③打开电源,采集器无显示,指示灯不亮

处理方法:出现这种情况说明数字 5V 电压异常,主要检查数字板和电源变换芯片(MAX738)。按以下处理流程(图 3.88)处理

a)检查数字板及其器件;

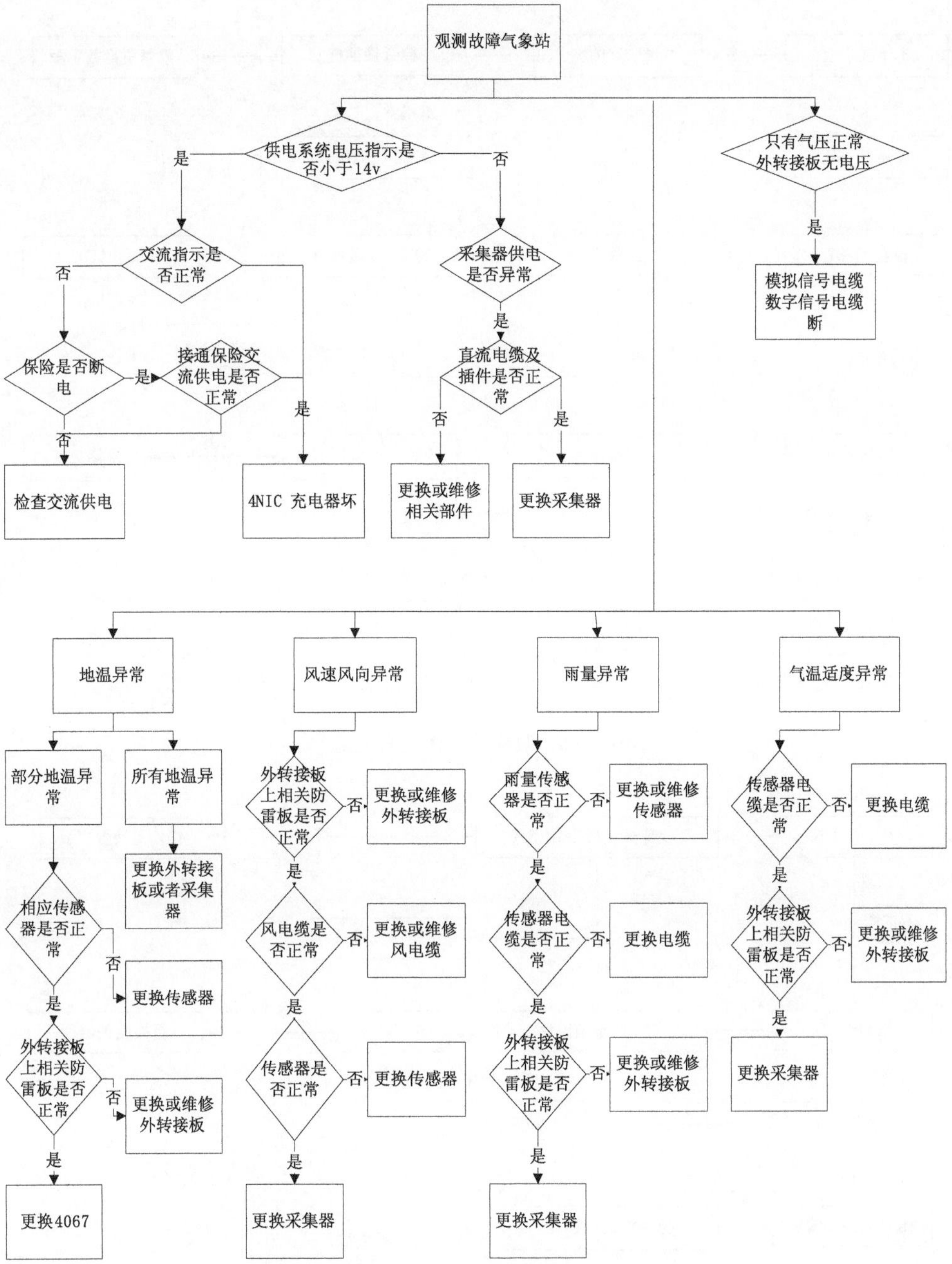

图 3.87　长春自动气象站常见故障检测流程

b)检查模拟板电源变换芯片(MAX738)及外围相关器件；

c)检查系统供电保护用防雷管、保险丝。

④所有模拟量均不正常，数字量正常

处理方法：按模拟板处理流程(图 3.89)处理。

a)检查数字板上 A/D 转换器及其控制电路；

b)检查 A/D 转换器上的基准电压；

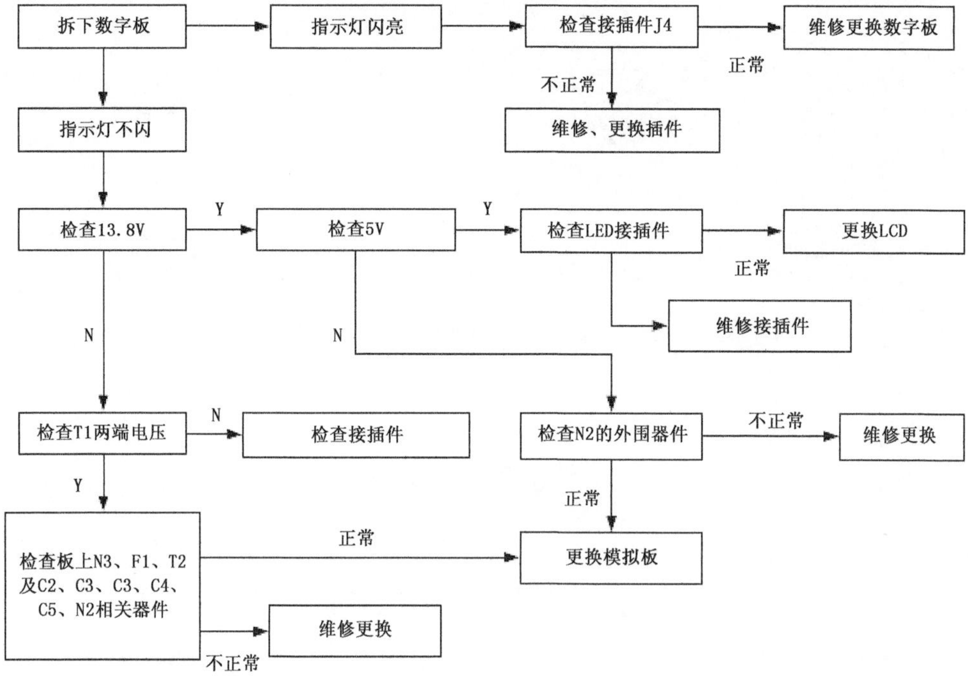

图 3.88　数字板故障处理流程

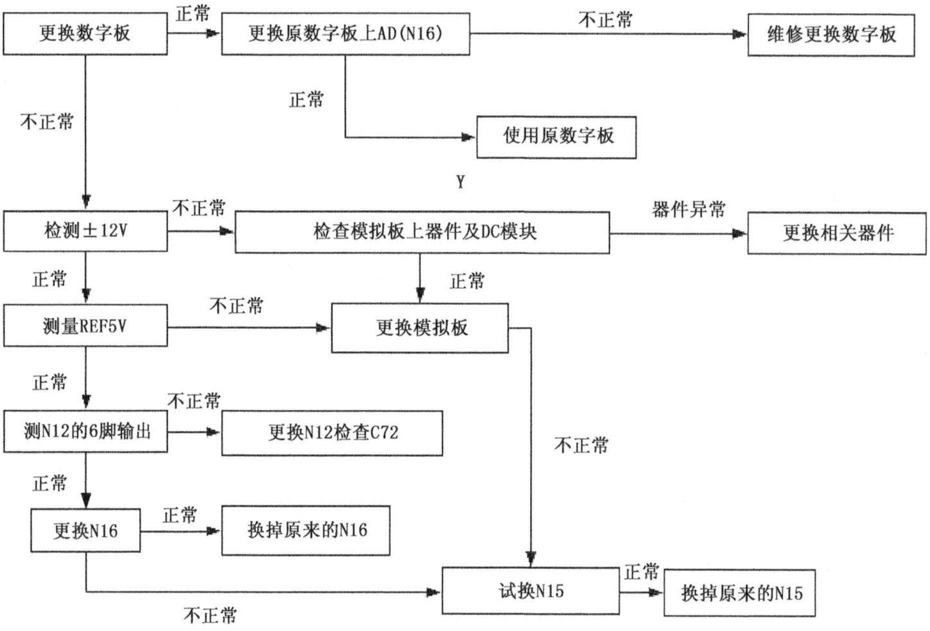

图 3.89　模拟板故障处理流程

c)检查模拟板上的基准电压输出是否正常；

d)检查模拟板上的基准电压输入即 DC 模拟块输出是否正常；

e)检查模拟量选通开关(N15)是否正常。

⑤LCD 显示无背光。

处理方法：开机后测量 N3 的 5 脚对地的电压应该在 3.5V 以上，否则该芯片损坏，更换芯片。如果上述电压有，则检查外围器件 Q2、Q3、Q4、R5，更换损坏的器件。

⑥LCD 显示数字乱。

处理方法：

a)首先启动软件终端维护，将采集器清空，如恢复正常则由于干扰造成单片机工作混乱；

b)更换数字板上芯片 N14，如恢复正常则原芯片损坏，更换芯片；

c)经上述处理仍不正常更换数字板。

⑦采集器时钟不走。

处理方法：

a)清空采集器；

b)更换数字板上的芯片 N14、N18，如恢复正常则原芯片损坏，更换芯片；

c)经上述处理仍不正常则更换数字板。

⑧面板部分按键失效，或全部失效。

处理方法：首先检查接插件，如正常进行按图 3.90 所示流程处理。

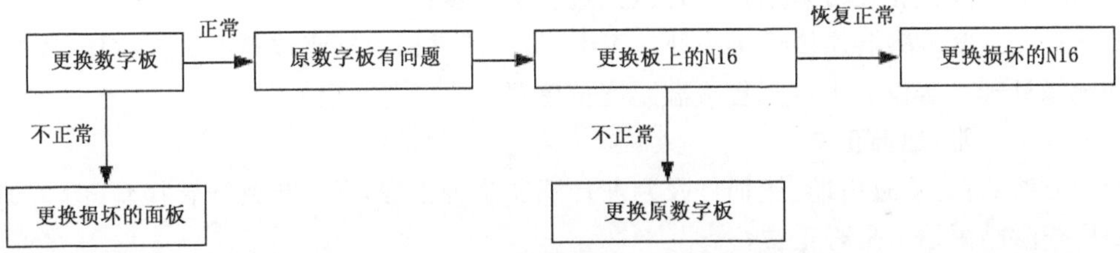

图 3.90　面板失效故障处理流程

2)地温故障

①从采集软件界面上发现所有地温均为－67℃。

故障原因：

a)地温转接板供电不正常或损坏；

b)7 芯通信线地温部分损坏。

处理方法：

a)检查地温转接板的输入电压是否正常。(地温转接盒板 V、G 端子的电压是否是 12V)；

b)打开地温变送器的机箱即可看见地温转接板，测量方法：将万用表拨到直流 20V 挡上，看 V、G 的电压是否是 12V 左右。若电压正常则进行下一步；

c)测量 7 芯通信电缆看是否有短、断路情况，若有则修复，无则进行下一步；

d)更换 4067 芯片，若仍未正常则更换采集器。

②从采集软件界面上发现某地温偏差太大或为－67℃。

故障原因：

a)地温传感器损坏；

b)4067 芯片损坏。

排除方法：

a)将有故障的传感器与它相邻的传感器互换，若互换后故障现象消失，则说明原故障层地温传感器损坏，更换此传感器即可排除故障；

b)若互换后故障现象与原故障相同，则说明对应的4067芯片损坏，更换此4067即可排除故障。

3)温湿度故障

①从采集软件界面上发现空气温度或相对湿度偏差太大。

故障原因：

a)温湿度传感器航空接头老化或接触不良；

b)温湿度传感器损坏。

处理方法：

a)打开地温变送器的机箱即可看见地温转接板，将万用表拨到直流20V挡上，看V、G接线端子的电压是否是12V左右。如不正常则检查温湿度传感器的连接线是否正常。若电压正常则进行下一步；

b)再测量C+、C−接线端子的输出电压是否在0～1V，如无输出，则说明温湿度传感器损坏，更换温湿度传感器即可。如输出电压在0～1V(对应相对湿度0～100%)之内，与同时的人工观测相对湿度值相比偏差超过±1%，则进行下一步；

c)查看温湿度传感器连接线接头处是否生锈，如严重锈蚀则将连接线直接对接，同时做好防水和绝缘处理。若没有生锈则更换温湿度传感器。

②温度不正常，地温正常。

处理方法：首先检查电缆、接插件及判断传感器是否正常，下一步判断转接盒(图3.91)。

a)检查激励源输出是否正常；

b)检查温度选通开关N7/N8是否正常；

c)检查温度防雷管T15/T16/T14是否正常；

d)检查模拟量选通开关(N15)是否正常。

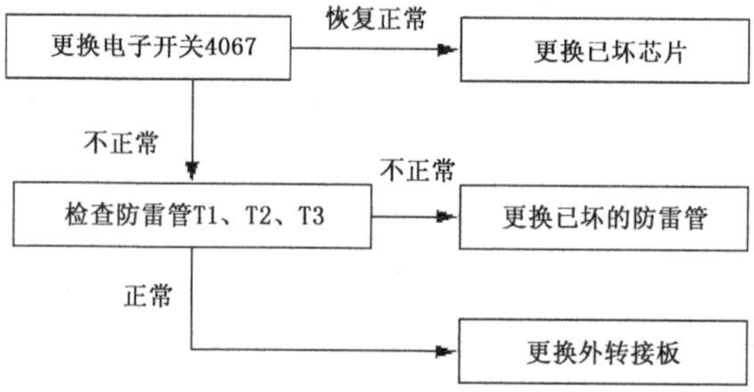

图3.91 温度故障处理流程

③湿度不正常，其余均正常。

处理方法：首先保证监控项目正常，传感器输出正常，电缆连接正常。

a)检查激励源输出是否正常；

b)检查湿度选通开关N22是否正常；

c)检查湿度防雷管T17/T18是否正常；

d)检查模拟量选通开关(N15)是否正常。

4)风要素故障

①从采集软件界面上发现风速或风向偏差太大。

故障原因：

a)风速或风向传感器损坏；

b)风速或风向传感器的信号线短路、断路或接触不良。

处理方法：

a)打开地温变送器的机箱即可看见地温转接板，将万用表拨到直流 20V 挡上，测量地温转接板风信号线的 V、G(风向、风速输入电压是否正常)接线端子看是否为＋12V。若电压正常则进行下一步；

b)将万用表拨到直流 20V 挡上，测量地温转接盒板风向信号 E0—E6 接线端子(风向输出电压 0～2.5V 对应 0°～360°)看是否有指示。若无则检查风向传感器信号线是否正常，有无短路、断路情况；

c)测量地温转接盒板 Fs4 接线端子和地(风速的输出)之间的电压(6.5～11.5V 对应 0～75m/s)。若无则检查风速传感器信号线是否正常，有无短路、断路情况。

②风向风速均不正常，其余正常。

处理方法：首先排除传感器本身故障以及电缆的故障，然后按图 3.92 所示的流程进行检查。

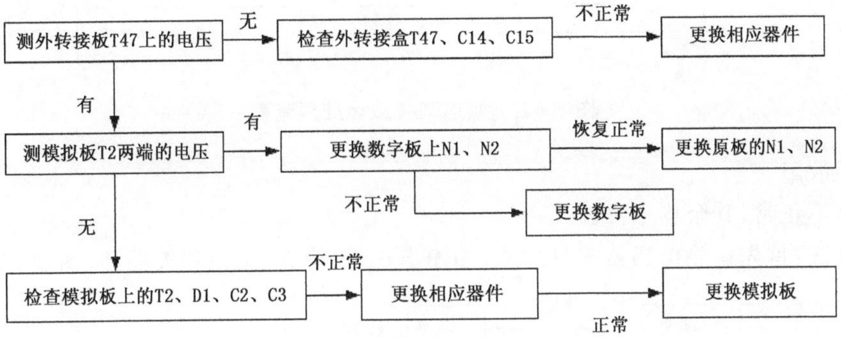

图 3.92　风向、风速故障处理流程

③风向不正常，风速正常。

处理方法：检查传感器及电缆，如正常，进行图 3.93 所示的操作。

a)检查接插件是否有松动；

b)检查数字板上风向整型光耦 N1、N9 是否正常；

c)查看模拟板上的风向防雷管 T3—T9 是否正常。

④风速不正常，风向正常。

处理方法：在排除传感器及电缆故障后，故障现象仍存在，做如下检查(图 3.94)。

a)检查接插件是否有松动；

b)检查数字板上风速整型光耦 N9 是否正常；

c)察看模拟板上的风向防雷管 T10 是否正常。

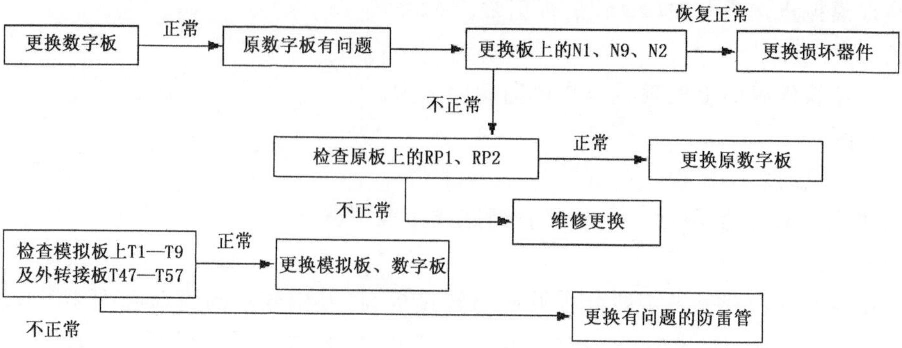

图 3.93 风向、风速故障处理流程

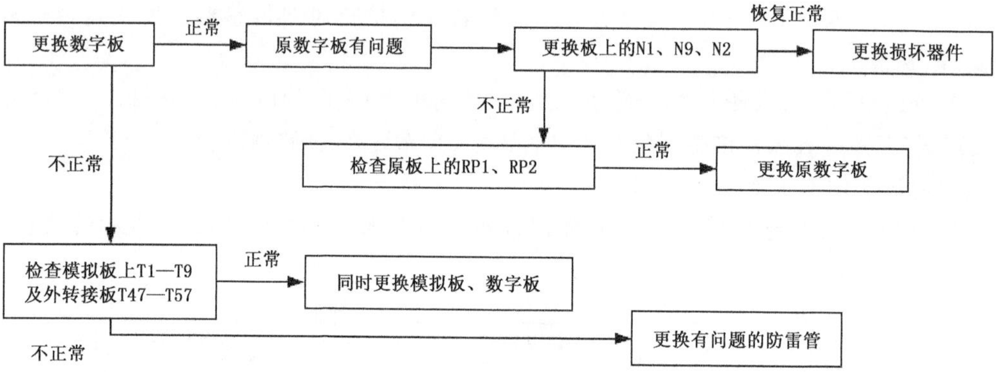

图 3.94 风向、风速故障处理流程

5)气压故障

①气压不正常,其余均正常。

处理方法:首先排除传感器本身故障,如输出正常,检查、更换相关器件(图 3.95)。

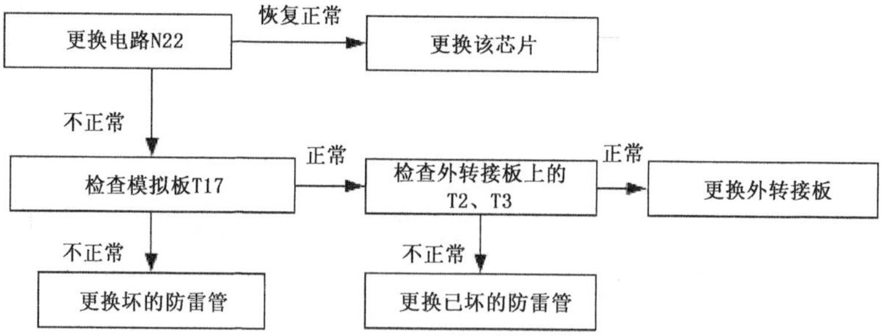

图 3.95 气压故障处理流程

②从采集软件界面上发现气压值为 500 或偏差太大。

故障原因:气压传感器损坏。

处理方法:更换气压传感器。

6)雨量故障

①雨量不正常。

处理方法：在排除传感器及电缆故障后，故障现象仍然存在，做图 3.96 所示的检查。

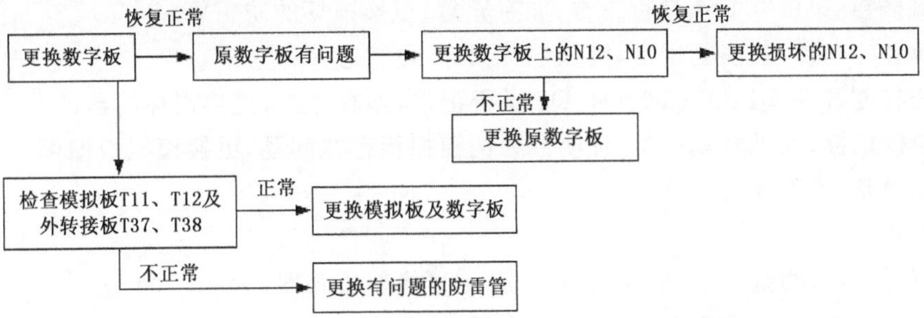

图 3.96　雨量故障处理流程

a)检查数字 5V 电压是否正常；

b)检查数字板上的雨量整型光耦 N10 是否正常；

c)查看模拟板上雨量防雷管 T11、T12 是否正常。

②下雨时从采集软件界面上发现没有雨量或雨量值偏差太大。

故障原因：

a)干簧管损坏；

b)雨量传输电缆断路。

处理方法：

a)用万用表测量干簧管是否正常，测量方法将万用表拨到通断挡，将万用表的红、黑表笔分别插入雨量传感器的红、黑接线柱孔内，用手翻动雨量传感器的计数翻斗，每翻动计数翻斗一次应听到万用表发出一声“嘀”的叫声；

b)检查雨量传感器连接电缆，将雨量传感器连接电缆短路几次，查看采集软件中是否有雨量计数。

7)其他故障

①采集器供不上电。

处理方法：

a)检查充电保护器是否正常（观察指示灯），如不正常检查太阳能电池板、蓄电池及保护器本身是否正常。

b)检查采集器是否正常（去掉所有外围负载如传感器、GPRS 模块）。

②温度异常，其他项目正常。

处理方法：

a)检查传感器是否正常，接插件是否有松动？如果异常，更换传感器以及插件；

b)检查模拟板上的防雷管 T15、T16、T17 是否正常，如有异常，更换损坏的防雷管；

c)更换芯片 N12，若恢复正常，则该芯片损坏，更换芯片；

d)检查控制开关 Q1、Q2、Q3、Q4、Q5 及其外围电路是否正常，如有异常，更换损坏的器件；

e)更换模拟板，如果恢复正常，证明原来的模拟板存在问题，换模拟板即可。

③湿度异常，其他项正常。

处理方法：

a)用万用表电压挡测量传感器输出是否正常，如果不正常，更换传感器；

b)检查防雷管 T13、T14 是否正常，如有异常，更换损坏的防雷管；

c)更换芯片 N11，若恢复正常，则该芯片损坏，更换芯片；

d)检查控制开关 Q1、Q2、Q3、Q4、Q5 是否正常，如有异常，更换损坏的器件；

e)更换模拟板，如果恢复正常，证明原来的模拟板存在问题，更换模拟板即可。

④风向异常，其他项目正常。

处理方法：

a)更换传感器，测试一下，如果恢复正常，则更换新传感器；

b)检查防雷管 T5—T11 是否正常，如有异常，更换损坏的防雷管；

c)检查数字板 Q5—Q11、N13 及外围器件是否正常，如有异常，更换损坏的器件；

d)若仍不正常，更换数字板。

⑤风速异常，其他项正常。

处理方法：

a)更换传感器，测试一下，如果恢复正常，则更换新传感器；

b)检查防雷管 T12 是否正常，如不正常，更换损坏的防雷管；

c)检查数字板 Q12 及外围器件是否正常，如不正常，更换损坏的器件；

d)若仍不正常，更换数字板。

⑥雨量异常，其他正常。

处理方法：

a)检查传感器，是否有卡滞、堵塞现象；

b)检查防雷管 T2、T3 是否正常，如不正常，更换损坏的防雷管；

c)检查模拟板上光耦(N3)是否正常，如不正常，更换损坏的器件；

d)若仍不正常，更换数字板。

⑦气压异常，其他正常。

处理方法：

a)更换传感器，如果恢复正常，则传感器损坏，更换原来的传感器；

b)更换数字板上器件，如果恢复正常，证明原有的器件损坏，更换损坏的器件；

c)更换数字板上的 CPU，如果恢复正常，证明原有的 CPU 损坏，更换损坏的 CPU；

d)若仍不正常，更换数字板。

⑧采集器数据无法上传。

处理方法：

如果所有的子站与中心站均无法通信，则检查中心站服务器设备以及软件设置；如果某一个子站与中心站无法通信，则检查子站采集器状态、GPRS 模块以及 SIM 卡的状态。

3.4.4 ZQZ 系列自动气象站

3.4.4.1　结构原理

(1)ZQZ－C 系列自动气象站

1)基本结构

数据采集器机箱内部的主要部件包括主板、电源板、显示板、变压器、气压传感器。机箱的前面板主要布置数码管显示器和按键，后面板主要布置开关和连接线缆的插座。

①主板

主板是数据采集器的核心部件，数据采集、计算、存储、显示、通信等均由主板来控制实现。

②电源板

电源板的功能就是实现交流。直流变换和直流/直流变换，输出＋5V、＋12V、－12V 三组直流电源给采集器和传感器使用。

③变压器

变压器的作用是将 220V 交流电变换成 14V 交流电，向电源板的交流/直流电路提供输入电源。

④显示板

显示板上装有键盘、显示接口器件，使前面板具有按键和显示操作功能。

⑤前面板

前面板上有 LED 数码管显示器、运行指示灯以及多个数据查询键和功能键。

⑥后面板

后面板上有交流电源插座、直流电源插座、保险丝座、电源开关、风向风速传感器电缆插座、温湿度传感器电缆插座、地表温(草温)传感器电缆插座、浅层地温电缆插座、深层地温电缆插座、雨量传感器电缆插座、本地终端接口、备用通信口、0—1 开关等。

⑦气压传感器

气 ZQZ－CⅡ型自动气象站出厂时，气压传感器已直接安装在数据采集器内。通过 RS232C 串行通信接口接入采集器主板。

⑧键盘显示电路

数据采集器前面板上有 16 个按键、8 位数码管、和 13 个指示灯。这些键盘显示功能由键盘显示电路完成，除了 CPU 在主板上之外，其余电路都单独放在一块显示板上。键盘显示电路方框图见图 3.97。

Intel8279 芯片是一种通用的可编程的键盘、显示接口器件，单个芯片就能完成键盘和 LED 显示两种功能，只要 CPU 给它设定键盘扫描和数码显示方式命令，它能不断控制显示块显示 CPU 要求它显示的内容，另外，一旦有键按下，8279 将中断请求 CPU，并按该键的内容作相应的处理。

由于系统需 8 位数码显示，而 8279 本身无 8 位位选线，电路中加一个 74LS1383－8 译码电路，以扩展显示位数。每位显示器均要加入驱动电路，以增大输出电流，保证数码管发光亮度。该电路采用轮流显示方式显示，数码管有段选驱动和位选驱动二种，这里段选用三极管驱动，位选用 75452 电路驱动。

13 只指示灯用于指示相应按键，以指示显示的内容。在 CPU 总线上扩展一块 74LS3778

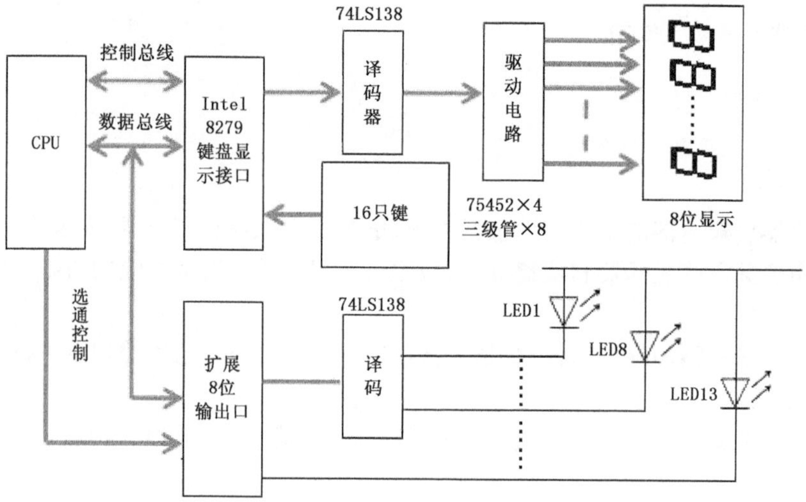

图 3.97 键盘显示电路框图

位并行 I/O 接口电路，由于需 13 只指示灯，再通过一个 3—8 译码电路 74LS138 产生 13 路指示灯控制电路，CPU 根据按下的键使其相应的指示灯点亮。

2)传感器配置

传感器配置见表 3.11。

表 3.11 传感器配置表

气象要素	传感器型号、名称	生产厂家
风向	ZQZ－TF 型测风传感器	江苏省无线电科学研究所有限公司
风速	ZQZ－TF 型测风传感器	江苏省无线电科学研究有限公司
温度	HMP45D 湿度与温度探测器	苏兰 Vaisala 公司
相对湿度	HMP45D 湿度与温度探测器	芬兰 Vaisala 公司
雨量	SL3－1 型遥测雨量传感器	上海气象仪器厂
气压	PTB220 系列数字气压表	芬兰 Vaisala 公司
地温	ZQZ－TW1 温度传感器	江苏省无线电科学研究所有限公司
草温/雪温	ZQZ－TW1 温度传感器	江苏省无线电科学研究所有限公司

(2)ZQZ－A 型自动气象站

ZQZ－A 型自动气象站是江苏省无线电科学研究所有限公司生产的中小尺度自动气象站产品。该自动气象站适用于我国新一代综合气象观测系统中组成区域天气观测网的区域天气观测站，广泛用于对地面中小尺度灾害性天气的组网监测。

1)基本结构

系统由四部分组成：各种自动气象站组成的监测子系统、通信子系统、中心站（包括采集软件、数据库和业务应用软件等）、信息发布子系统（图 3.98）。

目前系统组网所用的通信技术主要采用无线 GPRS/CDMA 1X 技术。在没有无线 GPRS/CDMA 1X 网络的地方可以采用卫星 DCP 平台，在少数站点，也可以采用或兼容有线通信方式，如 RS232/RS485、CAN、PSTN 等。

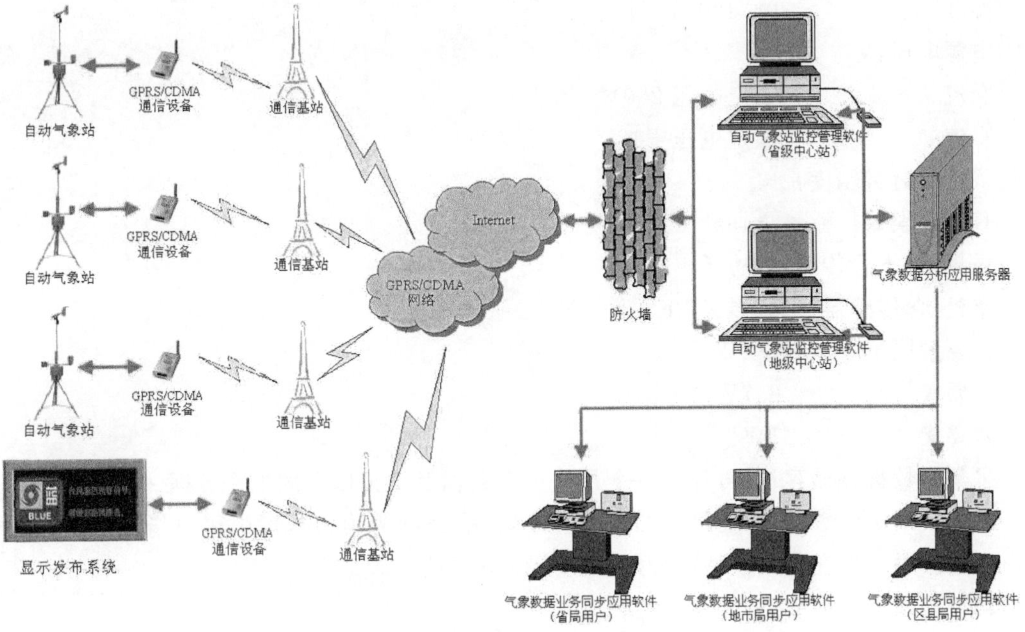

图 3.98　地面中小尺度自动气象站组网系统拓扑图

中心站主要负责数据的收集、数据质量检查、自动气象站状态监控管理、数据库管理、业务应用产品的生成等。

信息发布平台主要通过 GSM(SMS 短信)/GPRS/CDMA 1X 无线网络和 Internet 发布各种预警信息和监控管理信息。

系统中的自动气象站以 ZQZ－A 型自动气象站为主，同时兼容江苏省无线电科学研究所有限公司生产的其他产品或其他厂家的产品。

2)主要技术指标

主要技术指标见表 3.12。

表 3.12　测量指标

要素	测量范围	分辨力	准确度	采样速率	计算平均时间
风向	0～360°	2.8°	±5°	6 次/分	3 秒，2 分，10 分
风速	0～75m/s	0.1m/s	±(0.3+0.03V)m/s	6 次/分	3 秒，2 分，10 分
气温	－50～＋50±50℃	0.1℃	±0.2℃	6 次/分	1 分
湿度	0～100%RH	1%RH	±5%RH(>80%RH 时) ±3%RH(≤80%RH 时)	6 次/分	1 分
雨量	0～999.9mm 雨强 0～4mm/min	0.1mm	±0.4mm(≤10mm 时) ±4%(>10mm 时)	有雨即采	累计
气压	550～1060hPa	0.1hPa	±0.3hPa	6 次/分	1 分

其他技术指标

环境条件：

温度　　　　－40～50℃

湿度　　　　　0～100%RH

电源电压：

交流　　　　　额定电压 220V±20%

直流　　　　　额定电压+12V

采集器时钟精度：

月累计误差　　±15s

采集器(不含传感器)功耗　0.4W

整机(含传感器、采集器、GPRS 通信模块)平均功耗：

二要素以下　　0.6W

四要素　　　　0.7W

六要素　　　　1W

采集器数据存储容量：可存贮一个月的正点数据及 7 天以上的加密数据。

耐连续阴雨天数：太阳能供电的自动气象站，耐连续阴雨天数可由用户指定，用户未指定时由厂家按用户所在地气候特征分别按 15 天、10 天或 7 天选定。

3)设备组成

ZQZ－A 型自动气象站是适用于野外无人值守环境、全天候、全自动化运行的系列化中小尺度自动气象站，可以根据观测要素的多少分为多种规格，如：单要素站(单雨量站)、二要素站(温雨站、测风站)、四要素站(温度、雨量、风向、风速)，也可以根据用户需求添加湿度、气压等其他要素组成多要素站(图 3.99)。

(a)单雨量站实物效果图

(b)自动温雨站实物效果图

(c)自动测风站实物效果图

(d)多要素自动气象站实物效果图

图 3.99　ZQZ－A 系列自动气象站气象站(太阳能供电)

ZQZ—A型自动气象站由数据采集器、传感器、通信模块、电源和安装结构件等组成(图3.100)。

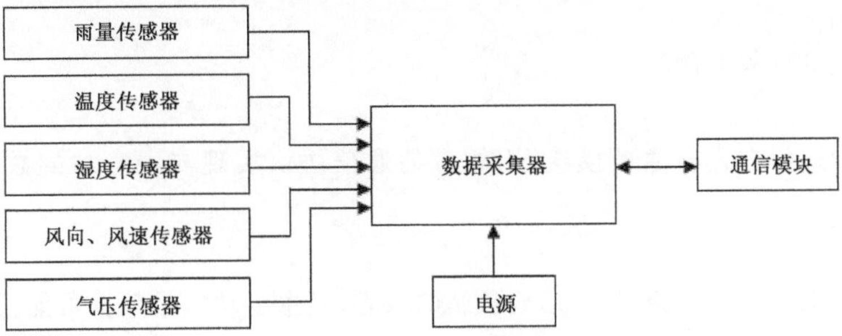

图3.100　设备组成示意图

4)传感器选型

传感器选型见表3.13。

表3.13　传感器选型

气象要素	传感器型号、名称	生产厂家
风向	ZQZ—TF型测风传感器	江苏省无线电科学研究所有限公司
风速	ZQZ—TF型测风传感器	江苏省无线电科学研究所有限公司
温度	ZQZ—TW2温度传感器	江苏省无线电科学研究所有限公司
	HMP45D湿度与温温度探测器	芬兰Vaisala公司
相对湿度	HMP45D湿度与温度探测器	芬兰Vaisala公司
雨量	SL3—1型遥测雨量传感器	上海气象仪器厂
气压	PTB220系列数字气压表	芬兰Vaisala公司
	GQY—1D型数字式智能气压传感	北京力龙威华测控技术有限公司

ZQZ—A型自动气象站具有以下特点:

全自动、野外工作,工作环境温度范围宽

微功耗,采集器功耗仅0.4W

支持交流供电,更适合太阳能供电

支持多种通信方式:无线有GSM(SMS)/GPRS/CDMA 1X,卫星DCP;各种有线通信方式

大容量数据存储

模块化设计,易于安装和维护

5)主要功能

ZQZ—A型自动气象站具有以下基本功能:

①数据采集

按照《地面气象观测规范》规定的采集速率对经过信号调整处理后的传感器信号进行扫描采样,对模拟信号进行A/D转换并计算,对数字量信号进行采样处理,完成各气象要素的数据采集。

②数据处理

对上述采集的原始数据按相关规范进行数据质量检查和计算，得到相应的符合要求的测量数据和各种监控信息。

③数据存储

按规定格式进行数据存储。

④数据传输

根据选定的通信方式和通信模块，用相应的通信协议实现与中心站的数据传输和命令交互。

6)数据采集器

数据采集器也称为主控器，是自动气象站的核心，其主要功能是数据采集、数据处理、数据存储和数据传输。ZQZ－A 型自动气象站的数据采集器是一款微功耗设计、高度集成化、模块化的微型单片机嵌入式系统，具有体积小、集成度高、功耗低、可靠性高等优点。其系统组成见图 3.101，实物图见图 3.102。

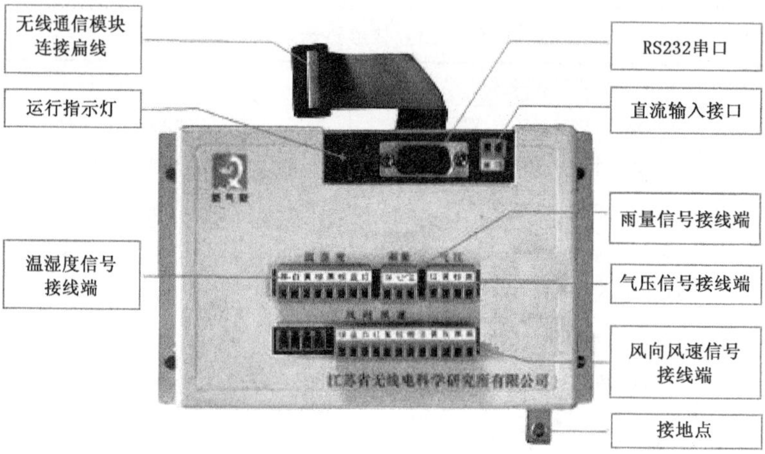

图 3.101　数据采集器系统组成方框图

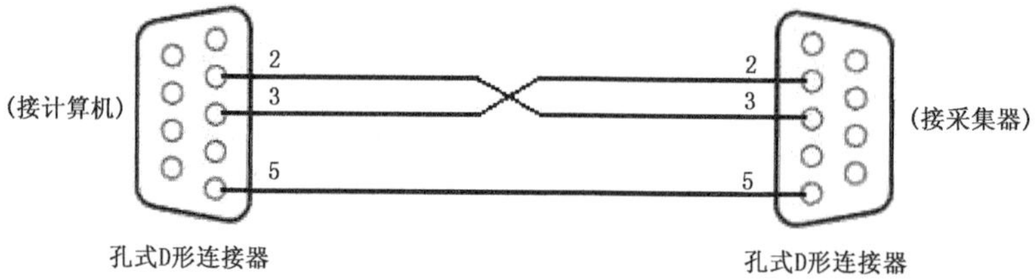

图 3.102　数据采集器实物图

MCU 是采集器的心脏部分，ZQZ－A 型数据采集器采用 ARM 系列的 32 位 MCU 来构建硬件平台，外部扩展了程序存储器、数据存储器、可编程定时计数器、可编程通信接口等。采集器的实时数据采集控制、数据的计算处理、计算参数的修正、数据质量控制、数据的存贮、与外部的数据通信以及系统的自检、故障诊断等均由 MCU 来控制完成。

数据采集器是一个具有多个数据通道的连续测量系统，需对多个气象要素传感器进行控制、数据采集和数据计算处理，它们的计算方法、采集和计算的时间间隔各不相同，另外，它还需要和外部通信，执行各种通信命令，这些操作均需并行执行、互不干扰、互相协调。为此，采集器软件采用一个实时多任务操作系统(RTOS)来实现多种复杂的控制、管理和处理功能。

7)输入输出接口

①数据采集口

根据气象要素传感器输出信号的不同，ZQZ－A 型自动气象站的数据采集口可分为数字量采集口、模拟量采集口和智能传感器接口。

风向、风速和雨量的输出信号为数字量。其中风向信号为7位格雷码，风速和雨量传感器则输出脉冲信号。

湿度和温度传感器的输出信号为模拟量。其中温度通过铂电阻阻值的大小来反映，湿度传感器则输出0～1V 的直流电压(对应0～100%RH)。

气压传感器已智能化，其自身带有 RS232C 串行通信口，可直接通过串行通信口读取气压值。

②通信接口

通信接口为标准 RS－232C 串行通信口。通过该串行通信口，可与计算机实现直接电缆连接以进行本地终端通信，通信参数为:4800,e,8,1(即:速率4800bps,偶校验,8位数据位,1位停止位)。

用于本地终端通信的电缆两端均为孔式9芯串口插头，其接线图见图3.103。

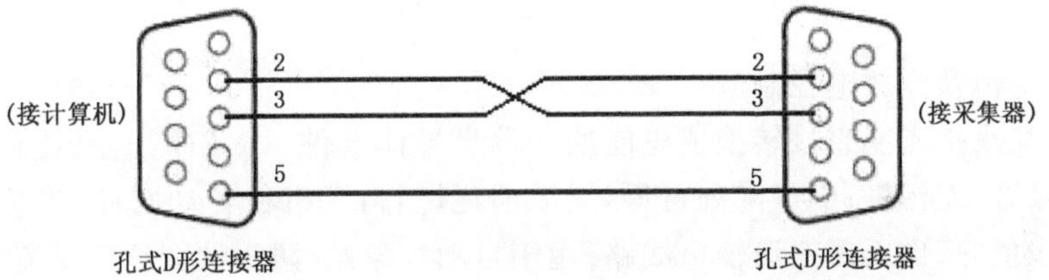

图3.103 本地终端通信电缆接线图

ZQZ－A 型自动气象站通过串口外接 GPRS/CDMA 无线通信模块等，可以实现远程通信及组网。如果需要，GPRS 无线通信模块还可以实现多通道通信，即自动气象站数据可以同时发往多个不同的中心站(需对 GPRS 无线通信模块进行特定的参数设置)。

海岛和少数边远地区若不在 GPRS/CDMA 1X 网络覆盖范围内，也可以通过卫星 DCP 平台进行数据传输。

需要时，也可以通过有线方式实现数据传输，如 RS485、CAN、PSTN 等。其中1km 以内可选用 RS485,5km 以内可选用 CAN。

③电源接口

ZQZ－A 型自动气象站有交流和太阳能两种供电方式。采用交流供电时，提供了220V 市电接口；采用太阳能供电时，提供太阳能电源接口。

8)电源

ZQZ－A 型自动气象站既可以使用交流供电，也可以使用太阳能供电。

鉴于 ZQZ－A 型自动气象站的微功耗特性，除少数气候特征不适合太阳能使用的地域或自动气象站安装点环境有限制的场合外，一般建议用户选用性价比较高的太阳能供电方式。

①交流供电方式

交流供电方式原理见图 3.104。其中交流输入额定电压为 220V，开关电源输出为 13.8V。

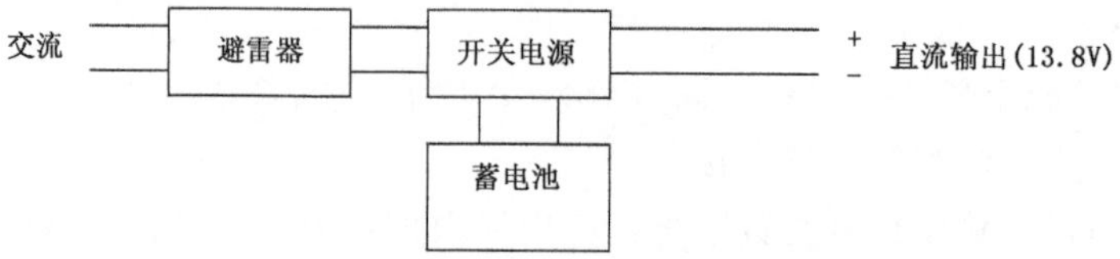

图 3.104 交流供电方式

②太阳能供电方式

太阳能供电方式原理见图 3.105。太阳能电池板和蓄电池的规格根据耐连续阴雨天数指标进行配置。

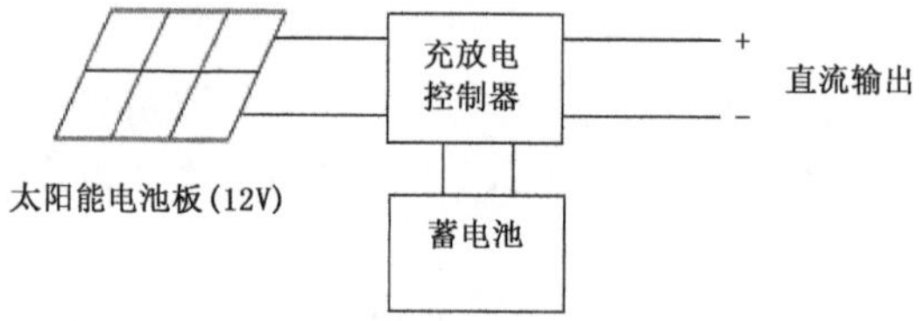

图 3.105 太阳能供电方式

③太阳能电池及充放电控制器

太阳能电池是把光能直接转换成电能的一种半导体器件。太阳能电源具有许多优点，如安全可靠，无噪音，无污染；能量随处可得，无需消耗燃料；无机械转动部件，维护简便，使用寿命长；可以无人值守，也无需架设输电线路；用于自动气象站，防雷性能优于交流电。

太阳能充放电控制器主要功能是对蓄电池进行过充电保护和过放电保护，可避免能量源自太阳能电池板的过度充电；当负载运行造成蓄电池深度放电时，会自动切断负载以保护蓄电池。

蓄电池低电压切断功能(深度放电保护)是通过电压控制的，当蓄电池的电压达到 11.5V 时，控制器切断负载输出。

a)控制器的连接

控制器的连接见图 3.106。

b)控制器的显示

控制器配有 LED 指示灯，显示控制器的运行状态，同时还有声音报警信号。见图 3.107。正常运行状态下，控制器显示太阳能电池板的充电状态，显示蓄电池电压状态，还包括负载输出的状态。

c)充电显示

充电显示灯亮表示太阳能电池正在对蓄电池进行充电，灯灭表示不充电。见图 3.108。

d)蓄电池电压状态显示

蓄电池电压状态指示灯可以大体反映蓄电池可用能量的估计值，其指示信息见图 3.109。

e)负载状态显示

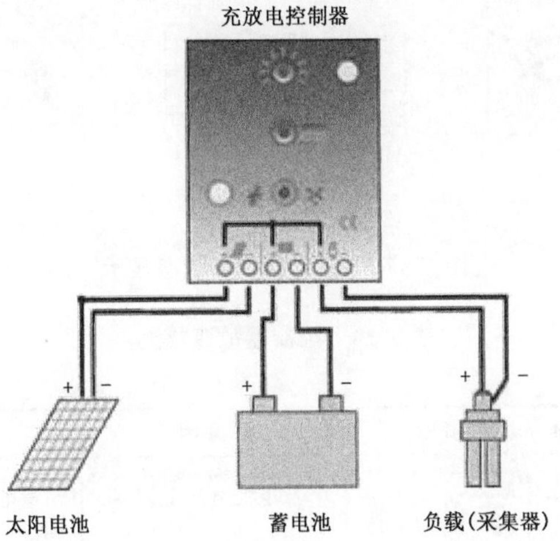

图 3.106 控制器的连接

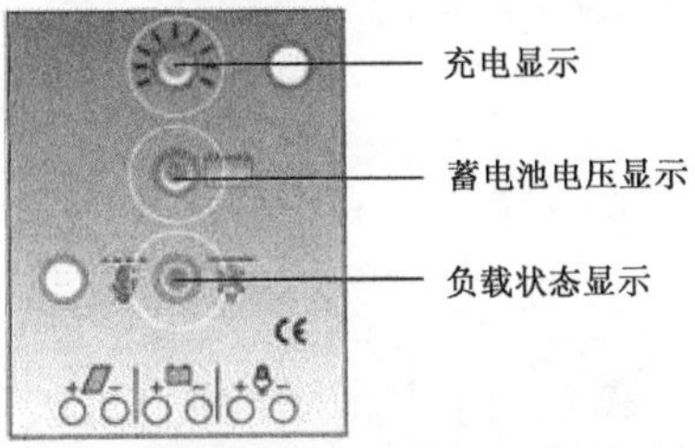

图 3.107 控制器状态指示灯

图 3.108 控制器充电显示

图 3.109 控制器的蓄电池电压状态显示

如果发生深度放电、负载短路或过载，控制器的负载输出将关闭。相应的指示信息见图 3.110。

f)控制器故障描述

控制器故障描述见表 3.14。

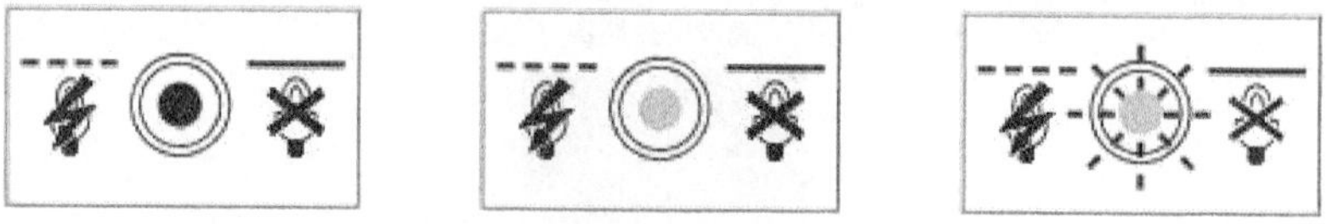

图 3.110 控制器负载状态显示

表 3.14 控制器故障描述

故障描述

故障	显示	原因	排除
负载端没有输出		蓄电池电压低（LED亮）	当蓄电池电压恢复到12.5V时，负载端将重新接通
	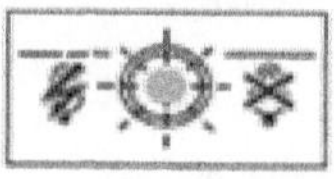	负载过流，或者短路	关闭负载，排除故障，控制器会在最多一分钟内重新接通
蓄电池工作一会儿就没电了		蓄电池老化，容量低（LED亮）	更换蓄电池
蓄电池白天不充电		太阳能电池板安装不良，或者极性接反	排除安装不良及极性接反等故障

9)通信模块

ZQZ－A型自动气象站采用GPRS DTU或CDMA DTU构建全透明传输、永远在线的无线数字数据专用网络。DTU——数据终端单元(data terminal unit)，本节中我们称为无线通信模块或简称为模块，属智能性数据通信终端，安装设置完成后，连接到数据采集器上即可使用，正常运行时无需用户介入。

使用模块进行无线通信时，需要给模块装上天线和SIM卡/UIM卡。见图3.111。

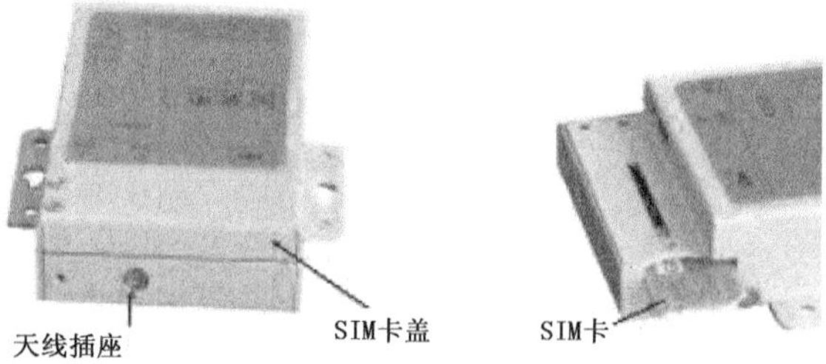

图 3.111 GPRS模块

在ZQZ－A型自动气象站中，模块通过连接扁线与采集器串口相连接。扁线中包含模块电源线，插上扁线就可同时给模块接通电源。

3.4.4.2 仪器安装

(1)ZQZ－CⅡ型自动气象站安装

1)传感器的安装

参照3.3自动气象站传感器安装。

2)采集器安装

采集器系统的连接按以下步骤进行：

①将6根传感器电缆插头一一插入采集器后面板上对应的插座并拧紧，完成传感器与采集器的连接。

②将后备电源箱上的交流输出电缆和直流输出电缆接到采集器后面板上相应的电源插座上。

③将后备电源箱的接地端与大地相连接。

④接通后备电源箱的电源，电源箱红色指示灯亮，表明电源已接通。

⑤采集器的安装要考虑自动气象站气压传感器与人工气压传感器高度一致。

3)线缆安装

参照新型自动气象站线缆安装。

(1)ZQZ－A型自动气象站安装

第一次安装ZQZ－A型自动气象站时，应先进行中心站的开局工作，安装中心站软件，并调试确保通信链路畅通。

进行自动气象站设备的现场安装前，应事先准备好开通GPRS业务的SIM卡(采用CDMA模块的则为UIM卡)。

1)风传感器及风杆的安装

①将铰链式固定座安装在预先浇铸的基座上，调节水平后将下方两只螺母固定。

②在地面上将三根主杆依照大小排好。先将风传感器信号电缆穿过固定座，再依次穿入三根主杆。信号电缆带插头的一端应在风杆顶部穿出，用于接到风传感器横臂上；另一端从风杆底部穿出，稍后用于接至数据采集器。

③将三根主杆用不锈钢螺钉连接起来，并与固定座连接好。在风杆顶端将风传感器横臂固定在上面，使之与主杆保持垂直且与地面保持水平。

④按照风向风速传感器的说明书将传感器组装好。分别把风向、风速传感器安装在横臂上，旋转风向传感器使指北针基本水平，然后紧固风向、风速传感器。将信号电缆接到横臂插座上并拧紧，并将信号电缆扎紧在横臂上。

⑤将风杆拉索抱箍固定在主杆的相应位置(分别离底座6.5m和9.6m处)。

⑥将避雷装置安装好，避雷针引下线与避雷针连接上，沿风杆外壁而下，可每隔1m用线扣将引下线与风杆绑定。

⑦将风杆竖起，检查指北针的方向是否指向正北。如有误差则松开原固定的地脚螺母，旋转整个风杆确保指北针指向正北。而后固定所有的地脚螺母。六根钢拉索套上PVC保护管后与三个固定环连接，并用收紧装置收紧。在拉索收紧过程中，应在至少两个不同的方向目测风杆是否垂直于地面。

⑧将避雷引下线与地网连接好。

2)雨量传感器的安装

①雨量传感器安装在预先浇铸预埋件的混凝土基座上。

②将雨量信号电缆穿入防护管,电缆带插片的一头用于接雨量传感器,另一头引到数据采集器处,稍后用于接至采集器。

③卸下雨量传感器不锈钢外筒,把雨量信号电缆带插片的一头从下往上从雨量传感器底盘的穿线孔中穿出,按电缆芯线颜色把插片接在相应颜色的接线柱上(红对红,黑对黑),并旋紧接线柱的紧固螺母。

注意:旋紧时注意用力不要太大,以免因接线柱背面的焊片跟转而损坏干簧管。

④在三个地脚螺丝上先分别拧上一个 M8 螺母,这三个螺母实际上起到调节雨量筒水平的作用。把雨量传感器底盘的三个安装孔分别套入这三个螺丝然后分别调节下面的三个螺母使雨量传感器底座呈水平状态,即水平泡在中心圆圈内,然后在三个螺丝上再分别拧上一个 M8 螺母并旋紧。

⑤建议用剪刀把固定翻斗用的橡皮筋剪断并拿走,轻轻拨动各翻斗外壁以检查其能否灵活翻转。最理想的方法是缓慢地在承水漏斗处加适量的水,检查各层翻斗是否灵活翻转。同时可用万用表电阻挡在两个接线柱上检查干簧管是否工作正常,计数翻斗每翻动一次,万用表应检测到一次通断过程。

⑥套上不锈钢外筒,并旋紧外筒壳紧固螺钉。

⑦用接地线把雨量筒外壳(可选某个地脚螺丝)与地网连接好。

3)立柱的安装

采用太阳能供电时,建议将采集器、太阳能电池板、温(湿)度传感器及防辐射罩单独安装在一个独立的立柱上。该立柱离雨量传感器和风杆(或风塔)应有一定的距离,一般不少于 2m 左右。

立柱的安装比较简单,将立柱底座固定在预埋件上即可,并注意调整好底座的水平,底座的固定螺母一定要旋紧以防日后松动。

4)太阳能电池的安装

①将太阳能电池板正面朝南安装(一般情况朝南偏西 10°～20°),安装方向应倾斜,仰角按所在地理纬度而确定,一般在当地纬度的基础上再加 10°,见图 3.112(a)。

②用 U 形不锈钢抱箍把太阳能电池板安装支架固定在立柱上,然后把太阳能电池板装在支架上,调整角度后拧紧。

③太阳能电池板的二芯电源输出线通过立柱上端的穿线孔进入立柱后,从立柱下端穿线孔引出,穿线过程中应避免二根电源芯线短路,特别是在有太阳时(该电源线端头的红色保护用胶带纸直到进入采集箱接线时才能去掉)。

注意:只要太阳能电池板暴露在太阳光线下,马上就会产生电压!

④当需要将太阳能电池板固定在风杆上时,情况与上类似。

⑤太阳电池板实物安装图见图 3.112(b)。

5)防辐射罩和温(湿)度传感器的安装

防辐射罩的底板上面有温(湿)度传感器支架和磁座天线固定板。温(湿)度传感器支架既适用于单温度传感器,亦适用于温湿度传感器,通过将传感器支架两面互换来调整适应。单温度传感器安装在支架顶部的固定座内,温湿度传感器安装在支架侧面的 U 型卡箍内。

①先松开防辐射罩三个底脚元宝螺母,使底板与外罩分开。

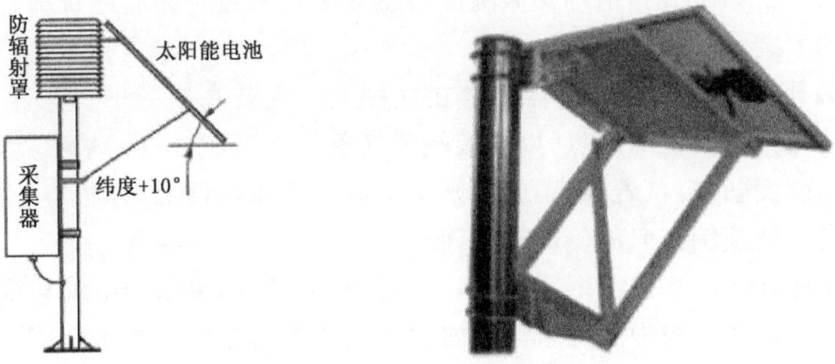

(a)太阳能电池安装　(b)太阳能电池实物

图 3.112　太阳能电池板的安装

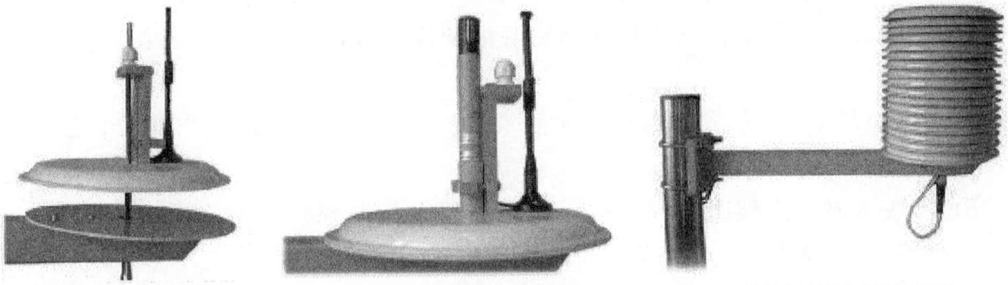

(a)温度传感器安装效果图　(b)温湿度传感器安装效果图　(c)防辐射罩安装效果图

图 3.113　温(湿)度传感器及防辐射罩的安装

②单温传感器的安装：调整传感器支架，使有温度传感器固定座的一侧朝向底板中心位置，旋松固定座，将温度传感器从下往上穿过底板中心圆孔，插入固定座孔中，旋紧固定座即可。见图 3.113(a)。

③温湿传感器的安装：调整传感器支架，使有温湿度传感器 U 形卡箍的一侧朝向底板中心位置，松开卡箍，将温湿度传感器从下往上穿过底板中心圆孔，用卡箍将其固定在传感器支架上。固定时，注意应使卡箍卡在温湿度传感器的下半段。然后将温湿度传感器头部的黄色帽套摘掉。见图 3.113(b)。

④将通信模块的磁座天线吸附在天线固定板上，其引线从防辐射罩底板中心圆孔穿出。

⑤将温(湿)度传感器电缆和天线从防辐射罩支架外侧管内穿入，从另一侧下面的穿线孔穿出。

⑥将防辐射罩底板安装到防辐射罩支架上。

⑦用圆形不锈钢抱箍把防辐射罩支架固定在立柱上。固定前应调整安装高度，根据气象观测规范的要求，确保传感器感应头部分距地面 1.5m。防辐射罩一般可安装在立柱(或风杆)的西面。

⑧套上防辐射罩外罩，并用元宝螺母将其拧紧。见图 3.113(c)。

⑨传感器电缆和天线应从立柱上的穿线孔进入立柱内部并从立柱下部的穿线孔引出后，再进入采集器。

⑩防辐射罩安装在风杆上时，方法与上类似，只是所有电缆线沿风杆外壁走线。

注意:装防辐射罩外罩前,请确保温湿度传感器头部的黄色帽套已摘掉!

6)采集器的安装

①用两个Ω形抱箍将数据采集器固定在立柱上。安装高度一般为采集器底端距地面约40～50 cm,低洼地段可以再高一点,以防极端天气条件下可能被淹。采集器正面一般朝北,也可根据现场情况改变朝向。(若没有立柱,则采集器安装在风杆上,方法与此类似,此时采集器正面的朝向应在风杆倾倒方向的侧面或反面)。

②将采集箱底部的防水接头螺圈拧下,将风信号电缆、雨量信号电缆和温(湿)度信号电缆依次穿过螺圈后从防水接头中穿到采集箱内。采集器的信号接线端子上用文字标示出了传感器的名称以及信号电缆芯线颜色,电缆接入时注意一一对应即可。

注意:接线时要注意芯线与接线端子完全接触,切勿使接线端子的金属片轧在芯线包皮上。

③线接好后将防水接头的螺圈拧紧。

④用接地线把采集器底部的接地铜螺钉与地网连接好。

7)通信模块的安装

GPRS模块的SIM卡从左上部的侧面插入,装入或取出时需要打开SIM卡盖。插入时请注意SIM卡的缺口朝外,并将SIM卡插入到位。

GPRS模块的磁座天线吸附在装温(湿)度传感器的防辐射罩内,天线带插头的一端从采集器下端穿线孔引入采集器,直接插入模块顶部的天线插座即可。

插入SIM卡和天线后,重新装上SIM卡盖并固定,以防SIM卡和天线移位或脱落。

8)蓄电池的安装

蓄电池安装在采集箱内。

把蓄电池专用连接线接在蓄电池上,务必注意正负极(棕色接正极,黑色接负极)。为减少接触电阻,螺钉应确保旋紧。

卸下采集器内的电池仓压条,将蓄电池小心地装入电池仓。把蓄电池连接线另一头的输出插头与采集器内的直流输入接插头对接起来即可。

9)电源接入

①太阳能输出电源接入

将太阳能电池板的二芯输出电源线穿过采集箱底部穿线孔后引入采集箱,并接到充电控制器相应接线端,注意正负极不能接反,黑线为负极。

②交流电源引入

在确保交流电源关断的前提下,把电源线穿过采集箱底部相应的穿线孔引入采集箱,松开采集箱内的三芯电源插座盖,将电源线分别接到插座的L(火线)、N(零线)、PE(专用保护零线)三个接点上,复查无误后才能盖上插座盖并固定好。送电后用万用表量一下插座上的电压,在220V左右表示交流接入已正常。

3.4.4.3 故障处理

3.4.4.3.1 无锡ZQZ—CⅡ自动气象站

(1)替代的方法判断故障

1)传感器故障的判断和替代

当发生气象测量要素性能下降类故障时,自动气象站呈现正常工作状态,只是一个或多个气象要素测量数据超差。

①气压传感器故障的判断和替代

分析一段时间(例如一周)内自动气象站测量的气压数据和人工测量的气压数据之差值，若差值较大，则怀疑气压表故障。

气压传感器安装在采集器机箱内，请按以下步骤装拆：

a)关闭总电源；

b)拆下采集箱的上盖板上4只固定螺钉，卸下上盖板；

c)拔去与气压传感器连接的插头；

d)拆下固定气压传感器的4只螺钉；

e)换上备件，上紧传感器4只固定螺钉；

f)连接底板与传感器间的连接插头；

g)盖好上盖板并作固定。

若自动气象站测量的气压值与人工测量的气压值一致，则说明换下来的气压表故障，反之，则可能是台站上的水银气压表发生故障。

②温度和湿度传感器故障的判断和替代

温度和湿度敏感元件装在同一只传感器中，即芬兰 Vaisala 公司制造的 HMP45D 湿度与温度探头。

分析一段时间(例如一周)内自动气象站测量的温度数据和人工测量的温度数据之差值，若差值较大，则怀疑温度传感器故障。

分析一段时间(例如一周)内自动气象站测量的湿度数据和人工测量的湿度数据之差值，若差值较大，则怀疑湿度传感器故障。

温湿度传感器安装在观测场的百叶箱内，用航空插头座与线缆接连，装拆时，脱开航空插头座，换上新的温湿度传感器即可。

台站水银温度表和通风干湿表测量的气温和相对湿度比较可信，若自动气象站测量的温湿度值与人工测量的温湿度值一致，则说明换下来的温湿度传感器发生故障，反之，则要进一步分析，可怀疑电缆或采集器故障等。

③风传感器故障的判断和替代

自动气象站测量的风向值与人工测量的风向值有相符率的概念，一般情况下可达70%以上。若观测场的地形或周围的环境稍差，相符率低于70%也是有的。如果风向相符率很低甚至风向仅出现在圆周坐标的一部分区域内，则怀疑风向传感器故障。

自动气象站测量的风速值与人工测量的风速值之差较大或启动风速明显变大，则怀疑风速传感器故障。

风向传感器与连接电缆、风速传感器与连接电缆均用航空插头座连接。

若自动气象站测量的风向、风速值与人工测量的风向、风速值一致，则说明换下来的风传感器发生故障。反之，则要进一步分析，可怀疑电缆或采集器故障等。

④雨量传感器故障的判断的替代

分析一段时间内自动气象站测量的雨量数据和人工测量的雨量数据差值，若差值较大，则怀疑雨量传感器故障。

更换雨量传感器时，一般可只更换装有三只翻斗的支架整体，而不更换底座和筒罩。

若自动气象站测量的雨量值与人工测量的雨量值一致，则说明换下来的雨量传感器发生故障。注意，比对时，需在下了一定量的雨后再比对。反之，则要进一步分析，可怀疑电缆或采集器故障等。

检查电缆和采集器故障时，可把雨量筒接线柱上的两根导线拆下，在采集器通电的情况下，把两根导线的头碰接若干次，每碰接一次，示意下了 0.1mm 的雨，在采集器前面板读出数码管的示值，示值正确，则采集器和电缆均无故障。

雨量传感的精度较差，误差超过 4%很常见，但可校正其准确度。

⑤地温传感器故障的判断的替代

由于地面环境的特殊性，例如平整程度、颗粒大小、疏松关系、干湿情况不同，特别在刚安装时，自动与人工测量相比，地温的一致性远不如气温的一致性好，零点几甚至 1～2℃的差值尚属正常。但是，自动气象站测量的地温值与人工测量的地温值随时间的变化曲线应当接近，阴雨天时，其间的差值应当比晴天小。

地温传感器共有 12 只，4 只测地表温，取其平均值；4 只测浅层地温，即 5cm、10cm、15cm、20cm 的地温；4 只测深层地温，即 40cm、80cm、160cm、320cm 的地温。每 4 只传感器经接线盒汇总后，通过一根电缆接至采集器。接线盒在靠近地温场的地沟内。

打开接线盒上盖，可见到印制板(图 3.114)，右边一排接线柱接 4 只传感器，左边一排接线柱接与采集器连接的电缆。

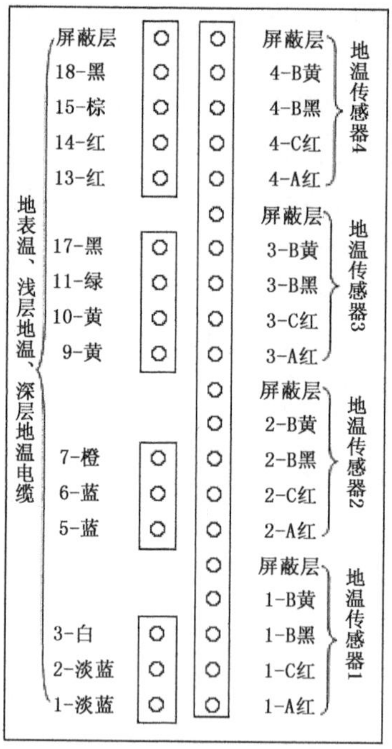

图 3.114 地温接线盒内部接线图

印制板上右边的 A、B、C、D 表示一只传感器四线制接法的四根线。地表温传感器、浅层地温传感器、深层地温传感器所用的接线盒是一样的。举例说明，印制板上“地温传感器 3”表示该接线盒用于浅层地温测量时，这里接 15cm 地温传感器；该接线盒用于深层地温测量时，这里接160cm地温传感器。草面/雪面温度传感器对应印制板上“地温传感器3”，地表温传感器对应印制板上“地温传感器2”。

印制板上左边的阿拉伯数字表示与采集器连接电缆插头座的编号。传感器与采集器间的电缆均选用航空插头座连接，脱开插头座，无论在插头一边还是插座一边，插脚的旁边总有一编号，这一编号与印制板上左边的阿拉伯数字是一致的。

松开接线柱上相应的螺钉，即可拆装地温传感器。

拆装地温传感器系野外作业，应注意卫生，导线接头和接线盒内不能被泥沙污染。

2)采集器故障的判断和替代

当电源供电正常而自动气象站工作不正常时，应检查采集器有否故障。

可见的采集器故障现象有：

a)前面板上的数码管不显示；

b)数码管旁边的秒闪灯不闪；

c)数码管显示乱码；

d)采集器与计算机无法通信等。

判断采集器有否故障时，应先对采集器总清零，排除软件的故障。

通信有故障时，应先在计算机上重新启动自动气象站采集通信软件，接收正点数据时，多补收几次，即先检查地面气象业务测报软件，再怀疑采集器的通信口故障。

判断采集器故障时，先把采集器与计算机间的通信电缆断开。若采集器显示都正常，怀疑采集器与计算机间通信故障时，才把通信电缆接上。

采集器与传感器、后备电源、计算机的连接电缆的插头座都在后面板上，断电后，一一断开即可。

3)电源系统故障的判断和替代

电源正常供电是自动气象站正常工作的前提，电源故障会使自动气象站呈现不正常工作状态，因此，若自动气象站工作不正常时，应首先检查电源系统。

电源系统分两部分，一部分在后备电源箱中，主要为12V蓄电池及其充电电路以及市电的抗干扰电路；一部分在采集器中，主要产生低压电源和直流/直流变换电路。有市电时，采集器由市电供电，无市电时，采集器由蓄电池供电。

后备电源箱上的指示灯是市电指示灯，此灯灭，则可能无市电、可能指示灯坏、可能保险丝断。

要强调的是：电源插头座被拉松是常见的故障，请予以特别关注。

有时，保险线断，无市电，指示灯熄灭，但值班员未发现。采集器由蓄电池供电，应避免蓄电池的电能被耗尽，直至自动气象站呈现不正常状态的情况发生。

后备电源箱上有三根电缆，一根为市电电源的输入连接线，其余二根为向采集器供电的交流连接线和直流连接线，后备电源箱的替代非常方便。

(2)用测量的方法判断故障

台站如果有备用组件，宜用替代的方法证实和排除故障。如果没有备用组件，则需用测量电信号参数的方法进行排查故障。

以下介绍用测量电信号参数的方法排查故障。

1)电源系统的故障判断

电源正常供电是自动气象站正常工作的前提，因此，判断自动气象站故障时总是先检查电源系统有否故障。

①故障判断流程

电源系统的故障判断流程详见图 3.115。

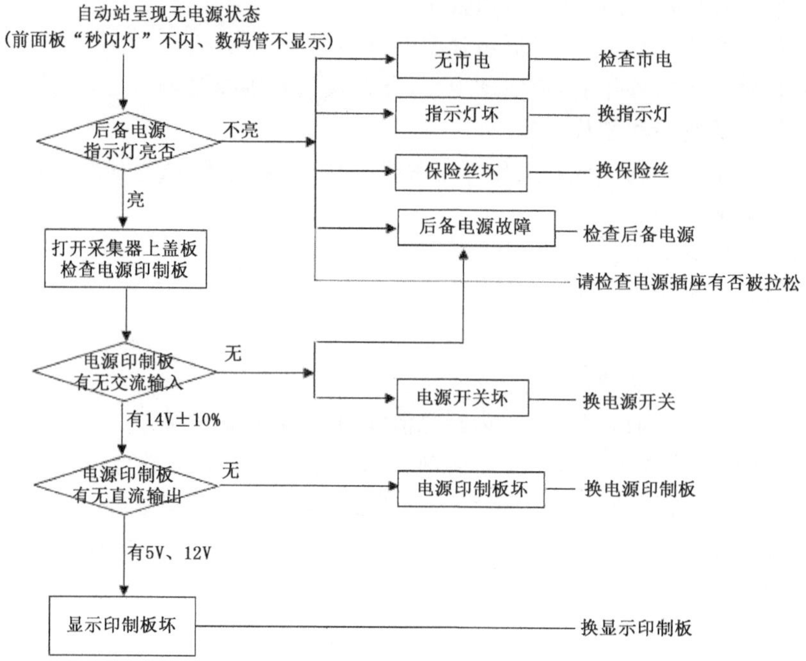

图 3.115 电源系统故障判断流程图

电源系统有两部分，一部分在后备电源箱中，一部分在采集器中。故障判断时，先检查一下后备电源箱的指示灯，再打开采集器机箱，测量电源印制板接线柱上的导电点，检查各点电压是否正常。如有必要，再打开后备电源的机箱，作进一步的检查。

②采集器内电源的故障判断

故障判断测量点在电源印制板的接线柱上。如图 3.116，用万用表测量接线柱上的电压，可检查采集器电源是否正常。

注意：测量交流用交流挡，测量直流用直流挡，量程不能搞错。

③后备电源的故障判断

打开后备电源箱上盖，可看到箱内装有带通滤波器、隔离变压器、避雷器、蓄电池、充电变压器、充电印制板、指示灯和保险丝等，见图 3.117。

测量后备电源时，请把充电印制板与蓄电池的连线脱开，并注意绝缘。

测量在通电情况下进行，请注意安全。

图 3.116 电源板故障判断测试点示意图

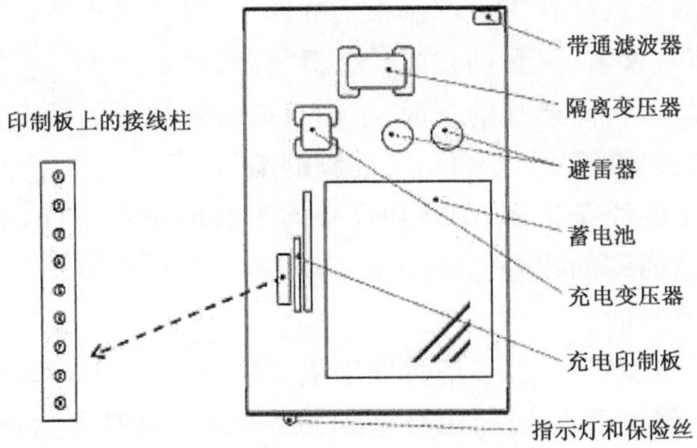

图 3.117　后备电源故障判断测试点示意图

在带通滤波器上，可测量市电是否正常。

在蓄电池上，可测量蓄电池电压是否正常。

在充电印制板的接线柱上，3、4 脚为充电印制板的交流输入；2、8 脚为充电印制板的直流输出，与蓄电池相接，14V 多一点。

如果充电印制板的输出不正常，请更换充电印制板。

2)传感器的故障判断

①故障判断的测量点

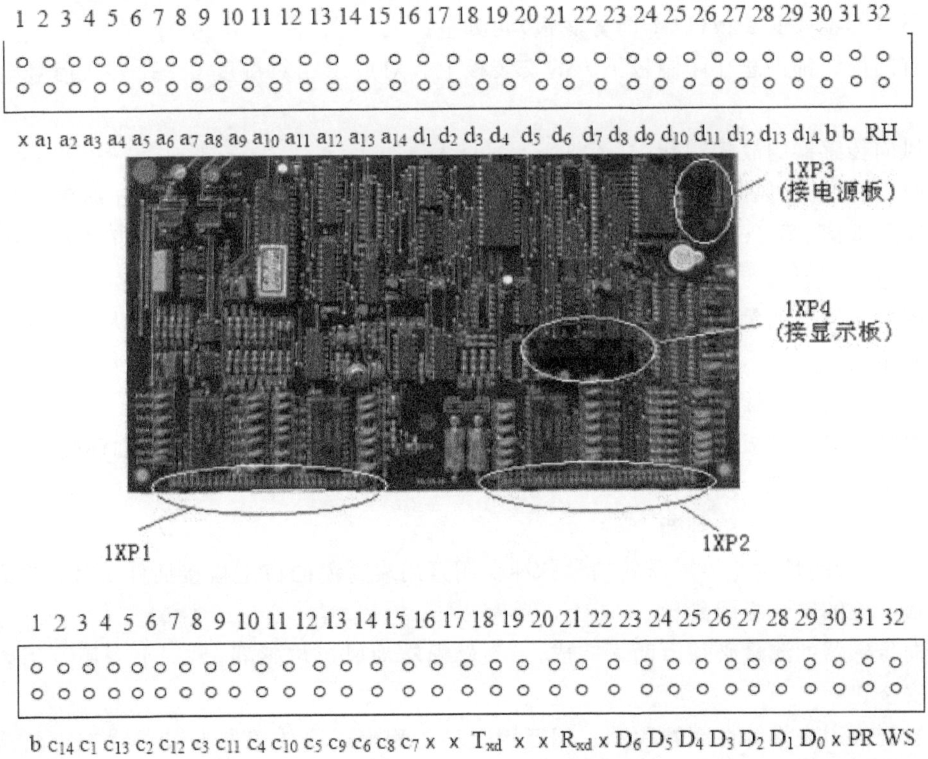

图 3.118　主板印制板插座的示意图

传感器故障判断的测量点都在主板印制板的插座上，打开采集器机箱，在主板的印制板插座上，用万用表测量电信号参数，可帮助判断传感器故障。

主板的印制板插座焊接在印制板的下面，上面只能看到插座的焊点。

在图 3.118 中，印制板插座的上方列出了插脚的编号，下方列出了插脚所接导线在原理图中的代号。由于印制板上的线条很密，编号和代号均无法印刷在上面，故测量电信号参数时，请数清插脚的编号和注意插脚的代号。

②温度传感器的故障判断

此时，测量的是温度传感器的电阻，请关断采集器的电源，用万用表的电阻挡测量。

以测量 5 cm 地温为例：4 根导线的代号是 a7、b、c7、d7，由温度测量电路可知，电阻 a7、b＝导线 a7 的电阻＋温度传感器的电阻＋导线 b 的电阻，在右印制板插座的第 8 脚和第 31 脚间测量。

电阻 c7、d7＝导线 c7 的电阻＋温度传感器的电阻＋导线 d7 的电阻，在左印制板插座的第 15 脚和右印制板插座的第 22 脚间测量。

电阻 a7、c7＝导线 a7 的电阻＋导线 c7 的电阻。

电阻 b、d7＝导线 b 的电阻＋导线 d7 的电阻。

以上阻值约为 80～150Ω，其中 100m 导线的电阻约在 10Ω 左右。测量电阻只能测出温度传感器有否断路，无法测出温度传感器有否存在温度飘移。

③湿度传感器的故障判断

此时，测量的是湿度传感器的信号电压，用万用表直流挡在主板接插件 1XP1 的第 32 脚与主板下方的金属安装板（以下简称底板）间测量。

所有的地线都汇总在印制板下方的安装板上。对应于相对湿度 0～100％，信号电压为 0～1V。

④风向传感器的故障判断。

此时，测量的是风向传感器的信号电平，属在线测量。用万用表直流挡分别在主板接插件 1XP2 的第 23 脚、第 24 脚、第 25 脚、第 26 脚、第 27 脚、第 28 脚、第 29 脚与印制板下方的安装板间测量。

风向传感器的测量必须由两人完成，一人慢慢转动风向传感器，另一个人用万用表测量。请注意安全。

可看到万用表指针在跳动，高电平大于 3.5V，低电平小于 1.5V。

测量某一脚与底板间的电平，若风向传感器转动一周后仍无跳动现象，则怀疑该方位或该方位的连接导线故障。

⑤风速传感器的故障判断

此时，测量的是风速传感器的信号脉冲。用万用表直流挡在主板接插件 1XP2 的第 32 脚与印制板下方的安装板间测量。

风向传感器的测量必须由两人完成，一人慢慢转动风速传感器，另一个人用万用表测量。请注意安全。

可看到万用表指针在频繁跳动。用万用表只能测出风速传感器及其导线有否断路，无法测出风速传感器的准确度。

⑥雨量传感器的故障判断

打开雨量传感器外罩，脱开接线柱上的导线，用万用表的电阻挡测量接线柱，翻转计数翻斗，每翻转一次，万用表通断一次。

⑦气压传感器的故障判断

气压传感器已经智能化，可方便地将其与计算机连接，参照《PTB220 Series Digital Barometers User's Guide》的 CHAPTER7 ADJUSTMENT AND CALIBRATION 的说明进行检查。

3)恒压源的故障判断

在采集器主板上有一恒压源 MC1403，此恒压源涉及温湿度测量正常与否，应测量其电压是否正常。

恒压源的测量部位，见图 3.119。图 3.119 中，MC1403 的第 4 脚为地，第 2 脚的输出应为 2.5V。

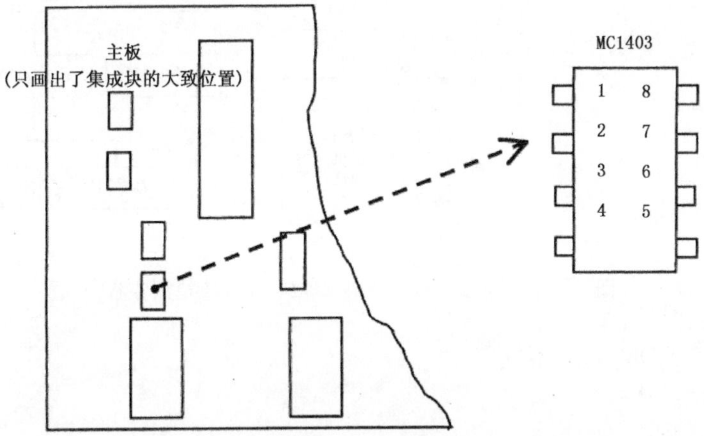

图 3.119　恒压源测量点

3.4.4.3.2　ZQZ—A 区域自动气象站

区域自动气象站 ZQZ－A 故障检测流程见图 3.120。

①下雨时雨量值总为 0。

故障原因：

a)雨量传感器漏斗、翻斗堵塞，或被蜘蛛结网挂住；

b)干簧管损坏；

c)雨量信号电缆损坏。采集器雨量信号电路损坏。

处理方法：

a)清洗；

b)更换干簧管；

c)检修或更换电缆；

d)检修或更换采集器(主控器)。

②现场通信模块指示灯显示工作状态不正常，中心站收不到数据。

故障原因：

a)SIM 卡欠费；

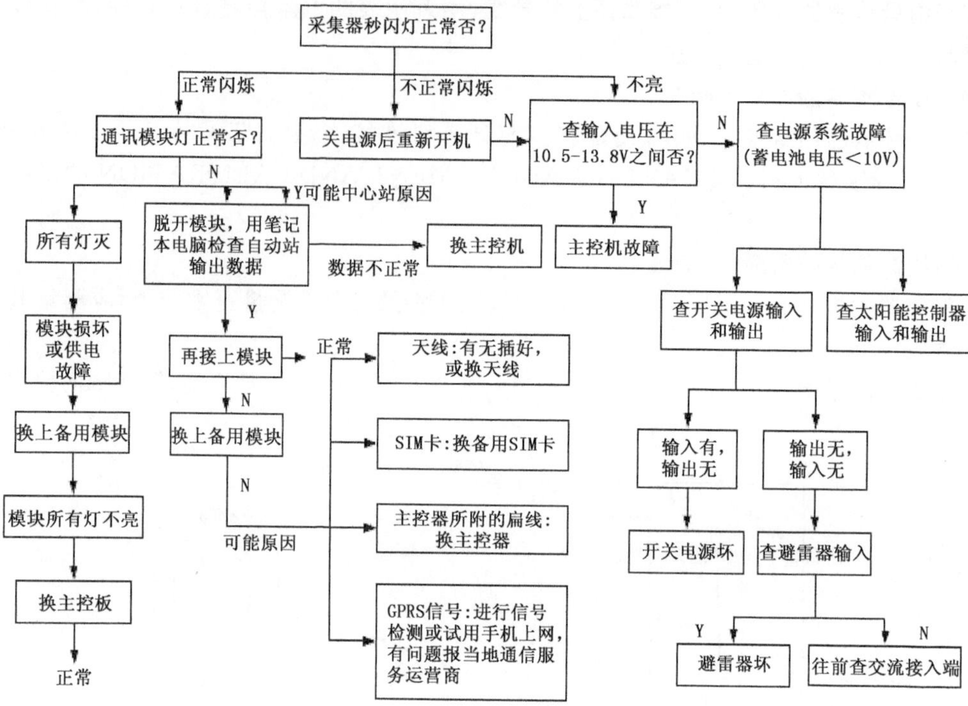

图 3.120 区域自动气象站 ZQZ—A 故障检测流程

b)现场 GPRS/CDMA 1X 信号不佳；

c)SIM 卡故障；

d)模块损坏。

处理方法：

a)给 SIM 卡充值；

b)请移动/联通公司调整当地信号强度；

c)用备用 SIM 卡替换确认；

d)更换模块。

③现场通信模块指示灯显示运行正常，但中心站收不到数据。

故障原因：

中心站软件中相关台站参数、ID、通信方式等参数设置错误。

处理方法：重新设置正确的参数。

④无线通信有时正常，有时不正常。

故障原因：

a)通信模块连接扁线、天线、SIM 卡等接触不良；

b)现场信号不稳定，或台站位于 2 个或多个移动基站的交界地带。

处理方法：

a)将扁线、天线、SIM 卡等重新紧固，或更换；

b)请移动/联通公司调整当地信号强度。

⑤太阳能供电的自动气象站，中心站白天收得到数据，晚上收不到。

故障原因：

a)蓄电池与充放电控制器之间未连接好，晚上蓄电池未放电；

b)蓄电池因性能下降或损坏而充不进电；

c)自动气象站周围有树木、建筑等障碍物，影响阳光照射到太阳电池上，降低了太阳能的利用效能，致使蓄电池充电不足。

处理方法：

a)将蓄电池可靠连接到充放电控制器上(通过接插件)；

b)更换新蓄电池；

c)清除障碍物，或考虑迁站。

⑥阳光很充足，自动气象站却不工作。

故障原因：

a)太阳能电池输出线未可靠连接到充放电控制器上；

b)蓄电池电压太低，控制器因过放电保护切断负载；

c)控制器故障。

处理方法：

a)将太阳能电池输出线可靠地连接到充放电控制器上；

b)蓄电池充足电后故障会自行解除；

c)更换控制器。

3.4.5　DZZ2 型自动气象站

3.4.5.1　结构原理

(1)DZZ2 型自动气象站

1)结构原理

DZZ2 型自动气象观测站是一种野外型的全自动气象站，它采用模块化结构，通过软件硬件的不同配置，并配接不同的通信载体，以满足各种用户的需求。它可作为无线遥测站、全自动无人站使用。适合与气象部门各种类型的中、小尺度自动气象站网络和气候自记站。也可应用于作为人工影响天气的一种气象预警系统。可在各种恶劣自然环境下正常工作，或无市电的情况下工作。

DZZ2 型自动气象观测站主要由传感器(包括：温度、湿度、雨量、气压、风速、风向)、数据采集器、防雷系统、电源系统、接收平台(WIMI－1 型 CGSM 智能通信仪)、数据管理软件组成。

DZZ2 型自动气象观测站通过无线通信方式进行数据传输，主要为 GPRS 和 SMS 通信方式。为了使数据正确准时的传送回中心站，中心站通过互联网和接收平台两种通信方式接收各站点的数据。

数据管理软件拥有数据显示、数据存储、数据查阅、数据入库、数据报表、地图显示以及其他功能设置等功能。

2)技术指标

工作环境：

温度　　　　　−30～+70℃

湿度　　　　　0～100%RH(无凝结)

海拔高度　　　0～3000 m

电源：

交流 220V 市电供电(配置 7 天后备电池)；

太阳能供电(配置 7 天后备电池)；

太阳能、市电混合供电(配置 7 天后备电池)。

采样周期：

雨量数据　　　　　　　　1 次/mim；

温度、湿度、气压数据　　1 次/10s；

风速、风向数据　　　　　1 次/s；

存储容量：

一年整点温度、湿度、雨量、气压、风速、风向历史数据。

通信方式：

无线通信模式，采用 GPRS(无线分组)通信模式或者 SMS(短信)模式。

人机界面：

2 行中文液晶显示，16 键键盘，可设置参数和查询气温、湿度、累计降水量、气压、风速、风向和实时供电电压值，并可查阅本月内各正点资料和日统计值资料。

电压监控：

实时检测电池电压，可对低电池电压采取报警措施。

存储方式：

以小时为单位存储定时温度，本小时雨量资料，风速、风向数据以及供电电压，每日自动统计日最高气温、日最低气温和日累计降水量以及出现时间。

具备时间校准功能。

多级报警功能，根据需要设定报警值，报警类别有：1 小时雨量报警、3 小时雨量报警、日雨量报警、高温报警、低温报警、低电压报警和大风报警。

定时传输：

根据用户的业务需求，可以设置定时传输数据的时间间隔为 3 分钟、5 分钟、10 分钟、15 分钟、20 分钟、30 分钟、60 分钟。上传数据为气温、累计降水量、最高气温及对应时间、最低气温及对应时间、风速、风向和电池电压值。

定量传输：

也就是报警数据。当实时数据达到预警值时，观测站将自动上传对应的时间、雨量数据、温度数据、供电电压以及报警类型。按主站发出的特定指令上传数据。

3)电源系统

市电输入范围：

电压　　　　　85VAC～264VAC

频率　　　　　50Hz、60Hz

太阳能输入：

采用国内规模最大的太阳能板生产厂家尚德公司的产品，质量可靠，效率高，寿命长。太阳能控制器(后面简称 PV)采用德国技术生产,质量稳定可靠,效率高。

市电和太阳能互为补充,在日照好的情况下优先使用太阳能电源,节省能源,绿色环保。

电源电路:

市电、太阳能混合供电系统。

四要素自动气象站电池为 38AH。

两要素自动气象站电池为 12AH。

标准后备时间为电池充满后 7 天。

先接电池、再接太阳能板、最后接负载。

4)通信模式

DZZ2 气象自动气象站采用无线通信组网方式,可选择 GPRS 和短消息通信模式。

短消息通信模式:按采集器设置数据中心站号码和设定的短信上报间隔上报数据到中心站,中心站通过智能通信仪接收短消息数据。

优点:在信号不是很好的地方也能正常通信,弥补 GPRS 不能正常通信的站点。缺点:实时性不好,加密通信费用高。

GPRS 通信模式:按采集器设置的 GPRS 地址、端口号、数据上报间隔,与中心站实时双向通信。

优点:双向通信,实时性好。

缺点:对信号强度要求较高,有些信号不好的地点不能正常通信。

5)采集器

①采集器外形及电路板图

采集器外形及电路板图分别见图 3.121 和图 3.122。

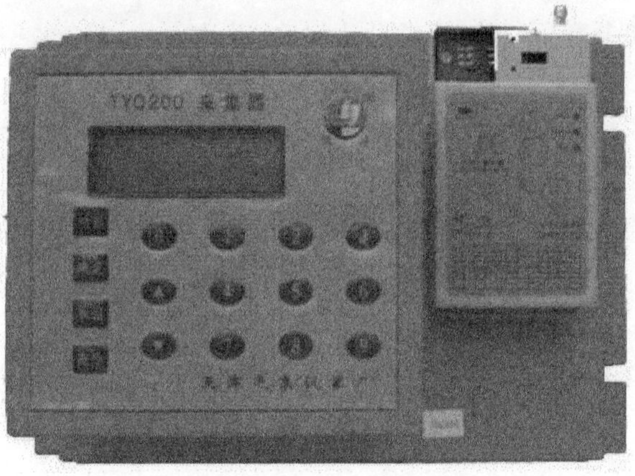

图 3.121　TYQ200 采集器

②数据采集器的功能

本采集器可存储至少 3 个月的历史数据,也可由中心站收集存储各站点雨量、温度、风速风向数据,资料采集以北京时间 20 时为界。

有时间校准功能、报警功能(通过键盘输入或命令方式)。有液晶显示及键盘录入功能。

系统键盘和液晶显示器是为现场设置通信参数与查询气象数据而设置的。在系统正常工

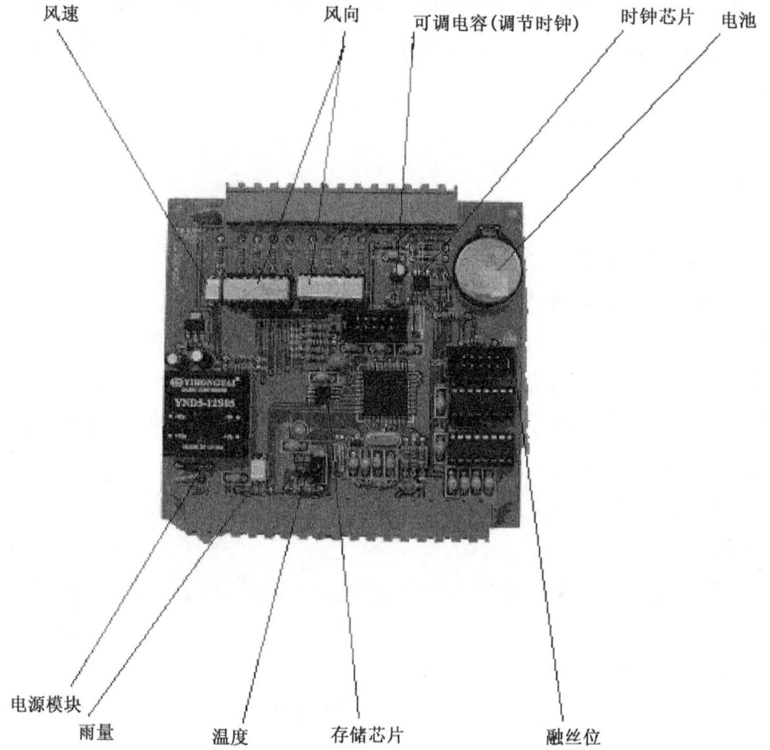

图 3.122 采集器电路板

作期间，为节省功耗，液晶显示器处于关闭状态。系统键盘共有 16 键：分为功能、确定、取消、删除 4 个菜单功能键和上翻、下翻两个辅助功能键，以及 0～9 十个数字键。

查看当前数据：

在系统关闭显示的状态下，按任何一键(除“功能”键外)，系统将把当前实时数据显示在屏幕上。“取消”或“删除”键可退出显示。连续 100 秒没有任何键盘操作，系统将自动关闭显示。通过上翻和下翻两个辅助功能键可以查看温度、日雨量、电池电压、风速、风向、气压、湿度的当前数值。

功能设置：

在空闲或上述状态下，按下“功能”键，系统自动进入主设置菜单。主设置菜单下有两个选项：

1——设置系统参数

2——查询历史数据

在主菜单下按 1，可进入系统通信参数设置菜单，可查看或修改系统通信参数设置。为保证系统通信安全，对系统参数的修改需经过密码授权。

在主菜单下按 2，系统提示：请输入查询时间，用户需输入要查询的年、月、日、时四项参数。例如用户要查询 2004 年 7 月 2 日 8 时的数据，应该输入 2004 年 07 月 02 日 08 时，并按“确认”键。如果系统内有用户输入时间的气象数据，将在屏幕上显示数据。如果没有当时数据，系统将提示用户：无输入时间数据。如果用户输入时间有误，系统提示用户：时间无效。此时按“取消”和“删除”键可退出查询。连续 100 秒没有任何键盘操作，系统将自动关闭显示。

用户输入设置密码并通过有效性检查后，系统显示参数设置主菜单，系统出厂缺省密码为“1234”。系统参数设置主菜单下共有 9 项：

1——GPRS 通信参数

2——数据中心号码

3——设置本地参数

4——设置报警级别

5——设置系统时钟

6——查看版本信息

7——保存参数退出

8——清除历史数据

9——重新启动系统

由于系统液晶每次只能显示两行，用户可用“上翻”、“下翻”键查看各项设置。在此菜单项下，直接输入对应号码就可直接进入对应设置菜单。每项设置操作过程中，“确认”键是将所设置参数存入系统 RAM，“取消”键是放弃对所设置参数的修改；“删除”键是用于对输入参数的编辑。

注意：系统将使用新参数，但该参数并没有永久存储，系统掉电后将丢失，要想永久保存，必须在设置后选择“7——保存参数退出”。

GPRS 通信参数：

如果使用 GPRS 方式通信，必须设置通信参数，如果通信参数设置未成功直接影响到数据的通信(用户要严格按中心站的要求设置)。共需要设置 3 项内容：中心站 IP 地址、中心端口号、GPRS 接入点(为用户提供 GPRS 服务的服务商)。

1——中心站 IP 地址

2——中心端口号

3——GPRS 接入点

当用户输入中心站 IP 地址时需要用到“.”符号，用户只需要按“下翻”键，就可以输入“.”，输入成功后按“确定”键保存退出。

当用户输入 GPRS 接入点时，需要输入英文字母，所以系统设计在第二行显示所有的英文字母和“.”符号。第一个界面显示“ABCDEFGHIJ”对应选择的数字键是“0123456789”，用下翻键显示“KLMNOPQRST”对应选择的数字键是“0123456789”，再用下翻键显示“UVWXYZ.”对应选择的数字键“0123456”。用上翻键显示上一个界面。例如用户准备输入“ cmNET”，首先用户发现字母“C”在第一个界面中的三个位置，所以用户应该按数字键“2”，选中字母“C”；字母“M”应该在下一个界面下，所以用户先按下翻键，再按数字键“2”选中字母“N”；字母“E”应该在第一个界面中，所以用户先按上翻键，看到字母“E”所在行，再按数字键“4”选中字母“E”；字母”T”首先通过上翻和下翻键寻找到字母所在行，然后用数字键选择位置“9”选中字母“T”。如果用户重新选择某个字母可以按删除键，放弃选择按取消键。

数据中心号码：

系统提供三个数据采集中心号码，用户可根据自己的需要进行设置，不输入中心号码中心站将得不到子站的短信信息。必须选择是否允许使用中心号码，只有允许使用采集器才会将数据发往目的地。三个数据采集中心号码对应1、3、5数字选项，它们对应的号码允许位对应2、4、6数字选项。

1——中心号码1

2——号码1允许位

3——中心号码2

4——号码2允许位

5——中心号码3

6——号码3允许位

号码允许位如果设置成不允许使用，就是输入了中心号码也不起作用，所以必须在输入中心号码后，再选择是否允许，如果不允许选择“0”数字键，允许选择“1”数字键。用户不要轻易更改中心号码，只能在用户改变所用的SIM卡电信运营商或电信部门的短信服务中心号码发生变化或升级时使用。

设置本地参数：

本地参数需要进行9项设置。这九项设置对于终端也是至关重要的。站点ID号、系统密码、要素采集方式、数据上报间隔、风向传感器、本站号码、通信方式、恢复默认设置。

站点ID号是每个通信终端与中心站通信时的“身份标志”，同一数据中心管理下的每个通信终端都拥有唯一的ID号码。站点标识号码固定为5位，可以由数字和字母组成，设置方法和设置GPRS的接入点设法类似。

系统密码选项用于更改设置密码，出厂初始密码为1234，本系统设置密码允许1—4位数字。用户根据系统提示输入新密码，确认后再输入一次，两次输入新密码一致，系统将提示密码更改成功，否则密码更改失败，系统维持原有密码。

要素采集方式根据用户的实际情况设置，如果用户使用的是两要素即只有温度、雨量传感器，就需要选择数字键“0”选中两要素然后按确定键；如果是四要素即风速、风向、温度、雨量，那么用户应该选择数字键“1”选中四要素然后按确定键。如果放弃选择则按取消键退出。

数据上报间隔也就是终端需要向中心站发送数据的时间间隔。用户可以根据需要设置，但是采集系统允许的数据上报的时间间隔为1～60分钟，也就是说用户只能输入1～60之间的数值有效，输入其他的数值，采集系统会提示无效输入。

风向传感器，根据用户的需要风向传感器分为两种，一种为7位格雷码输出，另一种为电压输出。用户根据自己使用的状态选择。

本站手机号码不能为空，该选项是中心站为终端强制校时设置的。

通信方式分为两种，即0——GPRS和1——SMS。当为GPRS是设为“0”，而当为短信方式是设为“1”。

恢复默认设置是恢复系统出厂开始时所设的参数。

设置报警级别：

本系统允许用户设置雨量报警、温度报警、低电压报警、风速报警。选择项分别用数字1—6进入。日雨量报警1、日雨量报警2、1小时雨量、3小时雨量、低温报警、高温报警、低电压报警、大风报警1、大风报警2。所有的报警值都比实际值扩大10倍(无小数点)。第一位都为标志位，1为报警，0为不报警。

日雨量报警1出厂默认示值01000mm(第一位为“0”，不报警)、实际值100mm、日雨量报警 2 出厂默认示值 01500mm(第一位为“0”,不报警)、实际值 150mm,1 小时雨量报警出厂默认示值 0200mm(第一位为“0”,不报警)、实际值 20mm,3 小时雨量报警出厂默认示值 0500mm(第一位为“0”,不报警)、实际值 50mm。雨量报警实际值设置范围应该在 0～200mm 之间,输入范围在 0～2000 之间,如果超出范围提示“参数无效”。并且日雨量报警 2 的输入值一定要大于日雨量报警 1 的输入值,3 小时雨量报警的输入值一定要大于 1 小时雨量报警的输入值。如果不是这样,系统提示“参数无效”。

温度报警的实际范围为－50～＋80℃,输入范围为－500～＋800。第二位为符号位,“＋”或“－”,上翻键为“＋”号,下翻键为“－”号。低温报警出厂默认示值 0＋00(第一位为“0”,不报警)、实际值 0℃,高温报警出厂默认示值为 0＋300(第一位为“0”,不报警)、实际值＋30℃。高温报警的输入值要大于低温报警的输入值,不然系统提示“参数无效”。

低电压报警的实际范围为 0～14.0V,输入范围为 0～140。低电压报警出厂默认示值 0110(第一位为“0”,不报警),实际值 11.0V。

大风报警 1 出厂默认值为 0170(第一位为“0”,不报警),实际值为 17m/s,大风报警 2 出厂默认值为 0240(第一位为“0”,不报警),实际值为 24m/s。

设置系统时钟:

本设置用于用户现场进行系统时钟检查及校准,进入系统时钟界面后系统自动将当前时钟显示在屏幕上。如果需要更改,用户直接输入四位年、两位月、日、时、分、秒数据,数据位数不足在前面补“0”,再确认即可。例如:要输入 2004 年 8 月 2 日 8 点 5 分整,用户应该输入 20040802080500,按确定键完成操作。

查看版本信息:

可以看到出厂时的版本信息。便于维护和维修。

保存参数退出:

上述各项参数设置之后,系统将使用新参数进行工作,但该参数并没有永久存储入 E-2PROM,如果系统掉电,将重新从 E2PROM 中读取参数。因此,要想永久保存所设置参数,必须在设置完成后选择“保存参数退出”。否则系统断电重新上电启动后,新做的设置将丢失。

清除历史数据:

本系统可存储至少 3 个月的历史气象数据,本功能可清除所有历史数据。

重新启动系统:

用户可在终端将系统重新启动,该功能用于现场故障处理时使用。

6)其他自动气象观测站

一般建设的区域自动气象站主要有两要素、四/五要素、六要素这几种类型。示意图见图 3.123 至图 3.126。

注:将温湿传感器的湿度信号和气压传感器的通信端通过电压采集模块接到采集器上。

①风向风速传感器:信号防雷板 3—12 端

②雨量传感器:信号防雷板 1—2 端

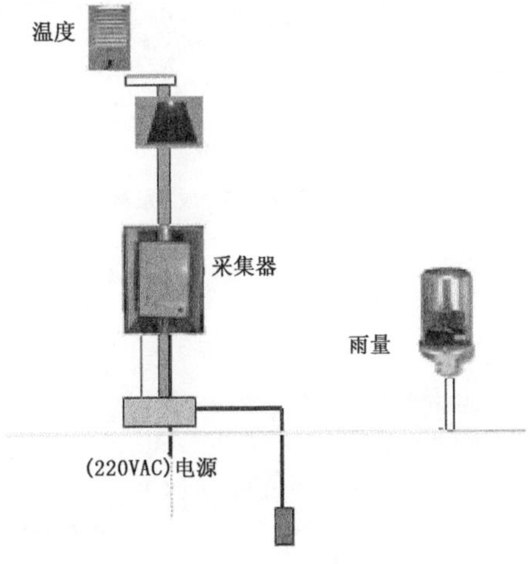

图 3.123　两要素自动气象观测站示意图

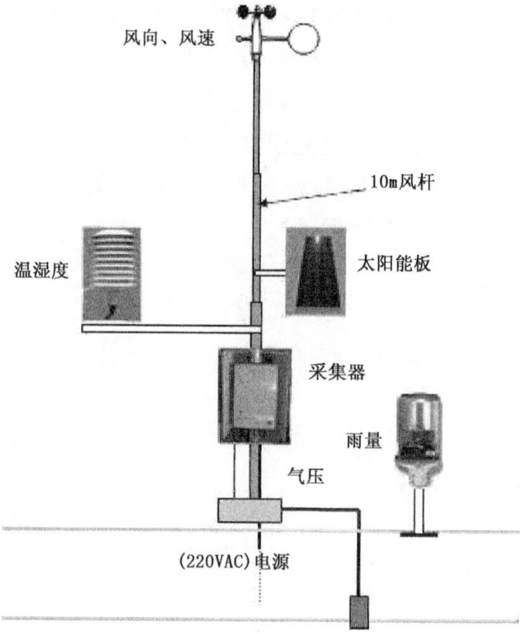

图 3.124　四/五要素自动气象站示意图

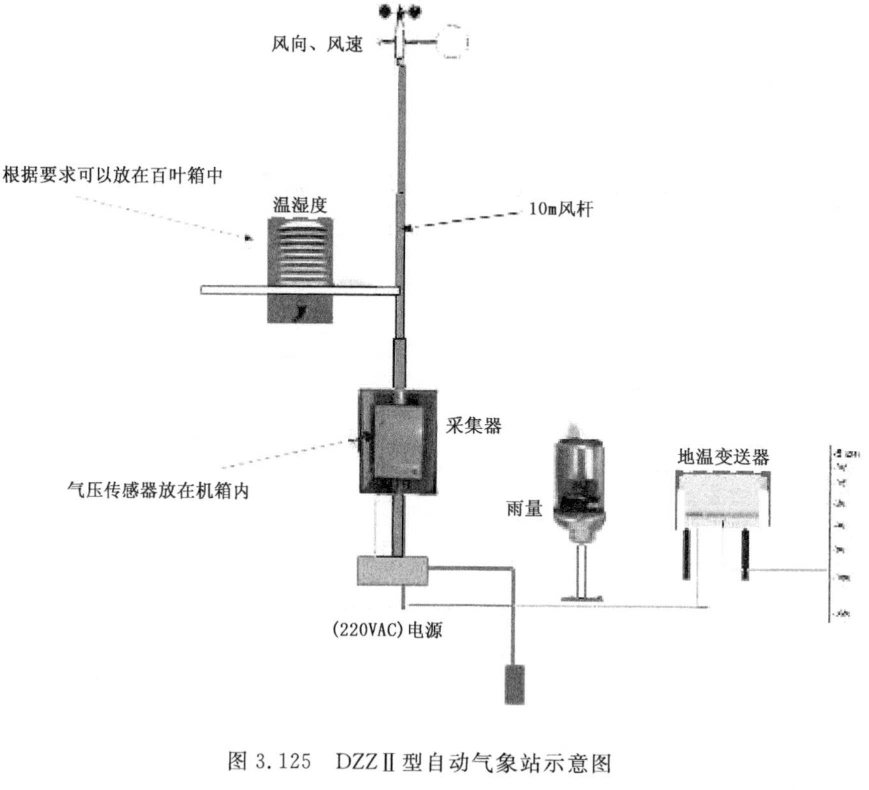

图 3.125　DZZⅡ型自动气象站示意图

③温湿传感器:接线端子排的 1—4 端(温度)和电压采集模块的相应位置(湿度和供电)

7)采集器

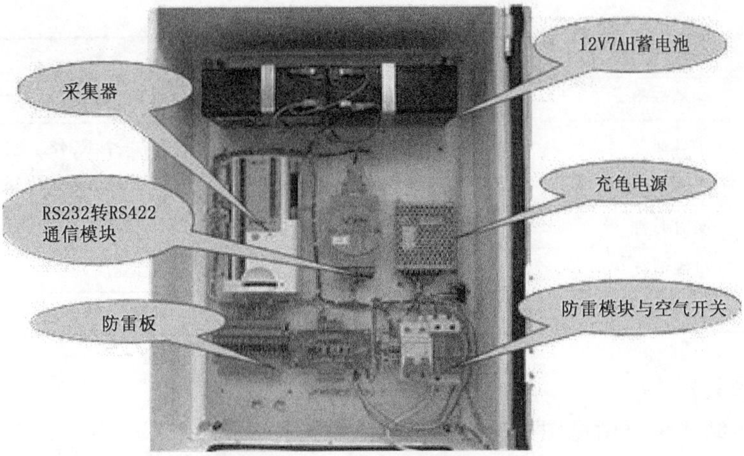

图 3.126　DZZⅡ型自动气象站采集器箱内部结构图

采集器是整个系统的核心。主要是将传感器输送的电信号,进行过滤,计算,存储,输出等功能。采集器采用芬兰 Vaisala 的 QML201 采集器,本采集器可根据用户需要任意连接:太阳辐射、CT25K 云高仪、超声波蒸发传感器、感雨、日照、FD12P 天气传感器、土壤湿度、PMT16 气压传感器、PTB220 气压传感器、PT100 温度、温、湿度传感器、雨量、风速、风向、超声波风等传感器,还可与 GPS 定位系统,QSE101 天气报文编码器、GSM 通信和 Modem 等设备连接。采集器技术指标见表 3.15。

表 3.15　采集器技术指标

名　称	描述/参数值
处理器 A/D 变换	32 位摩托罗拉单片机 16 位
数据存储 传感器输入	内部含 1.7M Flash 存储 可外扩到 300M Flash 存储 10 个差分模拟量输入(20 个单端输入); 2 个计数/频率输入; 内部有一个 PMT16 气压传感器接口。
工作温度	−35～+55℃
保存温度 工作湿度 温度测量范围为:−50℃…+80℃ 温度测量范围为:−35℃…+50℃ 最大误差 在 0℃最大误差	−50～+70℃ 0～100% 最好±0.06℃ 不超过±0.06℃ 不超过±0.06℃
电压测量 ±2.5V ±250mV ±25mV ±6.5mV	0.08%F.S.　±150μV 0.18%F.S.　±15μV 0.18%F.S.　±3μV 0.18%F.S.　±3μV

续表

名　称	描述/参数值
频率测量	0.003%+分辩率 24lns
串口通信 标准、可选择项	一个 RS232,一个 RS485 通道 两个扩展口,可扩为 RS232,RS485 方式
实时时钟	有
电源消耗	小于 10mA/6V
供电	8～14VDC

8)温度分采集器

地温采集器结构示意图见图 3.127。信道说明见表 3.16。

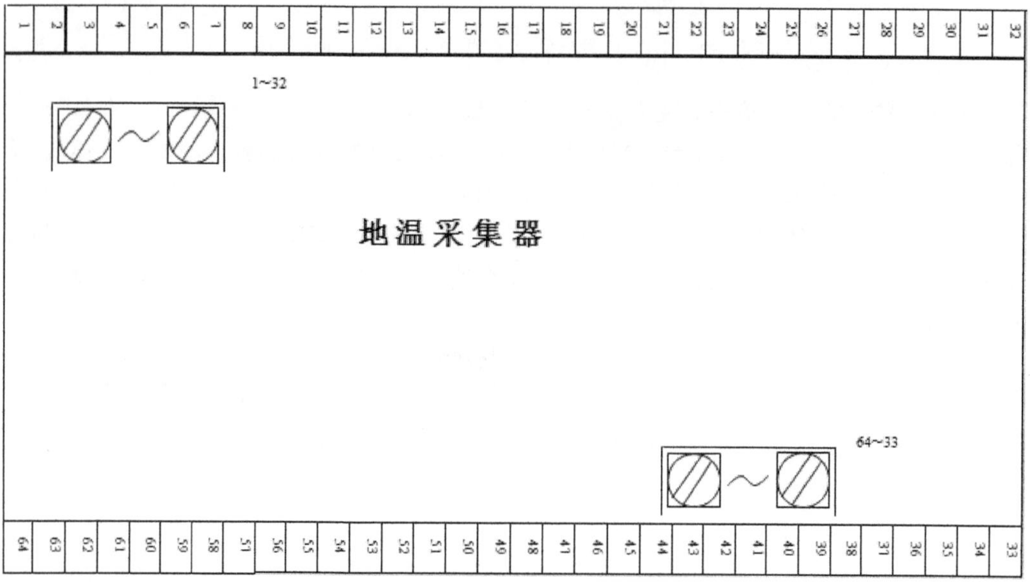

图 3.127　地温采集器结构示意图

表 3.16　温度采集器信道说明

线号	说明	29－32	7 号温度传感器
1	12V	37－40	9 号温度传感器
2	GND	41－44	10 号温度传感器
3	485A	45－48	11 号温度传感器
4	485B	49－52	12 号温度传感器
5－8	1 号温度传感器	53－56	13 号温度传感器
9－12	2 号温度传感器	57－60	14 号温度传感器
13－16	3 号温度传感器	61－64	15 号温度传感器
17－20	4 号温度传感器		
21－24	5 号温度传感器		
25－28	6 号温度传感器		

温度采集器说明：

底板上装有 1 块地温采集器，

地温采集器的 3 端及 485A 接地温通信板的 485A 脚上；

地温采集器的 4 端及 485B 接地温通信板的 485B 脚上；

地温采集器的 1 端及 12V 接地温通信板的 12V 脚上；

地温采集器的 2 端及 GND 接地温通信板的 GND 脚上；

地温采集器共可以接 14 组地温传感器。

9）ADWM－1101 电压测量模块

ADWM－1101 电压测量模块见图 3.128。

图 3.128 ADWM－1101 电压测量模块（天津厂）

通信：

波特率	9600bps
校验位	无
数据位	8 位
停止位	1 位
流控制	无
最远通信距离	20m
数据格式	见表 3.17

表 3.17 ADWM－1101 电压测量模块数据格式

序号	内容	字节	格式
1	湿度	8	原值，单位%RH。
2	空格	1	
3	气压	10	原值，单位 hPa。
4	结束符	2	0x0D0x0A

接口连线　　见表3.18

表3.18　ADWM－1101电压测量模块接口连线

名称	定义	描述
12V IN	12V电源正	12V电源输入
GND	12V电源地	12V电源输入
12V OUT	12V电源正	接湿度传感器电源正
GND	12V电源地	接湿度传感器电源地
IN2＋	电压输入2正	接湿度电压信号正
IN2－	电压输入2负	接湿度电压信号负
12V OUT	12V电源正	
GND	12V电源地	
IN1＋		
IN1－		
TXD0	COMO发送	接RS232通信口RXD
RXD0	COMO接收	接RS232通信口TXD
GND	COMO地	接RS232通信口GND
485A	RS485接口＋	
485B	RS485接口－	
12V OUT	12V电源正	接PTB220电源正
GND	12V电源地	接PTB220电源负
RXD1	COM1接收	接气压传感器TXD
TXD1	COM1发送	接气压传感器RXD
GND	COM1地	接气压传感器GND

10)供电系统

主要由蓄电池,充电电源,空气开关及防雷模块组成。

电池供电为7AH12V的两块蓄电池并联而成,能保证在断电的情况下,安全运行3～7天,根据当时蓄电池充电能量有关系。

充电电源是将220V的交流电转换为直流电输出,一路输出直接为系统供电,另一路输出直接为蓄电池充电。

空气开关和防雷模块能起到对过压过流的保护。当遇到超出范围的电压或者电流时,空气开关会自动关闭;如有雷电要对系统出现危害时,防雷模块会自动起到保护作用。当作用启动后,在其窗口原来绿色窗口变成红色的窗体,这时需要及时更换防雷模块。

11)通信模块

将输出的RS232信号转换成RS422信号,模块成对出现,在采集器中的模块是将RS232转换为RS422传输,同理在计算机端,也同样有一个通信模块将RS422转换成RS232信号,直接通过串口传输到计算机中。一般的RS232传输距离只有15m左右,所以将其变为RS422传输距离将达到1.2km左右。

3.4.5.2 仪器安装

(1)DZZ2型自动气象站安装

1)传感器的安装

参照3.3自动气象站传感器安装。

2)采集器安装

参照CAWS600系列自动气象站采集器安装。

3)线缆安装

参照新型自动气象站线缆安装。

(2)DZZ2区域自动气象站安装

1)电源部分

①蓄电池的连接

先将红色电池线与蓄电池的正极连接,再将黑色电池线与蓄电池的负极连接。

②PV控制器的连接

先接蓄电池,再接太阳能板(注意极性红为正,黑为负),最后接负载。

2)采集部分

①所有传感器均按线号接在防雷板上,并注意传感器的地线要与机箱底板的螺钉连接好。

②不要将电源线的外皮弄坏以防止短路现象。

③所有传感器接好后要用万用表的“通断挡”量一下各个传感器的电源正与地是否短路。

④开启空气开关的开关后,先用万用表的“交流750V挡”量一下市电是否正常,再用万用表的“直流20V挡”量一下采集器、PV控制器的输出端、直流电源的输出端以及蓄电池的电压是否都在12～15V之间。

3)整体检查

①在不开机的情况下,用手检查一下所有接线是否拧紧,有无松动、虚接现象。

②检查机箱内部有无铁屑以防止短路。

③检查机箱地线、风杆地线是否与地极接好。

④检查所有线缆是否穿好PVC管,以防止潮湿及鼠咬。

⑤对于无线传输的自动气象站,要检查其无线模块的天线是否接好,信号是否屏蔽。

3.4.5.3 故障处理

(1)DZZ2型自动气象站

1)采集软件缺测现象

处理方法:

一般来讲,若采集缺测,最大的可能性就是时间不同步,所以首先设置一下时间,观察缺测是否下降;若没有变化,请采用超级终端或者串口调试工具,检查数据上传是否有数据“变型”现象,也就是出现乱码。若是出现乱码,一方面可能电缆线受到破坏,比如鼠咬等;另一方面可能是插接件松动;还有一种可能是通信驱动器4520不能正常工作。检查的顺序先考虑接头松动,然后考虑电缆线是否有可能遭到破坏(比如是否可能鼠咬、附近施工等)。

排除这些故障后就要考虑更换通信模块4520。

2)风速值出现偏大现象

处理方法：

风速出现偏大现象主要原因是有干扰源产生，一方面是风传感器的传输电缆线质量下降，特别是外部屏蔽层不好。还要注意在附近是否有强电磁干扰出现，比如大功率雷达扫描等。这种情况若是使用时间很长就更换风电缆线或者重新更换风传感器。

3)地温数据异常情况。

处理方法：

一般来讲，若是地温出现某一层异常，通常故障来自于传感器本身。如果所以地温都不正常，通常来自于地温采集器到主采集器的通信不正常。如果检查电缆和连接件后还不能解决，可能是地温通信控制器发生故障，请及时更换。

(2)DZZ2 区域自动气象站

1)正点数据不上传

故障原因：

a)无供电；

b)无传输信号。

处理方法：

a)检查是否有供电；

b)检查是否插好 SIM 卡，必要时重新安装天线；

c)检查网络是否有问题。

2)采集器数据不正常

故障原因：

a)传感器原因；

b)通信传输数据变形。

处理方法：

a)传感器线路是否短路、断路；

b)中心站重新调取数据。

3)液晶屏无显示

故障原因

a)无供电；

b)液晶屏线路接触不良或液晶屏已损坏。

处理方法：

a)线路重新连接或更换液晶屏；

b)检查是否有供电。

4)液晶屏数据显示全为 0

故障原因：

a)传输线短路或损坏；

b)PCF8563 和晶体振荡器接触不良或已损坏。

处理方法：

a)更换传输线；

b)把 PCF8563 或晶体振荡器重新焊接一下或更换 PCF8563 或晶体振荡器。

5)液晶屏花屏

故障原因：

a)静电干扰；

b)启动过于频繁。

处理方法：

a)使地线接触良好；

b)将采集器关闭,5 分钟后重新开机。

6)上传数据乱码

故障原因：

a)通信传输数据变形；

b)数据存储芯片故障。

处理方法：

a)中心站重新调取数据；

b)更换存储芯片。

7)温度显示不正常

故障原因：

a)如果温度显示－99.9,传感器损坏或线路短路或断路。

b)偏低或偏高过大。

处理方法：

a)更换传感器或线路。

b)温度重新校准。

8)数据上调不成功

故障原因：

a)GSM 信号故障；

b)无数据。

处理方法：

a)等待信号正常,更换传输方式；

b)重新调取数据时间段。

9)风向、风速显示不正常

故障原因:TLP521—1 和 TLP521—4 接触不良或已损坏。

处理方法:更换 TLP521—1 和 TLP521—4。

10)键盘按键无用

故障原因:键盘损坏或连接不好。

处理方法:更换键盘或键盘重新连接。

3.5 观测场地

3.5.1 地面气象观测场

3.5.1.1 环境要求

(1)地面气象观测场是取得地面气象资料的主要场所,地点应设在能较好地反映本地较大范围的气象要素特点的地方,避免局部地形的影响。观测场四周必须空旷平坦,避免建在陡坡、洼地或邻近有丛林、铁路、公路、工矿、烟囱、高大建筑物的地方。避开地方性雾、烟等大气污染严重的地方。地面气象观测场四周障碍物的影子应不会投射到日照和辐射观测仪器的受光面上,在附近没有反射阳光强的物体;

(2)在城市或工矿区,观测场应选择在城市或工矿区最多风向的上风方;

(3)地面气象观测场的周围环境应符合《中华人民共和国气象法》以及有关气象观测环境保护法规、规章和规范性文件的要求;

(4)地面气象观测场的环境必须依法进行保护;

(5)地面气象观测场周围观测环境发生变化后要进行详细记录。新建、迁移观测场或观测场四周的障碍物发生明显变化时,应测定四周各障碍物的方位角和高度角,绘制地平圈障碍物遮蔽图;

(6)无人值守气象站和移动气象观测站的环境条件可根据设站的目的自行掌握。

3.5.1.2 建设要求

地面气象观测场应为东西、南北向,大小应为 25m×25m,有辐射观测的应为 35m(南北向)×25m(东西向)。受条件限制的高山站、海岛站、无人站,观测场大小以满足仪器设备的安装为原则。

不得垫高观测场。

观测场地应平整,场内应整洁。场内应尽可能保持自然下垫面,草高不得超过 20 cm,避免养护草层对观测场内温、湿度环境造成影响。

除必建的小路外,观测场外四周 2m 范围内应与观测场内下垫面一致,不得用水泥或沥青等进行硬化。

降水较多的地区,四周可修建排水沟,以尽可能减少强降水时造成观测场内积水。排水沟的宽度约为 30～50cm,深度约为 20～30cm,并采取必要的安全措施。

台站应尽可能在观测场处设置独立避雷针,使观测场仪器设备在直击雷防护区内,具体安装应符合《建筑物防雷设计规范》(GB 50057—1994)和《地面气象观测规范》的要求。

应按《地面气象观测规范》要求在观测场附近平坦、开阔的地方设置积雪专用观测地段。

观测场内不宜安装装饰灯。为夜间观测方便,可在部分仪器旁安装采光灯(冷光源,功率不超过 25W),在地沟内铺设地下供电线缆。

观测场四周应设置约 1.2m 高的稀疏围栏,围栏应坚固、美观、耐用,白色,不得使用对要素测量有影响的材质(如反光的不锈钢等)。栅条宽度应小于 8cm,栅条的间距应大于 10cm。围栏四周高度应一致,且水平。

一般只在围栏立柱处建设基座，基座要保证围栏安装的牢固。为了对观测场地的标识，可在观测场四周建设完整的基座，其宽度、高度均以 15～20cm 为宜。

3.5.1.3　*仪器布局*

观测场内仪器设施的布置要注意互不影响，便于观测操作。具体要求：

(1)高的仪器设施安置在北边，低的仪器设施安置在南边；

(2)各仪器设施东西排列成行，南北布设成列，相互间东西间隔不小于 4m，南北间隔不小于 3m，仪器距观测场边缘护栏不小于 3m；

(3)仪器安置在紧靠东西向小路南面，观测员应从北面接近观测仪器；

(4)辐射观测仪器一般安装在观测场南面，观测仪器感应面不能受任何障碍物影响；

(5)因条件限制不能安装在观测场内时，总辐射、直接辐射、散射辐射以及日照观测仪器可安装在天空条件符合要求的屋顶平台上，反射辐射和净全辐射观测仪器安装在符合条件的有代表性下垫面的地方；

(6)仪器设备安装、维护及检查按表 3.19 的要求进行；

(7)北回归线以南的地面气象观测站观测场内设施的布置要考虑太阳位置的变化进行灵活掌握，使观测员的观测活动尽量减少对观测记录代表性和准确性的影响；

(8)现阶段观测场内仪器的布置可参考图 3.129。按照中国气象局对观测业务的发展规划，现行地面气象观测业务将逐步建设新型自动气象站，并挂接激光云高仪、前向散射式能见度仪、降水现象仪等，实现常规气象要素(空气温度、相对湿度、风速、风向、气压、降水量、蒸发、地温)及云高、能见度、降水现象等气象要素的全自动观测。

自动化后各类台站的布局可参考图 3.130、图 3.131。

表 3.19　仪器安装要求表

仪器	安装要求	误差范围	基准部位
温湿度传感器	高度 1.5m	±5cm	感应部分中部
雨量传感器	高度不得低于 70cm		口缘
蒸发传感器	高度 30cm	±1cm	口缘
地面温度传感器	感应部分和表身埋入土中一半		感应部分中心
草面温度传感器	草内离地面 6cm	±1cm	感应部分中心
浅层地温传感器	深度 5、10、15、20cm	±1cm	感应部分中心
深层地温传感器	深度 40、80 cm 160cm 320cm	±3cm ±5cm ±10cm	感应部分中心
日照传感器	高度以便于操作为准 纬度以本站纬主为准 方位正北	±0.5° ±5°	底座南北线
辐射传感器	支架高度 1.50m 直射、散射辐射表： 方位正北 纬度以本站纬度为准	±10cm ±0.25° ±0.1°	支架安装面 底座南北线
风速传感器	安装在观测场高 10－12m		风杯中心

续表

仪器	安装要求	误差范围	基准部位
风向传感器	安装在观测场高 10－12m	±5°	风标中心 方位指南(北)杆
气压传感器	高度以便于操作为准		盒体垂直中线
采集器箱	高度以便于操作为准		

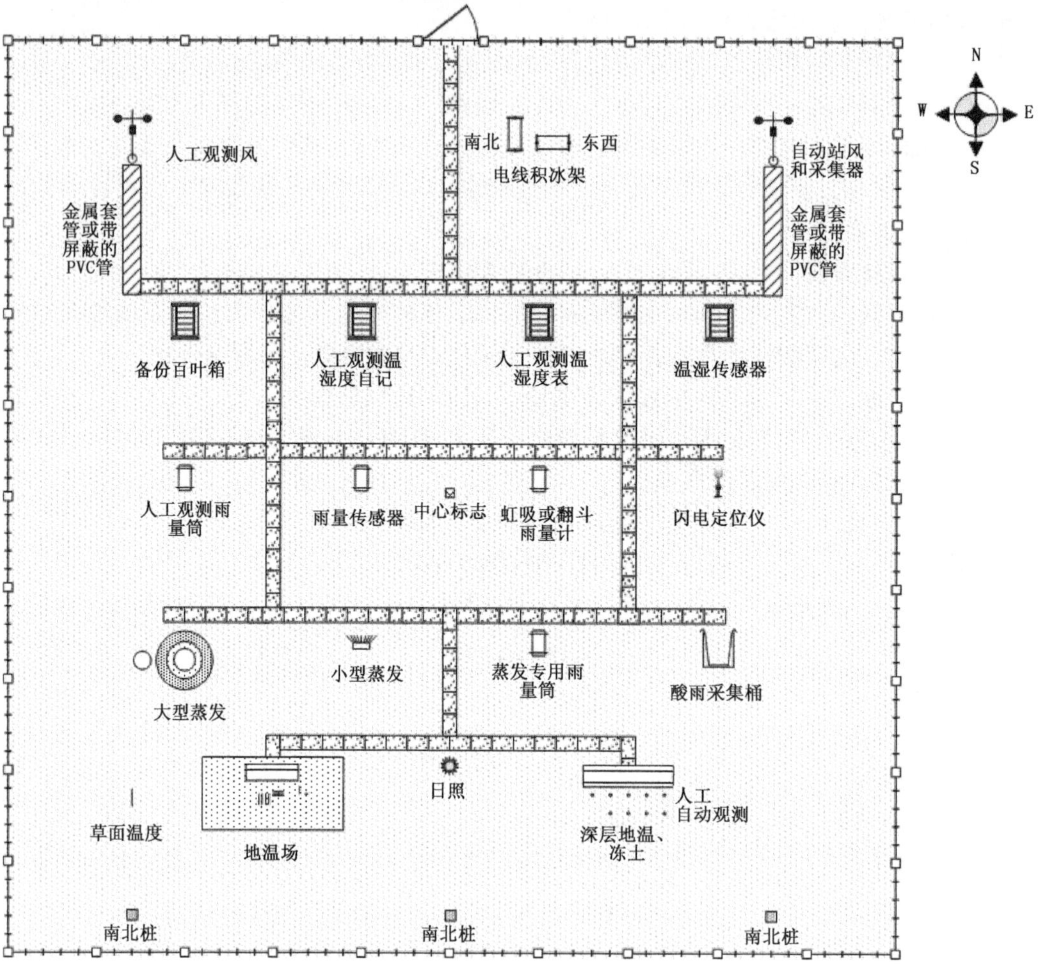

图 3.129 现行地面气象观测场仪器布局参考图

3.5.1.4 观测值班室

(1)值班室建设

值班室建设应符合“关于进一步加强气象探测环境保护工作的通知(气发〔2008〕201 号)”的要求，其中，国家基准气候站和国家基本气象站不小于 $20m^2$，国家一般气象站不少于 $15m^2$，与其他观测业务一起的综合探测值班室应不少于 $40m^2$。面积不足的可暂时维持，有条件时应予以调整。

值班室一般建在观测场北边。观测员在值班室应有较开阔的视野，能看见观测场的全貌，

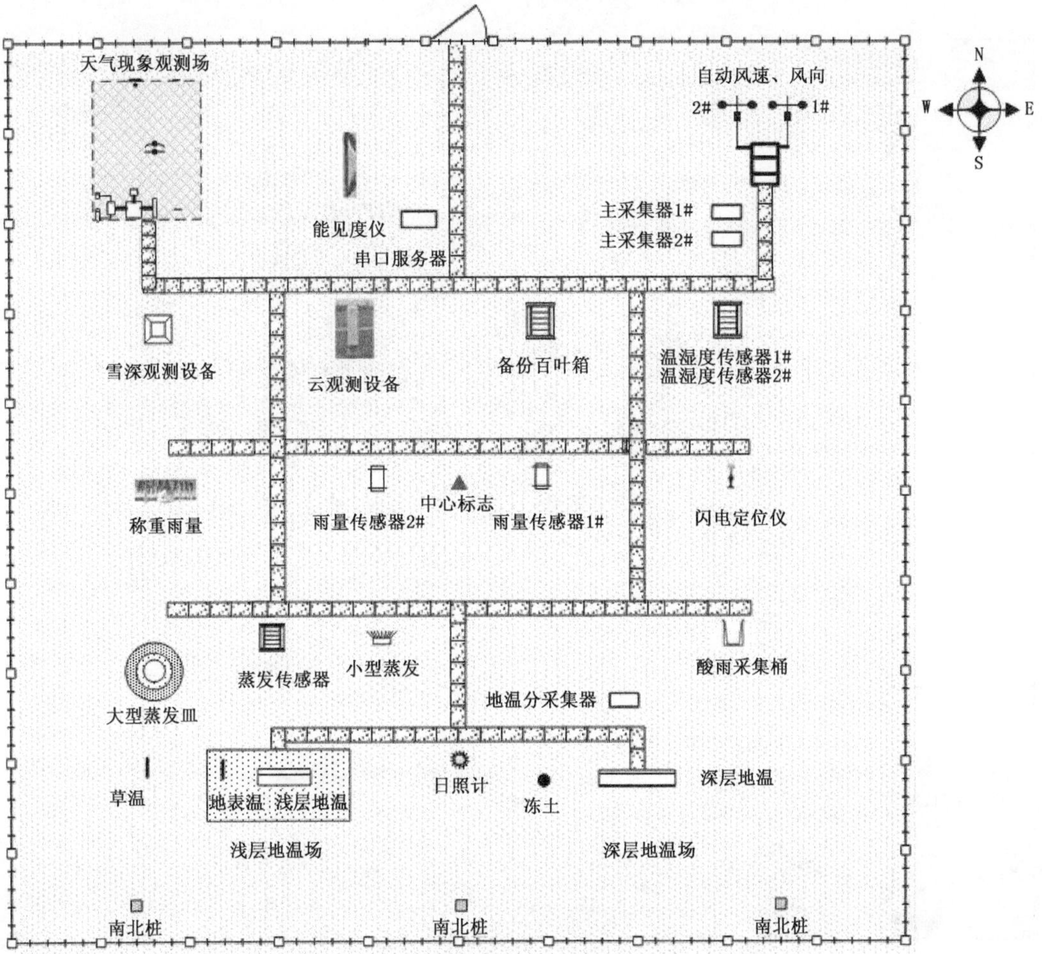

图 3.130 基准站观测场仪器布局参考图(自动化后)

可随时监视观测场的情况和天气的变化。

(2)值班室内要求

①室内装修。应简洁大方,整洁、无灰尘,采用现代办公家具、防静电地板或地板砖,家具、柜子、工作台等可根据值班室布局定做,墙面、窗帘等以浅色调为主,照明采用无闪烁日光灯,要求达到总体美观、布局合理、便于操作维修。

承担酸雨观测任务的台站必须建立专用酸雨观测工作室,有关建设内容符合《酸雨观测业务规范》的要求。

②供电。微机设备、照明、空调供电应分开,采用三相五线制,市电(交流,220V+10%、−15%、50Hz),其电源应从配电盘接专线供电,不得与其他设备共用同一相电。室内线缆走暗线,不得暴露,插座、电源开关等安装必须符合供电部门的规范设计要求,布局合理,并有利于用电操作。

配置 UPS 电源和发电设备,建立专用机房及相应的配电设备。上述设备的接地应符合规范设计要求。

③防雷。值班室应具备有效的直击雷防护措施,需要有良好的接地体,接地电阻小于 3Ω,

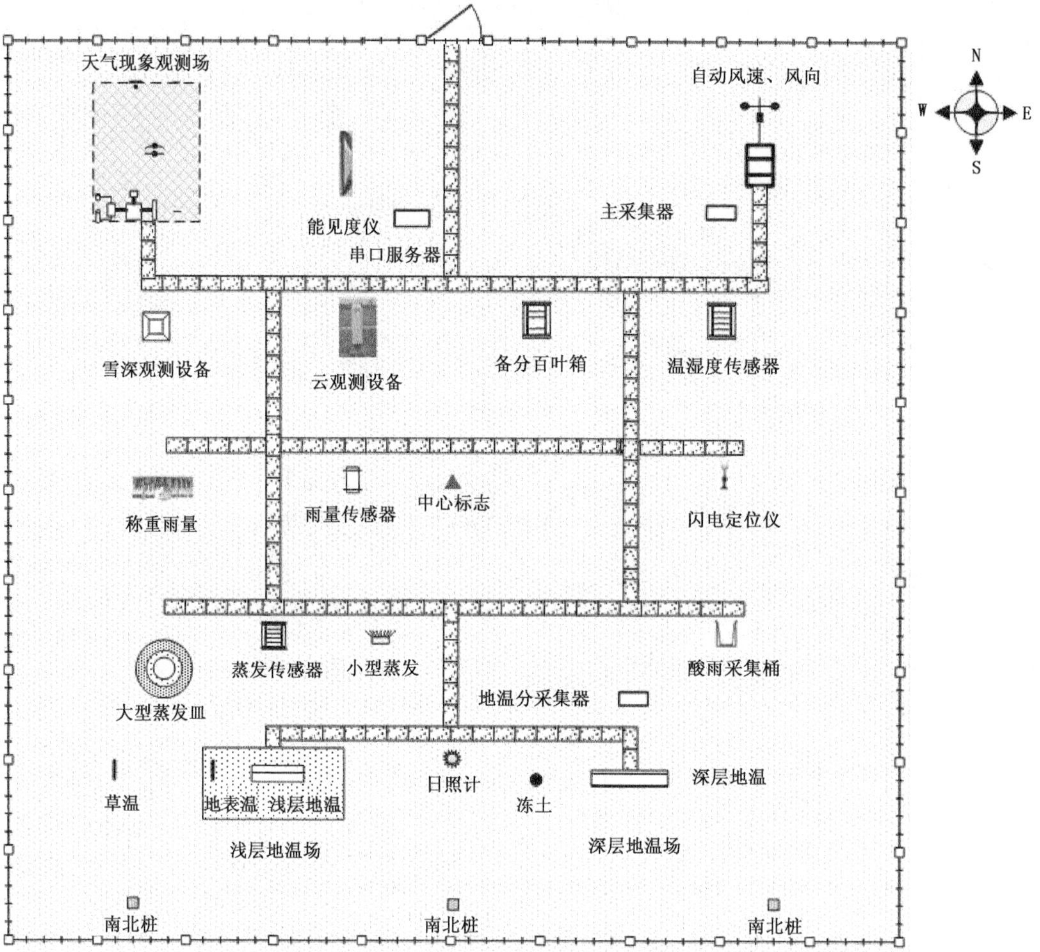

图 3.131　基本站、一般站观测场仪器布局参考图(自动化后)

室内仪器设备均须可靠接地;值班室供电线路、电话线、网线、信号线及其他入室线必须安装适配的电源、信号 SPD。

④通信传输。要建立至上级业务部门的通信传输专线(或通过局域网实现),带宽至少应为 2m,建立备份通信传输线路,备份线路能够保证本站各类观测系统的实时传输。

⑤工作台和微机。值班室至少应配备工作台 1 个、微机桌 2～3 张、测报专用微机 1 台、自动气象站微机 1 台,打印机 1 台,综合气象观测业务柜等。工作台上安放与台面相当的玻璃板,玻璃板下摆放与值班有关的各种查算用表。

承担辐射观测任务的台站须另增加相应工作台。

⑥时钟。墙壁醒目位置悬挂有电子时钟,时钟时间与北京时误差小于 30s。

⑦规章制度和资料。墙面上必须悬挂能见度目标物图、观测员职责、值班制度、交接班制度、场地仪器设备维护制度。还可根据需要悬挂本站常规历年气象资料图表和其他规章制度、工作流程等。

整理装订后的各类资料、各种查算表、业务技术规定、规章制度等专柜存放,在柜子相应位置贴上标签,分类存放,要求放置整齐、便于取放。

⑧其他。室内应有取暖(制冷)设备,配有空调的,其空调机不能正对气压传感器,距离应在 1.5m 以上。

备份仪器、常用工具等有专柜,并分类存放。

3.5.1.5　区域气象观测站建设环境要求

(1)站点位置的基本条件

区域站的站点位置应选择在省(区、市)区域站站网总体布局规划图的网格点附近,以具有一定的地域代表性、满足当地气象服务或特定服务需要、交通便利、便于维护维修为原则,兼顾设备安全,尽量安置在能保持长久固定的单位,避免频繁迁移。

(2)站点位置的探测环境条件

站点的气象探测环境应能够保证观测的气象要素具有一定的代表性。用于中小尺度天气监测的区域站与周围障碍物的距离不小于障碍物高度的三倍;为森林、湿地、交通、海上平台、浮标、船舶、桥梁等特殊需求服务的区域站亦应满足其配置的观测要素的最基本的代表性条件。场地、仪器的通风和光照条件须得到保证,避免建在高大建筑群、山凹、陡壁等影响资料地域代表性或对观测资料准确性有干扰的地方。

(3)站点位置的电力电源条件

区域站应优先选择太阳能或风能供电,以降低因电力线路引入的雷电干扰和破坏,电力功率应满足技术要求。采用公共电力供电的区域站,所选站点位置应当具备 220V 交流电源供电条件,达到基本不停电,并加装防雷电设施。

(4)站点位置的通信条件

站点位置应具备自动观测数据实时传输所需要的 GPRS(通用无线分组)、CDMA(无线码分多址)、手机短信、ADSL(有线数字电路)或专线方式的通信条件。当采用无线通信方式进行区域站数据传输时,站点位置的手机信号强度须经现场测试,达到稳定可靠。信号不稳定,又不能改换的地点,须申请当地移动通信部门对基站天线方向进行调整。

(5)站点位置的看护条件

负责建设和管理区域站的气象部门应与站点所在单位或邻近具备看护条件的单位签订合作协议,落实区域站的探测环境保护职责,安排固定人员负责仪器设备和场地设施的经常性维护,做好设备和场地的安全保护。

3.5.2　自动气象站防雷

依据《自动气象站场室场室防雷技术》,自动气象站场室防雷等级一级进行设计。

3.5.2.1　防雷地网

(1)自动气象站场室的工作室地网、室外观测场地网两部分做等电位连接形成共用接地系统(图 3.132)。

两地网间的连接带不应少于两条,使用不小于∅16 的镀锌圆钢或相应规格的其他金属材料进行连接,连接带的埋设深度不小于 500mm。

当两地网之间的距离大于 75m 时,可不另设专用连接带,但各地网接地电阻应符合相关要求。当两地网之间的距离小于 75m,且距离大于 $2\sqrt{\rho}$(ρ:土壤电阻率,单位 Ω·m)时,在适当位置增设人工垂直接地体。

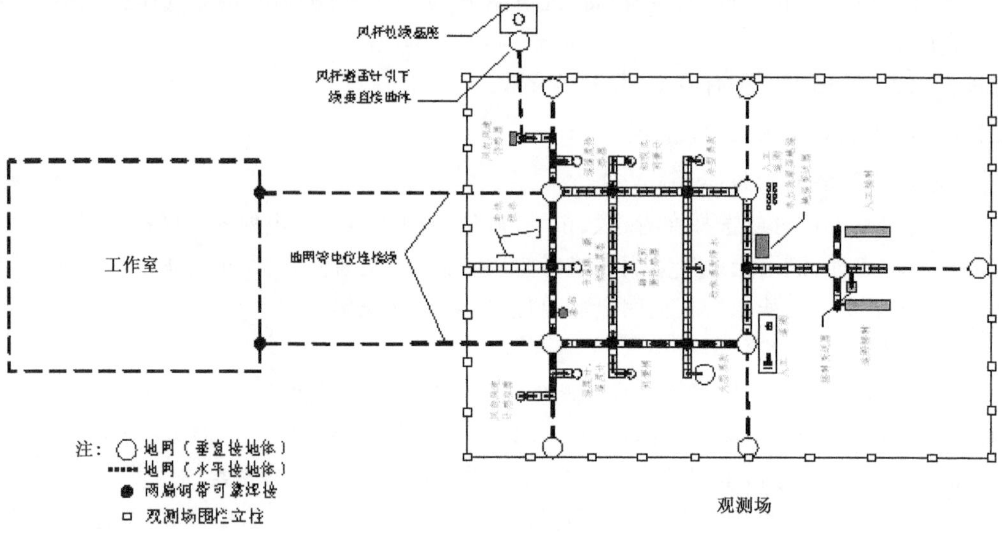

图 3.132 地网等电位

(2)自动气象站观测场采用垂直接地体与接地体结合的方式埋设人工接地体，人工水平接地体的埋设深度不小于 500mm；人工垂直接地体沿水平接地体均匀埋设，其长度为 2500mm，垂直接地体的间距大于其长度的两倍。施工过程中，应在自动气象站观测场电缆沟下埋设人工接地体。

(3)人工垂直接地体采用角钢、钢管或圆钢；人工水平接地体采用扁钢或圆钢；接地体规格要求如下：

圆钢直径不应小于 10mm；扁钢截面不应小于 $100mm^2$，其厚度不应小于 4mm；角钢厚度不应小于 4mm；钢管壁厚不应小于 3.5mm。

(4)自动气象站观测场所有设备共用同一接地系统，其接地电阻不大于 4Ω。在土壤电阻率大于 1000Ω · m 的地区，可适当放宽接地电阻值要求，但此时接地系统环形接地网等效半径不小于 5000mm。

3.5.2.2 避雷针

所有地面气象观测设备均应在雷击的 LPZ0A 区，在观测场外 0～5m 处(观测场四角适当位置)分别建设 18m 高杆式独立避雷针 4 支，要求避雷针接地单独设置，并与观测场地网分离，分离距离大于 3m。若受地形影响无法在观测场外架设避雷针和设置独立接地的，则另行设计。

3.5.2.3 自动站设备接地

观测场内金属围栏、各类传感器安装专用支架、雨量器、雨量计、蒸发皿、自动气象站信号转接盒，采集器等金属外壳应就近与观测场地网电气连接。

3.5.2.4 数据线布设

(1)自动站的信号线和电源线分别放在两个金属桥架内，或放在一个三槽桥架镀锌线盒内，并用桥架盖盖严，避免线路间互相干扰，各种接头或引出线端使用专用接头和堵头，以保证线槽完全密封。

(2)观测设备数据传输线选用带屏蔽层的电缆。金属桥架和数据传输线的外屏蔽层在进入电缆沟处和外转接盒处就近接地。金属桥架首尾电气贯通，若该金属桥架长度超过 $2\sqrt{\rho}$ 时应增加其接地点。

(3)风向、风速数据传输线采用带屏蔽层的线缆，在金属支撑管内敷设，传输线的外屏蔽层首尾两端与支撑管做电气连接；当风向、风速支撑为金属塔时，将数据传输线穿金属管垂直敷设，传输线的外屏蔽层和金属管的首尾两端与金属塔身做电气连接，金属管的首尾应电气贯通。

(4)观测场到工作室的数据传输线外屏蔽层及金属桥架在观测场地网边缘处就近接入观测场地网，金属桥架首尾应电气贯通，若该金属桥架长度超过 $2\sqrt{\rho}$ 时应增加其接地点。

(5)受环境限制，确实无法采用金属桥架敷设的部分，可以穿金属管屏蔽敷设。金属管应电气贯通并在首尾接入地网，当金属管长度超过 20m 时应在适当的位置增加其接地点。

3.5.2.5　SPD 系统

1)双套自动站分别配备交流电源线路 SPD、网络数据线路 SPD 和自动站数据采集线路 SPD。

2)供电系统采用 TN－S 系统，总配电房电源进线安装 MYS11－80KA/3(三相四线)电源避雷器一组，防止由市电网引入的雷电波侵入。

3)在机房配电箱分别安装 MYS5－20KA/4 电源避雷器一组，作为第二级分流设备进一步防止由市电网引入的雷电波侵入，消除由主配电室至配电箱这一段线路受到电磁感应。

4)在机房内设备供电线路安装防雷插座 MYS5/DY01(单相三线 10A)电源避雷器 1 只，作为设备防雷的精细保护。

5)在网络通信端口加装 RJ45－E100/4－01 信号避雷器，技术指标见表 3.20。

表 3.20　避雷器技术指标

型号	放电电流(8/20μs)	工作电压	传输速率	保护回路	接口形式
RJ45－E100/4－01	0.5kA	5V	155Mbp	1.2.3.6 脚	RJ45

(6)自动气象站数据传输线进入转接盒及采集器前端，宜加装 I_n 大于 5kA(8/20μs)的信号 SPD。

3.5.3　供电系统

3.5.3.1　市电的维护

1)每月查看台站配电箱一次，如发现隐患及时排除；

2)每周检查室内给采集器供电的接线板是否正常，电线是否有发热现象；

3)每周检查采集器供电电源是否正常；

4)台站安装新的设备时，要请专业的电工进行电源连接，严禁私拉乱接。

3.5.3.2　发电机的维护

1)每周将发电机开启一次，检查运行是否正常；

2)定期检查燃油备用情况是否正常。

3.5.3.3 UPS维护

(1)安全注意事项

UPS的电池组电压虽然不高,但短路电流很大,一把大螺丝刀可在瞬间烧断,对人体存在一定的烧伤危险,所以在装卸导电连接条和输出线时一定要小心,采用的工具应绝缘,特别是输出接点更应该有防止触电的设置。

(2)使用环境

1)UPS的使用环境要求清洁、少尘、干燥,灰尘和潮湿的环境会引起UPS工作不正常。

2)UPS标准使用温度为25℃,平时最好不要超出15~30℃这个范围。温度超出范围不但会减小电池组的容量,还会进一步影响UPS的使用寿命。

3)UPS的防磁能力也不是很好。所以不应把强磁性物体放在UPS上,否则会导致UPS工作不正常或损坏机器。

(3)开机前注意事项

在开机之前,首先需要确认输入市电连线的连接是否牢固,以确保人身安全。注意负载总功率不能大于UPS的额定功率。应避免UPS工作在过载状态下,以保证UPS能够正常工作。

(4)开关机顺序

1)为了避免负载在启动瞬间产生的冲击电流对UPS造成损坏,在使用时应首先给UPS供电,使其处于旁路工作状态,然后再逐个打开负载,这样就避免了负载电流对UPS的冲击,使UPS的使用寿命得以延长。

2)关机顺序可以看做是开机顺序的逆过程,首先逐个关闭负载,再将UPS关闭。

(5)电池维护

1)蓄电池的维护常被人们所遗忘。大气监测自动化系统的自动气象站使用免维护阀控式铅酸蓄电池,"免维护"并非是在使用过程中不需要维护和保养,其意义仅是相对于开口电池而言,开口电池需要加水和调节酸密度,而阀控式铅酸蓄电池不需要,即免维护。

2)要延长蓄电池的使用寿命,由于在市电供应质量高的地区,台站的蓄电池几乎没有放电机会,这会使电池极板硫化,引起内阻增大、容量减少、负载能力下降。所以,每隔2~3个月,人为地放一次电是必要的,人为放电过程应严格按照UPS操作手册进行。

3.5.3.4 太阳能电源系统的维护

(1)太阳能板的维护

太阳能板在长期野外使用过程中会蒙上厚厚的灰尘或一些鸟屎,这些污垢严重影响了太阳能板的正常工作,必须定期对太阳能板进行清洁、除尘操作。

(2)太阳能蓄电池的维护

由于野外天气变化复杂的原因,太阳能蓄电池的充放电很不规则,造成太阳能蓄电池性能下降,应每2~3年更换一次太阳能蓄电池。更换太阳能蓄电池必须小心谨慎,防止蓄电池短路的情况发生,杜绝不安全事故出现。

3.5.4 观测场内环境维护

地面气象观测场是安置气象探测设备的场地,应该严格按照中国气象局制定 的《地面气象观测规范》对观测场进行常规性的维护，具体内容如下。

1)观测场内不放置非气象仪器；

2)经常保持观测场内整洁，浅草平铺，草高超过 20cm 时，应及时剪割，剪下的草要及时运出；

3)地温场地保持裸地，雨后及时耙松；场内不准种植作物，观测场四周 10m 范围内不种高秆作物，在围栏上不得爬蔓生植物和晾晒衣物等；

4)有积雪时，小路上的积雪可清除，场地积雪不清理；

5)积极主动保护气象探测环境不被破坏。

3.5.5　观测室内环境维护

观测室应该严格按照《地面气象观测规范》及相关规章、规定进行常规性的维护，具体内容如下。

1)保持观测室内的清洁卫生，仪器摆放整齐、有序，便于操作和维护；

2)每周用毛刷清洁 UPS 电源、计算机、打印机、蓄电瓶和网络通信设备，每月可用打气管将仪器设备内部冲刷一次；

3)UPS 电源、计算机、蓄电瓶等设备上不得放置其他物品，并保持通风；

4)室外温度夏季高于 35℃、冬季低于－10℃的地方，观测室内应配备取暖和降温设施；

5)观测室内不得堆放与测报业务无关的物品。

3.5.6　防雷设施的维护

1)每年雨季前要用地阻仪对观测场、观测室地阻进行检测，若大于 4Ω，应查明原因，若因地网腐蚀严重的，应更换地网；每年的检测报告应存档；

2)每年雨季前，应对电源避雷器、信号避雷针进行一次检查，发现老化变性的应及时更换；

3)每年雨季前，应详细检查采集器、雨量传感器、地温转接盒的接地端子是否生锈，如有生锈则应仔细除锈，用沥青或防水胶带将接地端子密封好并埋入土中；

4)观测场、值班室内新增仪器设备，应对金属外壳进行接地，接地线并入统一地网，并入时若用电焊焊接，则焊接前应断掉观测场、值班室内所有仪器的接地线，焊接后，恢复所有断开的接地线。

3.6　软件安装及设置

3.6.1　软件安装

1)双击安装包进行解压缩，运行 Setup. exe 文件，安装程序开始运行，出现《地面气象测报业务系统》的安装向导窗口(图 3.133)。

在显示进度条期间，安装程序自动检查系统运行的需求，如是系统所必需的运行对象不存在，则会给出“严重”的窗口提示，点击”确定”后，将会退出安装程序。当显示器的分辨率低于 1024×768 时，将会给出如图 3.134 所示的信息。

点击“确定”后，将会退出安装程序。

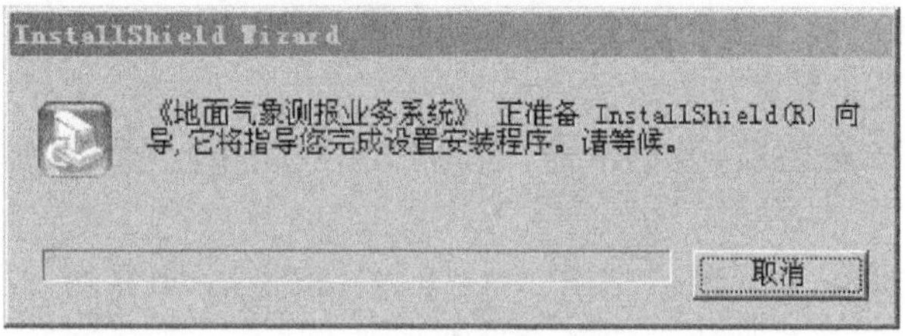

图 3.133

图 3.134

2)进度条显示满 100%后，即系统运行需求满足，则会继续安装，进入欢迎窗口。即出现图 3.135 所示的提示。

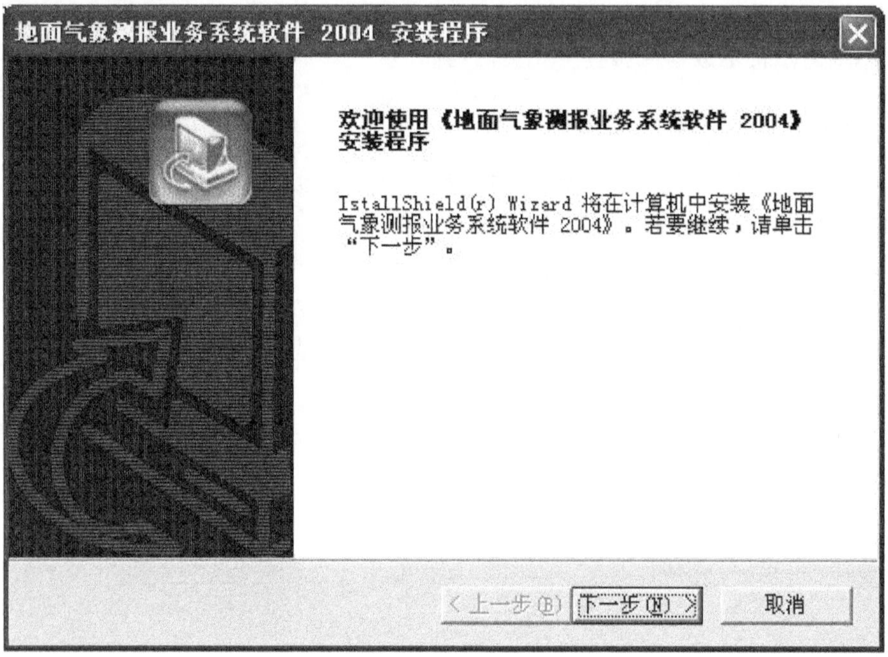

图 3.135

3)只有选择软件安装许可协议"是(Y)"按钮(图 3.136)，才能继续下一步的安装过程，否则将中止安装过程。如果选择"上一步"按钮，将返回欢迎窗口。

4)"用户名"自动从计算机读取，"公司名称"随意填写但不能空，"序列号"固定为 12345；之后点击"下一步"进行安装(图 3.137)。

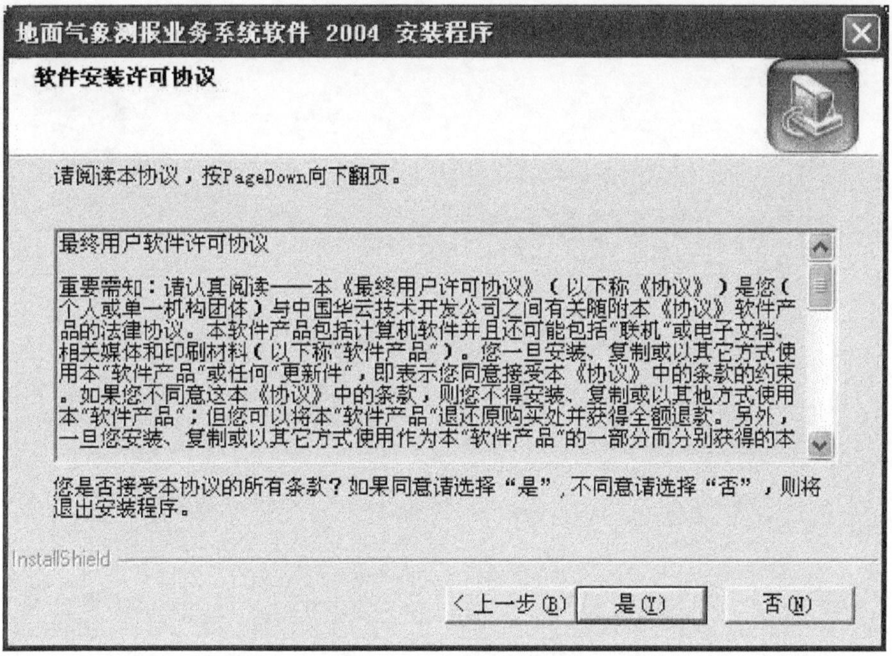

图 3.136

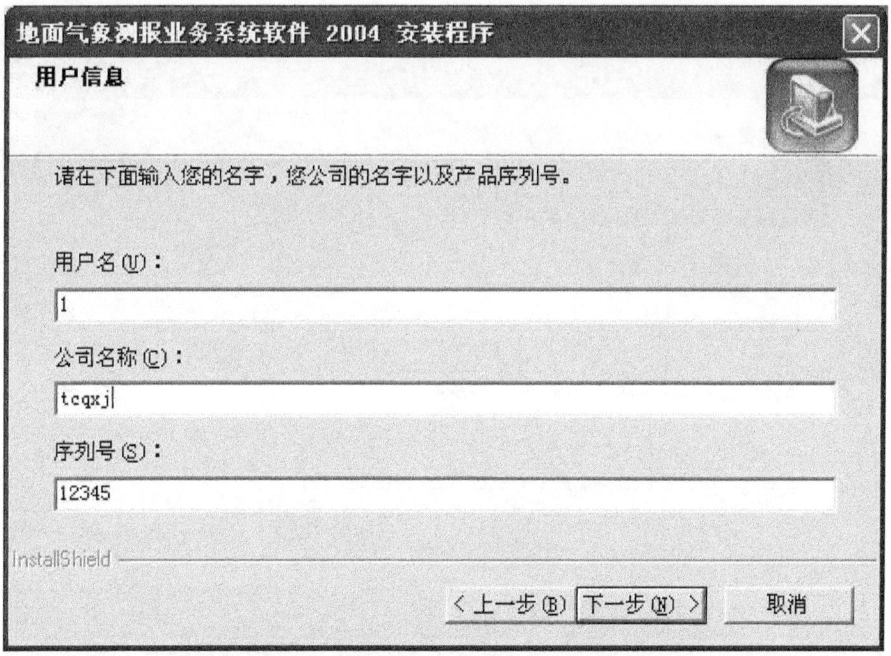

图 3.137

5)安装程序缺省的目的文件夹为"C:\OSSMO 2004"，若需改变安装文件夹，则可点击"浏览"按钮，来选择其他文件夹(图 3.138)。

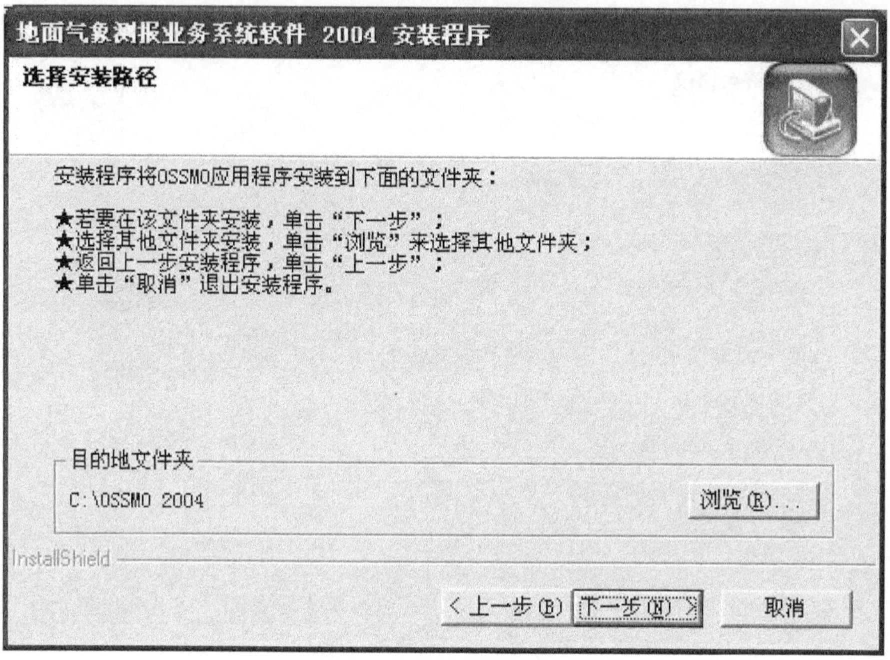

图 3.138

6)安装类型按照软件默认“典型”即可(图 3.139)。

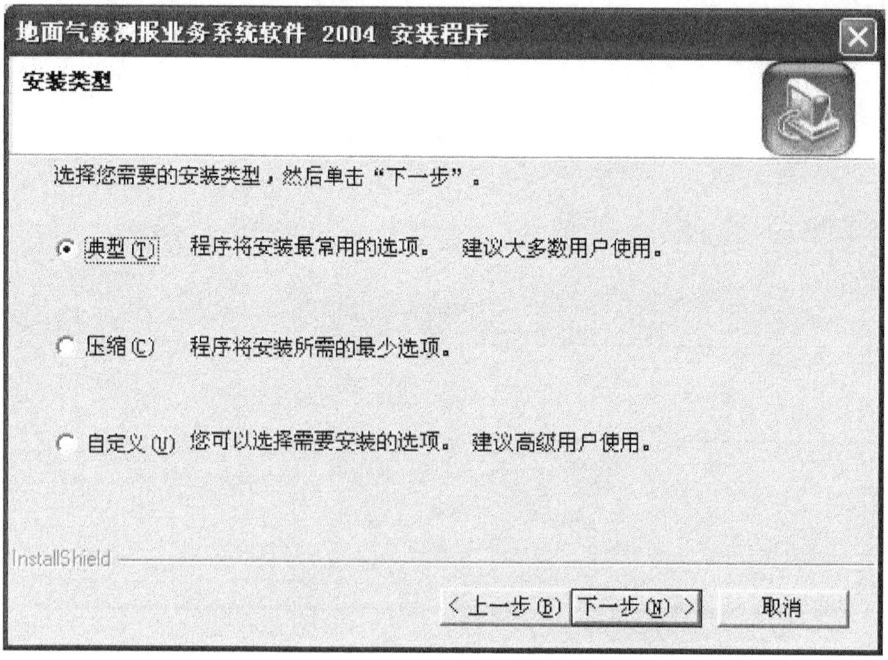

图 3.139

7)进入程序组选择画面(图 3.140)。

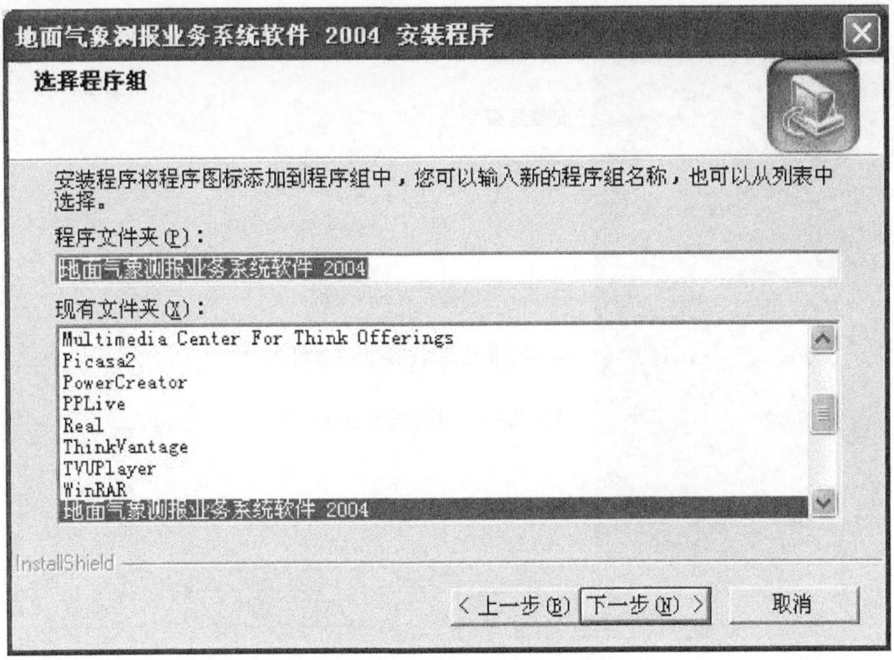

图 3.140

点击“下一步”按钮，进入安装信息画面(图 3.141)。

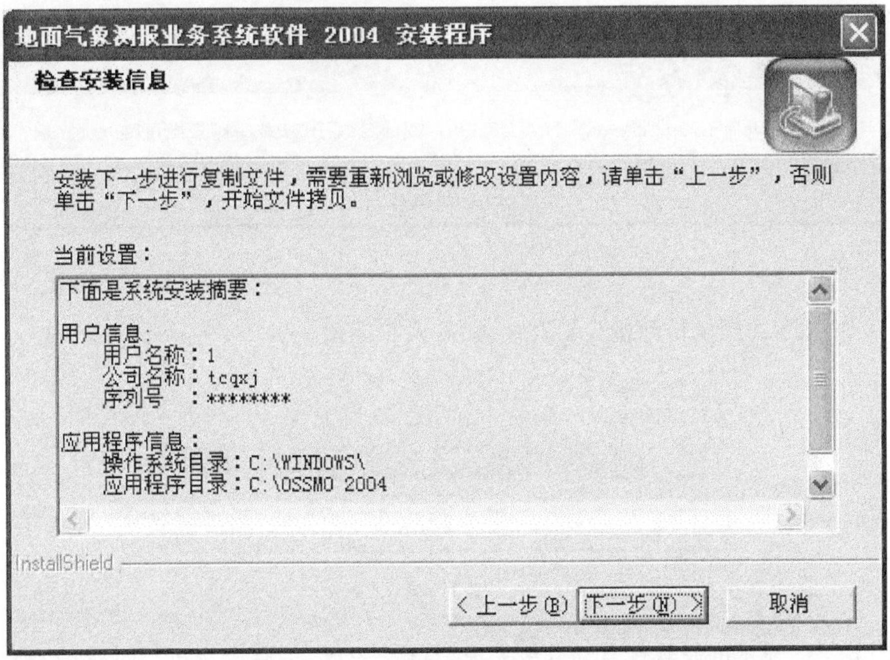

图 3.141

8)由于还需要进行软件升级，所以选择“稍后重启计算机”(图 3.142)。

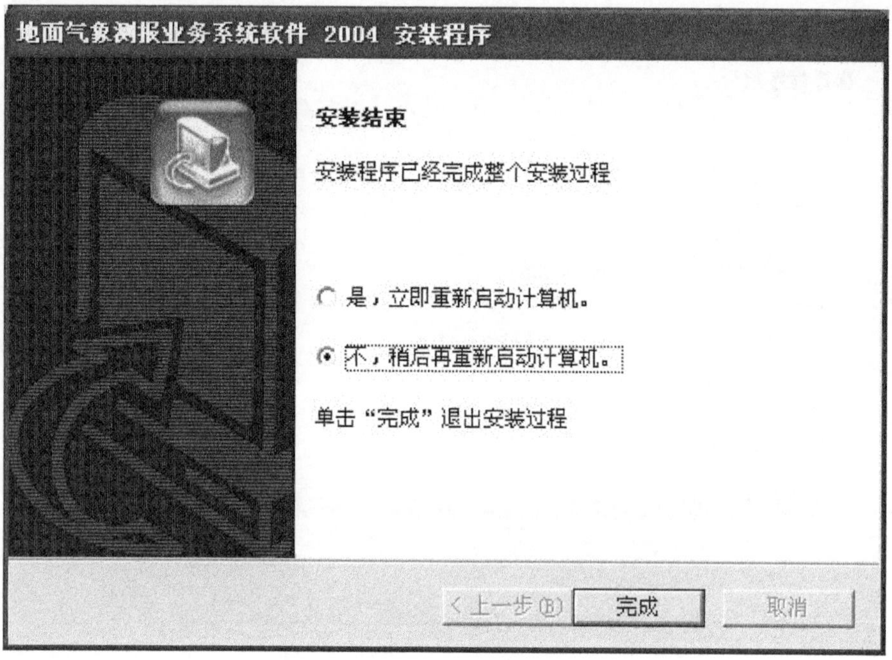

图 3.142

9)下载 OSSMO 2004 最新版本，进行升级，按照下图提示，关闭所有正在运行的地面气象测报业务系统相关软件，选择"是(Y)"(图 3.143)。

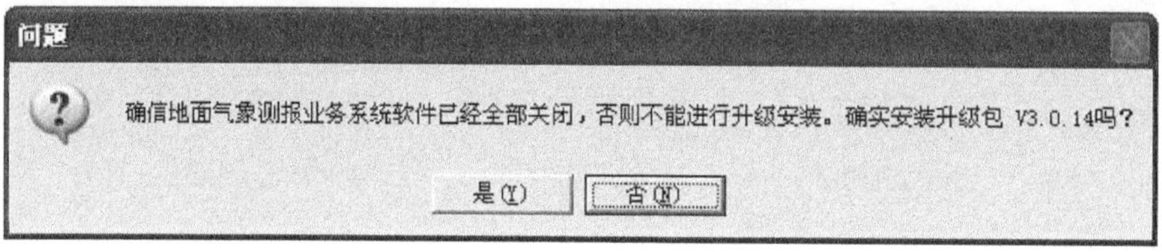

图 3.143

图 3.144 显示的是软件开始自动升级，无需人工干预。

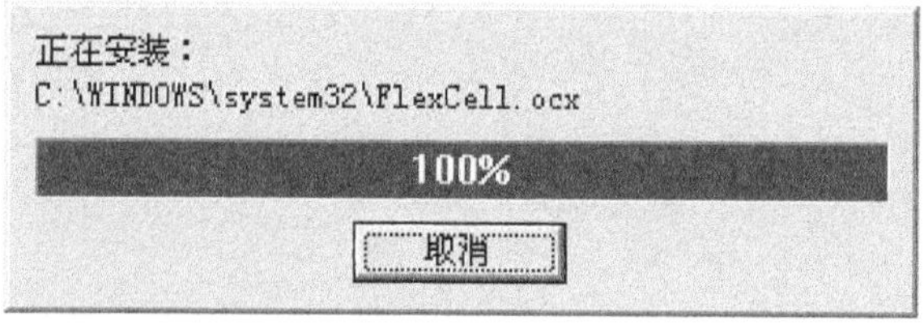

图 3.144

10)图 3.145 显示的是软件自动升级完成，点击"完成"重启计算机，即完成 OSSMO 2004 的安装。

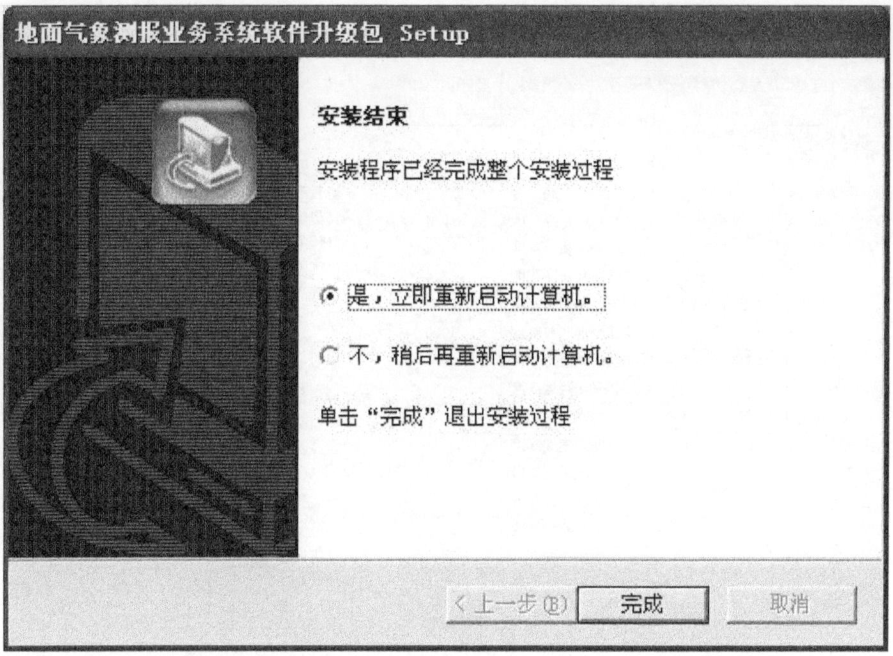

图 3.145

3.6.2 参数设置

3.6.2.1 OSSMO 2004 参数设置

OSSMO 2004 参数设置的功能有：台站参数、省(区)台站参数、仪器检定证数据、旬月历史数据、地面审核规则库、辐射审核数据、文件传输路径等。

(1)台站参数

台站参数包括台站基本参数、定时编报参数、重要天气报参数、航空报参数、热带气旋加密报参数、加密雨量报参数、气象旬月报参数和气候月报参数。

图 3.146 为台站基本参数，台站根据本站地面观测相关参数，结合“地面气象测报业务软件(OSSMO 2004)操作手册”进行设置。

图 3.147 为定时编报参数，台站根据本站编发报任务，结合《地面气象测报业务软件(OSSMO 2004)操作手册》进行设置。在天气报告中降水量取自的观测仪器有雨量筒和雨量计或自动雨量传感器两个选项中，相关规定中要求：在编发天气(加密)报，自动雨量传感器使用期间选中“雨量计或自动雨量传感器”，自动雨量传感器停用期间，则选中“雨量筒”。

图 3.148 为重要天气报参数、航空报参数，台站根据本站编发报任务，结合《地面气象测报业务软件(OSSMO 2004)操作手册》进行设置。

图 3.149 为热带气旋加密报参数、加密雨量报参数、气象旬月报参数和气候月报参数，台站根据本站编发报任务，结合《地面气象测报业务软件(OSSMO 2004)操作手册》进行设置。

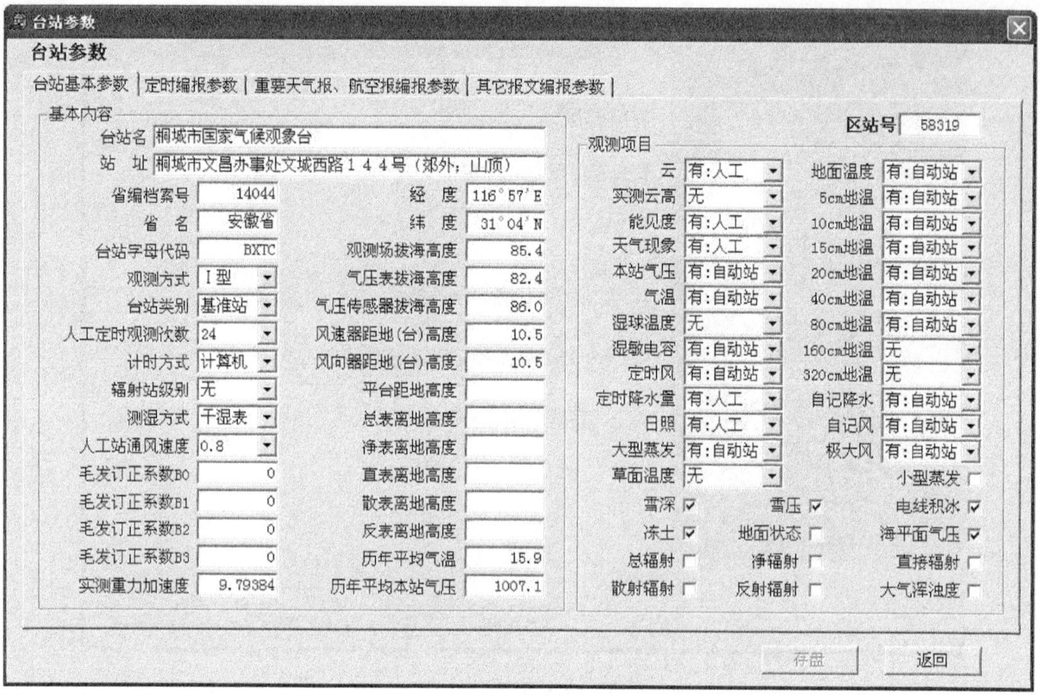

图 3.146 台站基本参数设置

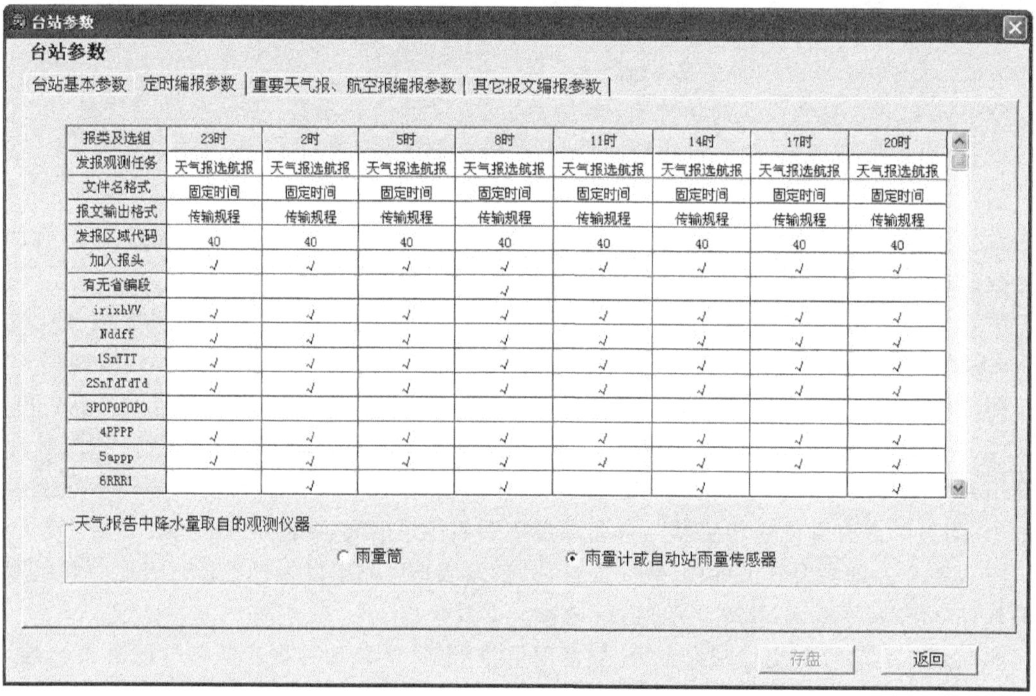

图 3.147 定时编报参数设置

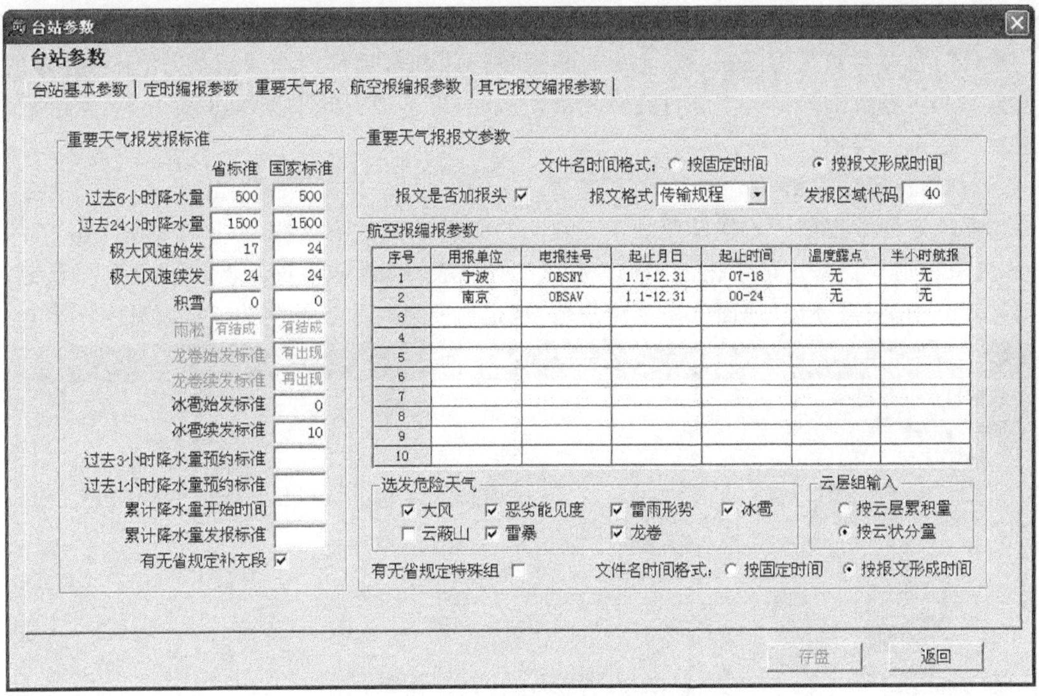

图 3.148　天气报、航空报参数设置

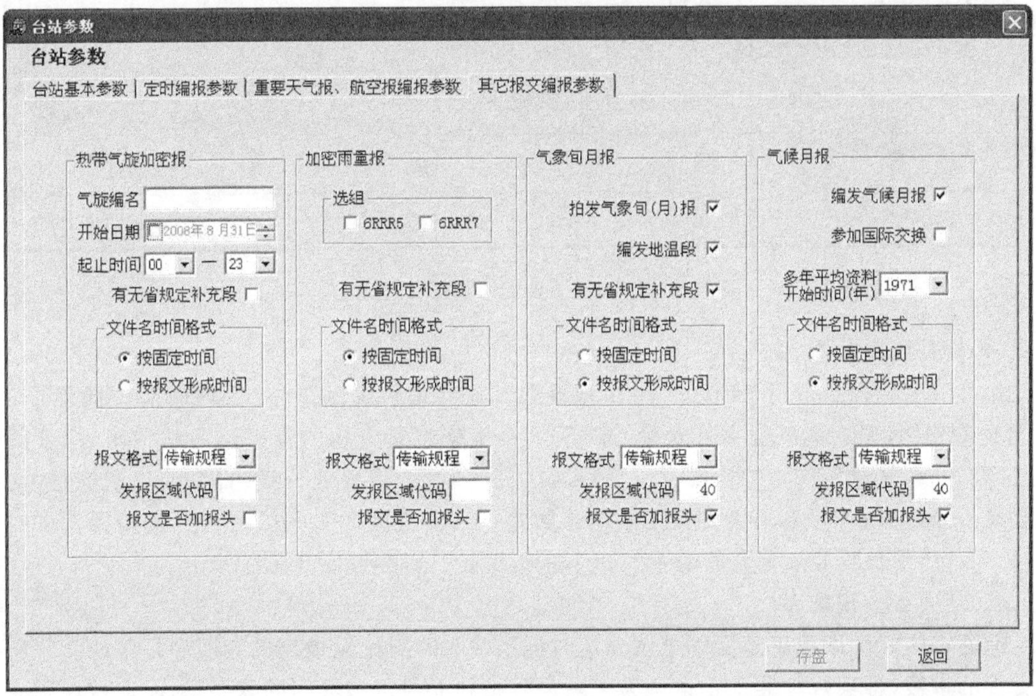

图 3.149　其他报文参数设置

特别说明：OSSMO 2004 台站参数的设置必须保证绝对正确，否则直接影响到自动站数据的正常采集和编发报的正确与否，因此要仔细校对。

(2)省(区)台站参数

省(区)台站参数是为国家、省、地级资料审核部门和管理部门而设定的,用于对管辖的全部气象站基本参数的维护。本软件在台站级使用时,可不进行此项操作,只需在“台站参数”中对本站参数进行维护。

(3)仪器检定证数据

仪器检定证数据用于正在使用的人工观测的常规地面观测仪器(有仪器器差订正值的仪器)和气象辐射仪器检定证数据的维护。在人工站观测中,常规地面观测仪器须全部登记;在自动站观测中,只需登记《地面气象观测规范》规定需要进行人工补测的仪器。见图 3.150。

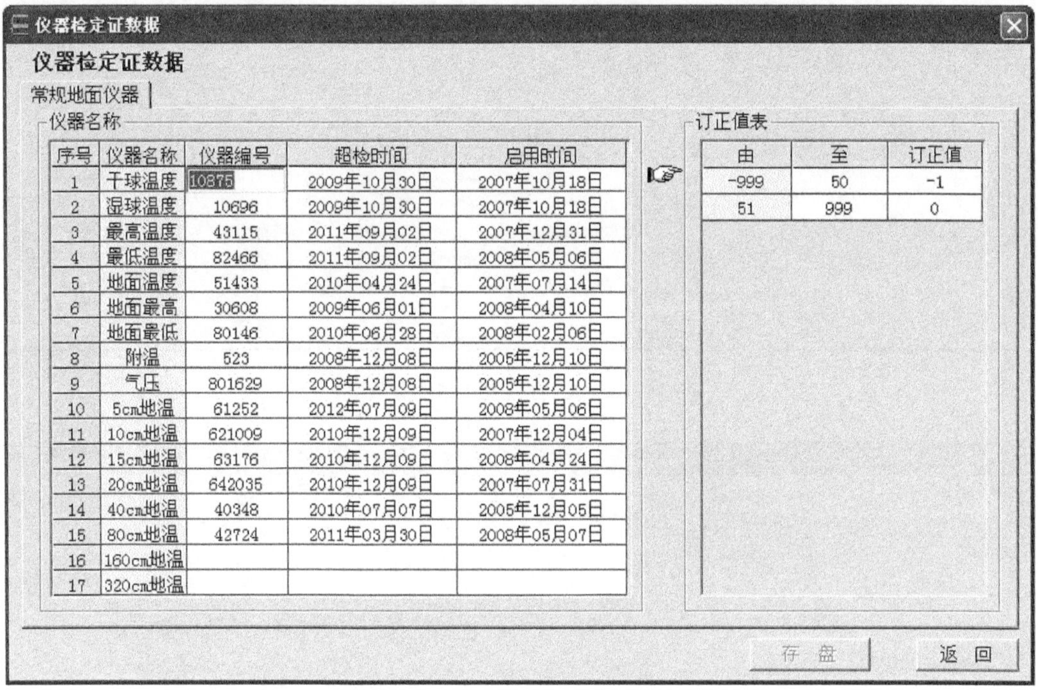

序号	仪器名称	仪器编号	超检时间	启用时间
1	干球温度	10875	2009年10月30日	2007年10月18日
2	湿球温度	10696	2009年10月30日	2007年10月18日
3	最高温度	43115	2011年09月02日	2007年12月31日
4	最低温度	82466	2011年09月02日	2008年05月06日
5	地面温度	51433	2010年04月24日	2007年07月14日
6	地面最高	30608	2009年06月01日	2008年04月10日
7	地面最低	80146	2010年06月28日	2008年02月06日
8	附温	523	2008年12月08日	2005年12月10日
9	气压	801629	2008年12月08日	2005年12月10日
10	5cm地温	61252	2012年07月09日	2008年05月06日
11	10cm地温	621009	2010年12月09日	2007年12月04日
12	15cm地温	63176	2010年12月09日	2008年04月24日
13	20cm地温	642035	2010年12月09日	2007年07月31日
14	40cm地温	40348	2010年07月07日	2005年12月05日
15	80cm地温	42724	2011年03月30日	2008年05月07日
16	160cm地温			
17	320cm地温			

由	至	订正值
-999	50	-1
51	999	0

图 3.150 检定证参数设置

(4)旬月历史数据

旬月历史数据是指用于编发气象旬月报和气候月报所需的累年气候资料,包括累年 1—12 月份逐旬、各月平均气温和降水量,最近 30 年气候整编资料的月平均本站气压、海平面气压、气温、最高气温、最低气温、水汽压、降水量、日照时数、降水五分级、日平均气温标准差、月降水量≥0.1 mm 年数和有关记录的缺测年数等。没有气象旬月报或气候月报编发任务的气象站,旬月历史数据或气候月报数据可以不进行维护。见图 3.151、图 3.152。

(5)地面审核规则库

地面审核规则库用于地面气象观测定时记录输入时对记录极值的判断和月年地面气象数据文件的审核,各项规则共 114 条。为了满足台站和上级审核部门的需要,地面审核规则库是按台站分别建立的,对于台站只需建立本站的内容,而对审核部门必须建立所属气象站的内容(图 3.153)。

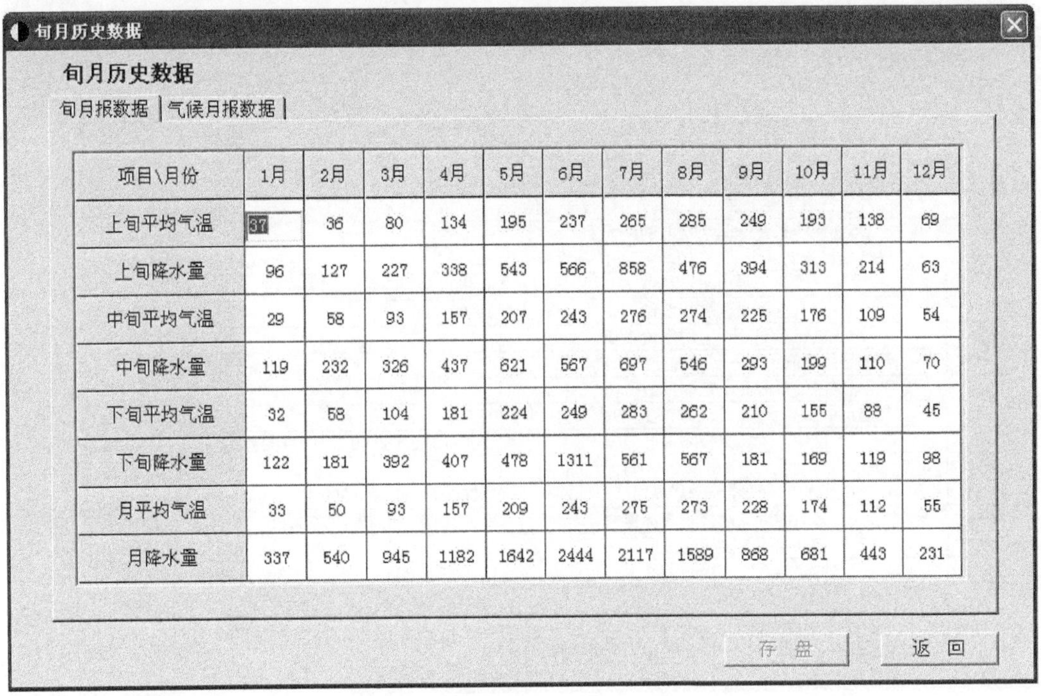

项目\月份	1月	2月	3月	4月	5月	6月	7月	8月	9月	10月	11月	12月
上旬平均气温	37	36	80	134	195	237	265	285	249	193	138	69
上旬降水量	96	127	227	338	543	566	858	476	394	313	214	63
中旬平均气温	29	58	93	157	207	243	276	274	225	176	109	54
中旬降水量	119	232	326	437	621	567	697	546	293	199	110	70
下旬平均气温	32	58	104	181	224	249	283	262	210	155	88	45
下旬降水量	122	181	392	407	478	1311	561	567	181	169	119	98
月平均气温	33	50	93	157	209	243	275	273	228	174	112	55
月降水量	337	540	945	1182	1642	2444	2117	1589	868	681	443	231

图 3.151　旬月历史数据设置

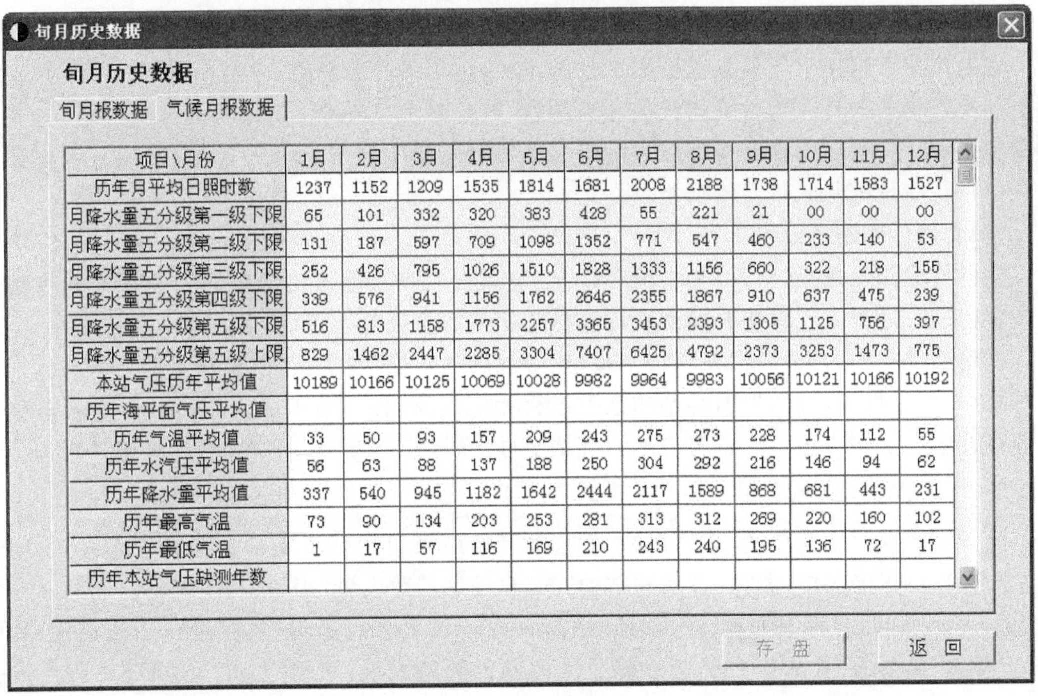

项目\月份	1月	2月	3月	4月	5月	6月	7月	8月	9月	10月	11月	12月
历年月平均日照时数	1237	1152	1209	1535	1814	1681	2008	2188	1738	1714	1583	1527
月降水量五分级第一级下限	65	101	332	320	383	428	55	221	21	00	00	00
月降水量五分级第二级下限	131	187	597	709	1098	1352	771	547	460	233	140	53
月降水量五分级第三级下限	252	426	795	1026	1510	1828	1333	1156	660	322	218	155
月降水量五分级第四级下限	339	576	941	1156	1762	2646	2355	1867	910	637	475	239
月降水量五分级第五级下限	516	813	1158	1773	2257	3365	3453	2393	1305	1125	756	397
月降水量五分级第五级上限	829	1462	2447	2285	3304	7407	6425	4792	2373	3253	1473	775
本站气压历年平均值	10189	10166	10125	10069	10028	9982	9964	9983	10056	10121	10166	10192
历年海平面气压平均值												
历年气温平均值	33	50	93	157	209	243	275	273	228	174	112	55
历年水汽压平均值	56	63	88	137	188	250	304	292	216	146	94	62
历年降水量平均值	337	540	945	1182	1642	2444	2117	1589	868	681	443	231
历年最高气温	73	90	134	203	253	281	313	312	269	220	160	102
历年最低气温	1	17	57	116	169	210	243	240	195	136	72	17
历年本站气压缺测年数												

图 3.152　旬月历史数据

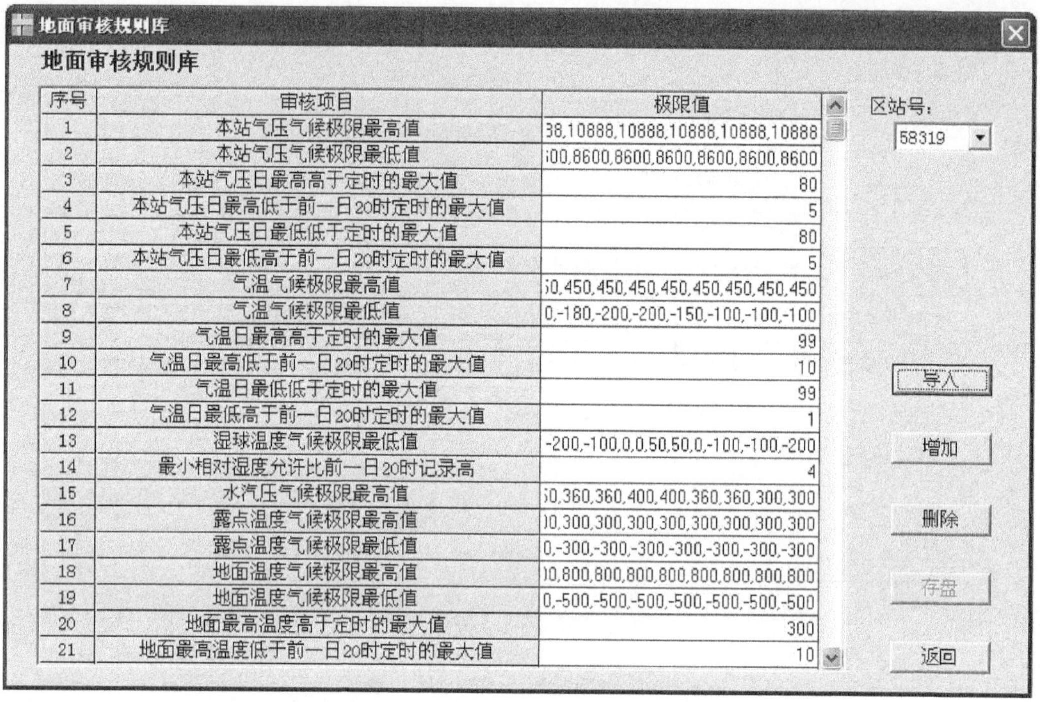

图 3.153 地面规则审核库

(6)辐射审核数据

辐射审核数据用于气象辐射数据文件的审核,包括各月总辐射、净全辐射、散射辐射、直接辐射和反射辐射的日总量月平均极值和极端值、时总量的极端值、辐照度的月极端值,这些历史资料是指从气象辐射仪器换型以后的近几年辐射资料中挑取的有关值,它是在月辐射数据审核中进行质量控制的重要依据之一。

(7)文件传输路径设置

文件传输路径是指进行报文传输时,传送到远程接收服务器的目标路径。在文件传输路径设置中还对远程接收服务器或网络计算机的相关信息进行设置(图 3.154)。

传输文件类别为天气报、天气加密报、热带气旋加密报、航空报、雨量报、重要天气报、气象旬月报、气候月报等,台站根据本站的报类进行相应设置;传输方式为 FTP 传输;连接名称无内容;IP 地址为 10.129.1.16;用户名为台站字母代码,口令与用户名相同;远程路径为"./"。

3.6.2.2 SAWSS 参数设置

为了实现数据采集功能,必须保证:①自动气象站采集器处于正常的运行状态;②自动气象站与计算机正确连接;③在"自动站维护"的"自动站参数设置"中,选择正确的自动站驱动程序(图 3.155);④在"系统参数"的"选项"中,对"运行设置"的"采集控制"进行正确设置,其中"数据采集"必须选中(图 3.156)。在满足上述条件的情况下,只要启动了 SAWSS,程序就会从自动气象站采集器中读取数据,并写入与采集器相联的计算机中。

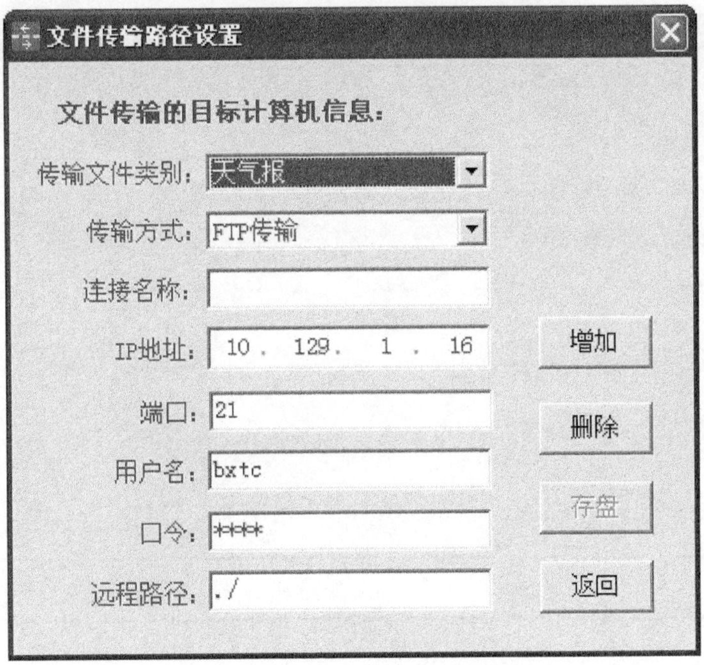

图 3.154　文件传输路径设置

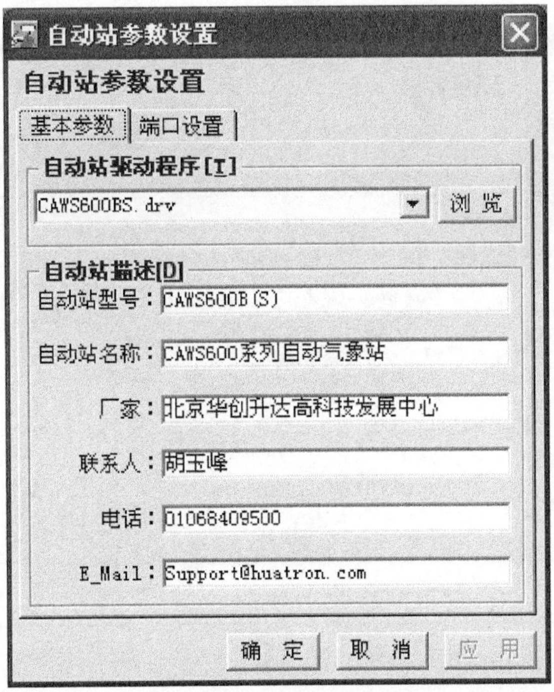

图 3.155　自动站参数设置

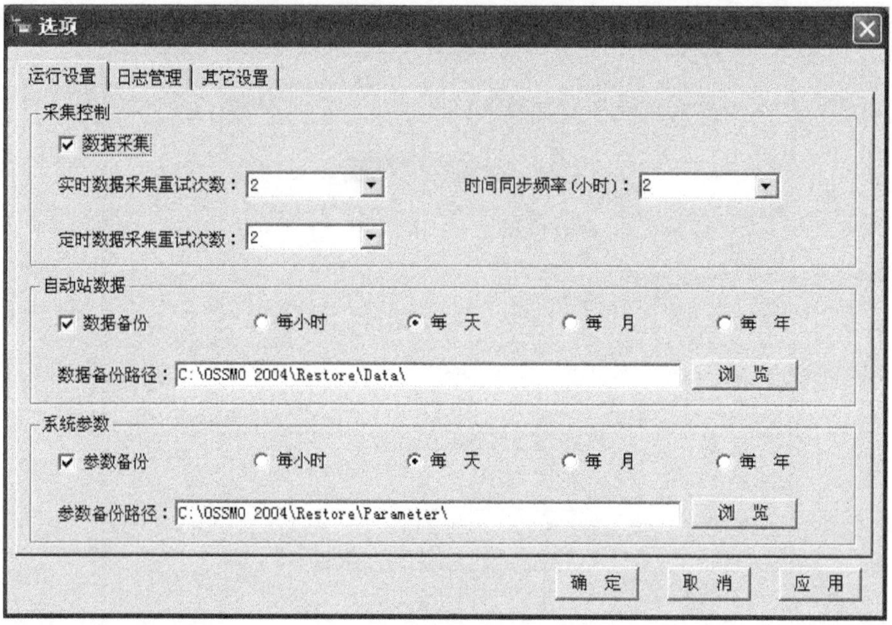

图 3.156 选项

图 3.157 为加密观测的密度和大风报警的相关设置。

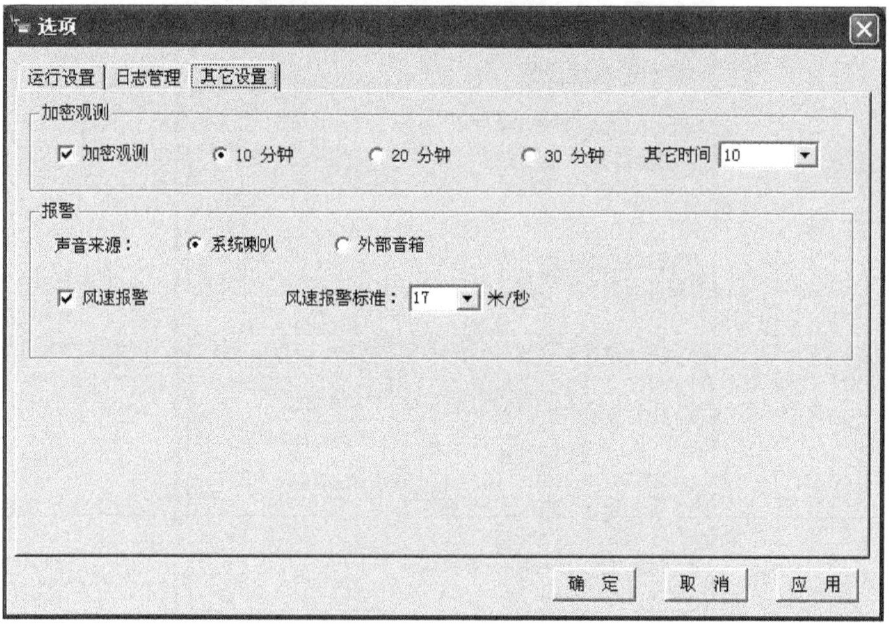

图 3.157 其他设置

在自动气象站监控软件(SAWSS)中(图 158)，有关台站参数、仪器检定证数据的气象辐射仪器灵敏度值、地面审核规则库、辐射审核数据等内容，也取自于 SysLib)mdb 文件。在 OSSMO 软件参数设置的上述功能项中，如果有关参数修改后且 SAWSS 正在运行，必须关闭 SAWSS 软件，再将 SAWSS 重新启动。

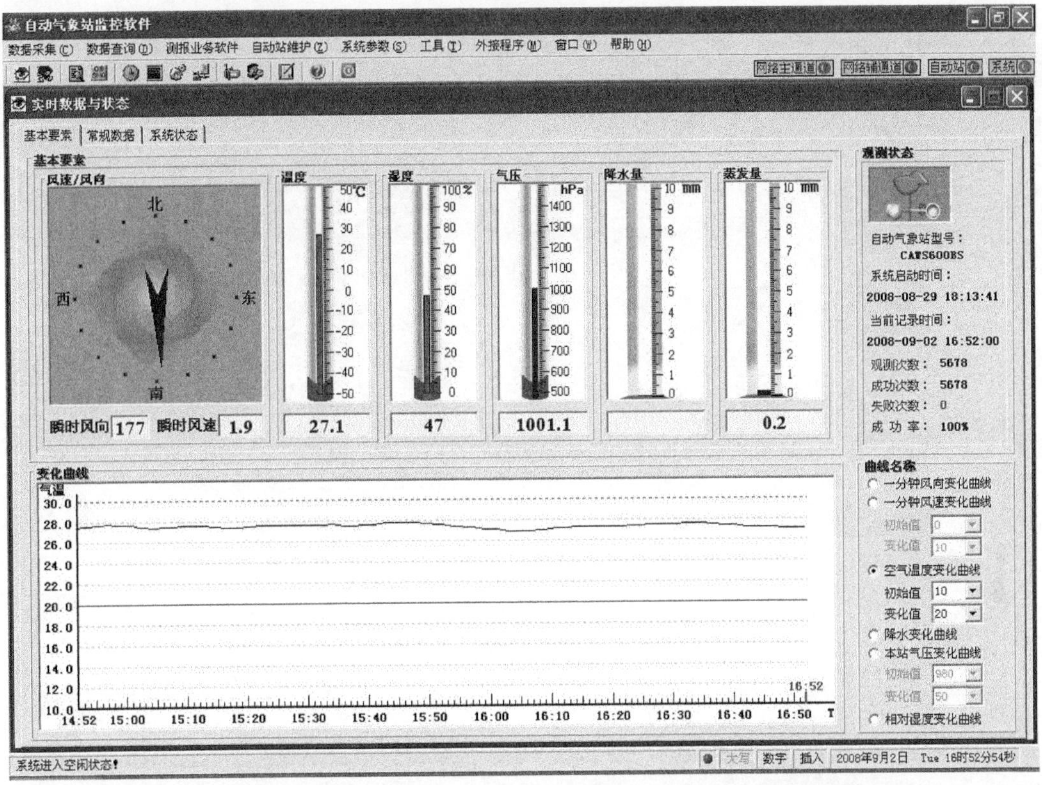
自动气象站监控软件
数据采集(C) 数据查询(Q) 测报业务软件 自动站维护(Z) 系统参数(S) 工具(T) 外接程序(M) 窗口(W) 帮助(H)
实时数据与状态
基本要素 常规数据 系统状态
风速/风向
北 南 西 东
瞬时风向 177 瞬时风速 1.9
温度 27.1
湿度 47
气压 1001.1
降水量
蒸发量 0.2
观测状态
自动气象站型号：CAWS600BS
系统启动时间：2008-08-29 18:13:41
当前记录时间：2008-09-02 16:52:00
观测次数：5678
成功次数：5678
失败次数：0
成功率：100%
变化曲线
曲线名称
一分钟风向变化曲线
一分钟风速变化曲线
空气温度变化曲线
降水变化曲线
本站气压变化曲线
相对湿度变化曲线
系统进入空闲状态!
2008年9月2日 Tue 16时52分54秒

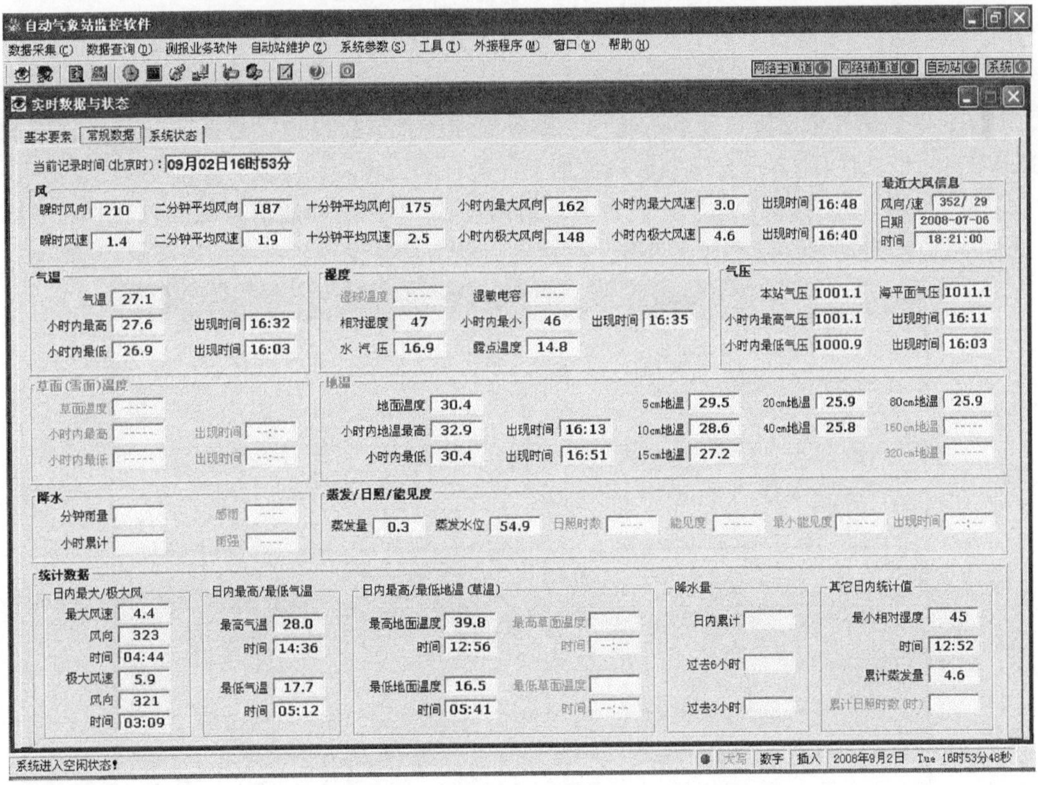
自动气象站监控软件
实时数据与状态
基本要素 常规数据 系统状态
当前记录时间(北京时)：09月02日16时53分
风
瞬时风向 210 二分钟平均风向 187 十分钟平均风向 175 小时内最大风向 162 小时内最大风速 3.0 出现时间 16:48
瞬时风速 1.4 二分钟平均风速 1.9 十分钟平均风速 2.5 小时内极大风向 148 小时内极大风速 4.6 出现时间 16:40
最近大风信息 风向/速 352/ 29 日期 2008-07-06 时间 18:21:00
气温 27.1 小时内最高 27.6 出现时间 16:32 小时内最低 26.9 出现时间 16:03
湿度 相对湿度 47 小时内最小 46 出现时间 16:35 水汽压 16.9 露点温度 14.8
气压 本站气压 1001.1 海平面气压 1011.1 小时内最高气压 1001.1 出现时间 16:11 小时内最低气压 1000.9 出现时间 16:03
地温 地面温度 30.4 小时内地温最高 32.9 出现时间 16:13 小时内最低 30.4 出现时间 16:51
5cm地温 29.5 10cm地温 28.6 15cm地温 27.2 20cm地温 25.9 40cm地温 25.8 80cm地温 25.9
降水 分钟雨量 小时累计
蒸发/日照/能见度 蒸发量 0.3 蒸发水位 54.9
统计数据
日内最大/极大风 最大风速 4.4 风向 323 时间 04:44 极大风速 5.9 风向 321 时间 03:09
日内最高/最低气温 最高气温 28.0 时间 14:36 最低气温 17.7 时间 05:12
日内最高/最低地温(草温) 最高地面温度 39.8 时间 12:56 最低地面温度 16.5 时间 05:41
降水量 日内累计 过去6小时 过去3小时
其它日内统计值 最小相对湿度 45 时间 12:52 累计蒸发量 4.6
系统进入空闲状态!
2008年9月2日 Tue 16时53分48秒

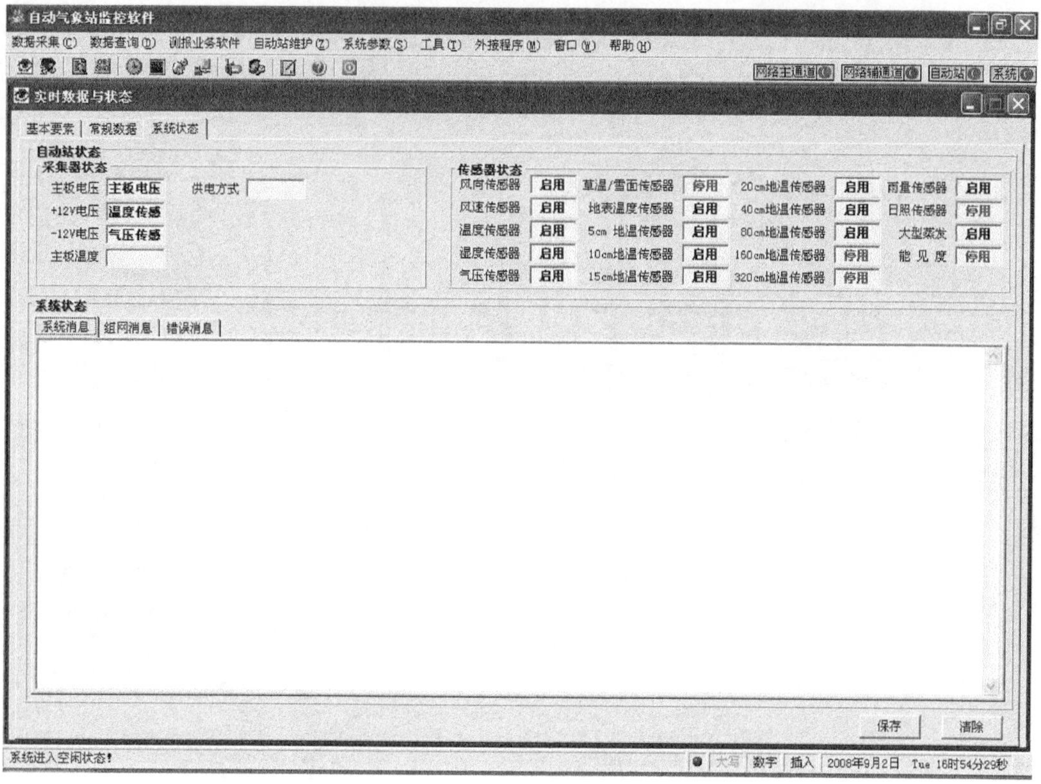

图 3.158 自动站监控软件正常运行

3.6.2.3 CNIS 参数设置

CNIS 是自动气象站采集计算机与中心站服务器的接口软件。它是自动气象站监控软件(SAWSS)的子软件,能实现自动气象站数据文件的自动上传。

只有在 SAWSS“系统参数”下的“自动站组网设置”中,“启动通信组网接口软件(CNIS)”复选框被选中,启动 SAWSS 时,CNIS 才会同时启动。具体设置如图 3.159 所示。

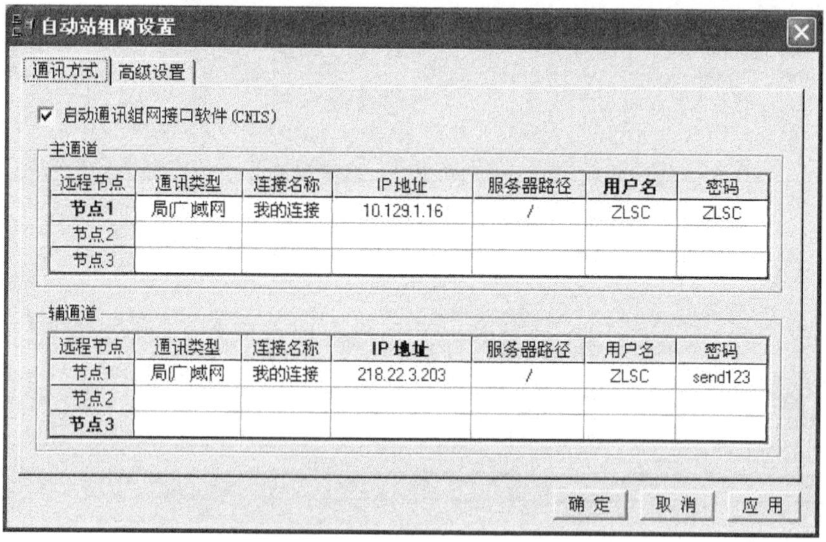

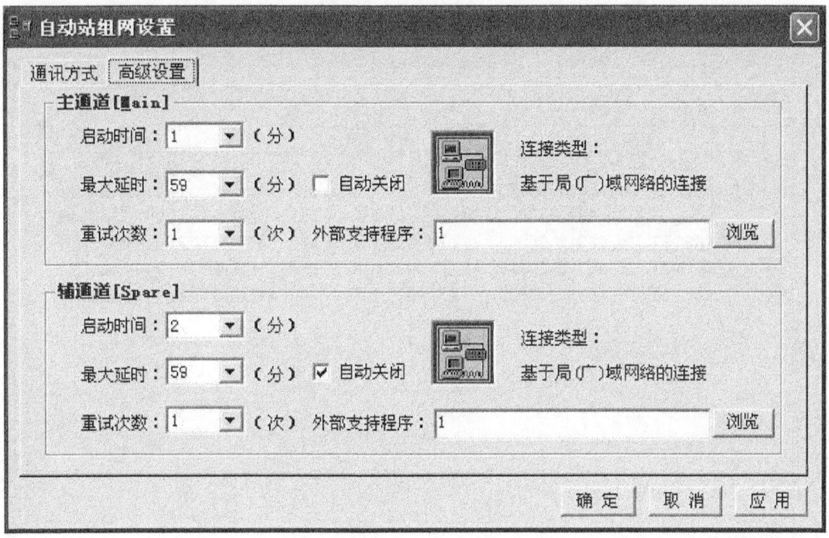

图 3.159　自动站组网设置

图 3.160 显示的是通信组网接口软件(CNIS)正常运行。

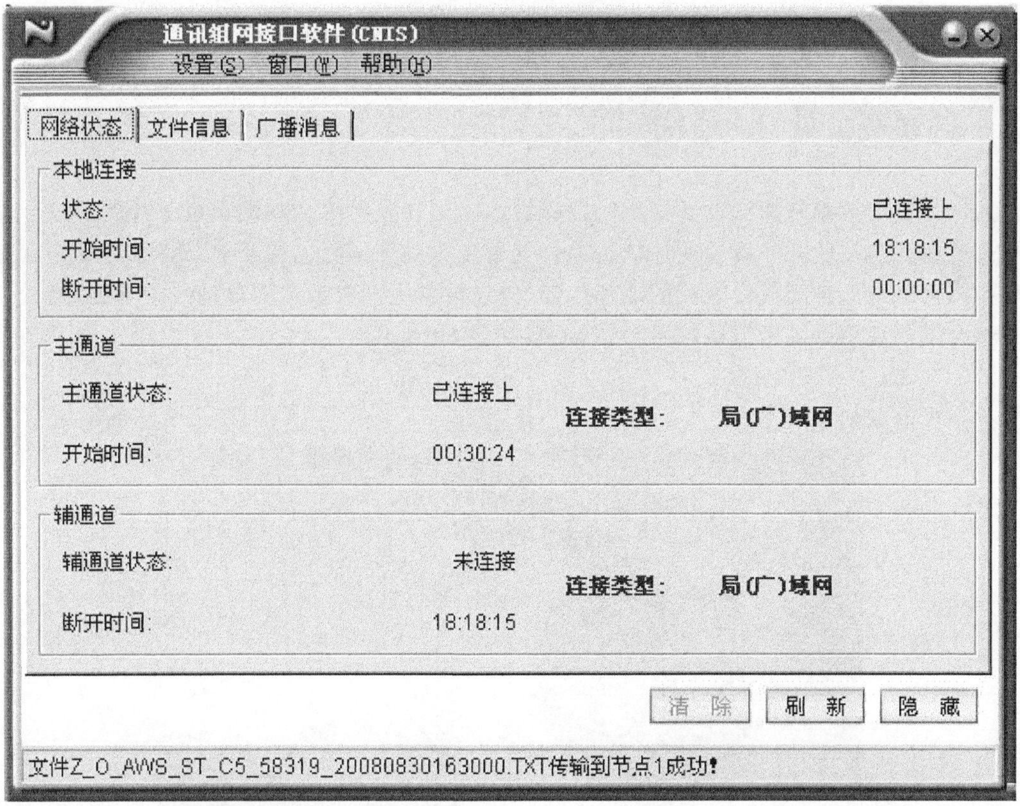

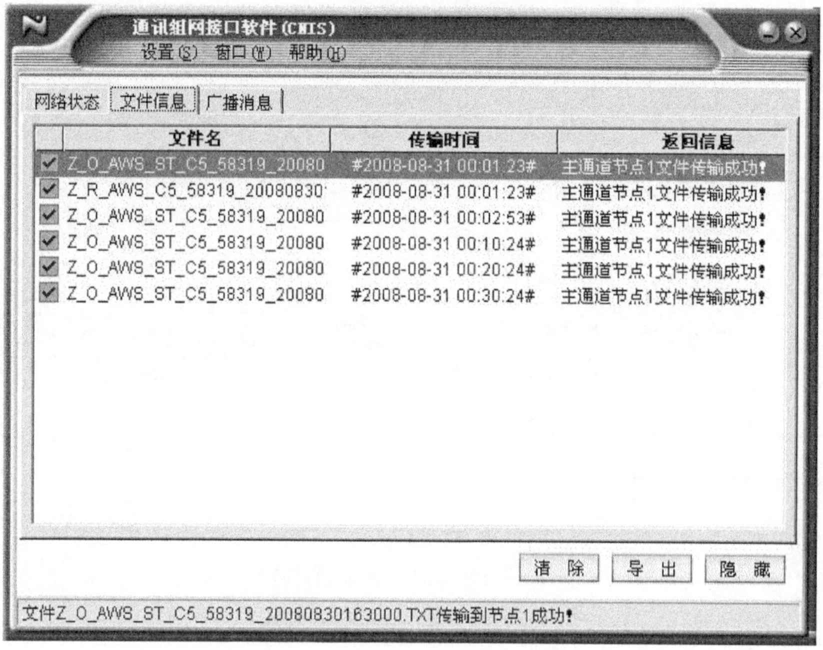

图 3.160 CNIS 软件正常运行

3.7 自动气象站运行监控

为保障自动气象站探测设备稳定、可靠运行,中国气象局综合观测司组织开展了综合气象观测系统运行监控业务。该项业务依托综合气象观测系统运行监控平台(ASOM 系统),适用于承担国家级地面自动气象观测的业务部门,监控设备为国家级地面自动气象观测站。

综合气象观测系统运行监控平台(ASOM 系统)地址:

http://10.1.64.39:7001

登录界面见图 3.161。

图 3.161 登陆界面

3.7.1　正点数据发报后的数据监控

观测员应在正点发报结束后，登陆 ASOM 系统，查看该时次报文传输情况和数据质量情况。监控方法如下：

登陆后，选择“运行监控”，进入“自动气象站状态图”(图 3.162)。

图 3.162　运行监控

左侧选择台站所属地区(以安徽的池州市为例)，再选择菜单栏中“状态监控”中的“序列图”，进入该站的序列图(图 3.163、图 3.164)。

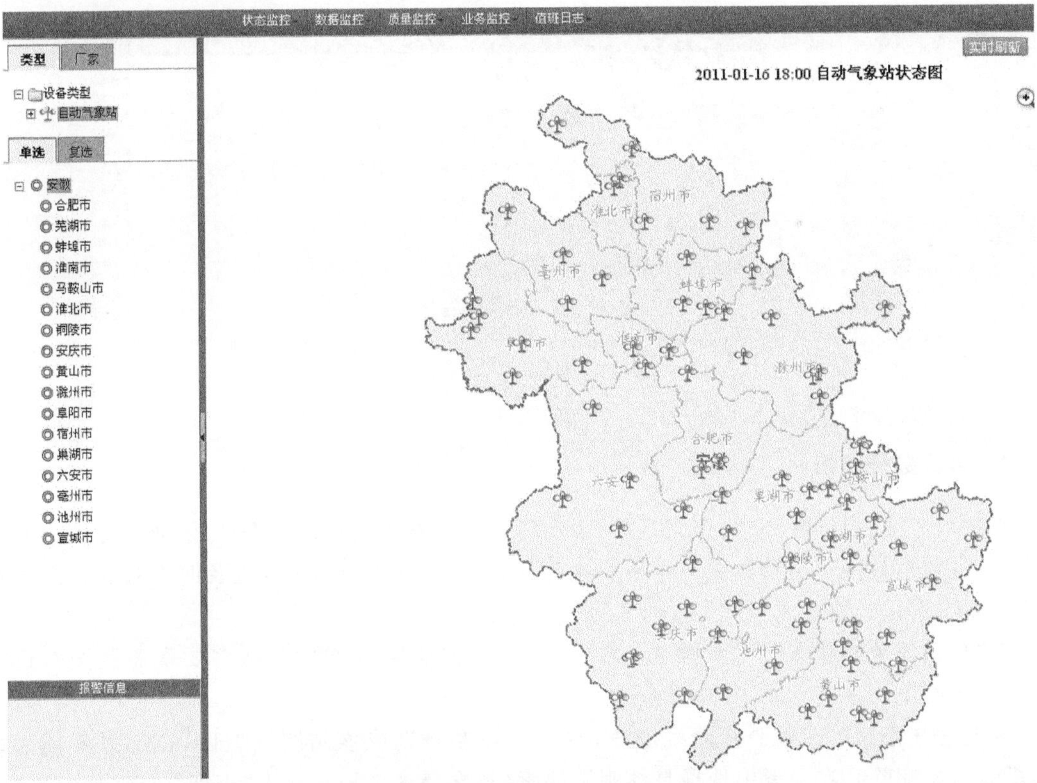

图 3.163　自动气象站状态图

在序列图中，以显示自动气象站的正常运行。

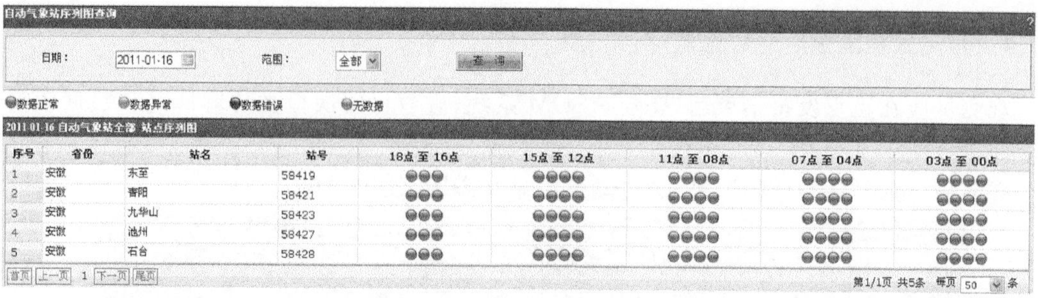

图 3.164 自动气象站序列图

若当日出现数据可疑或数据错误，图中会异常显示（图 3.165），点击该时次的圆点，可查看数据错误情况及数据评价（图 3.166）。

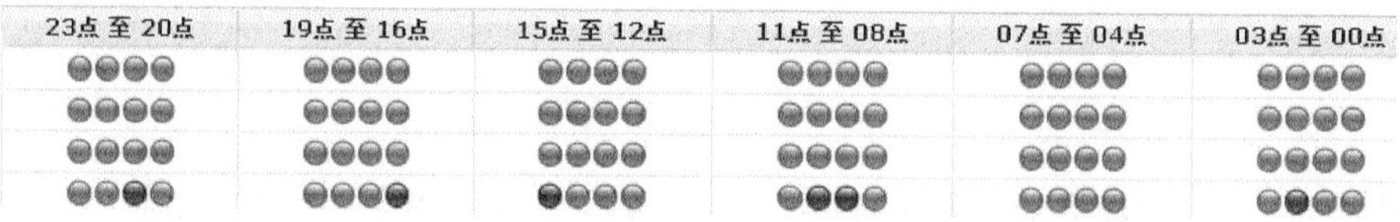

图 3.165 数据异常

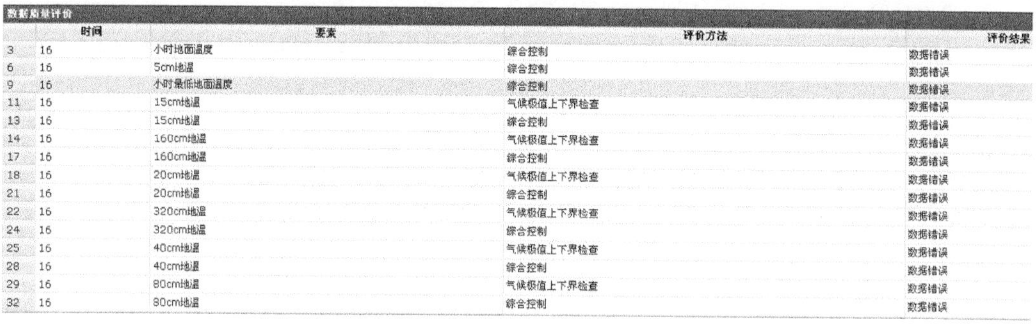
数据质量评价

	时间	要素	评价方法	评价结果
3	16	小时地面温度	综合控制	数据错误
6	16	5cm地温	综合控制	数据错误
9	16	小时最低地面温度	综合控制	数据错误
11	16	15cm地温	气候极值上下界检查	数据错误
13	16	15cm地温	综合控制	数据错误
14	16	160cm地温	气候极值上下界检查	数据错误
17	16	160cm地温	综合控制	数据错误
18	16	20cm地温	气候极值上下界检查	数据错误
21	16	20cm地温	综合控制	数据错误
22	16	320cm地温	气候极值上下界检查	数据错误
24	16	320cm地温	综合控制	数据错误
25	16	40cm地温	气候极值上下界检查	数据错误
28	16	40cm地温	综合控制	数据错误
29	16	80cm地温	气候极值上下界检查	数据错误
32	16	80cm地温	综合控制	数据错误

图 3.166 数据质量评价

3.7.2 每日数据监控

观测员应在每日 20:20 检查当日前 24 小时的所有观测数据的状态曲线，查看是否有数据跳变、超过数据界限阈值及数据持续不变化等异常情况，出现异常时，应及时上报。检查方法如下。

在“自动气象站状态图”上（图 3.167），选择“数据监控”中的“单站多要素曲线图”，进入“自动气象站单站多要素曲线图查询”。

在自动气象站单站多要素曲线图查询中，先在左侧选取该站所属地区，在选择具体台站（将默认台站删除），在要素中选择具体观测要素（每次最多 2 种），点击“查询”。

图 3.168 为安徽省舒城县 24 小时瞬时风向、风速状态曲线。

图 3.167　单站多要素曲线图

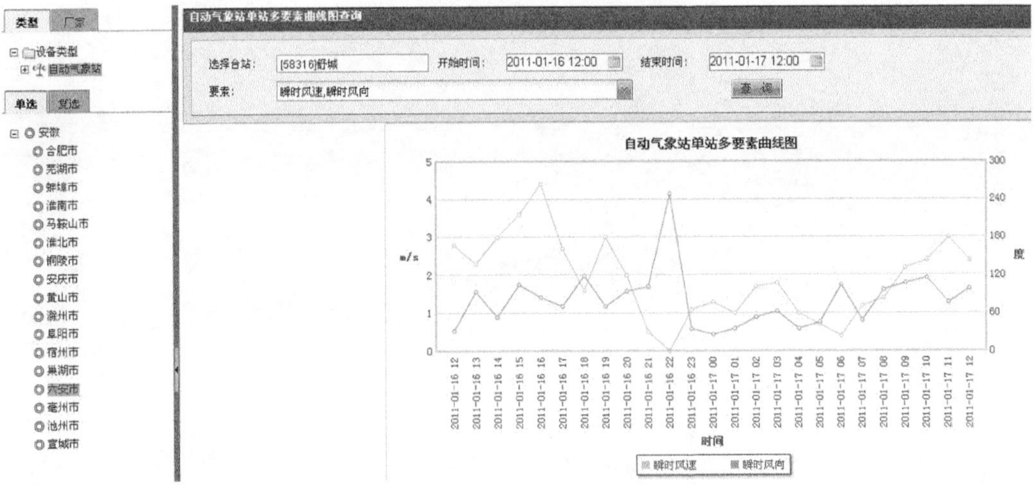

图 3.168　24 小时瞬时风向、风速状态曲线

3.7.3　故障申报

(1)故障信息填报

当台站运行监控发现设备故障或数据异常后，1 小时内通知省探测中心，台站按规定填报故障单。同种设备同一次故障填写一个故障单，不同值班员根据不同故障处理情况或同一故障处理活动的不同及时更新维修信息。

选择“故障填报”，进入“故障基本信息”(图 3.169)。

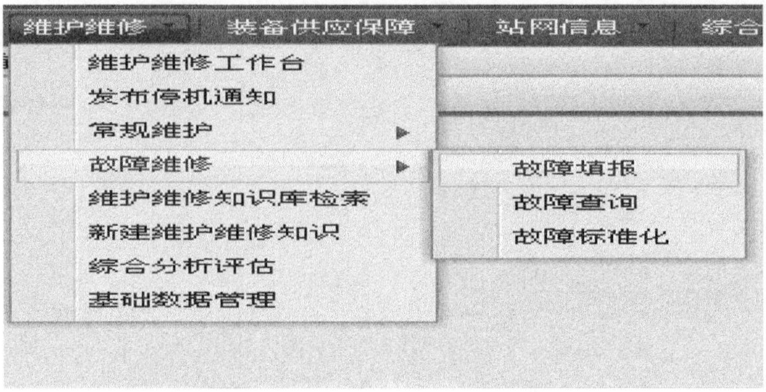

图 3.169　故障申报

填写“故障基本信息”(图 3.170)。

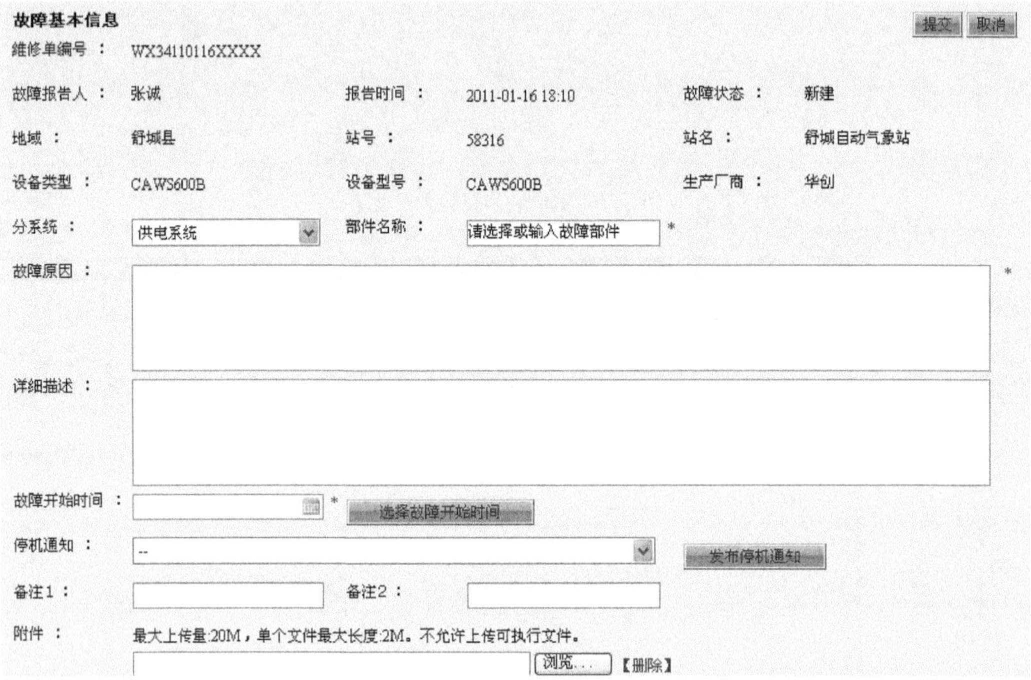

图 3.170　故障基本信息

在故障基本信息中，应选择是哪部分系统出现了故障，出现故障的部件是哪一部分。填写产生故障的原因(如雷击、供电短路、自然损坏等)；详细描述故障现象(如“30％打开失败”、SWSS 软件中某要素缺测等)；选择故障开始的时间等。

选择”故障上报单位”(省气象局)，在填写完毕后，点击”提交”(图 3.171)。

接到“故障申报单”后，探测中心通过电话指导台站进行故障排查，值班员根据不同故障处理情况填写“维修活动”(图 3.172)。

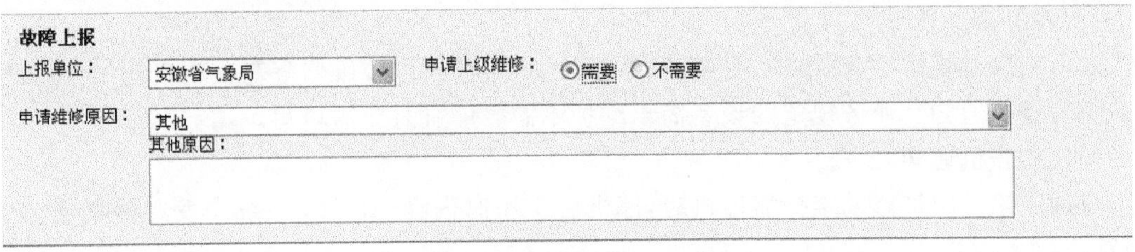

图3.171　故障上报单位

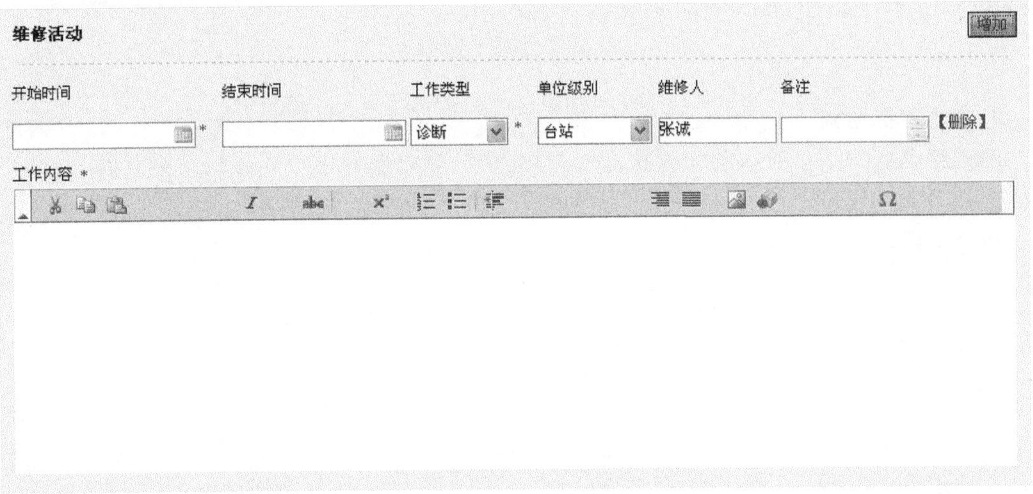

图3.172　维修活动

在维修活动中，应按实际情况填写维修的开始时间和结束时间，工作的类型以及详细的工作内容。若一次维修之后，故障仍旧未排除，应点击“增加”依次继续填写后续的维修活动，直至故障排除。

在故障排除后，应将上报的故障信息关闭。点击“关闭故障单”，并填写故障排除时间和故障总结(图3.173)。

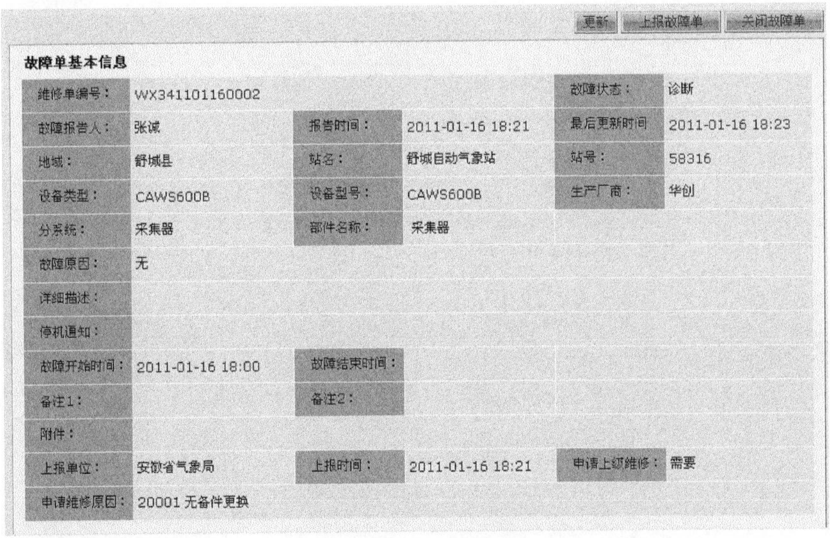

图3.173　关闭故障单

(2)停机信息填报

各台站因常规维护(周维护、月维护、季维护、年维护)、故障维修等需关闭自动气象站设备时需填写停机通知。业务规定的设备简单维护不需要停机时无需填写。

1)发布停机通知

自动气象站因维修或维护需停机时，停机后1小时内在ASOM系统中发布停机通知(图3.174)。

图3.174 发布停机通知

2)关闭停机通知

停机结束后1个小时内关闭停机通知，在相应的停机通知中填写停机结束时间，即可关闭停机通知。

故障申报流程见图3.175。

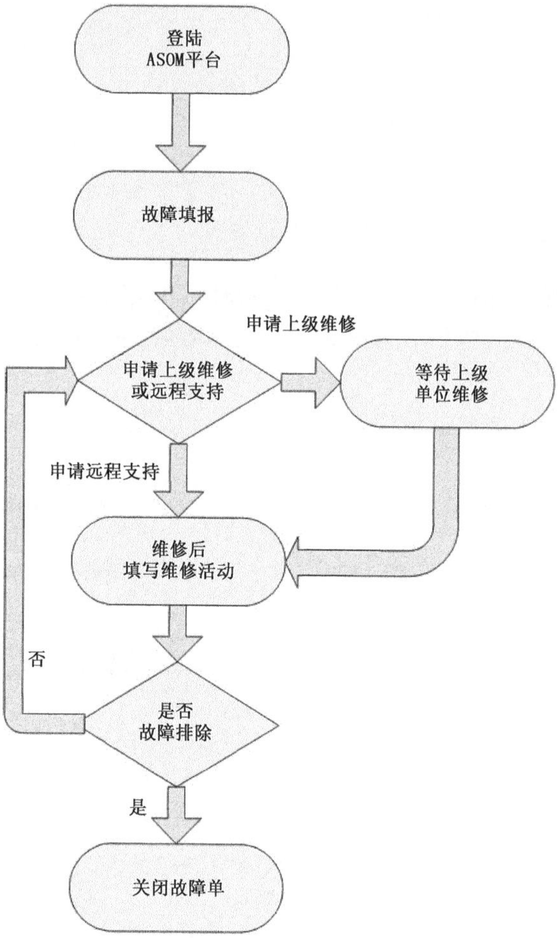

图3.175 故障申报流程图

(3)常规维护信息填报

根据目前国家业务规定进行自动气象站探测设备的常规维护，维护结束后，需在规定时限内在 ASOM 中填报维护记录，以及真实的维护结束时间，ASOM 将统计维护记录及维护时间(图 3.176)。

日巡查：当日在 ASOM 中填写日巡查记录。

周维护：完成周维护后 48 小时内在 ASOM 中填写周维护记录。

月维护：完成月维护后 48 小时内在 ASOM 中填写月维护记录。

季维护：完成季维护后 48 小时内在 ASOM 中填写季维护记录。

年维护：完成年维护后 72 小时内在 ASOM 中填写年维护记录。

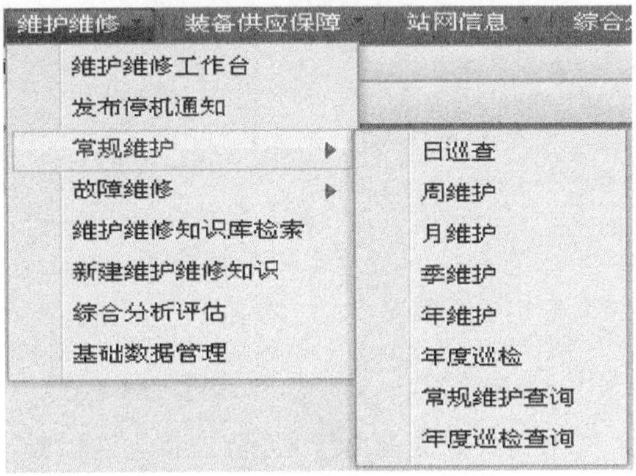

图 3.176　常规维护信息填报

3.7.4　ASOM 系统平台管理

系统管理是 ASOM 系统建设与业务应用重要辅助模块，包括 ASOM 系统的用户管理、角色管理和信息发布等。

1)每季度根据本级人员信息变更情况维护用户的角色和权限。

2)用户权限及业务角色发生变更时，系统管理员应在用户提出修改申请 24 小时内对其进行相应的修改。

3)保持地市/台站级用户访问国家级 ASOM 系统畅通。若出现故障 2 小时内无法解决，应上报省探测中心。

4)及时向省级管理员上报使用过程中的系统问题。

进入“系统管理”中的“用户管理”(图 3.177)。

图 3.177　用户管理

在图 3.178 中，左侧选择台站人员，右侧设置该人员的具体权限。设置完毕后，登陆。查看是否设置正确。

图 3.178　设置权限

3.8 备件管理

储存备件要按类别、品种、性能、数量全面规划，合理布局，做到科学管理，定期保养。所有储存备件都要定库、定区、定架、定位，并定期检查、盘点，确保贮存记录完整准确。

(1)储存环境

各级保障部门要设立专门的自动气象站设备储存库房。对于无法设立专门库房的台站级保障部门，应设立备件储存柜。

1)自动气象站设备储存库的建设应满足气象防灾救灾物资储存、管理的功能要求；

2)库房要求具备良好的通风条件，自然通风不能满足要求时，应配备相应的机械通风设施；

3)库房内要求阴凉干燥、防风防尘，堆垛间应有适当距离；

4)库房供电应满足照明和设备运行的需要，电力供应除市电外还应自备发电机，室内外照明应满足全天候作业要求；

5)库房的防洪、防涝排水应根据库址地形及城市防洪、防涝规划确定流向，宜采用排水沟或排水管道等排水方式。

(2)备件维护

1)仓储管理人员要定时对备件进行核对检查、维护、保养，注意防潮、防冻、防压、防老化，做到无损坏、失效，无杂物积尘、虫蛀、鼠咬；

2)对放置备件的仓库要按时清理，保持干燥通风的条件；

3)自动气象站储存设备要日清月结，半年一对账，一年一盘点，做到对储存设备规格清、数量清、质量清，账账相符、账卡相符、账物相符；

4)盘点时要由计划、调拨、财务、保管等有关人员参加，如有盈亏、损坏等情况，要及时查明原因，填写盈亏报告表，按审批程序处理；

5)对有计量校准要求的备件登记计量校准时间，保证设备计量校准有效期在半年以上；

6)对需要通电维护的备件应定期通电维护并登记通电时间。

3.9 仪器计量

自动气象站检定是依据相关检定规程定期对自动气象站各要素传感器的计量性能进行评定,保证各要素量值的准确传递。

自动气象站校准则是采用高于自动气象站探测精度的指定标准器具来确定各探测要素的示值误差,保证溯源的准确和统一。

检定和校准是保证自动气象站探测数据准确可靠的重要手段,也是评定自动气象站气象数据是否准确、可靠、可用的重要依据。

3.9.1 自动气象站各要素传感器实验室检定方法

(1)温度传感器的检定

1)外观检查

检查温度传感器金属外保护管,是否有压痕或裂纹,传感器的标签是否清晰可见,记录下传感器的名称、型号和编号等。

2)功能检查

被检温度传感器(气温和地温)与标准数据采集器连接后上电检查,观察能否有输出,在常温条件下与标准铂电阻温度计进行比较,看两者测量值是否接近。如发现相差较大,应分析原因,排除故障后再进行正式检定,对故障原因,应做好详细记录。

3)检定时温度点的选择

检定点:－50℃、－30℃、－10℃、0℃、＋10℃、＋30℃、＋50℃。

检定点可根据实际使用范围选择,点数不少于5个,间隔不大于30℃

4)检定前准备

经过外观检查合格的传感器,才能进行示值检定。检定前根据所检温度点将槽内灌入相关恒温液体(水或无水乙醇),将标准数字温度计的传感器、整套自动气象站的全部温度传感器头部对齐,并捆扎在一起放入恒温槽中(注意各传感器间不要碰触,也不要与测试室壁相碰),也可以用专用插表盘,将所有被检温度传感器插入插孔中,检定时将温度传感器通过扫描开关与多路数据采集器连接,分别打开标准数字温度计、多路数据采集器的电源开关,接通电源预热15分钟后,再开始温度传感器的示值检定。

5)检定方法

按以上温度点及顺序调节槽温,当槽温达到设定温度后,再稳定3分钟开始检定。检定时,每隔30秒钟读取(采集)一次标准值和被测温度传感器的输出电阻值,连续读取(采集)4次。一个温度检定点检定完毕,紧接着调整下一个温度点,各温度检定点的稳定时间、示值读取(采集)次数、读(采集)取数据间隔、数据处理方法完全一致。

6)数据处理

用标准器的4次读数值的平均值,加上该温度点的修正值,作为该检定温度点上的标准值。用被检温度传感器的4次读数值的平均值减去标准值得出该温度点上的测量误差。

被检气温传感器在所有温度点上测量误差,均不超过±0.1℃时为合格。

(2)湿度传感器的检定

1)外观检查

检查温湿传感器的标签是否齐全，是否有清晰的产品名称、型号和编号等。如果是使用过的传感器，检查时应用软毛刷清除传感器头部及过滤帽中的尘土。

2)功能检查

将传感器与标准数据采集器连接，上电检查能否正常工作，并检查在室内相对湿度条件下，能否显示正常测量数据(与精密露点仪相比)，若发现异常，应做好详细记录并进行原因查找待修理后再进行检定。

3)检定湿度点的选择

湿度检定点及顺序为 30%RH、40%RH、55%RH、75%RH、95%RH。

4)示值检定准备

按照精密露点仪的使用说明书中要求，将露点传感器与露点仪相连，检定开始前，先将被检温湿传感器、露点传感器，置入到调温调湿箱中等高度上，被检湿度传感器的输出端连到标准数据采集器的相应输入端子上，分别打开调温调湿箱、标准数据采集器、精密露点仪的电源开关，预热 30min 后再开始检定。

5)检定方法

调整箱内湿度，其顺序为先低湿点逐点升至高湿点，再从高湿点逐点降至低湿点(一次循环检定)。

在调湿过程中，必须保持整个过程的变化趋势。即在降湿的整个过程中，不能有升湿趋势。相反，在升湿过程中，不能有降湿趋势。升湿过程每个湿度检定点调整完毕，应有 5 分钟的稳定时间后才能开始检定。降湿过程每个湿度检定点调整完毕，应有 30min 的稳定时间才能开始检定。

检定时，每隔 30 秒钟读取一次被检湿度传感器的输出值和精密露点仪的测量值，每个检定点等间隔读取 3 次。一个检定点检定完毕，紧接着调整下一个检定点，以下各检定点的稳定时间和数据读取方法与上一个检定点相同。

6)数据处理

用被检湿度传感器的 3 次输出值的平均值，作为该湿度检定点上的测量值，用精密露点仪的 3 次测量值的平均值作为标准值，用被检湿度传感器的测量值减去标准值，得出被检湿度传感器在该湿度检定点上的测量误差。

被检湿度传感器在各检定点上的测量误差，均不超过自动气象站规定的测量准确度指标时视为合格。对于检定结果超出允许值的传感器应进行基点调整，经过调整后的湿度传感器必须重新进行全程检定，重新检定仍不合格，应作不合格处理。

(3)风向传感器的检定

1)风向传感器的外观检查

按通用要求进行外观检查，并重点检查风向标有无明显变形，转轴竖直时其转动是否平稳、灵活，并能随遇平衡。

2)风向检定点选择

风向检定点及顺序为：0°、90°、180°、270°。

3)检定前准备

检定前，先将风向风速传感器安装于风洞工作段内，风向风速传感器的输出连到标准数据采集器上，标准数据采集器的输出连到检定数据处理终端上，开启标准数据采集器和检定数据处理终端的电源，预热5分钟后开始检定。

4）检定方法

用标准度盘的刻度值作为标准值，将风向标对准标准度盘上的0°点，记录检定数据处理终端显示的风向值，一个风向点检定结束，再将风向标对准标准度盘90°、180°、270°，其他各检定点的数据录取方法与0°点相同。

5）数据处理

4个风向点检定结束，用风向传感器在各个风向点上的显示值减去标准值（如果风向传感器输出值是六位和七位格雷码信号、电压信号，应转换成风向值），得出各个风向点上的测量误差，以4个检定点上的测量误差均不超过±5°为合格，否则作不合格处理。

（4）启动风速的检定

1）检定前的准备

将风速传感器安装于风洞实验段内，输出端连至标准数据采集器的输入端子上，标准数据采集器的输出连至检定数据处理终端上。分别打开标准数据采集器和检定数据处理终端的电源开关，预热5分钟后开始启动风速的检定。

2）检定方法

在风速传感器的风杯处于静止状态下，按照启动风速的指标设定风速，调节变频器，使风洞内气流缓慢增加，当风杯开始转动时，从采集器上记录此时的风速值（该风速值为风速传感器的单次检定启动风速值），按上述方法重复进行3次（如果传感器的输出值是频率信号，应根据风速方程转换成风速值）。

3）数据处理

取3次启动风速值最大值，作为风速传感器的启动风速值，若超出技术指标规定范围，即视为不合格。

（5）风速传感器的示值检定

1）外观检查

风杯无明显变形，转轴竖直时其转动应平稳、灵活，并能随遇平衡。启动风速合格的风速传感器，才能进行风速示值的检定。

2）检定前的准备

检定前，将风速传感器安装在风洞试验段内，风速传感器的通信电缆连至标准数据采集器的输入端，标准数据采集器的输出连至检定数据处理终端，开机预热10分钟后，开始风速示值检定。

3）检定风速点的选择

检定风速点及顺序：2m/s、5m/s、10m/s、15m/s、20m/s、25m/s、30m/s。

4）检定方法

调整风速点，当风速点调好后，稳定1分钟后用风速参数数据采集器自动采集微压计的实测风压值（Pa）、流场温度、气压和相对湿度值后，自动计算空气密度修正系数、总修正系数和各风速点上的实测风速值。从数据采集器上读取被检风速传感器的指示风速值（如果传感器的输出值是频率信号，应根据风速方程转换成风速值）。

5)数据处理

根据采集到的一组实测风速和指示风速值,用非线性误差方程计算出的各风速点上的风速误差,误差应满足自动气象站规定的各风速点上的非线性误差,否则视为检定不合格。

(6)气压传感器的检定

1)外观检查

按通用要求进行外观检查。对于使用过的气压传感器,重点检查压力接嘴是否有杂物堵塞,若有杂物堵塞应清除干净。

2)检定压力点选择

检定时的压力点为500hPa、600hPa、700hPa、800hPa、900hPa、950hPa、1000hPa、1050hPa。也可根据本省实际测量范围来确定,但测量范围的上下限,必须涵盖本省全部台站中最高和最低压力点,压力间隔不能大于100hPa。

3)检定前的准备

气密性检查。将所有被检气压传感器压力接嘴,连接至气压传感器检定工作台的压力输出接嘴上,应确保压力接嘴密封和牢靠,打开气压传感器检定系统的电源开关,预热10min后,检查系统气密性,一般选择检定系统调压范围的上限和下限压力点上,进行气密性检查。

气密性检查方法。将系统压力设定为检定系统下限压力点,当系统内压力达到设定压力并开始稳定时,测试系统的气密性。测试可以直接记录(或自动采集)气压标准器的示值和时间,每隔1分钟记录1次,总共记录11次数据,用第11次的气压示值减去开始时的气压示值,得出的差值为每10分钟的气密性,当气密性大于0.3hPa/10min时,应对系统进行查漏检查。只有当气密性符合技术指标要求时,才能进行示值检定。

4)检定方法

检定时调压顺序依次为:500hPa、600hPa、700hPa、800hPa、900hPa、950hPa、1000hPa、1050hPa、1050hPa、1000hPa、950hPa、900hPa、800hPa、700hPa、600hPa、500hPa,检定时当压力点调好后稳定2分钟后才能开始,检定开始和结束时分别读取当时的环境温度和空气湿度值,用两次读取的环境温度和空气湿度值的平均值,作为检定时的环境条件。检定时同时采集被检气压传感器的示值和气压标准器的示值。

5)数据处理

分别计算出气压传感器在正反行程时,各压力点上的测量误差(如果气压传感器输出值是电压、电流或频率值,要换算成大气压力值)。

全量程范围内各压力点上的测量误差,均不超过自动气象站规定的测量准确度指标视为合格。对于不合格的气压传感器,应进行单点或多点调整。

经过调整(单点或多点)调整后的气压传感器,应重新进行全程检定。压力点的选择、检定方法、数据处理、检定结果判定原则同上。

(7)雨量传感器的检定

1)外观检查

按通用技术要求进行外观检查,重点检查被检雨量传感器的承水口面积,其方法是用经过计量过的游标卡尺,在3个方向(每隔120°测量1次)上测量承水口直径,将3个方向的测量值平均值,作为最终测量结果,承水口不合格的雨量传感器,不应进行示值检定。

2)检定前的准备(手动检定)

手动检测操作是通过加液器和计数器实现(计数器由用户自配)。根据被检传感器承水口面积将雨强、雨量通过加液器键盘分别输入到加液器主机,加液器主机按程序运行,计数器记录翻斗的翻动次数,程序结束后察看计数装置的数据。

3)加液器操作方法。

按照不同口径雨量传感器设定加液器的总流量和流速。

模式设定,按“MODE”键,加液器主机窗口显示“DISR”模式,按“ENTER”键确认,(注意:模式设置只要一次设置就永久有效,加液器断电、上电都不会改变。

输入雨强,按“RATE”键,主机窗口显示“↑———”表示出水速度,输入需要设定的雨强数值。再按“RATE”键,主机窗口显示“↓———”表示进水速度,设置 150mL/min。按“ENTER”键确认。(注意:进水速度可根据操作者习惯确定,但最大进水速度不得超过 150mL/min)。

输入雨量,按“VOLUME”键,主机窗口显示“U－DIS”,输入需设定的雨量数值,按“ENTER”确认键。

4)降雨量和降水强度选择

10mm(1mm/min 和 4mm/min)。

5)检定方法

将被检雨量传感器安装在检测台上,将导水管置入雨量传感器的承水口,按“GO”键(按“FILL”键,加液器停止运行并恢复至初始设置状态),加液器按设定雨强和雨量自动检定。每种雨强和雨量分别检定 3 次。

6)数据处理

以被检雨量传感器的 3 次测量值的平均值减去标准值,得出该雨强下的测量误差。在两种雨强条件下,被检雨量传感器的测量误差均不超过±0.3mm 视为合格。否则应进行雨量传感器的基点调整。

(8)蒸发传感器的检定

1)检定前准备

将超声波蒸发器安装于平坦桌面上并调整好水平,接通电源预热 10 分钟后再开始检定。

2)检定点的选择

蒸发传感器的检定点为:0mm、20mm、40mm、60mm、80mm 和 100mm。

3)检定方法

检定前首先将 72mm 的模块放入蒸发传感器的圆筒内,从采集器上记录蒸发零位值,然后用蒸发模块组依次组成 10mm、30mm、50mm、80m、100mm 的标准高度值,放入蒸发筒内,分别读取蒸发传感器的示值(如果蒸发传感器输出值是电压、电流信号,应转换成蒸发量 mm 值)。

4)数据处理

根据蒸发模块组测出的高度显示值,计算出各检定点的相对误差值。

各检定点的相对误差均不超过±1.5%FS 时为合格,否则视为不合格。

3.9.2 自动气象站各要素传感器现场校准方法

(1)气温传感器

1)校准点的选择

常温单点校准。

2)校准方法和数据处理

将数字式铂电阻温度计的传感器和自动气象站的气温传感器同时等高靠近悬挂在百叶箱内,稳定时间不小于15分钟后开始校准,每隔1分钟读取一次标准和被校温度传感器的温度值,共读取十次。

用下式计算校准温度点的测量误差值ΔT

$$\Delta T = T_j - (T_b + X_t)$$

式中,T_j为被校气温传感器10次测量值的平均值;T_b为温度标准器10次测量值的平均值;X_t为温度标准器的修正值。

(2)地温传感器

1)校准点的选择

校准点为-20℃、0℃、+30℃。地温常年低于0℃的台站可只校准后两点。

2)校准方法和数据处理

将数字式铂电阻温度计的传感器和自动气象站的地温传感器同时插入到液体恒温槽的同等深度上,先进行-20 ℃点的校准,然后进行0℃和+30 ℃点上的校准。

在每个校准温度点上,稳定3～5分钟后开始校准,每隔1分钟读取一次标准温度传感器的温度值,共读4次。

用下式计算每个校准温度点的测量误差值Δt

$$\Delta T = T_j - (T_b + X_t)$$

式中,T_j为被校地温传感器4次测量值的平均值;T_b为温度标准器4次测量值的平均值;X_t为温度标准器的修正值。

用3个校准点测量误差值的最大值作为校准结果。

(3)湿度传感器

1)校准点的选择

校准点为33%RH和87%RH。

2)校准方法和数据处理

开机20～30分钟,待数值稳定后,即可采集数据。先进行低湿点(33%RH)的校准,再进行高湿点(87%RH)的校准。将湿度标准器的传感器和被校自动气象站的湿度传感器同时置入湿度为33%RH的发生器中,稳定时间不小于20min,开始校准工作。在该湿度点上,每隔1min读取一次标准值,共读取十次。在进行87%RH点的校准,方法同33%RH点的校准。

分别计算两个湿度的测量误差值ΔH

$$\Delta H = H_j - (H_b + X_h)$$

式中,H_j为被校湿度传感器十次测量平均值;H_b为湿度标准器十次测量平均值;X_h为湿度标准器的修正值;

以两个湿度点的湿度测量误差作为校准结果。

(4)风向传感器

1)风向检定点选择

风向检定点及顺序为:0°、90°、180°、270°。

2)方法和数据处理

用标准度盘的刻度值作为标准值,将风向标对准标准度盘上的 0°点,记录检定数据处理终端显示的风向值,一个风向点检定结束,再将风向标对准标准度盘 90°、180°、270°,其他各检定点的数据录取方法与 0°点相同。4 个风向点校准结束,用风向传感器在各个风向点上的显示值减去标准值,得出各个风向点上的测量误差,以 4 个检定点上的测量误差的最大值作为风向校准结果。

(5)风速传感器

启动风速

1)校准点的选择

选取 6 个不同的点。

2)方法和数据处理

将风速传感器的某一风杯做一记号,每次校准,该风杯处于启动风速校验仪内不同位置,用同样的方法校准 6 次。

计算平均值作为风速传感器的启动风速 S(修约到小数点后一位)。

风速示值

1)校准点的选择

风向校准点及顺序:2m/s,5m/s,10m/s,20m/s,40m/s。

2)方法和数据处理

把被校准风速传感器与风速校验仪用软管连接好,按照校准点调整风速校验仪,每个校准点调整好后稳定 2 分钟,读取风速校验仪和风速传感器的测量值。

根据测量结果计算出实际风速 v 和被校准风速传感器测量值 v' 之间的线性回归方程

$$v=a+bv'$$

式中,a 为常数项(修约到小数点后一位);b 为回归系数(修约到小数点后两位)。

用最小二乘法计算线性回归中的 a 和 b。

用下式计算被校准风速传感器非线性误差 Δv,并作为校准结果。

$$\Delta v= v'-a-bv'$$

(6)气压传感器

1)校准点的选择

选择所在台站的常压点、高于和低于常压点 50hPa 的三个压力点进行校准。

2)方法和数据处理

压力校准可从高压点开始,也可从低压点开始。在每个校准点上,标准器压力值应调整到所取压力点±1hPa 范围内。每个压力点调整好后,稳定时间不小于 2 分钟。在每个校准点上,每一分钟读取 4 次标准值和一次被校气压传感器的测量值,共读取 2 分钟。

计算每个校准点单程测量误差值 ΔP(修约到小数点后一位)

$$\Delta P=P_j-(P_b+X_p)$$

式中,P_j 为被校传感器 2min 测量值的平均值;P_b 为气压标准器 2min 测量值的平均值;X_p 为气压标准器的修正值。

计算每个校准点正反行程测量误差平均值。

用3个校准点的测量误差平均值的最大值作为校准结果。

(7)雨量传感器

1)自动气象站

①校准点的选择

选择1mm/min和4mm/min两种降水强度。

②方法和数据处理

关闭虹吸节门,打开吸水节门,打开潜水泵电源开关,给标准球注满水,关闭吸水节门,关闭潜水泵电源。打开虹吸节门,打开流量调节器,以1mm/min的降水强度向被校准雨量传感器注水,记录被校准雨量传感器的雨量示值,分别校准3次。然后以4mm/min的降水强度向被校准雨量传感器注水,记录被校准雨量传感器的雨量示值,分别校准3次。

计算两种降水强度的测量误差值ΔR(修约到小数点后一位),作为雨量的校准结果。

$$\Delta R = R_j - R_b$$

式中,R_j为被校准雨量传感器3次雨量示值的平均值,R_b为标准球的标准值。

2)区域自动气象站

①校准点的选择

选择1mm/min和4mm/min两种降水强度。

②方法和数据处理

首先按照校准设备操作方法,将校准设备与雨量传感器安装好,用量杯盛10mm净水,先以小强度降水,向校准设备小强度承水口注水,记录雨量示值。分别校准3次。

再以大强度降水,用同样的方法,分别校准3次。

计算两种降水强度的测量误差值ΔR(修约到小数点后一位),作为雨量的校准结果。

$$\Delta R = R_j - R_b$$

式中,R_j为被校准雨量传感器三次雨量示值的平均值,R_b为量杯的标准值。

(8)蒸发传感器

1)校准点的选择

选择校准点为:0mm、20mm、40mm、60mm、80mm和100mm。

2)方法和数据处理

检定前首先将72mm的模块放入蒸发传感器的圆筒内,从采集器上记录蒸发零位值,然后用蒸发模块组依此组成20mm、40mm、60mm、80m、100mm的标准高度值,放入蒸发筒内,分别读取蒸发传感器的示值。

根据蒸发模块组测出的高度显示值,计算出各检定点的相对误差值$\triangle h$。

以校准点最大相对误差作为校准结果。

3.9.3 校准周期和校准证书

(1)校准周期

自动气象站是自动化观测仪器,各要素传感器都是电信号输出,参照有关电子仪器的校准规范,校准周期定为1～2年。

(2)校准证书

1)校准证书的格式应符合校准方法中的规定。

2)校准证书必须字迹清楚、数据无误,有校准、核验、主管人员签字,并加盖校准单位印章。

3)校准印章应清晰完整。残缺、磨损的印章,应立即停止使用。

4)校准证书应有专人保管,并建立使用管理制度。

5)国家级自动气象站证书由省级保障部门出具,区域自动气象站证书由市级保障部门出具。

6)校准证书的保存期限至少应为两个校准周期。

复习思考题

1. 试述自动气象站的系统结构。
2. 新型自动气象站的主要功能有哪些?
3. 试述新型自动气象站采集器的工作原理。
4. 观测场地的环境条件要求有哪些?
5. 简述自动气象站中温湿度传感器实验室检定方法。

参考文献

崔讲学. 2011. 地面气象观测. 北京:气象出版社.

王振会,等. 2011. 大气探测学. 北京:气象出版社.

中国气象局. 2003. 地面气象观测规范. 北京:气象出版社.

中国气象局. 2005. QX 30—2004 自动气象站场室防雷规范. 北京:中国标准出版社.

中国气象局气象干部培训学院. 2012. 地面气象观测系统业务管理培训讲义.

中国气象局综合观测司. 2011. 降水观测规范——称重式降水传感器(试行).

中国气象局综合观测司. 2011. 气象装备技术保障手册——自动气象站.

中国气象局综合观测司. 2011. 前向散射能见度仪观测规范(试行).

第 4 章 L 波段雷达探空系统

内容提要

本章阐述了 L 波段雷达探空系统组成和 L 波段测风雷达工作原理，详细介绍了 L 波段雷达的系统构成及工作原理，简要介绍了制氢设备及雷达运行过程中的维护事项，对雷达常见故障分析了故障原因及相应的处理方法。

4.1 概述

以气象气球携带探空仪进行高空气象要素的测量是气象常规观测业务，所获取的从地面到 30km 高空大气温度场、湿度场、风场的三维空间分布资料是气象预报的基本依据。虽然探空仪上所使用传感器的基本测量原理与地面气象观测是一致的，但由于探空仪处于运动状态中进行测量，高空大气环境变化非常复杂，使高空气象要素直接测量技术具有特殊性。目前，L 波段测风雷达是国内业务化运行的主要测风设备，它与 GTS 系列数字式电子探空仪相配合，能测定高空的风向、风速、气温、气压、湿度等五个气象要素，为气象台站提供准确的气象资料。

4.2 工作原理

L 波段测风雷达系统是利用跟踪探空气球来测风的。探空气球上带有无线电回答器（简称回答器）升空，测量时 L 波段测风雷达在地面向它发出“询问信号”，回答器就对应地发回“回答信号”。根据每一对询问与回答信号之间的时间间隔和回答信号的来向，就可以测定每一瞬间探空气球在空间的位置，即它离雷达站的直线距离、方位角、仰角，然后根据气球随风飘移的情况，就可推算出高空的风向、风速。

L 波段测风雷达的测距原理如图 4.1 所示，雷达的“询问信号”即发射脉冲，从雷达天线发射出去，按图中箭头所指方向到达探空气球，气球上的“回答信号”即产生一个应答信号，并按原路返回，被雷达天线所接收。只要我们知道无线电波从雷达站到气球之间的往返时间，然后用这个时间的一半去乘无线电波的传播速度，就可以求出探空气球与雷达站之间的距离。假设无线电波的传播速度为 c，测定的时间为 Δt，则所求的距离 D 可用下式计算

$$D = (c \cdot \Delta t)/2$$

无线电波在空间传播速度相当于光速，即 $c = 3\times10^5$km/s，Δt 通常用微秒计算（1 μs = 10^{-6}s），即每微秒的速度为 $c=0.15$km/μs，则求得距离为 $D=0.15\Delta t$(km)。

由上面的讨论可知，测距的关键是计时。测距是否精确取决于计时是否精确。由于要测定的时间 Δt 非常短，而且又要非常精确，因此，对计时电路的要求是非常高的。在 L 波段测风雷达中，这个计时的任务是由计数器来完成的，计数器在发射脉冲的起始时（即发射脉冲的前沿）开始计数，在目标回波的到来时停止计数，所得的计数值乘以被计脉冲的周期即得需要测定的 Δt。根据测定的 Δt，可直接表示出回波的距离。

L 波段测风雷达所跟踪的目标是有源的，故称二次雷达，而一般雷达是无源的，即靠目标反射电波进行测距的。不管所跟踪的目标是有源还是无源，其测距原理都是相同的。

L 波段测风雷达无线跟踪（即测角）采用的是假单脉冲体制。所谓假单脉冲体制就是目标的角误差获取是与单脉冲一样的，但角误差信号不是直接送到接收机，而是先调制到和信号上以后再送到接收机，即与波瓣扫描体制一样只采用一套接收机，假单脉冲体制由此而得名。

图 4.1　雷达测距原理图

L 波段测风雷达的天馈线由 4 个直径 0.8m 抛物面天线、和差环、调制环等组成，水平、垂直波瓣宽度均不大于 6°，而其中和差环则是完成假单脉冲体制的关键。调制环由程序方波来控制，将由和差环获取的上、下、左、右误差信号调制在和信号上，此信号经接收机放大、解调即可得出反映目标偏离电轴的角误差信号（包括大小和方向）。利用垂直面上的两个天线所获取的误差信号推动俯仰电机而测得仰角。利用水平面上的天线所获取的误差信号推动方位电机而测得方位角。

下面以测方位角为例子，来说明测角原理。如图 4.2 所示，如果天线电轴对着正东方，且目标亦在正东方，则由于射频信号到达左右天线所经历的路程相等，因而无相位差，即角误差为零，这样在显示器上分别显示出来的两根亮线也就一样长。如果电轴没有对准目标（如电轴方向偏南或偏北了一个角度），这样因到达左右两个单元天线的射频信号有相位差，所以就有角误差信号产生，在显示器上两根亮线就不一样齐。

L 波段测风雷达就是利用这个原理来测定方位角和仰角的。在业务探测中，只要转动天线，使示波器显示器上的 4 条亮线始终两两对齐（上和下、左和右分别对齐）就表示雷达天线对

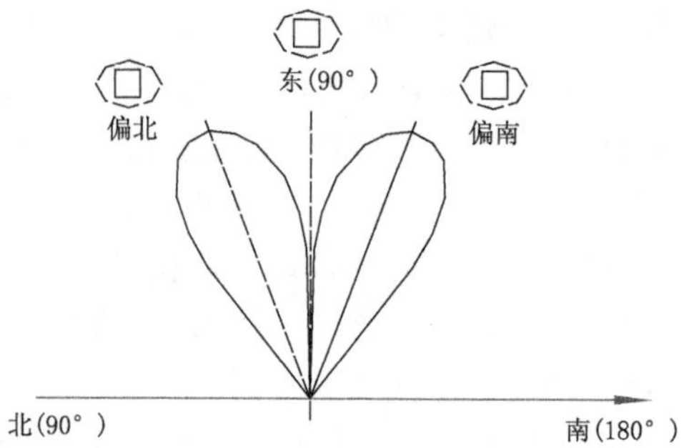

图 4.2 雷达测角原理图

准了目标，实际上本雷达的角度跟踪已实现了自动化，只有在恶劣的天气下造成起始抓球失败时才需手动搜索。

根据测距和测角的数据(球坐标数据)就知道了探空气球在空中飘移的快慢和方向，也就可以计算出空中不同高度的平均风速和风向来。空中各高度上大气的温、压、湿三个气象资料，是利用气球上携带的探空仪来完成的。探空仪是由对温、压、湿反应灵敏的感应元件及转换电路所组成，敏感元件的电参量随着空气中温、压、湿度的变化而变化。而转换电路则对变化的电参量进行采样、编码而形成探空码，然后用此探空码去控制回答器，再由回答器将探空码发回地面，雷达接收机把它接收下来，这样就得到了空中温、压、湿三个气象要素。

在L波段测风雷达中，无论是球坐标数据，还是探空数据，其录取、存储、处理等工作都是由数据终端来完成的，探空观测人员只要通过点击图标就可得到各种报表、数据，并可将其打印输出。

4.3 系统构成及作用

L波段雷达探空系统由L波段测风雷达、GTS系列数字探空仪和电解制氢(储氢)、气球构成，下面分别介绍各部分的构成及作用。

4.3.1 L波段雷达

图4.3是L波段测风雷达的工作布局图。室外部分称为天线装置，它由撑脚、天线座、立柱、俯仰减速箱、天线阵、和差箱、近程发射机、摄像机等组成。它可置于地面上，也可置于楼顶平台上。而室内部分则由主控箱、驱动箱、示波器、微机、UPS电源组成。其中室外、室内部分由6根50m电缆相连。

L波段测风雷达的组成及各分系统的相互关系可用图4.4所示的方框图表示。共有十个分系统，它们分别是：天馈线分系统、发射分系统、接收分系统、测距分系统、测角分系统、天控分系统、终端分系统、自检译码分系统、发射/显示控制、电源分系统。

下面，分别对各分系统的作用和原理进行阐述。

4.3.1.1 发射分系统

该分系统的功能是在由测距分系统送来的发射触发脉冲控制下，定时地产生高频脉冲，通过天线向空间辐射，作为对应答器的询问信号。

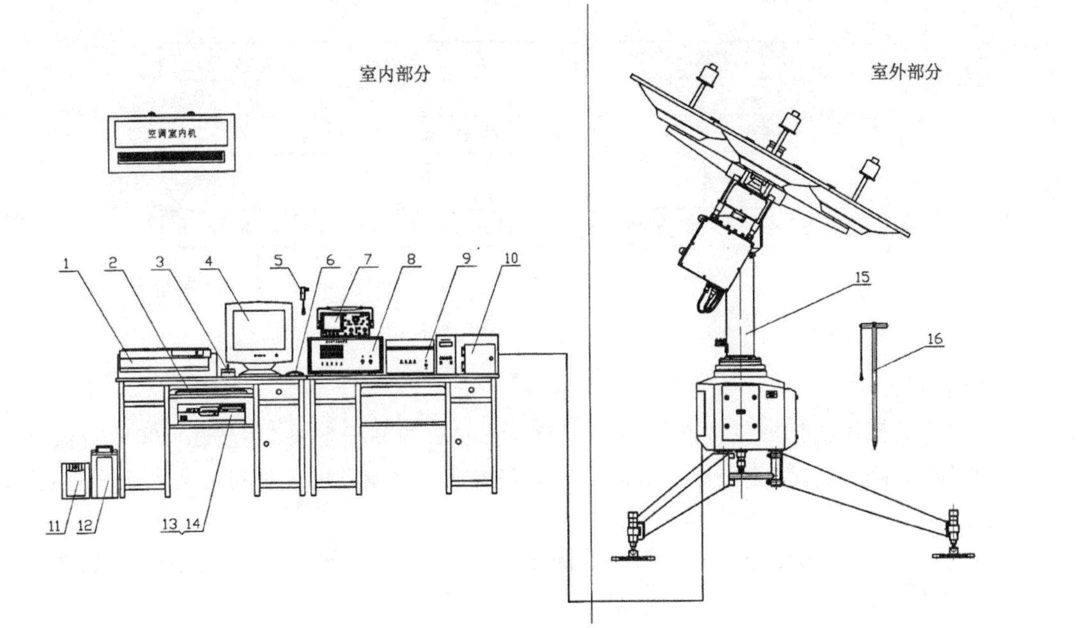

图 4.3　整机工作时的布局图

1. 宽行点阵打印机　2. 键盘　3. 控制盒　4. 显示器 5. 亮度控制盒　6. 鼠标　7. 示波器　8. 主控箱　9. 驱动箱 10 . 基测箱　11. UPS 电源　12 蓄电池　13. 计算机主机　14. 彩色视频采集卡　15. 天线装置　16. 地线桩

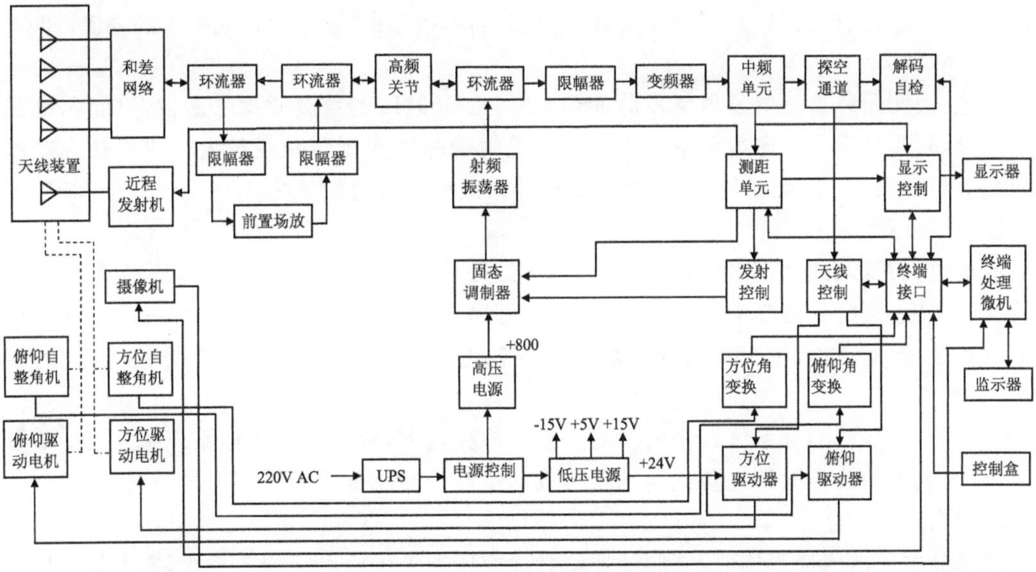

图 4.4　雷达整机框图

(1)远程发射机

1)基本原理

该分系统主要由固态调制器、超高频振荡、交流电源等几部分组成。其框图如图 4.5

所示。

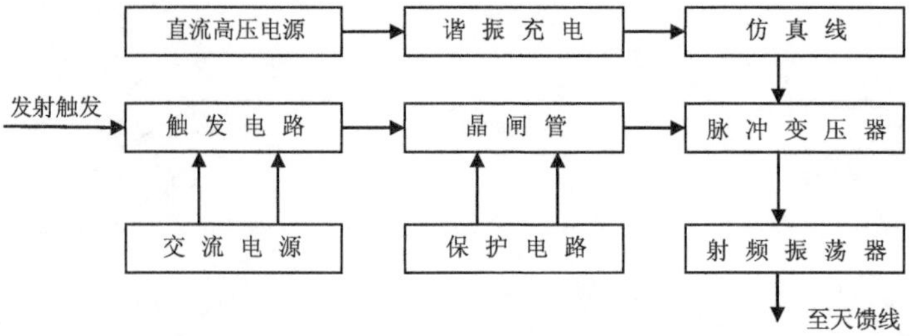

图 4.5 发射分系统框图

①调制器

调制器的作用就是形成宽度 0.8μs，幅度为 800V 的高压脉冲，主要由 800V 直流高压电源、仿真线、晶闸管、脉冲变压器和脉冲触发电路组成。调制器的工作可分为两个过程：充电和放电。

充电：通电后，220V 的交流电压经电源变压器变压，全波整流，再经 π 型 LC 滤波器输出 800V 的直流高压。

充电的方法采用的是直流谐振式充电。在测距分系统的发射触发脉冲送来之前，直流高压对仿真线的电容器充电，当仿真线上的电容器充满达到直流高压 $E_C=800\text{V}$ 时，串接在充电支路中的充电电感将所贮存的能量又继续向仿真线上的电容器释放，即仿真线上的电容器获得第二次充电。此时串接在充电支路中的二极管起着防止充电电感产生反向电流的作用，从而使仿真线上电容器的电压达最大后维持不变，以等待放电。由于占空比很大，约 2000：1，因此谐振充电时间很充足，足以使仿真线上电容器两端电压 U_C 充到直流高压的 2 倍，即 $U_C=E_C\times 2=800\times 2=1600\text{V}$。

放电：当测距分系统的发射触发脉冲到来时，按 600Hz 的重复频率去触发晶闸管，晶闸管则迅速导通，使仿真线上电容两端的电压通过晶闸管脉冲变压器初级放电。由于仿真线的特性阻抗 ρ 与负载 RC 匹配相等，则在脉冲变压器初级两端获得幅度为 $1/2U_C=E_C=800\text{V}$ 的脉冲电压。

放电时，仿真线的始端电压跳变为负，电压立即从始端向其终端传输，电压经 0.4μs(由仿真线参数决定)延时到达终端，由于仿真线终端开路，电压到达仿真线终端后，又经 0.4μs 延时返回到始端，至此，放电结束。这样在脉冲变压器的初级就获得 0.8μs，幅度为 800V 的矩形脉冲。

综上所述，在测距分系统送来的发射触发脉冲控制下，利用长线传输原理制成人工仿真线电路，以充放电的变化电压在负载两端所形成的矩形脉冲就是我们所需要的调制脉冲。

②超高频振荡器

该部分主要由磁控管构成，调制脉冲经脉冲变压器升压后可达到数千伏，这个数千伏的脉冲高压直接加到磁控管的阴极激励磁控管，使磁控管产生 1675MHz 的超高频振荡。

③电源

220V、50Hz 的交流电压经电源变压器后有两组输出，一组输出为半压，两组同时输出为全压，并且该电源独立，专供本系统的调制器和超高频振荡器使用。

发射机作为一个独立的分机置于室外天线座内，如需将其取出检查、维修时，应事前将连接电缆断开，因为发射机较重，容易将电缆拉断。

2)主要技术指标

工作频率　　1675±6MHz

脉冲重复频率　　600Hz

脉冲宽度　　0.8±0.1μs

脉冲功率　　≥15kW

3)功能自检

打开主控箱上的发射电源开关，即把发射机低压加上约 3min 以后，点击界面上的半高压图标，发射机被加上半高压，界面左上角的磁控管电流表头应有指示，其值应在 3.5 左右。如果加上全高压，则指示值应在 4.2 左右，此时把示波器的扫描线展开(示波器工作在测角显示状态，并将 Y 通道用探头接至 11－2 插板的 XP2:14)，调整示波器的同步旋钮，应能看到发射机的主波。转动天线，应能看到地物回波的位置，幅度的变化，此时调整接收机的频率，也应能看到地物回波幅度的变化。如果以上检查无异常，则说明发射机的功率、频率基本正常。

(2)近程发射机

1)基本原理

为了减小最近测距距离，达到小于 100m 的指标，L 波段测风二次测风雷达设置了一近程全固态发射机，其发射脉冲功率为 1.5W，同时为了避免其载波泄漏对接收机的影响，将载波频率设置为 1686MHz。这样，即使探空仪放在距天线几十米的地方，也能看到应答信号。但是由于近程发射机的功率小，作用距离有限，在整机工作中距离为 1km 时，终端自动将其关闭，同时将(远程)发射机打开。其框图如 4.6 所示。

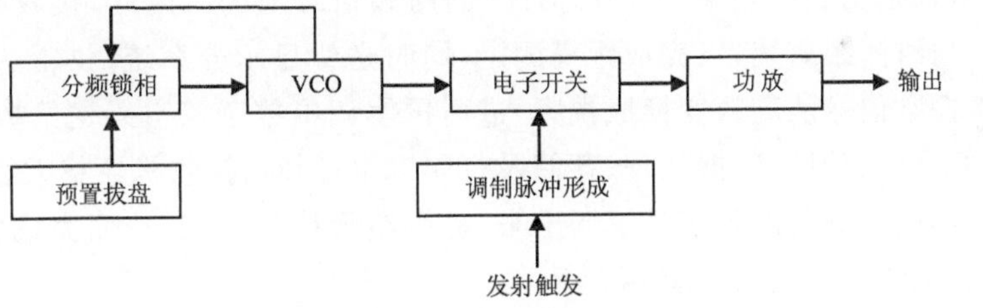

图 4.6　小发射机框图

从框图 4.6 可以看出，近程发射机的载频是可以调整的。调整的方法是将其盒盖打开后，拨动频率预置拨盘开关，开关位置与载频频率的对应关系见表 4.1。

表 4.1　工作频率置定表

工作频率 (MHz)	拨盘开关位置							
	1	2	3	4	5	6	7	8
1656	0	0	0	1	1	1	1	0
1661	1	0	1	1	1	1	1	0
1666	0	1	0	0	0	0	0	1
1671	1	1	1	0	0	0	0	1
1676	0	0	1	1	0	0	0	1
1681	1	0	0	0	1	0	0	1
1686	0	1	1	0	1	0	0	1
1691	1	1	0	1	1	0	0	1

其中，开关位置“ON”为0，1686MHz为常用工作频率。由于近程发射机的体积较小，重量较轻，故将其置于天线左侧的近程发射机箱内，其发射天线为一个四单元的八木振子天线，固定于左单元天线上，这种结构即可以省去旋转关节，又可起配重作用。

2)主要技术指标

工作频率	1687^{+10}_{-20} MHz
脉冲功率	≥1.5W
脉冲宽度	0.8μs
重复频率	600Hz

3)功能自检

近程发射机的检查与发射机的检查类似，只是它的功率很小，因而只能看到其主波，而不能看到其地物回波。其次，由于近程发射机是全固态的，因而无须预热，打开后即可看到其主波。

4.3.1.2 接收分系统

该分系统的功能是将天线所接收到的探空仪射频信号加以放大、变频、解调送到测距、天控分系统以完成测距和跟踪应答器的功能。此外，还将探空仪发回的探空码解调出来，送到数据处理终端得到温、压、湿数据。同时，还在测距分系统送来的主抑触发脉冲的控制下，完成主波抑制功能以消除发射主波和近地物回波对AGC、AFC功能的影响。

(1)基本原理

L波段测风雷达的接收机是用以放大、解调探空仪发回的应答信号和探空信号的，而应答信号和探空信号都是调制在频率为1675MHz的高频信号上的。因此，接收机将应答信号从高频变成视频，送给测距系统，以完成距离测定，同时送给显示分系统，供雷达操纵员观测；此外，接收机还将探空信号从高频变换成视频，进而再解调出数字探空码送给数据终端系统，从而完成探空码的录取、转换、数据处理、存储及打印输出；同时，接收机还将天线波瓣扫描(实际上是内扫描)所形成的测角误差信号解调出来，提供给天控分系统，从而完成雷达天线对探空仪的跟踪。接收机的组成框图如图4.7所示。

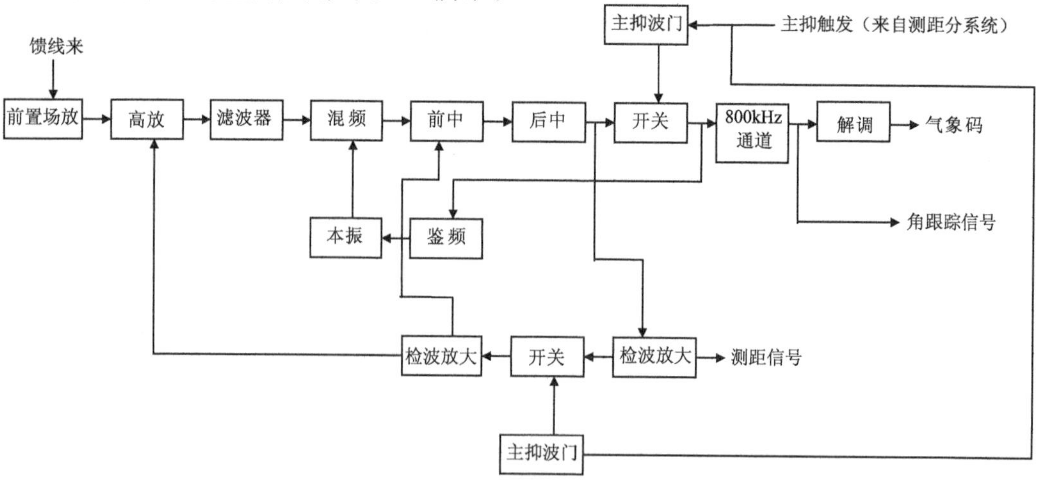

图4.7 接收机组成框图

从框图 4.7 可以看出，接收分系统由两大部分组成，即接收前端(室外)、后端(室内)。而前端由场放、变频、前中等几个单元组成，置于天线座内。后端则由后中放大、检波、鉴频、AGC 控制、AFC 控制、探空码提取等几个单元组成，分别做在一个中频通道盒内及插板上(11—1)，置于室内的主控箱中。

前置场放为低噪声场放应管放大器，设置的目的就是为了减少馈线损耗对雷达威力的影响，所以这级场放就置于和差箱内，紧接和差环之后。

由于雷达在工作过程中所接收的信号动态范围较大，为了保证接收机的线性，在高放中设置了增益控制功能，由 PIN 管来实现，控制能力约为 25dB；高频带通滤波器采用腔体机械滤波器，其作用是滤除工作频率以外的其他干扰，包括对镜像信号的抑制。在结构上，为了减少连接增加可靠性，高放与滤波器固定在一个平面上，并用导线直接焊接。

本振为典型的三点式振荡器，频率的调整由变容二极管来实现。振荡出的信号经一定的功率推动后再送到混频器。此外，本振信号还耦合出一部分送到分频器，分频器将 1645MHz 的本振信号分频至 25kHz 左右的方波信号，此信号经 50m 电缆后送到室内主控箱中的 11—4 终端板。终端板对其计数再乘以分频数后送到雷达接收控制界面上显示出来，这样即实现了接收信号的频率指示。

混频器采用较为流行的双平衡混频器，它具有较高的 P_{-1} 电平和较低的变频损耗，混频出信号经 30MHz 滤波器后送到由二级单片放大器及一级可变增益放大器，其增益控制能力在 45dB 以上，这样接收机的增益控制能力将大于 70dB。本振、分频、混频、前中都做在同一金属盒内，然后与高放、滤波器紧固在一起，通常称为高频组合即接收机的前端。由前中输出的中频信号经 50m 电缆送至室内主控箱中的中频通道盒，经三级单片放大后再经功分器分成两路。

一路称测距支路。在此支路中，信号被放大到一定电平后，解调出 800kHz 视频脉冲，并送到测距分系统，以完成测距功能，其幅度为 $2\sim3V_{PP}$，同时再将此信号检波、放大后得到 AGC 电压，分别送到高放和前中，完成自动增益控制的功能，以使得整个放球过程中输出信号电平不随回答器的远近而产生变化，即保持输出电平恒定。

而另一路则称为角支路。在此支路中信号被放大、鉴频，并将此鉴频电压送到高频组合中的本振，以消除由于回答器频率漂移而造成的失谐，使得中频频率始终保持为 30MHz。值得提出的是接收机的频率控制有两种状态，即自动、手动。在手动状态时，本振的频率调整完全由人工控制，鉴频电压不起作用，而自动状态时，本振的频率调整由手动电压和鉴频电压共同控制，也就是手动电压和鉴频电压叠加后形成了本振控制电压，这样在实际操作中，频率控制在自动状态，手动电压也可以任意调整，直至主信号最佳。

此外，角支路中的中频信号还被分出一部分检波后，送入 800kHz 通道，经放大解调后得到气象码送到数据终端系统。同时角跟踪信号也从 800kHz 通道引出，其幅度为 $2\sim3V_{PP}$，此信号在放球的过程中始终保持线性，不失真地将回答器相对雷达的角度偏差反映出来。

接收机还有主波抑制功能，其作用是去除发射机主波和近地物回波对 AGC、AFC 及气象码解调造成的影响。其实现方法是这样的：在距离支路和角支路分别接有电子开关，开关的导通、关断由主抑波门来控制，即在发射机工作期间，开关断开，发射主波，近地物回波就不会漏入相关电路，也就不会造成对其的影响。在具体电路上距离支路和角支路的主波抑制有所不同，距离支路中电子开关与信号路是并联的，关断时间为 200μs，而角支路中的电子开关是串接在其中的，关断时间为 50μs。

从框图可以看出主抑触发由测距系统送来，是一个宽度约为 1μs、幅度为 TTL 逻辑电平的脉冲信号，它的前沿比发射脉冲提前 1km。

(2)主要技术指标

工作频率	1675±6 MHz
本振频率	1645±6 MHz
灵敏度	≤−107dBm
带宽	2.7 MHz
总增益	≥110dB
AGC 控制能力	≥70dB
AFC 跟踪范围	±4MHz

(3)功能自检

接收分系统在雷达中是一个组成复杂、作用较为重要的分系统，说其复杂是因为它由多级级联而成，容易发生一种故障，可多种原因产生，进而造成难于排除的现象；说其重要是因为距离自动跟踪、天线自动跟踪、探空码自动录取所需的信号皆由它提供，而信号质量的好坏直接影响到雷达工作的质量。

接收机的检查可分为定性检查和定量检查。

定性检查就是不用过多的仪表，大致判断接收机是否正常，其内容有：

1)接收机增益及其手动控制的检查：雷达开机后，接收机的增益控制默认为“自动状态”，将示波器置 4 条亮线显示状态，在没有探空仪通电时，应能看到 4 条噪声亮线(亮线的上部较细)，幅度约为 2V 左右。若将示波器的 X 扫描展开，则应能看到非常均匀的噪声。若将增益控制置“手动”，点击界面上增益“增加”、“减少”图标，则噪声的幅度应随之均匀变化。如果检查无异常情况，则说明了接收机增益及其控制基本正常。

2)接收机频率控制的检查：将接收机频率控制置“手动”，并将一探空仪接上电源，点击频率“增加”、“减少”图标，可以看到界面上的增益表头指示能达到最小(同时也能看到频率表头的指示有相应的变化)，说明接收机此时已对探空仪信号调谐。在接收机调谐后，频率指示值应在 1675MHz 左右，此时如果有意识地将接收机失谐±(3～4)MHz，再置频率控制为自动，则可以看到频率指示仍能回到 1675MHz 附近。如果检查无异常，则说明接收机频率控制正常。

3)接收机增益自动控制的检查：在以上第二项检查内容的基础上，转动天线时，示波器上 4 条亮线的高低会发生变化，但平均幅度基本不变(此时应确认“基测”开关是关闭的)，则说明接收机的增益自动控制基本正常。

如果以上三项内容检查无异常，则从定性的角度上说明接收机是基本正常的。

接收机的定量检查是在定性检查基本正常的情况下，进一步确认接收机是否处于最佳工作状态，或者距离最佳工作状态有多大偏差(定量检查较为复杂，牵涉到仪表的使用和接收机组件的拆卸，操作时应多加注意)。检查的主要内容是：工作频率、灵敏度和总增益。

1)工作频率的检查

测试检查前，将射频信号源置于室外天线座附近，把天线座盖板用专用扳手打开，断开高频组件与限幅器的连接，然后将高频组件与射频信号源连接好；将室内主控箱中的中频通道盒抽出，用三用表连接其检波输出，连接框图如图 4.8 所示。

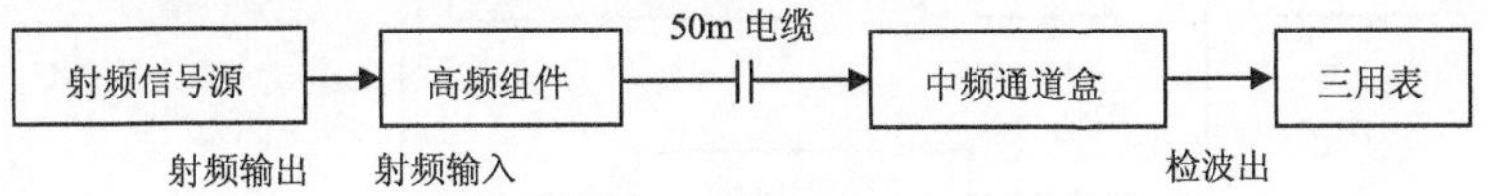

图 4.8　接收机测试框图

接收机频率控制、增益控制均置于手动，置射频信号源频率为 1675MHz，幅度为－95dBm，调整接收机的频率应能正常调谐（如果三用表指示过大，可适当调整接收机的增益），改变射频信号源的频率分别为 1679MHz、1681MHz，如果接收机均能正常调谐，则说明接收机的工作频率正常。

2)灵敏度的检查

测试连接同上，置射频信号源频率为 1675MHz，幅度为－95dBm，调整接收机频率，使接收机调谐，关断射频源输出，记下三用表指示 U_0（调整接收机手动增益，使 U_0 在 0.3V 左右），再打开射频源，调整其输出使三用表指示为 $\sqrt{2}U_0$，记下此时射频源输出功率 P_S，则 P_S 即为接收机灵敏度，且 P_S 应不大于－107dBm（如果射频源与高频组合之间的连接电缆损耗较大应将其扣除掉）。

3)总增益的检查

测试连接及射频源状态同上，接收机增益控制置手动，且将增益调整至最大，记下三用表指示 U_0(V)，然后打开射频源，调整其输出，使三用表指示为 $(1+U_0)$V，再记下此时射频源输出幅度 A(μV)，则接收机的总增益为 $G=\left[120+20\lg(\sqrt{1+2U_0}/A)\right]\mathrm{d}B$，此值应不小于 110dB。

4.3.1.3　测距分系统

测距分系统的功能是对探空仪的应答器信号进行自动和手动距离跟踪，以完成对探空仪斜距的测定，并将距离数据送往数据终端。同时本系统还产生一系列时间上相关的脉冲作为基准送往其他分系统，以协调全机的工作。

(1)基本原理

该分系统的原理框图如图 4.9 所示。

在前面已经叙述过，测距就是测量应答信号对主波的延时，而时间的测量又可转化为对具有一定重复频率的脉冲的计数来求得。显然，脉冲周期的长短直接影响测距的精度，周期越短，测距精度就越高，反之则越低。在本系统中计数脉冲的频率为 37.477MHz，这样每个脉冲代表的距离就是 4m，即量化精度为 4m。

当发射脉冲加到可预置计数器时，该计数器被打开，并与事先预置的值 x 进行比较。在计数溢出时，产生一个脉冲，这个脉冲就是跟踪脉冲，由它去触发一个触发器，并产生前后两波门（前波门的后沿与后波门的前沿为一个时刻），用前后两波门将回波信号在时间上分为两部分，并分别送到两个积分电路，很显然，如果两波门的交接时刻与回波中心不一致（但差值不大），则被分裂成的两部分面积不等，因而积分电路输出的电压也就不等，两者的差值就代表了波门与回波原偏离程度，差值的极性就代表了偏离的方向。该误差电压经 A/D 转换变成数字量，经微处理器处理后改变可预置计数器的 x 值，从而产生延时可变的跟踪脉冲，改变波门位置，直至消除误差，完成自动跟踪的功能。回答信号、跟踪脉冲、前后波门的时间关系见图 4.10。

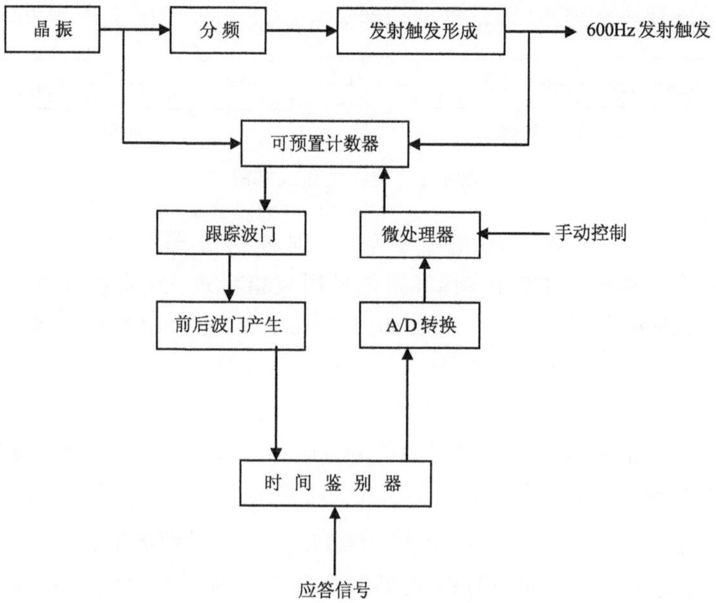

图 4.9 测距分系统原理框图

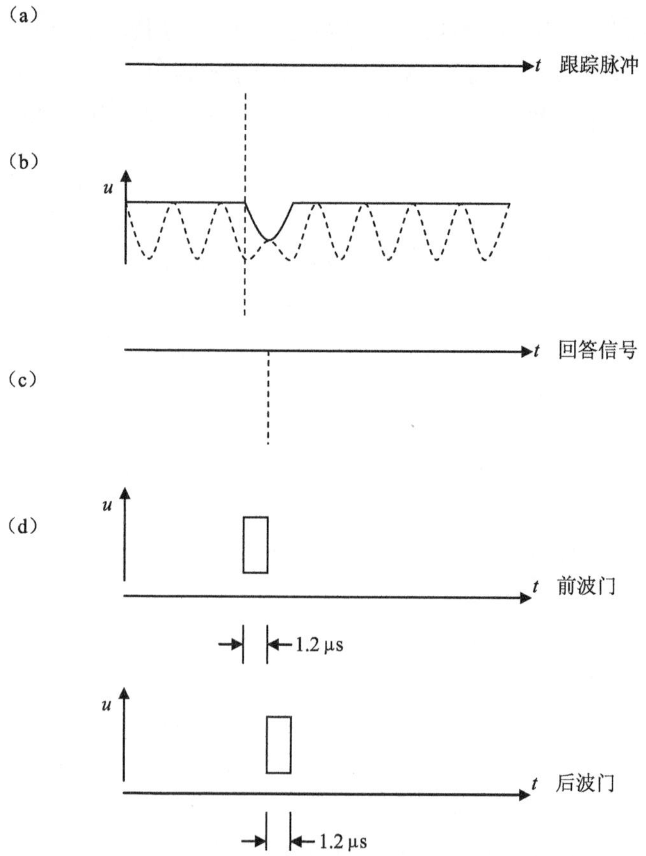

图 4.10 信号时序图

需要指出的是由于 L 波段测风二次测风雷达设置了两个发射机。虽然归属一个分系统，但在电路形式器件选择、甚至是结构安装上都有很大的差异，因而两个发射机对同一个探空仪的测距值就会有很大的差别(相对主波的延时不一样)，因此测距的标定必须根据两个发射机分别进行。

测距分系统的有关电路设计在一块插板上，代号为 11－3，装放于室内的主控箱中。在 11－3 插板上设有两个 8 位的拨盘开关，其实际位置如图 4.11 所示。

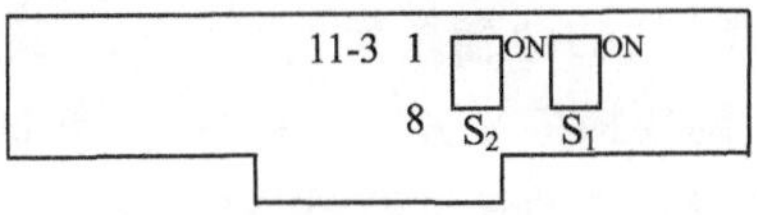

图 4.11　拨盘开关示意图

其中 S_2 为发射机距离标定拨盘开关，S_1 为近程发射机距离标定拨盘开关。“1”号位为低位，“8”号位为高位，当开关拨向“ON”时，距离显示值减小，反之则增大。

(2)主要技术指标

测距范围　100m～200km

距离跟踪精度　≤20m

跟踪速度　0～200m/s

发射触发频率　600Hz

(3)功能自检

该分系统的功能检查可按以下步骤进行：

1)将探空仪通电并置于距离天线 100m 以外的空旷处；

2)打开雷达电源，将天线大致对准探空仪，然后调整接收机频率对其调谐；

3)打开近程发射机，再将示波器切换为距离显示状态，此时应能看到应答信号“凹口”；

4)置距离跟踪为手动，点击接收控制界面上的距离慢动(分别向前、向后)图标，使得“凹口”离开两暗点间的中心位置约 200m 左右，再将距离跟踪置为“自动”，此时“凹口”应能迅速回到两暗点的中心，且距离显示值与实际值相近。

如果以上检查没有任何问题，则说明该分系统的功能是正常的。

4.3.1.4　测角分系统

本系统的主要功能是对天线方位、俯仰的几何角度进行测定，并实时传给数据终端。该分系统与测距分系统相结合完成雷达的测风功能。

(1)基本原理

原理框图如图 4.12 所示。

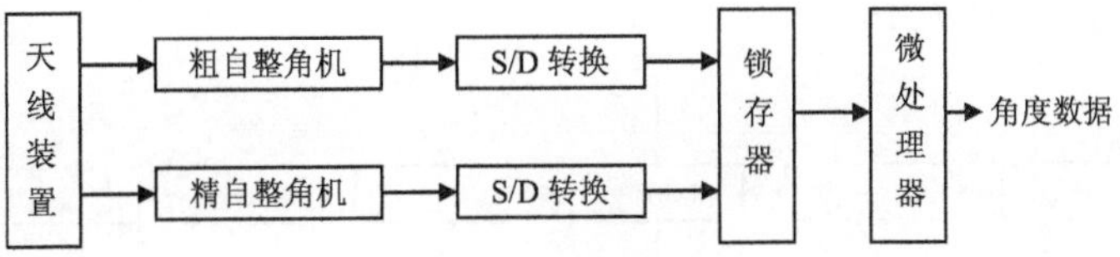

图 4.12　测角原理框图

在 L 波段测风雷达中，方位测角、俯仰测角的原理完全一样，仅以图 4.12 来叙述其工作原理。天线的方位轴(或俯仰轴)转动，通过同步轮来带动精、粗两个自整角机(精、粗自整角机速比为 36∶1)转动,它输出的三相模拟电压代表了天线几何位置,将该模拟电压通过室内、室外的连接电缆送给轴角数据变换模块,而模块则将代表角位置的电压转换成二进制码送给锁存器,微处理器读取锁存器的二进制码后,将其变成十进制码,然后再通过精、粗搭配、零点标定后即得到方位角(俯仰角)值,并通过串口通信将数据实时传送给数据处理系统,并在计算机屏幕上显示出来。

方位的精、粗自整角机安装室外的天线座内,而俯仰的精、粗自整角机则安装在天线装置的俯仰箱内(又称天线头)。方位、俯仰的轴角转换分别由两块印制插板完成,其代号分别为11－8、11－7,安装于主控箱内,两块插板又分别装有精、粗两个轴角转换模块,对应室外的精、粗自整角机。由于精、粗自整角机安装的随机性,其零点不一定正好对准,甚至相差很大,这样角度数据在天线全程转动范围内会出现不连续甚至有很大的跳动。为此,在轴角转换板上设置了一精、粗搭配拨盘开关(8 位),拨动其中的一个或多个开关,使精、粗达到良好的搭配。具体的操作是这样的:将轴角转换板上的开关 S_1 拨向"ON"的一边,此时计算机屏幕上的角度显示为"xx. xx",其中小数点左侧为粗读数,右侧为精读数。以方位为例,在天线低速连续转动时,如果搭配良好的话,粗读数—精读数的差值(粗必须大于精)应不超过 20,否则就需调整拨盘开关,直至搭配合适为止。搭配完以后,将开关 S_1 拨回原位置,使测角显示正常工作。俯仰的精、粗搭配方法与方位完全一样,需要指出的是,精、粗搭配的工作在雷达出厂前已全部做好,只有在以后的检修、维护过程中,更换自整角机或拆卸重新安装时,才需作此工作。

(2)主要技术指标

量化精度　　0.01°

工作范围　　方位:0°～360°

　　　　　　仰角:－6°～92°

(3)功能自检

当天线在 360°范围内,俯仰在－6°～ 92°范围内连续匀速转动时,角度变化也应连续变化,在微动天线时角度变化的分辨率应达到 0.01°。

4.3.1.5　天控分系统

本系统的功能是根据和差环所获取的角误差信号或手动信号完成对天线的控制,以达到跟踪探空仪的目的。其工作方式有两种即手动和自动,在手动方式时,由人工操纵手动盒,天线可以上、下、左、右转动,当示波器上的四条亮线两两对齐时,即对准了探空仪。而在自动方式时,由软、硬件结合的控制单元将调制在载波上的角误差信号解调下来,使天线朝着误差减小的方向运动,完成自动跟踪的功能。

(1)基本原理

其原理框图如图 4.13 所示。

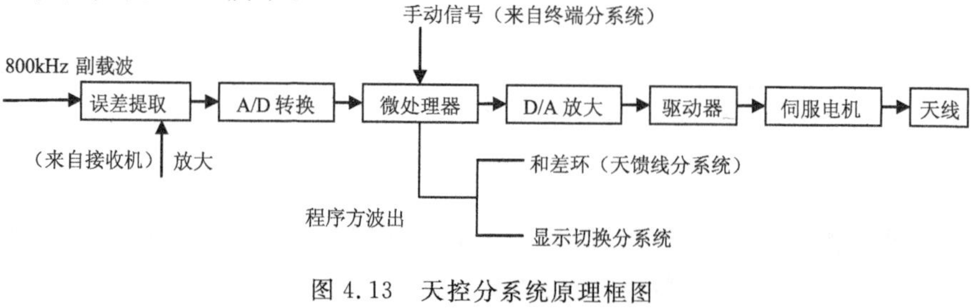

图 4.13　天控分系统原理框图

在手动状态时，终端分系统采样到手控盒的手控电压，将其转换成代表速度的数字信号，通过串口传给微处理器，它接收后再通过 D/A 转换变成相应的速度电平送给驱动器，驱动电机带动天线转动。在自动工作状态时，检波电路将调制在 800kHz 副载波上的角误差信号解调出来，经放大后送给 A/D 转换器将其转变成数字量，微处理器将这个数字量滤波、平滑后，再将其通过 D/A 转换器转换成代表角误差大小、方向的速度电压，再经直流放大器放大后送给驱动器驱动天线朝着减小误差的方向转动。

在该分系统中，带动天线转动的是交流电机，而与之配套的则是交流数字化驱动器。这种伺服系统的特点是：动态特性非常优良，体积小、耗电少、功能多、智能化程度高，有完善的故障检测及报警功能，如过速、过力矩等。

此外，微处理器通过扩展并口输出 50Hz 的程序方波，其作用是按 5ms 的时间间隔依次导通和差箱中的 PIN 开关管，将差环获取的角误差信号调制至和信号上，即完成相当于换相扫描的功能。但由于 TTL 逻辑电平不能驱动 PIN 开关管，因此，在该分系统中设置了 4 路完全相同的驱动电路，送至和差箱中的程序方波，波形如图 4.14。同时扩展并口输出的 TTL 逻辑电平的程序方波还送到显示、切换分系统，作为 X 扫描，完成测角状态 4 条亮线的显示。该分系统的印制插板代号为 11－6，置于室内的主控箱内。

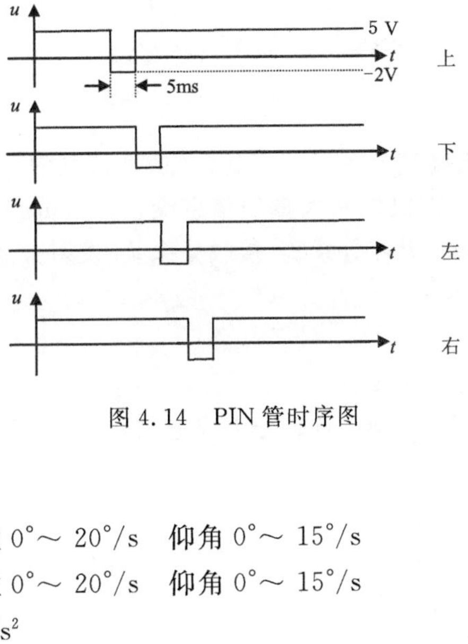

图 4.14　PIN 管时序图

(2)主要技术指标

手动跟踪速度　方位 0°～ 20°/s　仰角 0°～ 15°/s

自动跟踪速度　方位 0°～ 20°/s　仰角 0°～ 15°/s

跟踪加速度　15°/s²

控制精度　⩽0.02°

跟踪精度　⩽0.08°

(3)功能自检

该分系统的功能可按以下步骤检查：

1)将一通电的探空仪置于 100m 外楼顶、平台或铁塔之上，并且确保雷达天线在对准探空仪时仰角在 6°以上；

2)调整雷达接收机频率，对探空仪进行调谐；

3)将雷达天线置“手动”状态，在大致对准探空仪的情况下可以从摄像机的画面中观察，如果上、下、左、右各偏离中心 3°左右，示波器上的四条亮线(此时示波器应工作在四条亮线显示方式)应有相应的变化,其规律是:当天线向上抬时,上亮线变长,下亮线变短,反过来,当天线偏下压时,下亮线变长,上亮线变短;同样,当天线左右偏离时,左右变化的规律与上下类同;

4)在天线任意偏离探空仪后,再将天控置为“自动”,则天线应迅速跟踪上探空仪,且跟踪平稳。

如果以上检查没有任何问题,则说明该分系统的功能是正常的。

4.3.1.6 终端分系统

本系统主要功能是完成各分系统与计算机之间的通信,即一方面从其他分系统读取数据送往计算机显示和处理,另一方面接收计算机发出的指令,控制其他分系统的工作状态。实际上它就是雷达的控制中心,也是雷达和计算机之间联系的唯一通道。

(1)基本原理

其原理框图如图 4.15。

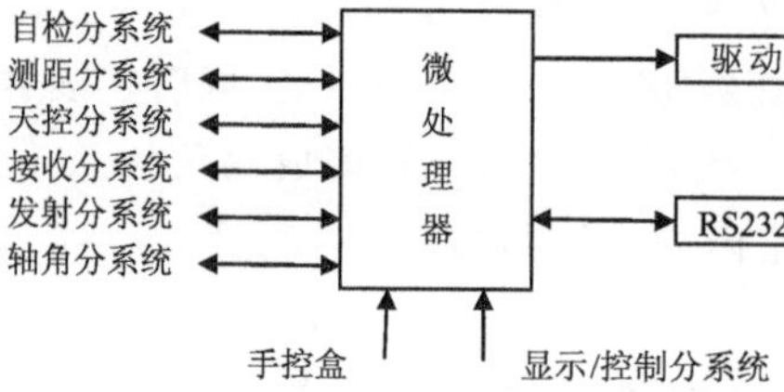

图 4.15 终端分系统原理框图

从框图 4.15 中可以看出终端分系统是控制枢纽,是信息中转站,它与计算机之间仅用一个 RS232 串口,完成雷达和计算机之间大量的信息交换。该分系统采用轮循的方法,分别和自检/译码分系统、测距分系统、天控分系统、接收分系统、发射分系统、发射/显示控制分系统、计算机等进行通信。

(2)主要功能

1)和自检/解码分系统之间的通信

终端分系统采用串口方式和自检/解码分系统通信,读取自动检测的结果和 21 字节的探空气象数据。

2)和测距分系统之间的通信

终端分系统控制距离手动/自动的切换,距离波门的前进/后退以及快进、快退,并采用串口通信的方式与测距分系统通信,读取斜距数据。

3)和天控分系统之间的联系

终端分系统控制天控手动/自动跟踪的切换,手动控制的方向、速度,还可以控制天控分系统是否输出程序方波,即打开、关闭基测开关。

4)和接收分系统之间的联系

终端分系统控制接收机手动/自动增益的切换,手动/自动频率调整的切换,并提供手动增益电压及手动频调电压给探空通道板,同时把送往接收机前端高放增益控制电压进行 A/D 变换,变成相应的数字量,作为接收机的增益指示,在计算机的屏幕上显示出来。此外,终端分系统还将接收机前端送来的本振分频信号进行计数,换算成相应的接收信号的频率送给计算机在屏幕上显示出来。

5)和发射分系统之间的联系

终端分系统控制近程发射机的开、关，发射机的开、关及发射机的半高压、全高压的切换，同时还将发射机的磁控管电流进行A/D转换，送到计算机在屏幕上显示出来，以监视发射机的状况。

6)和测角分系统之间的通信

终端分系统用串口与测角分系统之间进行通信，读取方位、仰角的角度数据并实时地传送给计算机。

7)和发射/显示控制分系统之间的联系

终端分系统对发射/显示控制分系统进行控制，以决定示波器是作角跟踪状态显示，还是作距离跟踪状态显示，即是显示四条亮线，还是显示距离回答信号。

8)和手控盒之间的联系

在天控为手动状态时，终端分系统实时地读取手控电压并送到天控分系统控制天线的转动。

9)和计算机之间的通信

终端分系统采用RS232标准接口与计算机进行通信，它实时地将从各分系统读来的数据及各分系统的工作状态送给计算机。同时也接受计算机发出的控制命令，控制各分系统的工作状态。

10)对摄像机的控制

终端分系统根据接收到的指令，送出高低电压，并通过驱动电路，带动摄像机中的微型马达，改变镜头中的焦距、光圈、景深等。

从以上叙述可以看出，终端分系统是雷达的神经单元，它工作正常与否直接影响到雷达的工作状态。为此，在计算机的接收控制界面上专门开辟了一个窗口，在这个窗口，如果从雷达图标不断有蓝色的模拟脉冲串向计算机图标行进，则表示终端分系统与计算机之间通信正常。

(3)功能自检

该分系统是雷达的信息中转站，也是雷达主机与计算机之间的桥梁。它的正常与否对整机工作有着至关重要的作用，下面根据其各功能分别检查。

1)和自检/译码分系统之间通信的检查

在整机其他各分系统正常工作情况下，如果打开基测开关(此时四路程序方波将无输出)，则雷达接收控制界面(以下简称界面)的“帮助”图标将会闪动；在探空仪通电、雷达接收机调谐后，如果界面的左下角有模拟探空码脉冲在行进，且探空码曲线不断增长。

如果以上两项内容检查没有问题，说明该分系统与自检/译码分系统之间的通信正常。

2)和测距分系统之间通信的检查

将距离跟踪置为“手动”，点击界面上的“前进”、“后退”图标，界面上的距离数值将发生相应的变化，若点击“快进”、“快退”图标，则距离将有更快的变化。如果此检查没有问题，则说明该分系统和测距分系统之间的通信正常。

3)和天控分系统之间联系的检查

点击界面上的“基测”图标，将基测开关打开，则天控分系统就无程序方波输出，这一点可以从自检结果看出，也可用示波器检测11－6插板的6XP1：3、6XP1：4、6XP1：5、6XP1：6看出。此外，点击界面上的“天控”图标，天控方式应在“手动”、“自动”方式之间切换，即在“手动”时，天线的转动由天线操纵盒控制，而在“自动”时，天线的转动由天线与探空仪之间的偏差控制。

如果以上检查没有问题，则说明该分系统与天控分系统之间的联系正常。

4)和接收分系统之间联系的检查

点击界面上的“增益”图标，接收机的增益控制应在“自动”、“手动”之间切换，若置增益控制为“手动”，再点击增益“增加”、“减少”图标，则接收机的增益将随之变化，如果示波器显示的是四条亮线，则四条亮线应产生高、低变化；若置增益控制为“自动”，则无论探空仪是远，还是近，示波器上的四条亮线高度始终在 2.5V 左右。

同样，点击界面上的“频率”图标，接收机的频率控制应在“自动”、“手动”之间切换，若置频率控制为“手动”，再点击频率“增加”、“减少”图标，接收机的频率将随之变化，此时从界面上的频率指示表中也应该看到频率的变化。

如果以上检查没有问题，则说明该系统与接收分系统之间的联系正常。

5)与发射分系统之间联系的检查

点击界面上的“近程发射机”图标，则近程发射机应能正常打开。此时若有加电的探空仪，应能看到应答标志“凹口”，如无加电的探空仪，则在示波器上(此时示波器工作在距离显示状态)应能看到发射主波。

点击界面上的“发射机”图标，发射机应能正常打开(3min 延时后)，此时界面上的磁控管电流指示表头应有指示，指示值在 3.2V 左右。同时，在示波器亦能看到主波及较强近地物回波。

如果以上检查没有问题，则说明该分系统与发射分系统之间的联系正常。

6)和测角分系统之间通信的检查

慢速连续转动方位、俯仰，界面上的方位角度指示，俯仰角度指示应连续、均匀变化，方位角的变化范围是 0°～ 360°，俯仰角的变化范围是－6°～ 92°。

如果以上检查没有问题，则说明该分系统与测角分系统之间的通信正常。

7)和发射/显示控制分系统之间联系的检查

点击“显示切换”图标，则示波器应在距离显示和四条亮线显示两种状态中切换(发射控制与显示控制设计在一块插板 11－2 上，其中发射控制的检查已在第 5 项说明。

如果以上检查没有问题，则说明该分系统与发射/显示控制分系统之间的联系正常。

8)和天控操纵盒之间联系的检查

点击界面上的“天控”图标，置天控为“手动”状态，摇动操纵杆，天线应运转自如(说明天控操纵盒上电位器的电压被该分系统正确读取)，如果这样，则说明该分系统与天控操纵盒之间的联系正常。

9)对摄像机控制的检查

点击界面上摄像机控制的有关图标，摄像机的焦距、光圈、景深均有相应的变化，这说明该分系统对摄像机的控制正常。

如果以上 9 项检查均全部正常，则说明该分系统与计算机之间的通信完全正常。

4.3.1.7 自检/译码分系统

(1)基本原理

该分系统的主要功能有两个，即故障的自动检测和探空码数据录取。其原理框图如图 4.16 所示。

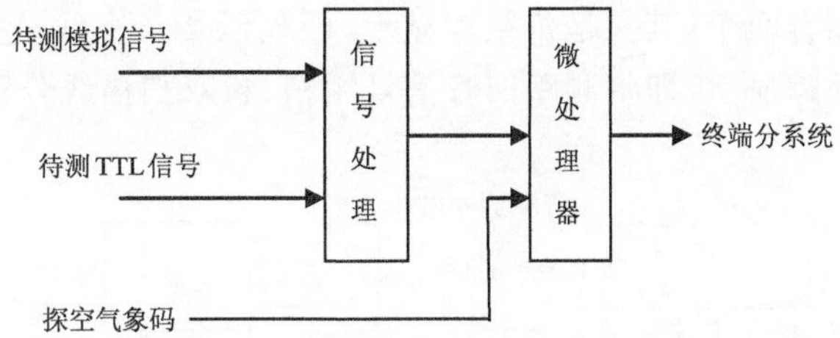

图 4.16　自检/译码分系统原理框图

从框图中可以看出，被测的模拟信号和 TTL 逻辑信号经过信号处理后再送至微处理器，信号处理电路的作用就是将模拟信号和窄脉冲逻辑信号转换成具有一定幅度的逻辑电平，以利于单片机读取、判别，从而判定相关分系统关键信号的幅度、频率或脉宽是否达到要求。

在信号处理电路中，对较高的直流电压，作简单的分压即可，而对那些幅度较低、脉宽又很窄的脉冲信号，则需先将其放大，然后再将其展宽，最后送给微处理器。

(2)主要功能

雷达整机被测的信号有：

程序方波：脉冲信号（上、下、左、右 4 路）

发射触发脉冲：脉冲信号（TTL）

精扫脉冲：脉冲信号（TTL）

粗扫脉冲：脉冲信号（TTL）

24V 驱动电源：＋24V

方位驱动告警：逻辑电平（＋24/0）

俯仰驱动告警：逻辑电平（＋24/0）

俯仰上限位：逻辑电平（＋24/0）

俯仰下限位：逻辑电平（＋24/0）

过荷保护：TTL 逻辑电平

反峰保护：TTL 逻辑电平

过压保护：TTL 逻辑电平

该分系统的另一功能是对探空码的录取。实际上，经过接收机解调，已经得出了气象探空码，可以直接送去计算机进行温、压、湿转换，但是在信号较弱时，接收机的噪声及其他一些干扰严重影响了探空码的质量，这样的探空码是不能直接送给数据处理终端的。为了降低误码率，提高探空精度，把接收机解调出的探空码送到该分系统，在软件上采用容错技术，对探空码进行智能判断，将得到的低误码率的 21 个字节探空码和 2 个字节的故障检测结果通过串口送给数据终端分系统。

该分系统的插板代号为 11－5，置于室内的主控箱中。

(3)功能自检

探空仪加电，雷达接收机对其调谐，如果界面左下角有模拟探空码在行进，且在界面的探空录取显示窗口有温、压、湿三条曲线不断加长，则说明该分系统的译码部分工作正常。

4.3.1.8　发射/显示控制分系统

(1)显示控制基本原理

该单元的主要功能有两个，其一是角跟踪显示，即显示4条亮线，它对应于天线4个波束的信号。其二是距离跟踪显示，即将测距回答信号用精、粗双扫描线分别显示出来。其框图如图4.17所示。

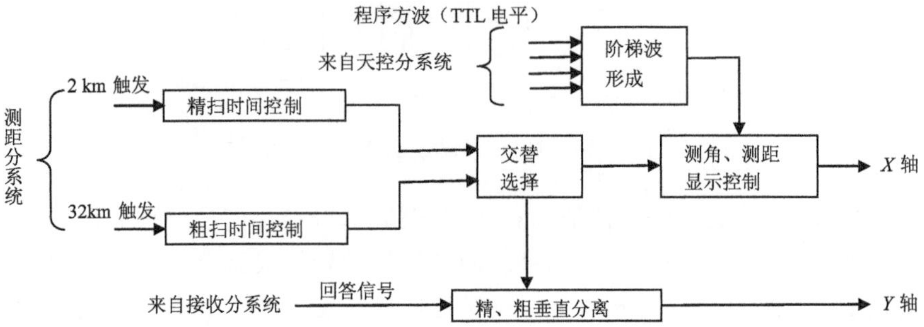

图4.17 显示控制分系统原理框图

该单元由三部分构成，即40MHz双踪示波器、X/Y轴信号处理板（11－2插板的一半）、亮度控制盒。利用双踪示波器作为雷达的测角、测距显示是该雷达的一个特点，这样不但可以减少雷达设备量，减少耗电量，在维修时，示波器还可以作为维修仪表使用，达到一机多用的目的。X/Y轴信号处理板是将测角、测距信号变换成示波器所需要的各种扫描视频信号。而亮度控制盒的作用是使精、粗扫描线的亮度基本相同。

从图4.17可以看出，显示控制单元由阶梯波形成:精粗定时、锯齿波形成、交替选择、角度距离显示控制、精粗垂直分离、亮度控制等电路组成。当显示控制单元工作于角度跟踪状态时，天控分系统送来的TTL电平的程序方波，经阶梯波形成电路送入示波器，X轴（其低电平为3.5V，高电平为5.5V）产生四个亮点（线）；当工作于距离跟踪显示状态时，2km、32km扫描据齿波交替送入X轴形成精、粗两条扫描线。

由于精、粗采用1∶1交替扫描，粗扫时间约为210μs，精扫时间约为14μs（两者的扫描幅度均为10V），即两条扫描线的空度是不同的，这样在视觉上两条扫描线的亮度就会差很多，影响对探空仪回答信号的观察，为此，利用示波器的外接增辉功能，对精、粗扫描线给予不同的增辉，使精、粗扫描线的亮度接近。此电路框图如4.18所示。

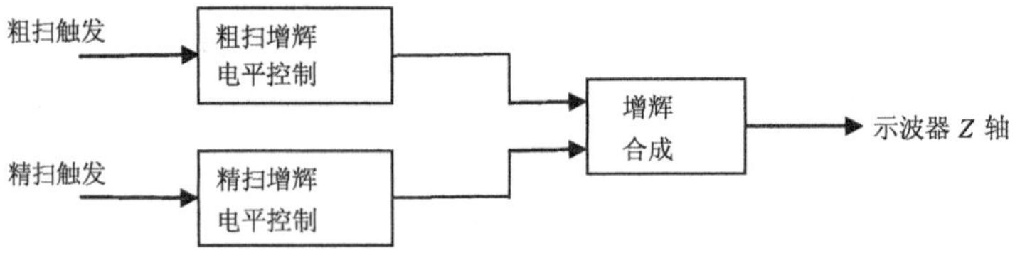

图4.18 粗/精扫原理框图

(2)发射控制基本原理

该单元的功能是对发射机进行控制和保护。其框图如图4.19所示。

从框图4.19中可以看出，由发射机送来的各种模拟保护信号，经电平变换后，成为能够与数字电路进行连接的TTL逻辑信号。在发射机出现故障时，这些信号一方面送到自检/译码分系统进行故障检测，最终在屏幕上显示出来，同时也送到使能/禁止逻辑电路，禁止发射机的打开，此外使能/禁止逻辑电路还包含了3分钟延时电路，这是因为磁控管工作之前要充分地

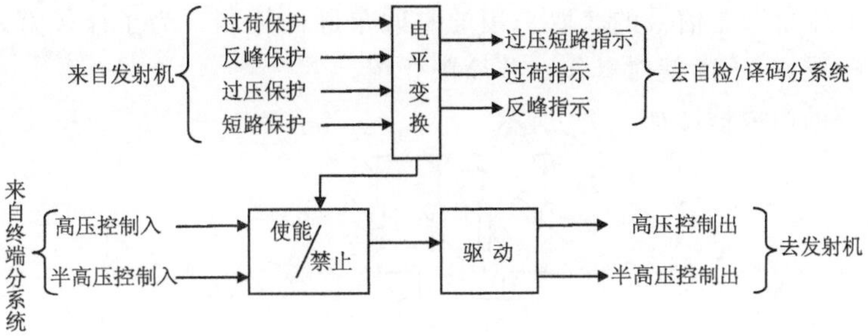

图 4.19　发射控制原理框图

预热，以延长磁控管的寿命。该单元与显示控制单元都制作在一块插板上，代号为 11－2，置于室内的主控箱中。

4.3.1.9　电源分系统

该分系统的功能是为整机提供直流电源，由四个开关电源所组成，并且紧凑地安装在一个长方体的电源箱内，而这个电源箱再安装于主控箱中，开关电源输出直流电压分别为＋15V、－15V、＋5V、＋12V。其中±15V 主要为模拟电路供电，而＋5V 主要为数字电路供电，＋12V 则为摄像头和近程发射机供电。在电源箱中，还有一个交流变压器，它将 220V 的交流电压变成 110V 的交流电，为测角分系统中的自整角机和轴角转换模块提供励磁电压，即四个轴角模块、四个自整机的励磁电压都由这个 110V 的交流变压器提供。在主控箱面板的左侧，装有五个电源指示灯，从左起分别为＋5V、＋12V、＋15V、－15V、～110V，以指示各种电源的正常与否。在主控箱面板的右侧，装有两个电源开关，最右边的为总电源开关（但对天线座中的维修电源不起作用，要断掉维修电源必须拔掉主控箱的电源插头，这一点在维修中一定要引起注意），而次之的为发射电源开关，在此开关打开后，发射机开始预热，经 3 分钟延时后方可开始加高压。

此外，驱动箱内还有一个＋24V 电源，为交流伺服驱动器提供直流电源，驱动箱内的交流电源除了受面板上的电源开关控制外，还受主控箱的总电源开关控制，因为驱动箱内的交流固态继电器是与面板上的电源开关串接的，而继电器是受主控箱中的＋5V 来控制的。因此，在主控箱面板上的总电源开关没有打开之前，驱动箱电源是无法打开的。这样做的目的就是保证在驱动箱工作之前，主控箱正常稳定工作，以防止天线失控。

在驱动箱面板上除了电源开关外，还有四个指示灯，从左向右依次为俯仰驱动器准备就绪灯（绿）、俯仰驱动器故障报警灯（红）、方位驱动器准备就绪灯（绿）、方位驱动器故障报警灯（红）。在准备就绪时绿灯亮，反之则不亮。工作正常无故障时，红灯不亮，反之驱动器则不工作且红灯亮起。

4.3.1.10　天馈线分系统

（1）基本原理

L 波段测风雷达天线的任务是将传输线送来的射频电磁能集中成束地向空中定向辐射，使雷达准确地测出探空气球的斜距、方位角和仰角，并接收回答器发回的射频脉冲信号，而馈线的任务则是将发射机送来的射频电磁能有效地送到天线，并将天线接收到的高频脉冲信号有效地送到接收机。

L 波段测风雷达角误差信号的获取采用的是假单脉冲体制。为了能较好地理解、掌握工作原理,以便操作、维修,下面就对其作一些简单介绍。

天馈线分系统的组成框图如 4.20 所示。

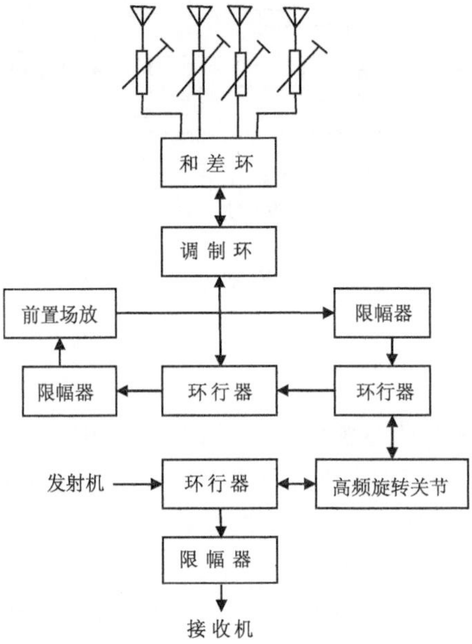

图 4.20 天馈线分系统方框图

从框图 4.20 中可以看出天线由 4 面口径为∅0.8m 抛物面天线所组成,空间分布为正方形。

而馈线则由可调移相器、和差环、调制环、高频旋转关节、环行器、限幅器等组成。为了天线装置的小巧,又要保证雷达的威力,L 波段测风雷达设置了一前置场放,并为保护前置场放而增加了两个环行器和两个限幅器。把它们归到馈线里,是为了叙述上的方便。在结构上它们和移相器、和差环、调制环放置在和差箱内。

其中和差环、调制环是实现假单脉冲体制的关键部件,它们的作用就是从任意方向来的射频信号中分离出方位差、俯仰差及和信号,然后在程序方波的作用下将差信号调制在和信号上,这样就得到了与偏扫体制雷达相似的信号。这样既提高了测角的精度,又降低了设备的复杂性。

雷达发射时,发射机产生的高频电磁能经环行器、高频旋转关节、和差网络、可调移相器,最后送到上、下、左、右四个抛物面天线上,集中成束地向空间定向辐射。

雷达接收时,应答器发射的射频脉冲信号,由四个抛物面天线接收后按相反的路径,经限幅器后送到接收机。

(2)天线

单个天线是由一个置于焦点的有源振子和抛物面反射体所组成,两者通过一段硬同轴传输线相连。四个抛物面天线按正方形分布,固定于天线桁架之上,天线的桁架是以天线的仰角转轴为中心,向四面扩展而与上、下、左、右四个天线相连的,即四个天线排列的位置是以仰角转轴为中心,上、下、左、右对称。位于桁架中心,同天线桁架的平面和天线仰角转轴相垂直的轴线叫做天线几何轴,当天线各部分按规定装好之后,天线的几何轴就不变了。抛物面天线是利用置于焦点上的有源振子和自身的“聚焦”作用来辐射和接收无线电波的，当发射机输出的高频电磁能馈送到有源振子时，有源振子上有高频电流流通，在它的周围产生高频电磁场，在“聚焦”功能的作用下向空间辐射无线电波，而接收的过程则正好与此相反。

正是这种“聚焦”的特性，使得天线具有较强的方向性。L 波段测风雷达天线的垂直波瓣和水平波瓣的宽度都比较窄（≤6°）以满足测角精度的要求。在和差环和调制环的作用下，在和差箱的输出口可得到类似跳变扫描的波瓣图。天线的垂直方向图和水平方向图完全相同且都有 2 个波瓣，如图 4.21 所示。

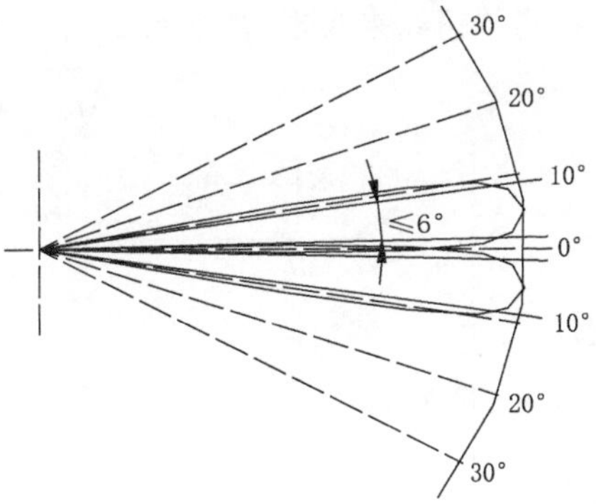

图 4.21　天线方向及波瓣示意图

从方向图中可以看出，天线两个波瓣交点所对方向的射线，称为天线的电轴。雷达工作时，电轴应与几何轴一致。

(3)馈线

1)调相器

由于测角采用的是比相假单脉冲体制，其电轴相位的一致性是非常重要的，理论上连接四个抛物面天线到和差箱的四根电缆的长度是一样的，而实际上总是难免有些差异，因此在每个天线与和差环的连接电缆中加接一个调相器，用以调节四路相位平衡。调相器为长度可变的硬同轴线，通过改变其长度来改变相位。调相器有锁紧装置，在长度调整完毕后将其锁定。

2)和差环

和差环是实现假单脉冲体制的关键部件，它将上、下（或左、右）天线的信号同时相加或相减，即得到和信号：Σ、差信号：Δ，其框图如图 4.22 所示。

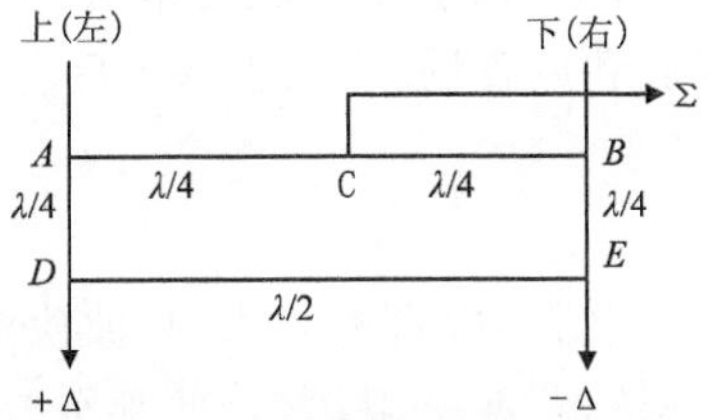

图 4.22　和差环电路

从图 4.22 中可以看出，来自天线的信号在 C 点相加（相位相同）得

$$\Sigma = E_A + E_B$$

在 D 点相减（相位相差 180°）得

$$\Delta = E_A - E_B$$

而 E 点信号相位相反，故得

$$-\Delta = E_B - E_A$$

所以通过和差环可以得到和信号及两路差信号，且两路差信号相位差 180°，和差环由此而得名。

3)调制环

它的作用就是将差信号按一定的时序调制到和信号上，以获得与跳变扫描完全一样的波瓣特性，其方法是通过一段可控的传输线来实现，其框图如 4.23 所示。

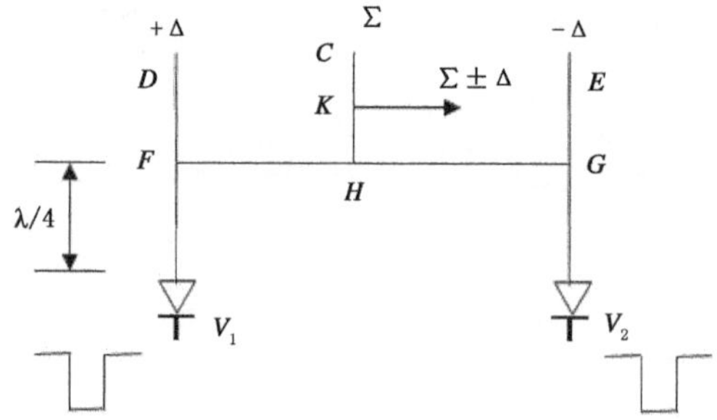

图 4.23 调制环电路图

当程序方波不加时，二极管 V_1、V_2 截止形成 λ/4 开路线，F、G 两点相当于对地短路，差信号±Δ 均不能加到 H 点，K 点输出的就为和信号；而当程序方波加到上 V_1 时，V_1 导通，形成 λ/4 短路线，F 点相当于对地开路，于是＋Δ 差信号就经 F、H 点加到 K 点，K 点则得到 Σ＋Δ；同理当 V_2 加上程序方波时，K 点就得到∑－Δ，这样当程序方波轮流加到 V_1、V_2 上时，在 K 点就得到与跳变扫描一样的波瓣特性。

4)环行器及限幅器

环流器是一种单方向传输的三端口微波器件，高频能量只能按规定的方向传输，反方向则是被隔离的，因此，它的作用就是将发射和接收隔离开来，但它的隔离度是有限的，还不能有效地保护接收机，而限幅器的作用则是将环行器漏过来的信号进一步衰减，以确保接收机的安全。实际上限幅器是一种在较强功率信号输入时，输出被限定在一定电平以下的微波器件，它通常与环行器配合在一起，起收发开关、保护接收机的作用。

L 波段测风雷达设有前置场放和后置场放，用于保护后者的环行器和限幅器，和其一起置于天线座中。

5)前置场放

为了减小馈线损耗的影响，达到雷达应有的威力，L 波段测风雷达设置了一前置场放，为了保护这个前置场放，用了两个环流器、两个限幅器，此部分与和差环一道置于和差箱内。其框图如图 4.24 所示。

发射时，高频大功率信号由高频旋转关节送入环行器Ⅱ的 1 口，并经环行器Ⅱ的 2 口、环行器Ⅰ的 1 口、2 口送至和差箱，而接收时信号经和差环送入环行器Ⅰ的 2 口、3 口、限幅器Ⅰ、前置场放、限幅器Ⅱ、环行器Ⅱ的 3 口、1 口再送往高频旋转关节。

6)高频旋转关节

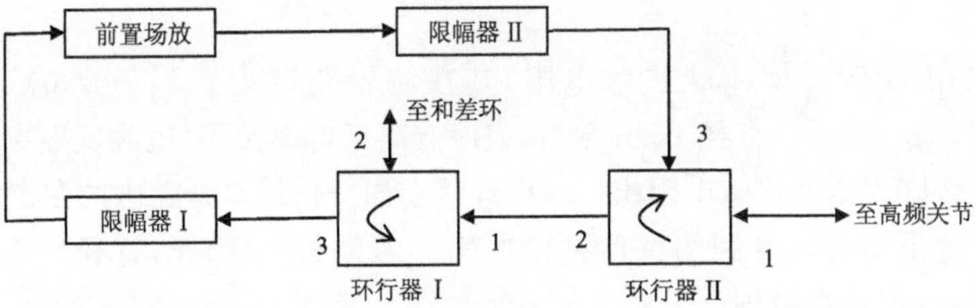

图 4.24 前置场放保护电路

高频旋转关节是用来连接旋转部分和固定部分的传输线,使天线装置的主轴能在 360°的方位上任意旋转。

4.3.2 GTS 系列数字探空仪

与 L 波段探空雷达配套使用的 GTS 系列数字探空仪总共有 3 种型号,分别为 GTS1、GTS1－1、GTS1－2,下面分别对其进行介绍。

4.3.2.1 GTS1 型数字探空仪

(1)工作原理

数字探空仪由传感器、智能转换器、发射机和电池组成,外形图如图 4.25;电原理方框图如图 4.26。

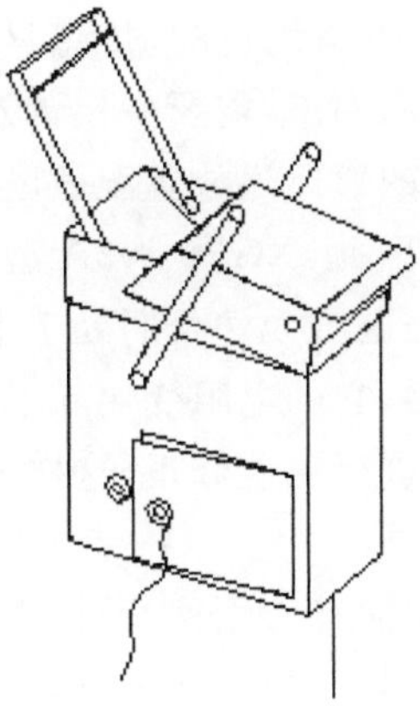

图 4.25 GTS1 型数字探空仪外形

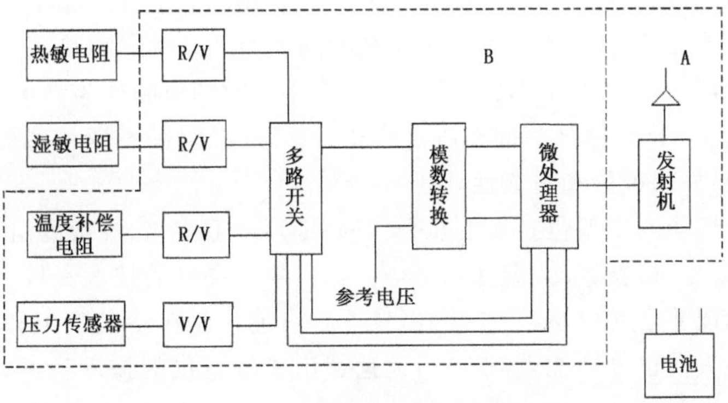

图 4.26 GTS1 型数字探空仪电原理方框图

(2)传感器

气温测量采用 GPW2 型棒状热敏电阻，其在测量范围内(55～－90℃)，阻值限定在 9kΩ～700kΩ，阻体长 10mm，直径 1mm 左右，表面有高反射率涂层，短波反射率优于 93%，长波吸收率超过 90%。GPW2 型热敏电阻出厂时已焊接在探空仪纸盒盒盖内的白色塑料支架上。

气压附温测量采用公司自制的温度补偿电阻。阻体长 6.5mm，直径 0.65mm，其安装在气压传感器外壳内，用胶水封固。

GPW2 型热敏电阻和温度补偿电阻是由四种物质 CuO、NiO、MnO_2、和 Fe_2O_3 经过球磨、挤料、切割、烧结、被银、敏化、焊接引线、涂防护漆、热老化和涂层等工序制造而成。

为了实现热敏电阻测温功能，首先要进行热敏电阻的温度特性校准，以获得 R－T 特性曲线。特性校准点数量根据 R－T 特性的计算公式确定，在保证测量精度的基础上，尽量减少校准点避免浪费。由于 GPW2 型热敏电阻的特性趋势较为一致而且 R－T 特性计算公式精确，故尽管校准点的最低温度仅为－70℃，但仍可以保证探空仪在－90℃时的测量精度达到±0.3℃。

GPW2 型热敏电阻的长短波辐射带来的误差经过订正，大大提高了高空测温精度。

湿度测量采用 XGH－02A 型湿敏电阻，其具有测湿范围广，互换性好，响应速度快，体积小等优点。XGH－02A 型湿敏电阻是一片带有电极的有机玻璃基片，基片上浸渍了按一定比例混合搅拌后的羟乙基纤维素 HEC(吸湿材料)、碳黑(导电材料)和 TX－100、山梨醇(张力辅助材料)。

由此可知，XGH－02A 型湿敏电阻是黑色的，传感材料是裸露的，因此，手只能接触基片的两边电极，同时它需要防太阳照射和雨淋，需要一定的通风量来保证传感器正常工作，为此在探空仪的盒盖上设计了防晒、防雨的通风道放置湿敏电阻。

湿敏电阻是一次性使用的元件，因此，XGH－02A 型湿敏电阻出厂时置于密封的内玻璃管内，外玻璃管内放有干燥剂，以保证湿敏元件长期处于干燥的环境中。

湿敏电阻是一种二元特性传感器，它的电阻变化除了主要受相对湿度影响外，还有一定的温度系数，探测过程中需要通过公式进行温度修正，这样才能保证探空仪升空中全量程的测湿精度。

由于湿敏电阻的阻值随时间变化而有所漂移，因此在使用过程中采用湿敏电阻的比阻值来表示相对湿度。所谓比阻值就是用某一相对湿度(如 33%RH)，作为参考值，其他湿度的阻值与其相比。这就是探空仪使用前需要输入参考电阻值的原因。过去参考值采用 33%RH 时的电阻值，经过长时间实际应用，发现 33%RH 的环境难以控制，尤其在高湿天气，需要很长时间基测箱内才能接近 33%RH，增加了基测时间。为了改变这种状态，现采用密封瓶装干燥剂的环境，它很容易达到 0%RH，故现在采用 0%RH 时的电阻作为参考值。

气压传感器采用 24PC 型硅阻固态压传感器。24PC 硅阻固态压传感器在工作范围(约 1 个大气压)内具有良好的弹性和重复性。

影响压传感器性能的误差包括如下几个方面：零点温度漂移、灵敏度温度漂移、线性误差、重复性误差、迟滞误差、机械迟滞、温度迟滞等。据供应商提供的技术资料表明，所有误差都在最大值的情况下总误差之和可达 5.57%，当然这种可能性是极少的。但即使零点温度漂移、灵敏度温度漂移最大值也分别能达到 1%，远远超出了探空仪的技术指标，因此，需要进行全量程的温度补偿。

温度补偿的方法一种是硬件补偿:采用恒流源供电、电阻补偿网络等;另一种是软件补偿:首先找出传感器特性的数学模型,根据数学模型制定校准工艺,对每一只传感器进行温度一压力校准,求出各种系数。在使用时,计算机将探空仪测得的气压和补偿温度值,代入数学公式根据该探空仪校准系数求出大气的实时压力。GTS1 型探空仪压力传感器采用第二种温度补偿方法,补偿动态范围大、精度高、成本低、同时改善线性度。

气压传感器和温度补偿电阻直接安装在智能转换器的印制电路板上。

(3)测量电路板

智能转换器主要功能是将各传感器的物理量,按一定格式转换成二进制代码。智能转换器由单片机、积分器、比较器、多路开关、放大器、振荡器等电路组成。

转换器采用软件双积分 A/D 转换方案,转换精度超过 14 位,并对温度影响采取了多种补偿措施,在 50～－35℃范围内的实际转换精度优于万分之三。为了降低探空仪的成本,提高数据可靠性,各传感器所测量的要素值转换由地面设备中的计算机,根据各个探空仪检定数据进行处理,故智能转换器不带外部 EPROM 芯片,各个探空仪检定数据按规定格式存入 3.5 寸软盘,随探空仪一起提供给用户。

利用单片机内的定时器/计数器和积分器作硬件支持,可实现软件双积分 A /D 转换。积分器采用高输入阻抗的 LF353 运算放大器和电阻电容构成,积分器电阻、电容值由基准电压和积分时间决定;积分器输出接比较器 LF353 运算放大器;积分器输入接 CD4052 开关电路的输出;CD4052 的四个输入端中一个接负基准电压、一个接待转换正电压、另外两个接积分器输出,四个输入端工作时序受单片机控制;待测电压来自 8 选 1 开关电路 CD4051;CD4051 的八个输入端分别接正基准电压、热敏电阻、湿敏电阻、压力转换电压和温度补偿电阻,另有三个输入端接数字地可作扩展用,八个输入端工作时序受单片机控制。

J1A 单片机的 A 口有 8 位双向端口,B 口有 6 位双向端口。PA0～PA6 组成 128 个探空仪系列号;PA7 是 A/D 转换后的数据输出口。PB0～PB4 控制 CD4051 和 CD4052 转换开关电路时序。比较器 LF353 输出控制单片机中断口。

单片机 PA7 输出的数据和调制波 32.7kHz 信号,经过反相器和与非门处理后,数字“1”为低电平,数字“0”为高电平;调制波 32.7kHz 信号受到数字“0”调制。

(4)发射机

超高频晶体管、高 Q 值微带线、可微调电容、鞭状天线与地网及穿芯滤波电容等构成超高频发射机。发射机受 800kHz、32.7kHz 和二进制气象代码的多重调制。每幅气象信息发送时间约为 0.2s。

从智能转换器发送过来的调制波 32.7kHz 信号,经过放大后,再经过电容器隔直和二极管限幅,仅使调制波 32.7kHz 的负电压传输到超高频发射管的基极使超高频发射机停止振荡。这样 1675MHz 超高频信号就受到调制波 32.7kHz 调制,而调制波 32.7kHz 又受到数字“0”的调制,因此超高频发射机信号中就包含了数字“0”的信息,而没有 32.7kHz 调制的超高频信号则为数字“1”信息。

为了完成 L 波段二次雷达测距任务,探空仪超高频发射机必须具有二次雷达的回答询问脉冲功能(产生应答信号),所以超高频发射机设计成超再生工作状态,即间歇振荡工作状态。调整超高频发射管基极回路的电位器、电阻和电容参数,就可以改变超高频发射机间歇振荡的振荡时间和重复频率。

为了提高超高频发射机回答灵敏度，在超高频晶体管的基极回路中增加了 800kHz 淬频信号，800kHz 的幅度和间歇振荡的重复频率决定了超高频发射机的工作点，工作点电压愈高，超高频发射机回答灵敏度愈低，越不容易产生回答“缺口”，甚至没有“缺口”；工作点电压愈低，超高频发射机回答灵敏度愈高，越容易产生回答“缺口”，甚至出现“多缺口”。因此，超高频发射机的工作点要仔细认真调整。

800kHz 淬频信号由晶体管、中周变压器和电阻电容组成的 LC 振荡器产生。

为保证超高频发射机的工作点稳定，特设计了 24V 稳压源，向超高频发射机供电。

(5)技术指标

1)测量性能

温度：50～－90℃

湿度：100%RH～0%RH

气压：1060～5hPa

2)测量范围和不确定度(置信水平 k=1)

温度：

50～－80℃：$\Delta T \leqslant 0.2$℃

－80～－90℃：$\Delta T \leqslant 0.3$℃

湿度：95%RH～15%RH

环境温度大于等于－25℃：$\Delta U \leqslant 5\%$RH

环境温度小于－25℃：$\Delta U \leqslant 10\%$RH

气压：1050～10hPa

气压大于等于 500hPa：$\Delta P \leqslant 2$hPa

气压小于 500hPa：$\Delta P \leqslant 1$hPa

3)电气性能

载波中心频率 f_0：1675MHz(或 1676.5MHz)±3MHz

载波频率稳定性：1672～1679.5MHz

发射功率 P：≥400mW

调制方式：调幅

淬频频率：(800±15)kHz

副载波频率：32.7(31.25)kHz±0.5kHz

天线增益 G：不小于 1dB

接收灵敏度：不大于 20μW/m

4)数字信号传输方式

数字 1 状态：发射机受 800kHz 调制

数字 0 状态：发射机受 32.7 或 31.25kHz 方波调制。32.7 或 31.25kHz 在高电平时关闭发射机，0 电平时发射机受 800kHz 调制。

5) 传输速率：1200Baud

6) 采样周期：$t \leqslant 1.5$s

7) 数据内容：时间、探空仪编号、T、P、U、Pt

8) 供电电源：直流电压±12.5V～±13.5V，工作时间 90min

4.3.2.2　GTS1－1 型数字探空仪

(1)工作原理

GTS1－1 型数字探空仪由温度、气压、湿度传感器、测量电路板、发射机、电池组成。探空仪在升空过程中温度、湿度传感器的阻值、气压传感器输出电压随大气的温度、湿度、气压变化而改变，通过测量电路板采样转换成二进制码，并且调制到 1675MHz(L 波段)发射机上，使其产生不同的工作状态，向地面二次测风雷达发射数据和测距应答脉冲，地面计算机接收到经解调的各类气象要素值，根据检定证计算出实际气象要素值，从而完成地面到高空 30km 大气层温度、气压、湿度、风向、风速的综合探测。

(2)传感器

温度传感器采用负温度系数热敏电阻，它是由多种金属氧化物在某些特定条件下烧结而成，获取热敏特性。具有灵敏度高、体积小、响应速度快、使用方便等特点，由于互换性差，每只传感器均具有各自的 R－T 特性曲线。

湿度传感器采用高分子碳湿敏电阻，它是将碳石墨与纤维颗粒按一定比例配方混合，研磨后涂覆在基片上，获取湿敏特性。具有灵敏度高、体积小、响应速度快等特点，每一批传感器具有相同的 RU/RO－U 特性曲线检定证。

气压传感器采用的是硅压敏电桥 24PCCFD6A，它具有灵敏度高、尺寸小、横向效应小、滞后和蠕变小等特点，由于其温度系数很大，而探空仪在升空中的温度环境十分恶劣，因此采取了恒流供电方式，以改善灵敏度及温漂。每块测量电路板均有各自的 $P=f(V,T)$ 特性曲面检定证，以保证其测量准确度。

(3)测量电路板

测量电路板由温、压、湿传感器和单片机、多路模拟开关、积分器、恒流源、差分放大器、电平移动放大电路等组成，其作用是将传感器所感应的温度、气压、湿度物理量，按一定的格式转换成二进制代码。

温度、湿度传感器均采用变阻式，即随着温度、湿度的变化传感器的阻值发生相应的变化；压力传感器采用硅压敏电桥，即随着气压的变化传感器的桥路输出电压发生相应的变化。

A/D 转换利用单片机及其内部定时器、内部比较器和积分器采用双积分原理进行电阻量和电压量的测量采集，由单片机控制多路模拟开关的工作时序依次测量各个电量：电阻量测量采用标准电阻比对法进行，通过由运放构成的－5V 电压对标准电阻在一定时间内正向积分，然后再对待测电阻反向积分，并将积分时间计时保存，在一秒时间内每个电阻均测量三次，将计时结果取和作为测量代码；压力信号转换过程如下：对 24PC 硅压敏电桥采用由高精度单运放构成的恒流源驱动，利用差分放大器对桥路输出电压放大，利用电平移动放大电路以确保转换后的待测电压信号为负值，电压测量就是通过待测电压对一电阻在一定时间内进行正向积分，然后再对该电阻进行反向积分，并将积分时间计时保存，在一秒时间内对电压测量三次，将计时结果取和作为测量代码。

为了补偿温度变化对压力传感器输出气压值的影响，对激励电压进行分压并差分放大输出，来修正温度对气压的影响。

测量电路板由数据口发送温度、气压、湿度及参考等受代码调制的 32.7kHz 方波数据信号，由控制口发送发射机所要求的控制信号，送给发射机。

(4)发射机

发射机由动态电平识别电路、回答控制电路、1675MHz 微带组件、数据发送控制电路、动态凹口控制模块、800kHz 振荡电路、限压电路等七部分组成。

发射机在 24V 电压下，根据微波振荡管的参数，确定合适的偏置电路，在控制信号(即回答控制信号、数据发送控制信号)的作用下，发射机分别处于探空和回答状态。

在回答控制电路的作用下，发射机处于回答状态，此时在动态凹口控制模块的作用下，使发射机的振荡状态始终处于"欠饱和"状态。从而避免了高温时欠饱和增强凹口易消失、低温时易产生多凹口的情况发生。当地面雷达发射询问信号时，发射机通过天线接收到询问信号，振荡强度立即从"欠饱和"达到饱和，使微波振荡管回路电流增大，使负偏压降低，造成淬频"失步"。从而产生发射机与地面雷达询问信号相同步的回答波，即"凹口"。雷达根据对回波的跟踪，可确定发射与雷达之间的仰角、方位、斜距。从而完成对发射机在空中的定位工作。

在数据发送控制电路作用下，发射机处于探空状态，发射机受控于数据信号。测量电路按顺序输出多项数据信号，通过数据发送控制电路作用于发射偏置电路，使微带组件受控于有序的多项数据信号。并按顺序发射出去，供地面雷达接收，经地面终端处理，从而获得相应的气象要素。

由于测量电路与发射机处于非共地状态，因此，发射机与测量电路的接口端采用了动态电平识别电路，从而保证了信号传输的保真性及稳定性。

(5)技术指标

1)测量性能

温度：50～－90℃

湿度：100％RH～0％RH

气压：1060～5hPa

2)测量范围和不确定度(置信水平 k=1)

温度：

　　50～－80℃：$\Delta T \leqslant 0.2$℃

　　－80～－90℃：$\Delta T \leqslant 0.3$℃

湿度：95％RH～15％RH

　　环境温度大于等于－25℃：$\Delta U \leqslant 5\%$RH

　　环境温度小于－25℃：$\Delta U \leqslant 10\%$RH

气压：1050～10hPa

　　气压大于等于 500hPa：$\Delta P \leqslant 2$hPa

　　气压小于 500hPa：$\Delta P \leqslant 1$hPa

3)电气性能

载波中心频率 f_0：1675MHz(或 1676.5MHz)±3MHz

载波频率稳定性：1672～1679.5MHz

发射功率 P：≥400mW

调制方式：调幅

淬频频率：(800±15)kHz

副载波频率：32.7(31.25)kHz±0.5kHz

天线增益 G：不小于 1dB

接收灵敏度：不大于 20μW/m

4)数字信号传输方式

数字 1 状态：发射机受 800kHz 调制

数字 0 状态：发射机受 32.7 或 31.25kHz 方波调制。32.7 或 31.25kHz 在高电平时关闭发射机，0 电平时发射机受 800kHz 调制。

5) 传输速率：1200Baud

6) 采样周期：$t \leqslant 1.5$s

7) 数据内容：时间、探空仪编号、T、P、U、Pt

8) 供电电源：直流电压±12.5V～±13.5V，工作时间 90min

4.3.2.2　GTS1－2 型数字探空仪

(1)工作原理

GTS1－2 数字探空仪由气球携带升空，其温度、气压、湿度传感器随大气环境的变化，测量转换器把传感器的物理量转换成二进制代码并调制 32.7kHz 副载波上，32.7kHz 副载波再二次调制在探空仪 1675MHz 载频上向地面传送实时的气象信息。

地面 L 波段测风雷达设备通过接收系统、接收探空仪发回的温度、气压、湿度气象信息。雷达终端软件根据探空仪生产时得到的传感器标定参数(检定证参数)，计算出实时的温、压、湿数据。

图 4.27 是 GTS1－2 型探空仪原理框图。

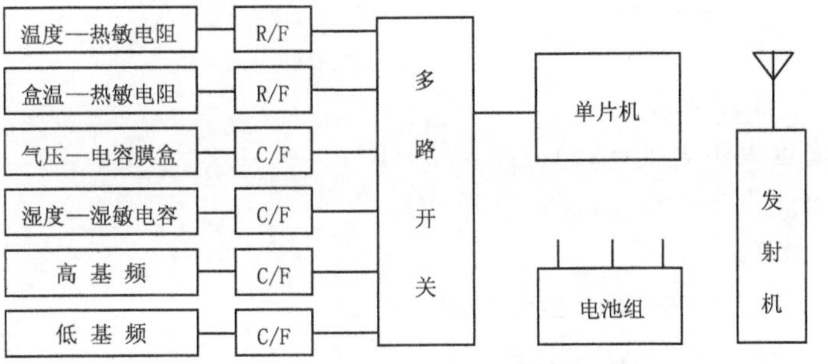

图 4.27　GTS1－2 型探空仪原理框图

(2)测量电路板

测量转换器将传感器随大气环境变化的温度、气压、湿度物理量，转换成规定格式的二进制代码，送给发射机向地面传送实时的气象信息。转换器由单片机、多路开关、多谐振荡器等电路组成。

(3)发射机

发射机主振部分由超高频晶体管、高 Q 值微带线、可变电容器、发射天线、地网构成超高频发射机，微带匹配按主振频率 1675MHz 频点设计。这种超高频发射机结构简单，重量轻，频率调谐方便 。

调节铜螺丝的位置可改变可变电容器的电容量。顺时针旋转螺丝电容增大，频率降低；逆时针旋转螺丝电容减小，频率升高。

淬频振荡器频率为 800kHz。淬频振荡器调制在超高频发射机 RC 放电回路中，其正半周的某一部分使放电电压能够达到超高频发射机“起振阀电压”，使超高频发射机振荡；而其负半周某一部分必须使超高频发射机停止振荡。也就是超高频发射机受到淬频振荡器800kHz的调制。这是一种特殊的调制，调节1675MHz主振发射管工作点，能使发射机工作在“欠饱和”状态，也就是超再生状态，超再生状态是相对“稳定状态”，受800kHz的调制，一旦受到同一频率信号触发，能使超高频发射机工作状态改变，也就是振荡幅度增强。在这样状态下，探空仪超高频发射机在遇到地面雷达询问脉冲信号时，迅速达到“饱和”状态，使振荡幅度增大，产生应答“鼓包”和“缺口”。但询问脉冲结束时发射机又回到相对“稳定状态”。

为保证发射机盒温在40～－20℃时，能正常工作，有应答“鼓包”和“缺口”，设计了温度补偿电路，对1675MHz发射管主振进行温度补偿，高温时降低发射管工作点，不至于出现没缺口，低温时提高发射管工作点不至于出现缺口现象。

每帧气象信息发送时间约为0.2s，余下的时间，发送超再生800kHz同步振荡脉冲，随时等待雷达询问脉冲。

(4)技术指标

1)测量性能

温度：50～－90℃

湿度：100%RH～0%RH

气压：1060～5hPa

2)测量范围和不确定度(置信水平 k=1)

温度：

50～－80℃：$\Delta T \leqslant 0.2$℃

－80～－90℃：$\Delta T \leqslant 0.3$℃

湿度：95%RH～15%RH

环境温度大于等于－25℃：$\Delta U \leqslant 5\%$RH

环境温度小于－25℃：$\Delta U \leqslant 10\%$RH

气压：1050～10hPa

气压大于等于500hPa：$\Delta P \leqslant 2$hPa

气压小于500hPa：$\Delta P \leqslant 1$hPa

3)电气性能

载波中心频率 f_0：1675MHz(或1676.5MHz)±3MHz

载波频率稳定性：1672～1679.5MHz

发射功率 P：≥400mW

调制方式：调幅

淬频频率：(800±15)kHz

副载波频率：32.7(31.25)kHz±0.5kHz

天线增益 G：不小于1dB

接收灵敏度：不大于20μW/m

4)数字信号传输方式

数字1状态：发射机受800kHz调制

数字0状态：发射机受32.7kHz或31.25kHz方波调制。32.7kHz或31.25kHz在高电平时关闭发射机，0电平时发射机受800kHz调制。

5) 传输速率：1200Baud

6) 采样周期：$t \leqslant 1.5$s

7) 数据内容：时间、探空仪编号、T、P、U、Pt

8) 供电电源：直流电压±12.5V～±13.5V，工作时间 90min

4.3.3　制氢或储氢设备

(1)制氢设备

1)工作原理

在电解槽中通入直流电时，水分子在电极上发生电化学反应，分解成氢和氧气。

化学反应式为：

在阴极：　$2H_2O + 2e \rightarrow H_2\uparrow + 2OH^-$

在阳极：　$2OH^- - 2e \rightarrow \frac{1}{2}O_2\uparrow + H_2O$

其总反应式：　$H_2O \rightarrow H_2\uparrow + \frac{1}{2}O_2\uparrow$

2)设备构成

全国目前探空站在用的制氢设备型号为 QDQ 型水电解制氢设备和 GX 型水电解制氢系统设备，一般水电解制氢设备是由电解槽、气液分离器、碱液冷却部分、氢氧压力平衡装置、净化加水装置、贮氢罐、整流电源以及温度控制系统等部件组成。

(2)储氢设备

对于有些本站不使用制氢设备制氢的探空站，所使用的氢气从外面购买后用储氢设备进行储存，对于储氢设备，其使用要求如下：

1)禁止擅自更改气瓶的钢印和颜色标志。

2)使用前要进行安全状况检查，对瓶内气体进行确认。

3)气瓶立放时要有防倒措施。

4)夏季要防太阳直晒气瓶。

5)严禁敲击和碰撞气瓶。

6)严禁在气瓶上进行电焊引弧。

7)瓶内气体要有剩余压力，余压不得小于 50kPa。

8) 阀门或减压器泄漏时不得使用；阀门损坏时，禁止在瓶内有压力的情况下更换阀门。

9)严格遵守 GB12158 的规定，防止静电事故发生。

4.4　运行维护

4.4.1　L 波段雷达

(1)雷达维护

台站在 L 波段雷达业务使用过程中，做到以下几点：

定期维护：可分为日常维护、季度维护、年维护三种。

1)日常维护

①日常维护可安排在日或周进行维护，主要以清洁工作为主，擦各机箱面板和天线装置外壁的灰尘。

②在下雨、下雪天时，尤其南方雨季时，必须经常注意室外装置是否漏水，电缆是否受潮等，在大风的情况下，要做好防风工作。

③检查数据终端界面上雷达各状态、参数显示是否正常，注意室内、室外装置有无异常声音和气味等，发现问题要及时处理。

日维护发现或发生问题及处理的情况应填写在观测登记中。

2)季度维护

①天线及馈线系统外表的灰尘，清洁汇流环。

②查并拧紧所有电缆接头，插紧各接插元件(如集成块要插到底等)。

③查天线转动系统是否灵活。

④维护结束后，用固定目标物回波，大致检查接收机的灵敏度。利用晴天正点放球机会，做一次与经纬仪比较观测记录或在天线瞄准镜内观测并记录误差，将记录保存起来待下次校验用。

3)年维护

①天线单元馈线接点的清洁检查。

②有关部分进行加油或换油。

③雷达各项标定进行检查调整。

④根据情况，确定是否要油漆室外装置或部分补漆等。

季、年维护后一定要开机检查，使雷达处于良好工作状态才算维护结束。

(2)雷达精度的标定检查规定

1)天线装置水平的检查，一般情况下每月检查调整不少于一次；建迁站架设后，因地基不稳等原因，应适当增加检查次数；在雨季或大风后更要适时进行检查。

2)仰角零度标定和方位角标定，每次观测前和后用固定有源目标物标定，当误差≥±0.5时，应查明原因，并排除；每月利用已知固定目标物的方位角、仰角进行校对检查不少于一次；每半年用北极星和重锤法检查标定一次，并对仰角水准仪进行校正。

3)光轴、电轴一致性检查(≤±0.1°)，可利用正点放球观测的机会，每月进行一次。

4)雷达与经纬仪测角比较观测，可利用正点放球的机会每三个月进行一次。

5)距离零点的标定，可用主波前沿的方法，每月检查不少于一次。

6)天线及馈线系统的行小系数的检查测量，每半年进行一次。

7)机械轴、光轴、电轴一致性的检查，每半年进行一次。

8)在更换天线系统有关元件之后或场地周围建筑物等环境有较大的变化时，应对最低工作仰角和测角精度进行一次检查。一般情况下每半年进行一次。

4.4.2 制氢设备维护

制氢设备维护分为日检查、周维护、月维护和年维护。

(1)QDQ 型水电解制氢设备维护

1)日检查

①班前检查：制氢机及各电器设备保持清洁；电解槽体外部保持干燥，正极与地面保持绝缘。

②班中检查：各仪器仪表和运转部件是否正常。

③班后检查：配电盘总开关是否关闭；制氢主机的工作压力和控制压力是否归零；液面计显示液位高度是否基本平衡；制氢主机储氢阀是否关闭。

2)月维护

①检查氢分析仪干燥筒内硼酸、硅胶是否变色，不合格应更换。

②用吹尘器除去控制板、电器元件、整流变压器等部件上的尘土；用示波器测量直流输出波形，相差大应调整。

③测试制氢设备的压力保护系统、温度保护系统是否正常工作。若异常，则调整有关参数。

④制氢主机的冷却系统达不到理想状态，应清洗碱液过滤器，电解槽体外观出现异常应停机维护。

⑤测量电解碱的浓度，NaOH 为(25±3)%；KOH 为(30±3)%。

3)年维修

①清洗电解槽体。

②清洗分离除雾器。

③检查系统各馈线连接情况。

④检定或校准氢分析仪。

⑤对整机系统进行保压试验。

(2)GX 型水电解制氢系统设备维护

1)日检查

①班前检查设备清洁。

②班中按要求进行巡视，发现异常现象，及时停机处理。

③班后检查：配电盘开关是否关闭；整流器上档位是否为空档；氢、氧分离连接管上阀门是否打开。冲洗电解间的地板。

2)周、月维护

①对整流器机柜内的电器元件吹尘清洁。

②检查电器元件和电解槽电源的接头牢固情况，紧固各仪表的螺丝。

③检查水封储气柜行程控制开关是否正常。

④ 检查氢、氧分离器放空阀门有无渗漏。

⑤检查加水阀门和排空阀门是否完好。

⑥测试电解槽小室电压(正常值为 2.5V)。

⑦每月对电解槽体及分离器、冷却箱、平衡水封、补水箱、去离子水净化装置等做冲洗擦尘。

⑧每月测定一次电解液浓度，比重为 1.20～1.25，浓度为(25±3)%。

⑨每月给贮气罐导轨、滑轮上一次黄油。

3)年维修

①维修电解槽，如果纯度低于 99.5%、电解液太脏、小室电压有断路，应及时对电解槽进行维护检修。

②清洗氢、氧分离器透视窗。

③冲洗补水箱。

④检查电源线、控制线、信号线、整流器内部接线和温控表、冷却风扇、循环水泵、水管道、气管等。

⑤检查贮气罐有无渗漏。1～2 年对贮气罐刷漆一次。

4.5 常见故障分析和处理

目前的探空系统中，L 波段雷达是最主要的设备，它的稳定运行是根本，以下主要是针对 L 波段雷达常见故障进行分析及相应的处理措施。

(1)大发射机故障

故障现象：

1)开大发射机无电流指示，无主波；

2)开大发射机电流起来后，马上又回到零，显示过压短路或过荷保护等；

3)开大发射机电流满偏，天控乱转；

4)开大发射机后，二号板 RP2 冒烟烧糊；

5)大发射机能开半高压，不能开全高压；

主要原因及排除方法：

1)11－3 板无发射触发产生或者没有送到大发射机，更换 11－3 板，检查相关电缆；

大发射机 54LS221、54LS244 或三极管 3DK9 损坏，更换相关器件；

11－2 板损坏，主要是 74LS77 或稳压管 V1、V2 损坏，更换相关器件；

2)发射机有一导线与机体短路，将导线悬空，或做好绝缘；

晶闸管 KG50 损坏；

仿真线 5700PF 电容漏电或短路；

R26 击穿，更换相关器件；

3)大发射机脉冲变压器 T3 损坏，更换相关器件；

4)大发射机扼流圈烧坏，更换相关器件；

5)磁控管漏磁，对磁控管进行充磁。

(2)小发射机故障

故障现象：

1)开小发射机后无主波，无回波；

2)开小发射机有主波，无回波；

3)四条亮线冒虚线，后程跟踪易丢球；

4)阴雨天信号有干扰，有时易丢球。

主要原因及排除方法：

1)11－3 板无发射触发产生或者没有送到小发射机，更换 11－3 板，检查相关电缆；

2)小发射机天线损坏或电缆短路，修复天线或电缆；

3)小发射机自激，更换；

4)小发射机天线漏水或电缆进水，烘干并做好防水。

(3)天控故障

故障现象：

1)仰驱动告警；

2)位驱动告警；

3)位驱动不告警,但天线不动；

4)角驱动不告警,但天线不动；

5)自动跟踪时,天线抖动；

6)自动跟踪时,天线失控；

7)自动跟踪时,天线失控；

8)自控跟踪时,四条亮线上与下或左与右不齐；

9)天线控制方位、仰角均无反应；

10)雷达电轴不准或者气压高偏差太大；

11)天控在特定仰角跟踪异常。

主要原因及排除方法：

1)如 22 号告警,则为编码器故障。检查编码器连线,通常为汇流环脏或插头导致接触不良,清洗汇流环和刷架。如 16 号告警,一般为力矩过紧,检查驱动齿轮箱,如内部损坏,返厂维修;如 14 号告警,通常为 UVW 短路或电机损坏,检查相关线路或更换电机；

2)如未开发射机,检查方法同上。如发射机开时才告警,通常为 16 号告警。一般是因为发射机信号对编码器干扰造成,对电机做好屏蔽；

3)通常为联轴器损坏或者联轴器打滑,偶尔是因为谐波齿轮箱损坏,将联轴器螺钉固定紧,齿轮箱返修；

4)通常是因为俯仰驱动皮带损坏,更换带齿轮皮带;(故障 3、4 均是在确定电路无故障前提下分析)

5)通常为室外天线接地造成,将天线座接地线去除；

6)原因可能有:一是内控盒内部开路,导致手控电压不正常或者开机时操纵手柄不在中间,检查相关线路;二是伴随发射机脉冲变压器损坏,导致磁控管电流打表,更换脉冲变压器;三是 5V 电压偏低造成,将板上电压调到 5～5.1V；

7)原因可能有:一是接收机没有收到探空信号;二是外界有强干扰;三是 11－1 号板输出幅度太大造成,调整一号板；

8)天控零点不在零位,调整电位器,使 11－6 板 D15 的 1 头和 7 头电压均为 0V；

9)11－6 号板故障或者 W6 电缆没有连接上;11－4 板故障;连接电缆或更换 11－4 或 11－6 板；

10)11－6 板程序方波有一路没有输出,更换 11－6 板,或更换程序方波输出路三极管；

11)可能为 WT－9 中某一路程序方波接触不良,更换 WT－9 电缆或临时用其他不重要的线替代。

(4)测角故障

故障现象：

1)位、仰角显示均不变化；

2)位或者仰角显示跳变；

3)方位仰角标定值经常会变化；

4)摇动方位或仰角时，四条亮线跳变；

5)天线转动过程中有10°跳变的情况；

主要原因及排除方法：

1)如伴随其他通信不正常，可能为5V电源偏低，调高5V电源；如其他通信正常，则可能～110V故障或没有送到天线座或大底板，检查相关线路；

2)可能原因：一是同步机或汇流环接触不良，清洗同步机电刷或汇流环刷架；二是粗精搭配不正常，检查粗精搭配；三是如显示总是在0°～99°之间变化，可能是在粗精搭配状态，将拨码开关S1第一位拨回OFF状态；11－7、11－8单板本身故障(如轴角模块)，更换板子；

3)可能是同步机的夹板没有夹紧或同步轮系损坏，拧紧同步机夹板螺钉或更换同步面；11－7板2817存储数据变化，更换11－7板或2817；

4)同步机转子或汇流环接触不良，导致打火，清洗；

5)11－7或11－8粗精搭配不正常，检查粗精搭配。

(5)测距故障

故障现象：

1)扫描基线只有粗扫基线，没有精扫基线；

2)距显示精扫可移暗点和粗扫台阶不对应；

3)距回波不在可移暗点中间；

4)距离不能自动跟踪；

5)无发射触发。

主要原因及排除方法：

1)11－3测距板D17－74LS221集成块性能不良，重开机可解决，或更换D17；

2)11－2显示板单稳态电路时间常数变化，需调整；

3)11－3晶振频率变化，需调整(前期)；D12波门宽度不对，调整；

4)可能V1、V5、V6三极管中一个损坏；或C8、C9中一个电容漏电，更换相关器件；

5)可能11－3板74 LS 244损坏，更换244。

(6)天馈线故障

故障现象：

1)四条亮线两两不齐；电轴发生偏差；气高和雷达高度差值大，易告警；

2)无信号时，四条毛草不齐或信号上冒虚线；

3)有信号时，摇动天线毛草在跳动；

4)收信号弱，无信号时或放球时增益指示偏大；

主要原因及排除方法：

1)程序方波故障(11－6板)；开关管套中开关二极管损坏；开关管套短路；更换开关管套；馈源或小组馈线进水或短路，烘干并做好防水；WT－9电缆开路，更换电缆；

2)除了第一条所列原因，另外，前置高放或限幅器不匹配；环形器不匹配也会造成类似现象，更换相关器件；

3)高频电缆接触不良，前置高放电源接触不良；检查电缆；同步机打火，清洗同步面；

4)前置高放损坏；限幅器损坏；环形器损耗大；更换相关器件；总馈线短路，将插头重做。

(7)接收机故障

故障现象：

1)收信号弱；

2)乱码、飞码多；

3)频率指示异常；

4)增益或频调电压不受控制；

5)开发射机后，信号变得很弱，关掉发射机后正常；

6)天控跟踪异常。

主要原因及排除方法：

1)如天馈正常，可能是前置高放、高频组件、中频通道盒、11－1 板中有一个损坏，逐个代换检查；电源插头接触不良、高频插头接触不良或屏蔽线锁紧螺母松脱，检查相关连线；

2)如信号正常，通常为中频通道盒本身或扁电缆、11－1 号板有问题，更换板盒及电缆；

3)通常为高频组件中分频通道损坏，更换高频组件；

4)11－4 板控制信号没有送出；中频通道盒工作不正常；11－1 板工作不正常；更换相关板盒；

5)11－3 主抑触发没有送出；中频通道盒距离支路主抑波门宽度调整不合适；更换 11－3 板或调整主抑波门宽度；

6)11－1 板输出角跟踪信号幅度不正常，调整 11－1 板信号输出幅度。

(8)自检及译码故障

故障现象：

1)限位告虚警；

2)故障时不告警；

3)信号正常，不译码。

主要原因及排除方法：

1)限位信号上有干扰，将 11－5 板 IN4148 换为 2AP 类锗管；

2)可能 D14－74LS373 损坏，更换 D14；

3)可能 D7－74LS04 损坏，更换 D7；可能软件工作不正常，软件重新安装。

(9)终端及整机

故障现象：

1)计算机与雷达之间不能通信；

2)某些控制指令不起作用；

3)计算机与雷达之间通信有时正常有时不正常；

4)示波器无显示；

5)摄像头蓝屏；

6)角距显示不能切换；

7)测角显示四个亮点不等距；

8)四条亮线与测距显示状态，在无人干扰情况下来回切换；测角、测距转换后，测距归零；高压电流和频率指示不断波动；雷达—计算机之间不通信，进入“放球软件”后雷达不工作；开机天控失控，方位、仰角乱转，角度显示不正常；

9)示波器打开后无亮点。

主要原因及排除方法：

1)11－4 板故障；计算机串口损坏；计算机与雷达之间电缆故障；更换 11－4 板或串口，检查串口通信电缆；

2)11－4 板故障，更换 11－4 板；

3)5V 电源电压偏低，调高 5V 电源；或串口电缆接触不良，检查串口电缆；

4)11－2 板故障；或亮度控制盒损坏，更换相关部件；

5)12V 没有送到摄像头；视频信号没有送到采集卡；采集卡故障；检查相关线路或更换采集卡；

6)2 号板故障，更换 2 号板；

7)2 号板调整不当，调整 2 号板；

8)5V 电源电压偏低，调高 5V 电源；

9)示波器损坏，更换示波器。

复习思考题

1. 试述 L 波段测风雷达的工作原理。

2. 简述 L 波段测风雷达的系统构成。

3. 简述 L 波段测风雷达接收分系统的基本原理。

4. 阐述 L 波段测风雷达常见故障及处理措施。

参考文献

南京大桥机器厂. 2003. L 波段测风雷达原理和维修.

第5章 新一代天气雷达

内容提要

本章简单介绍了新一代天气雷达探测原理及系统构成，阐述了雷达维护类型、维护内容及日常运行过程中监控、故障申报处理等流程，并对ASOM平台上最近三年全国各型号雷达所发生故障及处理过程进行了总结和分类。

5.1 概述

天气雷达是根据云雨降水目标物对电磁波的后向散射原理来探测降水，并测定其空间位置、强弱分布，从而了解降水的生消演变和移向移速。天气雷达是监测、预警突发灾害性天气最有效手段之一。从20世纪40年代后期雷达技术开始在气象应用至今已有60多年历史，用于探测云雨降水、监测强对流天气的天气雷达已成为雷达技术中的一个分支，目前约有1000部以上的天气雷达布设在全世界各地，用于监测强对流天气、定量估测降水，是气象部门的重要探测手段之一。

电磁波在不同的波段，对降水回波的传播和衰减也不一样，根据研究和试验已经表明：对降水而言，S波段电磁波的穿透能力强，衰减小，在暴雨和大雨中的衰减小，所以适合探测大范围的降水回波分布；C波段电磁波的穿透能力介于S波段和X波段之间，适合观测中雨程度的降水，适合在一定范围内监测降水的变化；X波段电磁波的穿透能力最弱，适合局地探测应用。

我国的天气雷达监测业务的发展是根据国内的不同地域的降水类型确定了采用两个主要波段S和C波段作为监测网的主流雷达，X波段雷达作为补充。从20世纪90年代中期开始进行多普勒天气雷达的全国布网工作，这项工作称为“中国新一代天气雷达”规划，英文名称为China New Generation Weather Radar，英文简称为CINRAD。到2010年，我国基本完成了全国158部新一代天气雷达的布设工作，并在建成158部新一代天气雷达的基础上，再增建58部，形成一个216部新一代天气雷达组成的更为完善的新一代天气雷达网。

根据我国的降水天气状况，在东部主要布设S波段天气雷达，在西部主要布设C波段天气雷达。由于我国地形复杂，即使布设了216部新一代天气雷达，仍然有低层覆盖不到，由于地形的影响仍然存在探测盲区，对于这种情况可采用X波段天气雷达进行布设作为补充手段。在216部雷达中，选择了S波段和C波段两种雷达。X波段雷达只作为补充手段，各地可以根据局地天气服务业务的要求来配置。天气雷达的主要特性是定量估测回波，这样对雷达设备要求极高，必须对雷达的参数进行精确的测量，对重要参数进行实时在线测量并对影响定量测量的参数进行修正。

我国新一代天气雷达目前在S波段和C波段各有三种型号，这些雷达都是按照《新一代天气雷达功能规格需求书》的要求生产的。随着雷达技术的发展，目前主要用于降水探测的天气雷达，也可以探测到非降水天气状况下的回波，探测到的这些回波代表了大气中的某些特性，具体反映的物理意义还需要进一步研究。

新一代天气雷达系统对降水区内风场信息的获取的距离不小于200km，对造成风害的强天气监测和识别的距离大于150km。可以准实时地提供较准确径向风场分布的数据，和尽早识别飑线、龙卷、下击暴流等造成风害的灾害性天气。具有一定强的晴空探测能力，获取风暴前环境风场的信息，经过处理得出晴空时边界层风场结构和中低高度的垂直风廓线，预测未来天气的演变。除了实时地提供各类降水天气的回波图像分布信息外，还具备准实时地对各类灾害性天气进行自动识别、追踪的能力，对冰雹、龙卷气旋、飑线、强风切变、下击暴流等恶劣天气，提供多种监测、预警产品。

5.2 原理

5.2.1 基本概念

为便于理解天气雷达的有关内容，下面介绍一些常用的概念

(1)工作频率

指天气雷达发射机在脉冲作用期内输出射频信号的中心频率，又称发射频率。天气雷达常用的频率范围在2.7～3.0GHz称为S波段(或称10cm)，5.3～5.6GHz称为C波段(或称5cm)，9.3～9.6GHz称为X波段(或称3cm)。

(2)增益

这里介绍的增益分为两种。天线增益是天线把能量集中到某一特定方向的能力参数称为增益；而接收机增益是接收机放大信号的能力。增益常用G来表示，单位是分贝(dB)。

(3)脉冲

天气雷达是一种脉冲波雷达。它的工作方法是：短促地发射一信号，等回波返回接收后，再短促地发射下一个信号，如此不断循环。这种发射的方法好像人的脉搏跳动一样，因此叫脉冲调制天气雷达。

(4)脉冲宽度

每个高频脉冲的持续时间，脉冲宽度主要影响雷达探测距离和距离分辨力。雷达所发射的射频脉冲宽度较宽时，信号所包含的能量较多，因而回波能量较强，这对于增大雷达的探测距离是有利的，但是，脉冲宽度越宽，雷达的距离分辨力越差，因此，雷达在选择脉冲宽度时，是在最大探测距离和距离分辨力之间进行折衷，为了满足不同的需求，可以采用多脉宽方式，新一代天气雷达采用宽、窄两种脉冲宽度。

(5)脉冲功率与平均功率

脉冲功率(P_t)就是发射机在高频脉冲持续时间内输出的功率，又称峰值功率。而平均功

率(P_0)是指脉冲功率在一个重复周期内的平均值。平均功率、脉冲功率及脉冲宽度(τ)、脉冲重复周期(T)之间的关系为

$$P_0 = \frac{\tau}{TP_t} = \tau F P_t \tag{5.1}$$

雷达的发射信号功率直接影响雷达的探测距离。当雷达的发射信号功率增大时,可以增强雷达对远距离弱目标的探测能力,扩展雷达的探测范围,但是发射信号功率的增大是以发射机消耗功率的增加以及设备的体积和重量的增大为代价的。

(6)脉冲重复频率和脉冲重复周期

雷达发射的高频脉冲每秒钟内重复出现的次数称脉冲重复频率,常用 F 表示。两个相邻的高频脉冲之间的时间间隔称为脉冲重复周期,常用 T 表示。两者之间的关系互为倒数,即 $F=1/T$。新一代天气雷达脉冲重复频率为 300～1300Hz,根据不同的需要,采用不同的重复频率。脉冲雷达的脉冲重复频率决定雷达最大探测距离,即脉冲重复周期长(即脉冲重复频率高)时,最大探测距离也增大。

(7)动态范围

即雷达接收机动态范围,动态范围表示接收机能够正常工作所允许的输入信号强度变化的范围,是接收机开始出现过载时的输入功率与最小可检测功率之比。过载,即输入信号太强时,接收机将发生饱和而失去线性放大作用。最小可检测功率,通常取为接收机的灵敏度。

(8)接收机的灵敏度

接收机的灵敏度表示接收机接收微弱信号的能力。灵敏度用接收机输入端的最小可测信号功率 S_{imin} 来表示。

(9)不模糊速度与距离折叠

不模糊速度表示脉冲多普勒雷达测量正确速度的最大值,当回波的真实速度超过雷达测量的最大不模糊速度时,就会产生错误,首先是运动方向与真实回波移动方向相反,速度估值会减少,出现这种现象称为速度模糊。另外一种由脉冲测量导致的问题是距离折叠或称为距离模糊,即远处的回波会在近处显示,这是由于设置雷达测量距离太短,即高重复频率时,造成发射的电磁波遇到超出雷达设置范围之外的降水体产生的回波能量返回雷达后,由于雷达系统辨别不出,而在近距离显示的结果。

(10)极化

电磁波在空间传播时,其电场矢量的瞬时取向称为极化。通常用电场强度矢量端点随着时间在空间描绘出的轨迹来表示电磁波的极化。波的极化也叫波的偏振。极化方式有两类:一种是线极化,一种是圆极化。其中在线极化方式下又分为水平极化和垂直极化,圆极化方式下又分左旋圆极化和右旋圆极化。电场的两个分量没有相位差(同相)或相位差为 180°(反相)时,合成电场矢量是直线极化。当电场强度方向垂直于地面时,此电波就称为垂直极化波;当电场强度方向平行于地面时,此电波就称为水平极化波。目前布网的新一代天气雷达采用线性水平极化。

(11)系统相位噪声

表示雷达系统相干性能的一个指标,是新一代天气雷达一个重要技术指标,该指标差异直接影响杂波抑制能力。目前规定 S 波段为≤0.15°,C 波段≤0.30°。

当系统相位噪声 σ_φ 小于 5°时可近似用来估算系统的地物对消能力,其转换公式为

$$L=-20\lg(\sin\sigma_{\varphi})(\mathrm{dB}) \tag{5.2}$$

(12)发射机极限改善因子

在新一代多普勒天气雷达中，发射机极限改善因子是表征其相位噪声的一项重要指标，它主要反映发射机在雷达系统中对地物抑制能力的贡献。在脉冲雷达中，极限改善因子定义为在一定脉冲重复频率工作范围内离散分量总的单边带噪声功率与信号功率之比。因为脉冲雷达的相位噪声与发射脉冲重复频率有关，脉冲串的相位噪声一般难于用相位噪声分析仪直接测量，可以通过频谱分析仪测量发射机极限改善因子来表征发射机的相位噪声。

(13)相参

相参性是指两个信号之间存在着的关系，全相参是指两个信号的相位之间存在着确定的关系。雷达发射的脉冲，其相互间均保持确定的相位关系，发射信号具有相位相参性的雷达叫全相参雷达。自相参体制或中频相参体系，发射的脉冲之间的相位关系不确定，需要在接收系统中记录这种关系。

全相参体制的雷达造价高，性能好，可实现高精度测量，而自相参雷达造价相对低，探测精度比全相参的雷达略低，另外，由于全相参雷达的相位稳定性高，地物杂波的消除能力比自相参体制强。

5.2.2 探测原理

散射是雷达探测大气的基础，天气雷达通过检测大气中散射波测定目标物的性质。当雷达发射的电磁波束在大气中传播，遇到空气分子、大气气溶胶、云滴和雨滴等悬浮粒子时，会发生电磁波的散射，散射的电磁波会从这些粒子上向四面八方传播开来，其中一部分向后的散射波要返回雷达方向，被雷达天线接收。根据雷达接收的后向散射电磁波的延迟、振幅、相位、频率、偏振状态等信息，推断相应天气系统，尤其是降水天气系统的内部结构和风场特征。

水滴、冰晶等大气中粒子散射电磁波的能力和粒子的大小、形状以及电磁特性等有关。

(1)雷达气象方程

雷达回波强度不仅取决于雷达系统各参数的特性，而且和被观测的云、降水粒子的性质有关，还与雷达和被测目标之间的距离以及其间的大气状况有关，只有把这些要素分析清楚，才能根据所测定的回波强度去推断云、降水的物理状况，雷达气象方程就是为此目的而建立。

当雷达发出的电磁波投射到云雨粒子上时，这些粒子就散射电磁波，其中向后的散射波被雷达天线所接收，这就是雷达回波。雷达回波的强度，除了取决于雷达的参数之外，还取决于云雨的物理特性，以及它们离开雷达的距离。雷达气象方程用来表示回波强度与哪些因子有关，以及呈什么样的关系。利用雷达气象方程，可以根据回波的强度判断云雨的物理状况，并正确地选择雷达的参数。

瑞利散射条件下的雷达气象方程为

$$\overline{P_r}=\frac{\pi^3}{1024(\ln 2)}\frac{P_tG^2\theta\varphi h}{\lambda^2}\psi\frac{\left|\dfrac{m^2-1}{m^2+2}\right|^2}{R^2}Z \tag{5.3}$$

式中，P_t：脉冲功率就是发射机在高频脉冲持续时间内输出的功率，又称峰值功率。

G：雷达天线增益是天线把能量集中到某一特定方向的能力参数称为增益；增益常用G来表示，单位是分贝(dB)。

θ:水平波束宽度(°),φ:垂直波束宽度(°)。水平波束宽度 θ 和垂直波束宽度 φ 愈大,天线发射的能量就愈分散,入射能流密度 S_i 将随距离增加而较快地减小,造成回波能量变弱。θ、φ 增大,还会引起探测上一些不必要的误差(如 Z 的极大值变小,极小值变大,并使原来分布不均匀的 Z 值变得较为均匀),以及在较远距离处很难保证充塞系数等于1。故一般天气雷达的设计总是希望 θ、φ 尽可能小些。通常雷达天线变大时,θ、φ 自然就会变小。另外,θ、φ 减小时,理论上的增益值 $G=\frac{9.9}{\theta\varphi}$ 也随之增加。新一代天气雷达 θ、$\varphi\leqslant 1°$

h:脉冲长度,脉冲长度 h 增大时,回波接收功率 P_r 随着增加,因此可以探测到比较远的距离。其物理原因是:h 增大,雷达脉冲在空间的体积增加,同一时间里被电磁波所照射到的降水粒子数量增多,所以回波接收功率 P_r 增大,使一些弱的雨区等容易发现。但是,当 h 增大使探测距离 R 增大时,也产生两个缺点,一是雷达距离分辨率变低,二是雷达盲区变大。

λ:波长(cm),从雷达气象方程看出,回波接收功率 P_r 与雷达波长 λ^{-2} 成正比。这是满足瑞利散射的粒子特性所决定的,即波长愈短,粒子散射愈强,可以造成较大的回波接收功率。

R:探测距离(km),回波功率 P_r 与距离 R 的平方成反比。因此,雷达上若无距离订正装置,同样强度的降水出现在远距离处要比近距离处弱得多。其原因是:当实际存在的云、降水粒子的数密度及谱特性不变时,在远距离处由于波束发散宽度增加,使发射能量分散,入射能流密度随距离增大而减小,造成回波能量的减弱。为了克服这一缺点,目前不论是数字化天气雷达,还是多普勒天气雷达都配备了距离订正。

$\left|\frac{m^2-1}{m^2+2}\right|^2$:$m$ 为气象目标的复折射指数,液态目标取值0.93,固液态目标取值0.197。

反射率因子 Z:常用的单位 mm^6/m^3,由于 Z 值变化范围达几个数量级,通常用对数形式来表示,这里 $dBZ=10\lg Z$。

ψ:充塞系数,波束充塞程度的订正系数,此参数比较复杂,表明的是回波在有效照射体内的所占比例,一般情况下设定数值为1。

(2)天气雷达测速原理

多普勒天气雷达的理论基础是电磁波的多普勒效应。多普勒效应是指当发射源和接收者之间有相对运动时,后者接收到的信号频率将发生变化,变化量的大小与两者间的相对运动速度有关,两者趋近时,接收到的信号频率升高,反之则降低。相对运动速度越大,接收到的信号频率的升降量也越大。这个升降变化的频率偏移量称为多普勒频偏(移)或多普勒频率 f_d。

脉冲多普勒天气雷达在探测气象目标时,由于目标的频率变化太小,在工程上实现测量频率变化困难较大,所以采用的是测量相继返回的脉冲对之间的位相差来确定目标物的径向速度

$$f_d=\frac{2V_r}{\lambda} \tag{5.4}$$

式中,f_d 为多普勒频率;V_r 为目标的径向速度;λ 为雷达的工作波长。

全相参脉冲多普勒天气雷达工作机制的基点在于将相邻两个雷达重复周期天线接收的反射脉冲电磁波进行相位比较,如果相位值不变,$\frac{d\varphi}{dt}$ 为零,即为固定目标;如果有 $\frac{d\varphi}{dt}$、有 f_d,则为运动目标,并可测出其径向运动速度 V_r。

以C波段雷达为例,介绍获得目标相对于雷达的径向运动速度 V_r 的方法。假如C波段

雷达的工作波长为 5.5 cm 左右，雷达发射脉冲的载波频率 f_0 为 5500MHz 左右，当气象目标的径向速度为 30m/s 时，相应的多普勒频率 f_d 为 1090Hz，与发射脉冲的载频相差五百多万倍，由于脉冲宽度是以微秒计量的，在这极为短促的脉冲持续期间，要从频率为 f_0 和 $f_0 \pm f_d$ 两种信号的比较处理中，直接得出属于音频范围(20Hz～20kHz)的 f_d 是难以做到的。好在正弦波的频率与相位是有确定关系的，频率是相位随时间的变化率，频率的变化可以用相位值表示。根据信号处理理论，利用正交通道处理方法，一个相位值可以用两个正交的幅度值表示出来。运用相参检波技术，对回波信号进行正交分解，获得 I、Q 两个幅度分量，由 I、Q 确定相位值，再由相继脉冲间的相位变化获得多普勒频率，从而得出目标相对于雷达的径向运动速度 V_r。

实际应用的多普勒天气雷达，为了能同时测定目标的速度和距离，雷达发射脉冲载波信号，脉冲载波信号从傅里叶变换的概念中频率不是单一频率点，是由一系列谐波组成的，而在有效照射体积内的粒子通常具有不同的径向速度。因此回波信号的频谱相当复杂。在多普勒天气雷达中，为了技术上的方便，普遍采用矩形脉冲，并且要求载波脉冲具有相参性。

脉冲多普勒天气雷达探测气象目标时，某一距离上的回波信号是由该时刻有效照射体积内所有降水粒子的返回信号的合成，由于降水粒子具有不同的大小、运动速度和运动方向，这意味着多普勒雷达回波信号中含有强度、速度和谱宽等信息。

脉冲多普勒天气雷达除了要测定回波信号的平均功率外，还要测量粒子的平均径向速度和速度谱宽。早期的多普勒天气雷达，由于信号处理器的运算速度不够，不能满足实时处理的要求，采用的是一种实时可用的算法，称为脉冲对处理技术(PPP)，该方法是通过计算相邻两个脉冲的自相关函数来提取相位信息，当回波谱呈高斯分布时是能满足精度要求的。随着信号处理器速度的提高，以及计算机速度的提高，多普勒天气雷达不仅可以采用脉冲对处理技术(PPP)，而且还可以采用快速傅里叶变换(FFT)技术，因而可以精确实时地分析非高斯谱、多峰谱等气象信号。通过测量气象目标的多普勒速度和谱宽，就可进一步分析风场、雨滴谱分布和降水粒子所在的大气层的大气湍流情况。

①CINRAD 的速度探测方法

CINRAD 采用测量相继返回的两个脉冲之间的相位变化，来测量径向速度。

为简单起见我们假定每个脉冲在发射时的初位相都相同，为 φ_0。

假定当第一个脉冲遇到目标物时，该目标物距雷达的距离为 r，则该目标物产生的回波到达雷达时的位相为

$$\varphi_1 = \varphi_0 + 2\pi \frac{2r}{\lambda} \tag{5.5}$$

一个脉冲重复周期 PRT 之后，第二个脉冲发出，当第二个脉冲遇到上述目标物时，该目标物距雷达的距离为 $r+\Delta r$，则该目标物对于第二个脉冲的回波到达雷达时的位相为

$$\varphi_2 = \varphi_0 + 2\pi \frac{2(r+\Delta r)}{\lambda} \tag{5.6}$$

于是，相继返回的两个脉冲之间的位相差为

$$\Delta\varphi = \varphi_2 - \varphi_1 = 2\pi \frac{2\Delta r}{\lambda} = \frac{4\pi\Delta r}{\lambda} \tag{5.7}$$

最终得到目标物沿雷达径向速度的表达式

$$V_r = \frac{\Delta r}{PRT} = \frac{\lambda\Delta\varphi}{4\pi PRT} = \frac{\lambda\Delta\varphi \times PRF}{4\pi} \tag{5.8}$$

事实上，雷达最终给出的径向速度是多个脉冲对得到的径向速度的平均值，称为平均径向速度，而相应的标准差称为谱宽。通常采用几十对脉冲的平均得到平均径向速度。

②最大不模糊速度与速度模糊

多普勒天气雷达能够测量的一个脉冲到下一个脉冲的最大相移的上限是 180°(π)。与 180°脉冲对相移所对应的目标物径向速度值称为最大不模糊速度 V_{max}。它与脉冲重复频率 PRF 和波长 λ 的关系为

$$V_{max} = \frac{\lambda \times PRF}{4} \tag{5.9}$$

如果目标运动的真实脉冲对相移小于 180°，那么雷达对速度的估值是正确的，或者叫做不模糊的。如果一个目标在两个脉冲的时间间隔期间移动的太远了，它的真实相移超过 180°，则将赋给它一个小于 180°的相移值。那么速度的估值是不正确的，或者说速度是模糊的。

5.3　新一代天气雷达基本结构

雷达一般可以分为雷达的主机系统、雷达的气象产品生成和气象产品显示系统三大部分。在三大系统中雷达的主机占了雷达整机系统的绝大部分。

5.3.1　系统组成

雷达主机部分也可称作雷达采集单元(RDA)。雷达主机系统包括天线罩、天线/天线座、雷达发射机、伺服单元、雷达接收机和数据处理机。

天气雷达主机系统产生并发射射频脉冲，然后获取并处理回波信号来得到反射率、平均径向速度和速度频谱宽度，并将这些数据基数发给雷达产品生成单元。

(1)发射分机

发射分机由雷达发射机以及与机房、雷达塔和天线座相关联的波导部件构成。雷达发射机是一个高功率微波脉冲放大器，由高频放大链、调制器和聚焦线圈、电源、同步信号、通风冷却、控制保护等组成。它的功能是将接收机来的射频(radio frequency，RF)脉冲进行整形、放大，获得高功率脉冲经馈线送至天线。高频放大链由射频激励、脉冲形成、可变衰减器、速调管放大器、电弧/反射保护组件等组成。发射机的工作过程是：接收由接收机频率源产生的 RF 驱动激励、同步和控制信号，经放大后送入脉冲形成器，高频脉冲形成器对高频信号进行脉冲调制，形成波形符合要求的高频脉冲，由可变衰减器调节其衰减量，使到达速调管输入端的功率达到最佳值。速调管放大器是高频放大链的末级放大器，它将高功率射频脉冲，从发射机输出端口的环行器经方位旋转关节、俯仰旋转关节到达馈源输入端，经天线反射体发射出去。发射机由信号处理机送来的定时信号控制。

(2)天线、馈线

天线使用特别设计的馈电喇叭以发出线性水平极化的 RF 能量并将其投射到抛物面反射器。反射器将入射的能量聚焦成接近 1°(0.99°)的笔形波束并向大气空间辐射。线性水平极

化的 RF 电磁波碰到反射体返回时，经天线聚焦回到馈电喇叭，射频回波经馈源喇叭到环形器/隔离器，它对发射和接收的 RF 能量起双工作用并且将射频回波导向至接收机前端。

(3)天线定位系统

由天线座组件和天线座控制单元以及天线座功率放大器构成定位系统，是一个由微处理器控制的伺服系统。通过接收指令，驱动仰角和方位驱动马达，两个马达的作用是使天线沿方位轴和俯仰轴运动。

(4)接收机

接收机由接收机通道、频率源、射频测试源、故障检测和系统内置测定设备(BITE)等组成。

接收机通道：接收机通道由接收机保护器、低噪声放大器、预选滤波器、混频/前置中放、匹配滤波器、数字中频等部件组成。

接收机工作过程：天线得到 RF 回波并经馈线将其送给天线座内的接收机前端。接收机前端(即保护器和低噪声放大器)在脉冲发射期间保护接收机，在接收期间放大 RF 回波信号。雷达接收机处理接收机前端来的信号以提取视频信号成分。雷达接收机将接收信号 RF 转换成同相的(I)和正交(Q—90°相移)的数字信号，并传送给信号处理系统，进行滤除地杂波，然后转换成回波强度、径向速度和谱宽的基数据。接收机功能还把各个内部监视点的信号采样(以数字格式)传送给信号处理器系统供校正和性能监视以及故障定位。接收机还为发射机提供 RF 激励驱动信号，以及本机所需要的稳定本振(STALO)和相参振荡(COHO)信号。

(5)信号处理系统

信号处理系统由硬件信号处理器(HSP)和可编程信号处理器(PSP)组成。主要功能是产生雷达系统在正常运行、标定、自检及故障诊断情况下所需要的各种定时、触发及控制信号；处理来自接收机的 I/Q 信号；完成各种处理算法，如脉冲对处理，杂波滤波，I/Q 平衡，解距离折叠等，从而产生基数据。

HSP 完成对 I/Q 数据进行预标定，产生全机定时及同步信号，接收并处理来自接收机输出的数据，然后送往可编程信号处理(PSP)。

可编程信号处理 PSP 处理接收机输出信息，处理结果送监控与采集计算机。处理功能有：地物杂波抑制、计算基数据、RDA 标定、性能监测、故障定位。

(6)雷达监控与采集

监控功能完成发射机、天线定位电路、微波系统、接收机、RDA 环境传感器和 RDA 设施产生的故障告警和状态数据。监测各分机的工作状况和工作参数，在雷达监测控制终端和数据处理和显示子系统中显示监测信息，系统工作不正常时报警，对系统工作状态进行记录。在雷达子系统的重要部位设有自保装置，当出现工作不正常时，自保装置启动保护系统安全。

标定功能完成对来自 RDA 设备每一部件的状态性能指标的采集，计算标定参数。接收来自信号处理的基数据，加上时间、方位、仰角和校准参数，组成数据块，向产品生成系统(RPG)传送。

5.3.2 产品生成系统

产品生成系统从雷达主机系统接收基数据并对接收到的数据进行质量控制与处理而产生出基本产品(反射率、平均径向速度和速度频谱宽度)，并根据一定的算法对这些数据做进一步处理而生成一组导出的气象产品，得到的产品集(包括基本产品)再通过网络送给产品显示系统。功能组件包括所有产品实时产生、存储以及分配所用到的硬件和软件。它还包括在系统遥控、状态监测、错误检测、产品存档和水文气象数据处理等过程中所需的硬件和软件。该系统由高性能的PC机组成。软件可完成以下五种功能：获取雷达数据、获取雨量计数据、生成气象产品、分发气象产品，有的系统设计中将控制雷达系统的功能也纳入其中。其控制系统执行控制系统工作，包括雷达控制、产品生成处理过程控制以及雷达系统的状态监控和错误检测。

5.3.3 产品显示系统

显示系统的功能主要作为雷达回波显示工作站。显示系统接收产品生成系统处理生成的雷达观测产品数据和雷达系统状态信息，并以图像和文字的形式提供给使用人员用于天气分析和预报。主要提供的功能有：产品请求、产品数据存储和管理、产品显示、产品编辑注释及状态监视。

(1)产品请求：是指显示系统向产品生成系统请求所需产品，显示系统的本地产品库的产品都是通过产品请求获取的。

(2)产品显示和图像控制：包括产品显示方法和动画、地图、叠加、查看菜单对应的功能，以及能在视窗区做的操作。

(3)状态监视：包括雷达系统状态监测、通信状态监测、监视显示系统的性能、发布天气警报信息。

(4)编辑功能：主要是实现对字符、直线和矩形的编辑(添加、移动、修改及删除)。当指定的图形产品被显示后，操作员根据需要先选择相应编辑状态，再利用绘图工具(选择、字符、直线、矩形、多边形)进行编辑。编辑状态指的是编辑剖面产品的位置、定义报警区、编辑本雷达站的地图、产品注释的编辑。

该系统由高性能的PC图形工作站组成。

5.4 运行监控

为保障新一代天气雷达系统稳定、可靠运行，依托综合气象观测系统运行监控平台(ASOM)构建了运行监控业务。

5.4.1 运行监控与维护维修信息管理业务

运行监控与维护维修信息管理业务是利用气象业务通信专网，接收新一代天气雷达系统的观测数据、状态数据、维护维修填报数据，通过对数据的分析，实时显示设备的运行状态，跟踪设备故障的维护维修进展，及时发现问题，第一时间解决问题，以提高新一代天气系统的技术保障水平，缩短设备的故障维修时间，提高新一代天气雷达的运行效益(图5.1)。

台站级保障人员发现网络通信传输问题或设备故障时，运用ASOM系统上报各类设备维护维修信息，新一代天气雷达系统完成维护维修工作后，需在ASOM系统中及时填报维护维修处理信息。

(1)检查观测数据、状态数据等信息的上传情况，首先登录ASOM系统，选择“运行监控”

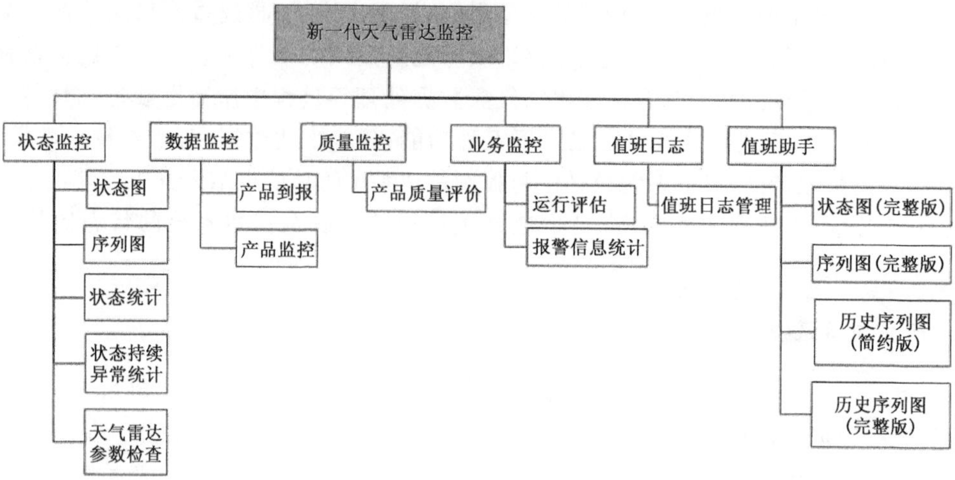

图 5.1 新一代天气雷达运行监控框图

(图 5.2)，进入“新一代天气雷达状态序列图”(图 5.3)，在序列图中，以绿色圆圈显示新一代天气雷达系统运行正常；若以橙色圆圈显示，则表示新一代天气雷达系统状态报警。若以蓝色圆圈显示，则表示新一代天气雷达系统无数据上传(雷达系统维护、故障维修或网络传输异常)；若是雷达系统或网络故障时，需及时处理。1 小时内无法修复时，则向省级报告。

图 5.2 进入运行监控页面

图 5.3 新一代天气雷达运行监控状态序列图

(2)填写停机通知:雷达站因常规维护(周维护、月维护、年维护/巡检)、故障维修等需关闭新一代天气雷达系统时,需填写停机通知。业务规定的非观测时段关机或简单维护不需要停机时无需填写。

发布停机通知:在雷达系统停机1小时内在ASOM系统中发布停机通知,登录ASOM系统,选择"维护维修",进入"发布停机通知"(图5.4),选择停机类型,如维修、周维护、月维护、年维护等。

图5.4　进入维护维修页面

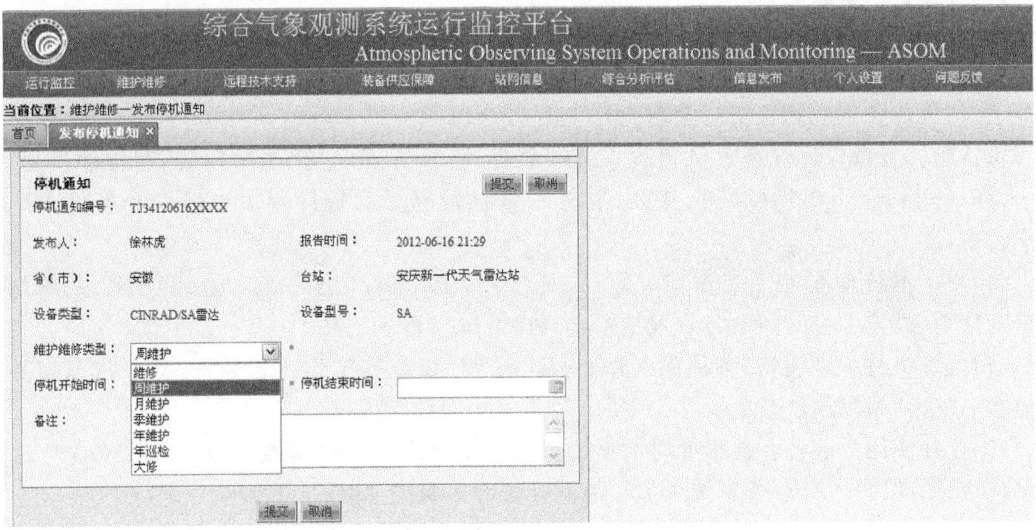

图5.5　发布停机通知页面图

关闭停机通知:停机结束1个小时内在相应的停机通知中填写停机结束时间,即关闭停机通知(图5.5)。

(3)常规维护:新一代天气雷达系统根据目前国家业务规定进行常规维护,维护结束后,需在规定时限内在ASOM中填报维护记录,ASOM将统计维护记录及维护时间。

填写常规维护记录:

日维护:日维护工作后,当日在ASOM中填写日维护记录;

周维护:完成周维护48小时内在ASOM中填写周维护记录;

月维护:完成月维护后48小时内在ASOM中填写月维护记录;

年维护:完成年维护后72小时内在ASOM中填写年维护记录。

(4)故障维修:新一代天气雷达系统发生故障时,雷达站应按规定时限在ASOM中填写及更新故障报告单，以便于省级和国家级保障和管理人员及时掌握设备故障维修进展，提供技术支持，并评估设备运行能力。同种设备一个故障填报一个故障单，不同保障员可在同一故障单中，依据维修活动不同更新维修状态。

填写故障单：雷达站发现雷达系统故障后，应按规定时限内(本省(区、市)气象部门启动应急响应时 1 小时、汛期 2 小时、非汛期 3 小时)在 ASOM 中填报故障信息及诊断记录。

若因网络故障等原因无法在 ASOM 系统中及时填报故障时，应在上述时限内通过电话等方式向上级部门报告，并采用离线方式填报，待网络恢复后 24 小时内在系统中补填。

更新故障单：雷达站应按要求填写故障现象，并及时更新故障处理过程。维修活动结束前填写故障现象及主要处理过程、更换备件情况、维修人员等信息；设备故障期间，根据故障维修活动，在应急响应和汛期期间应每日至少两次(上午 9 时、下午 5 时)，非汛期每日至少一次(每日上午 9 时)更新故障维修信息；维修活动变更(比如由故障诊断状态转为等备件或等人员状态)时应根据维修活动的变更随时更新。

关闭故障单：故障维修结束 2 小时内关闭故障单，填写真实的故障维修结束时间，并作故障维修小结。

5.4.2 装备供应保障业务

装备供应保障信息管理业务是根据我国现行装备供应储备管理的业务需要，建立国家级、省级、台站级装备供应储备实时管理业务。

雷达站的装备保障管理人员负责本站的装备/备件管理，包括本站的装备/备件计划、采购、入库、库存管理、出库(领用、报废、退货)，紧急情况下的备件调拨申请以及备件报废等工作。

(1)制定本级装备/备件的采购计划，并通过 ASOM 平台向上一级(地州级或省级)部门上报采购计划(具体上报时间由各省根据本省具体情况自行规定)。

(2)负责执行本级装备/备件的入库、出库、送修、报废等工作。若装备/备件状态变更，3 日内在 ASOM 中完成动态更新。

(3)业务使用的装备备件出库时类型选择为领用出库，系统自动记录为在用装备。

(4)每季度维护 ASOM 系统中库存最低存量警告提醒、库房等基础信息。

(5)每季度完成库存装备的清查盘点，若出现账物差异，应进行库存调整，正确填写库存盘点单，保证账物相符。

5.4.3 站网信息管理业务

站网信息管理业务以新一代天气雷达站网信息为核心，实现对测站信息、设备信息和人员信息的动态跟踪管理，为运行监控业务、维护维修业务和装备供应保障业务提供基础数据。

雷达站人员运用 ASOM 系统，承担本级测站基本信息、设备信息、人员信息及环境资料等信息的维护、管理和更新工作，及时上报本站基本信息及设备信息变更情况。

(1)台站人员信息：台站人员负责本站人员信息的维护和管理工作。当本站人员信息发生变化时，应在发生变化 1 周内更新本站人员信息。

(2)台站环境资料：台站人员负责本站环境资料的维护和管理工作。当台站周围环境发生变化时，台站人员应在 2 周内更新本站相应环境资料(图像资料)。

(3)台站基本信息:台站人员负责本站基本信息维护和管理工作。当台站基本信息发生变化时,台站人员应在 2 日内更新相应信息,并上报到省级保障部门。

(4)台站设备信息:台站人员负责本站设备信息维护和管理工作。当台站设备信息发生变化时,台站人员应在 2 日内更新相应信息,并上报到省级保障部门。

5.4.4 基础平台管理

基础平台管理是 ASOM 系统建设与业务应用重要辅助模块,包括 ASOM 系统的用户管理、角色管理和信息发布等。

(1)每季度根据本级人员信息变更情况维护用户的角色和权限。

(2)用户权限及业务角色发生变更时,系统管理员应在用户提出修改申请 24 小时内对其进行相应的修改。

(3)保持地市/台站级用户访问国家级 ASOM 系统畅通。若出现故障 2 小时内无法解决时,应上报省级。

(4)每月向省级管理员上报使用过程中的系统问题。

5.5 日常维护

为了更好地发挥新一代天气雷达的性能,延长雷达的使用寿命,在业务使用过程中,除按使用说明书正常操作外,还必须对雷达进行良好的维护。

许多台站的经验表明,经常地、细致地对各部分进行电气和机械的检查维护,可以有效地预防和减少故障的发生,将故障排除在萌发阶段,避免出现大的或损坏性的故障,对保证设备连续的正常工作具有重要意义。雷达的检查保养等维护工作是一项经常性的工作,工作量大而又需细致。除平时在观测过程中发现和处理的一些问题外,大量的保养工作需要通过定期维护来完成。这就要求定期维护工作要有计划、有准备和有组织地进行。雷达系统的定期维护可分为日维护、周维护、月维护、年维护(汛期巡检)四种。

负责机务的工作人员应根据本站具体情况制定维护计划,安排维护日程,编制必要的维护经费预算,在维护过程中要严格操作程序。有关领导要加强管理并给予一定时间保证。

5.5.1 日维护

日维护工作目标:重点查看雷达监控状况的参数,检查计算机操作系统及应用软件的运行状况,并保持设备、机房、工作环境的清洁卫生。在不影响雷达正常运行的情况下,日维护每天进行一次。在雨、雪天,尤其南方雨季时,必须经常注意室外装置是否漏水,电缆是否受潮等。在雷雨大风的情况下,要做好防风和防雷设施的检查工作。填写表 5.1。

表 5.1　日维护记录表

<table>
<tr><td colspan="2">维护单编号</td><td></td><td>值班员
（接班员）</td><td colspan="2"></td><td>记录时间</td><td></td></tr>
<tr><td colspan="2">省份</td><td></td><td>站号</td><td colspan="2"></td><td>站名</td><td></td></tr>
<tr><td colspan="2">设备类型</td><td></td><td>设备型号</td><td colspan="2"></td><td>交班员</td><td></td></tr>
<tr><td colspan="2">是否无人值守站</td><td></td><td>维护开始
时间</td><td colspan="2"></td><td>维护结束
时间</td><td></td></tr>
<tr><td colspan="8">交接班记录：</td></tr>
<tr><td>序号</td><td colspan="2">检查维护内容</td><td colspan="2">检查维护结果</td><td colspan="2">填写说明</td><td>备注</td></tr>
<tr><td>1</td><td colspan="2">各分机之间的通信链路情况</td><td colspan="2"></td><td colspan="2">（正常√ 不正常×）</td><td></td></tr>
<tr><td>2</td><td colspan="2">查看工作日志，查看雷达性能</td><td colspan="2"></td><td colspan="2">（正常√ 不正常×）</td><td></td></tr>
<tr><td>3</td><td colspan="2">发射机峰值功率</td><td colspan="2"></td><td colspan="2">（填数值）</td><td></td></tr>
<tr><td rowspan="2">4</td><td rowspan="2">检查机房空调及除湿系统</td><td>温度</td><td colspan="2"></td><td colspan="2">（填数值）
无人值守站，检查日填写</td><td></td></tr>
<tr><td>湿度</td><td colspan="2"></td><td colspan="2">（填数值）
无人值守站，检查日填写</td><td></td></tr>
<tr><td>5</td><td colspan="2">终端计算机运行情况</td><td colspan="2"></td><td colspan="2">（正常√ 不正常×）</td><td></td></tr>
<tr><td>6</td><td colspan="2">雷达系统软件运行情况</td><td colspan="2"></td><td colspan="2">（正常√ 不正常×）</td><td></td></tr>
<tr><td>7</td><td colspan="2">雷达数据采集、产品及状态信息的生成和传输软件运行情况</td><td colspan="2"></td><td colspan="2">（正常√ 不正常×）</td><td></td></tr>
<tr><td>8</td><td colspan="2">操作系统及杀毒软件运行情况</td><td colspan="2"></td><td colspan="2">（正常√ 不正常×）</td><td></td></tr>
<tr><td>9</td><td colspan="2">雷达数据存储及计算机磁盘空间满足存储要求情况</td><td colspan="2"></td><td colspan="2">（正常√ 不正常×）</td><td></td></tr>
<tr><td>10</td><td colspan="2">数据产品传输网络及通信情况</td><td colspan="2"></td><td colspan="2">（正常√ 不正常×）</td><td></td></tr>
<tr><td>11</td><td colspan="2">计算机系统时间检查</td><td colspan="2"></td><td colspan="2">（正常√ 不正常×）</td><td></td></tr>
<tr><td rowspan="5">12</td><td rowspan="5">通过 UPS 控制面板查看</td><td>输入电压</td><td colspan="2">（填数值）</td><td colspan="2">无人值守站，检查日填写</td><td></td></tr>
<tr><td>输出电压</td><td colspan="2">（填数值）</td><td colspan="2">无人值守站，检查日填写</td><td></td></tr>
<tr><td>输入电流</td><td colspan="2">（填数值）</td><td colspan="2">无人值守站，检查日填写</td><td></td></tr>
<tr><td>输出电流</td><td colspan="2">（填数值）</td><td colspan="2">无人值守站，检查日填写</td><td></td></tr>
<tr><td>输出频率</td><td colspan="2">（填数值）</td><td colspan="2">无人值守站，检查日填写</td><td></td></tr>
<tr><td colspan="8">检查中发现的问题及处理情况：

维修人员签名：</td></tr>
</table>

5.5.2　周维护

周维护工作目标：重点检查电源状况，设备内部除尘，排除报警提示中的维护内容。要求：至少 2 名技术人员参加，确保安全。填写表 5.2。

表 5.2　周维护记录表

<table>
<tr><td colspan="2">维护单编号</td><td></td><td>维护记录人</td><td></td><td>记录时间</td><td></td></tr>
<tr><td colspan="2">省份</td><td></td><td>站号</td><td></td><td>站名</td><td></td></tr>
<tr><td colspan="2">设备类型</td><td></td><td>设备型号</td><td></td><td>停机通知</td><td></td></tr>
<tr><td colspan="3">维护开始时间</td><td colspan="2"></td><td>维护结束时间</td><td></td></tr>
<tr><td>序号</td><td colspan="2">检查维护内容</td><td>检查维护结果</td><td>填写说明</td><td colspan="2">备注</td></tr>
<tr><td>1</td><td colspan="2">噪声系数(dB)</td><td></td><td>(填数值)</td><td colspan="2"></td></tr>
<tr><td>2</td><td colspan="2">相位噪声(度)</td><td></td><td>(填数值)</td><td colspan="2"></td></tr>
<tr><td>3</td><td colspan="2">滤波前/后功率</td><td></td><td>(填数值)/(填数值)</td><td colspan="2"></td></tr>
<tr><td>4</td><td colspan="2">雷达强度/速度自动标校检查</td><td></td><td>(填数值)/(填数值)</td><td colspan="2"></td></tr>
<tr><td rowspan="4">5</td><td rowspan="4">查看各分机面板的工作状态、故障指示，及时处理发现的问题</td><td>电压</td><td></td><td>检测项目都正常时，填写正常；有检测项目不正常时，填写不正常，并在本表最后一栏“检查中发现的问题及处理情况”说明不正常项目及检测数值</td><td colspan="2"></td></tr>
<tr><td>电流</td><td></td><td>检测项目都正常时，填写正常；有检测项目不正常时，填写不正常，并在本表最后一栏“检查中发现的问题及处理情况”说明不正常项目及检测数值</td><td colspan="2"></td></tr>
<tr><td>钛泵电源</td><td></td><td>(填数值)
电压/电流</td><td colspan="2"></td></tr>
<tr><td>灯丝电源</td><td></td><td>(填数值)
电压/电流</td><td colspan="2"></td></tr>
<tr><td>6</td><td colspan="2">检查天线在体扫、俯仰工作时有无异常响声，若有应立即停机处理</td><td></td><td>(完成√ 未完成×)</td><td colspan="2"></td></tr>
<tr><td>7</td><td colspan="2">检查维护各分机电源</td><td></td><td>(完成√ 未完成×)</td><td colspan="2"></td></tr>
<tr><td>8</td><td colspan="2">清洁发射、接收、监控机柜</td><td></td><td>(完成√ 未完成×)</td><td colspan="2"></td></tr>
<tr><td>9</td><td colspan="2">雷达机房工作环境是否清洁、干燥</td><td></td><td>(完成√ 未完成×)</td><td colspan="2"></td></tr>
<tr><td>10</td><td colspan="2">检查蓄电池电压，若不足要查明原因及时进行充电</td><td></td><td>(完成√ 未完成×)</td><td colspan="2"></td></tr>
<tr><td>11</td><td colspan="2">状态信息备份情况</td><td></td><td>(完成√ 未完成×)</td><td colspan="2"></td></tr>
<tr><td>12</td><td colspan="2">检查台站备份通信系统是否正常</td><td></td><td>(完成√ 未完成×)
(无备份通信系统的台站不做此项，需在备注中说明)</td><td colspan="2"></td></tr>
<tr><td colspan="7">检查中发现的问题及处理情况：

维修人员签名：</td></tr>
</table>

5.5.3 月维护

月维护工作目标：重点检查和维护天线伺服系统、发射机高压系统状态为主，备份雷达日志文件和探测资料。要求在探测区内无天气过程情况下，停机检查。要求有 2～3 名技术人员参加。填写表 5.3。

表 5.3 月维护记录表

<table>
<tr><td>维护单编号</td><td></td><td>维护记录人</td><td></td><td colspan="2">记录时间</td></tr>
<tr><td>省份</td><td></td><td>站号</td><td></td><td colspan="2">站名</td></tr>
<tr><td>设备类型</td><td></td><td>设备型号</td><td></td><td colspan="2">停机通知</td></tr>
<tr><td colspan="2">维护开始时间</td><td colspan="2"></td><td>维护结束时间</td><td></td></tr>
</table>

<table>
<tr><td>序号</td><td colspan="2">检查维护内容</td><td>检查维护结果（或数据）
（完成√ 未完成×）</td><td>备注</td></tr>
<tr><td>1</td><td colspan="2">雷达天线空间位置精度和控制精度误差检查</td><td>（填数值）</td><td></td></tr>
<tr><td>2</td><td colspan="2">系统相干性检查</td><td>（填数值）</td><td></td></tr>
<tr><td>3</td><td colspan="2">机外仪表发射机功率和脉宽检查</td><td>（填数值）</td><td></td></tr>
<tr><td>4</td><td colspan="2">检查发射机高压部件有无异常</td><td></td><td></td></tr>
<tr><td>5</td><td colspan="2">检查并清洁俯仰箱、汇流环受潮积水、碳屑等</td><td></td><td></td></tr>
<tr><td>6</td><td colspan="2">检查汇流环接触压力，检查并更换磨损碳刷</td><td></td><td></td></tr>
<tr><td>7</td><td colspan="2">检查并清洁方位、俯仰电机碳刷，更换磨损碳刷</td><td></td><td></td></tr>
<tr><td>8</td><td colspan="2">做好各机柜内的清洁工作</td><td></td><td></td></tr>
<tr><td>9</td><td colspan="2">清除风扇、排气扇的灰尘，拆洗空调滤尘网</td><td></td><td></td></tr>
<tr><td>10</td><td colspan="2">清除各机柜进出风口、聚焦线圈进风口滤尘网上尘埃</td><td></td><td></td></tr>
<tr><td>11</td><td colspan="2">各种测试仪表通电检查是否正常</td><td></td><td></td></tr>
<tr><td rowspan="3">12</td><td rowspan="3">自备发电机
设备检查</td><td>冷却水</td><td></td><td></td></tr>
<tr><td>燃油</td><td></td><td></td></tr>
<tr><td>机油</td><td></td><td></td></tr>
<tr><td>13</td><td colspan="2">自备发电机运行检查</td><td></td><td></td></tr>
<tr><td>14</td><td colspan="2">UPS 充放电维护（三个月做一次）</td><td></td><td></td></tr>
<tr><td>15</td><td colspan="2">避雷器工作情况检查</td><td></td><td></td></tr>
<tr><td>16</td><td colspan="2">对计算机内冗余的垃圾文件进行处理</td><td></td><td></td></tr>
<tr><td>17</td><td colspan="2">对计算机硬盘进行碎片整理</td><td></td><td></td></tr>
<tr><td colspan="5">检查中发现的问题及处理情况：

维修人员签名：</td></tr>
</table>

5.5.4　年维护

年维护工作目标：年维护工作包括月维护，结合雷达汛期巡检时进行，主要对整机进行系统检查、参数测试、维护和标校。年维护应对全机进行细致全面的检查与维护保养，测量全机的主要技术性能。维护时间根据各地情况安排，尽量不要选在最冷和最热季度进行。维护时，可每天安排一部分内容，在 5 天内完成。填写表 5.4。

表 5.4　年维护记录表

维护单编号		维护记录人		记录时间	
省份		站号		站名	
设备类型		设备型号		停机通知	
维护开始时间		维护结束时间			

序号	检查维护内容	检查维护结果（完成√ 未完成×）	备注
1	周、月维护内容		
2	检查天线座和天线罩单元，并对天线座内进行清洁维护		
3	检查维护天线及伺服各机械部件		
4	天线方位/俯仰齿轮箱换油维护		
5	检查天线连接紧固件是否有松动		
6	天线方位/俯仰轴承齿轮润滑维护		
7	天线座水平标校，天线方位/俯仰角标定		
8	检查波导旋转关节处的磨损状况，是否松动		
9	速调管油位检查		
10	检查绝缘子、接线板、空气开关、交流接触器上接线松紧，同时清除上面的灰尘		
11	检查所有插件状态		
12	检查运动部件处的电缆是否有磨损		
13	清洁机电元件，祛除表面的灰尘，锈蚀或其他杂物		
14	检查各类变压器外观是否受潮、过热、机震、变形		
15	全机开关、按钮、表头、保险丝、指示灯、数码管、继电器、接触器可靠性检查、维护、更换。重点更换已有过打火痕迹的器件。		
16	测量/记录各分机主要测试点的波形/参数并记录备案，作故障检修时比对		
17	检查调整各分机电压、电流、波形		
18	全机功能检查、参数测试标定		
19	拆洗、维护机房空调机、除湿机、鼓风机		
20	按要求进行防雷检测		
21	按要求进行消防检测		
22	向管理部门提交年维护工作报告		

续表

检查中发现的问题及处理情况：   维修人员签名：

5.6 常见故障分析和处理

以下所列故障现象均来自于 ASOM 系统平台上最近三年来全国在用的各型号雷达所发生的故障，以及相应的故障处理措施。

5.6.1 CINRAD/SA

(1)发射机系统

SA 发射机系统常见故障分析和处理见表 5.5。

表 5.5 SA 发射机系统常见故障分析和处理

序号	故障现象	故障原因	处理方法
1	发射机/天线功率比变坏，发射机/天线峰值功率低，发射机/天线功率计零点超限。	可能是器件损坏或者老化引起的性能下降。	测试 5A16 中的各种信号参数，调试 5A2 中功率计参数，更换发射机/天线功率探头及上、下光端机中的 26LS31、26LS33 芯片恢复正常。
2	雷达无高压输出。	检查雷达时序信号正常，查 3A10 的 ZP1 无信号，断定 N1 芯片坏。	更换 N1 芯片坏后雷达恢复正常。
3	灯丝电源组件 3PS1 中 5A 保险丝熔断，更换后工作数小时后再次熔断。	3PS1 损坏。	更换 3PS1 组件恢复正常。
4	钛泵电源欠压发射机不能工作。	钛泵电源 3PS8 控制板中的整流电容击穿。	更换 3PS8 控制板中的整流电容。
5	发射机 3PS5 电源无 −15V 输出。	3PS5 有些器件接触不良。	焊接虚焊点。
6	灯丝电源 3PS1 无输出。	D3 芯片损坏。	更换 3PS1 的同步 D3 芯片后正常。
7	无人工线电压、磁场电源 3PS2 故障、灯丝电源 3PS1 欠流。	器件性能下降。	调整 3PS1 控制板及 3A5 门限值更换磁场电源 3PS2 控制板、驱动板，更换调制组件 3A12 中被击穿反峰管。
8	发射机/天线峰值功率低 364/138kW 左右，系统噪声温度 94°K，IDU TST DETECTION 数据为 0，线性通道增益标定检查变坏。	RDA 配置文件错误导致发射机发射脉冲不正常。	脉宽只有 1.0μs 左右，这是导致发射峰值功率低直接原因。复制正确的 Adapt. Dat、Main_aTASK01. LUS 文件到 rdasc 文件下，同时更换高频脉冲形成器 3A5 中的驱动芯片 JLQ−7 使发射功率达到技术指标。

续表

序号	故障现象	故障原因	处理方法
9	监控面板无任何报警，但发射机不可操作而强制停机。	开关组件 3A10 中 26LS33 输入信号小。	在开关组件 3A10 中 26LS33 输入端并联一个 200Ω 电阻后正常。
10	3A10 组件报警 3A11 组件 20V 电源有一路输出时有时无。	3A10 组件、3A11 组件插接件接触不良，3A11 组件 20V 电源板上电容 C5、C6、C8 烧坏 3A10 组件中 N5、N6 、D7、N3 芯片坏。	更换损坏器件。
11	人工线表满档。	测量板上 26LS33 芯片坏。	更换 26LS33 芯片。
12	发射机过流速调管过流调制器过流。	3A10 充电组件中 N15—LM111 芯片不稳定时好时坏。	更换故障器件。
13	发射机、天线功率时有时无。	3A10 中 D10 芯片抗干扰能力差处于不稳定状态。	检查 3A10 发现 D10 芯片抗干扰能力差处于不稳定状态，更换此芯片问题解决。
14	雷达开机运行时其标定声音异常，发射机输出峰值功率不稳定，尤其采用 VCP31 进行体扫时更加严重。	接收机保护器命令/响应不正常(有干扰)，测发射机人工线电压发现丢失脉冲，怀疑数据传输有问题。	更换上下光纤板。
15	发射机加不上高压。	信号处理器无充电和放电脉冲信号输出。	更换 HSP－B 中 26LS31 芯片。
16	发射机过流灯丝电源过流。	灯丝电源控制板 V3、V6、V7 击穿 R7、R9 烧坏。	更换 3PS1A1 板，调整灯丝电源电流门限。
17	发射机速调管过流。	发射机 3A10 组件中 N3、D13 芯片坏。	更换 3A10 组件中 N3、D13 芯片。
18	雷达在正常运行过程中遭到突然停电，由于未按雷达正常操作而造成雷达系统多处报警，天线波导连锁及波导压力报警，DCU 上指示天线锁定，5A7 上三相灯同时熄灭，28V 电源故障故障，钛泵电流双灯告警，速调管真空泵电流故障，发射机/DAU 接口故障触发器故障等。	未断高压而停机造成瞬间电流过高而烧毁元件。5PS1 28V 电源、3PS5 －15V 电源及触发器中 1.5A 保险管烧断，26LS33 芯片烧坏。	更换保险管及触发器中的 26LS33 芯片。
19	脉冲包络宽度变宽锁不住。	器件性能下降。	更换 3A5 及 DAU 数字板。
20	钛泵电压报警。	3A1A2 测量接口板 N2 光耦有问题。	3PS8 电源输出正常，监测电路上 3A1A2 测量接口板 N2 光耦有问题，更换光耦芯片。
21	发射机高压经常断，发射机过流，速调管过流，重启 RDASC 软件后可以继续工作，多次重启 RDASA 软件后出现电网过压、灯丝电源报警。	调制组件均压板上高压线路对地打火，导致速调管过流、发射机过流报警，多次启动打火，导致测量接口板上 N8 LM124 芯片烧坏。	更换 N8 LM124 芯片，加大高压线和地线之间的距离。

续表

序号	故障现象	故障原因	处理方法
22	波导开关报警，手动波动波导开关，雷达能转一个体扫。	波导开关内弹簧磨断，导致波导开关在天线和假负载之间不能正常切换。	更换波导开关。
23	发射机过温报警停机。	发射机排风不畅，发射机内不能及时排出。	清理风道，在出风口增加风机。
24	发射机面板报警故障灯没有标示的两个灯亮，RDASC 显示高压开关故障，高压断。	报警通常出现在高压开的时候，排除打火嫌疑，怀疑继电器动过时序。	更换交流继电器，调换直流 K4 和 K7 继电器，将 3A2 内的延时继电器调整至 4S。
25	聚焦线圈电流故障，风流量故障。	主风机损坏，电流过大导致空气开关烧毁。	更换主风机和空开。
26	聚焦线圈过流，天线空转不发射功率，产品不正常。	聚焦线圈和磁场电源故障。	更换聚焦线圈和磁场电源。
27	40V 灯丝电源亮红灯，拔掉 A4 连接线后，2 个电源灯正常。	固态放大器故障。	更换固态放大器。
28	钛泵电流报警，系统强制待机。	PR10 老化。	测量 NP10 调整 PR10。
29	速调管过流等报警。	高压电缆损坏。	更换一段高压线，开机后正常运行。
30	速调管过温报警。	温度传感器老化，风道不畅。	查看风机，速调管温，进风口滤尘网，更换速调管温度继电器清理风道。
31	天线空转，无回波。	3A10 组件故障。	更换 3A10 的 841 和 3A11 的 2633 芯片。
32	报警信息：PEDESTAL DYNAMIC FAULT，XMTRANT POWER RATIO DEGRAD，ANT POWER BITE FAIL	可控硅击穿，触发器损坏。	更换被击穿可控硅。
33	聚焦线圈电源电压故障，聚焦线圈电流故障，发射机恢复循环，不可操作强制待机。	磁力油泵损坏。	更换磁力油泵。
34	发射机 15V 电源报故障。	发射机 A5 +15V 电源短路。	换发射机 A5。
35	刚开机时发射机功率正常，但半个小时后严重下降，杂波抑制变差，基本反射率等产品的强度明显增强。	发射机内 A5 钛泵电源损坏、A4 固态放大器损坏，发射机主控板上的 31、33 芯片损坏。	更换损坏器件。
36	波导开关打火/电压驻波比、发射机循环检测等报警。	驻波检测部件故障。	更换驻波检测部件。
37	雷达无保护器响应，反射机不工作，雷达无扫描回波，报警天线功率失败、发射机功率失败。	保护器模块接触不良。	检查雷达发射机无人工线电流，检查保护器命令正常，检查保护器响应无。带电测试保护器、场放等，为保护器接插不良，重新处理后，测试保护器响应正常。

续表

序号	故障现象	故障原因	处理方法
38	天线功率机内测试设备错误报警。	天线功率探头损坏。	更换功率探头。
39	雷达宽脉冲加不上。	发射机接口板有问题。	更换发射机接口路板。
40	电弧报警，发射机没有功率输出。	发射机电弧反射保护板故障。	更换发射机电弧反射保护板。

(2)接收机系统

SA 接收机系统常见故障分析和处理见表 5.6。

表 5.6　SA 接收机系统常见故障分析和处理

序号	故障现象	故障原因	处理方法
1	发射机无法投入正常工作，检查 5A16 无充放电脉冲输出，保护器命令波形正常而保护响应波形变窄且波形后沿抖动。	HSP 有问题。	更换其 B 板中 U6 芯片，充放电脉冲输出正常。
2	保护响应输出波形宽度仅有正常的一半。	接收机保护器损坏。	上光端机中 U9 的 11 脚及保护保护输出波形与前述相同测接收机保护器模块输出波形依然。去掉 UD4 接收机顶座上的 W401 电缆将 1 和 2，20 和 21 短接即将保护器甩开后测试波形正常，证明接收机保护器模块坏导致保护器命令响应输出不正常。更换接收机保护器后恢复正常。
3	关闭 DAU 电源依然有保护响应的问题。	接口板故障。	更换接口板。
4	无系统噪声温度。	接收机噪声源坏。	更换接收机噪声源。
5	雷达开机后 RDA 各个标定参数不正确并报警雷达无法工作。	AGC 中 0.1μf 电容烧毁造成 5V 对地短路使得 AGC 控制错误。	更换 0.1μf 电容。
6	线性通道射频驱动测试信号降低标定数据中 CW、RFD、KD 值错误，发射机/天线功率比变坏，发射机包络、3A4、3A5 输出信号很弱几乎看不见，测量频综 J1、J3 输出功率都比正常值偏少 13dBm，功率仅有 237kW，PUP 产品显示回波强度较正常时弱 20dBZ 左右。	频综故障。	更换频综。
7	RFD、SYSCAL 值、地物报警，通道增益降低。	方位旋转关节老化磨损导致驻波过大，将无源限幅器烧坏。	更换旋转关节和无源限幅器。

续表

序号	故障现象	故障原因	处理方法
8	天线正常运行，雷达无回波，实测CW值为－11.5dBm，实际应该在23dBm左右，CW、RFD无输出。	频综损坏。	更换频综。
9	RFD、KD报警，控制序列超时。CW实测值比期望值小20dB。	无源限幅器损坏导致通道增益下降20dB。操作系统不稳定导致控制序列超时。	更换无源限幅器，重做系统。
10	雷达出现圆饼图，无报警。	HSP和PSP板损坏。	更换HSP板和PSP板，紧固接收机插头。
11	天线运转正常，雷达无回波。	接收机线性通道故障。	测量上光纤板输出保护器命令信号正常，但保护器驱动模块没有输出；测量保护器驱动输入的各个信号，发现＋5V电源没有；检查连接线缆，发现W403与天线座街头处的－5V信号一路接触不好，调整后输出正常，保护器驱动工作正常。
12	发射机报警，线性通道噪声电平变坏，线性通道速调管输出测试信号变坏，雷达无回波。	接收机A/D转换模块异常。	更换接收机AD转换模块，调整发射机脉冲波形宽度，修改雷达适配参数文件。
13	回波出现“大饼”现象，噪声温度高。	低噪声放大器故障。	更换2A4低噪声放大器。
14	动态较差。	4A8，4A11故障。	更换4A8，4A11后恢复。
15	COHO CLOCK FAILURE 报警，RDASC频繁重启，雷达无法正常运行。	频率源18伏电源故障。	更换18伏电源，恢复原先的频综，雷达恢复正常。
16	雷达回波弱，接收机标定参数差。	频综本振信号无输出。	更换频综，进行接收机系统标定，雷达恢复正常运行。
17	回波出现“大饼”，系统噪声温度变坏。	AGC和4A8故障。	更换AGC和4A 8后故障排除。
18	CW、RFD、AGC、噪声温度、杂波抑制等参数异常。发射机无功率，产品无回波。	频综故障。	更换频综。
19	反射率产品出现色环，“I通道偏差超限”报警频繁。	4A11A/D转换器故障。	更换4A11A/D变换器。
20	回波满屏射线。	接收机W315信号线屏蔽不良。	紧固接触不良导线。
21	接收机噪声系数偏大。	限幅器性能下降。	更换限幅器。
22	回波出现光环，噪声系数高出很多。	中频衰减器4A8变坏。	更换4A8。
23	雷达KD差，地物对消能力差。	器件性能下降。	调KD值，调地物对消参数。

(3)天线伺服系统

SA 天线伺服系统常见故障分析及处理见表 5.7。

表 5.7　SA 天线伺服系统常见故障分析及处理

序号	故障现象	故障原因	处理方法
1	雷达天线减速箱固定螺丝偏位。	受雷电影响,指令系统发出错误指令,导致天线失控,减速箱错位。	放油,调整齿隙。
2	天线座动态故障报警,天线无法停在其 PARK 位置,RDASC 在 OPRATION 状态下 5A7 功率放大器三指示灯不亮,波导开关由天线位置又回到假负载位置。	5A6 数字控制单元接触不良造成。	查 5PS1 各电源正常。用 RDASOT 命令检查天线的运转情况听到数控单元 5A6 中继电器声音异常 5A7 三指示灯时亮时灭。测 5A6 各电源正常。将 5A6 中所有电缆重新插拔一次并除灰尘后正常。
3	波导开关打火波导湿度报警。	波导压力低。	调波导空气压缩机气压使波导气压表指示上升为 0.024。
4	天线角度指示跳码现象。	天线座渗油造成接触不良。	处理渗油,清理油污。
5	天线出现较强的震动,然后停止运转,数控单元显示的天线位置为方位角 239.76°仰角 5.66°。同时出现方位啮合手轮、天线座无法停在 PARK 位置、功放禁止等多个报警。重启 rdasc 程序和采用 RDASOT 强制天线到 PARK 位置无效,方位啮合手轮脱落。	方位啮合手轮上的插销插错位置,雷达正常工作时插销应在脱开位置,此时天线转动而啮合手轮不转。如果插销位置错误,天线转动时巨大的力量造成啮合手轮快速转动而脱落。此次故障由于方位啮合手轮的脱落造成行程开关连线拉断。	加固方位、俯仰电机连轴节,更换方位行程开关。
6	天线座无 15V、5V 电源输出报警,5A6、5A7 不工作。	5A6 测 XT1220V 无输出结果其保险管熔断。	更换保险丝。
7	天线座动态故障报警,用 RDASOT 程序运行天线,俯仰系统能控制,方位不但不能控制,而且出现方位过温报警,进入天线罩推动天线做方位转动困难并伴有震动。	给电机加电时无反应,测其阻值为无穷大,取下电机上的 4 个碳刷,其中有两个碳刷的弹簧已被烧断测电机碳刷的相对一组阻值也为无穷大,证明电机内部线圈被烧。	更换电机。
8	雷达出现仰角值乱码及天线冲顶,在体扫过程中天线每抬升一个仰角时方位转速正常而俯仰先出现仰角乱码现象,后稳定且出现天线动态故障报警。	油污造成汇流环第 36 和 37 环短路。	清理汇流环。

续表

序号	故障现象	故障原因	处理方法
9	雷声过后天线突然停转，DCU 指示方位 69.79°，仰角 5.8°，天线动态故障报警。摇天线俯仰啮合手轮，俯仰系统能旋转，但摇方位啮合手轮抱死，推动天线，无论是让天线顺转还是逆转天线都处于抱死状态。拆下方位电机，单独摇动电机能旋转，测其阻值为4.6Ω，给电机加电能正常旋转，初步断定方位电机没问题。去掉方位电机旋转减速箱天线依然没反应。	减速箱中的齿轮或连轴等出问题。	更换减速箱。
10	天线轴角编码器内俯仰角编码灯故障报警。	轴角盒中的励磁电压太低引起。	处理更换轴角盒中电容 C19，如果还有报警调整轴角盒中 RP4 直至报警消失。
11	天线冲顶和砸头，俯仰轴角死码，方位“S”形波导（2WG08）有裂纹。回波偶尔有“V”形或者扇形缺口。	微波泄漏导致轴角盒损坏，发射或接收到的电磁脉冲不完整造成回波不完整。	更换轴角盒和 2WG08 波导。
12	方位不能定位，不能匀速转动。	测速电机磨损。	更换方位电机。
13	“方位放大器过流”、“天线座动态错误”、“天线座无法停在停放位置”报警强制停机。	方位减速箱故障。	更换方位减速箱。
14	天线无法复位，天线动态故障报警信息、产品出现方位突变等异常、角码显示器显示在天线转动时，方位及仰角角度跳动。	轴角编码器故障。	更换轴角编码盒。
15	加强电时天线自动飞车到天顶，用 RDASOT 软件无法控制，更换轴角编码器故障依旧，万用表测量 DCU 的各控制电源正常。	上下光纤板故障。	更换上下光纤板。
16	仰角负限位，发射机天线功率比率变坏。	仰角电机与减速箱连接齿轮脱开，仰角不能动。	重新安装。
17	仰角限位，天线座故障，强制待机。	滑环接触不好。	测量俯仰电，航空接头 AB 点电阻＝23 正常，彻底清洗滑环。
18	方位电机过温，方位放大器电源故障，天线卡住推不动。	减速箱损坏，联动轴损坏，方位电机磨损。	更换损坏器件。
19	体扫异常，雷达产品的生成严重缺失，天线座无法停在停放位置。	5A6 模拟板故障。	更换 5A6 模拟板。
20	天线动态故障	方位减速箱故障。	更换方位减速箱。

续表

序号	故障现象	故障原因	处理方法
21	天线停转，电机过温。	电机损坏；DCU 模拟板、减速箱故障。	更换 DCU 模拟板、方位电机、减速箱。
22	发电机高压开关故障，波导开关、脉冲形成网络转换器互锁，高压加不上。	波导开关接触不良，转动不到位。	手动旋转波导开关，波导解锁，雷达恢复正常运行。
23	仰角无法正常升降。	俯仰电机损坏。	更换俯仰电机。
24	仰角收藏销报警，仰角锁定 19.3 度，系统不能运行。	上下光线板故障，俯仰锁定开关故障。	更换上、下光纤板，短路俯仰锁定开关。
25	天线座 IO 状态出错，RDASC 软件自动退出。	DCU 数字板问题。	更换 DCU 数字板。
26	天线声音巨大，伴有震动，方位驱动电机异常发热。	方位驱动电机性能下降。	更换方位驱动电机。
27	天线座无法停在 PARK 位置。	雷达做体积扫描时，仰角上下摆动，导致天线故障，系统强制待机。滑环接触不良引起。	清理滑环和俯仰测速电机碳刷。
28	RDASC 程序自动退出。发射机 DAU 接口错误，发射机不可工作、雷达机内功率检测坏，天线体扫中，仰角有明显的锥摆现象。	部分电源保险管接触不良。	更换接触不良的保险丝。

(4)信号处理系统

SA 信号处理系统常见故障分析和处理见表 5.8。

表 5.8　SA 信号处理系统常见故障分析和处理

序号	故障现象	故障原因	处理方法
1	RPG 上 RDA 状态灰色。	RDA 上的 RDASC 软件没有和 RPG 软件建立通信连接。	网络中断。
2	雷达回波顶高产品异常，9°以上仰角产品有杂波。	信号处理板问题。	调整参数，更换信号处理板。
3	RDASC 程序自动退出，5A7 功放组件不工作，天线无法标定。	信号处理板故障	对 RDA 计算机查毒、检查 RDA 各组件硬件接触情况，没发现问题；用示波器对各组件进行检测，初步认定是信号处理器问题；更换新的信号处理卡。
4	天线初始化错误，天线 IO 错误。	HSPPSP 板松动。	重新固定 HSP、PSP 板后，雷达恢复正常。
5	回波出大色圈，报噪声温度变坏，噪声电平变坏。	信号处理器 A、B 板故障。	更换信号处理板。
6	无回波。	信号处理板故障。	更换信号处理板。
7	RPG 不能生成 34 号产品。	可能是文件冗余。	清理 SYS0 目录，重启机器。

续表

序号	故障现象	故障原因	处理方法
8	RPG机器弹出DUBG信息提示。	RPG运行的时间太长，可能某个进程错误。	重启RPG机器。
9	新加的PUP不能连接RPG。	防火墙阻止访问。	防火墙中设置允许访问。

5.其他系统

SA其他系统常见故障分析和处理见表5.9。

表5.9 SA其他系统常见故障分析和处理

序号	故障现象	故障原因	处理方法
1	UPS供电时间短。	UPS电池故障。	检查更换UPS电池。
2	波导湿度报警灯长亮。	波导管内空气湿度大。	机房除湿，波导反复充气放气，排出潮湿高压空气。
3	方位旋转关开裂S形波导疲劳损伤，打火。	旋转关节和上面的直波导不同轴，造成疲劳损伤。	调整旋转关节安装位置，上面的直波导用一段直波导和一段软波导代替。
4	发电机不能启动。	启动电池没有电。	拆下启动电池充电。

5.6.2 CINRAD/SB

(1)发射机系统

SB发射机系统常见故障分析和处理见表5.10。

表5.10 SB发射机系统常见故障分析和处理

序号	故障现象	故障原因	处理方法
1	发射机加不上高压。	A10开关组件故障，A1、A3测量接口板故障，A11触发器电路板故障，+15V电源故障，A6电弧反射保护故障，灯丝电源故障。	检查发射机，维修灯丝电源，检测3A10、3A11、3A12组件，发现A6电弧反射保护装置、A11触发器电路板损坏，更换+15V电源，更换电弧反射保护装置，更换A11触发器电路板，更换A10组件后工作正常。
2	发射机控制板机状态指示灯全部亮，发射机强制待机。	接触不良。	重启雷达故障未恢复，检查发射机。重新插拔各个组件，重新开机发射机恢复正常。雷达能正常开机。
3	雷达停机，反峰二极管损坏。	反峰二极管被击穿。	更换反峰管、发射机主控板，故障解除。
4	报警发射机DAU接口故障，发射机不工作。	可控硅性能下降。	更换损坏可控硅。
5	发射机不自检，无法加高压。	A10组件中的IGBT坏，调制器中的反峰二极管击穿。	更换损坏器件。
6	雷达无回波。	频综内A2晶振故障，导致频综没有信号输出。	更换频综。
7	波导转换开关故障，雷达停机。	波导转换开关故障。	更换波导转换开关。

续表

序号	故障现象	故障原因	处理方法
8	209、210 报警和天线座动态错报警。	波导漏气。	补修波导后恢复正常。
9	Alarm WAVEGUIDE SWITCH FAILURE	波导开关的启动线圈开路，启动的微动开关接触不良。	更换配件后，恢复正常。
10	报警聚焦线圈电流、电压故障。	聚焦线圈损坏。	更换聚焦线圈磁场电源。
11	电压输出不稳定，有时输出变高，有时无输出，导致发射机无法工作。	灯丝电源中个别元件有热稳定性差的现象。	更换更换灯丝电源。
12	速调管风流量报警，导致雷达不能开机。	散热离心风机损坏。	更换散热离心风机。
13	发射机聚焦线圈电流加不上，聚焦线圈电压电流循环报警，上高压时，电流晃动到 5A，又降至 2A 停顿后，至 0A。	磁场电源故障。	更换磁场电源。
14	发射机面板报波导湿度压力报警，波导充气机有报警，表头值过低。	波导充气机故障。	更换波导充气机。
15	电源滤波器故障，380V 缺相，雷达不能开机。	主风机损坏。	更换主风机。
16	发射机电弧报警。	检查发射机 RDA 计算机信号处理板，发现信号处理板接触不良。	把信号处理板重新插好。
17	发射机充电回绥过流。	A10 组件损坏。	更换 A10 组件。
18	发射机钛泵电流过流故障。	发射机钛泵电源输出线漏电。	处理漏电的电源输出线。
19	经处理过电源输出线后故障排除。	电源性能不良。	更换 PS4 +15V 电源。
20	灯丝电源报警。	电源组件损坏。	更换灯丝电源组件。
21	发射机内高压打火。	调制器反峰二极管的绝缘棒因绝缘度降低引起高压打火，致使反峰二极管和真空继电器损坏，充电二极管性能降低。	更换发射机调制器反峰二极管组件及真空继电器，更换充电二极管。

(2)接收机系统

SB 接收机系统常见故障分析和处理见表 5.11。

表 5.11 SB 接收机系统常见故障分析和处理

序号	故障现象	故障原因	处理方法
1	雷达无回波。	相位检波器坏。	更换相位检波器。
2	线性通道许多报警，Q 通道偏差超限等。	频综二倍频组件内一个放大器损坏。	更换损坏的放大器。
3	回波异常，系统报警线性通道测试信号变坏。	发现四位开关故障。	更换四位开关。
4	接收机参数异常，射频、速度、谱宽、步进等参数超限。	为频综输出接头接触不良，DAU 信号处理板接触不良所致。	处理接触不良。
5	接收机速度谱宽、测试信号参数异常。	接收机频综 RF 接头、COHO 接头和 IQ 相位检波器接头接触不良，致使接收机参数异常。	处理不良接头。
6	报警天线仓门打开，IQ 通道错误，雷达强制待机。	DAU 数字板损坏。	更换 DAU 数字板。

(3)天线伺服系统

SB 天线伺服系统常见故障分析和处理见表 5.12。

表 5.12 SB 天线伺服系统常见故障分析和处理

序号	故障现象	故障原因	处理方法
1	波导冲气机电源开关无法合闸，波导内无压力。	波导空气压缩机损坏。	更换波导空气压缩机。
2	天线方位无法停到 PARK 位置；控制天线方位时，驱动电机发出异响，手推天线转动时声响正常；手摸驱动电机发烫。	方位驱动电机损坏。	更换方位电机。
3	天线体扫时仰角会一直下降至－1°以下，天线俯仰角度超限，造成停机。	汇流环金属丝有断裂。	更换新汇流环。
4	天线动态错误，俯仰角度－1.27°，停止不转。	俯仰角度抱死。	松闸，手推天线，合闸，重启 rda 计算机和俯仰使能开关，天线恢复正常。
5	天线俯仰掉到负角度，导致雷达停机。	滑环接触不良。	重新清理汇流环，并对碳刷进行了调整。
6	雷达天线座方位停止销报警，系统待机。	接触不良。	汇流环碳刷及固定塑套磨损老化，造成接触不良，调整后恢复正常。
7	天线座动态错，重启伺服后又出现 481、701 报警。	汇流环或相关电缆接触不良导致天线座动态错	清洗汇流环、调整碳刷位置及压力，检查天线座内电缆接头，发现俯仰旋变电缆接插头固定架安装错误，导致接头不能拧到位，重新安装后，恢复正常。

续表

序号	故障现象	故障原因	处理方法
8	报天线座 IO 错、天线座初始化错、天线座自检 1 错、多重 II 错、初始化序列超时。	接触不良。	重启伺服系统相关设备及软件后恢复正常。
9	雷达伺服系统失控，天线加电就冲顶(一直抬到 94°)。	汇流环接触探针多处折断。	更换汇流环损坏部件。
10	天线频繁砸锅，雷达无法正常开机。	汇流环故障。	更换存在问题的碳刷，清洗汇流环。
11	天线俯仰不能控制。	碳刷接触不良。	调节碳刷松紧度.
12	天线 IO 状态错误、天线座动态错误、系统强制待机等报警。	5A13A2 单元出现故障。	检测后发现 5A13A2 单元输入端连线松动，紧固后雷达恢复正常。
13	天线动态错误报警。	经检查发现 CAN 总线接地不良，导致伦茨伺服控制器 CAN 总线口关闭，无法接收新命令，造成天线运动状态无法按指令要求变化，最终导致天线动态错。	重新把 CAN 总线接地后，故障排除。
14	天线动态故障，停机检查。	方位同步轮系有问题。	更换方位同步轮系。
15	伺服方位控制器无供电。	伺服系统供电线路继电器 Q2 因接触不良没有工作，致伺服方位控制器无供电导致停机。	处理接口后故障排除。
16	伺服系统故障，方位、俯仰控制器加不上电。	伺服分机连接电缆 w506 接头对地绝缘度降低，致使方位、俯仰控制器加不上电。	对电缆 w506 接头处理后故障排除。
17	＋24V、＋15V、－15V、＋5V 无输出。	由于连接电缆及接头老化，电缆 w506 绝缘度降低、电缆 w507 接头出现打火导致上电瞬间电流过大，Q1、Q2 跳闸切断伺服电源。	处理电缆接头。
18	报警天线动态出错，天线座停止，雷达系统强制待机，重启运行多次报警仍未解除。	汇流环刷丝接触不良。	检查汇流环时发现汇流环刷丝磨损严重，环上附着刷丝磨出的大量粉末，通过吸尘器吸走环上的附着物，拆下汇流环刷架对汇流刷丝进行清洁。

(4)信号处理系统

SB 信号处理系统常见故障分析和处理见表 5.13。

表 5.13　SB 信号处理系统常见故障分析和处理

序号	故障现象	故障原因	处理方法
1	RDA 计算机无法连接。	PSP 和 HSP 信号处理板坏。	更换 PSP 和 HSP 信号处理板。
2	雷达无法开机。	RDA 电脑中的 PSP 出问题。	更换 RDA 计算机中的 PSP 板。
3	用虚拟伺服加载数据，RDASC 程序接收不到角码数据，连接计算机的串口线加电就短路。	RDA 的 HSP 数据处理板有问题。	更换 RDA 计算机的 HSP 数据处理板。
4	初始化故障，雷达停机。	RDA 计算机 HSP 接口接触不良导致初始化故障，伺服系统供电线路继电器 Q2 因接触不良没有工作，致伺服方位控制器无供电，以上原因导致雷达停机。	重新安装 HSP 处理板。

5. 其他系统

SB 其他系统常见故障分析和处理见表 5.14。

表 5.14　SB 其他系统常见故障分析和处理

序号	故障现象	故障原因	处理方法
1	RDASC 程序不断重启。	计算机串口接触不良。	检查电路连接，清洁串口接口。
2	雷达“初始化序列超时—重新初始化”报警，无法正常开机。	DAU 无法获取伺服角码信息，伺服驱动程序异常。	重新编译驱动程序。
3	系统崩溃，RDASC 无法运行写入数据，雷达系统强制待机，Windows 延缓写入失败。	RDA 计算机硬盘损坏。	更换硬盘。
4	RDA 与 RPG 之间通信中断。	光纤收发器故障。	更换光纤收发器。
5	RDA 计算机死机。	RDA 计算机硬盘坏。	更换 RDA 计算机硬盘。
6	雷达运行时，无法生成雷达基数据。	RDA—RPG 网络不稳定，导致基数据缺少，类似问题可检测 RDA 计算机板子及网线及到 RPG 间交换机、网线等排查故障。	整理计算机及程序等，维护伺服系统，清洁汇流环。

5.6.3　CINRAD/SC

(1)发射机系统

SC 发射机系统常见故障分析和处理见表 5.15。

表 5.15　SC发射机系统常见故障分析和处理

序号	故障现象	故障原因	处理方法
1	风机故障，强行拉断高低压，致使雷达频繁掉高低压。	发射监控 PLC 有电磁干扰，造成误判。	将 PLC 电磁干扰屏蔽。
2	发射机无高压。	在雷达带高压运行情况下突然断电，产生浪涌将 IGBT 击穿。	更换被击穿的 IGBT。
3	辅能过流。	人工线充电二极管烧坏短路，引起 IGBT 驱动板烧坏。	更换二极管.
4	高压过流。	速调管使用时间已经超过两万小时，且输出脉冲功率明显下降。	更换速调管。
5	磁场分机报警。	磁场分机故障。	更换磁场电源分机中交流接触器。
6	风冷故障引起的低压掉电现象，在体扫过程中，发生雷达系统高压低压突然掉电的现象，故障复位后又能开启低压、高压，但是一段时间以后又发生掉电现象，终端不报故障。	风冷故障。	换风冷驱动控制板上的 LM124 集成块。
7	发射机功率为零。	高压电容损坏。	更换高压电容。
8	低压加不上，终端报风冷故障。	风冷缺相，保护集成电路 LM124 故障。	更换风冷缺相保护集成电路 LM124。
9	雷达系统自动关闭高低压。	风冷 2 风压开关吸合不紧密。	更换风冷 2 的风压开关。
10	发射功率为零，无回波，无报警信息。	同步信号电路中的 N8 集成块损坏，造成无触发脉冲输出，IGBT 不工作。	更换同步信号电路中的集成块 AM26LS31N8。
11	在开低压向高压的时候，出现灯丝欠流故障信号。	发射机柜内的航空插头 3XS011 中的 220V 电源脱焊。	重新焊接脱焊的插头。
12	开机时，实时程序发射系统故障，无法加载高压。	功放电源故障，功放电源中报警电位器损坏。	更换功放电源。
13	高压加不上，触发器报警。	触发器故障。	更换触发器。
14	无回波，终端显示正常。	发射机综合故障。	更换 IGBT、充电控制板和触发板。
15	发射机磁场过流故障，风机故障。	外风冷机烧坏。	更换新的风冷机。
16	不能进行积极扫描，加载时高压指示灯变红，指示故障。	充电变压器高压输出端到充电二极管的高压连接线对机壳短路放电，导致 IGBT 过流故障。	处理高压线对机壳短路放电部分，保证绝缘度。
17	开机时，发射系统故障，无法加载高压。	磁场电源中电流和电压值参数不正常。	发射系统中磁场电流，风机缺相报故障，将磁场电源中电流和电压值手动调节到正常范围后，系统正常。

续表

序号	故障现象	故障原因	处理方法
18	系统自动关闭高压和低压，故障复位后能暂时恢复正常，但短时内又出现同样的故障现象，导致雷达无法正常开机运行。	风冷装置故障。	更换风冷柜开关电源。
19	随机出现偏磁故障报警。	元件老化。	分流电阻老化变数值而显示性能不良，更换后正常。
20	有时开启低压后即报充电管过流，有时能运行高压1个小时以上仍不报警。	发射机柜内多处打火，导致IGBT、IGBT驱动板、充电控制分机内的二极管损坏。	IGBT驱动板损坏，更换IGBT驱动板。

(2)接收机系统

SC接收机系统常见故障分析和处理见表5.16。

表5.16 SC接收机系统常见故障分析和处理

序号	故障现象	故障原因	处理方法
1	雷达系统自动报频综相参基准源故障，时断时续，一会显示正常，一会提示故障。	雷达接收机报频综相参基准源故障。	更换频综。
2	无回波。	PIN开关经常失控。	调整PIN开关。
3	频繁掉低压。	采集机软件故障。	清理数据采集分机。

(3)天线伺服系统

SC天线伺服系统常见故障分析及处理见表5.17。

表5.17 SC天线伺服系统常见故障分析及处理

序号	故障现象	故障原因	处理方法
1	在RPH扫描模式下，雷达噪声大，且噪声信号盖过了正常回波信号。	IO接口板损坏，伺服控制器方位驱动电压不稳定。	方位电机内碳粉过多。更换IO接口板，调整脉冲调制器的过流保护电压，控制器的脉零调整电压，清理方位电机后，雷达恢复正常。
2	天线不能抬升。	方位电机碳刷磨损严重。	更换方位电机碳刷。
3	关机时，关高压后启动天线，发现方位驱动分机保险烧坏，更换保险丝后，并把方位驱动电机电缆切断，再测试启动天线，IGBT被击穿，更换IGBT后再次被击穿。	方位驱动分机故障，IGBT被击穿。	更换IGBT。
4	雷达天线扫描异常。	碳刷磨损。	清理方位电机，更换电刷。
5	方位无法转动，方位驱动电源误差为0V，面板无报警。	分机故障。	更换分机，调整方位伺服放大器参数。

续表

序号	故障现象	故障原因	处理方法
6	天线无法启动，无方位驱动电流。	方位驱动电机碳刷损坏严重，导致无驱动电流。	更换电机碳刷。
7	天线到位精度不够，在调整过程中增益调整过大，烧坏 IGBT 模块。	IGBT 损坏。	更换 IGBT 继续调整相关参数，天线到位精度控制在 0.2°，达到指标要求。
8	雷达转几圈，停止，无法体扫。	方位电机老化，接收机柜下方稳压电流老化。	更换方位电机、接收机柜下方稳压电流、方位驱动放大器。
9	天线仰角无法调整。	俯仰驱动电机运行年久，齿轮损坏。	更换新的俯仰驱动电机。
10	体扫过程中频频中断，天线停止转动。	方位驱动放大器损坏。	更换方位驱动放大器损坏。
11	天线转台漏油。	天线组合齿轮里的大小油封损坏，导致天线漏油。	更换组合齿轮。
12	方位驱动电源故障，电压无法加载至正常电压 120V。	方位驱动电源故障。	更换方位驱动电源故障。
13	电机碳刷与插槽之间连接坏死。	方位电机烧毁，碳刷和卡槽连接处坏死。	更换电机。
14	停方位扫描。	控制板和脉宽调制板故障。	更换控制板和脉宽调制板。
15	不能进行方位扫描。	天线方位驱动电机损坏。	更换方位驱动电机。
16	天线仰角度数不到位，体扫做不起来。	伺服放大器损。	更换伺服放大器，调整参数。
17	软件不能控制雷达的启动，天线不能启动。	温度过高，导致方位电机损坏。	更换方位驱动电机，更换 IGBT 上的两个电容。
18	体扫时仰角在 5 层不上抬。	伺服部分参数改变。	调整俯仰伺服放大器参数，清洗汇流环。
19	减速器漏油。	减速器脱脂。	清洗了减速器，并进行了维护。
20	方位运行速度明显下降，不能在规定时间内完成一个体扫。12 时天线方位停转，但俯仰仍能正常工作。重新终端软件无效。	伺服方位故障。	拆卸方位电机，并对其进行仔细检查，发现方位电机驱动线虚焊，重新焊接。对方位电机进行维护。对汇流环也进行了维护。
21	无法启动天线，伺服故障。	减速器漏油；方位电机内部线圈短路。	更换伺服机柜内俯仰电机保险管。

(4)信号处理系统

SC 信号处理系统常见故障分析和处理见表 5.18。

表 5.18 SC 信号处理系统常见故障分析和处理

序号	故障现象	故障原因	处理方法
1	RPV8 升级处理，风场产品不正常。	RPV8 需升级。	升级 RPV8。
2	监控计算机和塔楼机器连接不上，监控计算机软件所有的灯显红色，不扫描。	扫描软件故障，导致无法体扫。	更换体扫软件。
3	与采集器失去联系，程序死机。	采集计算机故障。	更换采集计算机。

(5)其他系统

SC 其他系统常见故障分析和处理见表 5.19。

表 5.19 SC 其他系统常见故障分析和处理

序号	故障现象	故障原因	处理方法
1	灯丝过流。	市电相序改变。	市电相序被改变，通过油机发电以后发现雷达完全正常，检查供电以后发现问题，机务人员手动调整了相序以后，再开雷达，没有再出现故障提示。
2	配电在本控下，配电转到本控。之后 UPS 报警，断电。	配电柜 KM1 故障。	UPS 重新上电后，开电源，配电柜异常响声，UPS 报警，断电。查看配电柜，在切换本控和遥控时，KM1 异常响声，不能正常吸合。用砂纸打磨 KM1 触电，反复手动吸合，之后再次切换本控和遥控，上电正常。

5.6.4 CINRAD/CC

(1)发射机系统

CC 发射机系统常见故障分析和处理见表 5.20。

表 5.20 CC 发射机系统常见故障分析和处理

序号	故障现象	故障原因	处理方法
1	报可控硅故障，加不上高压。	调制解调器的均压板上人工线取样电路电阻烧毁，致使取样电路充放电平下降变形。	更换可控硅后雷达恢复正常。
2	报磁场电源故障，磁场电源开关脱扣。	合上开关重启，重新托扣，有焦煳气味。经检查是磁场电源损坏。	更换磁场电源后雷达恢复正常。
3	低压加不上，报调制解调器故障。	调制解调器的继电器弹片触点长期使用积碳导致其功能失效。	除积碳后继电器正常，故障修复。
4	当雷达加冷却时，风机的电供不上，导致冷却故障。	发射的保险丝，风机都正常，但是继电器不闭合，发射机继电器 JZX－18FF 损坏。	更换发射机继电器 JZX－18FF，恢复正常。

续表

序号	故障现象	故障原因	处理方法
5	灯丝电源故障。	接收机频率源里 VCO 里的放大元件 MAV—11 损坏。	检查灯丝电源，正常；测量速调管灯丝电阻，正常；检查灯丝电源到速调管连接电缆，发现连接变压器端口松动、开焊，处置后恢复。接收机频率源里 VCO 里的放大元件 MAV—11 损坏，更换后，正常。
6	高压加不上反峰电流大，总流为 0。	充电硅堆击穿及其绝缘胶木板烧焦导致短路。	更换充电硅堆及其绝缘胶木板，修复。
7	终端无高压，发射机无法加载高压。	IGBT 损坏后无法加载高压。	更换 IGBT 模块后正常。
8	磁场电源 1 开关脱扣 。	磁场电源报警，检查发现磁场电源 1 开关脱扣，风扇停转。	磁场电源开关脱扣，合上开关后故障解除。
9	驻波系数偏高。	经检查 TR 管不正常。	更换 TR 管后正常。

(2)接收机系统

CC 接收机系统常见故障分析和处理见表 5.21。

表 5.21 CC 接收机系统常见故障分析和处理

序号	故障现象	故障原因	处理方法
1	晶振功率不稳定，衰减比较大。	接收机内晶体振荡器和频标综合故障，更换晶体振荡器，发现一本振输出受影响而发散。	更换晶体振荡器，对频标综合个别输出端子进行调整后，恢复正常。
2	发射功率较低，回波明显偏弱。	频率原失锁。	更换频率原开关，正常。
3	雷达报基准源故障，相噪标定不正常，回波显示异常，频率源锁定灯不亮。	频率漂移。	更换频率源内频标综合、VCO 和锁相环部件。
4	回波弱，无激励输出。	时序进入到 PIN 板驱动能力下降，无法给激励源送去控制信号。	将 PIN 中 R86 排阻短接提高 PIN 驱动能力。
5	无发射功率，无回波，噪声电平过大。	MSD 板及功率计问题。	换 MSD 板，更换功率计，回波及标定正常。

(3)天线伺服系统

CC 天线伺服系统常见故障分析和处理见表 5.22。

表 5.22 CC 天线伺服系统常见故障分析和处理

序号	故障现象	故障原因	处理方法
1	俯仰电源故障。	汇流环结霜后损坏。	修复更换汇流环，正常。
2	俯仰定位不精确。	扇形齿轮定位螺钉松动，导致俯仰定位不精确；由于俯仰关节的扇形齿轮定位螺钉松动导致俯仰定位在第 10 层超出门限值，软件显示异常。	拧紧扇形齿轮定位螺钉。

续表

序号	故障现象	故障原因	处理方法
3	方位和仰角不变化，不能进行体扫。	方位 R/D 板转换器模块发烫，方位 R/D 板损坏。	更换方位 R/D 板。
4	方位电源故障，故障代码为 16 或 24。	断开电机电源电缆，转动天线，可以转动但略显重，经检查回转支承损坏。	更换回转支承。
5	伺服供不上电，无法体扫。	RD 板的 DC 转 AC 转换器发烫，不能正常工作。	更换 RD 板的 DC 转 AC 转换器，修复。
6	雷达扫描不全，不均匀扇形扫描。	伺服系统死机。	关闭伺服系统电源，重新启动，雷达系统恢复正常。
7	俯仰驱动器显示 ERR－14 故障。	汇流环 1 至 7 电源环对地短路。	更换汇流环组件及伺服控制板后雷达正常。

(4)信号处理系统

CC 信号处理系统常见故障分析和处理见表 5.23。

表 5.23　CC 信号处理系统常见故障分析和处理

序号	故障现象	故障原因	处理方法
1	雷达不能正常体扫。	监控主板出现问题，导致雷达不能正常体扫。	更换监控主板。
2	速度图失真。	由于长时间运行，伺服控制板导致速度图像失真。	重启伺服控制系统。
3	开机报 PIN 开路、PIN 短路故障、接口控制板故障及并口通信故障。	时序插件上集成电路接触不好。	重新拔插并按压集成块后故障消除。
4	并口故障。	16MHz 时钟信号出问题，用内时钟调试雷达无故障报警。	修复 16MHz 时钟信号输出。
5	串口通信故障，终端不能控制雷达主机。	判断多 MDSP 板故障。	更换 MDSP 板后恢复正常。
6	雷达数据通信——串口通信故障，雷达终端微机无法控制雷达主机。	检查 WPSD 板，指示灯不正常。	复位 WPSD 板，故障排除。

(5)其他系统

CC 其他系统常见故障分析和处理见表 5.24。

表 5.24　CC 其他系统常见故障分析和处理

序号	故障现象	故障原因	处理方法
1	数据采集卡与雷达终端通信不正常，终端无法获取控制权，无数据生成。	检查数据采集卡，发现有松动。	重新插拔后，正常。

续表

序号	故障现象	故障原因	处理方法
2	传输微机无法找到产品，报警。	监控微机鼠标 USB 接口与雷达控制线接口冲突，造成监控微机死机。	主微机获得控制权，重启监控微机，恢复正常。
3	速度场花屏，噪声电平过高。	接收分机和监控主机连接线松动。	重新连接接收分机和监控主机，恢复正常。

5.6.5 CINRAD/CB

(1)发射机系统

CB 发射机系统常见故障分析和处理见表 5.25。

表 5.25　CB 发射机系统常见故障分析和处理

序号	故障现象	故障原因	处理方法
1	人工线充电电压为零。	充电分机背面的接线柱接触不好。	重新调整接线柱后雷达恢复正常。
2	回授充电器故障，脉冲网络形成脉冲宽度开关故障。	灯丝变压器高压帽两极打火造成故障报警。	对两极清洗后雷达系统恢复正常。
3	灯丝电源报警，开低压不能预热。	灯丝电源故障。	更换灯丝电源后雷达系统恢复正常。
4	发射机报风流量故障。	速调管风扇坏。	更换速调管风扇后雷达系统恢复正常。

(2)天线伺服系统

CB 天线伺服系统常见故障分析和处理见表 5.26。

表 5.26　CB 天线伺服系统常见故障分析和处理

序号	故障现象	故障原因	处理方法
1	天线动态出错。	强雷电干扰信号引起天线动态出错。	重新启动雷达正常。
2	伺服交流接触器不上电。	伺服机柜内交流接触器 K1 不工作，判断为故障。	更换交流接触器 K1。

5.6.6 CINRAD/CD

(1)发射机系统

CD 发射机系统常见故障分析和处理见表 5.27。

表 5.27　CD 发射机系统常见故障分析和处理

序号	故障现象	故障原因	处理方法
1	发射功率下降。	速调管运行时间已超平均使用时间，各项性能参数下降明显。	更换速调管。
2	发射功率为零，无回波，无报警信息。	同步信号电路中的 N8 集成块损坏，造成无触发脉冲输出，IGBT 不工作。	更换集成块。

续表

序号	故障现象	故障原因	处理方法
3	发射机冷却风机故障，冷却开关脱扣。	发射机风机使用年限过长，导致过热烧坏。	更换冷却风机。
4	人工线显示无电压。	可控硅击穿。	更换可控硅。
5	钛泵过流。	钛泵电源引出线损坏造成漏电。	更换漏电的线缆。
6	速调管无功率输出。	速调管灯丝短路。	更换速调管。
7	高压准加后，加不上高压，监控系统报高压过压，高压过流故障。	发现是调制器内的 2 只 IGBT 烧坏，导致系统短路掉高压。	更换损坏的 IGBT。

(2)接收机系统

CD 接收机系统常见故障分析和处理见表 5.28。

表 5.28　CD 接收机系统常见故障分析和处理

序号	故障现象	故障原因	处理方法
1	雷达回波偏弱。	场放增益变小。	更换场放。
2	全屏幕规则强度显示，无回波显示。	数字中频故障红灯。	更换数字中频。
3	雷达回波弱，噪声多，但雷达系统未抱任何故障。	频综工作不正常。	更换频综后，重新标校相关参数，系统恢复正常工作。

(3)天线伺服系统

CD 天线伺服系统常见故障分析和处理见表 5.29。

表 5.29　CD 天线伺服系统常见故障分析和处理

序号	故障现象	故障原因	处理方法
1	方位转速慢，噪声大，电机过热，电机转子转动阻力明显偏大。	方位电机坏。	更换方位电机。
2	仰角不能定位，锥摆不定。	俯仰放大器故障。	调整了俯仰伺服放大器上的 RP5，故障排除。
3	计算机终端无法控制天线俯仰角度。	俯仰脉宽调制板故障。	更换俯仰脉宽调制板。

(4)信号处理系统

CD 信号处理系统常见故障分析和处理见表 5.30。

表 5.30　CD 信号处理系统常见故障分析和处理

序号	故障现象	故障原因	处理方法
1	图像不符合要求。	强度超差图像不符合要求。	重启系统，调整 RVP8 噪声控制系数。

(5)其他系统

CD 其他系统常见故障分析和处理见表 5.31。

表 5.31　CD 其他系统常见故障分析和处理

序号	故障现象	故障原因	处理方法
1	伺服掉电，监控分机无角度显示。	监控分机计算机电源损坏。	更换监控分机计算机。

复习思考题

1. 简述新一代天气雷达的工作原理。
2. 简述新一代天气雷达的基本结构。
3. 简述新一代天气雷达的维护分类及相应维护内容。
4. 简述新一代天气雷达故障申报处理流程。
5. 阐述新一代天气雷达 SA 型号发射机常见故障及处理措施。

参考文献

张培昌，等. 2001. 雷达气象学(2 版). 北京：气象出版社.

第6章　其他气象观测系统

内容提要

本章对目前基层台站雷电观测、土壤水分观测、GPS/MET水汽观测、酸雨观测(人工)等业务系统的系统结构、工作原理等进行了概述，主要介绍了上述业务系统中的一些主要观测设备的构造、原理、安装、维护及一些简单故障判断和处理方法。

6.1　雷电观测

6.1.1　概述

雷电(也称闪电)是发生于大气中的一种瞬时高电压、大电流、强电磁辐射灾害性天气现象。雷电观测是气象观测的重要组成部分，它是对地球表面大气层内发生的雷电现象进行连续的测定，为天气预报和气象服务提供重要依据，雷电观测包括：云地闪、云闪、大气电场、雷电电流、雷电光学及雷电声学特征等项目。

6.1.1.1　探测原理和定位方法

雷电监测定位理论是指利用闪电回击辐射的声、光、电磁场特性来遥测闪电回击放电参数的原理、方法。云闪和云地闪发生时辐射频谱范围极大的电磁场(从几赫兹到几百千兆赫兹)，根据接收雷电信号的频段差异，分为甚低频、甚高频两类。云地闪主要产生甚低频电磁辐射脉冲，云闪主要产生甚高频电磁辐射脉冲。

雷电探测网的定位方法根据探测站点布设方式可分为单站定位和多站定位，其中多站定位是雷电探测系统中使用较多的方法，以下具体介绍几种常见的方法：

(1)单站法雷电定位系统

单站法雷电定位系统是指利用一个探测站来探测雷电放电参量，常见类型如下：

光学法雷电定位系统：在较近距离(一般小于30km)，采用光学强度计量、光谱分析，对闪电通道位置、温度、回击行进速度进行测量，该系统主要用于回击通道的探测。

接收闪电回击过程辐射的电磁场甚低频段的雷电单站定位系统有振幅法、频散法以及将二者合起来的混合法。它们主要用来探测云地闪以及近距离的少部分云间闪。由于闪电回击辐射的甚低频信号在地一电离层波导中能传播的很远，因此，此类单站系统能探测几千米到几百甚至上千千米的闪电。一般采用南北方向、东西方向放置的正交环磁场天线、垂直方向的电场天线组合测量闪电发生的方位角，理论误差在±1°以内，但由于路径上折射、探测站周围场地环境的影响，实际测向误差往往能到十几度甚至能到二十几度。

振幅定距离法是根据闪电辐射场强度和距离成反比的关系，取一标准强度值，由此定出单个闪电的大致距离。相对误差主要由闪电强度的离散度和传播误差决定，一般为 40%左右。

频散定距离法是由于闪电回击辐射的甚低频信号在地电离层波导中传播时不同频率成分衰减率不一样，据此，选取几个特征频率，比较其衰减率，定出大致距离。由于电离层白天黑夜高度不一样、地表成分的差异等因素直接影响电波的传播特性，采用电离层高度模型校正后，此方法的定位误差也有 30%左右。

混合定距离法是结合振幅和频散两种方法的优点，进行综合处理数据。此方法的定位误差较前两者有所减小，一般相对误差在±25%左右。

综上所述，单站法雷电定位系统由于单个闪电定位误差较大、强度无法定出，只能用于探测雷暴的方向、大致位置、频度，一般用于雷暴活动的预警。

(2)多站法雷电定位系统

为了克服雷电单站定位的缺点，出现了通过多个探测仪对雷电进行定位的方法。多站雷电定位系统定位误差小、探测参量多，但设备复杂，需要通信网、中心数据处理站。下面就典型多站雷电定位系统介绍如下。

①甚低频雷电定位系统

甚低频雷电定位系统主要有磁方向闪电定位系统(DF)、时差闪电定位系统(TOA)、时差测向混合闪电定位系统(IMPACT)和多参量高准确度雷击监测定位系统四种类型。

磁方向闪电定位系统由两个和两个以上的磁方向闪电探测仪组成。该系统的探测原理是：当闪电回击发生时，它要向周围空间辐射很强的电磁波，分设在各地的磁方向闪电探测站根据接收到的闪电电磁信号，实时测出闪电到达各站的时间、方向、极性、强度、回击数等多项闪电参数；采用通信线路实时将各站所测数据发往中心数据处理站进行方向交汇定位处理，实时计算出闪电的位置、强度等，并将这些结果实时发给各图形显示终端。其两站定位示意图如图 6.1 所示。

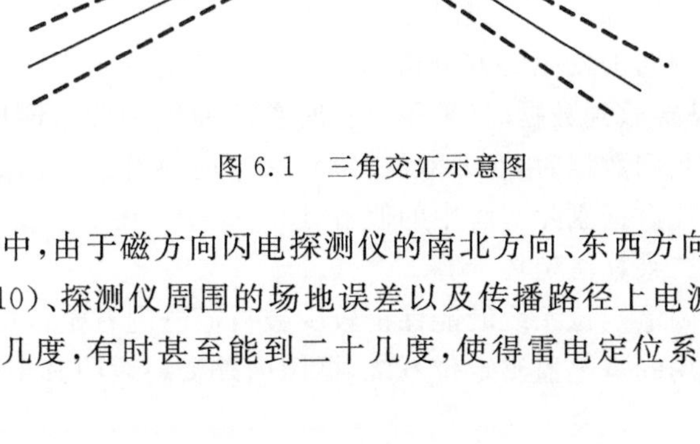

图 6.1　三角交汇示意图

在实际布网应用中，由于磁方向闪电探测仪的南北方向、东西方向的天线不可能做的严格垂直(机械误差小于 10)、探测仪周围的场地误差以及传播路径上电波的折射等因素的影响，测向误差往往能到十几度，有时甚至能到二十几度，使得雷电定位系统的实际定位误差比较大，一般能到十几千米、有时能到几十千米，甚至得不到结果。目前在实际应用中，两站测向法目前已很少使用。

时差法闪电定位系统的探测原理是每个闪电探测站主要探测每次闪电回击辐射的电磁波到达各探测站的绝对时间，如此两站之间得到一个时间差，构成一条双曲线，在双曲线上的任何一点都是可能的闪电回击位置，另外两站中的一站与第三站之间也有一个时间差，也可以构成另外一条双曲线，两条双曲线的交点，即为闪电回击位置，如图 6.2、图 6.3 所示。

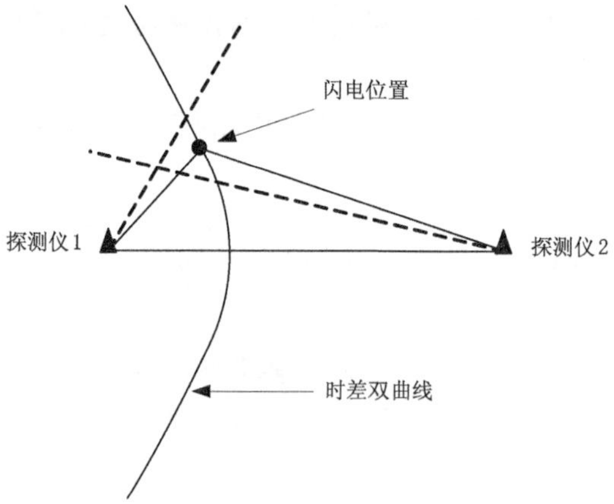

图 6.2 两站之间的时差双曲线

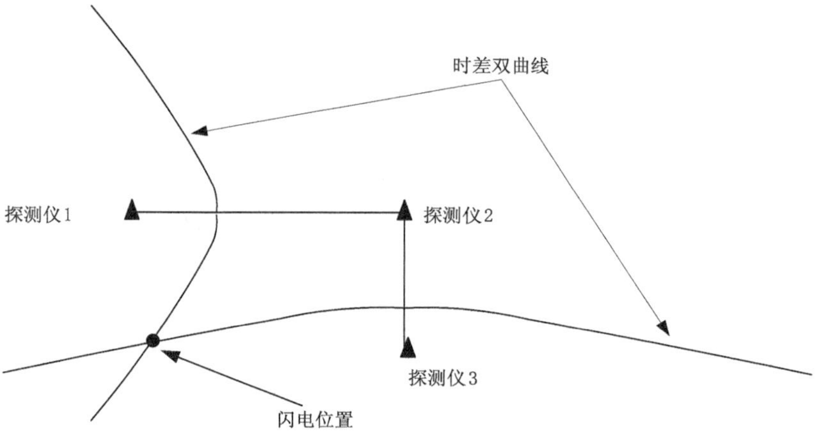

图 6.3 两条时差双曲线一个交点

鉴于磁方向闪电定位系统定位误差较大，时差系统又必须至少有三个探测站才能定位的事实，很容易想到：把二者联合起来，形成时差测向混合闪电定位系统（IMPACT）。它的定位原理是：每个探测站既探测回击发生的方位角，又探测回击辐射的电磁脉冲波形峰点到达的准确时间。当有两个探测站接收到数据时，采用一条时差双曲线和两个测向量的混合算法计算位置；当有三个探测站接收到数据时，在非双解区域，采用时差算法，在双解区域，先采用时差算法得出双解，后利用测向数据剔除双解中的假解（图 6.4）；当有 4 个及 4 个以上探测站接收到数据时，采用时差最小二乘算法定位计算。

总之，时差测向混合闪电定位系统既能保证较少数目探测网有定位结果，又能保证较小的定位误差，是一种比较实用的雷电监测定位系统，据国内外资料表明其定位误差一般在几百米

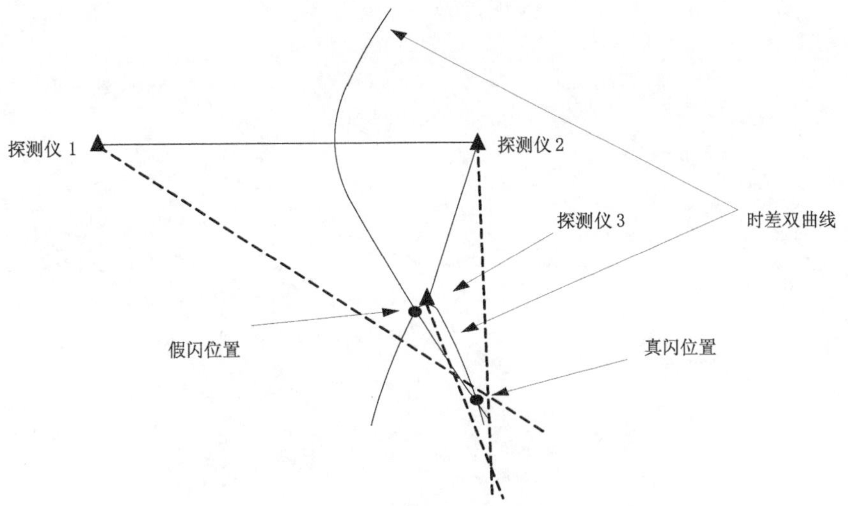

图 6.4 三站 IMPACT 系统的双解区域定位示意图

到二三千米。

时差测向混合闪电监测定位系统是一个很好且实用的雷电定位系统。在实际应用中,仍希望其定位误差能进一步减小,导致该系统定位误差的主要原因是各站接收回击电波的传播误差所致,但在这个系统中,没有处理电波传播的数据。为此,发展了多参量高准确度雷击监测定位系统。该系统的探测原理是:在每个探测站除测量回击的方位角、回击波形峰点到达的绝对时间外,另外,增加了回击波形的数字采样和处理部分,并将回击波形的特征点送往中心站进行波形相关性分析,以便尽量消除回击波形受传播路径、环境干扰等因素的影响,从而减小回击定位误差。由于各探测站有回击数字波形,通过 Maxwell 方程组很容易得到回击源的其他放电参数和近似波形,显然,该系统获得的定位参量比一般的雷电监测定位系统多。

目前我国业务使用的云地闪设备为甚低频雷电定位系统,采用时差测向混合算法。

6.1.1.2 国家雷电监测网

国家雷电监测网以云地闪探测为主,雷电探测站按网状在全国范围内布设,在雷电监测系统的探测范围和探测误差的要求许可范围内,尽量利用现有气象台站场地资源,重点保证经济发达地区和落雷多发区,同时尽量保证覆盖全国。根据中国气象局的发展规划,国家雷电监测网共计 457 个探测站,目前已建站点 327 个,具体站点分布见图 6.5。

在国家级和省级气象局建立雷电监测数据处理中心,分别负责国家和本省(区、市)范围的雷电监测数据的处理、定位计算和数据质量控制。目前,中国气象局国家雷电数据处理中心(以下简称雷电数据处理中心)已实现实时接收处理我国 30 个省(区、市)的共计 327 个探测站的数据。数据处理中心能同时处理 1024 个探测站的数据,单次闪电回击的平均定位时间小于 10ms。由于测量数据的上传最大延迟 2s,因此,雷电辐射信号数据从探测站接收到输出定位结果,实际的实时传输少于 3s。

雷电监测数据处理中心的任务包括:实时接收、预处理雷电原始数据;采用优化定位算法定位计算;叠加地理信息标识;雷电定位结果及时进入数据库;形成雷电信息产品。进行全程数据质量控制和监测站运行监控。完成数据的归档和分发等。

图 6.5 全国雷电探测站位置分布图

6.1.1.3 雷电观测基本要求

(1) 观测方式

雷电观测采用多站组网、全天候连续自动观测。有效的雷电观测定位数据应由 3 个或 3 个以上雷电观测站组网获取。

(2) 观测项目

雷电观测站的观测项目:包括回击波形到达时间、方位角、磁场峰值、电场峰值、波形特征值(过阈值点、陡点、峰点、后过零点)、陡度值等。

雷电观测网的观测项目:包括雷电回击发生的日期、时间、纬度、经度、电流强度、电流陡度、定位误差、定位方式等。

(3)时制、日界和对时

雷电观测的所有项目均采用北京时,以 24 时为日界。观测仪器以设备内置的 GPS 进行实时自动对时。

6.1.2 工作原理及系统结构

根据雷电监测设备的探测范围和探测误差的要求,目前中国气象局国家雷电监测网统一使用 ADTD 型雷电监测仪。

(1)工作原理

ADTD 闪电定位仪的工作原理是通过对雷电辐射的电磁场信息的测量，来确定云地闪放电的空间位置和放电参数。采用时差测向混合算法。

(2)系统构成

ADTD 闪电定位系统包括 ADTD 闪电定位仪、中心数据处理站、用户数据服务网络和图形显示终端等。

布置在不同地理位置上的两台以上的闪电定位仪(以下简称探头)可以构成一个闪电定位系统网(图 6.6)。

中心数据处理站对接收到的闪电回击数据实时进行交汇处理，给出每个闪电的准确位置、强度等参数，由其图形显示终端设备随时存储、显示、打印或拷贝成图；中心数据处理站也可经通信系统对各个探头进行参数设置、调出探头工作状态等；通过数据服务网络或设置多个图形显示终端，以便多个部门共享雷电的信息资源。

除探头，中心数据处理站，图形显示终端专用设备外，其通信系统也是个重要组成部分，通信的好坏直接影响整个系统网的可靠性，通信可以用多种途径来实现，如长途电话线，超高频通信，电力载波通信，微波接力通信等等。

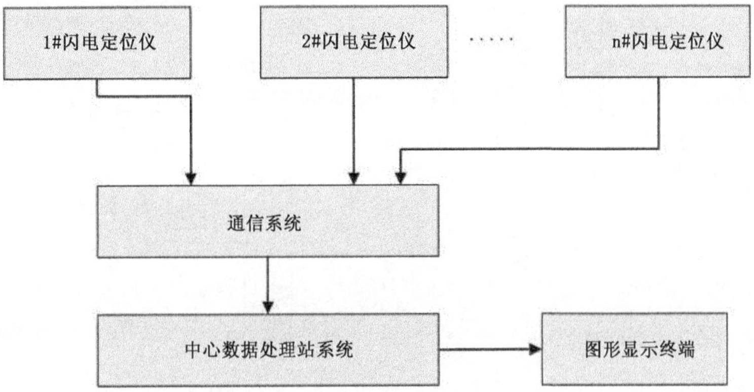

图 6.6　闪电定位仪系统

1)ADTD 闪电定位仪结构

ADTD 闪电定位仪的主要部件有支柱和仪器舱。这些部件以及设备的其他单元分别见图 6.7 至图 6.9。

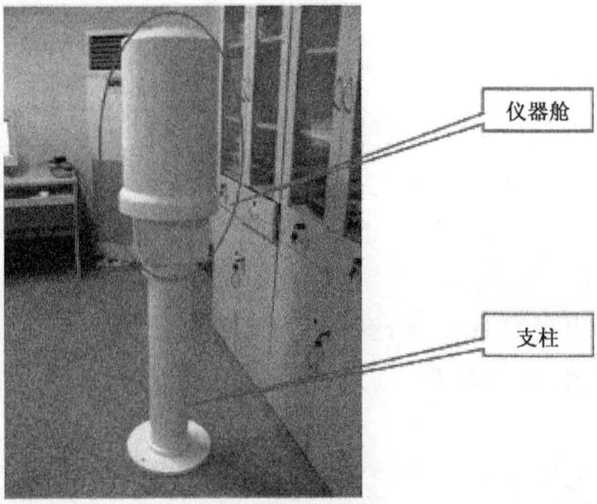

图 6.7　ADTD 闪电定位仪

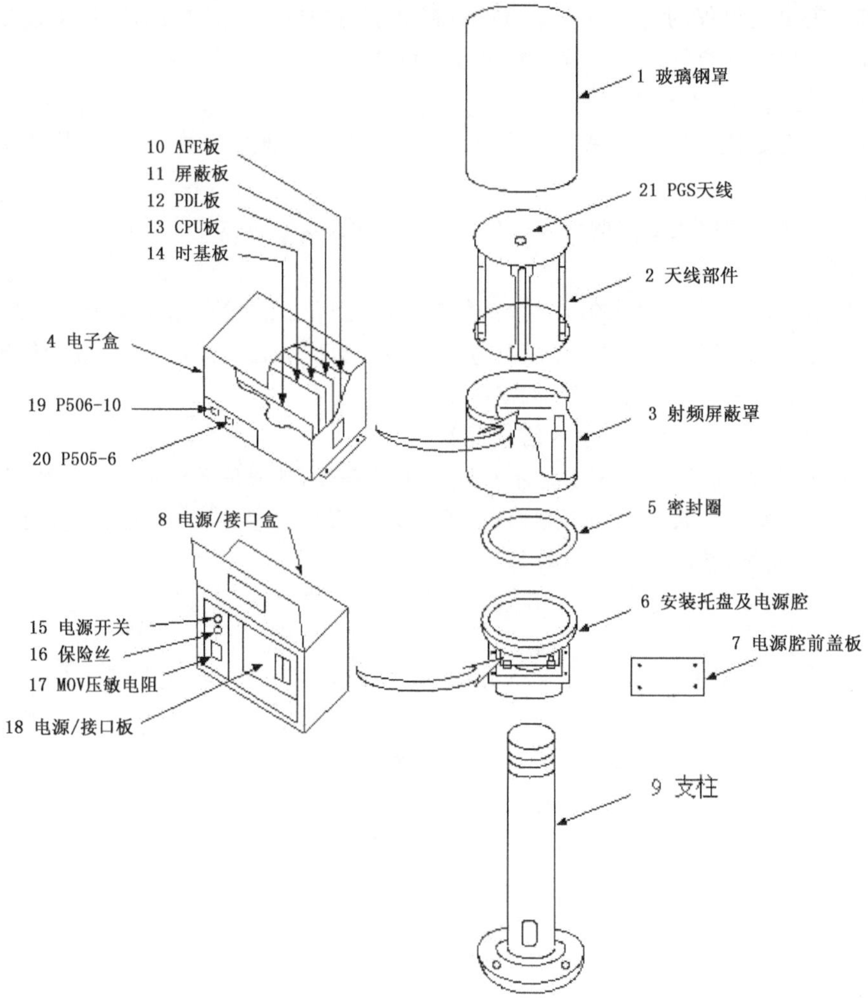

图 6.8 ADTD闪电定位仪主要组成单元

①支柱

设备的支柱是一根厚壁钢管,它有精密机加工的顶端表面和焊接的底部安装盘。仪器舱安装在它的顶端。

②仪器舱

仪器舱是一个组合部件,它是由天线部件、电子盒、电源盒、内部主连接电缆、密封圈以及保护罩组成。仪器舱被四颗特殊螺丝固定在支柱顶端的槽内,固定螺丝松开后,整个仪器舱可以用手转动,以便安装时校准天线部件的正北方向。在仪器舱的安装托盘上,设计有气压卸压阀,用于平衡罩内外的气压。

仪器舱负责实时观测电磁脉冲信号,甄别出雷电信号,进行处理计算,获得回击波形到达精确时间、方位角、磁场峰值、电场峰值、波形特征值、陡度值等相关特征参数,并能实时发送。

a)天线部件

天线部件负责观测空间电磁脉冲信号以及进行设备授时,由四个天线组成:

平板电场天线:是由上下两块圆形印刷电路板的顶表面上的铜皮和四根特殊机加工的支

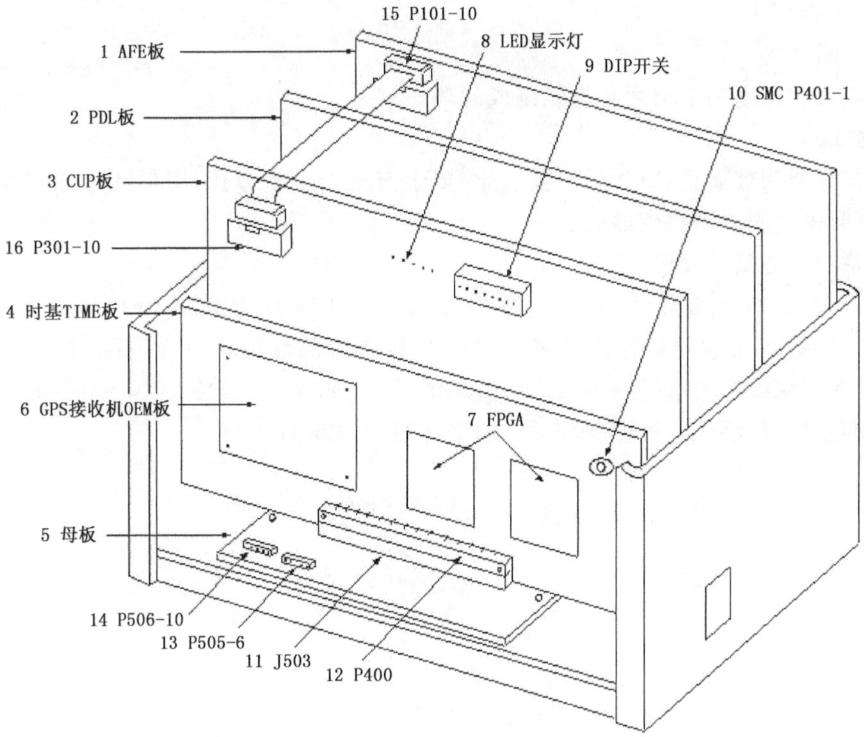

图 6.9　电子盒内结构

柱构成。

东—西磁场环天线：是由电场天线底部印刷电路板下面的一个连接器的多股电缆形成的方环构成。多股电缆首先沿一根支柱外边向上，穿过电场天线顶部印刷电路板的下面，再沿着对面的一根支柱外边向下，然后回到电场天线底部印刷电路板下面的另一个连接器。

北—南磁场环天线：北—南磁场天线和东—西磁场天线参数一致，但这两个天线环之间精确成 90°放置。

GPS 接收天线：放置在仪器舱顶端的圆形印刷板上。

b)电子盒

电子盒是由 AFE 板、PDL 板、CPU 板、时基 TIME 板、母板及 GPS 接收机 OEM 板六块印制电路板，长方形盒及连接电缆组成。负责甄别出雷电信号并进行处理计算，获得回击波形到达精确时间、方位角、磁场峰值、电场峰值、波形特征值、陡度值等相关雷电特征参数。

整个电子盒用两块半圆柱面金属板和一个圆形金属平板进行电屏蔽。两块半圆柱面金属板装在安装托盘上面的一个圆形导槽中，可自由滑动，当打开时，可从内部取出被屏蔽的电子盒。

c)电源/接口盒

电源/接口盒的铰链门用两个螺丝锁住，电源/接口盒安装在仪器舱托盘下面的电源腔内，包括设备电源、瞬变保护、状态指示以及通信和电源接口等。

d)内部主连接电缆

内部主连接电缆，从电源/接口盒背面上的 P901－19 插座一直引到仪器舱安装托盘底部的 P900－19 插座上。

e)密封圈

保护罩密封圈是一个由微孔橡胶制成的环。

f)保护罩

保护罩材质为玻璃钢，罩住整个仪器舱，罩上有三个 M4 螺孔，用螺丝可把它固定在安装盘上，并压紧密封圈以密封仪器舱。

2)子站与中心站的通信

每个探测子站所接收到的闪电数据每隔 30 秒通过 RS232 口传输到位于室内的 Nport5110 模块上，此模块的作用是将 RS232 口接收到的数据转换为 UDP 数据包发送到中心站(省级和国家级)，网络链路为市局到省局的 SDH 或 VPN 链路。中心站根据子站的数据完成闪电的定位以及强度、极性等数据。通信链路如图 6.10 所示。

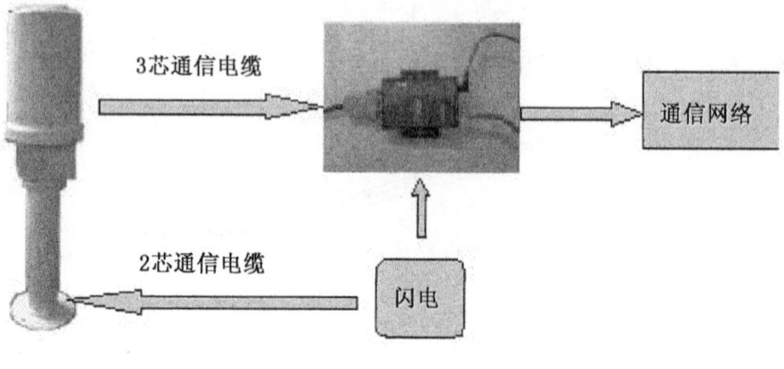

图 6.10　通信链路

3)主要技术指标

探头由 80C196 单片机管理，完全按预编程方式工作，无人值守。80C196 的钟频最高能到 16MC，这使得每个闪回击的处理时间在 1ms 左右。

探头的赋能阈值，状态报告的周期，通信波特率等参数可按需要设置在非易失存储器内，也可用相应的命令改变。

探头内部设有精基时钟，分辨率为 0.1μs。精基时钟提供小时中断信号，使探头进行整时自检。精基时钟由授时型的八通道 GPS 接收机 OEM 板历书中的时间信息同步，时、分、秒部分除上电对钟外，自检时也进行对钟。

上电、整时时自动地进行工作状态检测和校准，并定时输出状态数据，输出状态数据的周期可用命令设置。亦可通过命令或按 RESET 键随时进行自检，调出工作状态，进行诊断。

数据以串行的二进制或 ASCⅡ形式输出，数据输出内容包括：成闪时间，波形特征值，闪电方位角，磁场强度，电场强度，陡点幅值。

探头信道增益相当于中增益 ALDF 探头的增益。

探头的探测效率在监测网内可达 95％。

采用峰值门控技术及自动修正，使测角误差小于±1°。

回击的时间分辨率为 1ms 左右。

能测量 4 个波形特征参数：上升沿、陡点、下降沿的时间以及陡点的幅值。

探头发送和接收的数据格式为 8bit 的数据位，1bit 的停止位，无校验位。

探头可由 CPU 板上的 DIP 开关设定为维修程序，执行维修程序后便于检测诊断故障或调试电路。

探头的市电 220V 供电电源线上和通信接口的数据线上均接有抑制浪涌的器件。

探头平均无故障时间为 10000h 以上。

工作环境：

工作环境温度：	－40～＋50℃
储存温度：	－40～＋85℃
湿度：	0～100％RH
风力：	0～74 km/h(8 级风)
电源：	市电 200～240V，AC 功耗小于 25W
可维修性：	维修时间短于 30min
尺寸：	高约 1.5m，直径 34 cm
重量：	60kg

6.1.3　安装调试

(1)环境和场地要求

1)环境要求

站址四周必须平坦开阔，无影响雷电观测设备工作的高大建筑物存在，对无法回避的个别孤立障碍物可适当降低要求。雷电观测设备安装场地应是一块相对平坦的空旷地域，避免建在高层建筑物和塔上。具体要求如下：

严格要求在 30m 范围内地平度＜±1°，在 300m 范围内地平度＜±2°；在 300m 范围内应没有高于探头 10m 以上的任何物体包括各种围墙、动力线、树木等。如有建筑物，探头应远离各类建筑物 4 倍建筑物高度距离。附近无任何高山或峡谷。不推荐把 ADTD 闪电定位仪安装在建筑物上或塔上，若这样安装则 ADTD 闪电定位仪要高出地表面一段距离，这与在实际地面测出的电场关系产生变化，从而引起不利效应。

ADTD 闪电定位仪观测频段为 1～450kHz，应避免受其他无线电设施电磁干扰。雷电观测设备周围的电磁环境要求电磁噪声应小于雷电接收机的阈值范围。站址的电磁环境应经过有关职能机构的测定。所选站址必须有稳定的电源和良好的通信条件。

2)场地要求

ADTD 闪电定位仪应尽可能安装在国家级气象台站的地面观测场内。具体位置安置在观测场第二条东西向小路以南，与自动站温湿度百叶箱平行。设备安装时应先浇注约为 40cm×40cm 的水泥墩基座，基座应与观测场平齐或高出观测场 3～5cm。浇注水泥墩时，应预先埋进螺栓、电源线和信号线管，线管通至地沟。仪器安装位置如图 6.11 所示。

(2)仪器安装

1)基座

ADTD 闪电定位仪应安装在水泥墩上或用槽钢做成的支架上，如图 6.12、图 6.13 所示。在浇注水泥墩时，预先埋进三根螺栓(M12×300)，均布在∅288 的圆周上。如果用槽钢做成的支架，则三根螺栓(M12×100)也要均布在∅288 的圆周上。

2)仪器安装

支柱是通过其底盘上的安装孔固定在水泥基座上，固定可采用每根螺杆上加四个螺母的

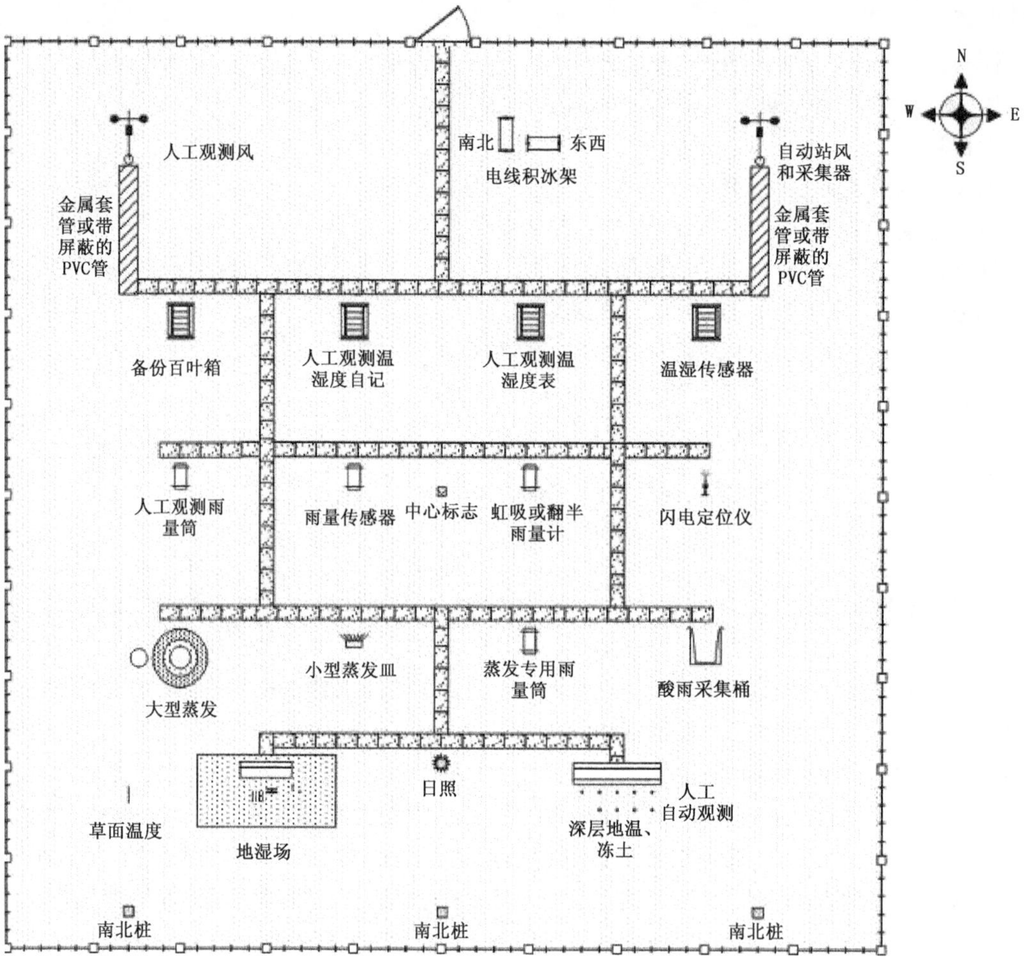

图 6.11 闪电定位仪仪器布局

方式，其中两个用于固定在基座上，另两个用于固定仪器舱的底盘。通过调节后两个螺母上下位置即可调节雷电观测设备的水平度。

在底盘固定过程中，要用水平尺检查底盘的水平度，大致固定后，装上雷电观测设备仪器舱，再用水平尺在探头的平板电场天线上测量水平度，以电场的平板天线达到水平最佳位置为准，紧固安装螺母。

ADTD 闪电定位仪的 NS 磁场天线环必须被调节在正北向的±0.25°之内，以保证探头测角精度。通常是在当地正午时分完成调节，利用太阳历软件计算当地正午时间，此刻是太阳处在天空的最高点上(赤道除外)，太阳的阴影为正南北向，可用此原理调节天线方位。如采用普通罗盘方式，则只能是临时性的。更准确的定向还是应用日晷或是专业性的瞄准器。安装好后的效果图如图 6.14 所示。

3)线缆连接

线缆的布设距离一般不超过 100m，否则应采取相应技术措施保证信号正常传输。

通信线缆应使用 3 芯或其以上屏蔽线，且单芯截面积不小于 0.5mm^2。

电源线缆使用单芯截面积不小于 1.0mm^2 的屏蔽线。

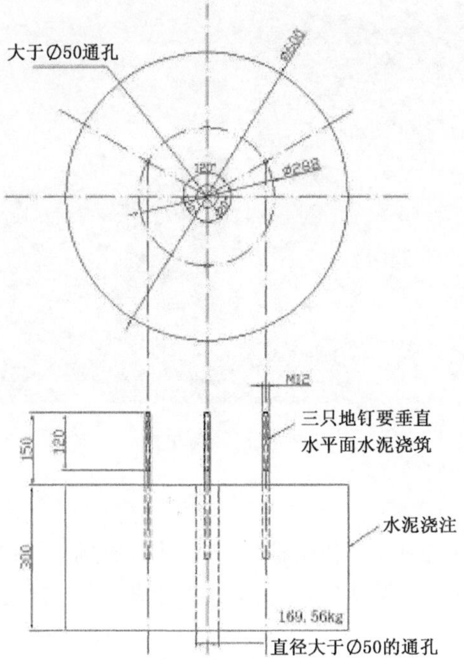

图 6.12　水泥墩底座结构图

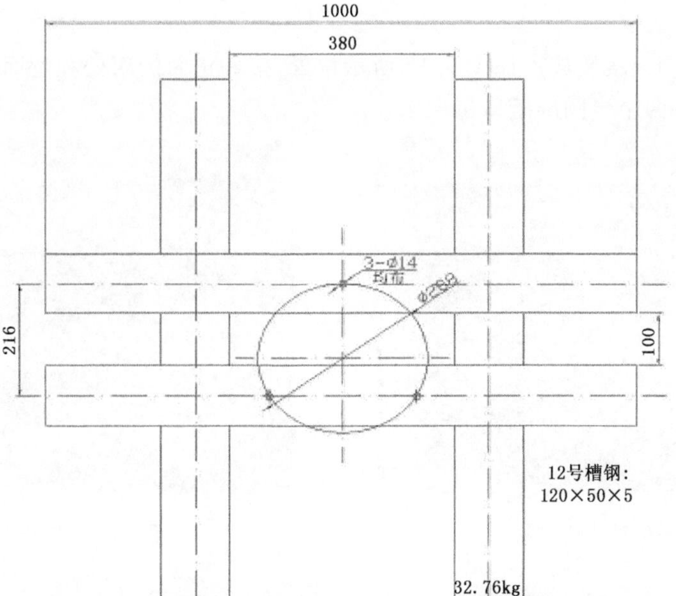

图 6.13　槽钢基架结构图

线缆应布设在地沟中，并利用桥架等设施将通信、电源线缆分开。

图 6.14　效果图

4)外围设备安装

外围设备的安装以便于维护,有利设备良好运行为原则。UPS 电源输入端与前端防浪涌设施连接牢固,输出端与雷电观测设备和通信模块可靠连接,金属外壳连接到值班室接地网。通信模块可靠接入网络。

5)防雷

防雷必须符合《气象台(站)防雷技术规范》(QX 4—2000)的要求。

(3)设备调试

1)室外部分调试

将电子舱从侧面缓慢放入如图 6.15 所示位置,接好正面的四处和背面的一个排插等一共五处接头,之后将两个半圆屏蔽罩围起来。

图 6.15　仪器舱

图 6.16　电源盒图

一切接好后将电源的开关拨到上面(打开),大约 5 分钟以后自检通过设备正常工作,此时电源舱五盏灯常亮,一盏灯 30 秒闪一次。如图 6.16 所示。

探头仪器舱内放进干燥剂,盖严玻璃钢罩并用三个螺丝拧紧,以使其密封、防潮。盖好电源盖板和玻璃钢罩,拧紧各紧固螺丝。上玻璃钢罩的时候要小心,垂直向下,以免损坏磁场天线。

2)室内接线部分检查

探测仪室内部分由以下几个设备构成：UPS、转接器（接线板）和 Nport（通信接口）。在检修时首先要判断以上设备是否已连接，是否工作正常。探测仪电源插头、Nport 通信接口电源插头都要插在接线板上，并通电。

3）Nport 检查

Nport 面板上有 3 个指示灯：Link（网络）、Ready（状态）、Tx/Rx（收发数据）。正常状态下，Ready 灯常亮、Ready 不亮表明 Nport 不正常，插拔一下 Nport 电源后看是否正常（正常情况插拔电源几秒钟后 Ready 灯才会常亮）。Link 灯闪亮，如果不亮请检查网络连接。Tx/Rx 灯至少每隔 30 秒闪亮一次，如果没有，表明探测仪并没有数据进入 Nport，表明探测仪问题。（插拔一下探测仪电源插头，使探测仪重新加电重起。稍等几分钟后观察是否有闪亮，参照 Nport 使用说明对配置进行检查。

6.1.4　运行监控

目前中国气象局气象探测中心已建成全网闪电定位仪运行监控平台，技术保障人员可以在 IE 浏览器上输入 http://219.239.45.253/index_e.aspx，登陆中国气象局国家雷电监测预警网（见图 6.17），点击“运行监控”之后，进入全国网雷电探测站运行实况页面，如图 6.18 所示。

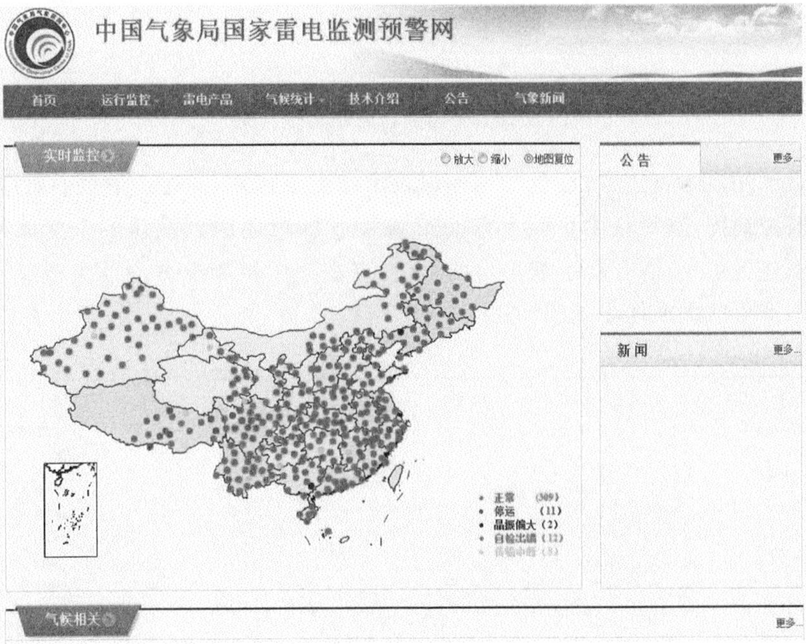

图 6.17　中国气象局国家雷电监测预警网

图 6.18 中，页面正中默认给出了全国各雷电探测站的实时运行状况监控地图，每个站点的不同运行状况均以不同颜色的圆点来标识；其中绿色表示站点运行正常、红色表示该站点停运、深蓝色表示该站点晶振偏大、浅蓝色表示该站点自检出错、黄色表示该站点传输中断；将鼠标停留在某一站点的标识圆点上，还可查看该站点的详细运行状况信息。页面右侧按省份给出了站点列表，鼠标单击某一省份，即可展开该省所有站点的实时运行状况（图 6.19），其中绿

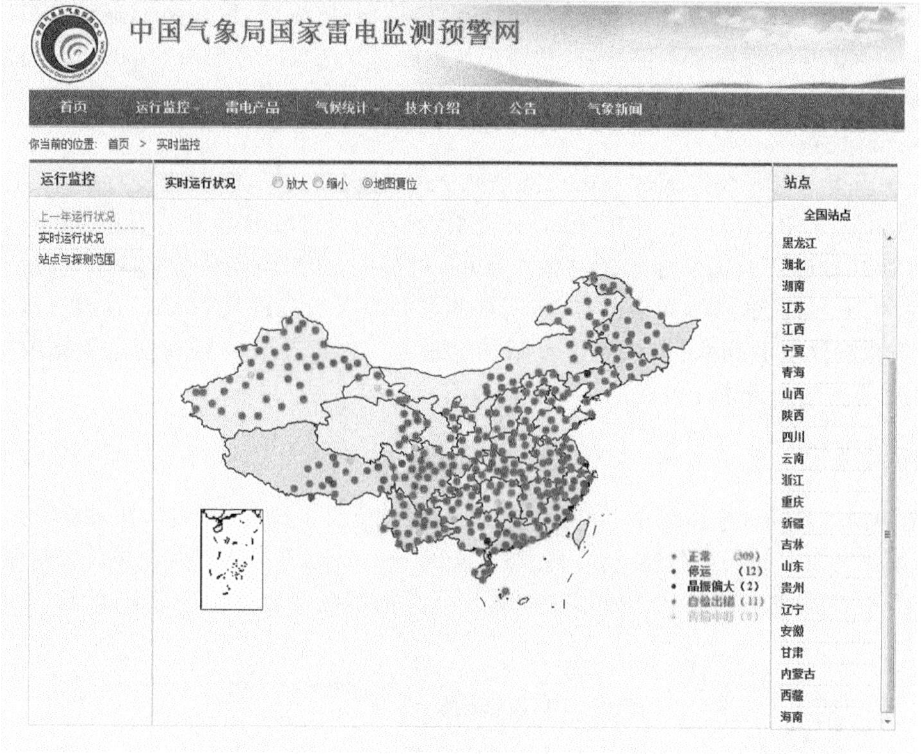

图 6.18　全国网雷电站运行实况

色"√"标识表示站点运行正常，红色"×"标识表示站点不正常，同时正中页面对应给出了该省的运行状况监控地图，选择正中页面上方的 ◎地图复位 即可还原到默认的全国监控地图状态。另外监控页面还提供了地图放大、缩小功能，鼠标点击正中页面上方的放大或缩小单选按钮，然后单击地图即可放大或缩小地图。

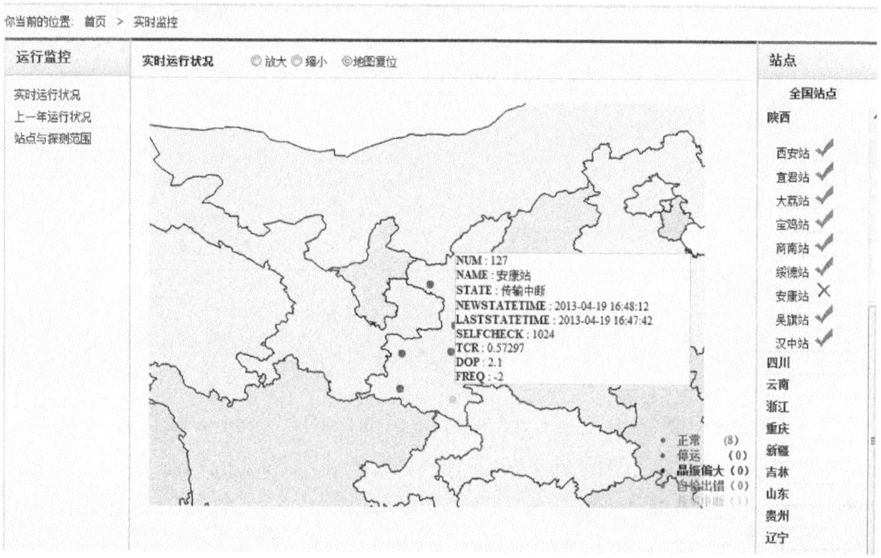

图 6.19　站点详细运行状况信息显示

6.1.5　日常维护

(1)台站保障流程

雷电观测设备维修保障流程见图6.20。

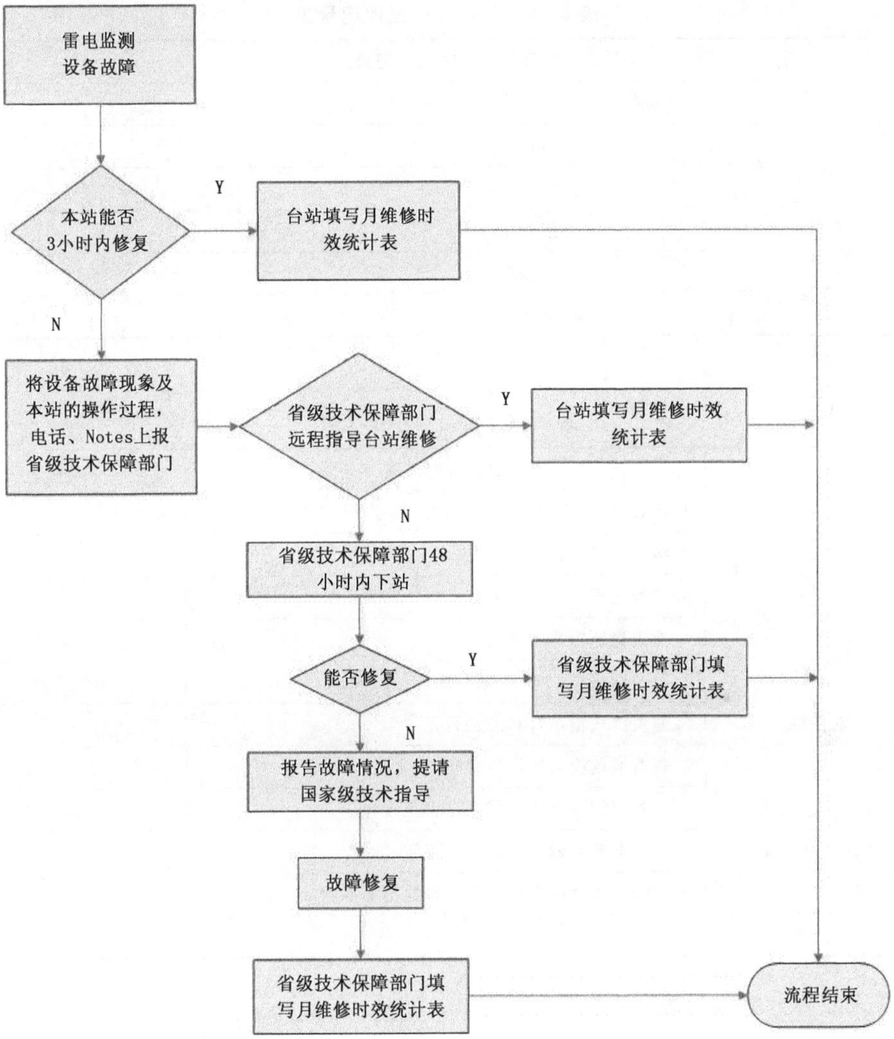

图6.20　雷电观测设备维修保障流程图

(2)台站保障职责

组织业务人员进行业务技能学习，负责雷电观测设备日常巡视并做好雷电观测设备巡视记录填写工作，负责雷电观测设备日常维护管理工作，及时发现本站设备故障，并向上级技术保障部门准确描述设备故障现象，能在省级技术保障人员的指导下进行易损易耗件的更换。

(3)台站的日常维护工作包括：

台站的日常维护工作主要包括：

每日08时、20时(北京时)2次巡视仪器设备的运行情况，并按表6.1规范地填写巡视记录表；

保证供电电源正常；

检查通信模块指示灯状态是否正常，通信网路连接是否连接良好；

检查雷电观测设备的电源指示灯和状态指示灯是否正常；

如发现设备异常，应及时检查原因，尽可能进行处理，同时报告省级技术保障部门；

每月第一个工作日应做好设备的常规维护工作，并按表 6.2 填写《雷电观测月维护记录表》。

表 6.1 台站每日巡视记录表

日　　时巡视记录			
序号	类别		状态
1	室内供电系统	市电	
		稳压电源输出	
2	通信模块状态指示	连接指示灯	亮 □ 熄灭 □
3	电源盒状态指示	电源灯	12 −15 15 5
		状态灯	RD TD FL ST

值班员：

表 6.2 每月维护记录表

序号	维护内容	维护过程描述	记录
1	室内供电系统维护	1.检查稳压电源是否有蜘蛛网、灰尘等，并清理	
		2.检查稳压电源的输入、输出连接状况	
		3.检查稳压电源的输入	V
		4.检查稳压电源的输出	V
2	通信模块	1.检查通信模块电源、通信的连接状况	
		2.通信模块指示灯状态是否正常	
		3.查看通信模块的设置状况	
3	电源盒状态指示	1.查看电源盒指示灯状态是否正常	
		2.查看电源盒输入输出是否正常	
		3.清洁电源盒内部的灰尘和蜘蛛网等杂物	
4	外观		

6.1.6 常见故障分析和处理

(1)通信故障

ADTD 闪电定位仪的通信故障判断步骤如下：

1)首先查看 NPort5110 模块的电源指示灯是否正常，如果 power 灯不亮的话，用万用表直流挡来测量 NPort5110 供电模块的输出电压，在供电模块输出电压正常的情况下，判断为 NPort5110 模块已经损坏，需要更换。如 power 等常亮的话则表明 NPort5110 模块供电正常。

2)在计算机终端上利用 ping 指令来 ping NPort5110 的 IP 地址，如果能 ping 通的话则表明 NPort5110 模块的网络出口没什么问题。

3)将连接到 NPort5110 模块上的串口线直接连接到计算机上，按如下图示步骤(图 6.21→图 6.22→图 6.23→图 6.24)打开操作系统的超级终端。

图 6.21

图 6.22

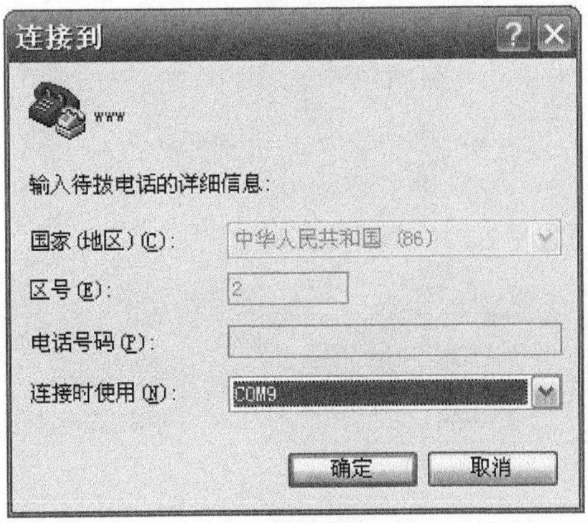

图 6.23

(注:一般是 COM1 口,按如下参数设置 COM 口的通信参数)

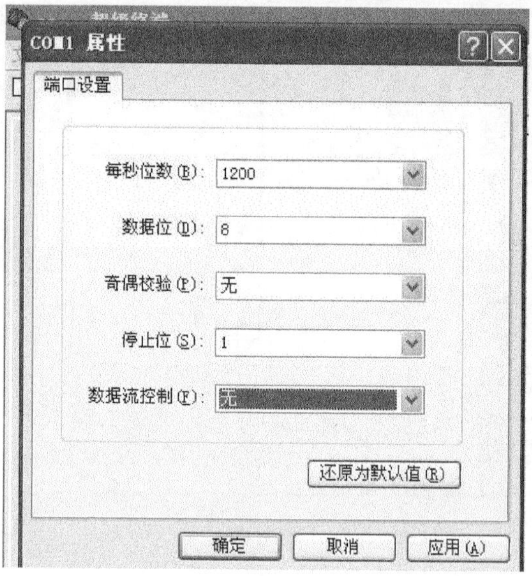

图 6.24

按确定键以后,进入超级终端界面,此时同时按下"Ctrl+A"键,然后输入"＊s"。如果界面上有数据的话,则表明 NPort5110 模块的串口端已经损坏,需要更换,如果超级终端的界面上没有数据,则表明闪电定位仪设备故障。

(2)设备故障

ADTD 闪电定位仪设备故障的判断步骤如下:

1)查看其工作电源

打开电源盒的外罩(图 6.25),检查以下四个发光二极管,它们在加电时应亮:

+5V LED　+15V LED　−15V LED　+12V LED

上述四个灯中如果有任何一个指示灯不亮,则表明闪电定位仪的开关电源部分已经出现故障,需要更换或维修,应及时技术保障部门联系,确定故障症结并联系仪器是否更换。

图 6.25 电源盒

2)查看 ST 灯的工作状态

如果 ADTD 探测仪自检通过,则接口盒中的 ST LED 灯亮,如果自检失败此灯闪烁,如果熄灭则表示 CPU 没有运行,可能是由于电源失败或者 CPU 板失效所致。四个 LED 显示灯从左到右依次是 RD、TD、FL、ST(图 6.26);其常亮、闪烁、熄灭各表示含义如表 6.3 所示,另外,这自检状态通过/失败也可以通过接到 ADTD 探测仪上的一个 ASCII 终端用输入"*STATUS"命令作更详细地检测。

图 6.26　电源指示位置

表 6.3　LED 灯含义

ADTD 探测仪上部仪器舱指示灯					ADTD 探测仪下部电源舱指示灯				
1	2	3	4	5	RD	TD	FL	ST	
亮	灭	灭	灭	灭	灭	灭(30s 闪烁/次)	灭	亮	正常状态
灭	闪	闪	闪	灭	灭	灭	闪	灭	搜星
亮	亮	亮	亮	亮	灭	灭	亮	亮	自检开始
闪	灭	灭	灭	灭	灭	灭	灭	闪	自检失败

6.2　自动土壤水分观测

6.2.1　概述

土壤水分状况是水分在土壤中的移动、各层中数量的变化以及土壤和其他自然体(大气、生物、岩石等)间的水分交换现象的总称。土壤水分是土壤成分之一,对土壤中气体的含量及运动、固体结构和物理性质有一定的影响,制约着土壤中养分的溶解、转移和吸收及土壤微生物的活动,对土壤生产力有着多方面的重大影响。土壤水分是水分平衡组成项目,是植物耗水的主要直接来源,对植物的生理活动有重大影响。经常进行土壤水分状况的测定,掌握其变化规律,对农业生产实时服务和理论研究都具有重要意义。

土壤水分的测量可用土壤含水量与土壤湿度位势的测定来表示。土壤含水量反映了土壤中水的质量与体积，而土壤湿度位势则反映土壤水分能量状态。

有许多仪器可用来计量土壤水分状态。称重土壤湿度 θ_g 是通过直接法测定。土壤体积水含量 θ_v 则通常通过测定土壤特性或由置于土壤中物体的反应而间接测定。

土壤水分间接测定法包括从测定特性或从置于土壤中受土壤含水量影响的物体的反应来推断 θ_v。测定土壤湿度常见的间接法包括放射方法、时间域反射法、原子磁场共振。测定湿度位势间接法包括张力表、电阻块和土壤干湿表。

自动土壤水分观测仪是一种利用频域反射法原理(frequency domain reflection，FDR)来测定土壤体积含水量的自动化测量仪器，从传感器安装方法上区分为插管和探针两种。自动土壤水分观测仪可以方便、快速地在同一地点进行不同层次土壤水分观测，获取具有代表性、准确性和比较性的土壤水分连续观测资料，减轻人工观测劳动量、提高观测数据的时空密度，为干旱监测、农业气象预报和服务提供高质量的土壤水分监测资料。

目前经中国气象局多次考核定型并在业务使用的自动土壤水分观测设备主要有三种，分别是上海长望气象科技有限公司自主开发研制的 DZN1 型自动土壤水分观测仪，河南省气象科学研究所和中国电子科技集团公司第 27 研究所共同研发的 DZN2 型自动土壤水分观测仪及中国华云技术开发公司研制的 DZN3 型自动土壤水分观测仪。

6.2.2 工作原理及系统结构

6.2.2.1 工作原理

自动土壤水分传感器利用频域反射法原理(FDR)来测定土壤体积含水量，它由传感器发出 100MHz 高频信号，传感器电容(压)量与被测层次土壤的介电常数构成函数关系。由于水的介电常数比一般介质的介电常数要大得多，所以当土壤中的水分变化时，其介电常数相应变化，测量时传感器给出的电容(压)值也随之变化，这种变化量被 CPU 实时控制的数据采集器所采集，经过线性化和定量化处理，得出土壤水分观测值，并按一定的格式存储在采集器中。

频域反射法又包括电容法和驻波率法，目前国产仪器 DZN1 型采用驻波率法，DZN2 和 DZN3 型采用电容法。自动土壤水分传感器分为探针式传感器和插管式传感器，DZN1 型自动土壤水分观测仪采用探针式传感器，DZN2 及 DZN3 型自动土壤水分观测仪采用插管式传感器。下面依据其结构不同，分别介绍自动土壤水分传感器的观测原理。

(1)探针式土壤水分传感器原理

土壤是由空气、固体和水组成的多孔介质，其中水的介电常数大约是 80，固体的介电常数大约是 4，而空气的介电常数大约是 1。含水土壤中的介电常数主要是由水来决定的。所以可以通过测量土壤的介电常数来测量土壤中含水量的多少。

探针式土壤水分传感器由高频发射器、接收器，微处理、探针等组成。高频发射器、接收器、微处理密封在(∅40mm 长 130mm 防水室内，4 个长 60mm 不锈钢探针与之固定相连。不锈钢探针直接插入土壤。传感器尾部的电缆线用于为传感器提供电源及输出模拟信号。传感器中的高频信号源产生的高频信号沿传输线传播到土壤中的不锈钢探针，由于探针阻抗与传输线阻抗不匹配，一部分信号沿传输线反射回来。这样在传输线上入射波与反射波叠加形成驻波，使传输线上各点的电压幅值存在变化。土壤探针阻抗取决于土壤的介电特性，土壤的介电特性又主要取决于土壤含水量，因而可以通过测量传输线上电压的变化来反映土壤含水量的多少。

(2)插管式土壤水分传感器原理

FDR 土壤水分传感器，如图 6.27 所示，可用于即时探测土壤含水量变化，仪器内部为一单杆多节式传感器，每一组传感器由两个铜环所构成，外部为 PVC 材质所制造而成的套管，可防止水或其他流体干扰内部的电子元器件，影响土壤含水量的观测。此仪器使用 LC 电路原理，LC 电路能描述振荡频率受到电感(L)与电容(C)变化的影响。由于此仪器采用固定的电感值，因此，频率的变化取决于电容的改变，而电容的改变受到两铜环之间、套管及套管外的土壤部分影响。振荡频率(F)的计算采用下式

$$F = \frac{1}{2\pi\sqrt{LC}} \tag{6.1}$$

仪器的振荡频率变化在 150～100MHz 之间(空气中～水中)。如果将整体的土壤视为由水、空气及固态土三种物质所组成，当把空气的介电常数视为 1($\varepsilon_a=1$)，水的相对介电常数则约为 80.4($\varepsilon_w=80.4$)，固态土则约为 3～7($\varepsilon_s=3\sim7$)，如图 6.28 所示。

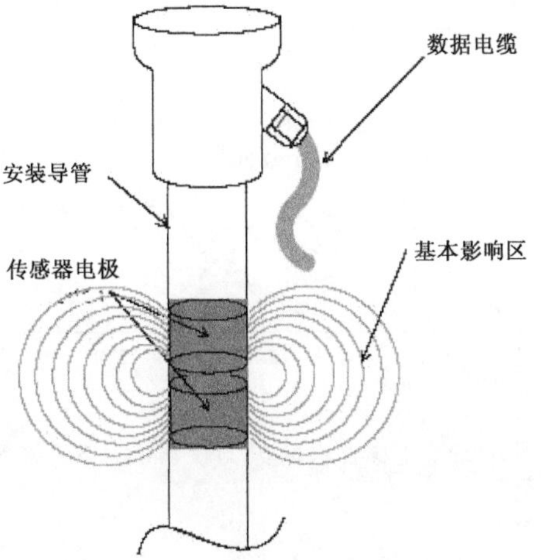

图 6.27　FDR 土壤水分传感器

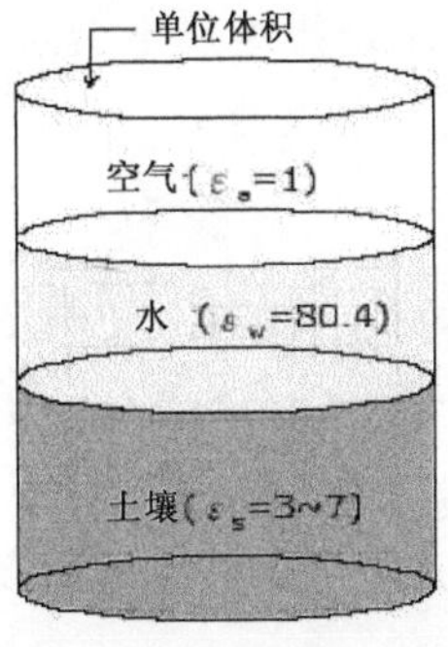

图 6.28　土壤内部物质组成示意图

由于电容会受到介电常数的影响，总电容为

$$C = k\,\varepsilon_r\varepsilon_0 \tag{6.2}$$

$$\varepsilon_r^a = \sum_i V_i \varepsilon_i^a$$

式中，k 为一几何常数（m），ε_r 为整体土壤按照体积比例混合的相对介电常数，V_i 为土壤中物质 i 体积占整体体积的比例，ε_i 土壤中物质 i 的相对介电常数，为 ε_0 为空气或真空中的介电常数（8.85×10^{-12} F/m）。对于固态土部分其总量通常视为固定，因此，当土壤中含水量改变时则会造成空气与水所占的比例改变，因此，也影响到最后总电容量的值有所改变，使得仪器所测得的频率也有所不同。为了反映土壤含水量与频率之关系，CP 利用了 SF（scaled frequency）参数建立与土壤含水量 θ_v 之间的指数关系式

$$\theta_v = a \cdot SF^b \tag{6.3}$$

$$SF = \frac{F_a \quad F_s}{F_a \quad F_w} \tag{6.4}$$

式中，F_a 为仪器放置于空气中所测得的频率，F_w 为仪器放置在水中所测得的频率，F_s 为仪器安装于土壤中所量测得到的频率，a、b 为待定参数，鉴定结果如图 6.29 所示。

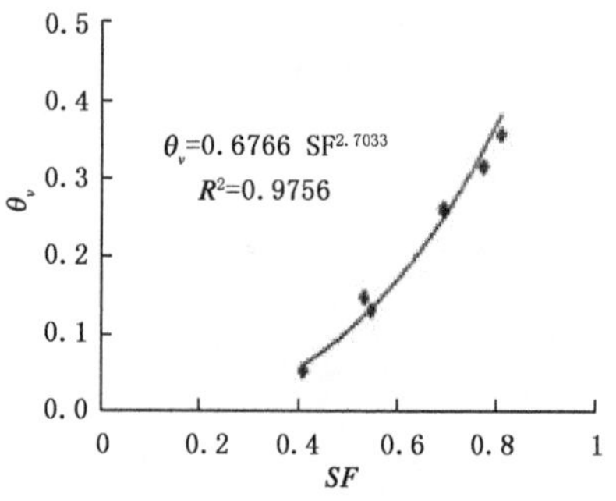

图 6.29 土壤含水量 θ_v 与仪器讯号 SF 关系图

6.2.2.2 系统结构

自动土壤水分观测仪是基于现代测量技术构建，由硬件和软件组成。其硬件可分成传感器、采集器和外围设备三部分，其软件可分成采集软件和业务软件两种。

该结构的特点是既可以与微机终端连接组成土壤水分测量系统，也可以作为土壤水分分采集系统挂接在其他采集系统上。设备组成见图 6.30。

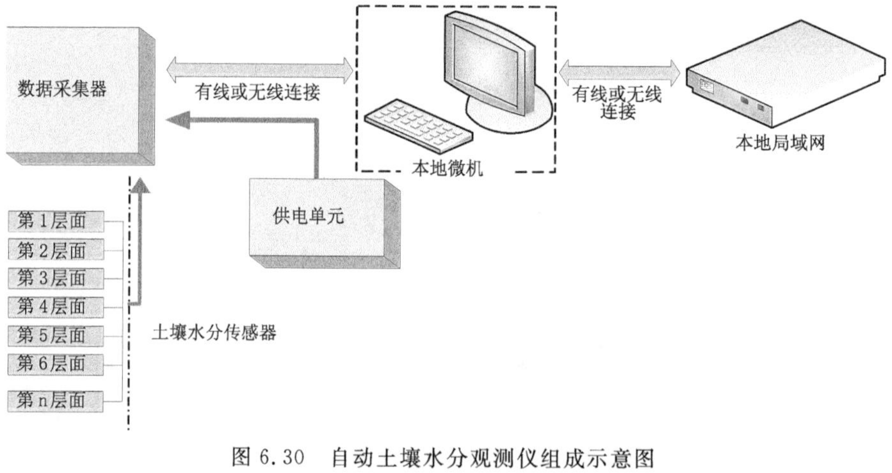

图 6.30 自动土壤水分观测仪组成示意图

(1)传感器

自动土壤水分传感器根据安装方式不同,可分为两类:

1)探针式传感器(图 6.31):传感器由高频发射器、接收器、微处理电路、探针等组成,处理电路等安装在一个密封防水室内,感应探针一端与密封防水室相连,另一端直接插入土壤,根据电磁波在不同阻抗下的变化测量土壤中水分含量变化。

图 6.31　探针式传感器外观

2)插管式传感器(图 6.32):传感器由电容式传感器、处理电路、护管等组成,护管垂直插在土壤中,传感器以并联方式安装在护管中,不与土壤直接接触。根据探测器发出的电磁波在不同介电常数物质中的频率不同,计算被测物含水量。

图 6.32　插管式传感器外观

(2)数据采集器

数据采集器是自动土壤水分测量系统的核心,其主要功能是完成数据采样、数据处理、质量控制、数据存储、数据通信。其功能包括:

1)数据采样速率及算法符合规范规定。

2)存储器具备掉电保存功能,能够存储至少一个月的各层正点土壤体积含水量数据。

3)具备对电源电压状态、传感器状态、通信状态进行自检、自诊断功能。

4)具有 RS232 或 RS485 通信接口,在设定时间里可自动传输观测数据。

5)能响应终端命令,对采集器进行更新程序、设置参数、测试调试等控制操作。

6)采集器实时时钟走时误差不大于 15 秒/月。可以使用交流或直流供电。

(3)系统电源

系统所用电源为:交流 220V(+10%~-15%),直流 12V。配有蓄电池,并对蓄电池浮充电,以备市电停电时可由蓄电池供电,也可以配置辅助电源(包括太阳能、风能)对蓄电池充电。

在没有市电的情况下,后备蓄电池应能保证传感器、采集器及通信模块至少 5 天正常工作。

系统设计有低电压告警装置,当蓄电池电压低到不足以维持符合质量要求的观测工作时,应予以自动报警。

(4)通信接口与通信模块

连接采集器与计算机、计算机与中心站、采集器与中心站等的通信连接设备。

采集器应具有采集电压、电流、频率、并行码、计数输入等信号的能力,以连接各种传感器,测量相应气象要素,并可进行扩展。

采集器应至少配置 2 个通信接口,既可以支持本地通信,又可以通过扩展其他通信设备实现远程通信。

远程通信模块，可支持无线通信。

(5)微机

系统微机用作采集器的终端，实现对采集器的监控、数据处理和存储，应能满足采集软件和业务软件运行的基本配置要求。

(6)采集软件

采集软件由厂家按规范要求编制，写在采集器中。其主要功能有：

1)接受和响应业务软件对参数的设置和系统时钟的调整(时钟也可在采集器上直接调整，但必须保证采集器和计算机时钟一致)。

2)实时和定时采集各传感器的输出信号，经计算、处理形成土壤重量含水率、土壤相对湿度和土壤有效水分贮存量等观测要素值。

3)存储和传输土壤重量含水率、土壤相对湿度、土壤水分总贮存量和土壤有效水分贮存量等观测要素值。

4)运行状态监控。

(7)业务软件

业务软件根据农业气象观测业务的需要编制，由国务院气象主管机构颁发。其主要功能包括：参数设置、实时数据显示、定时数据存储、运行监控，数据维护、数据审核、报表编制，形成统一的数据文件等。

6.2.2.3 DZN1 型自动土壤水分观测仪

(1)系统结构组成

DZN1 型(又称 ASWI－I)自动土壤水分观测仪(图 6.33)，是应用 FDR 原理的土壤水分测量传感器和总线式数据采集技术于一体的土壤水分自动化测量系统。该系统由传感器、采集器、通信接口和系统电源四部分组成，根据业务需要可配备微机，可显示实时和整点土壤相对湿度、体积含水量、重量含水率、贮水量等动态变化曲线并自动生成标准数据文件。根据用户需要，系统可进行扩展，数据采集器可扩展接入风向、风速、温度、湿度、气压、雨量、地温等气象传感器。

固定地段型(台站式)

作物地段型(野外式)

图 6.33 土壤水分自动土壤水分观测仪

该仪器按照实际安装地点可分为固定地段型(台站式)、作物地段型(野外式)、辅助地段(便携式)三种。

固定地段(台站式)和作物地段(野外式)主要配置区别见表 6.4。

表 6.4　DZN1 型自动土壤水分观测仪配置表

	固定地段(台站式)	作物地段(野外式)
供电方式	市电供电、蓄电池后备	蓄电池,太阳能电池辅助充电
数据传输	有线(RS232/RS485)	无线(GPRS/CDMA)
室内计算机	有	无
杆体高度	1.4m	2.7m/1.4m
软件	采集软件和台站计算机软件	采集软件和中心站软件

DZN1 型自动土壤水分观测仪设备组成见图 6.34。

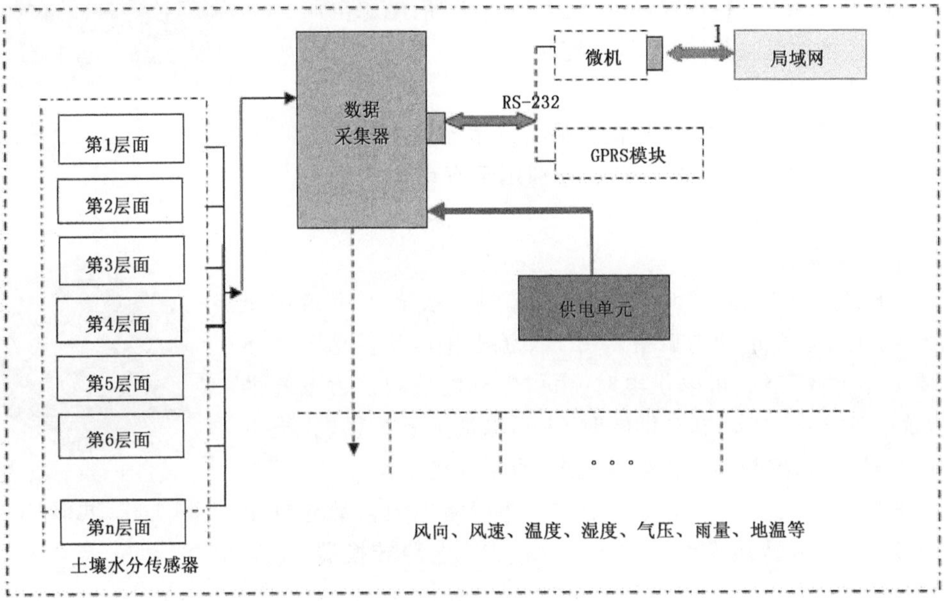

图 6.34　DZN1 型自动土壤水分观测仪系统结构

1)传感器

DZN1 型自动土壤水分观测仪采用的 SWS—406 土壤水分传感器(图 6.35),应用 FDR 原理,可直接测量土壤体积含水量。传感器使用环保材料制成,全密封,可长期埋设在地下任意深度连续测量。精密、可靠,耐用,无放射性污染源。

图 6.35　SWS—406 土壤水分传感器

SWS—406 土壤水分传感器由高频发射器、接收器,微处理器、探针等组成。高频发射器、接收器、微处理器密封在(∅40mm 长 130mm 防水室内,4 个长 60mm 不锈钢探针与之固定相连。不锈钢探针直接插入土壤。传感器尾部的电缆线用于为传感器提供电源及输出模拟信号。

其工作原理:采用 FDR 原理测量土壤介电常数。土壤内水分变化导致介电常数变化,土壤的体积含水率与介电常数存在函数关系。

2)数据采集器

MDT－30 气象数据采集器(图 6.36)以高速微处理器作 CPU,外围包括精确的时钟器件、16 位 A/D 转换器件、128MB 标准 CF 卡、耐低温液晶显示器和信号防雷接口等。具有 RS232/RS485 两个标准通信口。存储 60 天的整点数据。

采集器是自动土壤水分测量系统的核心。其主要功能是完成各层土壤水分传感器的采样,对采样数据进行控制运算、数据计算处理、数据质量控制、数据记录存储,实现数据通信和传输。采集器具备自检、自诊断功能,包括以下内容:电源电压状态监测、传感器状态监测、通信状态监测。

图 6.36 MDT－30 数据采集器

3)供电系统

电源系统主要分为两类:蓄电池为后备的市电供电系统和太阳能辅助充电的蓄电池供电系统。分别用于有市电和无市电的环境。

①交流供电系统

交流供电充电控制器(图 6.37)用于交流供电系统,该系统以交流供电为主,辅助以蓄电池为后备。用于交流电供电比较稳定的环境。主要工作方式:当有市电供电时,由供电充电控制器为系统供电,并为蓄电池充电;当无市电供电时,由蓄电池为系统供电,当市电恢复供电时,充电控制器为蓄电池充电,直至充满。

图 6.37 电源控制器

供电充电控制器实际上是专为免维护铅酸蓄电池自动充电而设计的 AC/DC 电源转换模块。它既是 AC/DC 电源转换器,也是电池充电控制器。

主要技术参数:

电压输入范围:～220V±15% (50Hz)

输出直流范围:13.8V(25℃)

转换效率(25℃):70%～90%、典型 80%

绝缘电阻:输入对外壳,输入对输出:DC1000V,≥200MΩ

输出对外壳,输出对输出:DC250V,≥200MΩ

主要特点:

集成芯片控制可靠性高;

宽电压输入,电网适应能力强;

具有防潮、防腐蚀、防霉菌的能力,耐受严酷环境;

具有耐震动冲击性能;

具有过热、短路保护;

采用恒压限流充电，充满后自动进入浮充状态，具有过充保护。

②太阳能供电系统

本供电系统主要用于无市电的环境。由太阳能电池、太阳能充电控制器、蓄电池组成。主要工作方式：当有太阳能供电时，由充电控制器（图 6.38）为系统供电，并为蓄电池充电；当无太阳能供电时，由蓄电池为系统供电，当太阳能恢复供电时，充电控制器为蓄电池充电，直至充满。

图 6.38　cmL05 型太阳能充电控制器

cmL05 型太阳能充电控制器使用注意事项：连接蓄电池时要注意正确的极性，如果蓄电池极性接反，负载端输出电压也将随之反向，仪器将有可能损坏；连接太阳能电池板时，注意正确极性，防止火花产生，安装时请遮挡太阳能电池板，因为最大的短路电流将大大超过控制器的额定电流；连接输出电压端子时，注意正确极性，防止火花产生，安装时关闭负载仪器。

各指示灯指示含义见图 6.39。

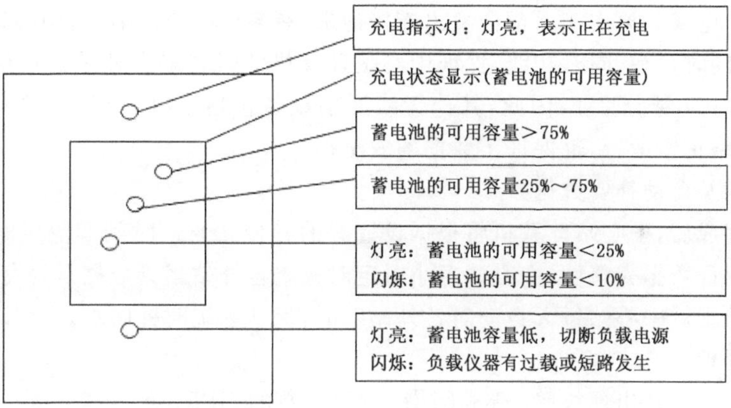

图 6.39　cmL05 型太阳能充电控制器指示灯含义

技术参数：

浮充电压：13.7V (25℃)

负载切断点电压值：11.5～12V

负载再连接点电压值：12.8V

免维护铅酸蓄电池：选用 17AH（太阳能供电）或 14AH（交流供电）免维护铅酸蓄电池，以保证在极端恶劣天气（如高温、低温和最长连续阴雨天）能维持系统的正常工作，特殊地点可根据实际情况选择大容量电池。在市电系统中保证交流断电 5 天内能维持仪器的正常工作。

4）通信系统

①GPRS 无线通信

GPRS 通信网络主要用于监测网络中的作物地段自动土壤水分观测仪。其主要工作过程如下。

· 固定 IP 地址的获取及设置

由移动公司或电信部门提供的网络专线，经过省气象局局域网的路由器接入中心站的控制计算机，同时得到该计算机的固定 IP 地址。该固定 IP 地址将设置到监测网各外站的无线传输模块内。

・中心站参数设置

中心站计算机的通信调度软件中设置有每个外站的站名、站号、台站类型、通信时间间隔、标识符等参数。其中最重要的参数是每个外站内无线传输模块的标识符，该标识符为外站的唯一身份识别符号，每个外站都有自己的标识符，各不相同。该标识符是指无线传输模块中所装的手机卡的 SIM 卡号的最后 6－10 位非字母的连续数字。

・无线连接的建立

各外站的仪器安装完成，系统带电后，其内部的无线传输模块将向其内部保存的固定 IP 地址(即中心站计算机地址)不停地发出连接请求。中心站计算机的通信调度软件启动后，将进入侦听状态。当侦听到某个外站的连接请求后，将与其建立连接。由于各外站无线上网时得到的是动态 IP 地址，因此，连接后，中心站无法识别外站身份，这时外站内的无线传输模块，会向中心站计算机发出它自己的标识符，中心站计算机根据保存在软件中的标识符就能够识别外站，这样整个连接过程完成。

每个外站上电或断掉连接后都会发出连接请求，有多少个连接请求，中心站就建立多少个连接，这些连接同时存在，同时在线，保证中心站计算机同时与多个外站的通信实时性。由于整个网络使用 APN 身份验证，因此，其他无线通信设备包括手机，均无法进入本气象监测网络，不会干扰网络正常运行，也保证了数据的安全性。

・数据传输及自动补要数据

网络连接完成后，中心站计算机将根据设置好的各台站通信时间间隔定时地接收外站的实时数据。为保证数据完整性，中心站每小时定时检查各外站当天数据是否完整，如不完整会自动补要该站数据。中心站每天自动对各外站对时，保证系统时钟同步。

・断网的处理

如果外站或中心站出现故障，造成网络中断，外站的 GPRS 无线模块会定时地不间断地向中心站发送连接请求，直到和中心站建立起连接为止。

网络正常时，外站的 GPRS 无线模块也会定时向中心站发送心跳包，以监测连接是否正常。

②有线通信

有线通信主要用于监测网络中的固定地段自动土壤水分观测仪。

固定地段自动土壤水分观测仪安装在土壤水分固定地段观测场内，并通过 RS232 远程收发器(图 6.40)、通信电缆与观测室内的计算机相连。室内计算机负责接收观测仪数据，并存储。该计算机通过气象局内部局域网与中心站计算机进行数据传输，并定时生成标准数据上传文件，通过 FTP 方式传送至省局土壤水分数据中心计算机。其中 RS232 远程收发器的功能及作用如下：

图 6.40　RS232 远程收发器

用于台站式自动土壤水分观测仪与室内计算机的数据传输。RS232无源隔离远程收发器实现RS232信号的远程收发。电流环形工作，抗干扰能力强，无须外供电源。

· 产品性能

串口三线制点对点远程通信；

独有的串口保护电路，可带电热插拔；

工业级设计，优选进口元器件，全部表面贴装工艺

· 技术指标

电源来源：串口窃电，无需外供电源

通信速率：300～28.8kbps

信号类型：TX、RX、GND

防护电压15kV：静电保护和600W/ms雷电防护

工作温度：－40～85℃

通信方式：FTP传输

工作电流：小于10mA

通信距离：最远3km

通信过程：外站的自动土壤水分观测仪计算机定时将数据、状态、参数等信息通过FTP方式发送到中心站计算机的FTP地址，中心站计算机自动读取这些信息，并存储、显示。同时外站计算机按照中国气象局的规定将上传文件通过FTP方式定时发送到省局上传文件接收计算机内。

6.2.2.4 DZN2(又称GStar－I)型土壤水分自动观测仪

(1)传感器

传感器基于FDR原理，其数目根据所需探测的层数进行组合，通过机械装置连接在同一根导体上，具体形状如图6.41所示。

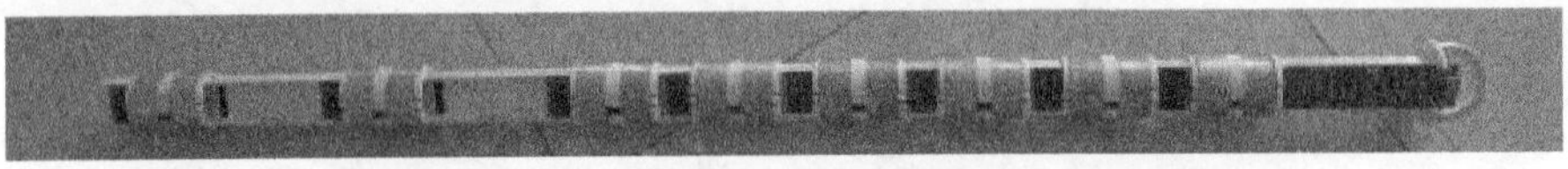

图6.41 DZN2型土壤水分自动观测仪传感器

(2)数据采集器

1)采集器的组成

采集器内部见图6.42，主要由太阳能电源控制器、蓄电池、采集器板和GPRS通信板等组成。

2)硬件说明

DZN2型自动土壤水分观测仪是基于电容传感器和嵌入式ARM单片机技术设计的，检测电容是传感器的敏感器件，传感器周围水分的变化引起圆环电容的介质变化，于是电容值就会改变，从而引起LC振荡器的振荡频率变化，传感器把高频信号变换后输出到单片机，单片机根据建立的数学模型和当地土壤状态等相关系数，进行计数、转换、修正等处理，计算出当前土壤水分。图6.43为主机板。

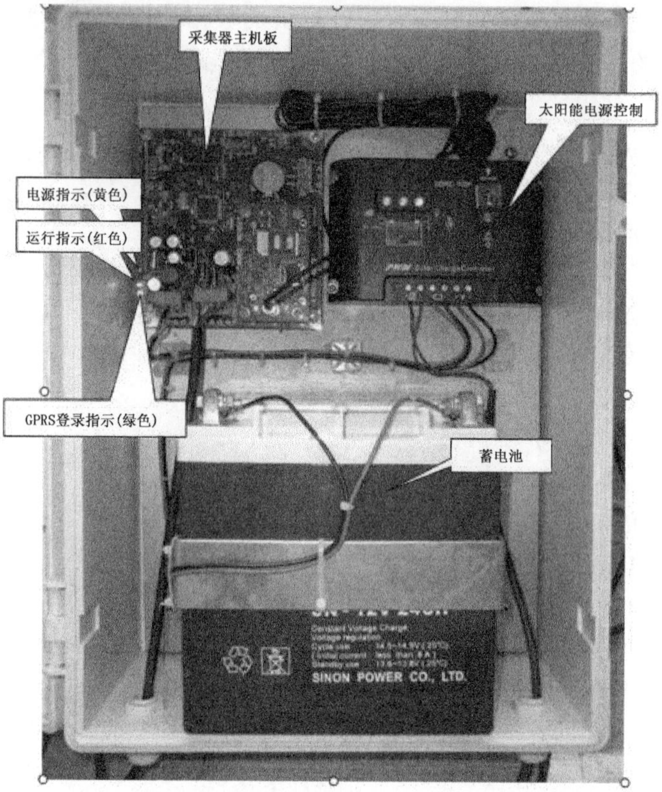

图 6.42 DZN2 型土壤水分自动观测仪采集器

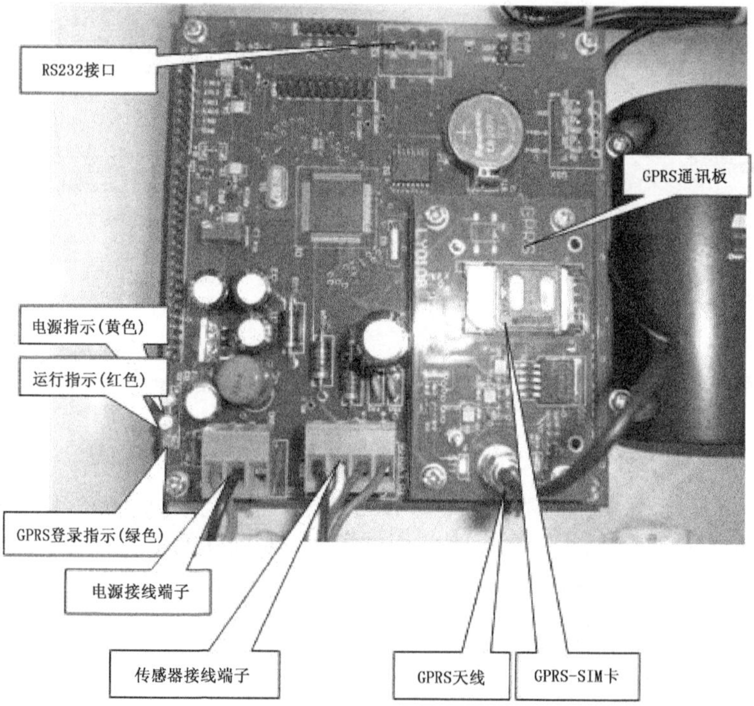

图 6.43 采集器主机板

采集器正常运行时指示灯状态：

电源指示（黄色）：常亮；

运行指示（红色）：闪烁（亮灭各 1s）；

GPRS 登录指示（绿色）：登录到服务器亮，退出时灭；

XP6 跳线：485 短接，XS5 端子为 RS485 通信，此时，不能再用 GPRS 通信；GPRS 短接，XS5 端子不能用于 RS485 通信，GPRS 通信板工作。

（3）供电系统

采用 25W 太阳能板、充电控制器、24AH 蓄电池的组合对系统进行供电，图 6.44 为充电控制器面板图。

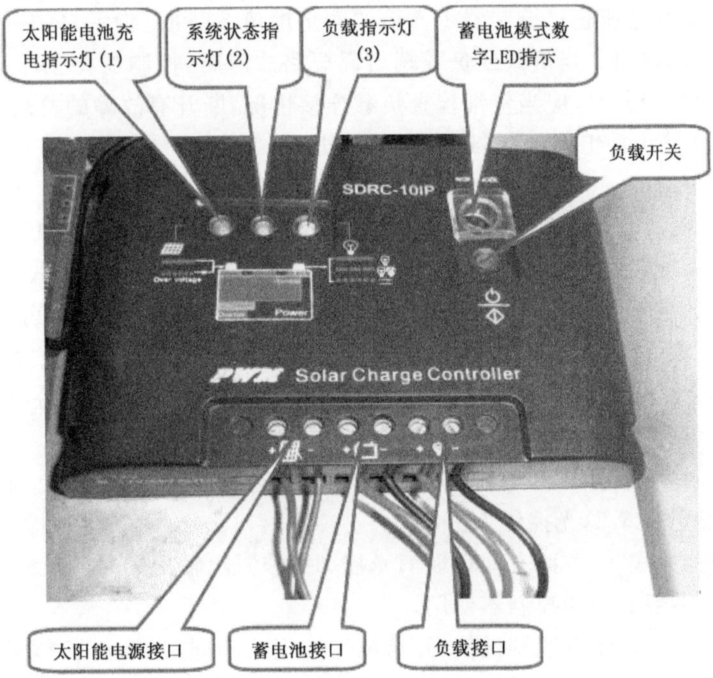

图 6.44　充电控制器面板图

1）接线连接

①先连接控制器上蓄电池的接线端子，再将另一端连至蓄电池上，注意＋、－极，不要反接。如果连接正确，指示灯(2)应亮，可按按键来检查。否则，需检查连接对否。如发生反接，不会烧保险及损坏控制器任何部件。保险丝只作为控制器本身内部电路损坏短路的最终保护。

②连接太阳能电池导线，先连接控制器上太阳能电池的接线端子，再将另一端连接至太阳能电池上，注意＋、－极，不要反接，如果有阳光，充电指示灯(1)应亮。否则，需检查连接对否。

③负载连接，将负载的连线接入控制器上的负载输出端，注意＋、－极，不要反接，以免烧坏用电器。

2）指示说明

①充电及超压指示：当系统连接正常，且有阳光照射到太阳能电池板时，充电指示灯(1)常亮，表示系统充电电路正常；当充电指示灯(1)出现绿色快速闪烁时，说明系统过电压，处理见

故障处理内容。充电过程使用了 PWM 方式，如果发生过放动作，充电先要达到提升充电电压，并保持 10 分钟，而后降到直充电压，保持 10 分钟，以激活蓄电池，避免硫化结晶，最后降到浮充电压，并保持浮充电压。如果没有发生过放，将不会有提升充电方式，以防蓄电池失水。这些自动控制过程将使蓄电池达到最佳充电效果并保证或延长其使用寿命。

②蓄电池状态指示：蓄电池电压在正常范围时，状态指示灯(2)为绿色常亮；充满后状态指示灯为绿色慢闪；当电池电压降到欠压时状态指示灯变成橙黄色；当蓄电池电压继续降低到过放电压时，状态指示灯(2)变为红色，此时控制器将自动关闭输出，提醒用户及时补充电能。当电池电压恢复到正常工作范围内时，将自动开通输出，状态指示灯(2)变为绿色。

③负载指示：当负载开通时，负载指示灯(3)常亮。如果负载电流超过控制器 1.25 倍额定电流 60 秒时，或负载电流超过控制器 1.5 倍的额定电流 5 秒时，指示灯(3)为红色慢闪，表示过载，控制器将关闭输出。当负载或负载端出现短路故障时，控制器将立即关闭输出，指示灯(3)快闪。出现上述现象时，应当仔细检查负载连接情况，断开有故障的负载后，按一次负载开关按键，30 秒后恢复正常工作，或等到第二天可以正常工作。

3)工作模式设置

①设置方法：按下负载开关按钮持续 5 秒，模式(MODE)显示数字 LED 闪烁，松开按钮，每按一次转换一个数字，直到 LED 显示的数字对上用户从表中所选的模式对应的数字即停止按键，等到 LED 数字不闪烁即完成设置。每按一次按钮，LED 数字点亮，可观察到设置的值。

②纯光控“0”模式：当没有阳光时，光强降到启动点，控制器延时 10 分钟确认启动信号后，开通负载，负载开始工作；当有阳光时，光强升到启动点，控制器延时 10 分钟确认关闭输出信号后关闭输出，负载停止工作。

③光控＋延时方式(“1”—“9”，“0.”—“5.”)：启动过程同前。当负载工作到设定的时间就关闭负载，时间设定表 6.5，光控优先。

④通用控制器方式“6.”：此方式仅取消光控、时控功能、输出延时以及相关的功能，保留其他所有功能，作为一般的通用控制器使用。

⑤调试方式“7.”：用于系统调试使用，与纯光控模式相同，只取消了判断光信号控制输出的 10 分钟延时，保留其他所有功能。无光信号即接通负载，有光信号即切断负载，方便安装调试时检查系统安装的正确性。

⑥输出模式说明：在 LED 数码管显示模式设置时，显示数字不带有小数点即“0”—“9”和“0.”—“5.”模式时输出，为纯直流 DC 输出。如果数字不带小数点即“0”—“9”时，数码管小数点不亮。

工作模式设置表见表 6.5。(注：当选择 LED 数码小数点模式时，数码管的小数点长亮，对控制器的整体性能没有影响，只作区分用)

表 6.5　工作模式设置表

模式	LED 数码	模式	LED 数码	模式	LED 数码	设置方法
光控开＋光控关	0	光控开＋6 小时延时关	6	光控开＋12 小时延时关	2	按下开关设置按钮持续 5 秒，模式（MODE）显示数字 LED 闪烁，松开按钮，每按一次转换一个数字，直到 LED 显示的数字对上用户从表中所选的模式对应的数字即停止按键，等到 LED 数字不闪烁即完成设置。每按一次按钮，LED 数字点亮，可观察到设置的值。
光控开＋1 小时延时关	1	光控开＋7 小时延时关	7	光控开＋13 小时延时关	3	
光控开＋2 小时延时关	2	光控开＋8 小时延时关	8	光控开＋14 小时延时关	4	
光控开＋3 小时延时关	3	光控开＋9 小时延时关	9	光控开＋15 小时延时关	5	
光控开＋4 小时延时关	4	光控开＋10 小时延时关	0	通用控制方式	6	
光控开＋5 小时延时关	5	光控开＋11 小时延时关	1	调试模式	7	

6.2.2.5　DZN3(又称 HYA－SF)型自动水分观测仪

(1)传感器

传感器同 DZN2 型的传感器，以总线方式与接口控制器连接，每个传感器按照所需要观测的层次放置在相应的位置并与总线插槽相连接，用跳线设置传感器地址，不同跳线位置代表所连接的不同传感器。

多个传感器和接口控制器(图 6.45)通过总线固定结构连接成完整的土壤水分探测器。接口控制器作为一个从属设备与支持数据采集器连接。利用初始化标定程序“IPConfig Utility”可以设置接口控制器的地址，可以将传感器数量及测量层次、对测量场地的空气及水进行现场标定的初始化值及相应的标定系数存储起来，并且将这些信息提供给数据采集器。

一个接口控制器被默认为地址“0”，如果有多个接口控制器连接在总线上，可以分别设为地址“1”、“2”、“3”、……数据采集器可以用不同的地址来控制相应的土壤水分探测器进行土壤体积含水量的测量。

当数据采集器发出采样命令时，接口控制器从与之连接的每层传感器取回土壤体积含水量。每层传感器测量的土壤体积含水量传输到采集器中进行处理、存储。

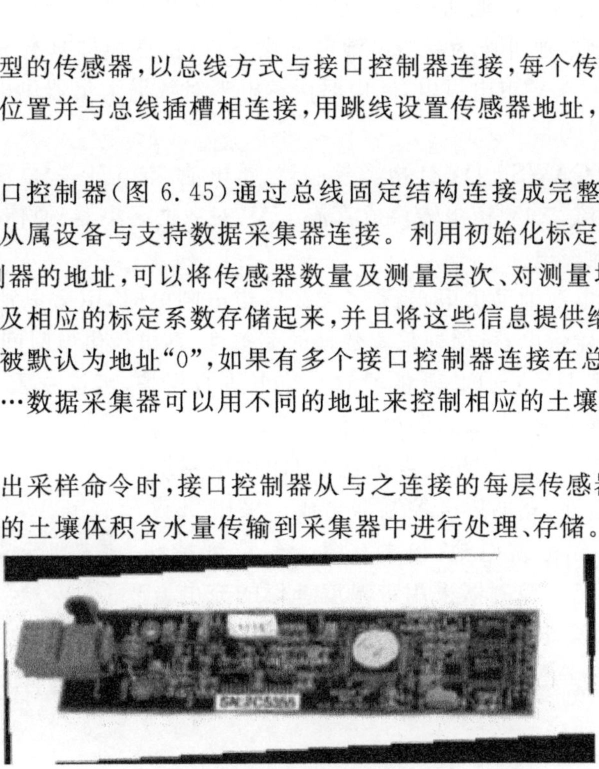

图 6.45　接口控制器

(2)数据采集系统

DZN3 型土壤水分自动监测站数据采集系统，采用新型高速、低功耗 C8051F020CPU 为核心控制单元，采用高精度 16 位 AD 转换器作为主数据采集单元。可对土壤水分传感器进行数据采集、统计计算处理、数据存储、数据传输。主要性能特点如下。

1)具有双 RS232 串口通信功能，其中一个还可以设置为 RS485 标准。一个串口可以作为主通信端口，采用直连的方式与上位机连接，或采用通信模块(如:GPRS 通信模块、CDMA 通信模块、电话 Modem 等)与中心站数据通信服务器进行连接，另一个串口可以作为通信端口连接有标准串行数据输出方式的探测仪器。

2)具有大容量的 Flash 存储器，用于存储观测记录数据，可存储 2 个月以上的记录数据。存满之后，自动删除最前面的记录数据。

3)具有专用的静态参数存储区，用于存储维持采集器运行所必需的配置参数。这些配置参数可以通过命令进行修改设置。

4)系统功耗低，小于 0.5W；环境温度宽的为－45～＋75℃。

5)通道齐全，输入通道带有避雷保护。

具有一个 4～20mA 电流环测量通道；一个 12 位 AD 测量通道，可以用于一个差分输入或两个单端输入模拟电压测量，一个 8 位数字 I/O 通道；两个 12 位的直流电压输出通道。

(3)供电系统

可采用 220V 交流电和太阳能(无市电地方)两种方式供电。

采用交流 220V 加后备电池辅助供电方式:为保证断电时系统能正常工作，系统装备有蓄电池和电源变换器，蓄电池可作为后备电池辅助供电，电源变换器具有充电及过流、过放电保护功能。系统由交流 220V 市电供电，断电时由蓄电池对数据采集器供电，可保证采集数据的完整性，蓄电池供电时间为 5 天。

电源供电设备由 CAWS－DYZJ 电源控制器、蓄电池、空气开关、电源避雷器组成。

电源变换器将交流 220V 市电转换成直流 12V，对数据采集器、通信单元和土壤水分探测器供电，同时对蓄电池充电。

蓄电池作为后备电池辅助供电，当交流 220V 市电断电时，由蓄电池对数据采集器、通信单元和土壤水分探测器供电，可保证采集数据的完整性，蓄电池供电时间为 5 天。

市电供电时，采用 HYA－FL 避雷器对交流电进行保护，当遭受雷击时可瞬间将电源与信号输入端、通信线等分离，有效的保护其他设备。

采用太阳能(无市电地方)方式供电:太阳能供电系统主要由太阳能板、蓄电池、充电供电控制器组成。采用 25W 太阳能 24AH 免维护铅酸蓄电池，极端恶劣天气能维持 5 天正常工作。太阳能充电控制器采用带温度补偿的充电方式，分为强充电、均衡充电、浮充电三种方式，由脉冲宽度调节。

(4)通信系统

1)无线通信

采用一种智能通信服务器(图 6.46)，它可实现 GPRS、SMS、GSM 智能互补通信，可达到高可靠的数据传输及双向通信，同时实现远程对子站的监控与维护。通过 GPRS、

图 6.46 智能通信服务器

SMS、GSM 相结合的方式实现双向可靠通信。

智能通信服务器是一个基于因特网，实现实时数据、定时数据、系统信息、测试信号等信息的无线通信传输，并能够通过气象信息监测中心站进行监控维护。该无线通信单元采用世界先进的工业级 GSM 模块，内置 TCP/IP 协议，支持 GPRS、GSM、SMS 等方式。具有集成度高、功能强、功耗低、抗干扰能力强等特点。

技术指标：

GPRS 数据：GPRS Class 2～10

编码方案：CS1－CS4 符合 SMG31bis 技术规范

SIM 卡电压：3V

通信口：标准 RS232/DCE

串列数据速率：110～115，200bits/s

配置接口：TTL 电平接口及 RS232/422/485

供电电压：＋7.5～＋26VDC

功耗：(外供电压值：12V/1A)

不拨号空闲状态电流：60(±20)mA

拨号过程状态电流：150(±20)mA

无收发数据空闲状态电流：65(±10)mA

收发数据状态电流：150(±20)mA

工作环境温度：－40～＋60℃

储存温度：－40～＋85℃

相对湿度：95％(无凝结)

2)有线通信

有线通信方式采用 RS232/RS422/RS485(图 6.47)与计算机连接通信的方式。配有的 RS232/RS422/RS485 隔离转换器使数据采集器与计算机通信距离达到 1km，并具有抗干扰、抗雷击等功能。RS232/RS422/RS485 隔离转换器成对使用，在采集器端与计算机端各配有隔离转换器一个。

图 6.47　隔离转换器

RS232/RS422/RS485 隔离转换器将 RS232 信号转成隔离的 RS422 或 RS485 信号，无需改变任何的硬件或软件，来轻松构建一个工业级的长距离通信系统。

RS485 标准支持半双工通信，也就是说，用两根线来进行数据的发送和接收。握手信号如 RTS(Request To Send)通常用来控制数据流的方向。随机配有的 RS232/RS422/RS485 隔离转换器中有一个特殊的 I/O 电路用来自动判断数据流的传输方向并对其进行切换。握手信号在这里不是必需的，仅需两根导线就可以构建一个 RS485 网络。

隔离转换器主要技术指标：

自动内部 RS485 总线管理，无需外部控制信号

RS485 数据线上有瞬态干扰、浪涌保护

总线上可挂接 32 个设备

1km 长的网络连接

传输速率：300～115.2kbps

有电源及数据流指示灯，用于故障诊断

隔离电压：1000VDC

RS422/RS485 接口连接器：300V 15A 插入式端子

RS232 接口：DB－9

电源要求：DC10～30V，有电源反接保护

电源功耗：1.5W

工作温度：－35～85℃

隔离转换器使用方法(图 6.48)：

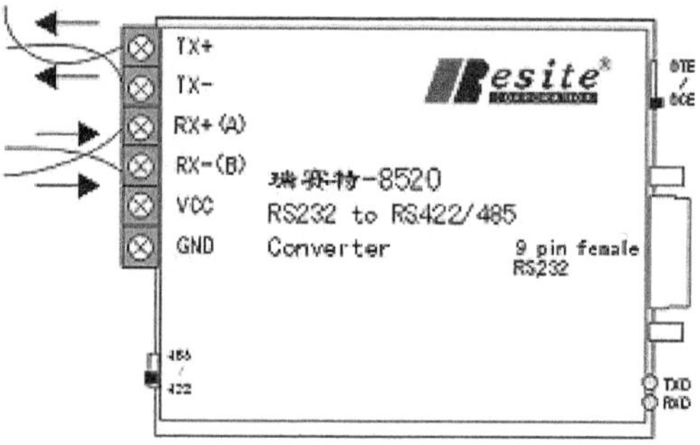

图 6.48 隔离转换器使用方法示意图

①RS422/485 发送数据时，TXD 灯亮；RS422/485 接收数据时，RXD 灯亮。

②DB9 孔与 RS232 设备用软线连接，DB9 孔的 2 脚、3 脚是数据线，5 脚是信号地。根据连接设备属性置 DTE/DCE 开关(出厂设置 DCE)。如图 6.49 所示。

③RS422/485 侧为接线端子形式，包括 TX＋、TX－、RX＋、RX－和电源输入(用双绞线连接)。

④电源应由 RS422/485 侧统一供电，不能跟 RS232 侧共地。

⑤RS422/485 总线电缆超过 100m，需加终端电阻，阻值可取 110～300Ω(1/4W)。

DTE 信号端引脚定义　　DCE 信号端引脚定义

图 6.49　信号端引脚定义

6.2.3　安装与系统设置

6.2.3.1　安装环境及基本要求

(1)观测地段

土壤湿度测定地段划分为三类。

1)固定观测地段

一般为 10m×10m 的平整场地,所在地的土壤水分状况具有代表性,选取植被覆盖好且土层较厚的自然土壤(非回填土),草高不能超过 20cm,场地应平整,保持自然植被状态。场内不得种植作物,禁止灌溉。

2)作物观测地段

观测地段必须具有代表性,代表当地一般地形、地势、气候、土壤、产量水平和主要耕作制度。地段保持相对稳定。观测地段面积,一般为 $1hm^2$,不小于 $0.1hm^2$。作物观测地段周围 20m 内没有沟、河水渠和道路,附近没有大型水体,能够保证 10m×10m 的平整场地,所在地的土壤水分状况具有代表性,选取土层较厚的自然土壤(非回填土)。

3)辅助观测地段

为满足墒情服务的需要进行临时性或季节性墒情观测所设置的地段。这类地段数量一般较多,应代表当地的土壤类型和土壤水分状况。为便于历年土壤水分状况比较也应相对固定。辅助地段的设置、测定时间、测定深度等由上级业务主管部门和台站自行确定。辅助地段采用便携式土壤水分仪进行观测,便携式土壤水分仪另行规定。

(2)选址

观测地段的选择应充分考虑仪器安装地点对于当地土壤类型、地貌、地质条件的代表性。应遵从以下 4 个条件:

1)所选地段土壤应能够代表本地区的主要土壤类型,须尽量选择在地势平坦、能代表本地区自然环境下土壤水分变化特征的地块,山丘地区应避免选取沟底、山顶、斜坡和积水洼地等地块。

2)所选安装地段距离建筑物、道路(公路和铁路)、水塘等须在 20 米以上,远离河流、水库等大型水体。

3)作物观测地段,种植面积一般不小于 $0.1\ hm^2$。

4)固定观测地段,面积一般不小于 10m×10m;仪器安装位置必须为自然下垫面,有较厚的自然土壤,而非回填土。

观测地段一经确定不得随意改变，以保持土壤水分观测资料的一致性和连续性。

(3)场地建设

1)在仪器安装位置周围建设观测场，仪器位于观测地段中央，且同沟槽和供水渠道垂直距离须大于10m，避免沟渠侧渗对土壤含水量观测代表性造成的影响。

2)观测场四周应设置3m(东西向)×4m(南北向)稀疏围栏，高度不低于1.2m，围栏不宜采用反光太强的材料。

3)如果场内仪器安装需要敷设线缆，应在远离传感器安装地点的一侧修建电缆沟(管)。电缆沟(管)应做到防水、防鼠，并便于维护。

4)观测场的防雷应符合气象行业规定的防雷技术标准的要求。

(4)仪器布设

与场地内其他仪器应互不影响，便于操作。具体要求如下：

1)数据采集箱安置在北边，土壤水分传感器安置在南边；土壤水分传感器埋设位置距离数据采集箱不小于1m。

2)根据需要确定传感器安装深度和层次。测定深度一般为1m，分0～10cm、10～20cm、20～30cm、30～40cm、40～50cm、50～60cm、70～80cm、90～100 cm。由于气象科研和业务服务的需求，以及安装土壤环境条件，经省级以上业务主管部门批准，可适当增加或减少土壤水分观测层次。地下水位深度小于1m的地区，测到土壤饱和持水状态为止；因土层较薄，测定深度无法达到规定要求的地区，测至土壤母质层为止。辅助观测地段测定深度一般为50cm。

3)仪器距观测场边缘护栏不小于1m。

6.2.3.2 传感器安装

(1)探针式传感器

插针式传感器平行于地面安装，按照做安装剖面、传感器定位、传感器埋设、联机检查、原土回填等步骤进行。

1)做安装剖面：在传感器安装点向北约18cm处挖安装剖面，剖面大小1.2m(长)×0.7m(宽)×1.2m(高)，挖土同时在各安装层次进行环刀取土，用于测定土壤水文、物理常数。传感器的埋设层次、安装剖面示意、实际效果见图6.50。

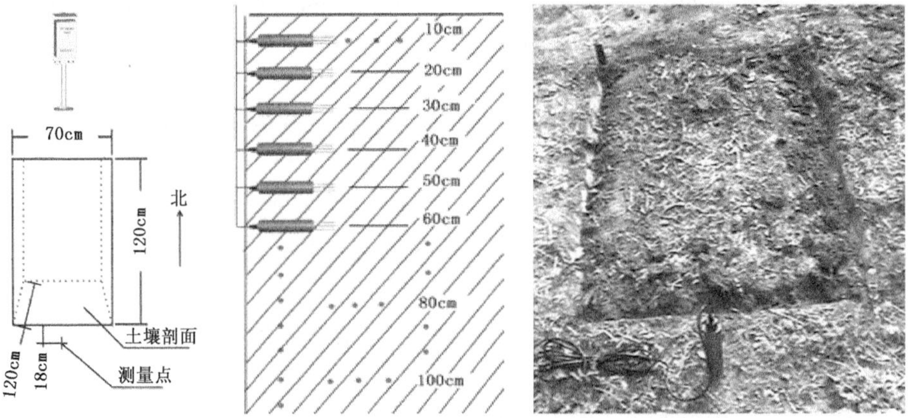

图6.50 传感器的埋设层次、安装剖面示意、实际效果图

2)传感器定位:在土壤剖面上根据各传感器安装层次确定各层传感器的安装定位点(图6.51)。为减少相邻层次间影响,将 8 支传感器按安装层次间隔为两列进行安装。

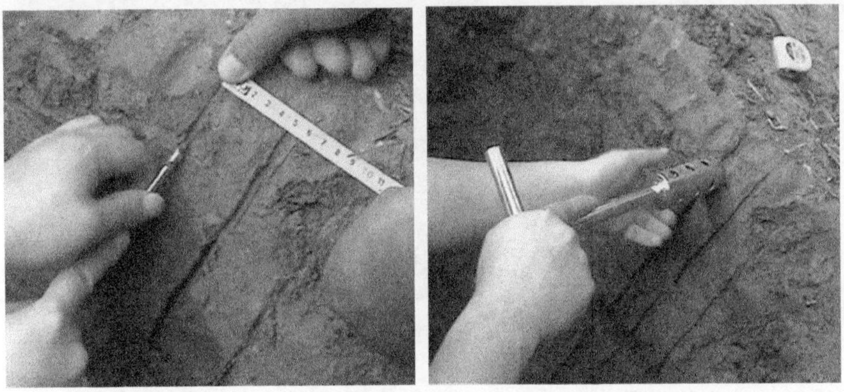

图 6.51　传感器安装定位

3)传感器埋设:使用专用土钻以各传感器安装定位点为中心,沿与土壤剖面垂直方向做安装孔,安装孔的深度约为 18cm。使用专用的电木底座将传感器插入安装孔。在土壤剖面制作线槽,分别将各传感器电缆经传感器线槽引至垂直主线槽后固定,统一引出地面（图 6.52）。传感器的引线在线槽中不易拉的太直,应以 S 形布置,或者留有部分余量,避免将来回填土沉降后,将传感器引线拉断。

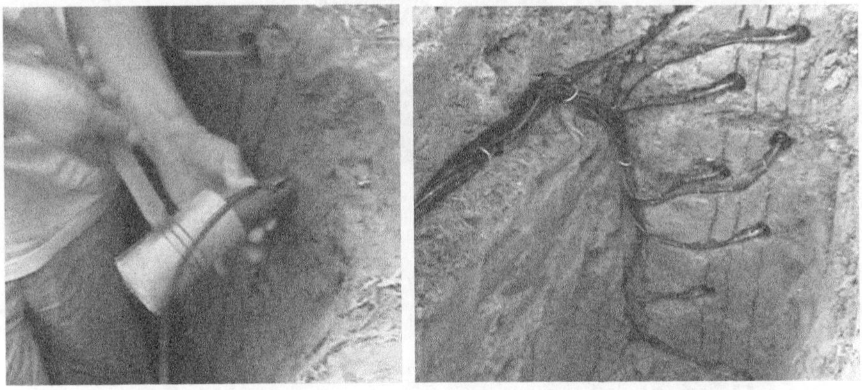

图 6.52　传感器埋设及安装效果图

4)联机检查:将各传感器接入数据采集器,联机检查正常后再进行回填操作。

5)原土回填:在土壤剖面上做电缆布设槽,将传感器电缆固定在槽内。然后按照“后出先回填”的原则进行原土回填,要求逐层压实。土壤回填后,第一次大的降水后,应该及时检查土壤水分传感器安装区域,回填土是否发生沉降及沉降的多少,适当地给予补充并压实。

(2)插管式传感器

插管式传感器垂直于地面安装,传感器的安装需要专用的安装工具(专用三脚架、取土钻、大锤等),安装步骤如下。

1)在安装地点展开并固定三脚架,将三脚架的水平调节好,根据传感器安装深度选择合适长度的护管,并将护管插入安装支架,见图 6.53。

图 6.53　传感器的埋设层次、安装与固定三脚架

2)利用重锤将护管每次敲入 10cm，利用土钻将护管中土壤取出。将取出来的土按照不同的深度层次分别堆放，用于测定土壤水文、物理常数，见图 6.54。

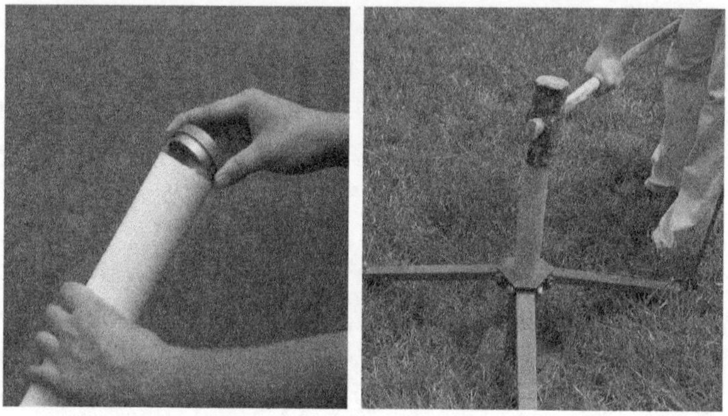

图 6.54　安装传感器护管

3)重复上述步骤，直至将护管按刻度要求敲入土中。

4)利用专用工具清理护管管壁、封堵护管下口，将传感器插入护管中并走线。见图 6.55。

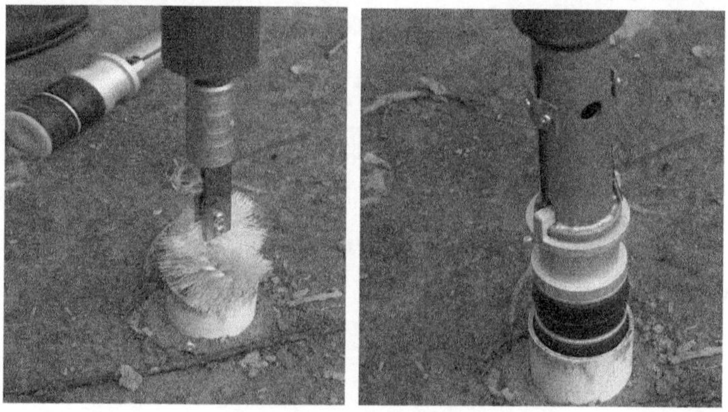

图 6.55　清洁管壁、封堵管底口

5)放置干燥剂,密封管口。见图6.56。

图6.56　密封管口

6.2.3.3　电缆的安装与连接

为了防雷、防鼠、防水和安装、维修方便,自动土壤水分观测仪的电缆应穿入电缆管内,电缆管应安置在电缆沟内。

电缆沟应便于排水、通风,两侧应砌砖墙,砖墙壁上预设安置电缆管的金属支架(或金属挂钩),为防止电缆被积水浸泡,安置电缆的金属支架(或金属挂钩)距离地沟底的高度以不小于30 cm为宜;观测场内的电缆沟一般在小路下面,沟上面盖的水泥盖板就是小路的路面,沟的宽度以30 cm左右为宜,沟的深度以便于安装电缆和防止大雨后积水为宜。

不宜建电缆沟的台站,也可采用埋电缆管和修建电缆井的方法铺设电缆。电缆不能架空敷设。

6.2.3.4　采集器、电源、计算机等的安装

采集器安装在观测室外的,需要浇注数据采集器杆体基础,在基础内埋设地脚螺栓。杆体基础建议选择至少30cm(长)×30cm(宽)×30cm(高)的混凝土基础。将杆体安装在地脚螺栓上,数据采集器固定在杆体上。各传感器信号电缆、计算机的通信电缆以及电源电缆接入数据采集器。

电源与计算机等的安装位置以便于操作为宜。

6.2.3.5　防雷要求

1)观测场需要安装避雷针。传感器应在避雷针的有效保护范围内,自动土壤水分仪避雷装置应符合《气象台(站)防雷技术规范》(QX 4—2000)要求。

2)整个自动土壤水分观测设备的机壳应连接到接地装置上。室内部分的接地线可连接在市电的地线上,也可接到专门为自动土壤水分观测设备做的接地装置上,接地电阻应小于5Ω;连接传感器电缆线的转接盒要有接地装置,接地电阻原则上应小于5Ω;设备接地端与避雷接地网联在一起时,要通过地线等电位连接器连接。

3)低压配电系统应安装3级电涌保护器进行保护。

6.2.3.6 土壤水分自动观测仪连接线

(1)DZN1型自动土壤水分观测仪连线图

1)采集器连线见表6.6。

表6.6 DZN1型自动土壤水分观测仪采集器连线表

电缆线			数据采集器端子		
	线色	说明	通道号	端子标识	备注
10 cm传感器电缆	红色	电源+12V	CH1	C12	电压:9～15V
	黄色	信号正		+	电压:0～1V
	蓝色	信号负		−	
	黑色	电源地		G	
20 cm传感器电缆	红色	电源+12V	CH2	C12	电压:9～15V
	黄色	信号正		+	电压:0～1V
	蓝色	信号负		−	
	黑色	电源地		G	
30 cm传感器电缆	红色	电源+12V	CH3	C12	电压:9～15V
	黄色	信号正		+	电压:0～1V
	蓝色	信号负		−	
	黑色	电源地		G	
40 cm传感器电缆	红色	电源+12V	CH4	C12	电压:9～15V
	黄色	信号正		+	电压:0～1V
	蓝色	信号负		−	
	黑色	电源地		G	
50 cm传感器电缆	红色	电源+12V	CH5	C12	电压:9～15V
	黄色	信号正		+	电压:0～1V
	蓝色	信号负		−	
	黑色	电源地		G	
60 cm传感器电缆	红色	电源+12V	CH6	C12	电压:9～15V
	黄色	信号正		+	电压:0～1V
	蓝色	信号负		−	
	黑色	电源地		G	
80 cm传感器电缆	红色	电源+12V	CH7	C12	电压:9～15V
	黄色	信号正		+	电压:0～1V
	蓝色	信号负		−	
	黑色	电源地		G	

续表

电缆线			数据采集器端子		
	线色	说明	通道号	端子标识	备注
100 cm 传感器电缆	红色	电源+12V	CH8	C12	电压:9～15V
	黄色	信号正		+	电压:0～1V
	蓝色	信号负		−	
	黑色	电源地		G	
RS232 通信电缆	红色	接收端	COM1	R	
	黄色	发送端		T	
	黑色	地		CG	
外部电源	红色	电源正	电源入	+12V	
	黑色	电源地		G	
为 GPRS 供电	红色	电源正	电源出	+12V	
	黑色	电源地		G	

2)无线通信 GPRS 模块接线说明

GPRS 无线传输模块的接线包括:RS232 插头、电源插头、天线插头。均为标准插头,按照接口连接即可。

3)有线通信接线图

RS232 远程收发器用于连接数据采集器与室内计算机。本系统中共有两只 RS232 远程收发器见图 6.57,其中一只位于采集箱内,另一只插在室内计算机的 RS232 接口上。

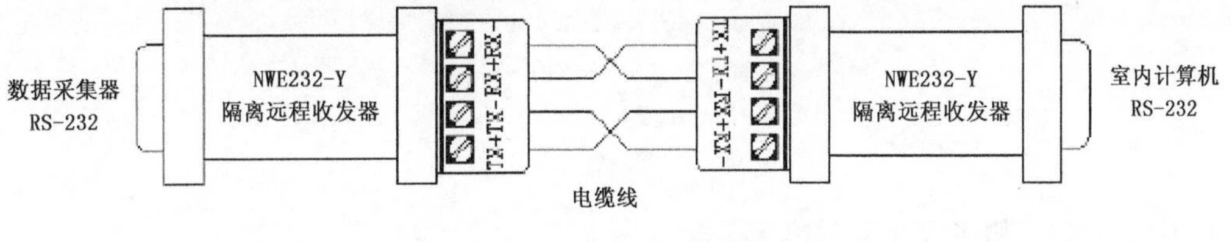

图 6.57　RS232 远程收发器接线图

数据采集箱内的 RS232 远程收发器接线:左侧接标准 RS232 通信接口,右侧接通信电缆。详见表 6.7。

表 6.7　数据采集箱内的 RS232 远程收发器接线说明

通信电缆		RS232 远程收发器接线柱	
线色	标识	标识	说明
黑色和棕色	Rx−	Rx−	接收端
蓝色和绿色	Rx+	Rx+	
灰色和白色	Tx−	Tx−	发送端
红色和黄色	Tx+	Tx+	

室内计算机的 RS232 远程收发器接线：左侧接标准 RS232 通信接口，右侧接通信电缆。见表 6.8。

表 6.8　室内计算机的 RS232 远程收发器接线说明

通信电缆		RS232 远程收发器接线柱	
线色	标识	标识	说明
黑色和棕色	Tx+	Rx−	
蓝色和绿色	Tx−	Rx+	接收端
灰色和白色	Rx+	Tx−	
红色和黄色	Rx−	Tx+	发送端

(2)DZN2 型土壤水分自动观测仪连线图

DZN2 型土壤水分自动观测仪供电系统与采集器之间的接线图如系统结构部分所示，采集器与传感器之间的连线图见图 6.58。

图 6.58　DZN2 土壤水分自动观测仪采集器与传感器之间的接线图

数据采集器 4 芯(XS2)电缆←→(探测器(XP1)

电源+15V(黄) ←→XP1−1

电源地(黑)←→ XP1−3

RS485−A(蓝) ←→ XP1−4

RS485−B(棕) ←→ XP1−5

(3)DZN3 型土壤水分自动观测仪接线

1)传感器与采集器的连接

SDI−12 接口控制器与数据采集器连接需要三根线，分别是：+12V 电源线；地线；SDI−12 串行通信线。

用一根 3 芯电缆将土壤水分探测器的 SDI−12 接口控制器输出引线按照标识与机箱内接线端子上相应接口连接。其中，对应在 SDI−12 接口控制器端：

+12V 电源线：连接端子 1

地线：连接端子 4

SDI−12 串行通信线：连接端子 5

对应在机箱内接线端子：

+12V 电源线：连接端子 7

地线：连接端子 6

SDI−12 串行通信线：连接端子 5

2)无线通信 GPRS 模块接线

GPRS 无线传输模块的接线包括:RS232 插头、电源插头、天线插头。均为标准插头,按照接口连接即可。

3)有线通信接线图

采集器端隔离转换器与机箱内接线端子用一根 2 芯电缆连接,将预先铺设好的 2 芯通信电缆按照标识与计算机端配有的隔离转换器相应接口连接。

对应在机箱内隔离转换器接线端子:

Rx+(A):与计算机端配有的隔离转换器接线端子 Rx+(A)端连接

Rx-(B):与计算机端配有的隔离转换器接线端子 Rx+(B)端连接

VCC:接+12V 电源线

GND:接地线

对应在计算机端配有的隔离转换器接线端子:

Rx+(A):与机箱内隔离转换器接线端子 Rx+(A)端连接

Rx-(B):与机箱内隔离转换器接线端子 Rx+(A)端连接

VCC:接+12V 电源线

GND:接地线

6.2.3.7　软件安装及系统设置

采集软件已由厂家在设备出厂前安装在采集器中。配备计算机的需安装业务软件,安装方法按照业务软件技术操作手册进行,运行前需进行初始化,初始化的主要内容有:

对时(设定和修改采集器、计算机时钟);

设定系统管理权限;

设定台站基本参数和自动土壤水分观测仪有关参数。

各型号的土壤水分自动观测仪按要求进行传感器及采集器的安装完成后,需要对系统参数进行设置。

(1)DZN1 型自动土壤水分观测仪

1)无线通信模块设置

GPRS 数据传输模块在使用前,需要对其内部的 IP 地址和端口号等参数进行设置,使得传输模块能够将数据传输到设置好的 IP 地址。

参数设置主要通过 RS232 串行接口设置。具体操作步骤如下:

①打开超级终端,设置超级终端通信参数

“每秒位数”:设置为“9600”

“数据位”:设置为“8”

“奇偶校验”:设置为“无”

“停止位”:设置为 1

“数据流控制”:设置为“无”

超级终端建立和设置完成,以后可以直接在超级终端中找到运行即可。

②设置 GPRS 模块参数

一切准备好后,插入 GPRS 传输模块的电源,指示灯为绿色。在指示灯变为红色,并闪烁 2 次后,5 秒之内,通过键盘在超级终端内至少输入 5 个“e”字符(大小写不限)。随后,超级终端出现参数设置界面，如图 6.59 所示。

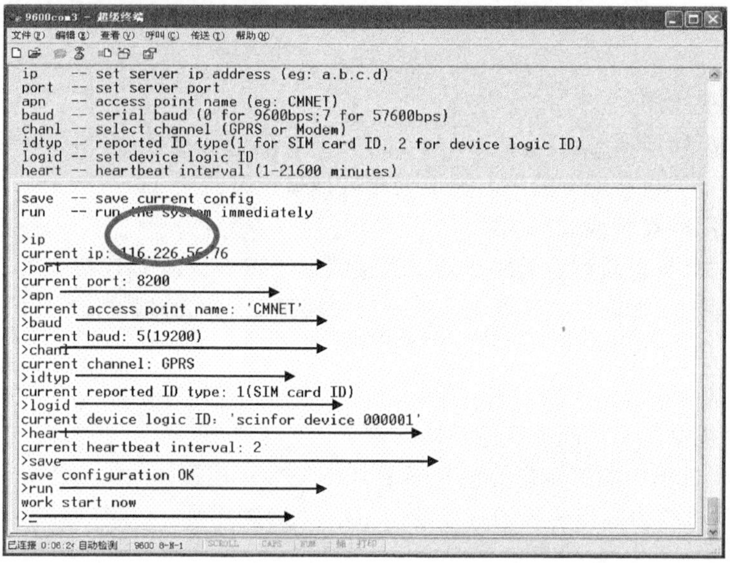

图 6.59　GPRS 传输模块参数设置界面

具体参数命令解释如下：

ip　—— set server ip address (eg：a. b. c. d)　设置、显示中心站 ip 地址

port —— set server port　设置、显示端口号

baud —— serial baud (0 for 9600bps;7for 57600bps)　设置、显示波特率(0 为 9600；1 为 1200；2 为 2400；3 为 4800；4 为 9600；5 为 19200；6 为 28800；7 为 57600bps)

apn —— access point name (eg：cmNET)　使用移动 APN 时，进行参数设置

heart——heartbeat interval (1—21600 minutes)　设置终端心跳频率

chanl —— select channel (GPRS or Modem)　设置工作方式(GPRS or Modem)

idtyp —— reported ID type(1 for SIM card ID，2 for device logic ID)　设置标识符类型(1：自动识别 SIM 卡，以 SIM 卡号为标识符；2：logic 的内容为标识符)

logid —— set device logic ID　手动设置标识符

save —— save current config　保存所有的参数设置

run　—— run the system i mmediately　运行设置好的终端

如果需要设置相应参数，格式为：命令＋空格＋参数，再回车。

例如设置 IP，在超级终端中输入：ip a. b. c. d。

如果需要看设置参数，格式为：命令，再回车。

按照以上格式输入命令，进行设置。

本系统中需要设置参数：

固定参数 IP：中心站的 IP 地址

PORT：2009

BAUD：5

APN：cmNET

公网默认：　HEART 2

IDTYP:1（系统默认，特殊情况时设为 2）

设置完成后，必须执行 SAVE 命令进行保存。

本系统中固定参数在出厂时已经设置完成。

③GPRS 模块设置完成，拔掉 GPRS 模块的电源，然后再插上，GPRS 模块将按照新的参数运行。

工作状态、注意事项：

加电：接好 RS232 数据线并检查无误，连接天线，放入有效的 SIM 卡，通过连接 DC12V 电源向传输模块供电，传输模块上的指示灯亮为绿色，1～2 秒后，变为红色闪烁 2 次，然后变为绿色。

连接网络：如果闪烁表示传输模块正常工作，正在寻找网络。指示灯再次变为红亮，并常亮表示传输模块已经找到 GPRS 网络，并与中心站连接完成。

网络断开：如运行中网络断开，则指示灯变为绿色并闪烁，直到传输模块再次找到网络与中心站连接，指示灯再次变为红亮，并常亮。

注意事项：加电前务必确认 DC12V 电源连接正确；务必连接天线，以免射频部分阻抗失配，从而损坏模块。

2)系统软件的初始化

系统软件主窗口如图 6.60 所示。

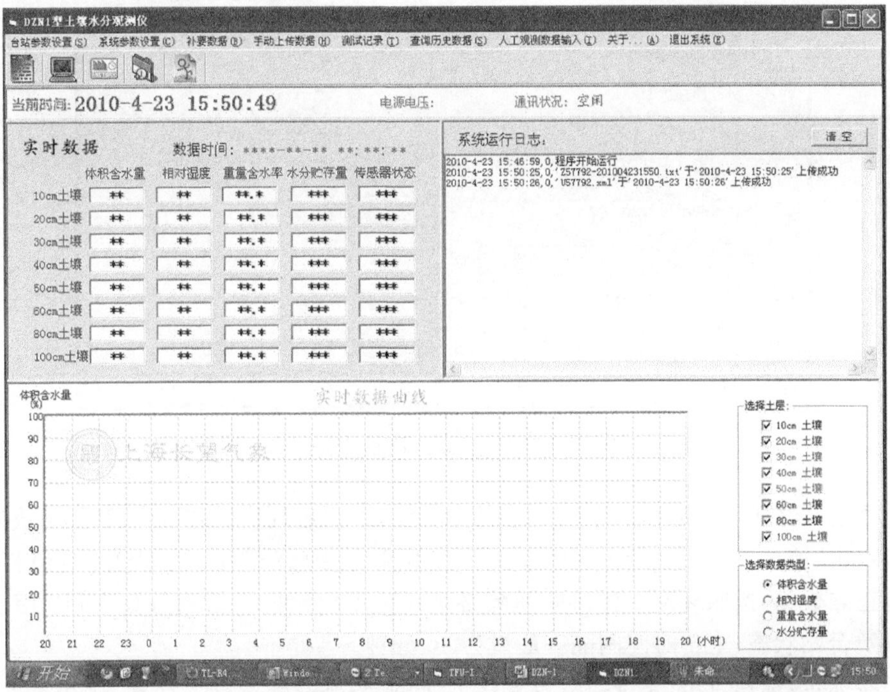

图 6.60　DZN1 型自动土壤水分观测仪系统软件主界面

第一次运行系统软件，需要首先输入基本的运行参数，计算机将记忆存储，以后开机使用不需重复参数输入步骤。需要设置的参数包括系统参数和台站参数。

系统参数包括：通信端口设置、数据文件存储目录设置、系统订正值、采集器控制等项目。

台站参数设置：包括台站信息及数据计算用的参量。

在所有参数设置完成后可备份配置文件，即程序安装目录下的“Tzcs. xml”。如果需要重装软件则只需要在安装完成后将“Tzcs. xml”复制到安装目录下即可，无需重新设置所有参数。

①系统参数设置

在系统运行时出现“系统初次运行，请设置系统参数”的提示窗口点击确定后，选择点击“系统参数设置(C)”下的“全局参数设置(G)”按钮，弹出“系统参数设置”窗口(图 6.61)，按照图示要求输入各项参数。

数据存储目录：从土壤水分观测仪接收的数据在计算机内的存储目录，默认为当前程序目录下新建的/data 目录，用户可根据需要手动输入其他目录。

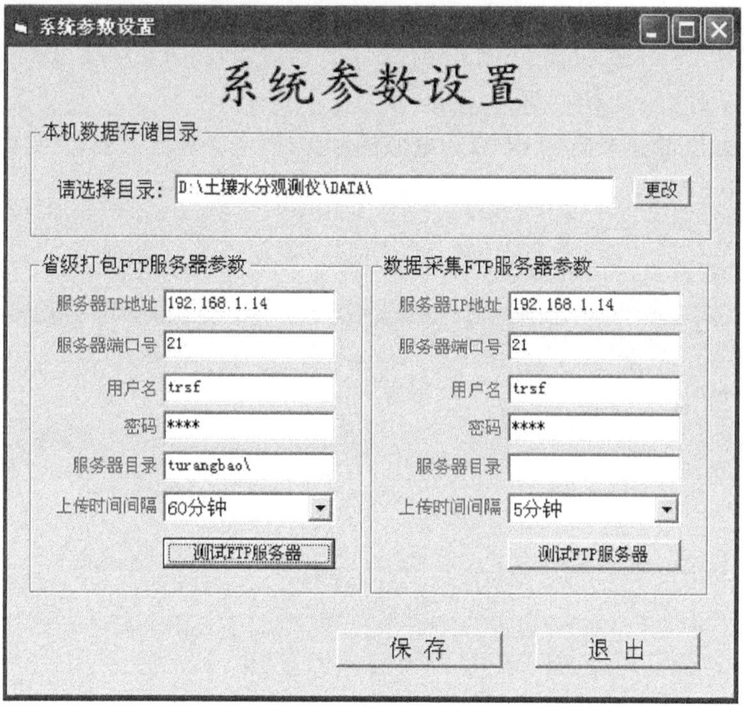

图 6.61　DZN1 型自动土壤水分观测仪系统软件——参数设置界面

FTP 服务器参数：此为中心站 FTP 服务器的参数，由省局所配置的 FTP 服务决定。填写完成后可点击“测试 FTP 服务器”按钮查看 FTP 服务是否已配置正确。其中“省级打包 FTP”用于传输正点数据，按照规定上传时间间隔必须设为 60 分钟。“数据采集 FTP”用于传输实时数据以及台站状态，上传时间间隔一般设为 10 分钟。

传感器标定：选择点击“系统参数设置(C)”下的“传感器标定(B)”按钮，弹出图 6.62 所示窗口。

先在左侧栏选择需要操作的传感器(可选择一个或多个传感器)。

“读取采集器”：读取采集器中存储的曲线，用于验证写入的曲线是否正确。

“写入采集器”：将右侧显示的标定曲线写入采集器，为了使写入的曲线起效，必须将“台站

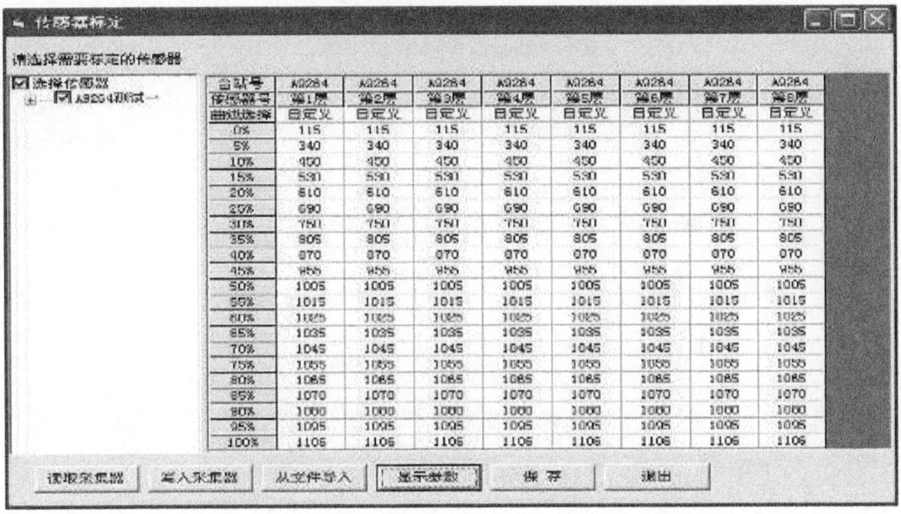

图 6.62　DZN1 自动土壤水分观测仪系统软件———传感器标定界面

参数设置”—“遥测参数”—“土壤类型”改为自定义。此项参数也在此处的表格中显示，方便用户查看。

“从文件导入”：厂家在完成土壤标定后会生成一个标定文件（＊.lin），对于各层土壤可能有不同的标定文件，此时选择公用相同标定文件的传感器层次，然后选择“从文件导入”，选定那个标定文件，然后点击“写入采集器”按钮。如此重复直到所有传感器的标定曲线都写入为止。

“显示参数”：显示本软件中保存的标定曲线。

“保存”：将显示的标定曲线保存在参数配置文件（Tzcs.xml）中。

“退出”：退出本窗口。如果显示的参数与软件中保存的参数不同，将弹出是否需要保存对话框，请根据实际情况选择。

②台站参数设置

系统初次运行，需要设置台站参数。选择点击“台站参数设置(S)”菜单，弹出如图 6.63 所示的窗口。

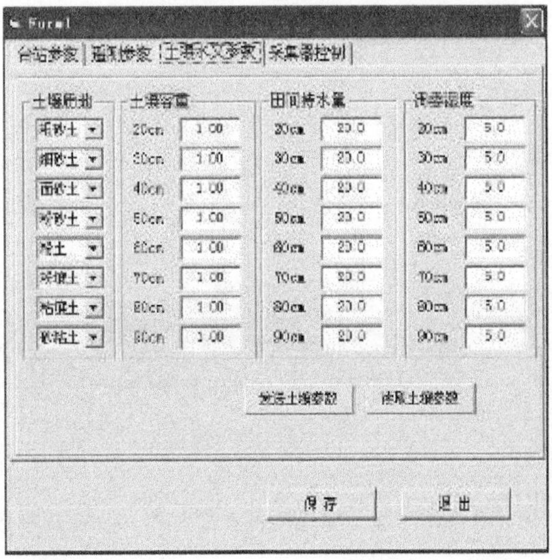

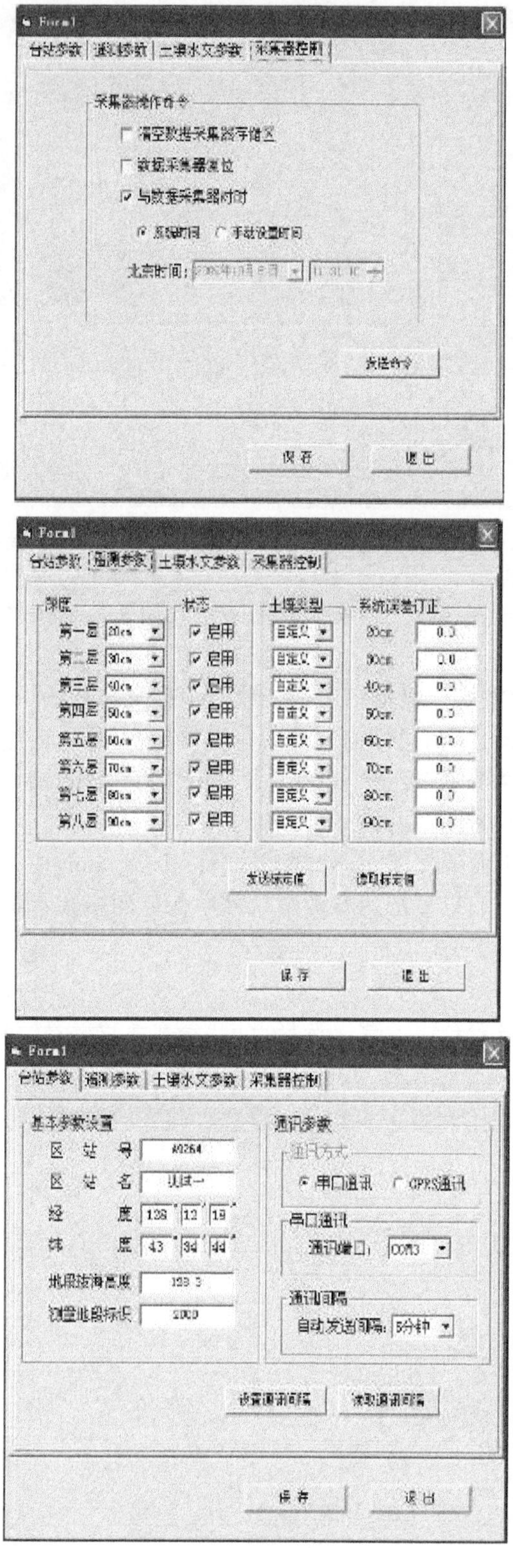

图 6.63 DZN1 型自动土壤水分观测仪系统软件——台站参数设置界面

台站参数包括基本参数设置、遥测参数设置、土壤水文参数设置和采集器控制。

基本参数包括：站号、站名、经度、纬度、海拔高度、测量地段标识和通信参数。

其中：站号设置 5 位英文字母或数字。地段标识根据“作物名称编码表”填入相应的编码。

通信参数：通信端口项是指计算机的端口号，该端口用于同土壤水分观测仪通信。一定要设置正确，否则不能建立通信。计算机软件实现与土壤水分观测仪的实时通信实时观测，必须首先正确连接土壤水分观测仪和计算机，否则系统无法接收土壤水分观测仪数据。计算机能够接收到数据的前提是：a）土壤水分观测仪处于正常的运行状态；b）土壤水分观测仪的 RS232 端口与计算机正确联接；c）设置了正确的计算机接收端口。使用鼠标点击其右侧的向下箭头，会弹出一个下拉窗口，选择当前连接的一个端口即可。

通信间隔指采集器自动发送实时数据的间隔，可由中心站设置，一般设为 10 分钟。

遥测参数是指各层传感器的接入标示，实际安装的深度。“土壤类型”用于选择计算体积含水量时使用的土壤模型，当选择“自定义”时，必须在传感器标定页中给采集器设置正确的标定曲线，否则将导致测量错误。“系统误差订正”是指设置采集器的系统订正值，无订正时可不设。

土壤水文参数是指传感器安装地点的实际土壤参数，该参数用于数据计算，因此必须设置。根据实际测得的数据填入即可。

采集器控制项目是指计算机可以发送命令控制数据采集器进行相应的操作。使用鼠标选择相应操作前面的复选框，然后点击“发送命令”按钮即可。可以选择多个选项，计算机会自动执行。其中与采集器对时为较为常用项目，其他项目主要用于故障检测或系统恢复时使用。

（2）DZN2 型自动土壤水分仪系统设置

DZN2 型自动土壤水分仪的系统参数设置需通过 DZN2 型土壤水分调试软件来完成。

得到正确的安装程序后，按照相关的说明安装好调试软件（安装过程相对比较简单，略），启动程序。程序默认用户界面如图 6.64 所示。

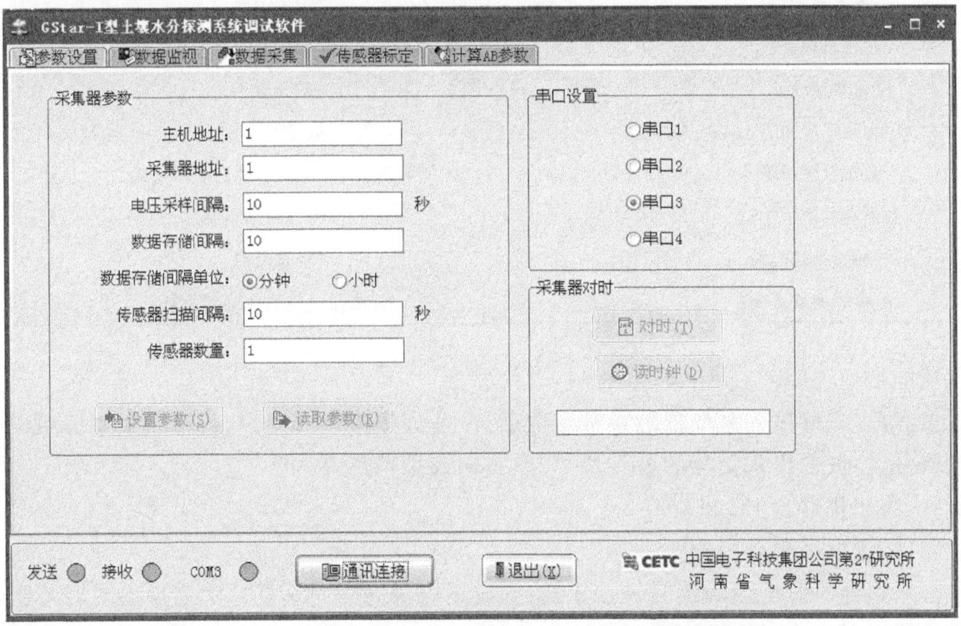

图 6.64　DZN2 型自动土壤水分仪系统调试软件默认用户界面

在串口设置区域，正确选择所连接的串口，然后单击通信连接按钮，若串口选择正确，界面将如图 6.65 所示。

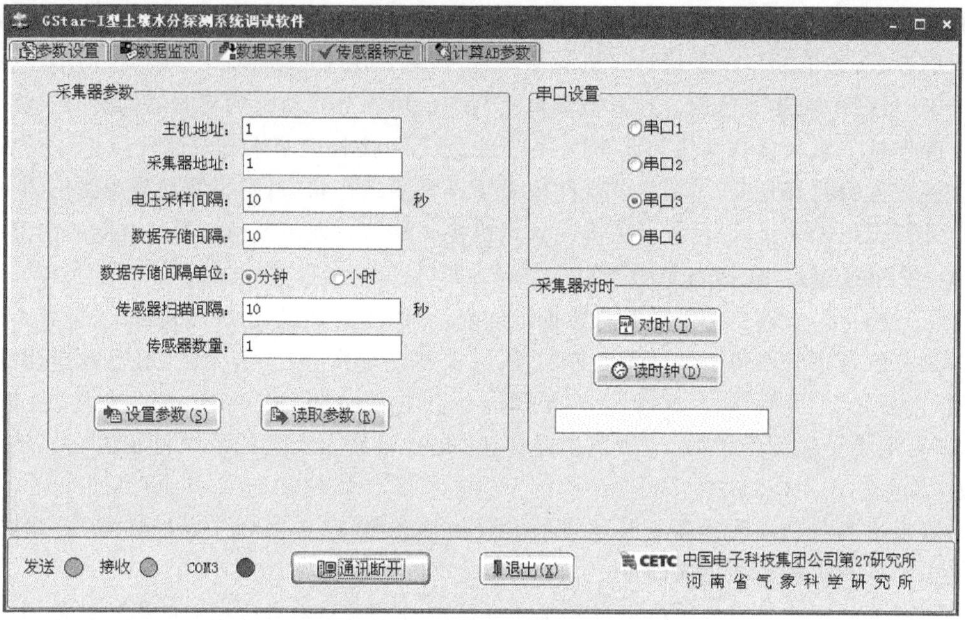

图 6.65 通信连接后的界面

如果串口选择错误，将提示您串口错误，请重新选择。

1）参数设置

程序启动默认的界面即为参数设置页，各项参数按表 6.9 设置。

表 6.9 参数设置表

参数设置项	设置说明
主机地址	一般设置为 1
采集器地址	一般设置为 1
电压采样间隔	一般设置为 3 秒
数据存储间隔	采集器自动采集存储的时间间隔
数据存储间隔单位	选择分钟或小时
传感器扫描间隔	暂时没用
传感器数量	探测器连接的传感器数量

各功能按钮说明：

设置参数：正确输入采集器的各种参数后，单击该按钮，可以将参数写入采集器中；

读取参数：读取出采集器的各种参数，检查输入是否正确；

对时：将采集器与 PC 机对时；

读时钟：读取采集器内的时钟。

单击采集器对时框内的读时钟按钮，将弹出读时钟完毕对话框。然后单击对时按钮，将弹出与采集器对时完毕对话框。

2)数据监视

通信连接正常后,单击数据监视标签进入数据监视界面(见图 6.66)。

时间间隔:1～60s,实际采集数据的间隔比该设定值多 4～5s;

扫描选择:显示探测器的水分或者频率,主要用于调试和标定阶段使用;

数据监视/停止监视:该按钮互为开关,开始或停止监视;

数据清除:清除数据窗口内的数据。

图 6.66　数据监视界面

开始监视时,将根据数据间隔时间来进行监视,数据格式为:

0005:2008－12－26 08:08:08 13.088 0.000 0.000 8.401 11.166 11.777 11.749 10.458 10.193 8.763 14.349

0005:此次监视所得数据的序号为 0005;

2008－12－26:监视时的系统日期,2008 年 12 月 26 日;

08:09:07:监视时的系统时间,08 时 09 分 07 秒;

13.088:监视时采集器的电压,13.088V;

0.000:监视时探测器的温度,探测器温度根据特殊要求定制;

0.000:监视时探测器的电压,探测器电压根据特殊要求定制;

8.401 11.166 11.777 11.749 10.458 10.193 8.763 14.349:从左至右分别表示 1 至 8 层传感器所测得的水分值(或频率值)。

3)数据采集

通信连接正常后,单击数据采集标签进入数据采集界面(图 6.67)。

起始日期时间:表示要采集数据的开始时间。

截止日期时间:表示要采集数据的最终时间。

数据抄收:开始按照起始、终止时间进行数据抄收。

保存:将抄收的数据以 txt 格式保存。

图 6.67 数据采集界面

采集器初始化:将采集器的各种参数初始化。注意:采集器初始化将清除采集器内的历史数据,在安装仪器后,首先对采集器进行初始化操作,但严禁对已经使用的仪器进行初始化操作,否则将导致数据丢失!

4) 传感器标定

通信连接正常后,单击传感器标定标签进入传感器标定界(图 6.68)。

传感器序号:将要读取或设置的传感器序号,一般不大于 8;

空气中频率:此次操作的传感器在空气中测试的频率,此数据由实验室测试获得;

水中频率:此次操作的传感器在水中测试的频率,此数据由实验室测试获得;

参数 A、B、C:此次操作的传感器的特定参数;

设置参数:将新的各种参数写入传感器;

读取参数:读取出传感器的各种参数。

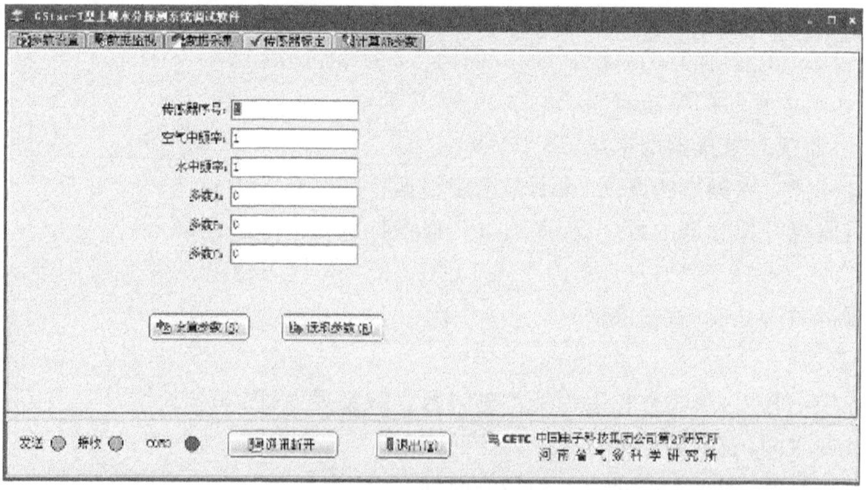

图 6.68 传感器标定界面

注意:传感器标定是一项非常慎重的事情,每个传感器在出厂前都已标定好,未经允许,请勿修改这些参数!

(3)DZN3 型土壤水分自动观测仪

DZN3 型土壤湿度观测站监控程序主界面如图 6.69 所示。

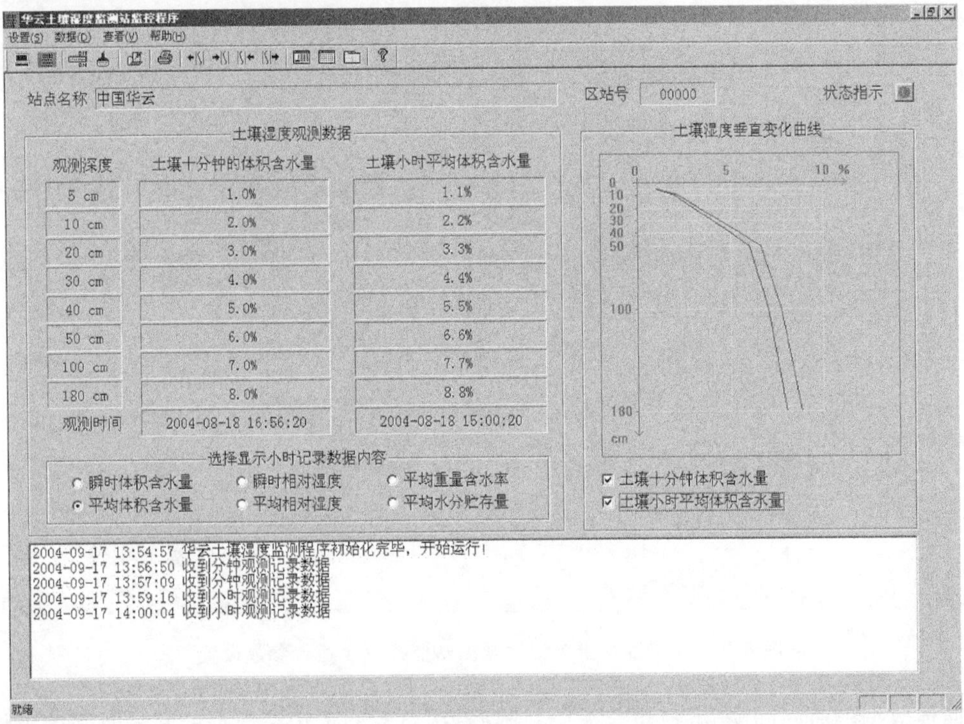

图 6.69　DZN3 型土壤湿度观测站监控程序主界面

1)参数设置

参数设置主要包括设置维护监控程序的正确运行相关的参数、站点信息参数和计算机串口通信参数等。

①设置土壤湿度监测站监控程序运行参数

执行菜单的设置下面设置程序运行参数命令,打开系统运行参数设置对话框,其界面如图 6.70 所示。

· 站点通信和数据采集控制参数

站点通信和数据采集控制参数是监控计算机与 DZN3 型土壤湿度监测站通信连接的参数。在本系统中只需要选择连接自动站的端口参数,其他参数忽略不管。

设置方法:在[连接自动站的端口]下拉组合框中,选择 DZN3 型土壤湿度监测站与终端计算机连接的串口端口号(例如:COM1)。

· 自动站观测数据回传控制参数

自动站观测数据回传控制参数是监控程序对 DZN3 型土壤湿度监测站下载回传记录数据的控制参数。

在[自动下载回传观测数据]选择框中,选择监控程序是否定时自动下载观测记录数据。

在[自动回传数据的时间间隔]编辑框中,输入每次自动回传记录数据的间隔时间数值;在

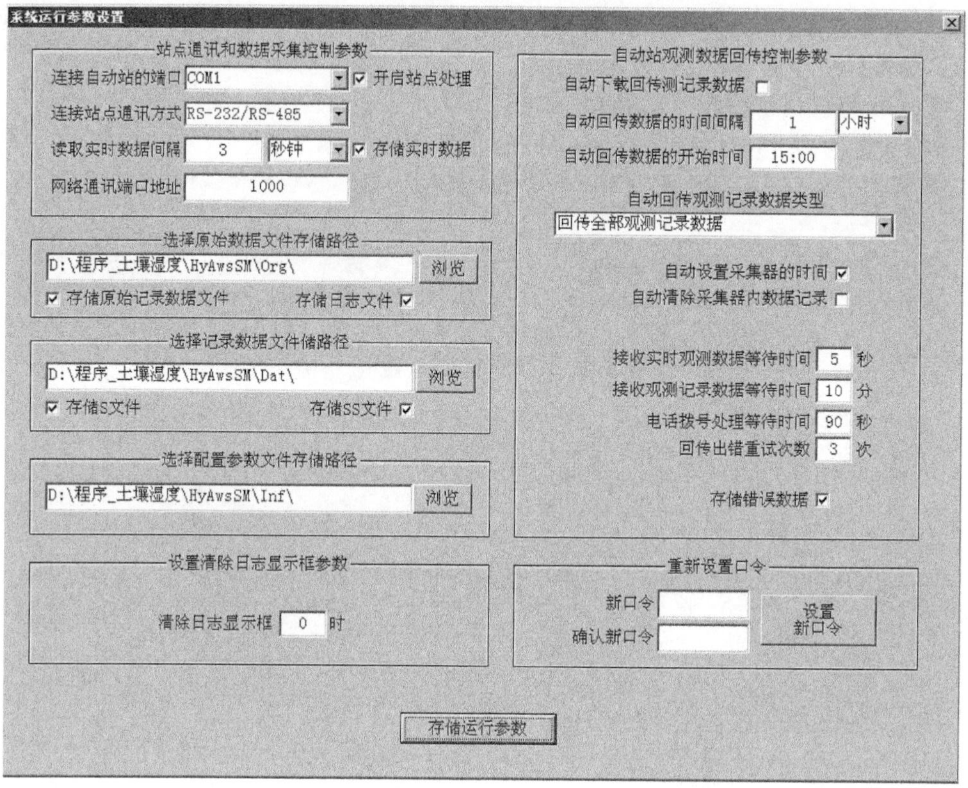

图 6.70 DZN3 型土壤湿度观测站监控程序运行参数设置

[自动回传数据的时间间隔]下拉组合框中，选择每次自动回传记录数据的间隔时间的单位(例如:2 小时)。

在[自动回传数据的开始时间]编辑框中，输入下一次自动回传记录数据的开始时间(例如:20:00)。

根据用户的需求，在[自动下载观测记录数据的类型]下拉组合框中，选定自动下载回传的观测记录数据的内容。(例如:回传最新的观测记录数据)

在[自动设置采集器的时间]选择框中，选定是否需要自动对 DZN3 型土壤湿度监测站进行校时处理，如果选中在每次自动回传结束之后，对数据采集器进行校对时间(例如:自动校时选 √)。

在[自动清除采集器内记录数据]选择框中，选定是否需要自动对采集器内的记录数据进行清除处理，如果选中在每次自动回传结束之后没有错误数据，即对 DZN3 型土壤湿度监测站数据采集器内的记录数据进行清除处理(例如:自动清除选 √)。

在[接收观测记录数据等待时间]编辑框中，输入监控程序等待接收观测记录数据时的最长等待时间(例如:10 分钟)。当监控程序在接收观测记录数据状态时，如果超过这个时间还没有接收完由 DZN3 型土壤湿度监测站发送回来的观测记录数据，则作为超时处理。这个时间的长短应该根据采集器内所存储的观测记录数据的多少而定。

· 其他参数的设置

其他有关“选择原始数据文件存储路径”、“选择记录数据文件存储路径”、“选择配置数据文件存储路径”、“设置清除日志显示框参数”等按本站实际情况进行设置。

②设置站点测量参数

站点测量参数主要包括“站点信息参数”、“土壤湿度观测测量以及订正参数”两项。程序设置界面如图 6.71 所示。

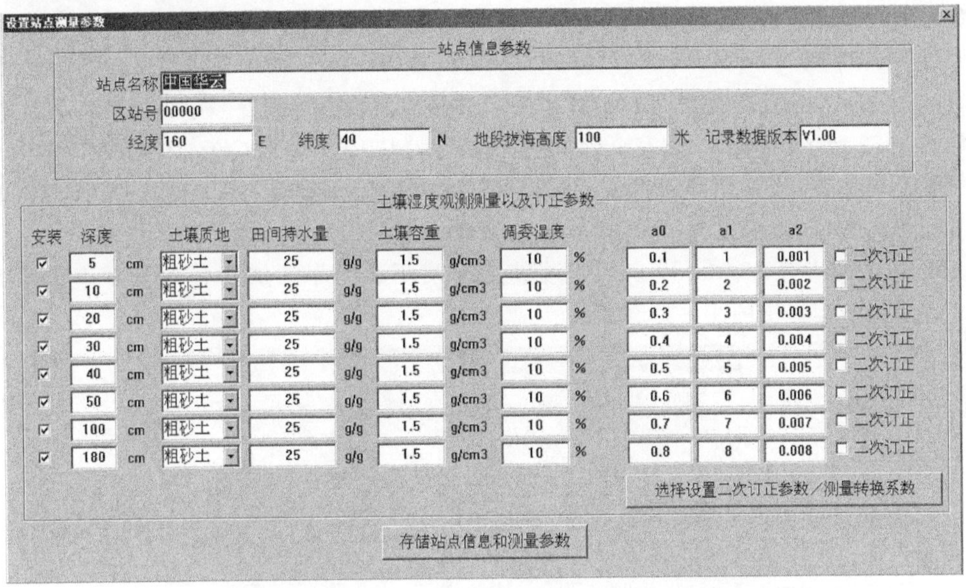

图 6.71　DZN3 型土壤湿度观测站监控程序——站点测量参数设置界面

· 站点信息参数

在这一部分设置的参数是 DZN3 型土壤湿度监测站的基本参数。按本站实际情况设置。

在[S 文件版本号]编辑框中，设置站点的 S 文件版本号(例如：V1.00)。

· 设置各层的观测参数

传感器安装标志与安装深度：按本站实际安装的各层次传感器来设置，有该层勾选并设定对应的深度，无该层不选。

土壤质地：根据各层土质的状况，选择土质参数。

田间持水量参数、土壤容重、凋萎湿度：根据各层土质的特性的人工测量结果设定。

设置二次订正系数：在这一部分设置对各层观测数据进行的二次订正系数。订正公式为

$$y=a_0+a_1x+a_2x^2$$

点击[选择设置二次订正参数/测量转换系数]按钮，切换到选择设置二次订正参数。

分别在[a0]、[a1]和[a2]编辑框中，输入二次订正系数。在[二次订正]选择框中，选择是否需要进行二次订正。

设置测量转换系数：在这一部分设置对各层数据采集进行的测量转换系数。

点击[选择设置二次订正参数/测量转换系数]按钮，切换到选择设置测量转换系数。

分别在[C0]、[C1]和[C2]编辑框中，输入测量转换系数。点击[发送订正参数]按钮，把数据采集转换参数发送到数据采集器中。

说明：此功能台站观测人员不要使用。

③设置串口通信参数

DZN3 型土壤湿度监测站通过串口与计算机相连接，计算机的串口通信参数必须与所接入的 DZN3 型土壤湿度监测站通信参数一致。

DZN3 型土壤湿度监测站的串口通信参数缺省设置为：9600bps、8 位数据位、1 位停止位、无奇偶校验。

如果要改变站点的通信速率，就需要打开数据采集器的外壳，改变设置采集器串口通信速率的 DIP 硬件开关。

本节的设置串口通信参数是对计算机的串口通信参数进行设置。串口通信参数设置属性界面如图 6.72 所示。为了操作安全，需要验证口令。从 COM1 到 COM10 每一个串口对应一个参数设置属性页，其中 COM1 和 COM2 为计算机本身自带的串口，COM3—COM10 分别为多串卡配置的串口，或者是由 USB 转 RS232 设备添加的串口。

多串卡或 USB 转 RS232 设备的安装使用以及驱动程序的加载请参见多串卡、USB 转 RS232 设备供应商提供的相关资料。

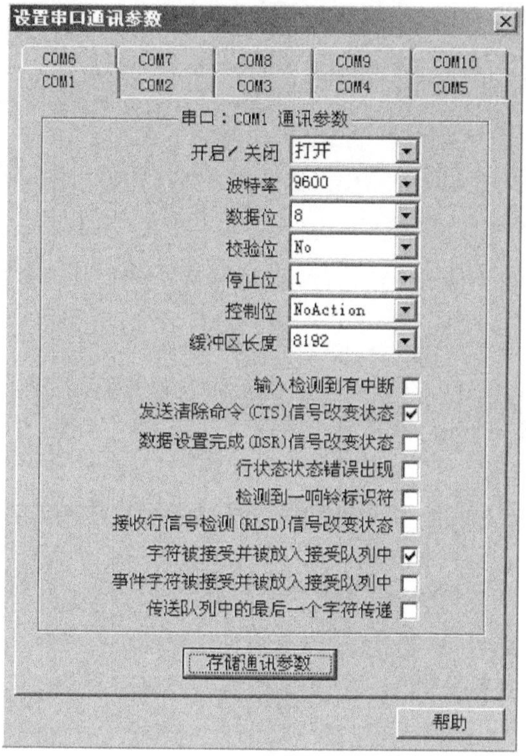

图 6.72　DZN3 型土壤湿度观测站监控程序——计算机串口通信参数设置界面

串口通信参数必须要设置的参数包括：波特率、数据位、停止位、奇偶校验。其他参数可根据需要设定或者直接使用缺省的参数。

串口通信事件必须选中字符被接收并放入队列中检查框。其他事件可以忽略不管。

对于不使用的串口，应该设置为关闭的状态。

6.2.4　日常维护

(1)场地维护

1)在固定地段安装的仪器，观测场应是长期固定的、无灌溉状态下的、能反映当地自然下垫面的地段。

2)在作物地段安装的仪器，观测场内要和周边大田环境保持一致，场内也需种植与农田内同类型的农作物，但进行农田耕作时需注意避开土壤水分传感器及通信电缆，种植作物时要离开传感器套管 20 cm，作物要进行灌溉时场地内外也要保持灌溉量一致。

3)表层土壤尤其是黏土发生严重干旱时会出现龟裂现象，如发生龟裂需将传感器周围 20 cm 内的土壤挖开至未开裂的深度，然后在附近选取松散的潮湿土壤进行回填，并将回填土压实，确保土壤与传感器套管紧密接触。

4)传感器及其周围土壤严禁使用任何诸如杂草、沙石等物质覆盖，否则将会影响传感器周围土壤的蒸发或降水渗透，造成仪器观测数据无代表性。

(2)仪器维护

1)每日在 08 时或沙尘暴、强雷暴、大风、暴雨等恶劣天气后巡视仪器，检查仪器(设备和计算机)供电是否正常、传感器工作是否正常、通信是否正常。

2)每天定时通过自动土壤水分观测仪计算机终端检查前一天采集数据是否完整，如有缺测及时手动补调。

3)定期检查电缆与传感器及采集器连接是否有松动现象；每年定期检查电缆是否损伤、老化。

4)每年定期将传感器从 PVC 安装套管中取出检查一次，查看管内是否有受潮或进水情况，如有水滴，需要清除干净并进行防水处理，检查时应将传感器内放置的干燥剂进行更换，安装套管内受潮或进水都会影响传感器的正常工作。

5)雨季来临或进行农田灌溉前应仔细检查传感器安装套管的防水情况，并用 704 硅橡胶对管壁与保护帽的接口处、接线口、螺丝口等处进行防水加固处理。

6)每月现场检查一次采集器箱，查看是否进水或沉积灰尘，定期对采集板进行除尘处理。

7)建立专用值班工作日记，每日填写，认真记录上述检查处理的情况。

8)当发现仪器故障时，应在值班日记详细记录，根据故障情况及时通知生产厂家进行必要的处理。

6.2.5　常见故障分析与处理

6.2.5.1　DZN1 型自动土壤水分仪

(1)数据采集器故障

1)检查

检查指示灯：P 灯正常工作是长亮。CP 灯每分钟 47 秒点亮，59 秒灭掉。

检查显示器：正常情况下，显示器不亮。需通过按“菜单”键或“确认”键，激活显示器。通过显示器，可以检查系统时间及土壤各层的数据是否正常。

2)故障处理步骤

①检查数据采集器供电：拔下数据采集器上的电源输入端子，使用万用表直流电压挡测量

该电源输入端子的直流电压是否正常，正常电压范围11～15V。如果为0,可判断故障出现在电源部件,按照(4)的有关步骤检查电源系统。

②检查数据采集器:关闭数据采集器上的电源开关,将数据采集器上的接线端子除电源外全部拔下,然后打开电源开关,检查数据采集器是否恢复正常。如不正常,则可判断数据采集器故障,更换。

③其他部件损坏,导致采集器工作不正常(传感器短路或大电流消耗)。

如果电压不正常,可以从数据采集器的接口板上,将各传感器端子、通信电缆端子等接线端子逐个拔下,使用万用表监视直流电源电压,看电压是否恢复正常,如果恢复正常,则最近被拔下的外部部件(传感器等)损坏,需更换。

(2)传感器故障(带电测量)

1)检查

通过数据采集器上的显示屏检查:各层体积含水量测量值应小于60。大于60,则传感器可能出现故障。

通过网页上的数据检查:连续多组小时数据出现跳变,则传感器可能出现故障。

2)故障处理步骤

①检查传感器接线端子是否松脱。

②将其他通道传感器正常的传感器从采集器上拔下,插入本通道。或者将故障传感器从本通道上拔下,插入采集器上其他正常的通道。当采集器的时间过正分时,通过采集器上的显示屏,读取该层次数据,检查是采集器的通道损坏,还是传感器损坏。

③检查传感器供电:当采集器的CP指示灯亮时,用万用表DC电压20V档测量电缆接线端子12脚与GND脚之间电压应在12V左右。

④检查传感器信号输出:在采集器上找到相应的传感器,将传感器接线端子中的+脚与－脚自采集器接线端子上拧下。当采集器的CP指示灯亮时,用万用表DC电压2V档测量电缆接线端子+脚与－脚之间电压应在0～1.2V之间,根据环境判定传感器数值是否正常。0～1.1V电压对应体积含水量0～100%。

⑤如果传感器故障,更换传感器。

(3)供电系统故障

1)检查及判断

充电控制器指示灯:正常情况下,太阳能电池板供电指示灯为绿色长亮。电池容量指示灯为黄色长亮。异常情况,故障指示灯红色长亮或闪亮。网页上显示,电源电压小于12V,表示电池即将没电。

2)故障处理步骤

太阳能充电控制器具有过放保护功能。当蓄电池电压低于11.5V时,充电控制器会自动切断供电,避免蓄电池放空,起到保护电池的作用。当蓄电池电压高于11.9V时,充电控制器会恢复供电。

①检查蓄电池:将蓄电池正负极的接线叉子取下,然后使用万用表直流电压挡测量蓄电池两端的直流电压,是否正常(12V以上)。如果电压偏低,则需更换蓄电池,并对蓄电池进行充电。

②检查各传感器:使用万用表直流电压挡测量数据采集器直流输入端的直流电压。如电

压异常，可将数据采集器上的传感器接线端子全部拔下，继续测量。如电压正常，则可判断有传感器故障。将传感器的接线端子逐个插入数据采集器，当电压出现异常时，则可判断该传感器故障，更换。

(4)GPRS 模块故障

1)检查及判断

正常状态：指示灯为红灯常亮，并且内部有一个绿灯每秒钟闪烁一次，表明无线传输模块工作正常。

异常状态：如果为绿灯常亮，不闪烁，则表明无线传输模块无法识别手机卡，请检查手机卡。必要时更换。

如果为绿灯，并闪烁，则表明无线传输模块正在寻找网络，可能是无线网络信号不好，

如果指示灯不亮，无线传输模块供电故障或模块本身出现故障。

2)故障处理步骤

①首先，检查该台站是否欠费或手机卡过有效期。然后查询该台站所在地区移动公司信号是否正常。最后到现场检查无线传输模块指示灯。

②如果指示灯不亮，需检查无线传输模块的输入电源是否正常。电源端子为耳机插孔式，孔内为电源正端，孔外为电源负端，电源电压为 12V 左右。如果电源正常，则可能是无线传输模块故障，需要更换模块。

③如果指示灯为绿色闪烁，检查天线、接线端子等是否接触良好。

④更换一个可以通过 GPRS 上网的手机卡，如果几分钟后指示灯为红色常亮，则说明原来的手机卡故障。或者将无线传输模块内的手机卡取出，放入可以上网的 GPRS 手机内，如果手机可以上网，则可判断为无线传输模块故障。

⑤更换新的模块时，一定要使用原来模块内的手机卡，该手机卡的 SIM 卡号码用于外站的身份识别，如果更换的手机卡，要将更改后的手机卡的 SIM 卡号码通知中心站管理员，由管理员设置，这样该台站才能正常传输数据。

(5)雷击、短路等特大故障

如出现雷击、短路等特大故障，可明显观察到器件有损坏或电击损毁，请及时与厂家联系，由厂家派人现场解决。

6.2.5.2　DZN2 型自动土壤水分仪

(1)采集器故障判别

1)供电检查：查看电源指示灯是否常亮，如果不亮，检查采集器板的电源端子是否连接松动，接线是否牢靠，拔掉重新接线，插上电源端子，如果还不能启动，用万用表测量蓄电池电压是否正常(正常范围为 12～15V)，如不正常则需更换蓄电池，如电压正常，则说明主机板故障，需更换主机板。

2)采集程序运行检查：运行指示灯是否正常闪烁，如不闪烁，则主机板故障，需更换主机板。

3)串口通信检查：使用调试软件通过 RS232 接口与采集器通信，首先进行读时钟操作(注：由于 GPRS 采集器会时刻检测与 GPRS 服务器的链接状态，有时会影响 RS232 通信，但一旦检测到 RS232 通信，至少在 3min 内不再检测与 GPRS 服务器的链接状态，这期间不会影响 RS232 通信)，如果连续读时钟正常，日期也正确，则说明采集器串口通信正常。

4)GPRS通信检查。查看指示灯是否常亮,如不亮,应检查SIM卡安装是否正确、是否欠费停机,检查该地区的GPRS信号状况;检查GPRS天线的接口是否脱落,如果脱落,重新安装即可;通过RS232接口读取服务器IP地址和端口,如不正确,重新设置;如果以上各项检查都正常,仍无法登录服务器,则可判断GPRS模块出现故障,需更换采集板。

(2)传感器故障判别

1)接线端子检查。检查跳线帽是否脱落,用手按压各层传感器和主机板相连的排线插针,确保各个连接器件之间连接可靠。

2)传感器外观检查。在彻底断电的情况下,查看传感器电路板与两个铜环极板之间的连接线是否脱落,如脱落,可用烙铁焊接;传感器卡槽松动或损坏、RS485接口损坏、传感器处理板损坏、连接排线松动等问题都可能导致传感器与采集器通信无法正常连接,调试软件将无法与传感器进行通信调试。

3)软件调试。传感器出现问题,将直接导致数据出现奇异值或走势异常。使用自动土壤水分观测系统软件浏览土壤水分值,如果某个层次的水分值异常偏高或过低,则读取该层的传感器频率值,正常范围应在30～80MHz,若频率值超出此范围,则说明该层传感器可能接触有问题或已经损坏,若对传感器加固仍无法解决则需更换该层传感器。

6.2.5.3 DZN3型自动土壤水分仪

(1)供电故障

1)检查太阳能充电控制器能否能够正常供电,若不能,则打开采集器箱,检查太阳能控制器是否接好,采集器的接线是否正常。

2)用数字万用表检查太阳能充电控制器、采集器电源端、土壤水分探测器电源端、蓄电池电压是否大于12V,判断太阳能充电控制器和蓄电池是否损坏,如果某个设备损坏,则需要更换(图6.73)。

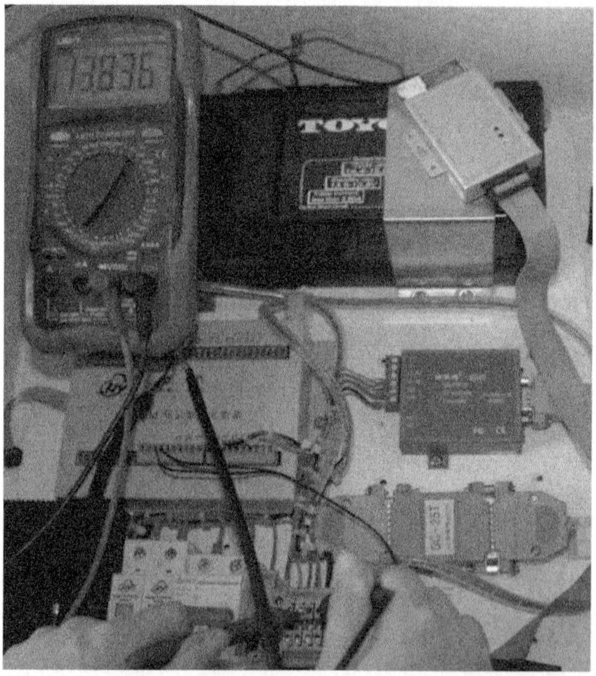

图6.73 用万用表检查太阳能充电控制器输出端电压

(2)接线端子故障

1)检查总线顶端的插槽与接口控制器,以及插槽和数据采集器是否连接良好,若不是,则重新连接(图6.74、图6.75)。

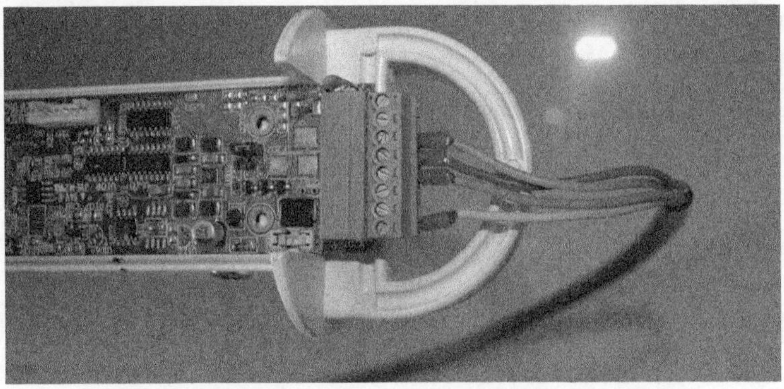

图6.74 插槽与接口控制器连接图

图6.75 插槽与导轨连接图

2)如果发现通信电缆断开,先将电源开关拔下,待采集器断电后,将通信电缆重新插好。再将电源开关插好,重新给采集器供电。

(3)采集器故障

1)观察采集器指示灯的状态判断采集器是否出现故障

在采集器开始运行时(采集器上电或采集器重新复位处理),采集器进行读取配置参数和运行状态初始化处理,这是测量指示灯和通信指示灯同时点亮时,初始化结束,两个指示灯熄灭;

测量指示灯闪亮时,表示采集器在进行采集测量数据处理;

通信指示灯闪亮时,表示采集器串口有收发数据;

测量指示灯和通信指示灯同时闪亮时,表示采集器在进行读写观测记录数据处理,当然也有可能正好是测量数据和发送数据同时发生;

不要在测量指示灯和通信指示灯同时闪亮时,拔下采集器的电源,除非判断采集器已经出现故障;

如果采集器出现某一个或两个指示灯长亮或者从来不亮，采集器可能已经出现故障；

如果发现采集器已坏，更换采集器，再进行其他故障排查。如果硬件设施正常，故障还存在，请尝试采集软件的故障查找，即利用终端命令的方法来查找故障所在。

2）利用终端命令提示符检查判断采集器是否出现故障

若确认采集器无故障，则可以使用超级终端或采集器维护终端对其进行检测。

首先在确认采集器通信状态正常时，进入采集器终端菜单，利用采集器的各种检测命令进行检测：

键入 STA 命令，查看采集器的当前状态信息。会返回如下的数据格式信息：数据标识，站点区站号，日期，时间，电池电压(例如：HYA－M　STAS　54510　2006－02－22　23:46:58　12.3)。

键入 RD 命令，查看实时观测数据的返回是否正常。通常会返回如下的数据格式信息：数据标识、站点区站号、日期、时间、观测要素标识码(0～255)、第 1 层土壤水分测量数据)—第 i 层土壤水分测量数据、电池电压。(例如：HYA－M ROSD　54510　2006－02－22　23:46:58　31　0.1017　0.1018　0.1037　0.1117　0.1213　0.1227　0.1025　0.1134　12.3)。

按下面格式键入 MPT 命令，进行读取或设置主通信端口号，查看是否通信端口设置错误。

MPT 命令，　　读取主通信端口号。

MPT　0 命令，设置主通信端口为 COM0 通信端口。

MPT　1 命令，设置主通信端口为 COM1 通信端口。

键入 INFO 命令，向上位机发送数据采集器的基本信息，包括：程序的版本号和采集器的唯一编号。如(HYA－M Ver3.12　SID:100331)

其他各种采集器命令请查看有关 HYA－M 华云数据采集器功能命令表。如果超级终端上采集器的返回正常，而采集软件却得不到数据，说明采集软件发生故障。建议请求厂家重新烧写采集器程序。

(4)通信故障

如果本地数据正常，但中心站软件上却没有相应站点的土壤水分数据，可能是通信故障。

解决办法为：

1)电缆：查看电缆线的上电情况、通信是否正常、天线好坏以及连接是否正确等。

2)SIM 卡：检查 SIM 卡是否损坏，是否欠费。如有损坏，请更换 SIM 卡，如有欠费，请续费以便继续使用。

3)检查 GPRS 通信模块的参数配置，具体操作请参见 GPRS 模块的设置部分。如果 GPRS 通信模块已损坏，请更换模块。

(5)传感器故障

如发现某一层数据为零，可能原因为该层传感器连接线没有插好或该层传感器损坏。

解决方法为：

断电后，将土壤水分探测器拔出，将该层传感器带状电缆的头卡入总线。

注意：不要只插上一排插针。

如果该层传感器损坏，则根据以下步骤，更换传感器。

首先，确定好传感器的数量和安装位置，用手压下箭头所示点，在土壤水分探测器总线及固定结构上慢慢滑动传感器到其安装位置，将传感器的凸起部位卡入槽内并锁定传感器。

注意：滑动时保护好传感器的带状电缆及传感器内的小电路板，如图 6.76 所示。

图 6.76　传感器安装示意图

接着，将带状电缆的头卡入总线，注意：不要只插上一排插针，如图 6.77 所示。

图 6.77　插针示意图

然后，用跳线设置传感器地址，不同跳线位置代表不同地址，如图 6.78 所示。

图 6.78　设置传感器地址示意图

6.2.6　传感器标定

由于自动土壤水分传感器在实际测量过程中受到土壤质地、容重、安装结合紧密度等因素的影响，读数差别很大，因此，在正式使用前需要进行标定。一般认为，传统的烘干法测得的土壤水分值是可信的,可以作为其他各种土壤含水量测量方法的校正标准。

标定分两个步骤:实验室标定和田间标定。实验室标定是从田间取回土样在标准容器内回填成均匀的土体,控制加入的水量可得到不同的土壤湿度,传感器与人工对比观测,进行标定。田间标定是以人工与自动土壤水分传感器进行同时次的对比观测,用人工观测数据对仪器进行标定。仪器安装3个月以后,待传感器安装地段的土层恢复稳定,再进行田间标定。

(1)实验室标定

为确保自动土壤水分观测仪器的准确性,仪器生产厂家应对每一种土壤质地样本,进行土壤标定参数试验。

按照相同土壤质地合并原则进行组合,至少分为10~30cm,40~60cm,80~100cm三层。对合并后的土层,分别制作标准土壤水分样本,每层制作样本的土壤体积含水量分别为小于10%、10%~15%、15%~20%、20%~25%、25%~30%、30%~35%和大于35%七个等级(3层共21个样本)。将传感器分别插入标准土壤水分样本中测量,获取器测值。通过专用环刀在各个土盒样本中取土烘干、称重,获得对应样本的实际土壤含水量值。对烘干称重法获得的土壤含水量值与器测值进行分析比较,建立各层相应的对比曲线。利用数学方程进行拟合计算,确定传感器标定参数方程。

(2)田间标定

田间标定以仪器观测的10 cm土层体积含水量变化为判断标准,在小于10%、10%~15%、15%~20%、20%~25%、25%~30%、30%~35%和大于35%等七个不同土壤水分体积含量区间进行相应的人工对比观测。原则上,每一个土壤体积含水量等级样本数不少于4个,总样本数不少于30个。对各层人工对比观测数据和器测值进行分析比较,建立各层相应的对比曲线。利用数学专用工具进行拟合计算,确定传感器标定参数方程。

进行人工对比取土观测时,须跨越干湿两季,使获得的样本分布均匀、能够代表当地土壤水分含量范围并验证仪器在干湿两季过渡期的适应性。取土钻孔的位置应分布在传感器埋设位置四周半径2~10m之间的范围内,完成取土观测后取土孔要立即分层回填,不得在回填孔中再次取土进行对比观测,取土时记录每个钻孔取不同深度土样时的详细时间。人工对比观测记录簿包括人工取土观测各重复数据(烘干前后土壤样本重量),格式见附录1。

由相关技术人员利用人工和同时次的仪器观测数据分别计算不同层次的标定参数,完成对传感器的田间标定。

(3)业务化检验标准

在完成田间标定工作后,需达到业务化检验标准,方能投入业务使用。

业务化检验标准的评价指标:人工观测土壤体积含水量值与器测土壤体积含水量之差的多次平均值的绝对误差$\bar{\sigma}$小于等于5%。$\bar{\sigma}$的计算公式为

$$\bar{\sigma} = \frac{\sum_{i=1}^{N} |x_i - a_i|}{N} \tag{6.5}$$

式中,$\bar{\sigma}$为人工对比观测土壤体积含水量多次平均值的绝对误差,x_i为仪器观测值;a_i为人工观测值;N为对比观测次数。

设备田间标定结束后,再连续人工对比观测1个月(不少于6次,遇0~10cm土壤冻结顺延)用于业务检验,由各省(区、市)气象局负责对所辖范围内的自动土壤水分观测仪统一组织

进行检验。

如果地下水位比较高，在人工取土过程中，若发现某一层已渗水，则该层及其以下层次不再对仪器观测数据与人工观测数据进行评估，在人工观测时注意观测和记录。

若仪器未通过检验，分析查找原因，排除仪器故障原因后，对建立的标定方程参数进行完善，补充对比观测 1 个月后再次进行检验；若仍达不到检验标准，必须对仪器进行更换。

对比观测时间应不少于 6 个月，田间标定与检验应在 1 年内完成。

6.3 GPS/MET 水汽观测

6.3.1 概述

全球导航卫星系统(Global Navigation Satellite System，GNSS)是 20 世纪对人类生活具有广泛重大影响的空间技术之一，受到各个国家和地区的高度重视，目前已经应用于空间和大气探测、大地测量、地理信息系统(Geographic Information System，GIS)，交通智能化管理、城市规划等各个领域。包括美国的全球定位系统(Global Positioning System，GPS)，俄罗斯的格洛纳斯系统(GLONASS)，欧洲的伽利略系统(GALILEO)和中国的北斗导航卫星系统，其中应用最为成熟稳定的是美国的 GPS 系统。

全球卫星导航系统的相关技术也被应用到大气、海洋和空间的探测和应用领域，对这些领域产生了深刻影响，目前已经在高空探空的定位测风、地基遥感水汽和电离层、海风海浪探测、无人飞机导航、授时及气象信息传输领域得到广泛应用。其中，地基导航卫星遥感水汽可提供对大气高精度全天候连续的水汽观测，从而提高对短时灾害天气的预警预报能力，对我国减灾防灾具有重要应用价值。

“GPS 气象学”，即“GPS Meteorology”，简称为”GPS/MET”，是利用 GPS(含发出信号的卫星和接收信号的接收机)进行地球大气层遥感探测的一种技术方法。用于大气探测的 GPS 接收机可以安装在地面上，也可以由卫星携带。通常把前者称为地基 GPS/MET，后者称为空基 GPS/MET。

GPS/MET 的基本原理是 GPS 信号穿越大气层时会因为大气层结不同而发生传输路径和时延的改变，利用这一效应，通过一套反演理论得到大气的温度、气压、湿度等气象要素。

地基 GPS 气象学主要是通过在地面上架设 GPS 接收机，接收 GPS 卫星发射的无线电信号，来获取该站上空大气可降水量(气柱水汽总含量)和电子密度总量(TEC)等参数。地基 GPS 探测水汽的研究包括天顶方向的大气水汽总量 PWV(precipitabel water vapor)、GPS 信号倾斜路径上的水汽总量 SWV(slant path water vapor)以及应用组网的 GPS 倾斜路径观测反演局地上空的水汽四维时空变化，即水汽层析(water vapor tomography)。

GPS/MET 站选择观测环境具有代表性并能保持长期稳定的观测场所，使用高稳定性、自动的观测仪器，来获取原始观测资料。每个 GPS/MET 站的原始观测资料通过通信网络连接到省级气象信息中心和国家气象信息中心，由国家气象信息中心将原始资料传至气象探测中心处理成水汽数据并进行质量控制，形成可用的水汽数据产品。GPS/MET 站观测应包括：卫星导航文件，卫星观测文件和地面气象文件。全部观测项目均采取自动观测，由高可靠性技术设计和高精度测量的 GPS/MET 站完成，辅以必要的人工维护和干预。

6.3.2 测量原理与系统结构

(1)测量原理

全球定位系统(GPS)包含24颗卫星,发射2个L波段频率信号(L1,1575.42MHz和L2,1227.6MHz)。GPS信号对地球大气的折射指数很敏感,而大气折射指数又受到诸如气压、气温和水汽等的影响,大气水汽含量的变化导致GPS信号延迟的显著变化,因此,GPS可作为水汽探测的有效途径之一。大气层中电磁波与大气介质之间的相互作用会导致GPS卫星信号延迟,这种信号延迟分为电离层延迟和对流层延迟(或称中性延迟)。电离层延迟可以用双频机观测消除,并且研究也表明电离层延迟与信号频率平方成反比。而对流层延迟则无法用双频机观测来消除。对流层延迟又分为"静力延迟"(有时称为"干延迟")和"湿延迟"两项。1987年,Askne等提出了利用GPS遥测大气的设想,推导出了大气湿延迟与可降水量之间的关系(AN模型)。Bevis等指出,利用GPS可以精确地估计出总的天顶方向大气延迟,大气干延迟可由地面气压精确确定,在总的天顶延迟中去掉干延迟就可以得到湿延迟,根据湿延迟就可以计算出大气中的可降水量。

天顶总延迟(zenith total delay,ZTD)值可以根据接收到的GPS观测数据,通过GPS解算软件分析得到。目前,国际上常用的GPS数据解算分析软件有:瑞士伯尔尼大学天文研究所开发的BERNESE(Bernese GPS Software)、美国喷气推进实验室(JPL)开发的GIPSY/OASIS(GPS Inferred Positioning System－Orbit Analysis and Simulation Software)和美国麻省理工学院(MIT)开发的GAMITGPS Analysis Software。近年来,国内也发展了一些GPS天顶总延迟解算软件,如SHAGAP(中国科学院)、GPSADJ(国家测绘局)、SOSDS(总参测绘局)等得到天顶总延迟值后,再利用对流层延迟与水汽的关系,可以建立GPS水汽反演方法,由此获得大气整层累积可降水量(precipitable water vapor,PWV)和斜路径水汽含量(slant－path water vapor,SWV)。

(2)系统结构

GPS/MET站设备主要有:导航卫星接收机、导航卫星接收天线、数据采集计算机和地面气象观测(图6.79),用来获取原始观测文件:导航文件、观测文件和气象文件。

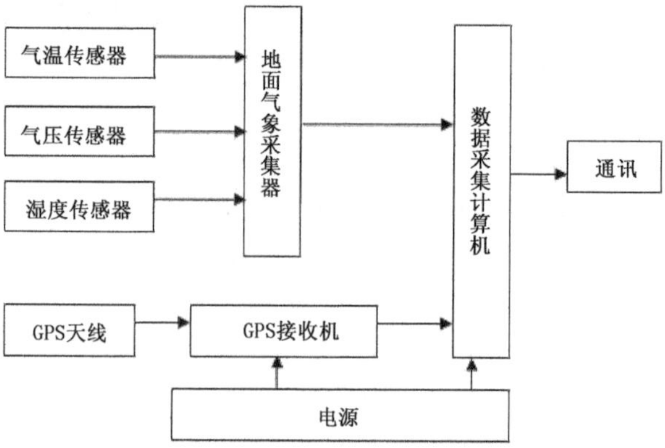

图6.79 地基导航卫星采集系统结构图

GPS/MET站应配置数据采集监控管理软件,进行观测数据的采集,并把它发送到数据处理中心进行处理。

1)接收机

导航卫星接收机自动记录数据，具有内部存储器，应满足长期工作、快速记录、容量足够的需要；接收机同时有良好的输入输出串口，可供温湿压地面气象要素的输入和向计算机终端输出的功能。接收机能长期稳定运行，在外接电源接通后应能自动重启、自动跟踪、自动工作，并保持停电前的配置。导航卫星接收机要求采用双频高精度接收机，可以自动同时接收到 4 颗以上导航卫星的双频或多频波段的载波相位数据、码距、观测值。

2)天线

天线与前置放大器应密封为一体，以保障其在恶劣的环境下能正常工作，并减少信号损失；天线必须采取适当的防护与屏蔽措施，应选用具有良好的抗多路径效应的扼流圈天线，以减少多路径效应引起的相位观测误差。天线的相位中心，与其几何中心之间的偏差应尽量少，且保持稳定。

3)温湿压气象仪

地面气象传感器提供至少温度、气压和湿度三要素，采用与导航卫星接收机直接连接的气象仪，应能将气象数据直接记录到导航卫星接收机中；也可以使用台站自动气象站(至少具有气温、气压和湿度)来代替直接连接的气象仪，但 GPS/MET 站应能使用导航卫星气象文件的格式获取自动气象站的温、压、湿要素数据。

4)通信接口

采集器应具有采集电压、电流、频率、并行码、计数输入等信号的能力，以连接各种传感器，测量相应气象要素，并可进行扩展。

采集器应至少配置一个 RS485 通信接口、一个 RS232 通信接口和一个 RJ45 接口。

RS232 通信接口既可以支持本地通信，又可以通过扩展其他通信设备实现远程通信。

RJ45 接口支持 TCP/IP 协议。

5)外围设备

根据不同的需要，配置的外围设备有：计算机、显示器、打印机等。

6)业务软件

业务软件安装在 GPS/MET 站的微机中，能够实现对 GPS/MET 站的监控、数据采集、数据质量控制、数据存储。通过业务平台局域网，在数据库服务器建立 GPS/MET 站观测数据库，能够对该数据库进行有效的操作和控制，将 GPS/MET 站实时数据和状态信息上传至上级资料处理中心和监控中心。

在业务软件中，卫星截止高度角置于 5°。导航卫星观测文件的数据采样频率不低于每 30s 一个历元。气象数据的采样率不低于数据传输的间隔。

(3)性能指标及要求

1)接收机指标

观测频率：至少接收一种导航卫星系统(GPS 或北斗等其他系统)信号。

观测值：伪距(C/A 码，P 码)、各频率全周载波相位(L1、L2)。

具备双频同步跟踪地平仰角 0°以上的所有可用卫星。

信号通道：并行通道不低于 24 个。

接收机采样整秒时刻与 GPS 时之差：小于 1ms。

接收机钟频：晶振日稳定性不低于 10^{-8}。

采样率：可设置不同的采样率，最高采样率不小于 10Hz(非内插)。

数据存储：支持文件循环存储，可至少同时存储多种采样率的数据，接收机固体存储量≥150M。

数据传输：支持 TCP/IP 数据流。

通信端口：至少 1 个以太网端口(RJ45)，RS232 串口至少 2 个。

外接原子钟频标接口：原子钟 10MHz 或 5MHz。

功耗：接收机与扼流圈天线的整体功耗应在 8W 以内。

远程控制：可进行远程软件升级、远程参数设置和远程复位，采用基于 Web 的控制界面。

工作温度：在－40～＋65℃的环境下能长期连续正常工作；存储温度：－40～＋70℃。

工作湿度：在相对湿度≤100％的场合下能长期连续正常工作。

接收机应全密封防水，符合 IP67 标准。

电源：接收至少有两个外部电源端口，用于交流电及蓄电池供电，其中交流电需适配器转换，蓄电池可直接供应直流电。直流供电电压 9～28V，交流转换器工作电压 100～240V。

非正常断电后恢复供电自动恢复工作。

内置 FTP 服务支持 FTP 主动上传。

相位测量精度≤0.01 周。

2)天线和电缆技术指标

抗多路径效应：天线应有良好的抗多路径效应，并具有国际大地测量权威机构(NGS 或 Geo＋＋)认证的天线绝对相位中心改正模型。

扼流圈天线相位中心偏差：小于 3mm。

精度和稳定性：天线的相位中心稳定性在半年内必须优于 1.0mm，并有定向标志以满足高精度测量的要求。

具有低损耗、无反射天线罩。

工作温度：在－40～＋65℃的环境下能长期连续正常工作，存储温度：－40～＋70℃。

工作湿度：在相对湿度≤100％的场合下能长期连续正常工作。

天线应全密封防水，符合 IP67 标准。

天线电缆(在 60 米的长度以内，不需加配信号放大器)。

天线电缆工作温度：在－40～＋65℃的环境下能长期正常工作。

3)气象传感器性能指标及要求

如采用中国气象局自动气象站设备，应符合地面气象观测规范的相关气温、气压和湿度标准。

使用直流电源：工作电压 12V。

气压传感器：500～1060hPa，分辨率 0.1hPa，准确度±0.3hPa 。

温度测量：－40～＋50℃，分辨率 0.1℃，准确度±0.2℃。

湿度测量：0～100 ％RH，分辨率 1％RH，准确度±3％RH(相对湿度≤90％)、±5％RH(相对湿度＞90％)。

数据采样率：1Hz。

每 1 分钟输出一次数据。

具有防辐射罩。

(4)数据采集方法

GPS/MET 数据的采集工作在 GPS/MET 站完成,由 GPS/MET 站组织人员实施。

数据采集的内容主要包括 GPS 接收机生成的观测文件(*.o)和导航文件(*.n);自动气象站设备生成的温度气压湿度数据文件(*.m)。所有文件均以 RENIX 格式,经压缩按中国气象局规定的文件名存储和传输。

由于各 GPS 基准站接收机的品牌和型号不完全相同,各类接收机生成的文件不完全相同,我们要求各 GPS 基准站生成的必须是 RENIX 格式文件。ASHTECH、LEICA 接收机可以生成 RENIX 格式的文件,TRIMBLE 接收机生成的是 TRIMBLE 的数据格式文件。对非 RENIX 格式的文件应转换成 RENIX 格式文件。

对接收的文件是非 RENIX 格式的设备,应该向设备供应商或生产商要求文件转换的软件。以 TRIMBLE 接收机为例的转换方法是,首先向 TRIMBLE 接收机供应商获取转换文件,TRIMBLE 提供了 runpkr00 和 dat2rin 二个软件。先通过 runpkr00 文件将 TRIMBLE 的数据格式的文件转换成 T00 格式,再由 dat2rin 文件将 T00 格式文件转换成 RENIX 格式文件(包括观测文件 *.o 和导航文件 *.n)。

GPS 基准站安装了配套的气象仪和气象数据采集软件的,就可用气象仪采集的气象数据文件(*.m)。现在很多 GPS 基准站建在气象站内,没有安装配套的气象仪,可以利用气象站已有的自动气象站采集的气象数据。方法是,先生成按 RENIX 格式的气象文件的说明部分,再将实时气象数据部分加上,生成气象文件、说明部分的生成方法可以用 GPS 观测文件的说明部分(对一个 GPS 基准站是固定的,只要将其中日期,时间部分换成实时的就可以了)。使用自动气象站数据时应注意的是要用本站气压。

具体的 RENIX 格式可以参考《地基 GPS 气象站网建设指南》。

在生成了观测文件,导航文件和气象文件后,按中国气象局规定的文件名生成压缩文件就可以了。

用于气象目的 GPS 基准站一般有 15 分钟、30 分钟、60 分钟一个文件包。当然,时间间隔短实时性好,但时间间隔太短,数据的解算处理来不及,可降水量变化也不明显,各地可以根据当地情况适当选择。中国气象局规定每小时上传一次文件,各地小于一小时间隔的文件,应将一小时采集的数据形成一个文件上传。

以上的数据采集工作,应在 GPS 基准站建设时一次性解决,并且保证能自动运行(连同自动上传工作),GPS 基准站只要能监测运行状况就可以了。在有的省、市也有将数据转换放在处理中心解决的。

6.3.3 日常使用与维护

(1)台站观测运行

一般说来,GPS 接收机是自动观测运行的,GPS 基准站的观测人员,应该在北京时间 08 时、20 时正点后 30 分钟内,每天 2 次检查观测情况,并记录检查结果。如有故障应修复,当修复有困难时应通知相关维护人员。最好在 GPS 通信或处理中心建立 GPS 基准站数据接收情况显示和记录软件,当 GPS 基准站有故障时,也能及时通知 GPS 基准站人员。

每天检查的内容是检查 GPS 接收机电源、本地生成的文件、上传的通信情况。对不同的接收机情况略有不同，最好用软件来监测文件和通信信息。

GPS 基准站的一般故障是电源、网络、接收机、软件、电缆，GPS 基准站人员可以自行解决大多数问题。电源是最常见的问题，主要是断电，跳电形成的，还有是电源插座移动造成的，解决的方法是使用 UPS 电源，连接好电源，重启接收机应该解决。网络问题主要是网络服务器的连接，网络插头问题，应按问题相应处理。GPS 基准站应备份接收机软件和软件设置的技术文件，当有软件故障时及时恢复备份。电缆的问题主要是由外力破坏造成的，也有接收机长期在室外受风吹雨淋而受潮短路和接头松动的，应采取相应的方法处理。接收机问题一般 GPS 基准站人员较难处理，应及时通知维护和保障人员。

GPS 基准站一定要注意：在电源、网络有变动后，及时重新启动 GPS 接收机。这是 GPS 基准站故障中较常见的，尤其是停电故障，虽然 GPS 接收机是来电自动重启的，但其他问题还是会时有故障。一般 GPS 故障的处理也是首先重启接收机，只有在重启仍不能解决问题时再检查其他问题。

(2)数据传输

GPS 站网各站的观测数据应实时或准实时地集中到省(区、市)和国家的资料处理中心，经过处理生成全国范围的大气可降水量场、电离层电子密度分布和中尺度三维水汽场，然后再传输给中央和地方的各级气象业务部门和各方用户，供天气分析、数值预报、灾害性天气监测、空间天气监测和大气科学研究等方面使用。此外，根据 GPS 数据处理的需求，在计算中还要引入远端站以提高解算精度。因此，国家气象信息中心还应向各省(区、市)GPS 资料处理中心下发 GPS 观测资料，以供省级 GPS 资料处理中心选取引用。

(3)业务维护和保障

业务维护和保障分成日常维护与故障维护两种，日常维护由 GPS 基准站人员执行，故障排除性维护一般由 GPS 专业维护人员执行，也可以由专业维护人员远程指导，GPS 基准站人员执行维护。

1)日常维护

日常维护的任务是监管 GPS 基准站设备，保证设备的正常运行，每天 2 次检查设备运行情况，排除一般性故障，及时报告重要故障，在 GPS 专业维护人员远程帮助下进行故障排除，对维护有困难的故障，及时要求 GPS 专业维护。重要故障是指设备与软件损坏的故障，其他故障就是一般性故障。

2)故障维护

GPS 基准站人员维护困难的故障，应由 GPS 专业维护人员解决。故障排除的方法可以参考故障排除流程图，由于接收机的品牌不同，具体检查的点有些不同，但检查的流程基本相同。GPS 基准站人员也可以根据故障排除流程图(图 6.80)对故障进行排查。

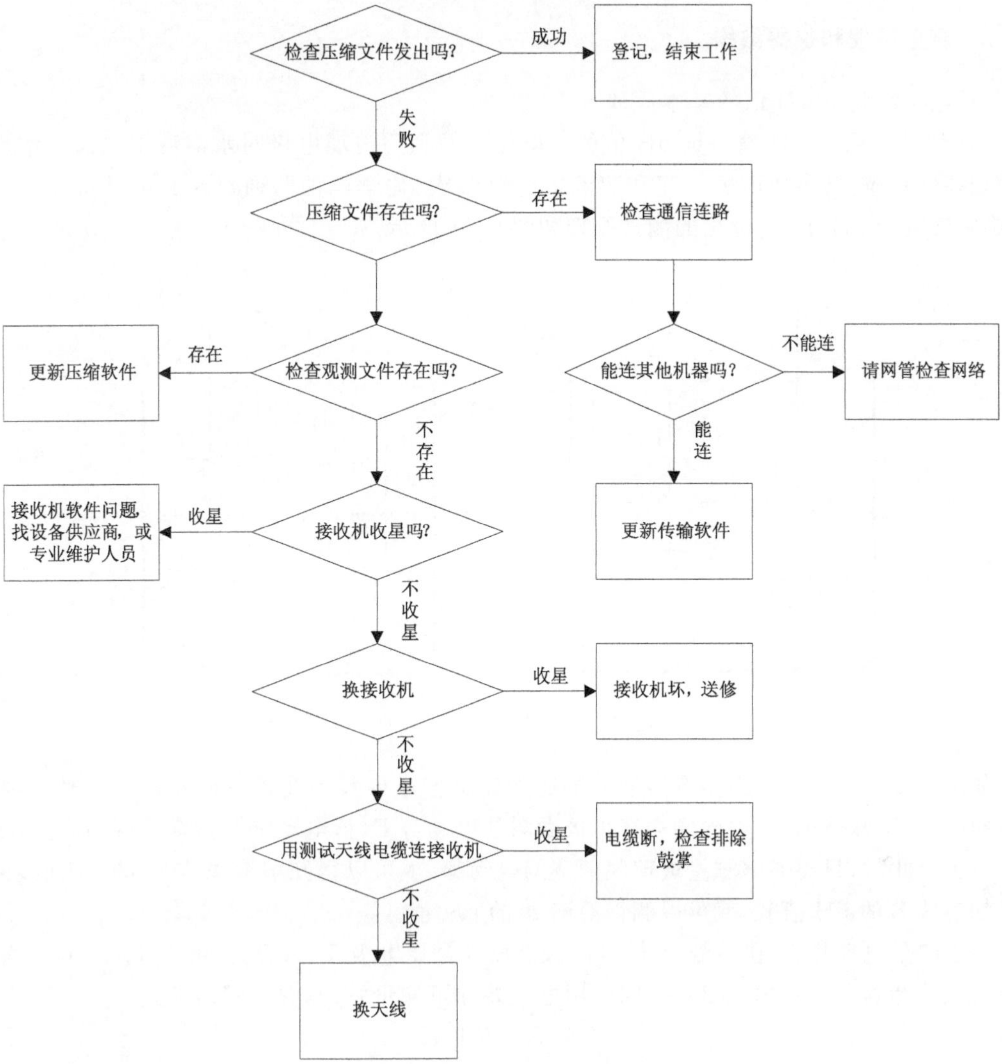

图 6.80　故障排除流程图

6.4 酸雨观测

6.4.1 概述

酸雨观测为研究酸雨的时空分布及其长期变化趋势提供宝贵的科学数据，为治理大气污染和防治酸雨提供重要科学依据，是服务于可持续发展战略和环境保护等国家决策的一项基础性工作。酸雨观测是气象业务工作的重要组成部分，是气象台站的基本任务之一。

酸雨样品的采集可以分为自动和手工两种，前者需使用自动雨量采集器，目前在我国尚待普及，目前我国大部分酸雨观测站均采用手工采样。降水样品采集后将采样桶拿进室内倒入烧杯，经温度平衡后，利用 pH 计和电导率仪测量出降水样品的 pH 值和电导率。

6.4.2 测量原理和仪器结构

(1)电位法测量 pH 值的基本原理

pH 计是利用电位法来测量 pH 值的。电位法系利用玻璃电极对水溶液中氢离子浓度变化的选择性响应，与参比电极一起在溶液中组合形成“化学电池”，通过对其电动势变化的测量，确定溶液的 pH 值，电位法的测量原理如图 6.81 所示。

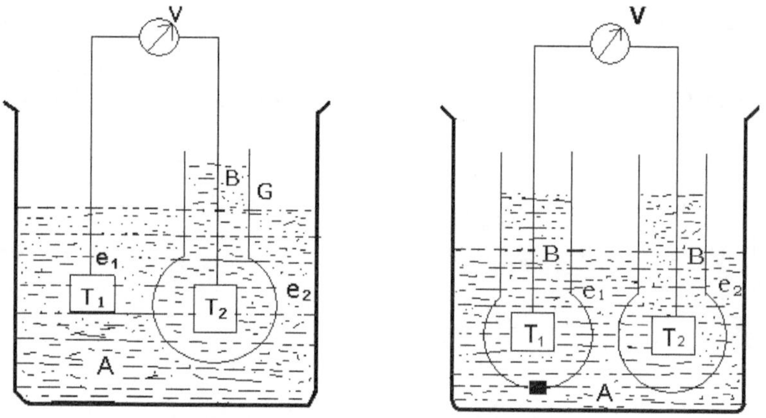

图 6.81 电位法测量水溶液 pH 值的原理示意图

如图 6.81 左图所示，当盛有溶液 B 的特殊玻璃容器 G 浸入在另一种溶液 A 中时，容器 G 的玻璃膜(由特殊玻璃制作)两侧会产生极微弱的电动势 E，该电动势与溶液 A 和 B 的 pH 值之差有关。此时，只要能够测量玻璃膜两侧的电动势，就可以得知溶液 A 与 B 的 pH 值之差，当已知溶液 B 的 pH 值时，就可以测得溶液 A 的 pH 值。

为了测量电动势 E，在溶液 A 与 B 内分别放入金属电极 T_1 和 T_2。由于 T_1 和 T_2 与溶液 A、B 间会产生接触电位差 e_1 和 e_2，因此用电位差计可测量它们，并可写出下式

$$V = e_1 + E + e_2 \tag{6.6}$$

为了消除金属电极与溶液 A、B 间所产生接触电位差 e_1、e_2 对电动势 E 的影响，将图 6.81 左图的装置改成为如图 6.81 右图的装置。即将电极 T_1 也同样浸入盛有溶液 B 的另一容器内，但是该容器底部有一多孔性溶液络合材料，以便能够保持容器内外电路的连通，并且容器内外不存在电位差。此时，由于电极 T_1 和 T_2 浸入同样性质的溶液中，e_1 和 e_2 相等，互相抵消。在实际应用中，电极 T_2 的玻璃容器称为玻璃电极，而电极 T_1 的容器称为参比电极。在两个电极中同时装入饱和的氯化钾溶液后，用高准确度的电位差计测量两电极间的电动势 E。根据热力学推导，由玻璃电极和参比电极组合而成的测量装置所得到的电动势 E 可由 Nernst 方程表示，即

$$E = k \times \frac{2.303RT}{F} \times (\mathrm{pH}_i - \mathrm{pH}_x) + E_a \tag{6.7}$$

式中，R 为理想气体常数；T 为绝对温度；F 为法拉第常数；k 为斜率系数，理论值等于 1；pH_x 为待测溶液的 pH 值；pH_i 为玻璃电极内溶液的 pH 值，一般等于 7；E_a 为不对称电位。

根据式(6.7)，当 k 等于 1、E_a 等于 0 时，玻璃电极与参比电极间的电动势 E 与待测溶液的 pH 值间的 pH 电位响应曲线应与图 6.82 中所示的理论直线(虚线)相一致。但是，如图

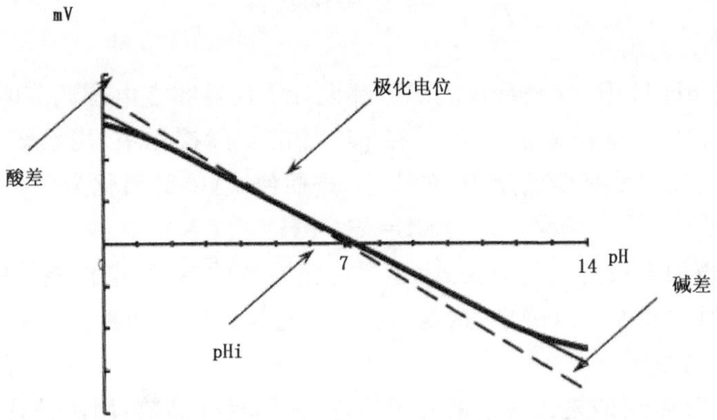

图 6.82　玻璃电极的实际 pH 电位响应曲线和理论曲线的差别

6.82中的粗实线所示，由于极化电位的存在以及斜率 k 略小于理论值，因此实际的 pH 电位响应曲线与理论直线并不一致，并且由于存在着酸差和碱差效应，在强碱性和强酸性的溶液中 pH 电位响应曲线偏离线性。尽管如此，用电位法测量溶液 pH 值的线性响应范围是比较宽的，可以满足环境降水监测的需要。

利用上述原理制作的测量仪器称作 pH 计。在新型的 pH 计中，一般将玻璃电极和参比电极制作在一起，通称复合电极。

如果能够准确地测量玻璃电极和待测溶液组成的“测量化学电池”的电动势 E_x，就可以测量溶液的 pH 值。因此，pH 计的基本结构主要包括玻璃电极和电位差测量仪表，其等效电路如图 6.83 所示。图 6.83 左侧的“测量化学电池”的电动势 E_x 由 Nernst 方程决定，其内阻 R_x 由玻璃电极的特性决定，另一侧的测量仪表主机为高准确度的电位差计，为了保证测量的准确度，其输入阻抗 R_i 应满足 $R_i >> R_x$ 的条件。

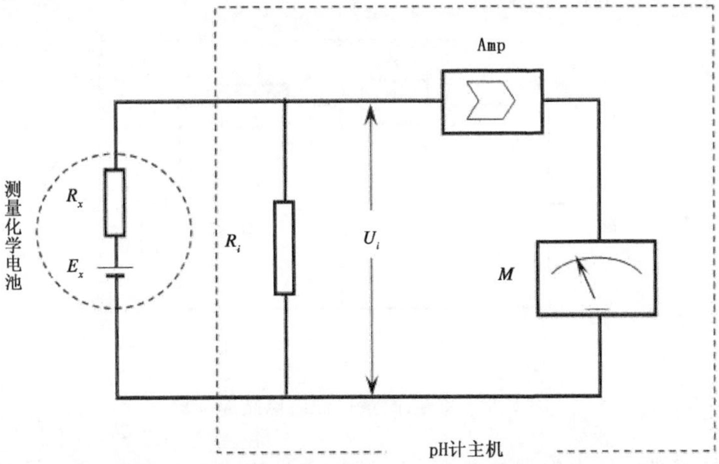

图 6.83　pH 计的等效电路原理图

当 $R_i >> R_x$ 时，R_x 对测量 E_x 的影响可以忽略，电位差计测得的电位差 U_i 等于玻璃电极产生的电动势 E_x。于是，由 Nernst 方程可以写出

$$E_x = E_0 + S \times \text{pH} \tag{6.8}$$

式中，E_0 为零电位，S 为斜率。

在实际应用的 pH 计中，其测量仪表部分都设计了仪器零点电位调节电路，即产生一个与 E_0 大小相等、极性相反的电位来抵消 E_0。在 pH 计的实际操作中，用已知 pH 值的标准缓冲溶液进行仪器的“定位”，就是要确定 E_0 的大小，进而使式(6.8)简化为

$$E_x = S \times \text{pH} \tag{6.9}$$

式中，斜率 S 除与玻璃电极的特性有关外，还与待测溶液的温度、电位差计的输入特性等因素有关，需要进一步通过校准予以确定，这就是实际测量操作中用两种已知 pH 值的标准缓冲溶液进行“斜率”校准的原因。

由此可见，pH 计采用的是比较法的测量原理，在测量样品前，用两种具有稳定 pH 值的标准缓冲溶液，对仪器进行“斜率”校准和零点“定位”。

(2)电导率仪的测量原理

水溶液依靠其中带电离子的移动传导电流，因此，水溶液的电导率大小与其所含带电离子(杂质)的数量有关。在完全纯净的水中，只有极少量的带电离子，其电导率 K 值约为 $5.6\times10^{-2}\mu S \cdot cm^{-1}$，一般纯水(蒸馏水或去离子水)的 K 值要高 1～2 个数量级，约为 $0.5\sim10\mu S \cdot cm^{-1}$ 的范围，而含有较多杂质水体的 K 值可高达数千 $\mu S \cdot cm^{-1}$。

水溶液 K 值的测量需利用一对相互平行、且面积和间距已知的电极，一般称为电导测量电极，简称电导电极。当电导电极浸入溶液时，在两电极板间的水溶液构成传导电流的导体。设电极的有效截面积为 A，间距为 L，两电极间水溶液的电阻为 R。根据 K 值的定义，溶液的 K 值可简单地由下式算出

$$K = \frac{1}{\rho} = \frac{L}{A} \times \frac{1}{R} = \frac{Q}{R} \tag{6.10}$$

依据上述原理设计的测量仪器称为电导率仪。电导率仪主要由电导电极和主机两部分组成。图 6.84 是电导率仪的电路原理图。

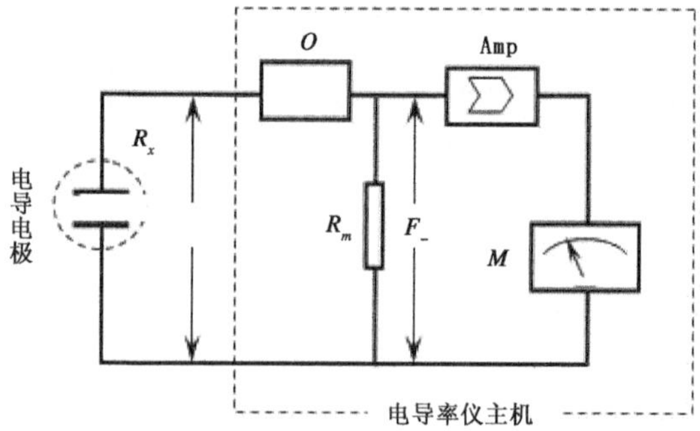

图 6.84 K 值测量仪器的电路原理图

图 6.84 的左半部分是由电导电极(R_x)、高频交流电源(O)和量程电阻(R_m)相互串联构成的测量回路，而右半部分则是由量程电阻(R_m)、放大电路(Amp)和显示仪表(M)构成放大显示回路。电导电极的两个测量电极板平行地固定在一个玻璃环内，以保持两电极间的距离和位置不变。这样，电极的有效截面积 A 及其间距 L 均为定值，于是式(6.10)中的 Q 值可以准确确定。Q 称为电导电极的电极常数。测量过程中为了减少由于溶液内离子成分向电极表

面聚集而形成的极化效应，测量电导池电阻时，往往使用高频交流电源。

当高频交流电源工作时，测量回路中电导电极和量程电阻两端分别产生电位差 E_x 和 E_m，则两电极间水溶液的测量电阻 R_x 可由下式求出

$$R_x = E_x \times \frac{R_m}{E_m} \tag{6.11}$$

因为 $E_x + E_m$ 是由高频交流电源提供的恒定的回路电压 E_O，即

$$E_x + E_m = E_O = \text{常数} \tag{6.12}$$

又，测量电阻 R_x 即相当于式(6.10)中的电阻 R。将式(6.11)和式(6.12)代入式(6.10)，得到

$$K = \frac{Q}{R_x} = \frac{Q}{R_m} \times \frac{E_m}{E_x} = \frac{Q}{R_m} \times \frac{E_m}{E_O - E_m} \tag{6.13}$$

式中的 Q、R_m、E_O 均为已知常数。测量过程中，溶液 K 值的变化(即 R_x 的变化)会引起电导率仪测量回路中 R_m 的变化，该信号经放大电路放大、整流后，通过仪表显示出来，即实现了对溶液 K 值的测量。目前市售的各种电导率仪，尽管其外观各异，测量原理均如上述。

酸雨观测采用数字式电导率仪主要由电导率仪主机、电导电极及其支架等构成。数字式电导率仪一般配有 31/2 位数字显示屏，以显示测量数值。许多数字式电导率仪还具有温度补偿功能，可以通过调节旋钮使仪器直接显示标准温度(25℃)时的电导值。

酸雨观测选用电极常数为 1.0 左右的光亮型电导电极。它最适宜的测量范围为 2～20000μS · cm^{-1}。数字式电导率仪的面板上一般设有量程旋钮，通过调节该旋钮，可在合适的量程范围进行测量，以便获得较高的测量准确度。

(3)常用测量仪器

1)雷磁 pHS－3B 型精密 pH 计

雷磁 pHS－3B 型精密 pH 计由上海雷磁仪器厂生产，其外观如图 6.85 所示。

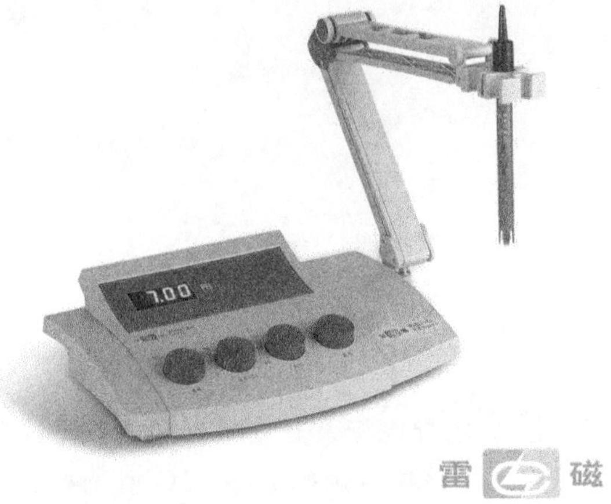

图 6.85　雷磁 pHS－3B 型精密 pH 计

仪器主要构成部件有：pHS－3B 型精密 pH 计主机、E－201－C9 型复合电极、T811 型测温探头、Q9 短路插头、电极支架、电源线

该仪器具有 pH 值自动温度补偿及手动补偿功能，其 31/2 位发光二极管数字显示窗可显示被测水样的温度、pH 值和电压(mV)值。仪器的主要技术指标符合酸雨观测要求，pHS－

3B 型精密 pH 计的仪器结构示意见图 6.86。

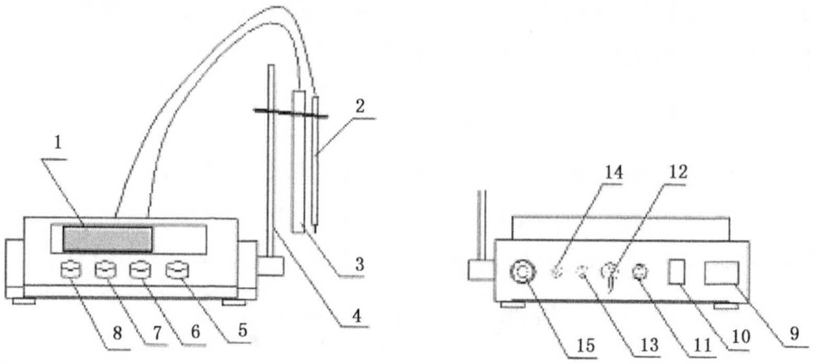

1—数字显示屏　　2—T811型测温探头　　3—E-201-C9型复合电极
4—电极支架　　5—定位调节旋钮　　6—斜率补偿调节旋钮温度调节旋钮
7—选择开关(pH、℃、mV)　　8—电源插座　　9—电源开关
10—保险丝管座　　11—手动、自动温度补偿选择开关
12—测温探头插孔　　13—参比电极插孔　　14—测量(复合)电极插孔

图 6.86　pH－3B 型精密 pH 计的外形结构示意图

2)雷磁 DDS－307 型数字式电导率仪

酸雨观测采用的 DDS－307 型电导率仪由上海雷磁仪器厂生产,如图 6.87 所示。

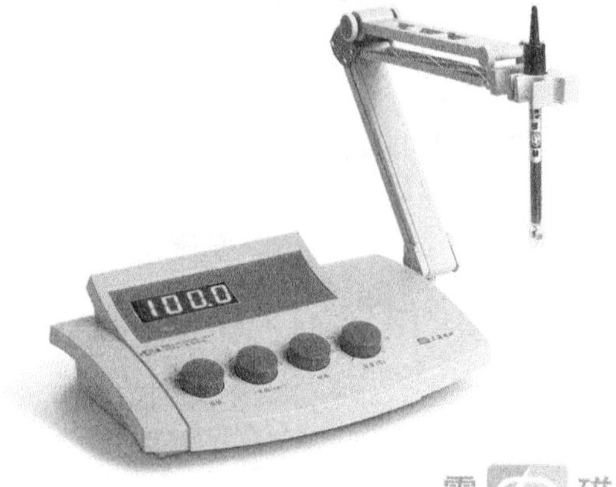

图 6.87　DDS－307 型电导率仪

仪器主要由电导率仪主机、电导电极及其支架等构成。该仪器具有温度补偿功能,配有 31/2 位发光二极管数字显示屏。该仪器选配 DJS－1C 型光亮电导电极,电极常数在 1.0 左右,适于酸雨观测使用。仪器的主要技术指标符合酸雨观测要求,仪器结构示意如图 6.88 所示。

3)江环 990 型酸雨测定仪

江环 990 型酸雨测定仪为中外合资江苏江环分析仪器有限公司(中山集团企业)生产,该仪器可完成 pH 计和电导率仪的测量。主要构成部件有 990 型酸雨测定仪主机、温度传感器、98－1 型复合 pH 电极、电导电极、电极支架等。

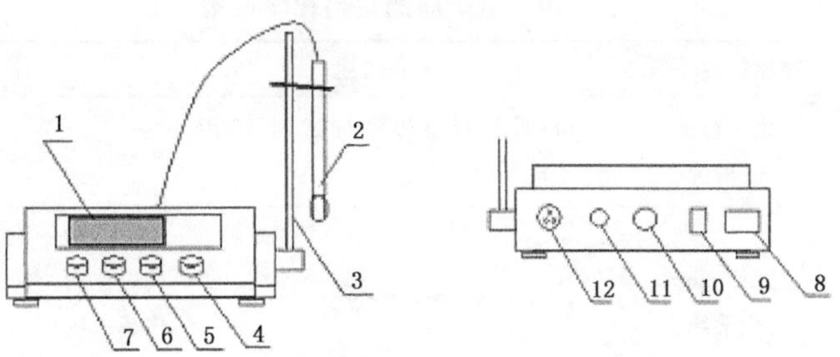

1—数字显示屏　2—DJS-1C型电导电极　3—电极支架
4—温度补偿调节旋钮　5—校准调节旋钮　6—常数补偿调节旋钮
7—量程选择开关　8—电源插座　9—电源开关
10—保险丝管座　11—输出插孔　12—电极插孔

图 6.88　DDS307 型电导率仪外形结构示意图

该仪器以 31/2 位液晶显示，集电极电位、pH、电导率以及温度测量四合一的多功能产品，它除具有自动温度补偿功能外，并能自动判别和选择电导率量程，自动换算 25℃时的电导率，具有操作简便的特点。主要技术指标符合酸雨观测要求，990 型酸雨测定仪的仪器结构示意见图 6.89。

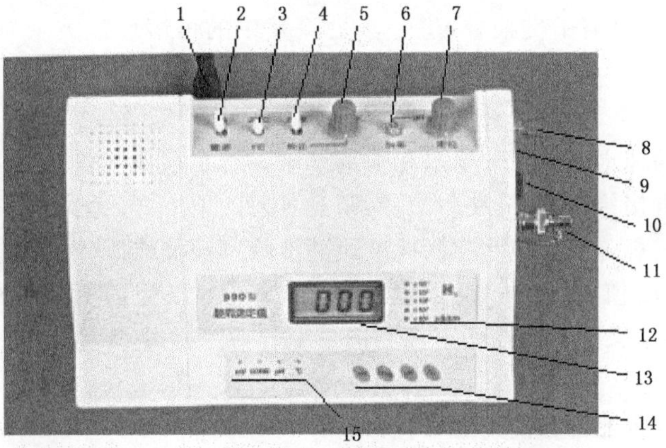

1-电源插座　2-电源开关　3-电导率温度补偿开关
4-电导测量/常数校正选择开关　5-电导电极常数校正旋钮
6-pH斜率校正器(带锁)　7-“定位”旋钮　8-参比电极输入插孔
9-温度传感器输入插孔　10-电导电极输入插孔　11-复合电极输入插孔
12-电导率量程(倍率)指示　13-显示屏幕
14-状态选择按键　15-状态选择指示

图 6.89　990 型酸雨测定仪结构示意图

(4)常用化学试剂和测量器皿

1)常用化学试剂

酸雨观测中，必须按照规定配备和使用化学试剂。酸雨观测的常用化学试剂见表 6.10。

表 6.10 酸雨观测常用化学试剂

品 名	物质纯度等级	主要用途	使用注意事项
氯化钾	化学纯或分析纯	pH计复合电极添加试剂，可用于电导电极校准	对人体无明显毒害作用
盐酸	35%～36%化学纯	清洗玻璃、聚乙烯器皿	对皮肤和呼吸道有强烈刺激，对衣物有腐蚀作用。使用时注意通风，溅落到人体或衣物时应立即用水冲洗。应将酸缓慢加入水中稀释，不要反向操作。
邻苯二甲酸氢钾	分析纯	标准缓冲溶液试剂	如误食，可有轻微毒害作用
混合磷酸盐	分析纯	标准缓冲溶液试剂	对人体无明显毒害作用
四硼酸钠(硼砂)	分析纯	标准缓冲溶液试剂	如误食，可有轻微毒害作用

2)纯水

水是最常见的、性能极佳的溶剂，从自然界直接获得的水中往往含有各种杂质。制备纯水就是将这些杂质从水中分离出去。常用的纯水制备方法有蒸馏法、离子交换法、过滤法等，不同的制备方法对不同的杂质有不同的去除效果。蒸馏法用电热蒸馏器加热原水，蒸馏制得蒸馏水，对各类不同性质的杂质均有较好的去除效果；离子交换法只能去除水中所含的可溶性盐类，一般是将蒸馏水通过离子交换柱，进一步去除其中的可溶性盐类杂质以提高水的化学纯度；过滤法一般只能去除水中所含的不溶性杂质。根据制备方法，纯水也常被称为蒸馏水、去离子水、过滤水等。

酸雨观测使用的纯水通常为蒸馏水和去离子水。纯水须保存在专用容器内，盖好盖子，以减少与流动空气的直接接触，并放在阴凉、无阳光直射的地方，避免受热。

酸雨观测必须按规定使用纯水配制标准缓冲溶液和清洗器皿。酸雨观测站须每月定期测量本站使用纯水的 K 值，更换纯水时也须测量其 K 值，以保证所使用纯水的 K 值不超过 $10\mu S \cdot cm^{-1}$。测量结果应记录在酸雨观测记录簿的备注栏内。

3)常用器皿和器具

酸雨观测须按规定配备和使用器皿、器具。

酸雨观测常用器皿的规格、最少配备数量、等级种类和主要用途见表 6.11。

表 6. 11 酸雨观测使用的部分器皿和主要用途

名称	规格	配备数量(个)	等级/种类	主要用途
烧杯	50mL	5	无色玻璃或聚乙烯	配制溶液和装降水样品用
	150 mL	3		
	250mL	2		
	500mL	2		
容量瓶	250mL	4	无色玻璃，二等品以上	配制标准缓冲溶液
表面皿	∅70 mm 和 ∅120 mm	4	无色玻璃，二等品以上	覆盖烧杯，盛放试剂、器具等
洗瓶	250～1000mL	2	聚乙烯	装纯水或洗涤液，冲洗器皿

续表

名称	规格	配备数量(个)	等级/种类	主要用途
托盘	20 cm×30 cm 或 30 cm×40 cm	2	搪瓷或聚氨酯塑料制，白色或浅色	装烧杯等器皿
采样桶	∅40 cm×45 cm	2	聚乙烯	采集降水样品
带盖塑料瓶	100～200mL	若干	聚乙烯	保存样品
带盖试剂瓶	100～500mL	若干	玻璃或聚乙烯	保存标准缓冲溶液及其他试剂和溶液
储水桶	10L ～ 20L	2	聚乙烯，有旋盖	存放纯水

表 6.11 中的容量瓶是计量容器。在第一次使用容量瓶前需进行瓶塞漏液试验，检查其是否密闭。具体做法是：在容量瓶内注入纯水至标线附近，盖上瓶塞，用手按住，倒置容量瓶，观察瓶口是否有水渗出。如无，将瓶直立，将瓶塞旋转 180°后，重新盖好，重复上述动作，检查瓶口是否有漏(渗)水。瓶塞有漏水现象的容量瓶不能使用。另外，容量瓶的瓶塞是非标准的磨口塞，要注意保持原瓶原塞，不同容量瓶的瓶塞绝对不能互换使用。

酸雨观测的常用器具还有：不锈钢剪刀、不锈钢镊子、玻璃棒、滴管、角匙、毛刷、纱布、滤纸和试管刷、聚乙烯塑料袋等。

6.4.3 安装

(1)采样设备安装

降水采样设备采用人工采样装置，包括降水采样架和降水采样容器(桶)。图 6.90 为降水采样架和降水采样桶的安装示意图。

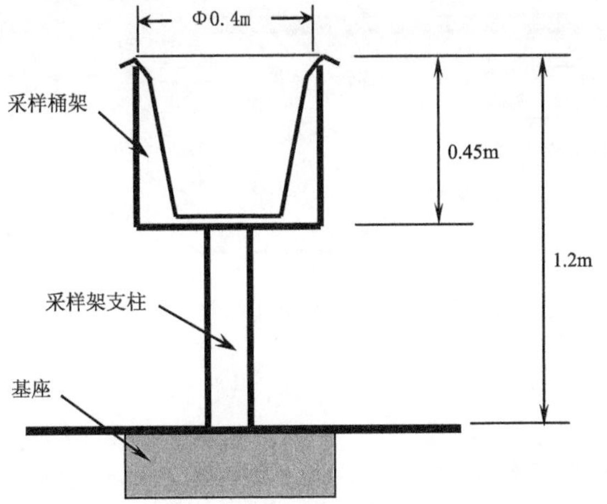

图 6.90　降水采样架和降水采样桶的安装示意图

在气象观测站，可利用地面气象观测场作为酸雨观测场地。降水采样设备一般宜安装在观测场的东南方，地温场的北侧。降水采样设备与其他仪器和围栏的距离，应符合《地面气象观测规范》的要求。标准地面气象观测场内降水采样设备的位置如图 6.91 所示。

降水采样架由酸雨观测站按照标准制作，一般宜选用亚光不锈钢材料。采样架支柱外径为 0.08m，上部的采样桶架应既能方便地安放、收取降水采样桶，又能稳妥地固定降水采样桶。

降水采样支架应安置在选定的降水采样点，并牢固地安装在基座上。基座用混凝土构筑，尺寸不小于 0.6m×0.6m，厚度不少于 0.4m。

降水采样桶的上口径为 0.40m，深 0.45m，降水采样桶安放在采样支架的采样桶架内，上口沿应保持水平，距地面 1.2m。

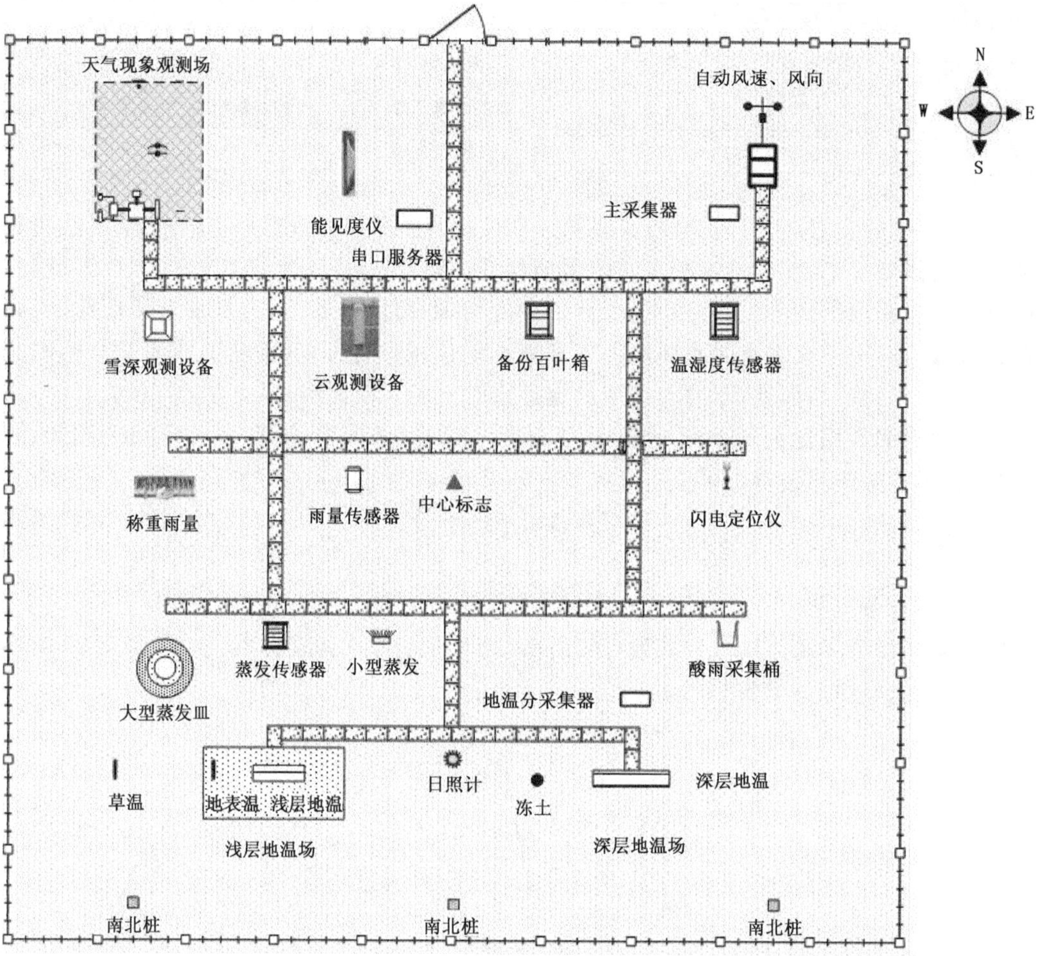

图 6.91 标准地面气象观测场内降水采样设备的安装位置示意图

(2)测量仪器安装

1)pH 计的安装

pH 计须平稳地安放在工作台上，电源连接正确，接地良好。电极支架、复合电极(以及测温探头)须固定牢靠，以便于操作。安装过程中，须注意保持测量(复合)电极插孔和复合电极插头的清洁与干燥，不得用手触摸。

2)电导率仪的安装

电导率仪须安放平稳，电源连接正确，接地良好。电极支架须固定牢靠，方便操作，接线连接正确牢固。安装过程中，须注意保持电极插孔和电导电极插头的清洁与干燥，严禁用手触摸，以免影响测量的稳定性和准确度。

6.4.4　日常使用和维护

(1)仪器的日常使用

1)酸雨观测仪器应指定专人负责保管和维护,使其处于良好的备用状态。仪器的购置、拆箱、验收、安装和调试应由经过业务培训的人员承担。要建立酸雨观测仪器登记册,详尽记录仪器名称、型号、规格、数量、使用损耗、校准情况等。

2)定期对仪器性能进行检查,定期更换 pH 计和电导率仪的测量电极,以保证仪器始终处于正常工作状态。检查结果应记录在酸雨观测记录簿的备注栏中。

3)仪器应在固定位置放置,不得任意搬动,不使用时要罩上洁净的棉布(或专用塑料)仪器罩。

4)不得随意拨动仪器的旋钮、开关;不得随意拆卸、改装仪器;仪器配(备)件不得挪作他用。

5)建立化学试剂的保管制度。化学试剂应放在贮藏柜内,干燥、通风、避免阳光照射。化学试剂和物品应分类存放,且有固定位置,不得混装、混放,以免拿错或互相污染。

6)新购置的化学试剂应储存在原试剂瓶内。配制的化学试剂应盛放在有密封塞的试剂瓶中密闭保存,并在试剂瓶外上部贴上注明试剂内容的标签,标签要书写工整,标签表面涂蜡(或贴上一层透明胶带)以防受潮(或腐蚀)脱落。取用试剂后,试剂瓶仍需放回原处,未用完的试剂不能倒回试剂瓶中。严禁使用过期失效的试剂。使用后的废试剂应进行中和后做深埋处理,不可随意倾倒,以免污染环境。

(2)pH 计的日常维护

1)具有自动温度补偿功能的 pH 计,测温探头须每月定期校准一次,并将校准结果记录在酸雨观测记录簿的备注栏中。

2)复合电极在第一次使用前,应在纯水(或 3M 氯化钾溶液)中浸泡 24 小时以上,进行活化。在使用中,复合电极(包括测温探头)应避免用力弯曲和与烧杯等器皿碰撞,特别是复合电极顶部的玻璃探头部分不能与任何硬物接触。

3)在操作中,应保持复合电极插孔和复合电极插头的清洁与干燥,不得用手触摸。取下复合电极时,须将洁净、干燥的短路插头插入电极插孔,以免灰尘、湿气等进入。不使用时,应将复合电极的玻璃探头部分套在盛有 3M 氯化钾溶液的塑料套内。

4)为避免由于复合电极老化影响测量的准确性,须在每年 4 月份定期更换新的复合电极;如发现电极故障现象,应随时更换复合电极;投入使用时间达到 1 年,或出厂时间达到 2 年(以出厂日期为准)的复合电极均应及时报废。

(3)电导电极的日常维护

1)初次安装或更换电导率仪,应当在酸雨观测记录簿中记录仪器的型号、序号、生产厂家、购置日期、开始使用(更换)日期等,以备后查。送修和送检时也应作相应记录。

2)开始启用新的电导电极时,要检查电极根部标签上的电极常数标示是否清楚,标签丢失或标示不清者,不能使用。为了防止电极常数标示在使用中被磨掉,应在标签外面贴上一层透明胶带。电导电极的电极常数各不相同,因此,在更换电导电极时,须对电导率仪的电极常数设置进行调节,而且在每次测量之前检查该设置。在使用中,注意不要让电导电极的表面接触硬物,更不要用手触摸,以避免损伤和污染电导电极。

3)电导电极的正常使用期为 2 年,到期必须更换。如发生明显的电极污染或表面损伤等情形时,应及时更换。

(4)纯水和标准缓冲溶液使用和保存

1)酸雨观测使用的纯水可以自制或直接购买医用蒸馏水,也可购买瓶装纯净水。无论自制或购买的观测用纯水,均要保证其 K 值不超过 $10\mu S \cdot cm^{-1}$。纯水须保存在专用容器内,盖好盖子,以减少与流动空气的直接接触,并放在阴凉、无阳光直射的地方,避免受热。

2)酸雨观测站须每月定期测量本站使用纯水的 K 值,更换纯水时也须测量其 K 值,以保证所使用纯水的 K 值不超过 $10\mu S \cdot cm^{-1}$。测量结果应记录在酸雨观测记录簿的备注栏内。

3)在常温下保存和使用标准缓冲溶液时,应避免太阳直射。长期(如 1 周以上)保存时,应放置在冰箱的冷藏(保鲜)室内(4～10℃)。

4)标准缓冲溶液的保存和使用时间不得超过 3 个月。一旦发现标准缓冲溶液中有浑浊、沉淀出现,应立即停止使用,重新配制。

5)保存标准缓冲溶液时,瓶盖应当盖严。碱性标准缓冲溶液配制完成后,应使用聚乙烯塑料的试剂瓶保存。

6.4.5 常见故障分析与处理

(1)电源已接通,但无显示

故障现象:pH 计接通电源后,显示屏无显示。

可能原因和处理:①保险丝断,应更换。②电源或变压器坏,应送修更换。③仪器电路故障,应送修。

(2)“定位”调节不到 pH 值 7.00

故障现象:标定 pH 计时,“定位”旋钮无论如何调节,pH 数值也调节不到 7.00。

可能原因和处理:①pH 玻璃复合电极溶液干涸,补充 3M 氯化钾溶液或更换电极。②pH 玻璃复合电极失效,及时更换。③pH 计内部电位器坏,应送修更换。

(3)“斜率”调节不到 pH 值 4.00 或 pH 值 9.18

故障现象:标定 pH 计时,“斜率”旋钮无论如何调节,pH 数值也调节不到 4.00 或 9.18。

可能原因和处理:①复合电极老化,性能下降,应更换。②内部电位器坏,应送修更换。

(4)pH 值测量时,数字不稳定

故障现象:标定好 pH 计后进行雨样 pH 值测量时,测量值始终无法稳定。

可能原因和处理:①水样 K 值过低(如低于 $10\mu S \cdot m^{-1}$),适当延长平衡时间。②复合电极内阻太高,寿命已到,应更换。③复合电极插头(座)受潮或受污染,关机后用 95%酒精擦拭复合电极插头(座),干燥后再使用。若读数仍然不稳定时,应及时送检和送修。④电源电压不稳,或接地线接触不良。

(5)“自动”补偿时,数字溢出或显示值不稳定

故障现象:选用温度自动补偿,测量时温度示值溢出或不稳定。

可能原因和处理:①测温探头未接好或已坏,应接好或更换。②温度补偿选择开关坏,应送修更换。③测温探头插孔内部断线,应送修。④仪器电路故障,应送修。

复习思考题

1.闪电定位仪对安装环境和场地有什么具体要求?

2. ADTD 闪电定位仪通信故障如何判断排查？

3. 简述 GPS/MET 测量水汽的原理。

4. 目前台站主要的土壤水分观测系统有哪些？其土壤水分传感器主要应用的是什么原理？

5. 目前国家级酸雨观测站测量 pH 值、电导率的测量设备有哪些？其测量原理是什么？

参考文献

王振会，等. 2011. 大气探测学. 北京：气象出版社.

中国气象局. 2005. 酸雨观测业务规范. 北京：气象出版社.

中国气象局干部培训学院. 2012. 地面综合观测系统业务管理培训讲义.

中国气象局综合观测司. 2012. 雷电观测业务规范(试行).

中国气象局综合观测司. 2010. 全球定位系统气象观测(GPS/MET)站观测规范(试行).

中国气象局综合观测司. 2010. 自动土壤水分观测规范(试行).

第7章　气象信息系统

内 容 提 要

本章介绍了基层台站通信网络、CMACast、Notes 邮件、视频会商等气象信息系统的日常维护及常见故障处理，并从雷电防护、病毒防范和信息系统安全定级等方面就如何保障气象信息系统安全做了阐述。

7.1　概述

气象信息系统的主要任务是依托国家电信部门建设的公共传输网，采用有线和无线方式，由气象通信网络系统、资料存储检索与信息共享系统、气象档案存储系统及附属设施等组成。气象信息系统是现代气象业务的基础和支撑，是气象信息传输、存储管理、计算处理、资源共享的基础设施，其发展水平的高低是气象现代化水平的重要标志之一，并直接影响到气象业务部门和广大用户能否及时快速的发送和获取气象信息，关系到各级气象预报、预测业务能否正常运行，关系到气象部门能否为经济建设、国防建设、社会发展和人民生活提供优质气象服务。

基层台站气象信息系统主要包括通信网络、CMACast 卫星单收站、邮件系统、视频会商系统及信息系统安全设施。台站信息系统保障承担的主要任务是：①负责本台站信息网络系统和向当地党政机关及有关单位服务的网络系统的运行、保障和管理；②负责本台站气象信息及其他相关信息的收集与分发、统计与监视；③负责本站观测资料审核、质量控制、上报和业务管理。

7.2　通信网络

7.2.1　台站常用通信网络设备

(1)网卡

网卡(Network Interface Card，NIC)也叫网络适配器，是计算机连接网络中各设备的接口。网卡插在计算机或服务器扩展槽中，通过网络介质(如双绞线、同轴电缆或光纤)与其他计算机连接，实现网络数据交换(资源共享)。网卡发展至今有很多种类，但是每块网卡都有一个世界唯一的 ID 号，也叫做 MAC(Media Access Control)地址。

随着网络技术的快速发展，为了满足不同用户的不同需求，便产生了不同类型的网卡。因此，网卡也可以按照不同方式进行分类：

按网卡速率分：目前主流的网卡主要有100Mbps以太网卡、10Mbps/100Mbps自适应网卡、1000Mbps千兆以太网卡以及最新出现的万兆网卡等。

按总线类型分：可分为早期的ISA接口网卡、PCI接口网卡。目前在服务器上PCI－X总线接口类型的网卡也开始得到应用。

按通信电缆接口类型分：主要有以太网的RJ45接口、细同轴电缆的BNC接口和粗同轴电AUI接口、FDDI接口、ATM接口等，而且有的网卡为了适用于更广泛的应用环境，提供了两种或多种类型的接口。

服务器网卡：网卡数量多、数据传输速度快、CPU占用率低、安全性能高。

无线网卡：是终端无线网络的设备，是无线局域网的无线覆盖下通过无线连接网络进行上网使用的无线终端设备。无线网卡根据协议不同，传输速度有11Mbps、54Mbps、300Mbps；传输范围：户外无遮蔽1000m，更换高增益天线可达3000m以上。

(2)无线上网卡

无线上网卡指的是无线广域网卡，连接到无线广域网。无线上网卡的作用、功能相当于有线的调制解调器，它可以在拥有无线电话信号覆盖的任何地方，利用USIM或SIM卡来连接到互联网上，其常见的接口类型有USB、PCMCIA、CF/SD等。目前常用无线上网卡如下：

GPRS无线上网卡：通用分组无线服务技术(General Packet Radio Service)的简称，它是GSM移动电话用户可用的一种移动数据业务，GPRS的传输速率可提升至56～114kbps，目前中国移动、中国联通提供此项服务。

CDMA1X无线上网卡：类似于GPRS无线上网卡，在一般环境下最快的可达153kbps，几乎是GPRS速度的4倍，中国电信提供此项服务。

移动的TD－SCDMA 3G上网卡：最高理论速度384kbps，与2.5G时代的EDGE无线上网卡速度相同，在TD－SCDMA二期建设中引入了HSDPA技术，将最高理论速度提升到2.2Mbps。

电信的CDMA－EVDO 3G上网卡：最高理论速度为3.1Mbps，目前的EVDO上网卡的版本为Rev A，为了赶上联通WCDMA的速度，电信已经开始在部分大中型城市部署速度更快的B版本(Rev B)，届时最高理论速度可达9.3Mbps，进一步缩小了与联通WCDMA 3G上网卡的差距。

联通的WCDMA 3G上网卡：最高理论速度21.7Mbps，是三类3G上网卡中速度最快的，WCDMA上网卡的速度一般可达3.6Mbps，已经超越了国内2M的ADSL的下行速率。

(3)局域网交换机

局域网交换机作为局域网的集中连接设备，是一种基于MAC(网卡的硬件地址)识别，能完成封装转发数据包功能的网络设备。交换机可以“学习”MAC地址，并把其存放在内部地址表中，通过在数据帧的始发者和目标接收者之间建立临时的交换路径，使数据帧直接由源地址到达目的地址。

按照所执行的功能不同，局域网交换机可以分为三种：①二层交换机：执行桥接功能，是根据MAC地址转发数据，其交换速度快，但控制功能弱，没有路由选择功能；②三层交换机：是根据IP地址转发数据，具有路由功能，三层交换是二层交换与路由功能的有机组合；③四层交换机：不仅可以完成端到端交换，还能根据端口主机的应用特点，确定或限制它的交换流量，简单地说，第四层交换机是基于传输层数据包的交换过程，是一类基于 TCP/IP 协议应用层的用户应用交换需求的新型局域网交换机，第四层交换机支持 TCP/UDP 第四层以下的所有协议，可根据 TCP/UDP 端口号来区分数据包的应用类型，从而实现应用层的访问控制和服务质量保证。

交换机根据传输介质和传输速度划分为：以太网交换机、快速以太网交换机、千兆以太网交换机、10 千兆以太网交换机、ATM 交换机、FDDI 交换机和令牌环交换机。

(4)路由器

连接局域网和广域网的设备，它会根据信道的情况自动选择和设定路由，以最佳路径，按前后顺序发送信号的设备，具有判断网络地址和选择路径的功能。路由器是互联网络的枢纽，目前路由器已经广泛应用于各行各业，各种不同档次的产品已经成为实现各种骨干网内部连接、骨干网间互联和骨干网与互联网互联互通业务的主力军。

路由器的作用：一是连通不同的网络，二是选择信息传送的线路，选择通畅快捷的近路，能大大提高通信速度，减轻网络系统通信负荷，节约网络系统资源，提高网络系统畅通率，从而让网络系统发挥出更大的效益来。

(5)服务器

服务器是管理资源并为用户提供服务、运行服务器操作系统的计算机系统，通常分为文件服务器、数据库服务器和应用程序服务器。服务器的构成与微机基本相似，有处理器、硬盘、内存、系统总线等，但相对于普通 PC 来说，服务器在稳定性、安全性、性能等方面都要求更高，因此，服务器的 CPU、芯片组、内存、磁盘系统、网络等硬件和普通 PC 有所不同。

服务器作为网络的节点，存储、处理网络上 80%的数据、信息，因此也被称为网络的灵魂。它是网络上一种为客户端计算机提供各种服务的高可用性计算机，它在网络操作系统的控制下，将与其相连的硬盘、磁带、打印机及各种专用通信设备提供给网络上的客户共享，也能为网络用户提供集中计算、信息发布及数据管理等服务。它的高性能主要体现在高速度的运算能力、长时间的可靠运行、强大的外部数据吞吐能力等方面。

按照体系架构来区分，服务器主要分为两类：非 x86 服务器、x86 服务器；按应用层次可分为：入门级服务器、工作组级服务器、部门级服务器、企业级服务器。

(6)网络防火墙

防火墙是限制数据在网络之间自由传递的控制系统，它是网络安全系统中一种访问控制系统。在实际应用中，防火墙是限制数据在内部网络、外部网络以及公共互联网之间自由传递的安全控制系统。防火墙作为内部网与外部网之间的一种访问控制设备，常常安装在内部网和外部网交界点上，防火墙对流经它的网络通信进行扫描，这样能够过滤掉一些攻击，以免其在目标计算机上被执行，防火墙还可以关闭不使用的端口，禁止特定端口的流出通信，封锁特洛伊木马，最后，它可以禁止来自特殊站点的访问，从而防止来自不明入侵者的所有通信。

防火墙具有很好的网络安全保护作用。入侵者必须首先穿越防火墙的安全防线，才能接触目标计算机，你可以将防火墙配置成许多不同保护级别，高级别的保护可能会禁止一些服务，如视频流等。

防火墙主要作用是：①Internet 防火墙可以防止 Internet 上的危险(病毒、资源盗用)传播到网络内部；②能强化安全策略；③能有效记录 Internet 上的活动；④可限制暴露用户点；⑤它是安全策略的检查点。

防火墙从软、硬件形式上分为软件防火墙、硬件防火墙以及芯片级防火墙；从防火墙技术上分为“包过滤型”和“应用代理型”两大类；按防火墙的应用部署位置分为边界防火墙、个人防火墙和混合防火墙三大类。

(7)光纤收发器

是一种将短距离的双绞线电信号和长距离的光信号进行互换的以太网传输媒体转换单元，在很多地方也被称之为光电转换器(Fiber Converter)。产品一般应用在以太网电缆无法覆盖、必须使用光纤来延长传输距离的实际网络环境中，且通常定位于宽带城域网的接入层应用，同时在帮助把光纤最后一公里线路连接到城域网和更外层的网络上也发挥了巨大的作用。

按光纤性质分类：

单模光纤收发器：传输距离 20～120km。

多模光纤收发器：传输距离 2～5km。

7.2.2　网络日常维护

网络日常维护是一种预防性的维护。它是指在设备的正常运行过程中，为及时发现并消除设备所存在的缺陷或隐患、维持设备的健康水平，从而使系统能够长期安全、稳定、可靠地运行而对设备进行的定期检查与保养。为了提升设备的性能，减少各种意外事故的发生，确保设备能够长期安全、稳定、可靠地运行，并降低维护成本，网络管理员应该掌握基本的网络维护知识。

(1)机房环境要求

1)温度状况

在正常情况下，机房长期工作环境温度应在 0～45℃，短期工作环境温度应在－5～55℃。

若机房的环境温度长期不能满足要求，维护人员应考虑检修或更换机房的空调系统。定期检查空调制冷度、开关情况等，空调制冷应完好、开关接触良好。

2)湿度状况

在正常情况下，机房的长期工作环境相对湿度应在 10%RH～95%RH，短期工作环境相对湿度应在 5%RH～95%RH。

若机房的相对湿度过大，应考虑为机房安装除湿设备，若机房的相对湿度过小，应考虑为机房安装加湿设备。

(2)网络设备硬件维护要求

1)清洁状况

设备外壳、设备内部、机架内各防尘网、地板，所有项目都应干净整洁无明显尘土附着，注意机柜防尘网的清洁状况，及时清洗或更换，以免影响机柜门及风扇框的通风、散热。

2)散热状况

设备正常工作时，要求保持风扇正常运转(清理风扇期间除外)，擅自关闭风扇会引起设备温度升高，并可能损坏单板，不要在设备架子上通风口处放置杂物，还应定期清理风扇的防尘网。

3)线缆布放

电源线与业务信号线缆分开布放，布放应整齐、有序。

4)线缆标签

观察机柜内部线缆标签情况，线缆标签应清晰、准确，符合规范。

5)机框外观

观察机框是否完整，空闲槽位有假面板保护。

(3)网络设备告警及数据配置维护要求

告警信息：正常情况下，应该无告警信息，如果有告警，需要记录，对于严重以上告警需立即分析和处理。

日志信息：正常情况下，日志中不应该有大量重复的信息，如果有这种情况出现，需要立即分析并处理。

CPU 占用状态：正常情况时，CPU 的占用率应低于 80%，如果 CPU 占用率长时间过高，应检查设备，分析原因。

内存占用率：正常情况下，内存的占用率应低于 80%，且当前状态“The current state”项显示为“Normal”。如果长时间内存占用率过高，应检查设备，查询原因。

接口流量：把当前流量和接口带宽比较，如果使用率超过端口带宽的 80%，需要记录并确认，并检查接口下的入方向和出方向是否有错误统计，重点关注错误统计的增长情况。

接口、链路状态：正在使用的接口、链路状态为 UP，未使用的接口为 SHUTDOWN。

调试开关：查看当前的调试信息 debugging 开关是否关闭。正常工作情况下，所有调试信息开关关闭。

配置文件：查看当前配置信息和保存配置信息是否一致，运行配置需要与保存过的配置相同。

管理级用户控制：系统必须配置超级用户密码，并且要求是密文方式，密码长度大于 6 位。

(4)常用 windows 网络测试命令

1)测试物理网络连通状态

命令：ping 192.168.0.8 －t，参数－t 是等待用户去中断测试。这个是最基本，最常用的网络命令。

2)查看 DNS、IP、Mac 等信息

Win98：winipcfg

Win2000 以上：ipconfig/all

3)网络信使

命令：Net send 计算机名/IP　＊（广播）传送内容，注意不能跨网段

命令：net stop messenger 停止信使服务，也可以在“控制面板”－“服务”中修改

命令：net start messenger 开始信使服务

4)探测对方计算机名

命令：ping －a　IP －t，只显示 NetBios 名

5)netstat －a 显示出你的计算机当前所有连接和侦听端口

6)探测 arp 绑定(动态和静态)列表

显示所有与本地计算机连接的对方 IP 和 MAC 地址

命令：arp　－a

7)捆绑 IP 和 MAC 地址

在网关或代理服务器端捆绑 IP 地址，解决局域网内盗用 IP 问题

命令：ARP －s 192.168.10.59　00－50－ff－6c－08－75

解除网卡的 IP 与 MAC 地址的绑定：

命令：arp －d 网卡 IP

8)在网络邻居上隐藏你的计算机

命令：net config server /hidden：yes

命令：net config server /hidden：no 则为开启

9)显示当前工作组服务器列表 net view

当不带选项使用本命令时，它就会显示当前域或网络上的计算机上的列表。

比如：查看这个 IP 上的共享资源，就可以

命令：net view 192.168.10.8

10)查看计算机上的用户账号列表 net user

11)网络共享目录映射 net use

例如：net use z：\192.168.10.8\movie 将这个 IP 的 movie 共享目录映射为本地的 Z 盘

12)记录链接 net session

例如：net session

计算机　用户名　客户类型　　打开空闲时间

\192.168.10.110 ROME Windows 2000 2195 0 00：03：12

\192.168.10.51　ROME Windows 2000 2195 0 00：00：39

命令成功完成。

13)路由跟踪命令

tracert software.pchome.net

pathping software.pchome.net 除了显示路由外，还提供网络质量分析，计算丢失包的百分比。

14)关于共享安全的几个命令

查看你机器的共享资源 net share

手工删除共享命令：net share Name /d(注意 Share Name 后有空格)。

增加一个共享：net share mymovie＝e：\downloads\movie /users：1(mymovie 共享成功，同时限制链接用户数为 1 人)。

15)在 DOS 行下设置静态 IP

netsh interface ip set address "本地连接" static 192.168.1.100 255.255.255.0 192.168.1.1 auto

7.2.3　网络监控

网络监控是指针对局域网内的计算机或其他设备进行监视和控制，针对内部的电脑上互联网活动以及非上网相关的内部行为与资产变动等过程进行管理，同时网络监控还包括通过网络进行视频图像监控、网络流量监控。

(1)网络视频监控

视频监控系统是安全技术防范体系中的一个重要组成部分，是一种先进的、防范能力极强的综合系统。网络视频监控就是通过有线或者无线 IP 网络把视频信息以数字化的形式来进

行传输，只要是网络可以到达的地方就一定可以实现视频监控和记录，通过网络直接观看被监视场所的情况，可以把被监视场所的图像内容、声音内容同时传送到监控中心，使被监视场所的情况一目了然，同时，网络视频监控系统还可以与防盗报警等其他安全技术防范体系联动运行，使防范能力更加强大。

1)系统组成

网络视频监控系统总体上分为前端接入、媒体交换以及用户访问三个层次，具体由前端编码单元、中心业务平台、网络录像单元、客户端单元以及解码单元组成，如图 7.1 所示。

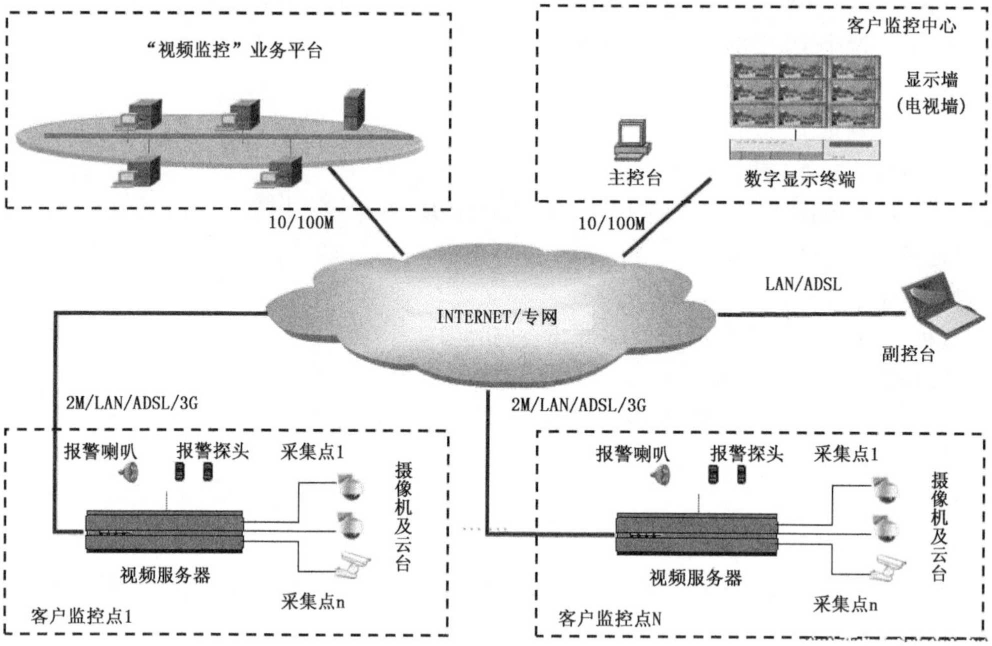

图 7.1 网络视频监控组成

视频监控中心业务平台位于媒体交换层，是整个网络视频监控系统的核心，逻辑上需要实现用户接入认证、系统设备管理、业务功能控制以及媒体分发转发等功能。在分级应用环境下，中心业务平台需要支持多级级联功能。中心业务平台在实现上可以基于“服务器＋平台软件”方式，也可以基于嵌入式硬件方式。

网络录像单元位于媒体交换层，用于实现网络媒体数据的数字化录像、存储、检索、回放以及管理功能。网络录像单元可以通过中心业务平台外接存储设备的方式来实现，也可以通过“服务器＋录像软件＋存储设备”的方式来实现。网络录像单元需支持分布式部署。

前端编码单元位于前端接入层，它通过数据通信网络接入中心业务平台，用于实现监控点视音频信息和报警信息的采集、编码、传输以及外围设备(如摄像机、云台、矩阵等)的控制。前端编码单元具体设备包括视频服务器、网络摄像机、DVR 等。

客户监控中心是远程图像集中监控和维护管理的应用平台，是基于 PC 的监控客户端业务软件，可采用 B/S 或 C/S 架构，主要实现用户登录、图像浏览、录像回放、辅助设备控制、码流控制等业务功能。

解码单元即视频解码器，主要负责在客户端单元的控制与管理下，实现前端监控信号解码输出，输出后的模拟视频信号可直接送至监视器、电视机等图像显示设备。

2)网络视频监控功能

智能视频监控系统还具有以下功能。

物体识别：能区分出移动物体的类别，如轿车、摩托车、人、飞机等识别，这是其他识别的基础。

越界识别：在视频画面上人为的画一道线或曲线，可以识别出物体穿越此界限的行为。比如视野是个马路上，画一条线把道路分成两端，假设定义了从左到右是合法，从右到左为非法，一旦车辆行驶跨越了这个界线，设备判断其是否非法，非法则产生报警。

轨迹跟踪：识别处移动物体之后，能在移动的元素后面画出其运动经过场所的轨迹。如广场、车站等公众场所，人流穿梭，设备能显示并记录下每个人的走动轨迹，如果一个人长时间在视野中徘徊游荡，超过一定时间，则设备自动报警提示发现可疑行为人物。

遗留或丢失物体识别：设备能识别出视野场景中的物体多出一个或者少了一个，适合仓库、车站、展厅、安检等场所，如果有背包长时间丢失在某处无人拾取，超过设定的时间，系统将产生报警，或者像展厅这些场所，如果展示品缺少一件，设备也能发现并报警。

车牌识别：如果视频场景是个道路口或者小区出入口，只要车牌区域在视频中出现过，设备能自动识别出车牌号码，并以文字的方式提示用户。可以用于违规车辆稽查，比如某牌照车辆在事故后逃逸不知去处，如果市内各要道口都有智能识别视频服务器，系统只有通过网络一次性把一个或几个需要稽查的车牌号码设置到系统中的各个智能设备中，一旦此牌照的车辆在视野中出现过，就能立即告警，节省许多警力资源。

流量统计：智能设备能识别出过往的行人和车辆，同时能统计出过往的人或车的数量，安装这样一个智能设备，就能统计处过往车流量或人流量，为公交调度提供更多更及时的信息。

逆行告警：比如单行道，或者车站、机场的出口或入口，车流人流都是单方向的，一旦有人逆行，系统会自动识别出，并产生报警。

涂鸦行为识别：原本洁净的墙面，被人乱贴小广告、电话或者乱涂乱画等，有碍市容。有了智能监控系统设备，就能及时发现这样的涂鸦行为，并及时告警。

打架等反常行为视频：公园、广场、车站等公众场合，人流众多，任何突发的危害人身安全的行为都可能造成重大损失和负面影响。智能识别系统，能及时发现人或车辆的异常行为，突然奔跑、摔倒、追打等行为，系统都会及时发现并提醒管理者。

(2)网络流量监控

1)MRTG

MRTG 通常被网络管理人员用来收集网络节点端口流量统计信息，是典型的监视网络链路流量负荷的工具(图 7.2)。MRTG 将真实流量数据统计信息通过 HTML 页面实时输出，使得维护人员可以迅速地发现网络的故障和可能发生故障的节点。MRTG 是一个免费的软件，支持 Linux、Unix 和 Windows 操作系统，其安装过程非常简便，但由于其结果输出采用 Web 页面方式，因此，需要在相应的平台上安装发布系统，如 Windows 上需要安装 IIS，Linux 则需要安装 apache。

MRTG 的定制非常方便，一般可以在网络的重要节点端口和故障发生频繁的网络设备处利用 MRTG 进行监视，这些监视包括：

①关键链路流量

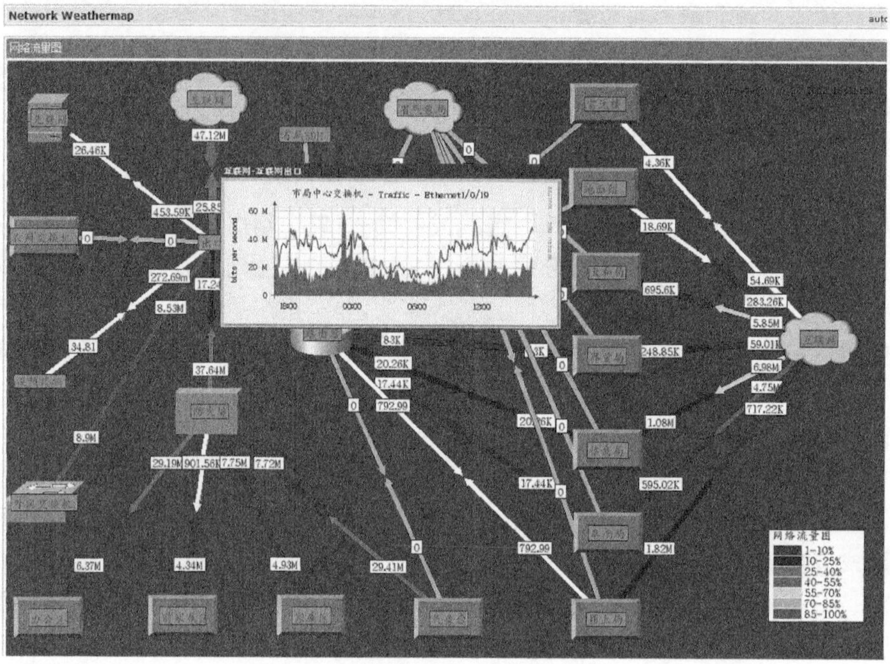

图 7.2　MRTG 网络流量监控图

可以对关键链路的流量进行监视，提供各种统计时间的统计图表，如一天(基本时长为 5 分钟)、一周(基本时长为 30 分钟)、一月(基本时长为 2 小时)等。统计的时间越长就越能反映出网络的真实状况和网络流量的变化规律。短时间统计可以用来帮助维护和分析网络故障，长时间统计可以为规划设计提供科学可靠的数据。

②关键节点性能状况

包括 CPU 利用率、空余内存等可以反应网络节点状况的信息。同样，关键节点性能状况的监视也包括小时/日/周/月的系统性能统计。

优缺点：MRTG 的优点是安装、定制简单，结果采用 Web 方式输出方便实用，而且是免费产品，在世界各地有很多的开发人员不断对其升级和改进。MRTG 的缺点是功能较单一，分析功能不强，其收集到的流量信息是端口的统计信息，不能用于复杂的分析。

2)Sniffer Portable

Sniffer Portable 产品线是 NetScout 公司在网络分析领域的旗舰产品，其市场占有率也在全球居于垄断地位，相当多的技术人员通过 Sniffer 逐渐深入了解了网络技术，并且进一步应用到工作之中，成为专业人员必不可少的重要工具。Sniffer Portable 可以安装在 PC 机、笔记本电脑上，不需要额外的硬件支持，其分析能力极其强大，是 Sniffer 产品系列中应用最广、知名度最高的产品，一般来说，用 Sniffer Portable 采集流量的过程是将安装了 Sniffer 的主机接入到交换机的某个端口(目的映射端口)，然后将其他需要采集流量的交换机端口(可不在同一交换机上)流量映射到此端口，从而通过对一个端口的扫描就可以采集到多个端口的流量。

通过端口映射 Sniffer Portable 可以实时采集多种数据并保存到数据库中，同时可以通过其分析部件实时监视和显示这些数据的统计信息。利用 Sniffer Portable 的数据捕捉(capture)功能可以在短的时间内对网络流量进行实时采集，这些采集到的流量数据可以包含整个包的信息，也可以只是包的一部分，利用捕获到的包可以进行协议分析、数据重组(如重组 E－mail)等工作，对包的解码和分析是 Sniffer 工具的一个最有特色的，也是最强大的功能。

3)ROM II 流量探针(ROM II Probe)

流量探针是一种用来获取网络流量的硬件设备，使用时将它串接在需要捕捉流量的链路中，通过分流链路上的数字信号而获取流量信息，流量探针提供对 1000Mbit/s 及其以下速率链路的支持。

流量探针价格昂贵，不适合大面积安装，因此流量探针比较适合在汇聚层或接入层的某些重要节点内部实施。流量探针安装非常方便，可以实时将 RMON II 的流量信息完全记录下来，这对分析网络的性能和故障很有价值，如果将流量探针串接到交换机端口，开启端口映射(Span Port)功能，将各个端口的流量映射到安装了流量探针的端口，则仅通过对一个端口的监测就可以收集到多个端口的流量信息，其收集的流量信息都包括以下部分：源 IP 地址、目的 IP 地址、时间、包个数、字节数，流量探针可以实时对以上数据进行记录并保存到数据库中，同时通过其管理软件实时监视和图形显示这些数据的统计信息。和 Sniffer 一样，利用流量探针的数据捕捉(capture)功能可以在很短的时间内对网络流量进行实时采集，这些采集到的流量数据可以包含整个包的信息，也可以只是包的一部分，利用捕获到的包也可以进行协议分析，但其功能不如 Sniffer 强大。

流量探针的安装很简单，可以用于高速(千兆)的网络而不影响网络性能，流量探针可以实时捕捉包，但其成本高，不同的物理链路，因其采样方法也不同，而需要使用不同种探针。

4)NetFlow 获取 RMON II 流量

NetFlow 是 Cisco 公司提出的网络数据包交换技术，它同时可用来记录网络流信息。一个网络流是从给定的源到目的端的单向的一系列数据包，它使用源和目的端点的 IP 地址和传输层端口号、协议类型、服务类型(ToS)以及输入接口等来标记网络流。NetFlow 记录的流包含了丰富的信息，非常适合于网络性能分析，NetFlow 不需要其他硬件流量设备的支持，开启和关闭都非常方便，因此在国外已有很多运营商用它来收集流量，服务于网络规划、设计和优化等领域。

NetFlow 的配置非常方便、安装简单，除了需要在路由器上配置之外，只需要一台 Unix 工作站作为流的收集工作站，所有路由器或交换机上发送的 NetFlow 流都将送到此工作站集中，方便处理和分析。NetFlow 流信息量特别丰富，可以为流量分布、业务分布等性能分析提供最充足的数据，但需要消耗一定的路由器资源(CPU 和内存)且不能实时捕捉数据包。

NetFlow 适用于大型的网络，和流量探针、Sniffer 等比较，NetFlow 成本最低，实施最方便，而且不受速率的限制，是数据流量采集的发展方向。

5)NetDetector

Niksun 公司的 NetDetector 为 IP 网络提供实时、连续的流量记录和分析。与以上工具不同的是，NetDetector 可以实时、连续地将整个数据包捕捉并实时存储到内部或外部存储器上，其存储容量达到 T 字节。由于完全捕捉了链路的流量，NetDetector 可以回放经过某端口的流的过程，像一个摄像机，监视着网络资源被使用的安全状况。另外，NetDetector 可以重建 IP 流，可以将捕获到的 Web、E－mail、Telnet、FTP 等应用数据还原为发送前的状态，因此非常适用于保障网络安全。目前，NetDetector 已被用于美国 Internet 骨干网，用于收集犯罪证据，打击恐怖主义，维护国家安全。

6)5 种流量采集工具的比较

5 种流量采集工具的比较见表 7.1。

表 7.1 5 种网络流量采集工具的比较

	MRTG	Sniffer	流量探针	NetFlow	NetDetector
采集完整性	否	是,短时间	是短时间	否	是,长时间
消耗路由器或交换机资源	否	否	否	是	否
工程规模	最简单	较简单	较简单	最简单	复杂
数据存放集中(集中/分布式)	集中	分布式	集中	集中	集中/分布式
适用链路	各种速率	10/100Mbit/s	1000Mbit/s 以下	GE/POS 2.5Gbit/s 及以下	
适用业务	维护	性能分析	性能分析	性能分析/计费	网络安全
费用	免费	高	很高	低	最高

(3)用户上网行为监控

1)单位网络面临的潜在风险

工作效率降低:聊天、游戏、非公上网、……;

资源浪费:P2P、视频、音频、大文件下载,网络带宽无节制使用;

安全风险:病毒、木马、黑客攻击;

法律风险:不良网站、发送不良信息、垃圾邮件。

2)互联网滥用的根源—公网私用

据统计,工作时间上网仅一成纯为公事,网络被大多数人用做了休闲娱乐的工具,根据IDC最新数据报道,企业员工平均每天有超过二分之一的上班时间用来在线聊天,浏览娱乐、色情、赌博网站,或处理个人事务;员工从互联网下载各种信息,而在那些用于下载信息的时间中,62%用于软件下载,11%用于下载音乐,只有25%用于下载与写报告和文件相关的资料。大量与工作无关的下载导致网络堵塞,速度下降,不仅如此,企业的内部信息、个人的机密等信息也在不经意间流失或被窃取。对于价值观尚不明确的青少年,网络上成人信息对他们具有很大的诱惑力,在没有指导的情况下,获取这些内容成为他们上网主要目的。网络游戏,在线交友,与外界各种各样的接触更容易引发青少年的犯罪活动。

3)网络行为的管理

网络行为管理系统是专门针对企业员工上网管理的需求而设计,其目的是帮助企业规范员工上网行为,有效实施互联网管理策略,保障网络信息安全,提高工作效率。保证互联网能真正为企业服务。

4)网络行为管理系统的主要功能

实时监控:对使用者访问Internet的行为进行实时监控,监控内容有IP访问、Web访问、网页表单、邮件收发、即时通信内容、网络会话、用户即时流量、网络异常告警。通过监控可以实时了解使用者当前的网络行为、网络的运行情况,并可以根据有关情况即时作出响应。

信息归档:对于用户上网信息,各种日志信息、监控内容进行归档,包括用户上网日志、IP访问日志、Web访问日志、网页表单内容、邮件收发内容、即时通信内容、网络会话内容、告警信息。这些记录的内容不仅可以作为日志备查,还可以作为企业重要的信息资源进行存档。

访问控制：可以根据企业的互联网管理政策，对互联网进行管理和控制。包括：按时间段进行控制（上、下班时间，节假日）、按部门或个人进行控制、按访问的IP地址、端口进行控制、按网址或网址库中的类别进行控制、按网络服务进行控制（如：QQ、MSN、发送邮件）、按流量时间控制、按关键字进行控制（如：聊天内容，邮件收发内容）、按各种组合策略进行控制、按部门网络服务对网络的带宽资源进行管理，系统可以根据设定的策略自动进行管理控制。

统计分析：对使用者访问Internet的行为进行各种统计，形成各种统计报表和图表，以供决策者参考。包括：网络访问流量、时间统计、网站访问情况统计、网络异常情况统计、各种网络服务使用情况统计、各种周报表、月报表、各种分析图表。从统计报表可以综合了解企业目前的上网情况、带宽使用情况、内部的网络行为是否符合企业的要求。

邮件拦截：根据设定的条件可以对邮件进行拦截、审计，同时还可以对拦截的情况进行统计分析。

带宽管理：可以按网络地址、部门及个人设定可以使用的带宽的上限和下限，也可以按服务类型设定带宽，也可以设定不同的人及不同的服务所使用的带宽的优先级。

5）网络行为管理系统的接入方式

网络行为管理系统的接入方式有透明方式、旁路方式和网关方式，如图7.3、图7.4、图7.5所示。

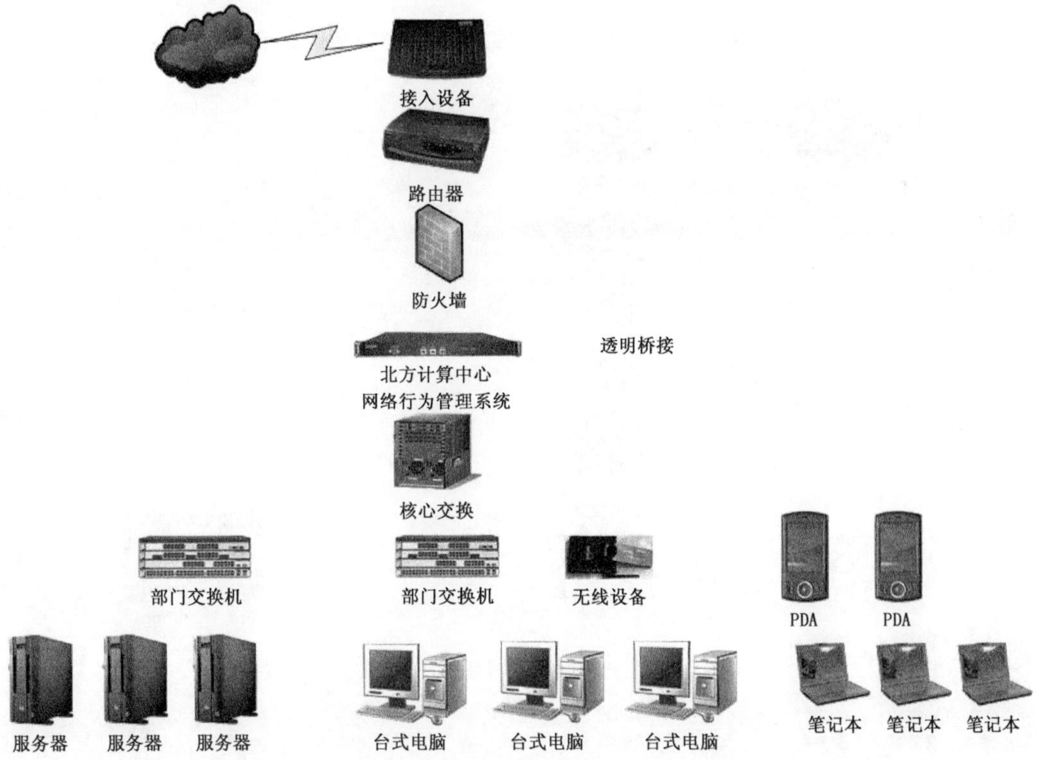

图7.3　网络行为管理系统的接入方式——透明方式

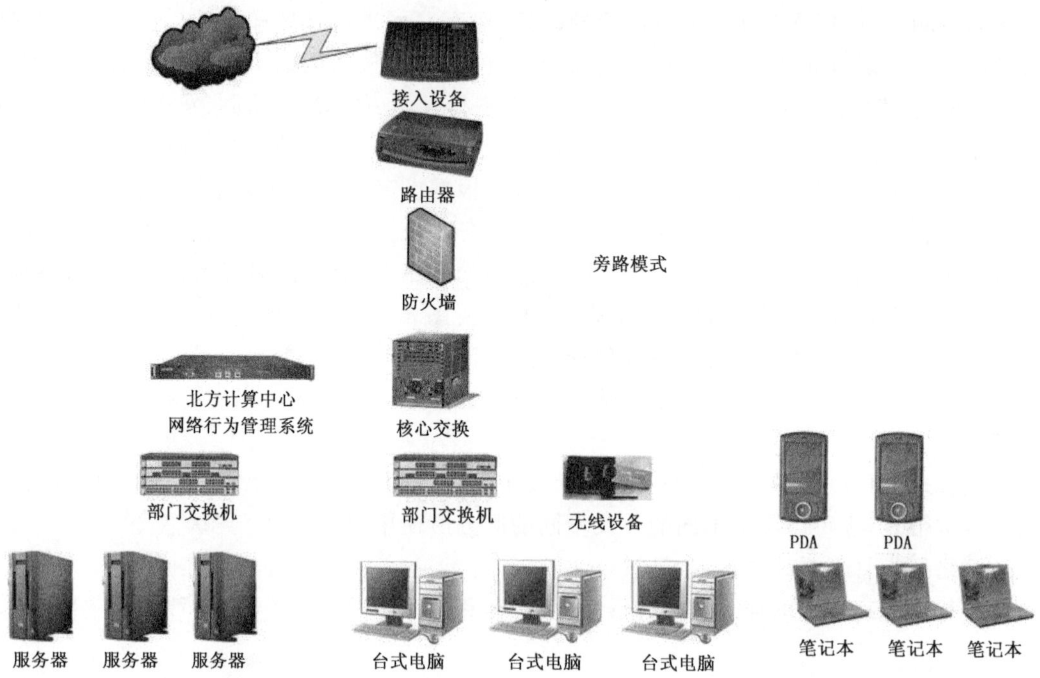

图 7.4　网络行为管理系统的接入方式——旁路方式

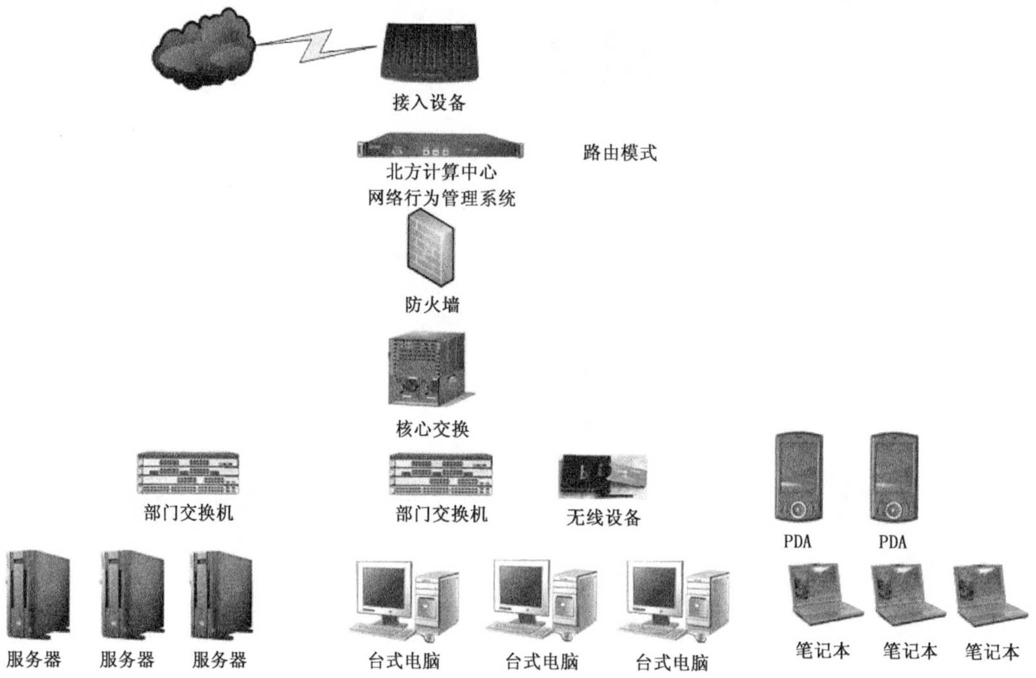

图 7.5　网络行为管理系统的接入方式——网关方式

7.2.4　常见网络故障及处理

(1)网络故障处理流程

网络故障处理流程如图 7.6 所示。

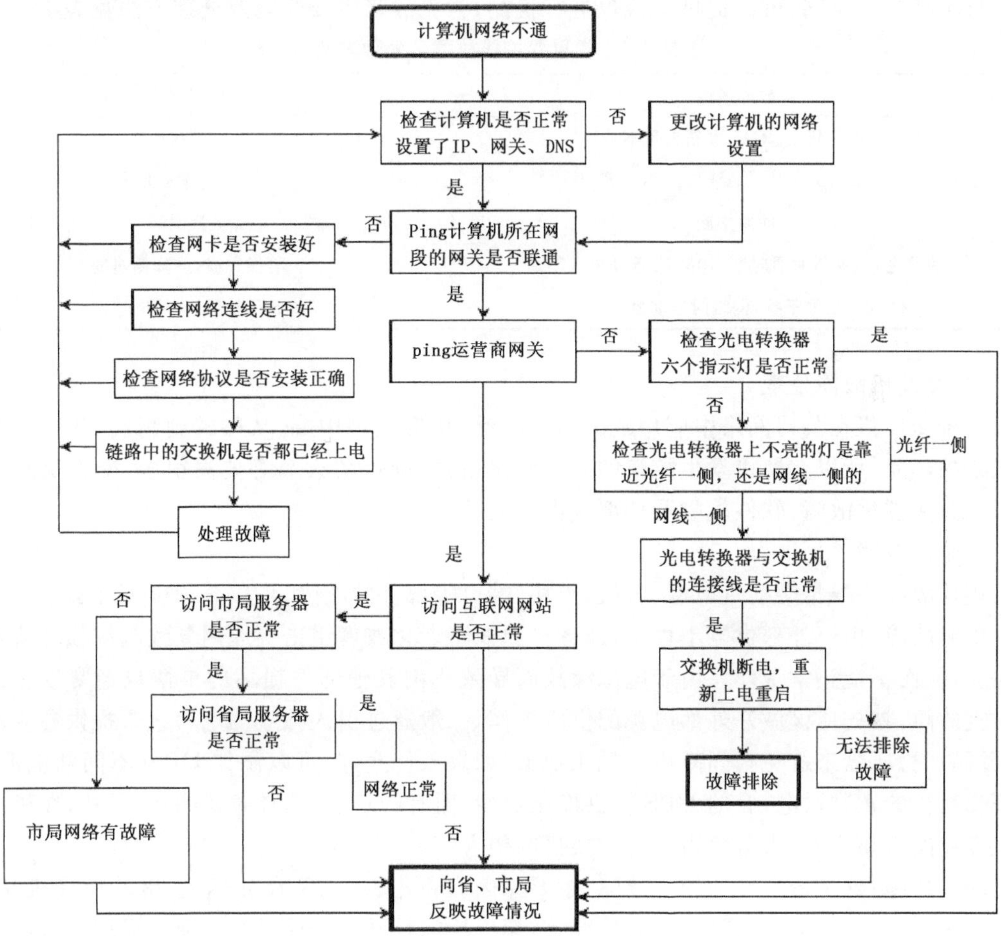

图 7.6　网络故障处理流程

(2)网卡故障及处理

如果网卡在工作中出现了问题,网络连接肯定不正常,一般可考虑表 7.2 所列的故障原因和处理方法。

表 7.2　常见网卡故障及处理方法

故障原因	处理方法
网卡的驱动程序安装不正确	重新安装网卡驱动程序
网卡和其他设备有冲突	检查是否与 Modem、显卡等这类设备有冲突,如有,则需要手动调节中断以避免冲突;
网卡的通信协议没有正确安装	首先要保证对该协议进行了正确的配置,其次再考虑安装其他的通信协议
网卡本身质量问题	检查是否存在网络接口内断线、网卡芯片损坏等现象

(3)双绞线故障及处理

双绞线连接不当是最容易造成线路不通的原因,在计算机挪动、线路受外力拉扯、接口重新插拔过程中最容易出现此类情况。通常在外力的作用下,对双绞线线路造成的人为损坏,可能直接造成线路中断或出现混线,从而影响计算机的正常通信。故障现象是网卡或交换机上指示灯不亮或不全亮,可以提供测线仪进行检测,常见故障主要原因及处理方法见表 7.3。

表 7.3 常见双绞线故障及处理方法

故障原因	处理方法
操作者插拔不到位、RJ45 水晶头是不是接触不良	重新拔插
水晶头压制时芯线压制不牢等	重新制作水晶头
线路中断	更换网线
线路老化,网络时通时断,10M 能通,100M 不通	更换网线,或降低速度
信号干扰,网络时通时断	找到干扰源,或用屏蔽电缆

(4)交换机故障处理

由于交换机在公司网络中应用范围非常广泛,从低端到中端,从中端到高端,几乎涉及每个级别的产品,所以交换机发生故障的概率比路由器,硬件防火墙等要高很多,交换机故障一般可以分为硬件故障、软件故障及外部攻击三大类。

1)硬件故障

硬件故障主要指交换机电源、背板、模块、端口等部件的故障,可以分为以下几类:

电源故障:由于外部供电不稳定,或者电源线路老化或者雷击等原因导致电源损坏或者风扇停止,从而不能正常工作。由于电源缘故而导致机内其他部件损坏的事情也经常发生。针对这类故障,首先应该做好外部电源的供应工作,一般通过引入独立的电力线来提供独立的电源,并添加稳压器来避免瞬间高压或低压现象,如果条件允许,可以添加 UPS(不间断电源)来保证交换机的正常供电,有的 UPS 提供稳压功能,而有的没有,选择时要注意,另外,在机房内设置专业的避雷措施,来避免雷电对交换机的伤害。

端口故障:这是最常见的硬件故障,主要原因有雷击、水晶头尺寸偏大,破坏交换机端口、带电插拔接头、光纤端口污染。一般情况下,端口故障是某一个或者几个端口损坏,所以,在排除了端口所连计算机的故障后,可以通过更换所连端口,来判断其是否损坏。

模块故障:交换机是由很多模块组成的,比如:堆叠模块、管理模块(也叫控制模块)、扩展模块等,这些模块发生故障的概率很小,不过一旦出现问题,就会遭受巨大的经济损失。如果插拔模块时不小心,或者搬运交换机时受到碰撞,或者电源不稳定等情况,都可能导致此类故障的发生。

线缆故障:但在实际使用中,电缆故障经常导致交换机系统或端口不能正常工作,所以这里也把这类故障归入交换机硬件故障。比如接头接插不紧,线缆制作时顺序排列错误或者不规范,线缆连接时应该用交叉线却使用了直连线,光缆中的两根光纤交错连接,错误的线路连接导致网络环路等。

2)交换机的软件故障

交换机的软件故障是指系统及其配置上的故障,它可以分为以下几类。

系统存在一些漏洞,在条件合适时,会导致交换机满载、丢包、错包等情况的发生;

配置不当：比如 VLAN 划分不正确导致网络不通，端口被错误地关闭，交换机和网卡的模式配置不匹配等原因；

密码丢失：一旦忘记密码，都可以通过一定的操作步骤来恢复或者重置系统密码。

3)交换机外部攻击

由于病毒或者黑客攻击等情况的存在，有可能某台主机向所连接的端口发送大量不符合封装规则的数据包，造成交换机处理器过分繁忙，致使数据包来不及转发，进而导致缓冲区溢出产生丢包现象。还有一种情况就是广播风暴，它不仅会占用大量的网络带宽，而且还将占用大量的 CPU 处理时间。网络如果长时间被大量广播数据包所占用，正常的点对通信就无法正常进行，网络速度就会变慢或者瘫痪。一块网卡或者一个端口发生故障，都有可能引发广播风暴，由于交换机只能分割冲突域，而不能分割广播域(在没有划分 VLAN 的情况下)，所以当广播包的数量占到通信总量的 30%时，网络的传输效率就会明显下降。

(4)服务器故障

1)服务器无法启动

市电或电源线故障(断电或接触不良)、电源或电源模组故障、内存故障(一般伴有报警声)、CPU 故障(一般也会有报警声)、主板故障、其他插卡造成中断冲突。

2)系统频繁重启

电源故障(替换法判断解决)、内存故障(可从 BIOS 错误报告中查出)、网络端口数据流量过大(工作压力过大或有病毒攻击)、软件故障(更新或重装操作系统解决)。

3)服务器死机

服务器死机故障比较难以判断，一般分为软件和硬件两个方面：

①软件故障：首先检查操作系统的系统日志，可以通过系统日志来判断部分造成死机的原因：电脑病毒的原因造成死机，可在安全模式下杀毒；系统软件的 bug 或漏洞造成的死机，这种故障需要在判断硬件无故障后做出，而且需要软件提供商提供帮助；软件使用不当或系统工作压力过大死机，可以请客户适当降低服务器的工作压力来看看是否能够解决。

②硬件故障：有硬件冲突、电源故障或电源供电不足(可以通过对比计算服务器电源所有的负载功率的值来作出判断)、硬盘故障(通过扫描硬盘表面来检查是否有坏道)、内存故障(可以通过主板 BIOS 中的错误报告和操作系统的报错信息来判断)、主板故障(使用替换法来判断)、CPU 故障(使用替换法)、板卡故障(一般是 SCSI/RAID 卡或其他 pci 设备也有可能造成系统死机，可用替换法判断处理)等。

注意：系统死机故障需要在处理完后，还要在一段时间内进行一定压力的拷机测试来进一步检查故障是否彻底解决。

(5)网络突然中断

网络故障及处理方法见表 7.4。

表 7.4 网络故障及处理方法

故障原因	处理方法
IP 地址的设置错误	检查本机 IP 地址、子网掩码、网关、DNS 等相关设置
IP 地址冲突：在局域网内部每个人的地址多不相同，如果你的地址与别人的相同，就会造成 IP 地址冲突	重新设置 IP 地址
网卡误操作被禁用：网卡被禁用后，在右下角将没有连接提示	用右键点击“网络邻居”在弹开菜单中选择“属性”，然后继续右键点击“本地网络”，在弹开菜单中选择启用
网线接触不良：网卡插错或插的不严实，这类故障通常因为设备的老化或者水晶头的磨损导致的	需要更换交换机或者更换水晶头
交换机停止工作：通常是有人不小心碰到了电源，导致设备断电。通常这种情况发生，会导致掉电设备上所有的用户多会中断与网络的连接	重新加电开机
电脑中了恶性病毒：电脑在中病毒后，通常情况是系统运行速度变慢，上网速度也变得缓慢；电脑中了一些恶性病毒后，病毒会对一些常用端口发病毒包，从而导致电脑无法上网或者一些软件无法正常使用	查杀病毒

(6)ARP 病毒

现象：用户发现网络缓慢或时断时续等不正常现象。

自查方法：“开始→运行→输入 cmd(进入 DOS)，点击确定→输入 arp －a”，如果发现 Internet Address 对应的网关 IP 的 MAC 地址不是正确的网关 MAC 地址，此时的 IP 用户可能已经中毒。

解决办法：

1)清空 ARP 缓存

若是一些初级的 ARP 欺骗，可以通过 ARP 的指令来清空本机的 ARP 缓存对应关系，让网络设备从网络中重新获得正确的对应关系，具体解决过程如下：

使用 arp －d 命令，将储存在本机系统中的 ARP 缓存信息清空，这样错误的 ARP 缓存信息就被删除了，本机将重新从网络中获得正确的 ARP 信息，达到局域网机器间互访和正常上网的目的。如果是遇到使用 ARP 欺骗工具来进行攻击的情况，使用上述的方法完全可以解决。但如果是感染 ARP 欺骗病毒，病毒每隔一段时间自动发送 ARP 欺骗数据包，这时使用清空 ARP 缓存的方法将无能为力了，下面将接收另外一种，可以解决感染 ARP 欺骗病毒的方法。

2)指定 ARP 对应关系

其实该方法就是强制指定 ARP 对应关系。由于绝大部分 ARP 欺骗病毒都是针对网关 MAC 地址进行攻击的，使本机上 ARP 缓存中存储的网关设备的信息出现紊乱，这样当机器要上网发送数据包给网关时就会因为地址错误而失败，造成计算机无法上网。

第一步：我们假设网关地址的 MAC 信息为 00－14－78－a7－77－5c，对应的 IP 地址为 192.168.2.1。指定 ARP 对应关系就是指这些地址。在感染了病毒的机器上，点击桌面→任务栏的“开始”→“运行”，输入 cmd 后回车，进入 cmd 命令行模式；

第二步：使用 arp －s 命令来添加一条 ARP 地址对应关系，例如 arp －s 192.168.2.1 00－14－78－a7－77－5c 命令。这样就将网关地址的 IP 与正确的 MAC 地址绑定好了，本机网络连接将恢复正常了；

第三步：因为每次重新启动计算机的时候，ARP 缓存信息都会被全部清除。所以我们应该把这个 ARP 静态地址添加指令写到一个批处理文件（例如：bat）中，然后将这个文件放到系统的启动项中。当程序随系统的启动而加载的话，就可以免除因为 ARP 静态映射信息丢失的困扰了。

3）添加路由信息应对 ARP 欺骗

一般的 ARP 欺骗都是针对网关的，那么我们是否可以通过给本机添加路由来解决此问题呢？只要添加了路由，那么上网时都通过此路由出去即可，自然也不会被 ARP 欺骗数据包干扰了。

第一步：先通过点击桌面上任务栏的"开始"→"运行"，然后输入 cmd 后回车，进入 cmd（黑色背景）命令行模式；

第二步：手动添加路由，详细的命令如下：删除默认的路由：route delete 0.0.0.0；添加路由：

route add －p 0.0.0.0 mask 0.0.0.0 192.168.1.254 metric 1；确认修改：

route change 此方法对网关固定的情况比较适合，如果将来更改了网关，那么就需要更改所有的客户端的路由配置了。

4）安装杀毒软件

安装杀毒软件并及时升级，另外建议有条件的单位可以使用网络版的防病毒软件，例如趋势、诺顿等。单机用户可以考虑 360 安全卫士、瑞星、卡巴斯基等单机版的杀毒软件，查杀效果都还不错。

5）使用 ARP 类专杀工具查杀：下载并安装 ARP 病毒攻击免疫补丁、木马病毒查杀软件"木马杀客"和防止 ARP 地址欺骗软件 ANTIARP。

7.3 新一代气象数据卫星广播系统（CMA Cast）

7.3.1 概述

中国气象局卫星数据广播系统（CMA Cast）采用 DVB－S2 卫星数据广播标准和 1 个完整的 C 波段通信卫星转发器，建设 CMA Cast 广播系统，替代中国气象局现有 PC-VSAT、FENGYUNCast、DVB－S 三套广播系统，大幅度增加气象资料广播的种类和数量，提高数据分发的时效性和可靠性，与美国的 GEONETCast、欧洲中心的 EUMETCast 一起，共同组成全球对地观测信息传播系统，对亚太地区进行 WMO 全球交换资料的分发和风云系列卫星云图产品的广播。

CMA Cast 广播系统总体上由卫星转发器、广播主站及应用小站组成，如图 7.7 所示。来自国家气象信息中心、国家卫星气象中心的广播资料汇集到国家气象信息中心业务资料库中，以及电视会商、远程教育、华风影视和其他视频信息，在主站系统的统一调度和控制下，按预定的播发策略，进入综合播发服务器进行广播。

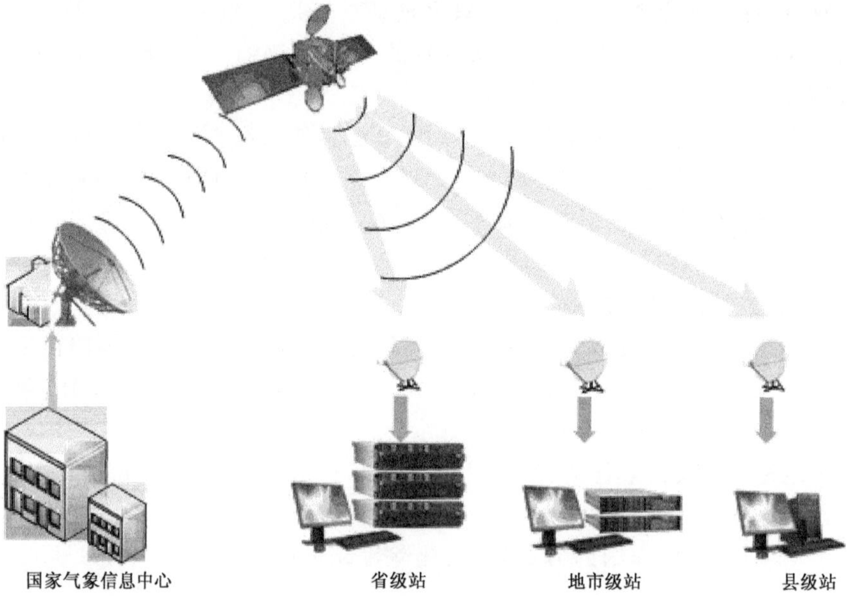

图 7.7　系统广播示意图

文件和流媒体输出的广播信息分别传输至位于国家卫星气象中心北京卫星地面站的 C 波段主站，经打包机、调制器、ODU 和天线，进入卫星信道进行广播。

在小站端，小站的 DVB－S2 数据接收机将卫星信道上广播的数据直接传输到小站，由小站的业务网上的数据接收服务器进行处理和存储，小站根据接收资料数据量的大小及可靠性要求，可配置多台数据接收服务器并行接收或分担接收任务。

7.3.2　CMACast 运行维护

(1)小站监控管理程序

小站监控管理程序为“CMACast”，存放于“/home/ cmacast/bin”目录中；“/home/ cmacast/bin”是小站 CMACast 工作目录，不可更改。小站监控管理程序必须由用户 cmacast 启动，正常启动后主页面如图 7.8 所示。

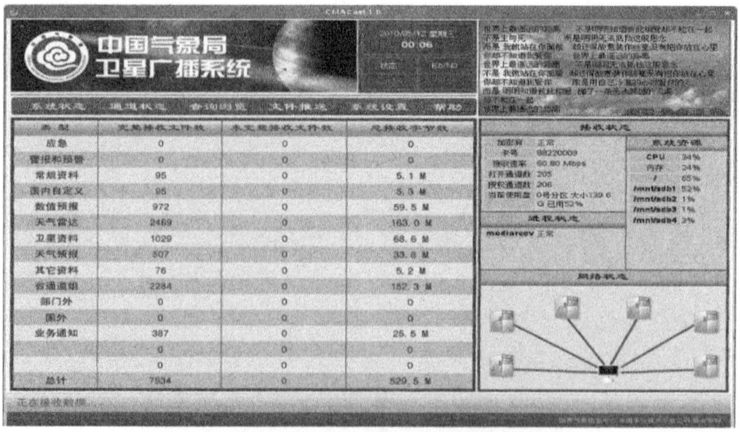

图 7.8　小站监控管理程序主界面截图

在异常情况下，监视界面启动失败，见“7.3.3 CMACast 常见故障及处理”。

注意：小站监视界面进程的启动不允许使用守护进程来调用，否则将无法管理其他进程的手工停启业务。

(2)磁盘管理

1)磁盘的监视

应用软件系统提供了系统资源的监视功能，包括磁盘的监视，如图 7.9 所示。

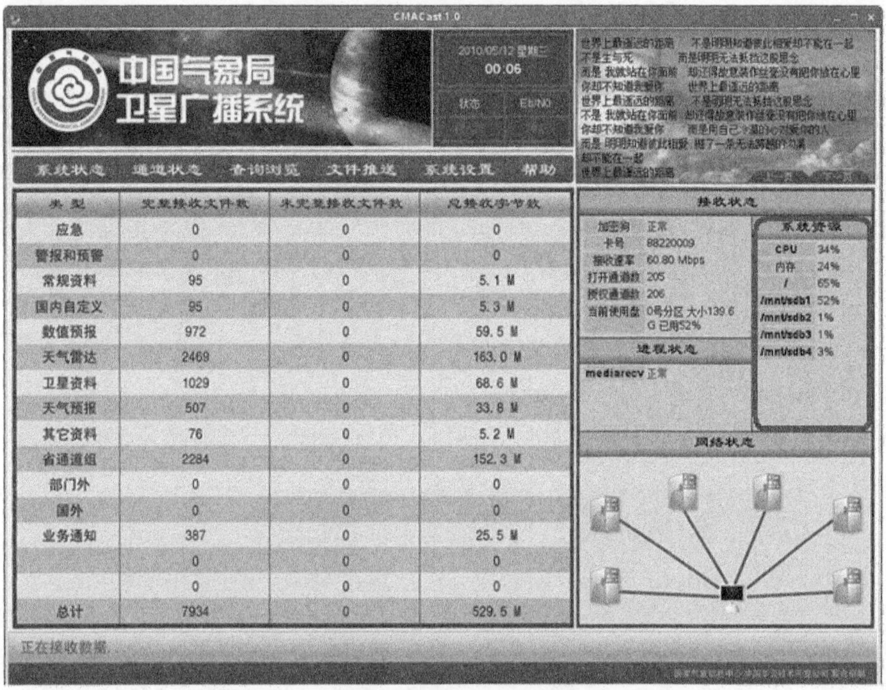

图 7.9　系统资源信息在主界面中的位置截图

小站磁盘分为：/根分区系统盘 sda1、交换分区 swap 盘 sda2、镜像盘 sda3 、数据接收盘(sda5、sda6、sda7)、和日志盘 sda8。

配置文件默认监视：系统盘、数据接收盘、日志盘，共五个磁盘。

应用软件监视的磁盘是可配置，如 7.10 磁盘监视截图所示，只配置监视了四个盘。

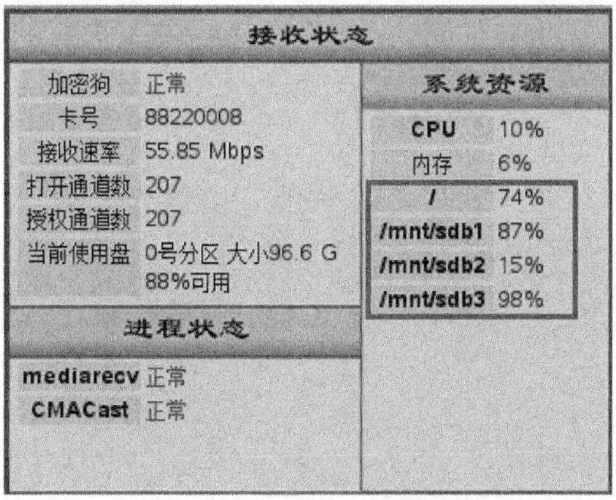

图 7.10　磁盘监视截图

2)写盘失败的原因

当写盘失败超过接收程序设置的次数时会报警，监视界面告警滚动栏会有故障告警信息，管理员根据告警信息确定故障原因。

可能的原因包括：磁盘损坏；没有读写权限；磁盘满没有自动格式化。

3)维护日志盘

在日志盘中，日志文件存放在不同类型的日志目录；

日志维护脚本会对超过设置保存天数的日志文件进行自动删除；

由于本系统日志记录频繁，数据量大，长时间的频繁写和删除操作，必然会产生大量的磁盘碎片，造成磁盘读写速度变慢，从而影响软件的正常运行。因此，需要定期对日志盘进行维护，即进行手动格式化。维护方法参见“4)磁盘的格式化”。

4)磁盘的格式化

接收引擎会对数据盘(sda5、sda6、sda7)进行循环自动格式化，故障情况下有可能格式化失败，需手动格式化；日志盘的维护也需要在一定时候进行手动格式化，步骤如下：

umount　如：umount /dvbs2/sdb4

格式化　如：mkfs. reiserfs －f /dev/sda8

挂载　如：mount /dev/sda8/ dvbs2/sdb4

注意：格式化之前先查看一下磁盘号、挂载目录，命令：df －h；如图 7.11 所示。

```
cmacast@linux-mx9q:~/bin> ls /dev/sda*
/dev/sda   /dev/sda2  /dev/sda5  /dev/sda7
/dev/sda1  /dev/sda4  /dev/sda6  /dev/sda8
cmacast@linux-mx9q:~/bin> df -h
Filesystem            Size  Used Avail Use% Mounted on
/dev/sda1              46G   27G   17G  63% /
udev                  1.9G  264K  1.9G   1% /dev
/dev/sda5             131G  591M  130G   1% /dvbs2/sdb1
/dev/sda6             131G   33M  130G   1% /dvbs2/sdb2
/dev/sda7             131G   33M  130G   1% /dvbs2/sdb3
/dev/sda8              24G   34M   24G   1% /dvbs2/sdb4
```

图 7.11　检查磁盘号及对应目录示意截图

(3)授权相关

1)加密狗

加密狗是一个小站的唯一标识，一个小站一个加密狗，接收子系统依赖加密狗识别授权、获取密钥。小站接收服务器接收程序启动后会检查授权卡(加密狗)的存在和有效性，然后根据主站对该卡的授权通道和目录来接收文件。在小站软件主界面中，能够查看到加密狗的卡号及状态。

当加密狗异常时，能够显示相应的信息，如图 7.12 所示的对比效果截图。

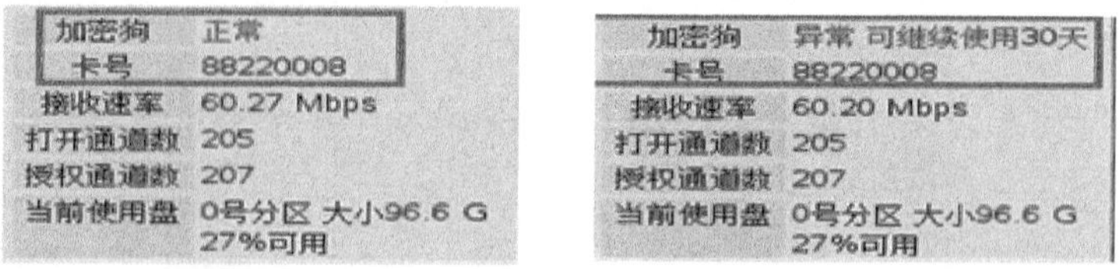

加密狗正常　　加密狗异常

图 7.12　加密狗状况截图对比

2)通道/目录授权

通道授权、一级目录和二级目录授权如下,只有授权的通道或目录才会出现在授权列表中,如图 7.13 所示。

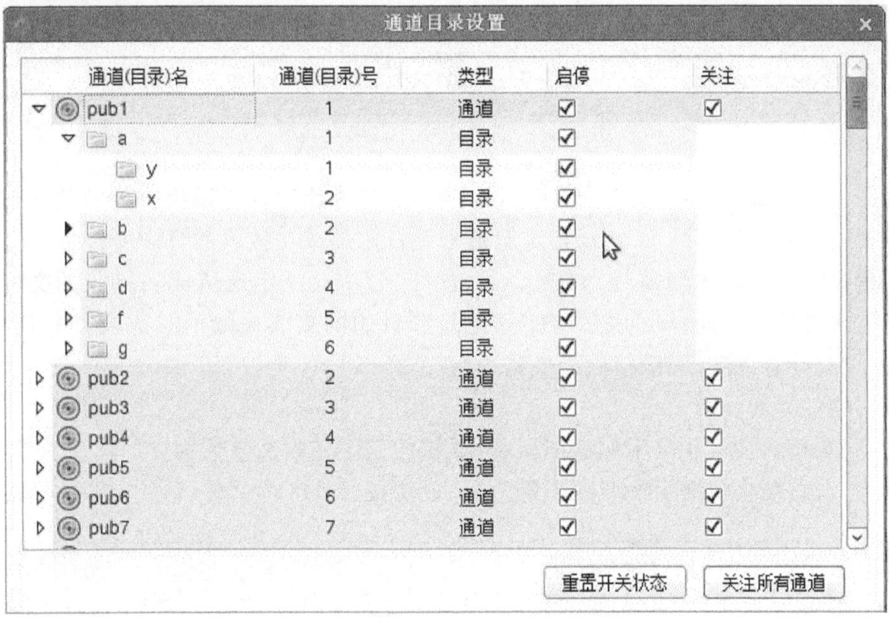

图 7.13　授权通道和目录列表截图

如果该卡/加密狗无效、过期、故障等,则不能接收到任何数据,而且会在 CMACast 程序界面上报警和提示,应该及时联系国家气象信息中心的技术支持部门。

如果接收卡正常,而不能接收到任何数据或有些通道和目录接收不到数据,则应该查看授权表是否有该通道或目录的授权,如果没有而又必须要接收这些通道和目录的数据,应及时联系国家气象信息中心的技术支持部门。

如果接收卡和授权信息都正常,而不能接收到任何数据则要查看接收机是否有数据流(接收机的数据灯是否闪烁、界面上是否有接收机的数据率)、查看网络状况、查看分析异常报警信息。

如果接收机和数据网路都是连通的,而依然不能接收到数据则应该使用抓包程序,在 linux 系统下抓 udp 包,bash 终端下输入命令:tcpdump port 8668。如果不能够抓到 UDP 包,则关闭 linux 防火墙(yast2→security and users→firewall);如果能够抓到数据包,而引擎接不到数据,CMACast 界面也没有接收数据显示,则应该及时联系国家气象信息中心的技术支持部门。

(4)小站接收数据的处理

1)数据文件接收状况的查询、统计

通过对接收状况的查看,可以有效地检查系统的工作状态。有两个方法可以查看接收数据文件的状况:通过应用软件查看;通过分析日志查看。

2)查看日志

查询每天的 log 日志,在/dvbs2/sdb4/log 下有 chan 目录,该目录下包含每个通道完整接收和未完整接收日志详细信息，总的(所有通道)完整接收和未完整接收日志详细信息；如图 7.14 所示。

```
cmacast@linux-mx9q:/dvbs2/sdb4/log/chan> ls
chan1recv20100516.err      chan3recv20100516.err   chan5recv20100516.err
chan1recv20100516.log      chan3recv20100516.log   chan5recv20100516.log
chan254recv20100516.log    chan4recv20100516.err   recv20100516.err
chan2recv20100516.log      chan4recv20100516.log   recv20100516.log
```

图 7.14　通道接收日志列表截图

使用命令“cat chan＋通道号＋日期. log|wc - l”统计指定通道接收失败的文件数量；其中，“chan＋通道号＋日期. log”表示指定通道号和日志的成功接收的日志文件；

使用命令“cat chan＋通道号＋日期. err|wc - l”统计指定通道成功接收的文件数量；其中，“chan＋通道号＋日期. err”表示指定通道号和日志的接收失败的日志文件。使用同样的方法，还可以统计总成功/失败接收的文件数量。

3)应用软件界面显示

如图 7.15 通道接收状况示例截图所示，显示的完整接收文件数为 98 个，丢失文件数为 1 个。如图 7.15 总接收状况示例截图所示，总计成功接收 942 个文件，5 个文件接收失败。

通道号	通道名	接收时间	接收字节数	接收文件数	丢失文件数	当前文件	当前文件进度
1	EMERG_001	20100516 15:53:05	24.0 MB	98	1	...001/2010516154956_226.txt	307.4 KB / 307.4 KB

类型	完整接收文件数	未完整接收文件数	总接收字节数
应急	98	1	24.0 M
警报和预警	271	0	79.8 M
常规资料	268	2	79.4 M
国内自定义	269	1	79.0 M
数值预报	310	1	7.4 M
天气雷达	0	0	0
卫星资料	0	0	0
天气预报	0	0	0
其它资料	0	0	0
省通道组	0	0	0
部门外	0	0	0
国外	0	0	0
业务通知	0	0	0
	0	0	0
	0	0	0
总计	942	5	268.8 M

图 7.15　总接收状况示例截图

4)流媒体数据的接收处理

主站对流媒体数据和媒体文件数据都进行了加密处理，因此，在接收小站，必须经过解密处理之后才能用于播放。

5)流媒体数据的接收

流媒体数据接收的显示包含通道号、源多播地址、接收速率，超过通道一行显示不完的时候只需将鼠标移动到这一滚动栏就可以全部显示出所有正在接收流媒体的通道详细信息，如图 7.16、图 7.17 所示。

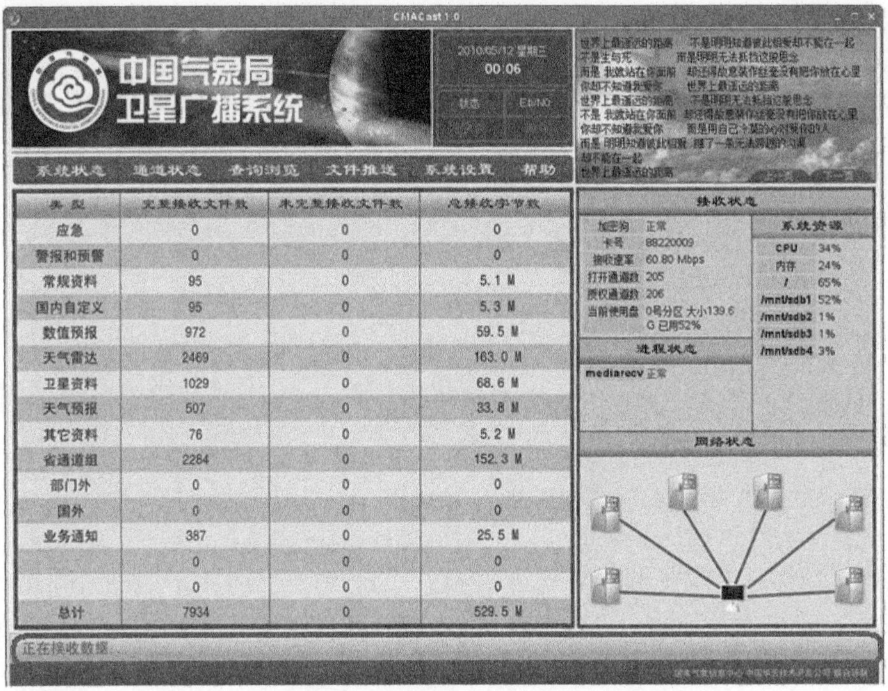

图 7.16　接收流媒体数据信息显示位置示例截图

图 7.17　接收流媒体数据信息显示示例截图

注意：如果告警滚动栏有信息告警则优先显示告警信息，流媒体接收信息不显示。

6)流媒体数据的转发

流媒体的转发原则：

可以转发到接收服务器不同的网卡；

所转发的网卡必须网络连通；

不允许转发接收服务器的数据接收网卡及端口上，否则会造成数据回环。

选择流媒体想转发出去的网卡对应 IP，默认为上一次设置，如图 7.18 所示。

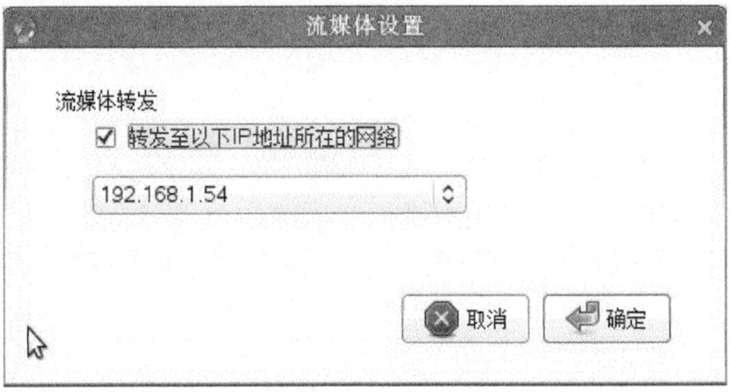

图 7.18　流媒体数据转发地址设置示例截图

如果不转发，只需要去除“转发至以下 IP 地址所在的网络”选择，然后确定退出即可。

7)流媒体数据的播放

播放流媒体，需要使用 VLC 等流媒体播放软件，并进行相应的设置。下面，以 VLC 软件为例，介绍相关配置参数；如图 7.19 所示。

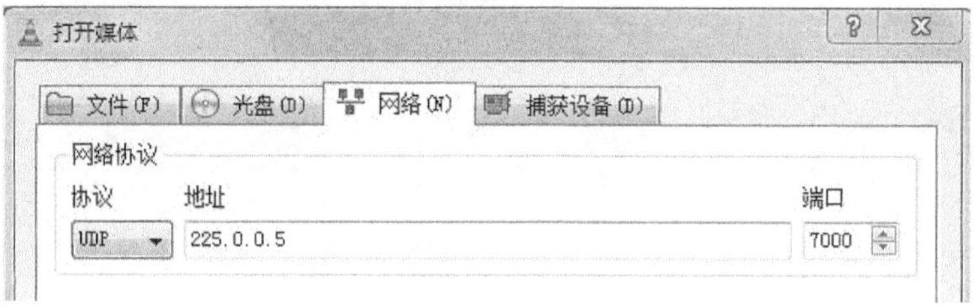

图 7.19 VLC 软件配置接收流媒体示例截图

设置 VLC 软件为“网络串流捕获”；

实时流媒体数据：UDP 227.0.0.5 7000；

多媒体文件数据：UDP 22.0.0.6 7001；

如果 VLC 软件无法播放主站发送过来的流媒体数据，则应该按照如下步骤进行原因查找：

检查网络是否连通，使用 ping 命令，检查与流媒体转发网卡相连的网络中的任意一个存在的地址；

在小站接收服务器上抓包，看系统转发是否成功。命令：tcpdump port 7000 或 tcpdump port 7001；

tcpdump - i eth1(假设转发到 eth1) dst 227.0.0.5/227.0.0.6；

tcpdump - i eth1 port 7000/7001；

抓包有数据，说明转发成功，如果 VLC 不能播放，则查看设置是否正确。

注意关闭网络中所有的防火墙，防止过滤掉流媒体的 UDP 数据包而导致不能播放。

8)公告信息数据的维护管理

公告消息以文件的形式存放于小站的接收服务器端，主站通过公共信息通道 255 发送公告消息和其他相关的管理信息。

存放目录：/home/ cmacast/bin/pub255；

存放的文件名称：

notice.txt 存放最新接收的消息

noticehistory.txt 存放历史消息

图片公告消息是以独立的窗口弹出展现给用户，只展现一次，文件也存放在/home/ cmacast/bin/pub255 下；

超过有效期的公告消息不显示在公告栏；

用户在小站界面上可查看上一条和下一条公告消息，总共可查看 500 条历史消息。

7.3.3　CMACast 常见故障及处理

(1)引擎启动异常

处理过程如下:

终端下 top 命令查看引擎是否已启动,ps －ef|grep recv_daemon 检查守护进程;

检查/home/cmacast/etc/mediarecv.ini 中,M－Process－Name 参数配置情况;

检查环境变量为/home/cmacast/lib、lib 库文件完整正确;

检查前用户为 cmacast、程序及运行环境目录的属性、执行权限;

检查磁盘属性,引擎能否建立目录,写日志、数据等。

(2)界面启动异常

处理过程如下:

当前用户为 cmacast,监控界面程序 CMACast 在/home/cmacast/bin 目录下;

export　MYMLD_LIBRARY_PATH 环境变量为 /home/cmacast/lib;

lib 库文件在/home/cmacast/lib 目录下,检查所有监控界面需要的库文件;

如果提示…connot connect to x server…或 connect x server faild 的错误,则运行 xhost ＋local,或退出当前终端、当前用户,使用 cmacast 用户和新打开终端;

检查/tmp 目录,找到临时文件 cmacast_mui,删除它;

检查程序的属性、执行权限,还有所在目录和配置文件的属性、权限等。

(3)磁盘格式化失败与写盘错误

处理过程如下:

使用 df －h 查看磁盘是否全部挂载在/dvbs2 目录下;

进入/dvbs2 目录,使用 ll 命令查看磁盘属性和权限;

检查磁盘是否有被占用,格式化失败,退出进入磁盘所在目录的终端,退出使用数据盘的其他程序。正常情况下,mediarecv 程序会强制格式化磁盘;

查看磁盘使用率,是否写满,有没有自动格式化;

检查磁盘是否坏道和损坏。

(4)授权信息异常

检查加密狗是否存在,用读狗测试程序./usbdog 测试一下读卡号,读不出重装狗驱动;

检查/home/ cmacast/bin 目录下 doginfo.ini 是否存在,如果换加密狗要删除该文件重启引擎才能读到卡号,如果文件不存在了,重启引擎后会自动重建;

检查/home/ cmacast/bin 目录下 myLicensedFile.ini(授权信息)和 mySKFile.ini(解密库文件)文件是否存在,不存在则需要向中国气象局信息中心请求对该小站重新发送通道参数信息、目录参数信息和授权信息;

检查用来接收授权信息的 pid 是否设置,并且数值为 1015;

检查配置文件接收授权信息的多播地址和端口是否正确。

RecvData_Destipaddr_Destport＝239.0.0.36:8668

(5)网络异常/不能接收任何数据

处理过程如下:

使用 ifconfig 命令查看所有的网卡配置是否正确;

查看接收的 IP 是否跟接收服务器的 IP 同一个网段；

检查数据接收网卡名和配置的 IP 地址是否匹配，有无插错网口，有多个网卡时注意。

(6)小站数据丢失严重

处理过程如下：

检查磁盘是否写满，不能再写，有没有自动格式化；

检查磁盘属性和权限，同时查看磁盘是否损坏；

检查网络环境中是否使用了质量差的网线和设备，要求使用超五类千兆成品网线和千兆交换机；

检查网卡缓存的设置是否起作用，网卡的速率(speed)是否为 1000Mb/s；

检查接收机的信号和 Eb/No 是否很小，误码率是否很高，确认天线的接收信号良好。

7.4 视频会商系统

7.4.1 概述

视频会议系统——气象部门有时也叫“视频会商系统”，包括软件视频会议系统和硬件视频会议系统，是指两个或两个以上不同地方的个人或群体，通过现有的各种通信传输媒体，将人物的静、动态图像、语音、文字、图片等多种资料分送到各个用户的显示器上，使得在地理上分散的用户可以共聚一处，通过图形、声音等多种方式交流信息，增加双方对内容的理解能力。目前视频会议逐步向着多网协作、高清化的方向发展。

一般的视频会议系统包括 MCU 多点控制器(视频会议服务器)、会议室终端、PC 桌面型终端、电话接入网关(PSTNGateway)、Gatekeeper(网闸)等几个部分。各种不同的终端都连入 MCU 进行集中交换，组成一个视频会议网络。此外，语音会议系统可以让所有桌面用户通过 PC 参与语音会议，这些是在视频会议基础上的衍生。

7.4.2 视频会商系统日常维护

(1)视频终端日常维护

终端的管理设置固定，不要轻易变动；

设备电源应有接地端；

设备的系统设置已调好，不要随意更改；

注意设备开机时的通风散热，经常检查设备的工作温度，会议室里应安装有空调，以免设备工作温度过高；

设置管理密码，防止有意或无意的更改；

重要会场的终端关闭相应的网络服务，防止会议中的商业信息泄密；

不经常搬动的终端加锁，防止被窃；

做到专人管理终端，遥控器抽屉加锁；

严禁随意拆卸设备，设备应放置在固定位置，严禁烟火、曝晒；

设备不使用时应注意防尘防潮，定期除尘，定期开机加热(2 次/月)以除湿气；

定期检查电源情况、线路情况；

注意更换遥控器电池，长期不用则应取出电池；

长期不使用情况下，注意关上设备总电源。

(2)会场秩序

会议过程，不需要发言的会场主动将本地会场的 MIC 关闭，保证会场安静，当需要发言时要及时打开 MIC；

会议过程中，需要发言讨论时，先打开 MIC 向主会场提出请求，得到同意后再继续发言，否则请继续保持静音；

发言时要一个人一个人地发言，不要多人同时讲话，否则远端听到的声音会非常嘈杂，听不清具体说话的内容；

在会议进行过程中，尽量控制会场噪音，不要在会场中随意走动。

(3)视频会议使用注意事项

会议开始前，应摆放好 MIC 位置。MIC 尽量远离有噪音发出的设备，并尽量使发言人能正对 MIC，这样采集的声音质量更高，声音效果更好。会议过程中，特别是本地有人发言时尽量不要移动 MIC，发言时移动 MIC 会可能出现较大的噪音；

会议开始前，应调整好镜头位置，镜头不要摆放在逆光的位置；

会议过程中，尽量不要在镜头前来回走动，不要随意遥控镜头；

会议过程中，如果出现无故断会等情况，不要立即用遥控器呼叫其他会场，应立即打电话与上级会场操作人联系，等待上级会场的操作。

(4)环境要求

工作状态下温度：	0～35℃
工作状态下湿度：	15％RH～80％RH
非工作状态下温度：	－40～＋70℃
非工作状态下湿度：	10％RH～90％RH
环境噪声：	＜40dB
房间最小亮度：	7 lux
建议亮度：	＞300 lux

7.4.3　视频会商系统常见故障处理

(1)分类处理

当您的视频会议系统发生故障后，请您首先根据故障现象判断故障的类型，是属于网络故障还是音视频故障，以便于进一步处理(图 7.20)。

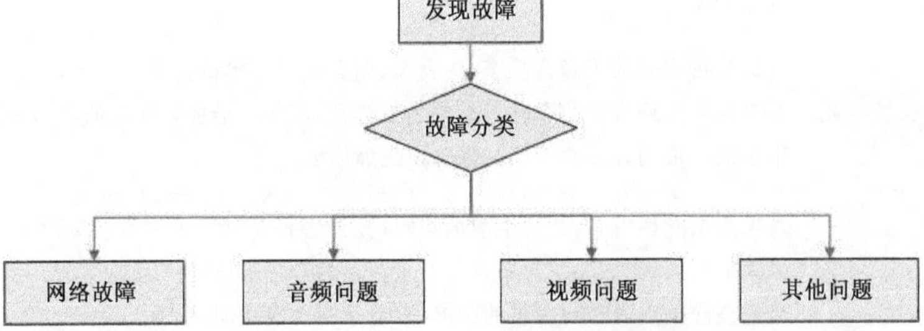

图 7.20　视频会商系统故障分类处理流程

先本地后远端:当您在判断故障类型后,应按照先本地后远端的顺序进行故障分析处理。视频会议设备属于通信设备,同时又是音视频设备,在作故障诊断时请对本地参数设置和设备连接等情况进行诊断,然后再与远端进行联合(通信)诊断。

充分利用系统诊断功能:视频会议系统在设计时充分考虑了用户接口,在系统中提供了大量的诊断工具,供用户诊断排除错误。

(2)音频问题

在发现音频故障后,首先应当依靠系统提供的音频诊断工具进行故障诊断。见图 7.21 和表 7.5。

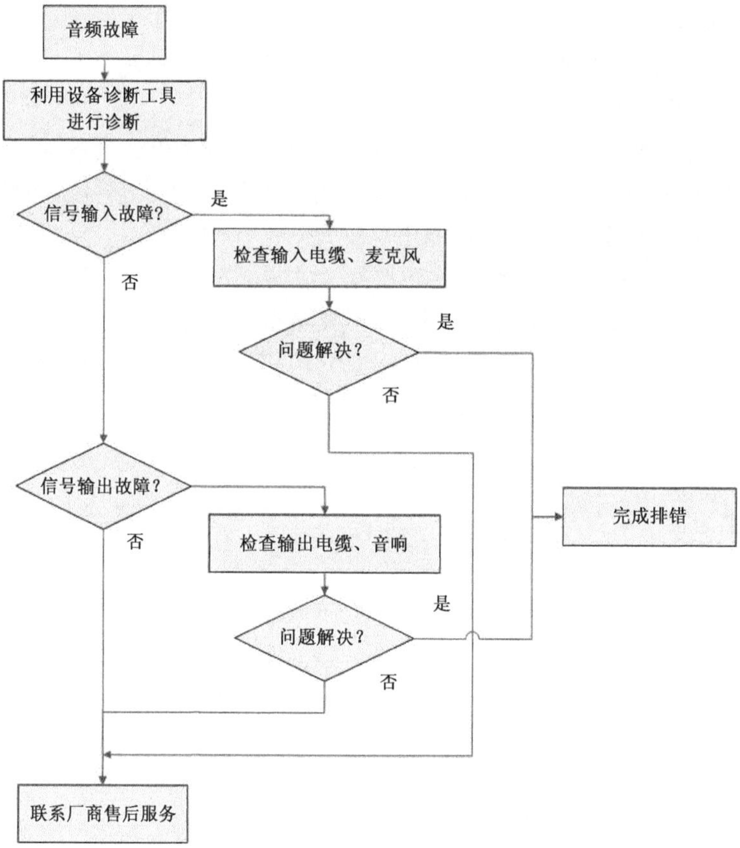

图 7.21 视频会商系统音频故障分类处理流程

表 7.5 常见音频故障与解决方法

故障原因(现象)	处理方法
对方无法听到我方会场声音	确认是否本地处于静音状态,麦克风、调音台等音频设备是否关闭; 麦克风对应调音台的那路音量是否没打开,调音台给视频终端的那路音量是否没打开; 用系统自带的音频诊断工具来确定故障原因。
本地啸叫	当采用全向话筒时,若产生本地啸叫(按静音键即消失),通常为将本地的音频输出(即对方送来的声音)插头位置错接了对录像机的音频输出端; 检查全向麦克离音响设备的距离,太近了会出现啸叫。

续表

故障原因(现象)	处理方法
无法听到对方	对方静音，提醒对方解除静音，在非通信状态，进入"诊断中的音频"菜单，并开启发音；确认本方会场能够以适当音量听到该音，否则检查接线和扩音设备； 调音台的设置是否正确； 用系统自带的两个音频诊断工具来确定故障原因。
说话时近端出现回音	回音一般是由远端引起的，远端麦克风可能太接近播放近端声音的扬声器，在远端确保麦克风远离扬声器； 调音台的设置也会造成回音； 关于调音台：音频问题请注意调音台设置，建议由专人操作和调节。
混音时有终端听到音质较差	使参加混音的终端自检，确保每个终端自检的音频效果好； 请检查是否存在有终端的音频输入音量过大； 请检查是否存在有终端的音频输出音量过大； 查看周围是否有干扰源。

(3)视频故障

视频故障处理见图 7.22 和表 7.6。

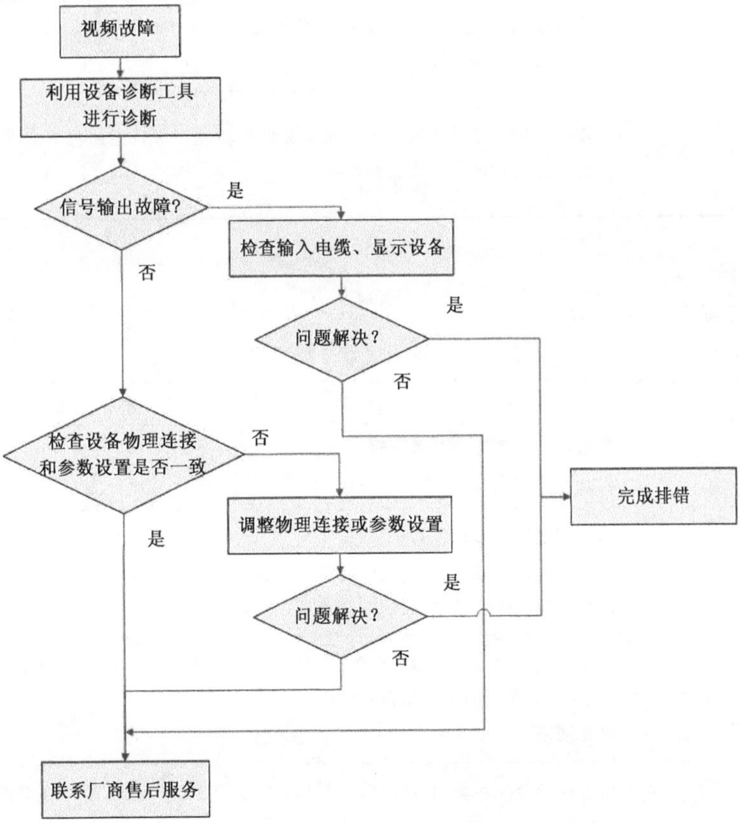

图 7.22　视频会商系统视频故障分类处理流程

在系统菜单中点视频诊断选项，应当可以看到彩条画面，如果色条的颜色显示正常，则可以证明显示(电视机、投影等)设备工作正常，并且设备间物理连接没有问题，否则应检查视频连线或显示设备。

表 7.6 常见视频故障与解决方法

故障原因(现象)	处理方法
终端开启后没有图像输出或图像静止不动	视频输入线路异常:用一个已经确认正常工作的视频输入设备连接到终端之后看图像是否有输出; 视频输出线路异常:用一个已经确认正常工作的视频输入设备连接到输出设备,确认输出线路和电视机等视频输出设备正常; 终端是否已经死机,则需要重新启动机器。
会议创建成功,指定发言人,其他终端收到图像声音效果不好	发言人视音频源故障,调节更换发言人的视音频源; 发言人终端视音频设置选项有不合理;根据当前会议要求设置正确视音频参数; 会议参数设置有不合理;根据当前会议要求设置合理视音频参数。
"无本地图像"开机画面中本地图像为蓝屏	主摄像机选择不正确,按遥控器上的摄像机按键,选择正确的主摄像机即可; 检查摄像机接线。
有图像但摄像机不能动作	遥控器是否没电; 检查摄像机接线。
画中画消失,通信正常,画中画本地画面没有了	若设置了画中画,且一直正常,突然消失,则为遥控器头部下侧的轻触开关关闭。将遥控器指向红外接收器或主机,轻按几下轻触开关; 未设置画中画功能。
闲置状态下画面变黑一直没有操作,摄像机自行转成侧向,同时显示器黑屏	不是故障。是设备进入休眠和屏幕保护功能。一旦用遥控器启动或远方会场呼叫,设备即自动恢复工作。

(4)网络故障

网络故障与解决方法见表 7.7。

表 7.7 网络故障与解决方法

故障原因(现象)	处理方法
终端网络忽通忽断,不正常	检查网络物理连接是否正确; 检查网络中 IP 地址是否冲突。
无法通信	确认本地网络接口正常; 注意开机时的标记; 注意网线正确连接,网线一定要连接在橙色的接口上。
通话过程中画面总是冻结	线路传输错误。检查诊断菜单下的错误数据,通过选择诊断菜单下的本地回放检查您的系统,如果画面不冻结,在远方做相同的测试; 检查网络。
通话过程中发现画面有明显马赛克,进入系统诊断工具发现网络丢包严重	检查视频会议系统网络设置,(10/100M,全双工/半双工)是否与交换机连接的网络设备匹配; 检查端到端网络质量。

(5)其他故障

其他故障与解决方法见表 7.8。

表 7.8　其他故障与解决方法

故障原因(现象)	处理方法
遥控器不能操作——开机正常，遥控器不引起动作	遥控器未指向红外接收器或主机； 遥控器没有电池或电池失效(对镜头按遥控器键，无白色闪光)； 会议前按照顺序检查设备。
终端不能正常启动	检查终端电源连接是否正常，确认电源连接正常无误； 终端故障，请维修人员检测初始化。

7.5　Notes 邮件系统

7.5.1　概述

Lotus Notes(Domino/Notes)是目前最为先进的通信处理软件和群件产品，该软件不仅全面实现了对非结构化信息的管理和共享，而且具有内涵强大的工作流软件开发环境，它采用了网络技术、文档数据库技术和安全技术，将多种功能集合成一体，是一个已经在世界范围内得到了广泛应用的构造办公自动化系统的首选平台。全国气象部门行政机关电子邮件系统从 1999 年底开始建设，该系统采用 Domino/Notes R5 软件作为系统平台，构建了一个覆盖全国气象部门的安全可靠、稳定高效的信息传输系统。

7.5.2　安装

(1)安装前的准备

1)建议备份 Lotus 目录(默认目录为 C:\Lotus\)下的所有文件，确保个人信息不会丢失，主要是备份用户的 ID 文件(用户名.id)和本地邮件数据库文件(用户名.nsf，该文件在安装目录 Lotus\Notes\Data 下，如果没有则不用考虑)，将 Notes 安装目录整体拷贝到其他地方，例如 E:\盘下面。

2)卸载原先安装的 Notes5.0 版本的客户端软件：控制面板－添加删除程序－Lotus Notes－删除。卸载完成后，将原安装目录中剩下的文件和文件夹删除。

3)hosts 文件的检查。hosts 文件的位置 C:\WINDOWS\system32\drivers\etc\hosts，用记事本打开 hosts 文件，检查 Domino 服务器 IP 地址及主机名是否在其中，如安徽气象邮件服务器设置：

10.129.2.40　behf_s。

(2)安装 Notes R8.0.2 客户端

双击 C1MA9SC.exe，进入安装界面，如图 7.23 所示，单击“下一步”继续安装。

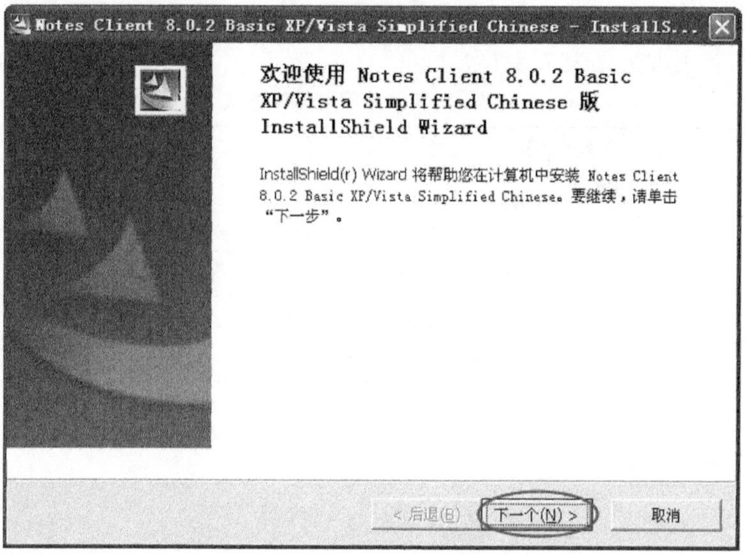

图 7.23　安装向导界面

如图 7.24 所示，安装文件解压的路径可以通过“更改”按钮来改变，使用默认路径直接单击“下一步”继续。

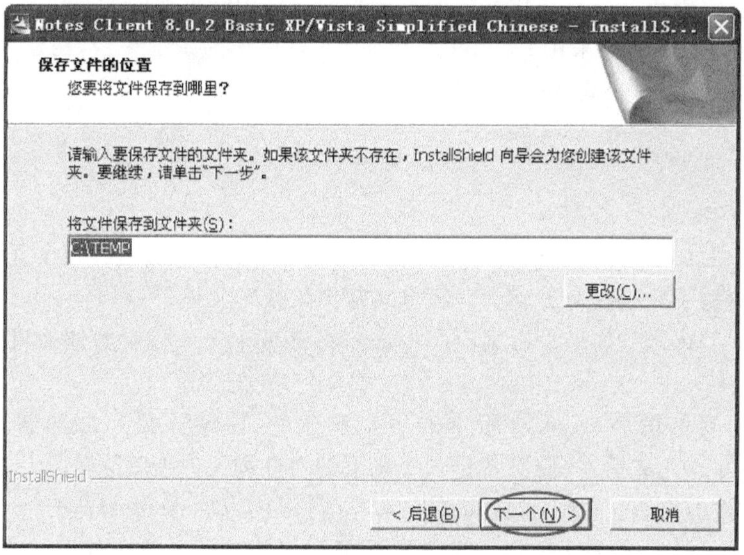

图 7.24　解压文件保存界面

完成了图 7.23 的操作后，进入图 7.25 所示的界面，显示解压文件进度。

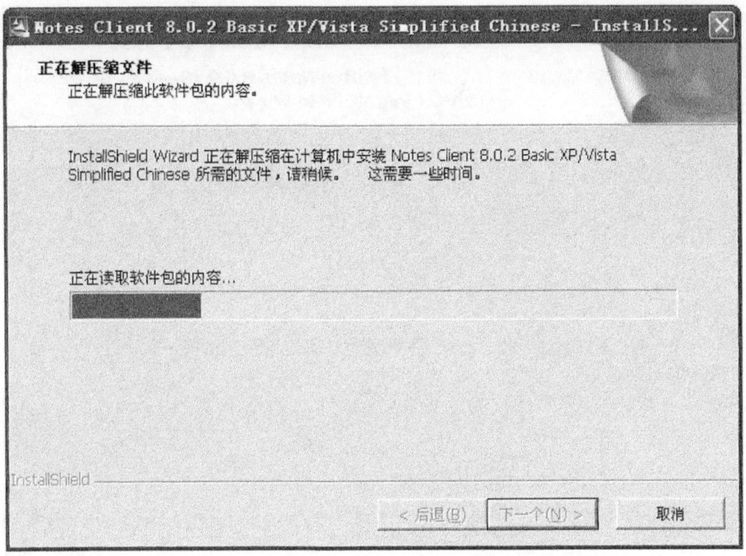

图 7.25　文件解压进度界面

解压完成后安装程序自动执行，显示安装界面，如图 7.26 所示。

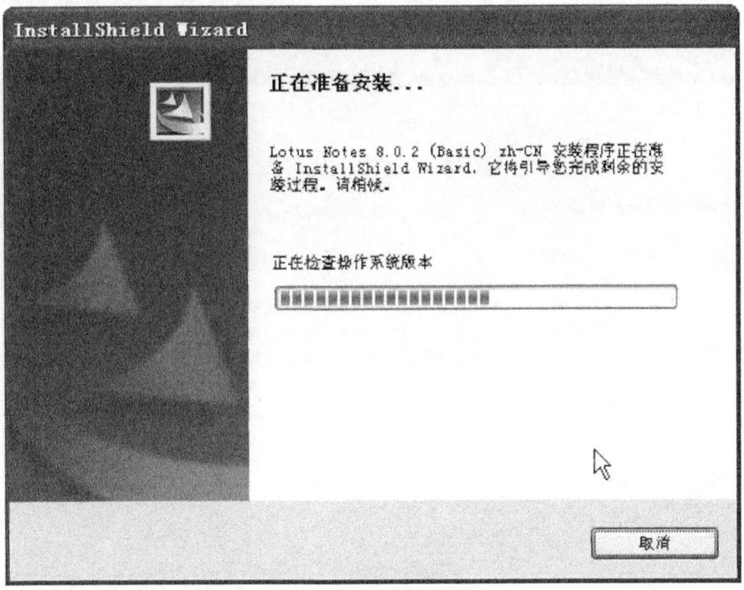

图 7.26　准备安装界面

然后出现如图 7.27 所示的界面，单击“下一步”继续安装。

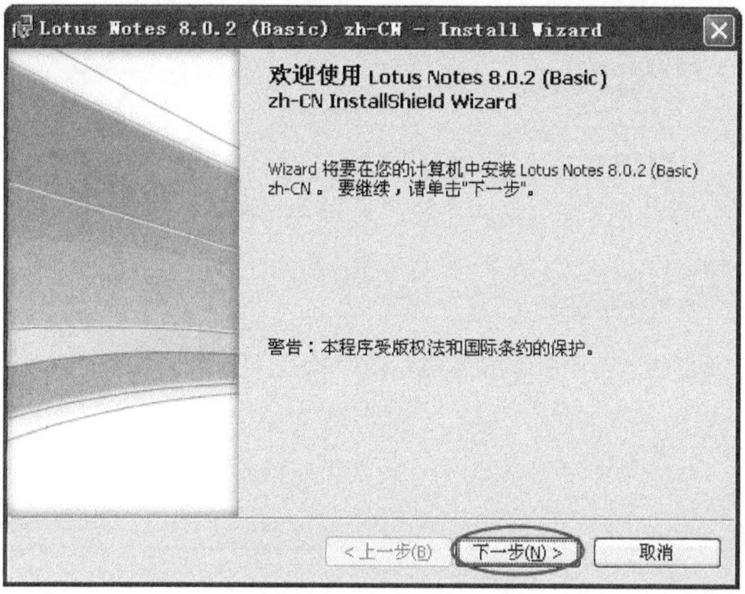

图 7.27 安装界面

选择“我接受该许可协议中的条款”，并单击“下一步”，继续安装，如图 7.28 所示。

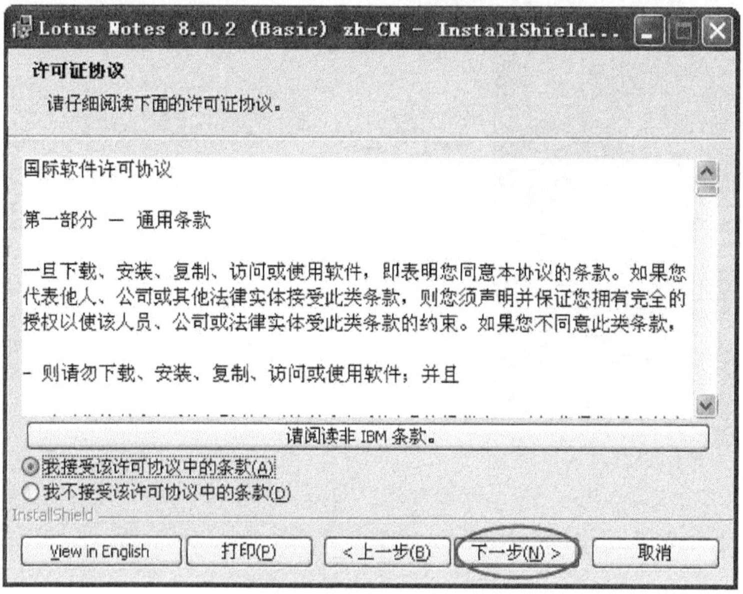

图 7.28 许可证协议界面

在用户姓名和单位处分别填写用户的相关信息，例如“notes”和“ cma”，并单击“下一步”，如图 7.29 所示。

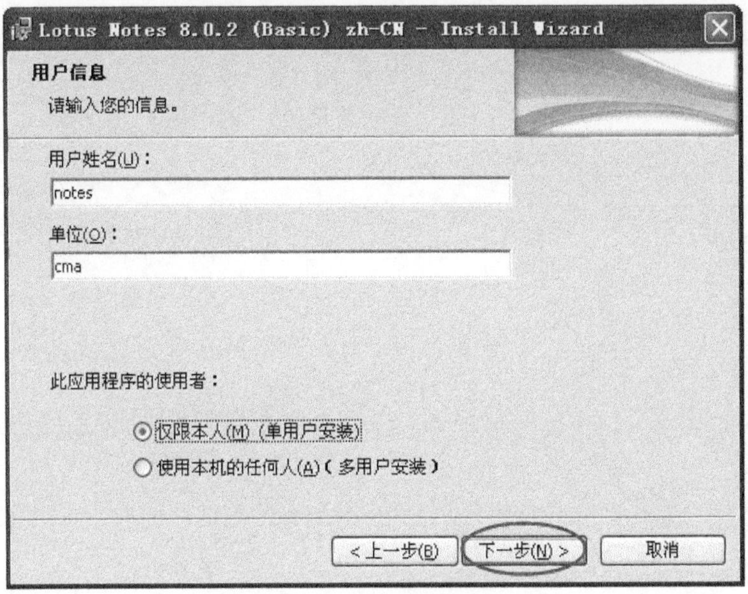

图 7.29　填写用户信息界面

如图 7.30 所示，选择程序安装路径，默认情况安装在 C 盘下，用户可以点击“更改”来改变程序安装路径，点击“下一步”继续程序的安装。（notes 程序文件安装路径无需更改，建议将数据文件安装到其他盘符下，如改为 d:\Lotus\Notes\Data 目录，以免数据文件过大占用系统空间或者需要重新安装操作系统时破坏数据文件）。

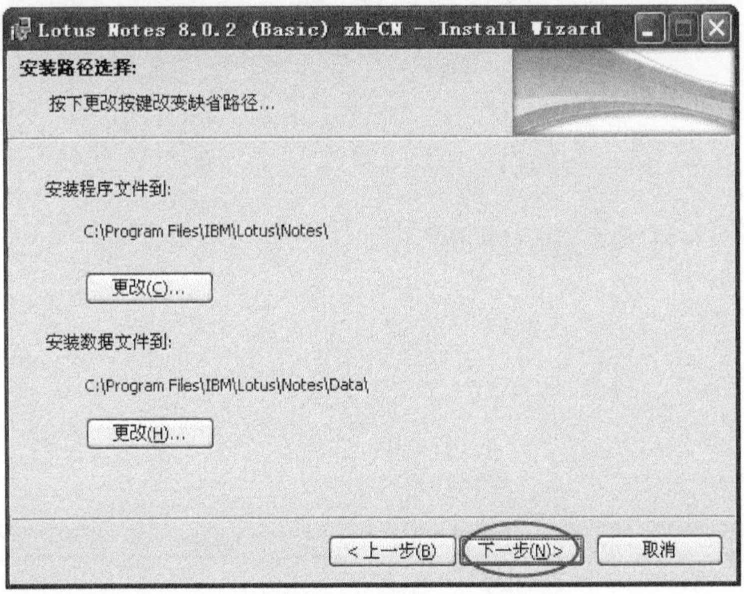

图 7.30　安装路径界面

作为普通用户进行安装，只需安装一个功能，如图 7.31 所示，只需安装 Notes Client。

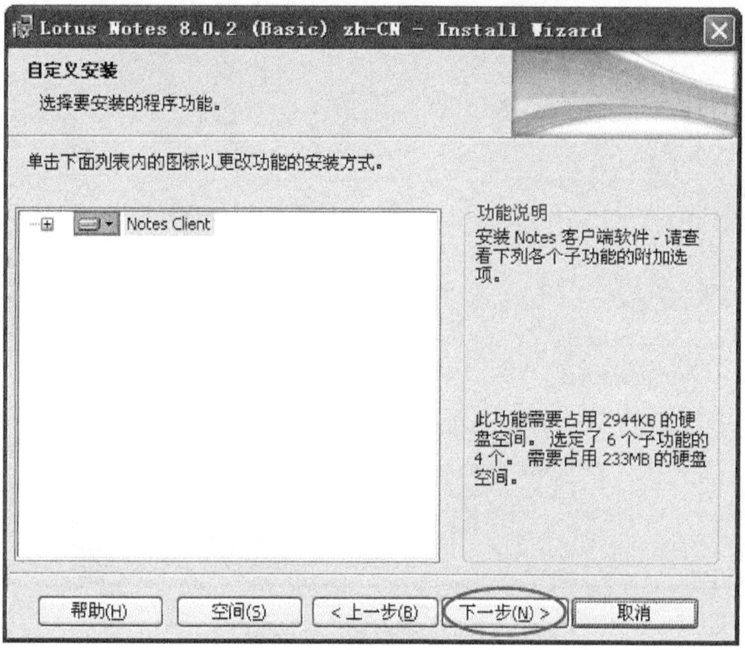

图 7.31　自定义安装界面

定义完需要安装的功能后，进入如图 7.32 所示界面，去掉“使 Notes 设置为缺省电子邮件程序”的选项。单击“安装”开始安装程序。

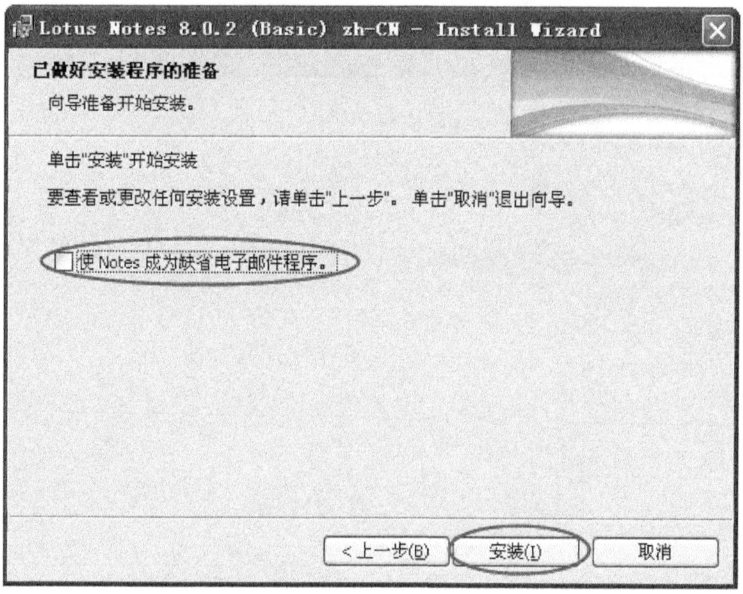

图 7.32　缺省电子邮件界面

完成操作后，会看到如图 7.33 所示的进度条界面。

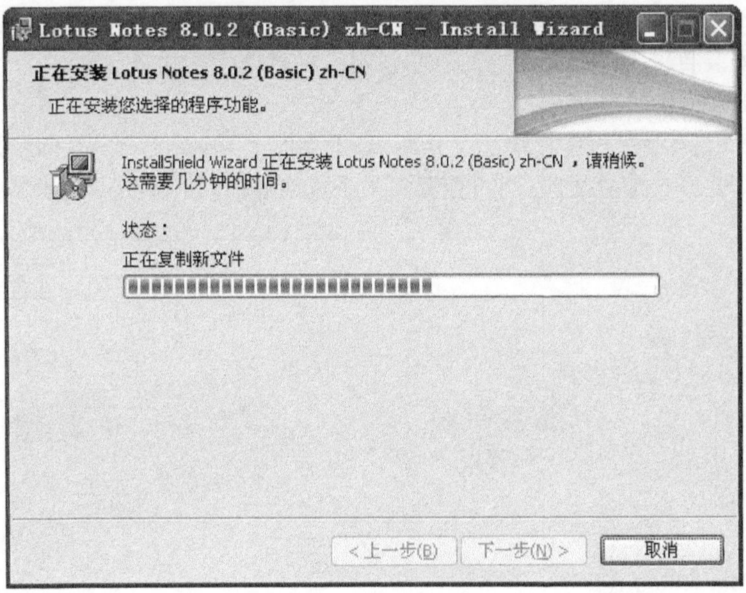

图 7.33　安装过程界面

如图 7.34 是安装完成界面，单击“完成”按钮。

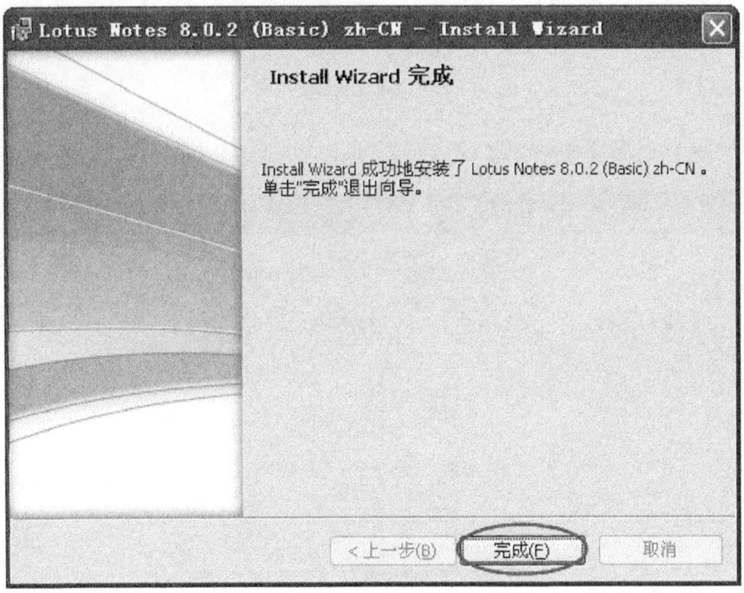

图 7.34　安装完成界面

完成安装后在桌面上会看到一个图标，如图 7.35 所示。

图 7.35　桌面快捷方式

到此，Notes 客户端的安装就完成了，完成安装后将手册最开始备份的“用户名.nsf”文件拷贝到 Notes 安装目录下的 Data 文件夹中，没有该文件则不用拷贝。

(3)配置 Notes R8.0.2 客户端

首次运行 Notes，会进入客户端配置界面，双击桌面上 Lotus Notes 8 的快捷方式，开始配置 Notes 客户端。开始配置之前，用户会看到一个欢迎界面，如图 7.36 所示。

图 7.36 配置欢迎界面

如图 7.37 所示，点击“下一步”继续进行配置。

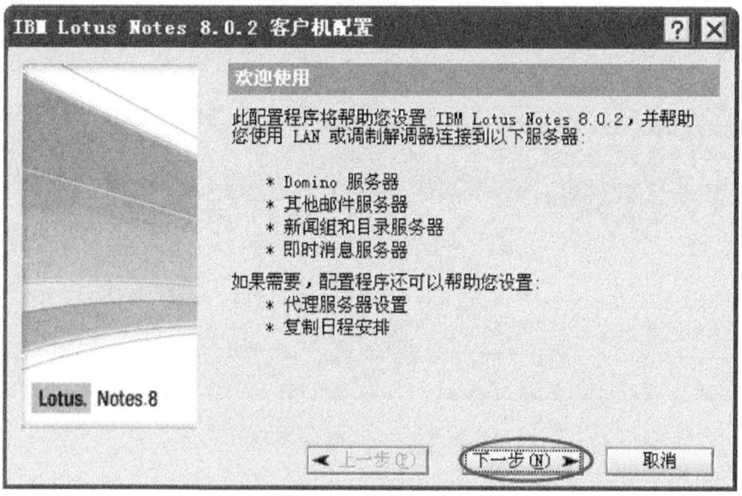

图 7.37 配置欢迎界面

图 7.38 是填写需要连接的服务器名称以及已注册在该服务器上的用户的名称(Notes 账户，一般为个人姓名，如“张三”)，本手册的举例用户为 betjadm，所以填写“betjadm”。如安徽的 Domino 服务填 behf_s

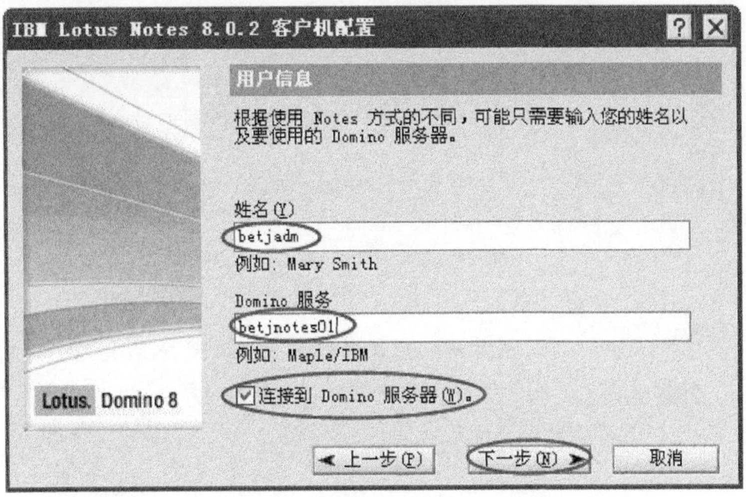

图 7.38　填写用户名、Domino 主机名

填写完毕，点击“下一步”，会进行服务器的连接。如果先前正确配置了 hosts 文件，会顺利完成服务器的连接，用户可跳过下面局域网设置的两个界面，直接进入 Notes 标识文件设置界面，如图 7.39 所示。

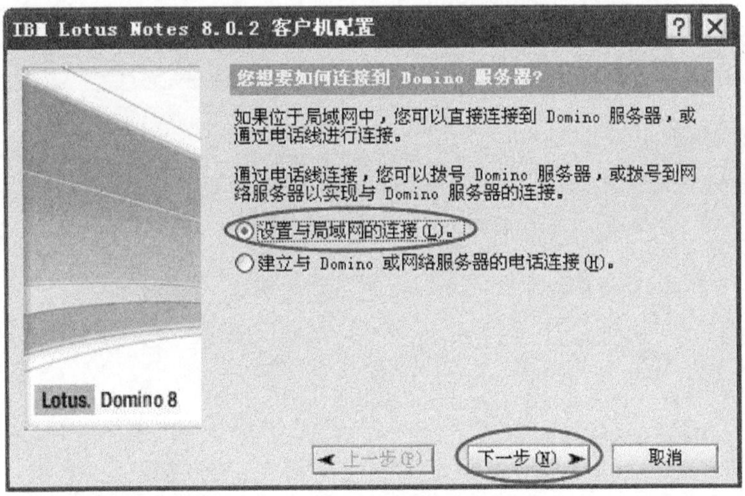

图 7.39　局域网设置

点击“下一步”，设置网络协议及服务器 IP 地址，其中网络协议使用 TCP/IP，服务地址填写 Domino 服务器的 IP 地址，如图 7.40 所示。

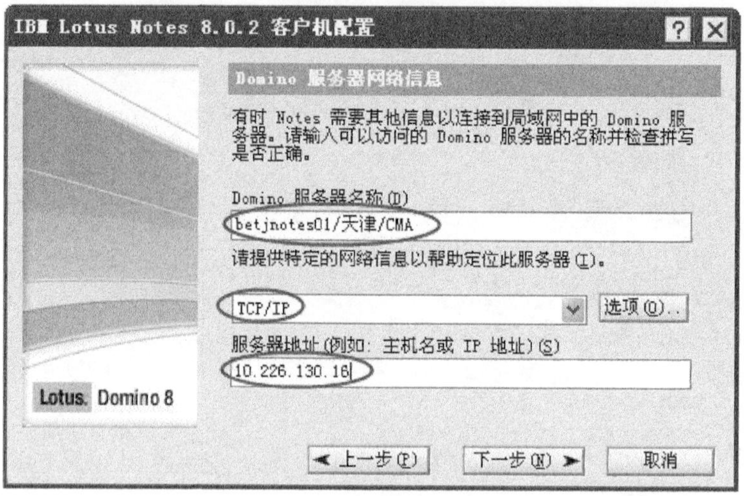

图 7.40 配置用户服务器界面

图 7.41 是用来找到用户的标识文件。如果在图 7.40 中所填的姓名为 betjadm，那么在图 7.41 中就要找到 betjadm 对应的 ID 文件，点击浏览来找到 ID 文件，该 ID 文件就是在手册最开始的时候备份的 ID 文件 betjadm.id(注意一定要选择用户正在使用的 ID 文件，如果使用了错误的 ID 文件可能会导致访问不了 Domino 服务器)。

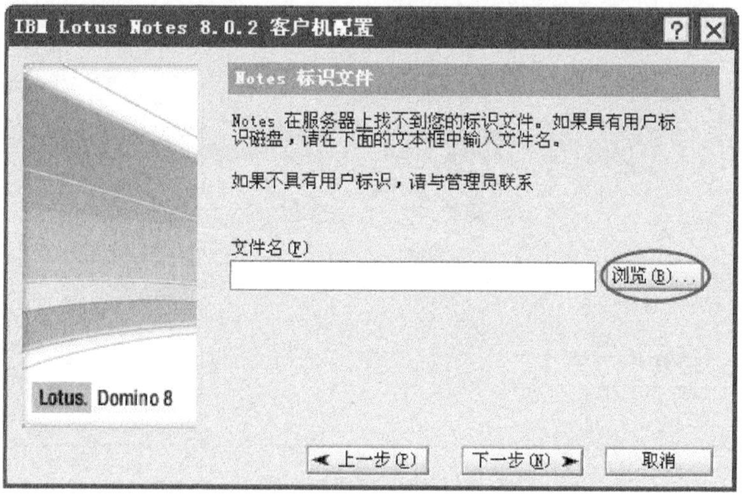

图 7.41 浏览 notes 标识文件

如图 7.42 所示，浏览到了标识文件 betjadm.id，则可以点击下一步，继续配置。

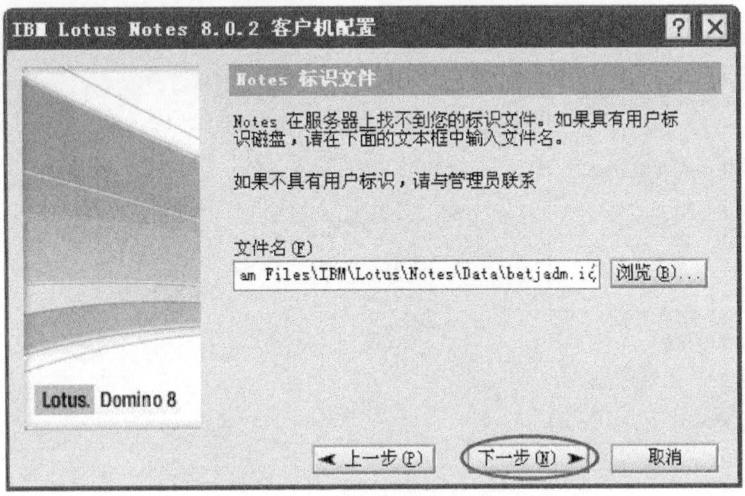

图 7.42　确定标识文件

图 7.43 提示将标识文件，复制到 Notes 安装目录的 data 目录下，点击确定将 ID 文件复制到 data 目录下，点“是”。

图 7.43　拷贝标识文件

根据选择的标识文件，输入它所对应的密码，输入完成后，点登陆按钮，如图 7.44 所示。

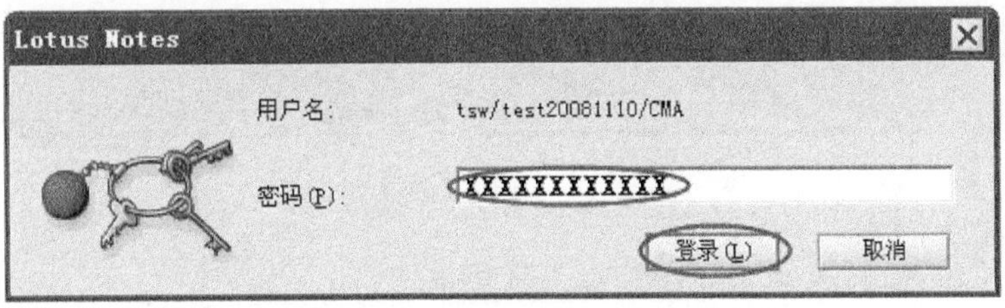

图 7.44　输入密码界面

如图 7.45 是即时消息设置，因为本系统中尚未安装即时消息功能，所以将“设置即时消息”选框前面的“√”去掉，然后点“下一步”。

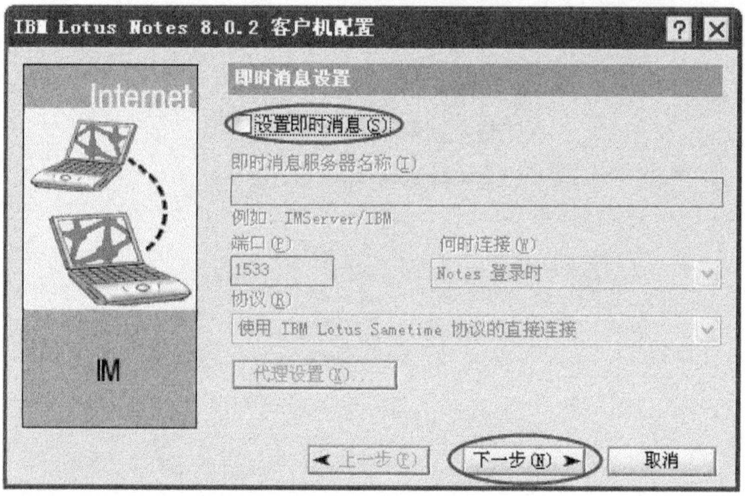

图 7.45 即时消息设置

如图 7.46 所示,这里不需要配置,直接点击"下一步"。

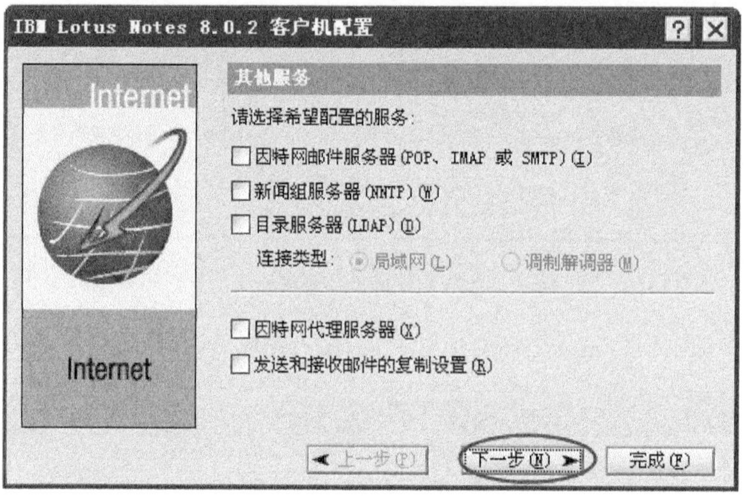

图 7.46 其他服务设置

如图 7.47 所示,已完成 notes 配置,点击确定按钮。

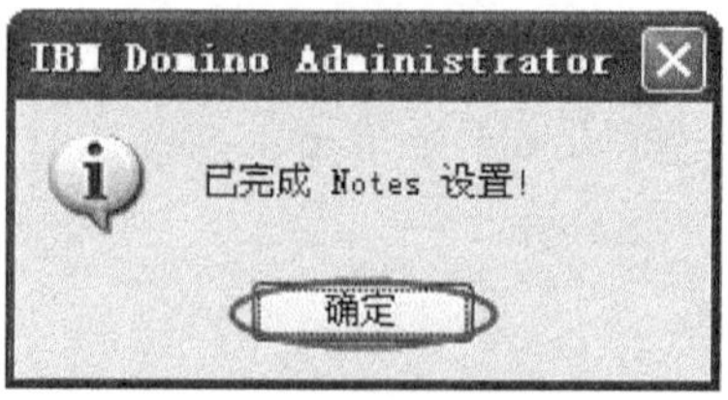

图 7.47 配置完成界面

如图 7.48 所示,是 Notes 设置完成后的主页,选择"使用缺省值"。

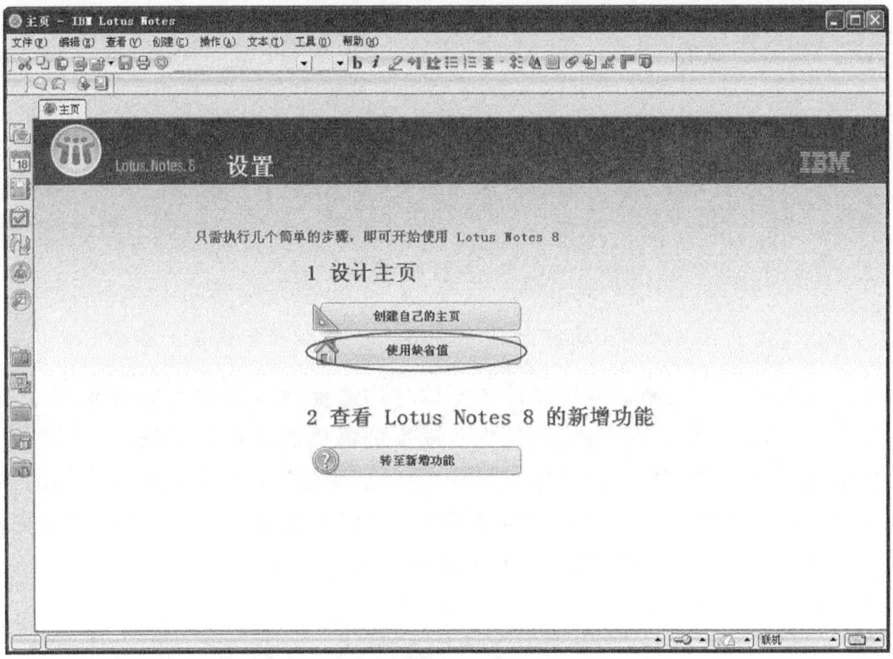

图 7.48 Notes 选择客户端主页界面

选择使用缺省主页后，将进入以下客户端主页(图 7.49)，包括邮件、日历、联系人等功能。

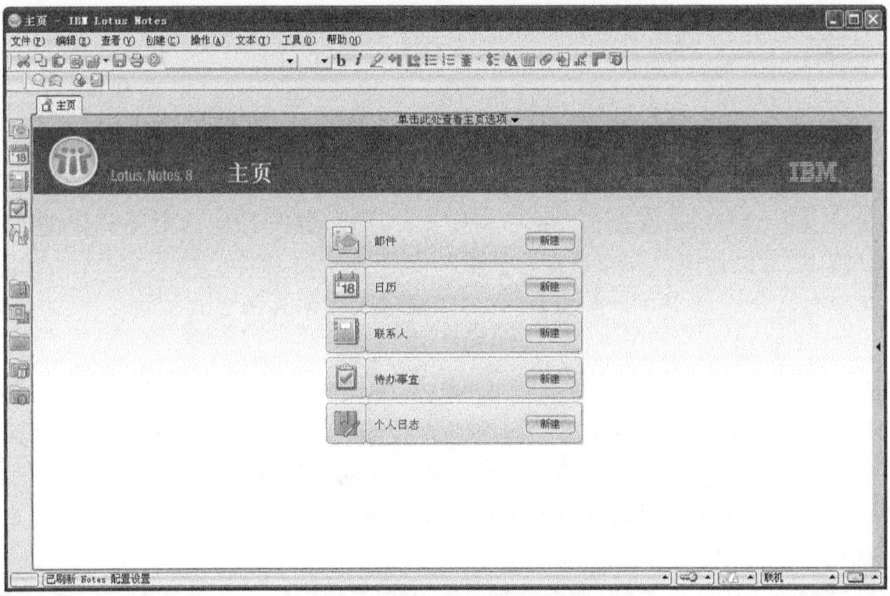

图 7.49 客户端主页

至此，已经完成 Notes5 到 Notes8 的升级工作。

7.5.3 客户端的应用与维护

(1)登录方法

使用 Lotus Notes 系统之前需要登录,进行用户身份验证,系统会弹出对话框提示用户输入口令,用户输入口令的时候,系统自动将输入的密码以长短不一的 X 字符显示,保证密码长度不被泄露,输入口令时注意字母的大小写,用户在通过了身份验证之后就能进入 Lotus Notes 系统主界面了,如果输入错误的口令,系统将给出提示。

(2)发送邮件

1)输入收件人地址

系统中传送邮件、公文、邀请或指派任务安排时均需要输入收件人的地址,输入邮件地址的方法有 2 种:一是直接写入用户地址;二是通过系统提供的公用通讯录选择用户地址,即在左侧的方框中选择用户,按中间的“收件人”、“抄送”或“密送”按钮,使之列入右侧的方框中,按“确定”即完成地址输入选择。系统公共通讯录中“CMA's Address Book”是全国气象部门的邮件地址,“nmc 的通讯录”是国家气象中心的邮件地址。

2)引入文件

建立文档时可以通过系统中的“引入”操作按钮插入一些其他格式的文件,类似 Word 中的插入文件功能。进行引入操作时首先要将光标定位在输入域中,单击“引入”操作按钮,在弹出的界面中选择要引入的文件名,按“引入”确认。也可以用复制—粘贴的方式。例如,要将 Word 制作的表格引入 Notes 的办公文件中,可以在 Word 中复制表格后直接到正文中进行粘贴。

3)添加附件

如果要为建立的文档添加附件,可选择菜单“文件”中“附加”按钮,系统将显示 1 个“创建附件”对话框,在对话框中选择合适的文件作为邮件的附件,确认即可。

对于带有附件的文件,可以根据需要查看、启动或拆离。双击附件或单击鼠标右键,出现选择对话框。其中“查看”是指在 Notes 中阅读文件,“启动”是指使用附件文件格式的软件来打开文件,“拆离”可以使用户保存认为有价值的文件。

如果需要传递 1 个供用户再次编辑的文件,最好采用附件的方式。

(3)切换用户标识符

通常,每个用户的计算机上只有 1 个用户标识符,如果因为工作需要,某些用户要用不同的标识符登录系统,则要进行切换用户标识符的操作。切换用户标识符操作方法为:首先在[文件]菜单中选择“工具”/“切换标识符”,然后从弹出的对话框中选择需要切换的标识符文件名,并按“确定”,系统将弹出对话框提示用户输入新的口令。

(4)选中文件

在做批量删除文件操作之前,选中文件是一个必需的步骤。选中文件有 2 种方法:一是击文件信息列表中某文件左侧的空白处,二是在左侧空白处用鼠标拖拉以选中多个文件,被选中的文件在左侧的空白处有 1 个“√”标识,在选中“√”处再次单击鼠标可以撤销选中。

(5)访问中国气象局政务管理系统

1)在[文件]菜单中选择“数据库”/“打开”;

2)从下拉列表中选择服务器名称:behf_s/安徽/cmA;

3)在所显示出的文件及文件夹中,双击 oa 文件夹,则列表框中显示该文件夹下的文件列表;

4)双击 CMAMain 文件,则进入中国气象局政务管理系统。

(6)访问中国气象局气象信息共享系统

1)在[文件]菜单中选择“数据库”/“打开”;

2)从下拉列表中选择服务器名称:behf_s/安徽/CMA;

3)在所显示出的文件及文件夹中,双击省决策气象服务文件,则进入中国气象局气象信息共享系统。

7.5.4 客户端的常见问题与处理

(1)打开 Notes 时提示“打开窗口时出错”或提示“标识符文件被锁定,请稍后再试”

方法 1:结束所有以 N 开头的进程后重启 Notes;

方法 2:重新启动计算机后再打开 Notes。

(2)打开本地时提示“邮件将会到期,是否要清理删除邮件”

打开旧邮箱的本地时出现“××年×月×号的数据邮件将会在×月×号到期,是否要清理删除邮件”的对话框,提示选择是或否。打开本地邮箱,点击“文件”—“复制”—“设置”—“节省空间”,将“删除最近×天内未修改的文档”选项取消。

(3)邮箱容量限额

Domino 限额:限额设定只对服务器邮箱有效,对本地复本无效。一般 Notes 邮箱容量达到限额 90%,服务器自动提醒用户超限,删除过期邮件,使邮箱低于邮箱限额大小,并成功压缩之后,限额提醒才会消失。一般情况下,用户邮箱超限以后,可以接收邮件,但是不能发送邮件,而因为采用 Domino 限额策略,所以用户仍可以通过使用本地复本继续发送邮件。

(4)看不到已读邮件

单击邮箱最右边的按钮,从 View Unread 变为 View All。

(5)指定联系人邮件自动归档到指定文件夹

选定指定联系人的邮件,点击 Tools－Create QuickRule 在 Select The Conditions To Match 下指定条件,然后再 Choose The Action To Perform 中指定要自动归档的文件夹或条件。

(6)多个用户使用同一 Lotus Notes 客户端收发各自邮件

1)首先进行工作场所的设置:任选一个除办公室外的工作场所(因为办公室场所默认为第一个安装用户所用)。

基本页面:改场所类型为“局域网”,场所名称可以由用户自行设定,这个名称将显示在右下角的场所列表中;

服务器页面:宿主/邮件服务器填写你的邮件服务器名称;

端口页面:使用的端口选择 TCP/IP、LAN0;

邮件页面:邮件文件位置选择“在服务器”;邮件文件填写第二用户的邮件文件位置(如 mail1aaa.nsf);Notes 邮件网络域填写公司的网络域名程;收件人姓名自动查找选择“先本地后服务器”;发送外出邮件选择“通过 Domino 服务器”。

2)当第一次打开邮箱时,系统要求输入最后一次使用 Notes 的用户的密码,如果为当前用户可直接输入密码进入邮箱，否则请连续点击密码输入窗的“取消”按钮，在弹出的“选择到切换到的标识符”窗口中选择第二用户的ID文件，打开后输入密码，进入欢迎页面，之后在右下角的场所列表中，选择第二用户的工作场所，邮件箱即可打开。如果Notes已打开的状态下切换用户，请首先切换用户ID，之后到Lotus的右下角场所选择框中直接选择该用户的工作场所即可。注意：用户的ID和他的工作场所一定要配套使用，否则会出现无法转发邮件等问题。

(7)删除已经发出去的邮件

有时在给多个用户发邮件时，由于工作失误，将邮件发错，想删除发给这些用户的邮件，请立即与邮件管理员联系，因为所用用户发出的邮件都要放在一个外出邮箱mail. box中，如果此时发出的邮件在mail. box中没有发出，可请管理员将此mail. box中的邮件直接删除(注意：在使用此方法时，用户要快速与邮件管理员联系，否则邮件会从mial. box中发出)，如果此邮件已经从mail. box中发出，则只能通过管理员在服务器端打开所有收到此邮件的邮箱，并一个一个删除，这种方法只对本单位内的用户邮箱进行删除。

(8)对一台曾经配置过的Notes客户端的机器如何重新配置

1)在文本编辑器中编辑Notes. INI文件，保留该文件中的前六行内容，其余内容全部删除，保存Notes. INI文件并退出。当你再次双击Notes图标时，Notes系统会自动执行安装程序，你只需用新的用户ID文件进行简单的设置即可连接到新服务器上。

2)删除desktop. dsk、log. nsf和names. nsf文件(必要时)。

(9)如何双击右键退出

在菜单中打开“文件”—“工具”—“用户惯用选项”，在“基本”项的“高级选项”中选中“双击鼠标右键退出”。当Notes下一次启动后，打开任何的数据库文档只需双击右键即可退出，用户不必再按“Esc”键或在文件菜单中选“退出”了。

(10)如何在写邮件的时候把图片直接插入到内容中，而不是以附件形式发送

写邮件时，点击工具栏中的import按钮，然后选择要插入的图片或其他文件，点击“OK”，即可将图片直接显示在邮件中。

(11)如何修改口令

建议用户经常修改自己ID文件的口令，以免被其他人发现。在菜单中打开“文件”—“工具”—“用户标识符”，输入旧口令后在“基本”项中选中"设置口令"，即可设置新口令。

(12)如何快速删除文档

在Notes中删除文档时，系统不会把文档立刻删除，通常会在关闭数据库时询问是否将文档从废纸篓中永久删除，这有效地防止了文档的误删除，但同时也给用户带来了不便，为了快速删除文档，可以使用“剪切”快捷键或“Ctrl+X”将选中文档删除。

(13)如何修改桌面背景

在菜单中打开“文件”—“工具”—“用户惯用选项”，在“基本”项的“高级选项”中选中“带底纹的工作台”，即可使Notes工作台换上漂亮的底纹。

(14)多选库，移动库

使用Notes工作台，可以很好地将常用的多个Notes数据库分类组织。在工作台空白地方单击鼠标右键出现很多选项，可以在此方便地打开数据库。选中"创建工作台页面"，即可创建新的工作台页面并设置工作台页面名称和副签颜色；当需要将数据库图标移到另外的工作台页面时，只需拖动数据库图标到选中的工作台附签即可；按住Shift键可以实现数据库图标

的多选。

(15)如何加密本地库

对于存放在本地的数据库,为了防止其他人访问,可以用个人的 ID 文件对它进行加密。选中数据库图标,单击鼠标右键,查看数据库属性。在“基本”框中单击“加密”,选择“在本地对此数据库加密”,即可用当前用户的 ID 文件加密数据库。加密以后只有加密者本人才能打开此数据库。

(16)本地数据库安全性 ECL 设置

通过本地数据库安全性 ECL 的设置可以更加有效地对 Notes 工作站的使用权限进行设定。在菜单中打开“文件”—“工具”—“用户惯用选项”,选中“基本”项中的“安全性选项”,在此可以像设置数据库的存取控制权限一样,给不同的用户分配不同的权限,当然此权限设定仅适用于当前的 Notes 工作站。

(17)如何锁定用户口令

用户在使用 Notes 工作站时,常常会因为别的事暂时离开一会儿,如果在此期间其他人接着使用 Notes 工作站,系统会默认当前操作者仍然是以前的用户。为了防止其他人以自己的名义使用 Notes,用户在暂时离开时应该按“F5”锁定用户标识符,清除个人信息。这样其他人要想接着使用此 Notes 工作站,必须提供自己的 ID 文件并输入口令。为了让系统自动锁定用户标识符,在菜单中打开“文件”—“工具”—“用户惯用选项”,在“基本”项的“搁置几分钟后锁定标识符”中输入指定时间,这样当用户暂时离开一段时间以后,系统会自动清除当前用户的个人信息。

(18)如何查看服务器上的帮助文件

Notes 系统本身提供了丰富详细的帮助文档,其中绝大部分都已经翻译为中文。通过 Notes 的“帮助”菜单,用户能查阅不少帮助信息,包括“帮助条目”、“指南”和“快捷键”。此外,打开服务器下“DOC”目录,用户能发现更多的帮助文档,包括“Notes 与 Internet”、“Notes 版本过渡”、“Notes 安装指南”等,相信您一定会有所收获的。

(19)如何更改 Notes 中字体大小

在 notes. ini 中加入“display_font_adjustment=”行,字体可以设置为最大 4。

(20)离开办公室设置

当您出差时,可以设置自己的 Notes 邮箱为“离开办公室”状态,这样,在您出差期间,每一位给您发送邮件的人,都会自动收到一份邮件,通知他您已经出差了。选中您的邮件数据库,在“操作”菜单中选择“邮件工具”-“离开办公室”,然后输入您离开和返回的日期及相关信息,最后单击“离开办公室—启动代理”操作,选定执行代理的服务器后即可。当然在您出差回来以后,请不要忘记取消代理。同样,在“操作”菜单中选择“邮件工具”—“离开办公室”,单击“返回办公室—停止代理”操作,系统会提示您有多少个邮件被自动发送。

(21)如何做邮件授权

当您出差时,使用“邮件授权”功能可以使别人也能查看您的邮件,这样,不会遗漏重要信息,妨碍工作流的正常流转。选中您的邮件数据库,在“操作”菜单中选择“邮件工具”—“授权简要表”,在此您可以设置自己日历和邮件的授权。

(22) Lotus Notes Archive 后仍无法发送邮件

选择用户邮箱,然后“File-Database-Properties”,切换到“i”选项,检查磁盘空间,如果磁盘空间利用率%used >90% 则需要继续做 Archive 或者删除一些邮件，如果磁盘空间利用率%used<90% 则需点击“Compact” 按钮做压缩。一般来说压缩需要 5～10 分钟(根据邮箱容量)。

(23)归档数据库是否可以直接“发送、转发、回复”邮件

可以。归档数据库的设计与本地没有区别，操作与服务器邮箱相同。

(24)设置归档时提示“索引中未找到相应条目”

打开“本地通讯录”，按住“Ctrl”+“Shift”，同时点击“查看”，选择“转至”在弹出的对话框中找到(MYMPolicies)一项，点击确定；在弹出的对话框中，在“Policy Type or Name”字段中找到所有有关 Archive 的项，将其删除，重启 Notes 后再尝试进行归档操作。如果将本地通讯录中的相应 Archive 项删除后，故障依旧，请尝试刷新通讯录模板。

(25)归档时提示“找不到相应条目” 或“未找到注释项目”或“文档已被删除”

打开“本地通讯录”，按住“Ctrl”+“Shift”，同时点击“查看”，选择“转至”，在弹出的对话框中找到“MYMPolicies”一项，点击确定，在弹出的对话框中，删除有关 policies archive 的所有项目后重新归档。

(26)归档时提示“找不到归档日志模板 archlg50. ntf”

关闭 Notes 程序，将正常 Notes 同一版本下的 archlg50. ntf 文件拷贝到有问题的 Notes 客户端的 Data 文件夹下，再次打开 Notes 进行归档操作。打开“本地通讯录”，按住“Ctrl”+“Shift”，同时点击“查看”，选择“转至”，在弹出的对话框中找到“MYMPolicies”一项，点击确定，在弹出的对话框中，删除有关 Policies Archive 的所有项目后重新归档。

(27)设置归档时，提示“找不到服务器的路径”

方法 1：在本地通讯录中添加服务器对应 IP 地址的解析。

方法 2：在 C:\Windows\system32\drivers\etc\hosts 文件中添加一个服务器名称与 IP 地址的对应关系。

方法 3：重装 Notes。

(28)归档时提示“文件不是数据库”

重新指定归档路径即可。

(29)归档时提示“签名者没有访问源数据库所需的期限”

重新设置复制关系，重新指定归档路径，重启 Notes 后再进行归档。

(30)只能归档部分邮件

如遇到大部分邮件归档正常，只有几封归不过去，可尝试“刷新服务器模板”—“新建本地”，再将新本地与旧归档链接起来。

(31)配置 Notes 过程中提示“提示服务器未响应”

Notes 端口错误。在惯用选项—用户惯用选项—端口中，把所有的“√”取消，新建一个 TCP/IP 端口。

(32)打开归档中的邮件时提示“文件不存在”

刷新 Bookmark。

(33)打开 Notes 或添加附件时，提示“文件不存在”

关闭 Notes，将 Data 文件夹中的 bookmark. nsf 文件改名或删除，重启 Notes 即可。

(34)打开每封邮件都会有“Who、Date、Time”等的提示

点击邮件上的“Hide Thread”按钮即可取消此显示

(35)打开邮件时提示“该验证字的签名无效”

新建本地,重新设置复制关系。

(36)安排的会议接受后被取消,在 Notes 中如何显示

Notes 中,接受的会议被取消,此邮件前会有红色的叉子。

(37)打开 Notes 总提示“扫描未读文档”

打开 Notes,依次点击“文件”—“惯用选项”—“用户惯用选项”,选择“基本”菜单,取消“扫描未读文档”的选择即可。

(38)重装 Notes 后,如何恢复先前的工作台图标

在新的位置重装 Notes 后,工作台中的图标会是初始状态,有很多自己先前创建的图标都没有,如果恢复成原来的工作台图标样式,可以到旧 Notes 的安装路径在 Data 文件夹中找到 desktop. ndk 和 Cache. NDK 文件,复制到新装 Notes 的路径下,工作台图标即可恢复成先前的样式。

(39)发邮件选择通讯录中的人员时,提示“选定条目的地址无效”

在新建便笺时,打开 Address,输入用户名称(××,××××)时,无法找到对应的邮箱地址,提示“选定条目的地址无效”在“选择地址”对话框中,“查看依据”中的选项错误,改为“按名称列表”后再次输入正常。

(40)归档后的邮件在本地中仍会显示,打开时提示“邮件已删除”

此问题是由于邮件确实被删除但是视图没有更新,需要手动更新视图,在邮箱里面按“Ctrl+Shift+F9”就可以了。还有可能是因为在本地或者服务器已经删除,但还没有同步,复制一下即可解决此问题。

(41)替换模板时出现 DOS 窗口

替换邮箱模板时出现 DOS 窗口,提示 ID 正在被使用需要输入口令,这是由于安装了 McAfee 杀毒软件引起的,卸载此软件正常。

(42)打开邮件中的链接时,提示“JavaScript”错误

此问题是由于 Notes 中场所“Internet 浏览器”未设置造成的,重新选择一下浏览器即可。

(43)重启 Notes 后,上一次打开的窗口也被打开

打开 Notes,依次点击“文件”—“惯用选项”—“用户惯用选项”,选择“基本”菜单,取消“退出时保存窗口状态”的选择即可。

(44)打开 Notes 提示“口令的提示被用户终止”

更改 ID 文件的路径后重新打开 Notes。

(45)打开或关闭邮箱时报错,提示“找不到外部名称”

替换邮箱模板,重新打开即可。

(46)如何发送群组邮件

在收件人处输入“-”(减号)后面紧接着输入群组名称(如:-KAB All)。

(47)群组邮件列表中的信息显示不全

发送群组邮件,输入群组名称后回车(如:-KAB),发现只能显示部分群组列表,还有很多群组信息看不到。由于 Notes 的限制,群组列表最多只能显示 50 条信息,要显示不在当前列表中的群组信息,则需在输入群组名称时多输入几个更详细的字符(如:-KAB-Telesales)。

(48)邮件中的网址不能被当做链接打开

当邮件中有网址时，通常会自动匹配成超链接的形式，有时会因设置错误导致无法显示成超链接。

打开 Notes，依次点击“文件”—“惯用选项”—“用户惯用选项”，选择“基本”菜单，“将 Internet URL 转换成热点”选中。

(49)多封邮件一并转发

选中邮件后直接点击 Forward，可将这几封邮件合并成一封邮件进行转发。

(50)如何发送可以进行编辑的 Excel 文件

通常直接复制到 Notes 中的 Excel 文件会自动转换为图片格式，编辑、保存时很麻烦，而如果在插入 Excel 文件时选择“创建”—“对象”，在“创建对象”对话框中选择“Microsoft Excel 工作表”，确定后即可将 Excel 文件作为对象的形式在邮件中创建，双击即可进入编辑界面进行操作。

7.6 信息系统安全

7.6.1 病毒防范

(1)计算机病毒概述

1)计算机病毒的定义

计算机病毒，是指编制者在计算机程序中插入的破坏计算机功能或者毁坏数据，影响计算机使用，并能自我复制的一组计算机指令或者程序代码。目前，通常所说的“计算机病毒”就是为达到特殊目的而制作和传播的计算机代码或程序，或者被称为“恶意代码”。从广义上讲，凡是人为编制的、能够进行自我复制的、对计算机资源具有破坏作用的计算机程序或指令集合都是计算机病毒。

2)计算机病毒的特征

传染性：这是计算机病毒的最本质特征，病毒一旦进入计算机系统，就会以极快的速度进行繁殖并利用一切机会传染其他“健康”软件。计算机病毒也会通过各种渠道从已被感染的计算机扩散到未被感染的计算机，而被感染的文件又成了新的传染源，再与其他机器进行数据交换或通过网络连接，病毒会继续进行传染。

隐蔽性：隐蔽性是计算机病毒最基本的特征。计算机病毒是一种很特殊的程序，它具有很高编程技巧、短小精悍。通常附在正常程序中或磁盘较隐蔽的地方，也有个别的以隐含文件形式出现，目的是不让用户发现它的存在。大部分病毒的代码之所以设计得非常短小，也是为了隐藏。

破坏性：绝大多数病毒进入计算机后都要破坏计算机内的软件系统，有的病毒会占用大量的内存空间，有的会毁掉大量有用的文件，有的甚至会改写 Bios 的内容，使系统陷于瘫痪。计算机病毒的破坏性决定了病毒的危害性。

潜伏性：许多计算机病毒进入计算机系统之后，并不立即发作，而是“潜伏”在某一区域，悄悄地进行广泛传播。只有在满足其特定条件时才启动其表现(破坏)模块。如著名的“黑色星期五”在逢13号的星期五发作，给全世界计算机造成很大损害的CIH病毒的新版本，就是在每月的26日发作。这些病毒在平时会隐藏得很好，只有在发作时才会露出本来面目。病毒的潜伏性与传染性相辅相成，它在系统中存在的时间越长，病毒传染的范围也越广，其危害性越大。

可触发性：计算机病毒一般都有一个或者几个触发条件。满足其触发条件或者激活病毒的传染机制，使之进行传染。触发的实质是一种条件的控制，病毒程序可以依据设计者的要求，在一定条件下实施攻击。这个条件可以是敲入特定字符，使用特定文件，某个特定日期或特定时刻，或者是病毒内置的计数器达到一定次数等。

3)计算机病毒的生命周期

计算机病毒的产生过程包括程序设计—传播—潜伏—触发、运行—实行攻击。计算机病毒有一个生命周期。

开发期：通常计算机病毒是一些试图传播计算机病毒和破坏计算机的个人或组织制造的。

传染期：传染分为被动传染和主动传染。

潜伏期：一个设计良好的病毒可以在它活化前的很长时期里被复制。这就给了它充裕的传播时间。这是病毒的危害在于暗中占据存储空间。

发作期：发作期即病毒的表现期，与潜伏期对立。带有破坏机制的病毒会在满足某一特定条件时发作。

发现期：通常情况下，一个病毒被检测到并被隔离出来后，它会被送到计算机安全协会或反病毒厂家，在那里病毒被通报和描述给反病毒研究工作者。

消化期：在这一时期，反病毒开发人员修改他们的软件以使其可以检测到新发现的病毒。

消亡期。

(2)计算机病毒的分类

这一节讲述根据不同的方式对计算机病毒的分类，下面介绍了几种方式的分类，分别进行了说明。

1)按计算机病毒寄生方式和感染途径分类

计算机病毒按其寄生方式可以分为引导型病毒和文件型病毒；按其感染途径分为驻留内存型和不驻留内存型。

①引导型病毒

其工作原理就是把自己的病毒程序放在软盘的引导区以及硬盘的主引导记录区或引导扇区，当作正常的引导程序，而将真正的引导程序隐藏到其他位置。

这种病毒通常会改写硬盘上的主引导记录区、引导区、文件分配区、文件目录区、中断向量表等。

引导型病毒几乎都会常驻内存，差别仅在于内存中的位置不同。引导型病毒按其寄生对象的不同又可分为：MBR(主引导区)病毒和BR病毒。MBR也称分区病毒，典型的有“大麻”病毒。

②文件型病毒

文件型病毒是指所有通过操作系统的文件系统进行感染的病毒。文件型病毒分为源码型病毒、嵌入型病毒和外壳型病毒。

文件型病毒按其驻留内存方式不同分为驻留内存型(高端驻留型、常规驻留型、内存控制链驻留型、设备程序补丁)和不驻留内存型。

③混合型病毒

也称综合型、复合型病毒,同时具备引导型和文件型病毒的特征。这类病毒有极强的传染性,危害性大,清除难度也大。

2)按计算机病毒的链接方式分类

①源码型病毒。这类病毒攻击高级语言编写的程序,该病毒在高级语音编写的程序被编译之前插入到源程序之中,经编译成为合法程序的一部分。

②嵌入型病毒。这种病毒将自身嵌入到现有程序中,把计算机病毒的主体程序与其攻击对象以插入方式链接。

③外壳型病毒。外壳型病毒包围在主程序的周围,对原来的程序不做修改。当宿主程序执行时首先执行并激活病毒程序,使病毒得以感染、繁衍和发作。

④操作系统型病毒。这种病毒意图用自己的程序加入或取代部分操作系统功能进行工作。操作系统型病毒寄生在计算机磁盘的操作系统区,在启动计算机时,能够先于启动程序运行,具有很强的破坏力,可导致系统瘫痪。典型的有圆点病毒和大麻病毒。

3)按计算机病毒的表现(破坏)情况分类

根据病毒的破坏性可将其分为良性病毒和恶性病毒。

4)按计算机病毒的传播媒介分类

单机病毒:单机病毒的载体是磁盘、光盘和U盘等可移动存储介质;

网络病毒。

5)其他方式的分类

除了前面提到的四种分类以外,还有按照计算机病毒攻击的操作系统分类,分为攻击DOS系统的病毒、攻击Windows操作系统的病毒、攻击UNIX系统的病毒、攻击OS/2系统的病毒以及其他操作系统上的病毒;按计算机病毒攻击的计算机类型分类分为攻击微型机的病毒、攻击小型计算机的病毒、攻击工作站的病毒。

(3)计算机病毒的危害

1)病毒激发对计算机数据信息的直接破坏作用。大部分病毒在发作时直接破坏计算机的重要信息数据,像将格式化磁盘、改写文件分配表和目录区、删除重要文件或者用无意义的“垃圾”数据改写文件等。磁盘杀手(Disk Killer)病毒内含计数器,在硬盘感染后累计开机时间48小时内激发,改写硬盘数据。

2)占用磁盘空间和对信息的破坏。引导型病毒一般由病毒本身占据磁盘引导扇区,而把原来的引导扇区转移到其他扇区,此扇区的数据将永久性丢失,无法恢复。文件型病毒在短时间感染大量文件,每个文件都不同程度地加长了,就造成磁盘空间的严重浪费。

3)抢占系统资源。病毒抢占内存,导致内存减少,致使一部分软件因为内存不足而不能运行。除此之外,病毒还抢占中断,干扰系统运行。

4)影响计算机运行速度。

5)计算机病毒错误与不可预见的危害。病毒编制中一些不具备独立编制软件的能力的人处于好奇或者别的原因修改别人的病毒造成的错误,造成的后果往往是不可预见的。“黑色星期五”存在9处错误,“乒乓”有5处等,人们不可能花费大量的时间去分析数万种病毒的错误所在,大量含有未知错误的病毒扩散传播,其后果难以预料。

6)计算机病毒的兼容性对系统运行的影响。病毒的编制者一般不会在各种计算机环境下对病毒进行测试,因此,病毒的兼容性较差,常常导致死机。

7)计算机病毒给用户造成严重的心理压力。对病毒症状作出不恰当反应而造成的破坏,从而造成比病毒本身更大的损害。

(4)常见的病毒以及其他破坏型程序

全球计算机病毒数量急剧增加,目前已达到 6 万多种,并继续递增。像常见的专攻微软漏洞的冲击波,2003 年 8 月 11 日,“冲击波”病毒几乎能感染所有微软 Windows 操作系统,感染后的症状有莫名其妙地死机或重新启动计算机、IE 浏览器不能正常的打开链接、不能复制粘贴、网速变慢等;2004 年“震荡波”利用 Windows 平台的 Lsass 漏洞进行传播,中毒后的系统将开启 128 个线程去攻击其他网上的用户,造成机器运行缓慢、网络堵塞,并让系统不停地进行倒计时重启等。

1)木马程序

“特洛伊木马(Trojan Horse)”是一种基于远程控制的黑客工具,是一种恶意程序,具备计算机病毒的特征,常把它看作广义病毒的一个子类。目前很多木马与计算机病毒结合,因此,木马程序也可以看作一张伪装潜伏的网络病毒。例如 rootkit win32 agent fs 木马,这是一个内核木马,它会把自己的进程、在注册表中的键值、创建的文件、创建的服务都隐藏起来,尽量不被受感染机器的用户发现,以便木马长久驻留在受害者机器中。该病毒会窃取用户的系统和个人资料,记录用户的键盘输入后保存在文件 rt_passfile. txt 中,并会通过该木马泄露出去。同时,该病毒可以接收外界发送的预定义指令,如上传下载文件、运行程序、更新木马和配置文件、设置访问密码、对指定网址发动 DDOS 攻击等,用户一旦中了该木马就很难清除掉,对用户造成的危害是比较大的。

木马的分类:按照木马程序对计算机的不同破坏方式,分为远程访问型木马、密码发送型木马、键盘记录型木马、毁坏型木马、FTP 型木马。

木马的清除:一般采用抗病毒软件清除木马。如果发现感染上木马程序,最有效也最安全的方法是马上断开网络连接,防止黑客通过网络对计算机进行探测或攻击。然后,从木马自启动中寻找踪迹。其次,找到木马的启动方式后,从中提出木马运行的关键文件并删除。最后,更改注册表中木马曾经修改过的键值。

2)蠕虫

蠕虫是一种通过网络传播的恶性病毒,分为主机蠕虫(Rabbit)和网络蠕虫。比如危害很大的“尼姆亚”病毒就是蠕虫病毒的一种,2006 年春天流行“熊猫烧香”以及其变种也是蠕虫病毒。这一病毒利用了微软视窗操作系统的漏洞,计算机感染这一病毒后,会不断自动拨号上网,并利用文件中的地址信息或者网络共享进行传播,最终破坏用户的大部分重要数据。

①蠕虫的行为特征

利用系统、网络应用服务漏洞主动攻击;

行踪隐蔽;

造成网络拥塞;

消耗系统资源。蠕虫入侵到计算机系统后,会在被感染的计算机上产生自己的多个副本,每个副本启动搜索程序寻找新的攻击目标;

产生安全隐患;

与黑客技术相结合。一些蠕虫病毒与网页的脚本相结合潜伏在 HTML 页面里。还有一些蠕虫病毒与后面程序相结合,可以通过这个程序控制该计算机。

②蠕虫的防治

修补系统漏洞;

分析蠕虫行为;

重命名或删除命令解释器(Interpreter);

防火墙(Firewall);

公告,与协调技术人员之间的信息交流和对蠕虫攻击的对抗工作;

更深入地研究。

(5)病毒的防范

现在人们还没有养成定期进行系统升级、维护的习惯,这也是最近受病毒侵害感染率高的原因之一。只要培养良好的预防病毒意识,并充分发挥杀毒软件的防护能力,完全可以将大部分病毒拒之门外。

1)先查毒再使用。对一些来历不明的邮件及附件不要打开,并尽快删除,不要上一些不太了解的网站,尤其是那些诱人名称的网页,更不要轻易打开,不要执行从 Internet 下载后未经杀毒处理的软件等。

2)专盘专用。

3)关闭或删除系统中不需要的服务。

4)经常升级操作系统的安全补丁。时常升级软件版本是很有必要的,一般来说,软件升级可以修复旧版本的 bug,还可以降低应用程序或操作系统的出错率。升级硬件的驱动程序则可充分地发挥硬件的性能,使之与操作系统更好地沟通。通过厂商的网站,一般都可以及时获得最新的升级补丁或驱动程序。如果经常升级软件,可以使用专门的自动升级工具。

5)经常备份。资料是最重要的,程序损坏了可重新复制,甚至再买一份,但是自己键入的资料会因为硬盘坏了或者病毒的因素丢失,所以一般性的备份是绝对必要。

6)定期扫描系统。

7)使用复杂的密码。不要使用生日、身份证号码、银行账户或姓名拼写;不要将密码设置为相同的数字或字母以及设置为有顺序的数字或字母;在使用网上银行的时候,最好不要直接用键盘输入密码,而用软键盘输入密码。

8)迅速隔离受感染的计算机。

9)安装专业的防病毒软件进行全面监控。网络在给你带来方便的同时,也在带给你危害。当你下载新软件,新驱动或补丁程序,甚至下载信件时,病毒也悄悄地在你电脑的某个角落里潜伏下来,让你的系统不是运行得越来越慢,就是经常莫名其妙死机,更为严重的是,CIH 病毒能够侵入主板的 Bios,引发电脑出现各种不正常现象,所以防病毒软件是电脑系统不可缺少的重要工具。

10)个性化的预防措施。计算机病毒的感染总是带有普遍性的或大众化的,以使计算机病毒范围尽可能地广,所以有时一些个性化的处理可能对计算机病毒的预防或者免疫具有非常好的效果。如:给一些系统文件改名或扩展名;对一些文件甚至子目录加密。使得计算机病毒搜索不到这些系统文件。

7.6.2　安全定级

(1)概述

为规范信息安全等级保护管理,提高信息安全保障能力和水平,维护国家安全、社会稳定和公共利益,保障和促进信息化建设,国家制定了《信息安全等级保护管理办法》,将信息系统安全保护等级分为5级,见表7.9。

表7.9　信息系统安全等级定义及监管方式

等级	名称	定　义	监管方式
第一级	自主保护级	信息系统受到破坏后,会对公民、法人和其他组织的合法权益造成损害,但不损害国家安全、社会秩序和公共利益。	自主保护
第二级	指导保护级	信息系统受到破坏后,会对公民、法人和其他组织的合法权益产生严重损害,或者对社会秩序和公共利益造成损害,但不损害国家安全。	政府职能部门指导下的自主保护
第三级	监督保护级	信息系统受到破坏后,会对社会秩序和公共利益造成严重损害,或者对国家安全造成损害。	政府职能部门监督下的严格保护
第四级	强制保护级	信息系统受到破坏后,会对社会秩序和公共利益造成特别严重损害,或者对国家安全造成严重损害。	政府职能部门的强制监督和检查下的严格保护
第五级	专控保护级	信息系统受到破坏后,会对国家安全造成特别严重损害。	政府协助下由主管部门和使用单位实施专门控制和保护

(2)定级流程

主要措施包括六项内容:自主定级与审批、评审、备案、系统安全建设、等级测评、监督检查。

1)自主定级与审批

信息系统使用单位按照《信息安全等级保护管理办法》(以下简称《管理办法》)和《信息系统安全保护定级指南》,自主确定信息系统的安全保护等级。有上级主管部门的,应当经上级主管部门审批。跨省或全国统一联网运行的信息系统可以由其主管部门统一确定安全保护等级。

根据定级要素确定安全保护等级,见表7.10。

表7.10　信息系统保护等级

受侵害的客体	对客体的侵害程度		
	一般损害	严重损害	特别严重
公民、法人和其他组织的合法权益	第一级	第二级	第二级
社会秩序、公共利益	第二级	第三级	第四级
国家安全	第三级	第四级	第五级

2)评审

在信息系统确定安全保护等级过程中,可以组织专家进行评审。对拟确定为第四级以上信息系统的，使用单位或主管部门应当邀请国家信息安全保护等级专家评审委员会评审。

3)备案

第二级以上信息系统定级单位到所在地设区的市级以上公安机关办理备案手续。

4)系统安全建设

信息系统安全保护等级确定后，使用单位按照管理规范和技术标准，选择《信息安全等级保护管理办法》(第二十一条，共六项)要求的信息安全产品，建设符合等级要求的信息安全设施，建立安全组织，制定并落实安全管理制度。

5)等级测评

信息系统建设完成后，使用单位选择符合《信息安全等级保护管理办法》(第二十二条，共八项)要求的检测机构，对信息系统安全等级状况开展等级测评。

6)监督检查

公安机关依据信息安全等级保护管理规范，监督检查运营使用单位开展等级保护工作，定期对第三级以上的信息系统进行安全检查。信息系统使用单位应当接受公安机关的安全监督、检查、指导，如实向公安机关提供有关材料。

(3)安全措施

计算机信息系统安全主要面对的问题包括：信息犯罪、信息污染、计算机病毒、信息侵权、网络攻击等。防护计算机信息系统的安全，不但要对信息系统所依赖的物理环境、操作系统、计算机网络等进行防护，而且还要保护数据库等系统信息不会被泄露或破坏，加强应用系统本身的安全。

1) 计算机硬件与环境安全

计算机信息系统正常运转的基础是可靠的计算机硬件和相关运行环境，它们的安全对信息系统的安全有着直接的影响。确保计算机硬件的安全，可以采取多种保护的技术，如文件加密技术，硬件访问控制技术，防电磁泄漏技术，防复制技术等，这些技术均可对计算机硬件实施有效的保护。良好的物理环境对计算机运行有较大的影响，这些环境的因素包括灰尘、温湿度、电气与电磁干扰、腐蚀等。因此，在计算机信息系统所处在的位置，要遵循国家颁布的《计算站场地安全要求》(GB 9361—88)及《计算站场地技术要求》(GB 2887—89)实施，从而为计算机信息系统提供良好的环境基础。

2)操作系统安全

操作系统的安全性属于系统级安全范围，其主要功能是控制系统的运行，管理计算机各种资源。因而，操作系统常常会被“计算机病毒”、“黑客”等攻击。为了保证操作系统的安全性，需要制定必要的安全机制保护操作系统的安全，如部署采用防病毒系统、漏洞扫描、补丁升级等技术。

①防病毒系统

通过防病毒系统，能够清除系统中的各种病毒、木马等程序。防病毒系统集成了病毒扫描和清除、监控识别以及自动升级等功能，甚至还具备一定的数据恢复等功能，能够有效地防范操作系统遭受各种恶意攻击。

②漏洞扫描

利用漏洞扫描系统，可以检测本地或远程的计算机安全性漏洞。例如通过对系统服务的扫描，可以发现系统提供服务漏洞的情况、Web 服务器全部 TCP 分配的端口使用情况、一些专用协议的安全评估等。漏洞扫描系统主要有2种类型:基于网络的漏洞扫描器和基于主机的漏洞扫描器。

③补丁升级

操作系统应用越多,相应的软件漏洞也会随之增多,恶意攻击者经常会通过这些漏洞,实施对操作系统进行各种攻击。而安装软件补丁则可以有效地提高系统受到攻击的风险,提高系统防御能力。因为补丁管理工作具有持续性、及时性,通过手动更新的方式比较繁琐,可以考虑采用WSUS (Windows Server Update Service)补丁升级系统,它能够在局域网内架设一台升级服务器,让各台终端自动地进行补丁的升级。

3)网络安全

伴随计算机网络延伸,使信息共享和通信更加容易实现,从而也能够使非法用户从远程实施对计算机信息系统的数据的非授权访问,破坏或者拦截数据。基于确保网络安全的考虑,可以实施VPN、防火墙、入侵检测技术、PKI认证等技术,保障信息系统的安全。

①虚拟专用网络

虚拟专用网络(Virtual Private Network,VPN)依靠二层或三层的网络加密协议,在本地网络或异地网络之间,在公网的通信基础上,架设一条专有的通信线路,实施安全、保密通信,而无需布设实际物理线路。

②防火墙

防火墙可以防止外部用户对内部网络资源的非授权访问,保护内部的设备及各种信息资源,也可以阻止内部用户对外部网络的攻击行为。防火墙采取一定的安全策略,进行对网络之间传输的数据包检查,判断数据包是否可以放行,同时对网络运行状态进行监控。

③入侵检测系统

入侵检测系统(Intrusion Detection System,IDS)实时监视网络的数据传输情况,当存在异常的数据传输或访问行为时,IDS发出警报或者实施主动的保护反应手段。目前,IDS主要是依靠两种常用分析方法进行入侵行为或事件的检测,即:异常检测(Anomaly Detection),误用检测(Misuse Detection)。

④高强度身份认证

和使用用户名及口令简单的认证不同,采用PKI体制的数字证书技术的身份认证和系统登录可以提供强度更高的安全包含。在用户登录信息系统时,以后对资源进行访问时,均要使用证书及会话的信息进行用户真实身份的验证,阻止用户的非法假冒行为。PKI技术体制还可以用在其他许多方面来加强信息的安全性,如系统的单点登录,日志审计与管理,权限控制与管理,安全电子邮件,安全的WWW网站,电子印章,域用户智能卡登录等。

4)数据库安全

当前,很多计算机信息系统均要使用数据库作为信息的基础设施,进行数据的存储。因为数据库系统数据量巨大,而且同时会有用户进行读取,其安全性问题比较突出。因此,需要对数据库采用统一的数据保护,确保数据库数据的正确有效和安全可靠。

①数据加密存储

保证数据的保密性,对于数据的安全性非常关键。一般使用的技术是在存储数据的过程中,通过加密算法进行数据的加密存储于介质中。Windows操作系统的NTFS文件系统,采用的是EFS(Encrypt File System)加密技术,进行对数据加密存储。

②高可用性系统

高可用性系统其主要功能在于，当计算机系统出现硬件或软件故障时，能利用集群软件进行快速的业务切换，确保业务不中断地运行，提高可用性。高可用性系统为利用高速网络互连的系统集合，利用高可用集群软件，实施互相协作，以一致的方式提供给外部相应的服务。

③网络备份

对于单机备份这种方式来说，通常是将备份设备连入服务器上，这就会增加服务器的负担，因而备份操作安全性不好。若服务器采用集群或者双机方式，备份设备就仅能使用双机中一台设备实施备份操作。如果网络中有较多的业务主机，而且进行备份操作的数据库版本及系统平台又不一样，那么利用网络备份服务器实施局域网中的不同主机数据的备份，将是一个比较合适的方式。

④分级及归档存储管理

分级及归档存储采用的是不同于网络备份的技术。分级及归档存储能够解决数据存储量大造成的一些问题，如网络上不断增加的数据，导致计算机的存储空间不能实现数据库储存的需求等问题。

⑤数据容灾系统

高可用性系统及数据备份系统能够防止因为人为操作失误、软硬件故障以及病毒导致的数据可用性、完整性破坏问题。如果计算机系统遇到火灾、地震及恐怖等袭击时，高可用性系统及数据备份系统就难以解决。这时，需要通过数据容灾系统来对数据的可用性、完整性进行保护。

5)应用系统安全

应用系统安全主要指避免对系统自身的非授权访问，以及系统对所在的计算机系统产生的破坏。应用系统的主要目的是：确保各种记录的准确性、完全性和输入有效性，避免未授权修改或各种操作的错误。确保应用系统安全的常用控制方式有：

①验证输出数据

对于应用程序的输出数据，应当对其进行有效的验证，保证适当、正确地处理存储信息。应定期地将编辑报告打印出来，同时检查输入正确性。

②审查日志

系统应当具备维护用户活动及记录异常活动的功能，能根据需要查阅以往的各种记录信息。

③管理用户访问

应用系统访问应制定准入政策。系统的研发人员不能对实际使用的数据库进行调试或访问，以免对系统造成影响。

④责任分离

在用户被授权可以用应用程序进行对数据库的访问时，同样也要保证在应用程序中的责任分离。

复习思考题

1. 网络不通，如何判定是网卡、网线、交换机还是网络出口故障？

2. CMACast 没有收到广播数据，如何判定是天线故障、进程运行故障还是磁盘故障？

3. 视频会议系统在开会时应注意哪些事项?

4. 台站信息系统如何做好雷电防护?

5. 如何做好病毒防范?

6. 阐述信息系统安全定级流程。

参考文献

国家气象信息中心. 2010. 中国气象局卫星数据广播系统(CMA-Cast)小站安装维护手册.

蓝设华. 2011. Notes邮件系统管理维护及典型故障分析. 气象研究与应用,(3).

李浩延. 2011. 计算机局域网常见故障分析及排除. 企业导报,(4).

第8章　公用装备保障

内容提要

本章从计算机系统日常保养、软硬件日常维护及常见故障处理等方面介绍计算机系统保障要点，同时从设备保养和常见故障处理方面阐述了台站常用的针式、喷墨和激光打印机的日常维护和故障处理，并介绍了UPS和发电机等供电系统的维护要点和常见故障。另外本章还简单介绍了雷电灾害种类、雷击破坏信息系统的主要途径、雷电防护措施及要点。

8.1　概述

气象装备分气象专用技术装备、公用装备和保障装备。气象专用技术装备：用于准确获取气象或相关领域各种要素、参量和现象的仪器装备，其保障以气象本部门保障为主，社会保障为辅；保障装备：保障气象专用技术装备稳定可靠运行的装备，也就是对气象专用技术装备进行保障的装备，如气象计量检定装备、各种维修测定工具、车辆等，保障装备以社会保障为主，部门保障为辅；公用装备是指除气象专用装备和保障装备之外的社会上通用的装备，如计算机、打印机、UPS等广电设备，公用装备保障以社会保障为主，但台站业务人员要掌握基本的日常维护知识和具有常见故障处理能力。

8.2　计算机

8.2.1　计算机系统维护

计算机的维护是指使计算机系统硬件和软件处于良好工作状态的活动。维护内容包括检查、测试、调整、更换、清除、处理等。对微型计算机用户来说，维护工作应当是一项经常性的工作。要定期维护计算机，以便使计算机系统各部件工作在良好的物理环境中，使软件处于最佳运行状态。通过定期检查和测试，还能及时发现故障隐患，以便及时进行处理，防止故障的发生，从而使系统稳定可靠地运行。

(1)计算机系统工作环境的日常保养

1)保持洁净的工作环境

不要将计算机安置于粉尘高的环境中，如确实需要安装，应做好防尘工作；另外，最好能一个月清理一下计算机机箱内部的灰尘，做好机器的清洁工作，以保证计算机的正常运行。日常生活中多注意计算机的清洁除尘，防患于未然。在进行除尘操作中，以下几个方面要特别注意：①注意风道的清洁。②注意风扇的清洁。③注意接插头、座、槽、板卡金手指部分的清洁。④注意大规模集成电路、元器件等引脚处的清洁。清洁时，应用小毛刷或吸尘器等除掉灰尘，同时要观察引脚有无虚焊和潮湿的现象，元器件是否有变形、变色或漏液现象。⑤注意使用的清洁工具。清洁用的工具，首先是防静电的，其次是如使用金属工具进行清洁时，必须切断电源，且对金属工具进行泄放静电的处理。⑥对于比较潮湿的情况，应想办法使其干燥后再使用。⑦擦拭液晶显示器屏幕尽量不要使用酒精或其他化学溶剂。

2）保持适当的温度环境

一般来说，15～30℃范围内的温度对工作较为适宜，超出这个范围的温度会影响电子元器件的工作的可靠性，存放计算机的温度也应控制在 5～40℃。集成电路的集成度高，工作时将产生大量的热，如机箱内热量不及时散发，轻则使工作不稳定、数据处理出错，重则烧毁一些元器件。反之，如温度过低，则会使计算机的各配件之间产生接触不良的毛病，从而导致计算机不能正常工作，有条件的话，最好在安放计算机的房间安装空调，以保证计算机正常运行时所需的环境温度。

3）保持适当的湿度环境

潮湿的空气容易造成电器件、线路板生锈、腐蚀而导致接触不良或短路，磁盘也会发霉而使存在上面的数据无法使用；而空气过于干燥，则可能引起静电积累，可能会损坏集成电路，清掉内存或缓存区的信息，影响程序运行及数据存储。因此，计算机工作时，空气的相对湿度最好在 30%～70%，存放时的相对湿度也应控制在 10%～80%。建议：计算机在工作状态下应保持通风良好，否则计算机内的线路板很容易腐蚀，使板卡过早老化。

4）保持较好的防静电和电磁干扰环境

磁场对存储设备的影响较大，它可能使磁盘驱动器的动作失灵、引起内存信息丢失、数据处理和显示混乱，甚至会毁掉磁盘上存储的数据。另外，较强的磁场也会使显示器被磁化，引起显示器颜色不正常。

5）保持良好的接地系统

良好的接地系统能够减少电网供电及计算机本身产生的杂波和干扰，避免造成计算机系统数据出错。另外，在闪电和瞬间高压时为故障电流提供回路，保护计算机。

（2）计算机硬件维护

1）主板的日常维护

主要应该做到的是防尘和防潮，CPU、内存条、显示卡等重要部件都是插在主机板上，如果灰尘过多的话，就有可能使主板与各部件之间接触不良，产生这样那样的未知故障，给工作带来很大麻烦；如果环境太潮湿的话，主板很容易变形而产生接触不良等故障，影响正常使用。另外，在组装计算机时，固定主板的螺丝不要拧得太紧，各个螺丝都应该用同样的力度，如果拧得太紧的话也容易使主板变形。

2）CPU 日常维护

要想延长 CPU 的使用寿命，保证计算机正常、稳定地完成日常的工作，首先要保证 CPU 工作在正常的频率下。通过超频来提高计算机的性能是不可取的，在计算机正常工作时，尽量让 CPU 工作在额定频率下。另一方面，作为计算机的一个发热比较大的部件，CPU 的散热问题也是不容忽视的，如果 CPU 不能很好地散热，就有可能引起系统运行不正常、机器无缘无故重新启动、死机等故障，给你的 CPU 选择一款好的散热风扇是必不可少的。另外，如果机器一直工作正常的话就不要动 CPU，清理机箱清洁 CPU 以后，安装的时候一定注意要安装到位，以免引起机器不能启动的故障。

3)内存条

对于内存条来说，需要注意的是在升级内存条的时候，尽量要选择和以前品牌、外频一样的内存条来和以前的内存条来搭配使用，这样可以避免系统运行不正常等故障。

4)显卡和声卡

显卡也是计算机的一个发热大户，现在的显卡都单独带有一个散热风扇，平时要注意一下显卡风扇的运转是否正常，是否有明显的噪音或者是运转不灵活，转一会儿就停等现象，如发现有上述问题，要及时更换显卡的散热风扇，以延长显卡的使用寿命。对于声卡来说，必须注意的一点是，在插拔麦克风和音箱时，一定要在关闭电源的情况下进行，千万不要在带电环境下进行上述操作，以免损坏其他配件。

5)硬盘

①进行读写操作时不可突然断电。现在的硬盘转速很高，通常为 5400r/min 或 7200r/min，在硬盘进行读、写操作时，硬盘处于高速旋转状态，如若突然断电，可能会使磁头与盘片之间猛烈摩擦而损坏硬盘。在关机的时候一定要注意机箱面板上的硬盘指示灯是否还在闪烁，如果硬盘指示灯闪烁不止，说明硬盘的读、写操作还没有完成，此时不宜马上关闭电源，只有当硬盘指示灯停止闪烁，硬盘完成读、写操作后方可关机。

②不要自行打开硬盘盖。如果硬盘出现物理故障时，不要自行打开硬盘盖，因为如果空气中的灰尘进入硬盘内，在磁头进行读、写操作时会划伤盘片或磁头，如果确实需要打开硬盘盖进行维修的话，一定要送到专业厂家进行维修，千万不要自行打开硬盘盖。

③做好硬盘的防震措施。硬盘是一种精密设备，工作时磁头在盘片的表面浮动高度只有几微米，当硬盘处于读、写状态时，一旦发生较大的震动，就可能造成磁头与盘片的撞击，导致硬盘的损坏。因此，当计算机正在运行时最好不要搬动它，另外，硬盘在移动或运输时最好用泡沫或海绵包装保护，尽量减少震动。

(3)计算机软件系统维护

1)删除系统中不需要的软件

有的软件如果不需要，我们可以将它删去。这些软件因为长期闲置，不仅浪费了硬盘的空间，而且也增加了系统的负担。

2)清除系统临时文件

清除系统临时文件也是一件必不可少的工作。点击“开始→程序→附件→系统工具→磁盘清理程序”，系统弹出磁盘清理程序窗口，一共有 4 个选项，分别是 Internet 临时文件、已下载的程序文件、回收站和临时文件，我们可以选中其中的任何一项，进行清除。

3)查病毒

计算机病毒的危害是十分巨大的，它可以对系统进行不同程度的干扰或破坏。它可能破坏磁盘逻辑系统，造成程序失效、数据丢失、系统瘫痪以及一些不可理解的错误等。对计算机病毒的防治应以预防为主，因此，定期对计算机的硬盘进行病毒检查是十分必要的。要做到：

安装病毒防护软件、定期扫描系统、更新防病毒软件、不要轻易执行附件中的 EXE 和 COM 等可执行程序、不要轻易打开附件中的文档文件、不要直接运行附件、警惕发送出去的邮件。

4)磁盘碎片整理

硬盘在经过长时间的大量读写后,数据容易保存在硬盘的不同扇区内而形成磁盘碎片,影响硬盘存取的效率。Windows XP、Windows 7 都提供了硬盘整理工具,可是由于 Microsoft 提供的这个工具执行效率实在是太低了,执行一次硬盘整理至少需要半个小时,所以一般人都很少使用,这在一定程度上影响了用户的使用。因此,建议大家使用 Vopt 来整理硬盘。Vopt 的最新版本为 VoptMillennium Edition 5.0,下载地址为 http://www.goldenbow.com,它提供了完善的磁盘整理功能,最大的特点是速度极快。Vopt 提供手工执行整理、自动整理、定时整理功能,可以快速对硬盘进行分析,并可设定是否移动注册表、是否移动大于某值的文件,功能十分齐全。

5)清理注册表

计算机运行一段时间以后,在注册表里会残留很多垃圾,这些垃圾的存在,一方面会影响系统的启动和运行速度,同时系统也会出现一些莫名其妙的错误。所以,需要及时进行清除。建议大家使用 360 或系统技工 System Mechanic 清理注册表。

6)系统文件检查器 SFC

如果系统文件感染过病毒或遭到人为破坏,如 DLL 文件被损坏,那么其他应用程序运行时,就容易出现非法操作或中止运行。因此,对系统文件的检查是非常必要的。检查的内容包括完整性、可靠性和正确性。在 WIN9X 环境下,对系统文件的检查是通过 SFC 来实现的。命令格式如下:

SFC[/SCANNOW][/SCANONCE][/SCANBOOT][/REVERT][/PURGECACHE][/CACHESIZE=x]

/SCANNOW　立即扫描所有受保护的系统文件。

/SCANONCE　下次启动时扫描所有受保护的系统文件。

/SCANBOOT　每次启动时扫描所有受保护的系统文件。

/REVERT　将扫描返回到默认设置。

/PURGECACHE　清除文件缓存。

/CACHESIZE=x　设置文件缓存大小。

7)定期备份数据

这里指的数据备份是指计算机的使用者在花费一定时间操作机器后形成的有价值的文件。例如:自己设计的程序、Word 文档、下载的硬件驱动等。而操作系统,各种软件等一般不在这个范围内。

既然是备份,就是指第二个存放文件的地方,而不是指机器上的另一个分区,这个地方不能在同一个物理硬盘上。例如:软盘、USB 盘、移动硬盘等。另外,也可以通过刻录光盘的方式进行数据备份。

硬盘物理损坏后的硬件损失是比较小的,因此而带来的数据损失却是难以估量的,这就要求在日常工作中养成备份数据的好习惯。

8.2.2 计算机系统故障处理

(1)计算机硬件系统故障

计算机硬件故障包括计算机主板故障、内存故障、CPU故障、硬盘故障、显卡故障、显示器故障、驱动器故障以及鼠标和键盘故障等计算机硬件设备所出现的各种故障。硬件故障是指因计算机系统中的硬件系统部件中元器件损坏或性能不稳定而引起的计算机故障。

造成硬件故障的原因包括元器件故障、机械故障和存储器故障3种。

解决硬件设备的安装故障,应坚持先软件后硬件的计算机故障处理原则。先检查计算机操作系统中的【设备管理器】,再检查CMOS中的各项硬件参数设置,在通过软件方法无法解决问题的情况下,才能打开机箱检查设备的接口,电源等硬件位置的工作状态。

1)常见CPU故障处理

CPU是计算机的核心设备,当计算机CPU出现故障时计算机将会出现黑屏、死机、运行软件缓慢等现象。用户在处理计算机CPU故障时可以参考下面介绍的故障原因进行分析和维修。

CPU常见故障包括:

温度问题:CPU温度过高导致的故障(死机,运行软件速度很慢或黑屏等)。

质量问题:CPU质量问题导致的故障(死机,黑屏)。

超频问题:CPU超频导致的故障(计算机不能启动,或频繁自动重启)。

引脚氧化:平日使用一直正常,突然无法开机,屏幕无显示信号输出。

CPU风扇是CPU的散热工具,当CPU风扇出现故障时CPU将很容易因为温度过高而出现死机、无法开机等现象。

在对CPU进行超频设置后,CPU的工作温度会有所提高。这时不同计算机很有可能会根据其自身的设置不同出现各种各样的问题。用户在解决可能是因为CPU超频而出现的问题时,应根据自己计算机的实际情况进行分析处理。

2)常见主板故障处理

在计算机的所有配件中,主板是决定计算机整体系统性能的一个关键性部件,好的主板可以让计算机更稳定地发挥系统性能,反之,系统则会变得不稳定。实际上主板本身的故障率并不是很高,但由于所有硬件构架和软件系统环境都是搭建在主板提供的平台之上,而且在很多的情况下也需要凭借主板发出的信息来判断其他设备存在的故障。所以掌握主板的常见故障现象,将可以为解决计算机出现的故障提供判断和处理的捷径。

主板常见故障见表8.1。

表8.1 主板常见故障

故障原因	故障现象
CMOS设置丢失	开机无显示(黑屏或死机)
接口损坏	主板COM口或并行口、IDE口损坏
BIOS电池失效	CMOS设置不能保存
驱动兼容问题	在Windows下载入主板驱动程序后出现死机或光驱读盘速度变慢的现象
鼠标失效	安装Windows或启动Windows时鼠标不可用
设置CMOS时死机	计算机频繁死机,在CMOS设置里也会出现死机现象
CMOS设置错误	计算机开机后,显示器在显示:Award Soft Ware,Inc System Configurations时停止启动

3)开机自检与开机故障处理

计算机的启动过程是个很复杂的过程。在按下开机键时，供电电压还是不稳定的，主板控制芯片组会向CPU发出一个RESET信号，让CPU初始化。当电源稳定供电后，芯片组便撤去RESET信号，CPU马上就从地址FFFF0H处开始执行指令，这个地址在系统BIOS的地址范围内，无论是Award BIOS还是AMI BIOS，放在这里的只是一条跳转指令，跳到系统BIOS中真正的启动代码处。系统BIOS的启动代码首先要做的事情就是进行POST(加电自检)。POST的主要任务是检测系统中的一些关键设备是否存在和能否正常工作，如内存和显卡等。如果这个时候系统的喇叭发出的不是一声清脆的声音，那就有可能是内存条或是显示卡等出故障了。具体的错误一般可以从警报声的长短和次数来判断。

4)CMOS电池损坏故障处理

在计算机开机自检时如果总是出现CMOS checksum error－Defaults loaded的提示，而且必须按F1，Load BIOS default才能正常开机。通常发生这种状况都是因为主板上给CMOS供电的电池失效所导致的。

5)主板配件失效故障处理

主板的平面是一块PCB印刷电路板，上面布满了插槽、芯片、电阻、电容等。其中任何元器件的损坏都会导致主板不能正常工作。比如主板上的芯片，一般的非整合主板都有两个芯片，一个是南桥芯片，另一个是北桥芯片。如果北桥芯片坏了，CPU与系统的主界面交换就会出现问题。南桥芯片一旦出现问题，计算机就会失去磁盘控制器功能。如果这两个芯片烧掉了，那么主板也就报废了。

6)常见内存故障处理

内存作为计算机的主要配件之一，其性能的好坏与否直接关系到计算机是否能够正常稳定的工作。用户在处理计算机内存故障时可以参考下面介绍的故障原因进行分析和维修。

内存常见故障见表8.2。

表8.2　内存常见故障

故障原因	故障现象
金手指老化	因为接触不良而导致的故障
金手指烧毁	内存金手指烧毁而导致的故障
内存供电电源管被击穿	内存插槽的供电电源管被击穿而导致的故障
内存插槽簧片损坏	内存插槽簧片损坏而导致的故障
与主板不兼容	Windows经常自动进入安全模式

内存不被计算机所识别，一般以内存本身和主板出现故障的情况居多，用户在遇到这样的故障时最好采用替换法，在另外一台计算机中检查内存和主板的状态。

7)显卡的常见故障

显卡常见故障见表8.3。

表 8.3 显卡的常见故障

故障原因	故障现象
显卡接触不良	计算机开机无显示
显示不正常	显示器显示颜色不正常
兼容性问题	显卡导致的死机故障
分辨率支持问题	在 Windows 系统里面突然显示花屏，看不清文字
驱动程序问题	在 Windows 里面出现文字、画面显示不完全
金手指问题	在 Windows 里出现一些异常的竖线或不规则的小图案
显卡质量问题	显卡驱动程序载入、运行一段时间后驱动程序又自动丢失

对于一些集成显卡的主板，如果显存共用主内存，则需注意内存条的位置，一般在第一个内存条插槽上应插有内存条。由于显卡原因造成的开机无显示故障，开机后一般会发出一长两短的报警声（对于 Award BIOS 显卡而言）。

8）常见硬盘故障处理

硬盘是计算机的主要部件，了解硬盘的常见故障有助于用户在日常的工作中及早解决故障，避免硬盘中重要的数据丢失。

硬盘常见故障见表 8.4。

表 8.4 硬盘常见故障

故障原因	故 障 现 象
硬盘连接线故障	系统不认硬盘（系统从硬盘无法启动，从 A 盘启动也无法进入 C 盘，使用 CMOS 中的自动监测功能也无法检测到硬盘）
CMOS 设置故障	硬盘无法读写或不能辨认
硬盘无法启动故障	系统无法启动
硬盘老化	硬盘出现坏道
BIOS 版本问题	硬盘容量与标称值明显不符
病毒破坏	无论使用什么设备都不能正常引导系统
主扇区损坏	开机时硬盘无法自检启动，启动画面提示系统无法找到硬盘
物理坏道	无法处理物理坏道

在出现硬盘电源功率不足的故障时，往往表现为计算机无法识别硬盘的状况，这时用户可以参考本节实例所介绍的分析处理方法排除故障。

硬盘不能引导进入操作系统是比较常见的故障，这种故障一般表现为开机后屏幕上出现 Error loading operating system 或 Missing operating system 等提示信息，提示用户无法使用硬盘引导系统。

9）常见光驱故障处理

光驱是计算机硬件中使用寿命最短的配件之一，光驱在日常的使用中经常会出现各种各样的故障，了解这些故障的起因，有助于用户尽快地解决由光驱导致的计算机问题。

光驱常见故障见表 8.5。

表 8.5　光驱常见故障

故障原因	故障现象
光驱无法读盘	光驱仓盒能够正常地进出，但光盘放进后没有任何动作
光驱不加电	光驱在加电后，没有任何反应
光驱仓盒无法弹出	光驱的仓盒无法弹出或很难弹出
光驱仓盒失灵	光驱的仓盒在弹出后立即缩回
读盘能力下降	光驱读盘性能差
光驱不读盘	光驱的光头虽然有寻道动作，但是光盘不转或有转的动作，但是转不起来
读盘时失灵	光驱能够读盘或放 VCD，但是只能放十来分钟

因为可能造成光驱不被计算机系统识别故障的原因很多，因此，用户在分析和处理此类故障时，就需要根据计算机故障处理原则，使用排除法先软件后硬件地解决问题。

光驱的读写能力会随着光驱的使用时间而下降。

10）常见键盘故障处理

在计算机设备中，键盘由于其使用频度极高，因此，它是最容易出故障的外设之一，因此，了解键盘的常见故障现象和掌握正确的维修方法是非常必要的。

键盘常见故障包括：

按键无法弹起：键盘的某个键按下后无法弹起。

键盘上的 A 键弹不起来了，可能是键盘的弹簧问题，也可能被异物粘住了，需要拆开键盘才能了解故障的确切位置。将键盘外壳打开后，发现 A 键旁边堆积了较多的灰尘，用刷子将灰尘清除，然后重新装好键盘并启动计算机，键盘的 A 键又恢复了功能。

按键失灵：按下某个键后屏幕上没有反应。

按键关联邻近按键：按下一个键后会同时出现多个字符。

键盘自检报错：键盘自检出错。

多个按键关联故障处理：

开机自检正常，说明故障不是出在主机和键盘接口上，而是出在键盘本身。由于键盘属于开关电路，电路板上相邻的电路走线相距较近，电路板的静电作用，长时间吸附尘埃，或在受潮后会导致相邻线路短路，因而会造成键盘多个按键关联的故障现象。

故障处理：从计算机主机上拨下键盘连接线，然后打开键盘的外壳，露出键盘的印刷电路板，先用柔软毛刷轻轻地扫除其表面，而后用棉球沾点酒精轻轻地擦洗电路板，最后晾干键盘后再重新装上外壳，并接入计算机使用，故障即被解决。

11）常见鼠标故障处理

鼠标的故障分析与维修比较简单，大部分故障为鼠标接口或按键接触不良、断线、机械定位系统脏污。少数故障为鼠标内部元器件或电路虚焊，这主要存在于某些劣质产品中，其中尤以发光二极管、IC 电路损坏居多。

鼠标常见故障包括：

系统不认鼠标：在操作系统中找不到鼠标。

鼠标失灵：鼠标能显示，但无法移动（鼠标的灵活性下降，鼠标指针不像刚买来时那样灵敏，而是反应迟钝，定位不准确，或干脆不能移动了）。

按键失灵:鼠标按键失灵。

首先,将鼠标外壳打开,再将连接电缆的可疑部分用剪刀剪掉,然后,用电烙铁将电缆线与电路板的对应接点直接焊牢。最后将鼠标重新组装好并接入计算机使用,鼠标的故障便排除了。

有时,靠近鼠标一侧鼠标电缆会因为用户在日常使用时经常与桌面摩擦而出现断路现象。

12)CRT 显示器的常见故障

显示散焦:显示器散焦(出现这种故障时,显示器屏幕上显示的字迹会模糊不清)。

显示偏色:显示器偏色。

亮度偏低:显示器亮度偏低,并且将显示器面板上的亮度调节旋钮调到最大,亮度仍然不够。

13)LCD 显示器的常见故障

显示杂纹:在对 LCD 进行开关时屏幕上出现了干扰杂纹。

显示黑斑:在 LCD 的屏幕上有拇指大小的黑斑。

显示黑屏:进入 Windows 桌面时发生黑屏。

显示偏红:LCD 屏无论在启动或运行时都偏红。

显示模糊:LCD 屏显示模糊,尤其是显示汉字时不清晰。

14)网卡的常见故障

网卡接触不良:因为网卡故障而导致的网络连接不稳定。

驱动程序故障:因为网卡驱动程序而导致出现的故障。

中断占用故障:IRQ 中断引起的网卡故障。

环境问题:磁场导致的网卡故障。

15)常见电源故障处理

电源在计算机中的作用是把交流电网的电能转换为适合计算机机箱内配件使用的低压直流电,以驱动计算机中的设备。如果电源出现故障,将直接导致计算机中的各种需要电源支持的硬件设备出现故障。

计算机开机时死机:如果计算机刚启动就死机,这类现象一般首先应检查电源,因为电源掉电会导致死机和计算机在启动后直接关闭的故障。

计算机频繁死机:计算机频繁自动关机。

电源供电不足故障处理:由于计算机只有在进行大量计算时才出自动重启故障。因此怀疑是 CPU 温度过高所致,但检测了 CPU 工作温度后却发现其温度正常。于是检查硬盘,检查硬盘发现,其中一块硬盘出现了坏道,但是在更换硬盘重装系统后故障依旧,看来硬盘出现坏道很可能是计算机经常非正常重启导致的。后来反复检查了这 2 台计算机主板,内存等设备后均未发现故障的确切位置,于是用替换法检查计算机电源。

16)常见声卡故障处理

声卡是计算机播放和录制音乐的基础设备,多媒体计算机的声卡一旦出现故障,将导致计算机无法播放音乐,使用麦克风和录音。

声卡不工作:声卡不能工作(声卡无声)。

无法录音:在确定麦克风和声卡连接正常的情况下,无法录音通常是由于用户没有设置好录音通道所造成的。

引起计算机死机:在未装 Windows 时声卡工作正常,而安装了 Windows 后就死机。

(2)计算机软件系统故障

软件故障主要是指操作系统和应用软件的错误而引发的故障。常见的软件故障有程序错误、设置错误、病毒感染破坏和误操作等。系统发生软件故障时表现为显示错误信息、应用软件无法运行、系统运行不稳定或运行程序缺失文件,严重时用户无法进入系统,快速诊断和排除软件故障对保证系统正常运行非常重要。

计算机软件故障处理流程见图 8.1。

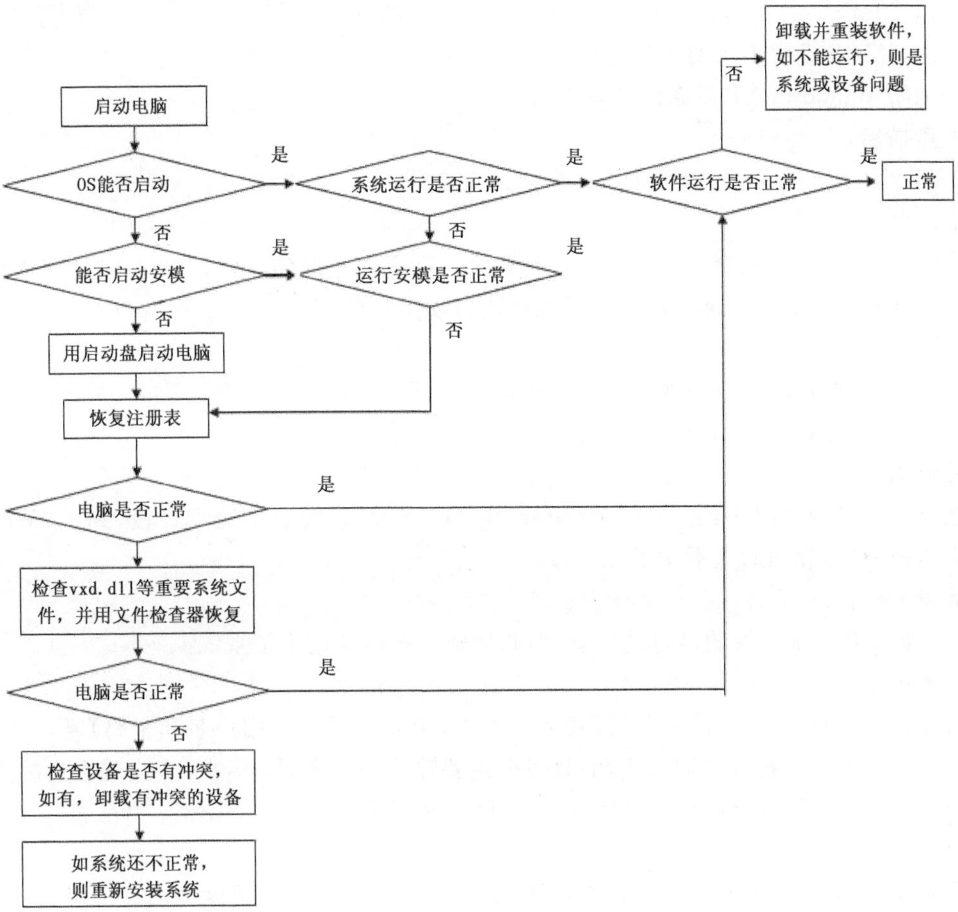

图 8.1　计算机软件故障处理流程

1)Windows XP 系统不能正常关机

故障描述:

在关闭计算机时,计算机没有响应或者出现有一个闪烁光标的空白屏幕

故障分析:

引起 Windows 系统出现关机故障的主要原因有:退出 Windows 系统时播放的声音文件损坏;不正确的参数配置或硬件损坏;CMOS 设置不当;在 BIOS 中的"高级电源管理"或"高级配置和电源接口"设置不当;没有在实模式下为视频卡分配一个 IRQ;某一个程序或 TSR 程序可能没有正确地关闭;加载了一个不兼容的、损坏的或冲突的设备驱动程序等。

故障排除：

①因退出 Windows 时播放的声音文件损坏的解决方法。

②因高级电源管理设置不当的解决方法。

有些操作系统的【系统设备】选项中可能并无【高级电源管理】，这是因为只有在主板 BIOS 中，将【Power Management Setup】的【ACPI Function】选项设为“Enabled”时，操作系统中才会有此选项。

若无此选项则证明不是由此原因引起的故障。

③因 Config. sys 文件或 Autoexec. bat 文件冲突的解决方法。

④因 CMOS 设置不当的解决方法。

2)关闭 Windows XP 后系统却重新启动

故障描述：

关闭 Windows XP 系统后，系统又自动重新启动

故障分析：

在默认情况下，当系统出现错误时计算机会自动重启。这样，当用户关机时出现错误则系统也会自动重启。将该功能关闭往往可以解决自动重启的故障。

故障排除：

【系统属性】对话框取消对【自动重新启动】复选项的勾选。

3)无法正常启动 Windows XP 系统

故障描述：

在自动登录的系统中给 Administrator 用户加密后，系统启动速度极慢，到了“Windows 正在启动……”的界面后就不动了。

故障分析：

由于该 XP 系统设置的是自动登录，因此加密后自然就进不了系统。

故障排除：

若要设置为自动登录，取消勾选【用使用本机，用户必须输入用户名和密码】复选项，确定后弹出一个给该用户输入密码的界面，这里一定要输入一个密码，否则又会出现上述故障。

4)Windows XP 系统运行多个任务时，速度突然下降

故障描述：

在启动后，如果同时使用 Word 和 QQ 等多个软件时，计算机速度会明显下降，并经常提示虚拟内存不足。

故障分析：

虚拟内存设置不当引起的故障。一般 Windows 系统预设的是由系统自行管理虚拟内存，它会因应用程序所需而自动调节驱动器页面文件的大小，但这样的调节会给系统带来额外的负担，有可能导致系统运行速度变慢。

故障排除：

增加虚拟内存。

5)Windows XP 系统运行时出现蓝屏

故障描述：计算机在运行时，突然出现蓝屏现象，在屏幕上显示停机码为“0x0000001E：KMODE_EXCEPTION_NOT_HANDLED”

故障分析：

Windows 系统检查到一个非法或者未知的进程指令，这个停机码一般是由有问题的内存造成的，或者是由有问题的设备驱动、系统服务或内存冲突和中断冲突引起的。

故障排除：

因内存不兼容的解决方法；

因设备驱动问题的解决方法；

因远程控制软件问题的解决方法；

因其他问题引起蓝屏的解决方法。

在安装 Windows 系统后第一次重启时即出现蓝屏，则最大可能是系统分区的磁盘空间不足或 BIOS 兼容有问题。如果是在关闭某个软件时出现的，很有可能是软件本身存在设计缺陷，请升级或卸载该软件即可。

6)无法浏览网页

故障描述：

使用 IE 浏览器上网时，无法打开网页。

故障分析：

网络设置不当、DNS 服务器故障、网络防火墙问题、IE 损坏等都可能导致用户无法上网。

故障排除：

7)IE 浏览器被恶意修改

故障描述：

IE 浏览器的标题栏被一些程序恶意修改，如在 IE 浏览器最上方的蓝色横条里显示广告，而不是显示默认的“Microsoft Internet Explorer”。

故障分析：

这是因为某些恶意网页在用户计算机里加了一个自运行程序，它会在系统启动时将用户的 IE 起始页设成非法的网站。

故障排除：

在【注册表编辑器】窗口中展开 HKEY_LOCAL_MACHINE\SOFTWARE\Microsoft\Windows\CurrentVersion\Run。找到【registry. exe】选项，删除自运行程序“C:\Program Files\registry. exe”。最后从 IE 选项中重新设置起始页即可。

8)IE 浏览器窗口始终最小化

故障描述：

每次在 IE 浏览器中打开的都是最小化窗口，即便在窗口最大化后，下次启动 IE 浏览器后，新窗口仍旧以最小化显示。

故障分析：

IE 浏览器具有“自动记忆功能”，它能保存上一次关闭窗口后的状态参数，IE 浏览器本身没有提供相关设置选项，不过可以借助修改注册表来实现。

8.3 打印机

8.3.1 针式打印机的维护与故障处理

(1)针式打印机的维护

1)打印机必须在干净无尘、无酸碱腐蚀的环境中工作,避免日光直晒。打印机工作台必须平稳,无震动。

2)定期检查和维护打印机。一般应一个月左右对打印机除尘一次,把机壳表面的色带墨渍、油污擦除以保持外观的清洁美观,扫除机内的纸屑、灰尘,用柔软的布擦除打印头、字车导轨上的污垢,并加少许润滑油。

3)每3个月或累计打印5万个字符左右则应该用酒精清洗打印头前端,以免污垢充塞打印针导板针孔,而使打印针运动时阻力增加,致使断针。清洗打印头的方法是卸下打印头,将打印头前端1～2cm浸在无水酒精里刷洗,也可用毛笔蘸酒精刷洗,晾干后再重新安装打印头。重新安装打印头时,特别注意保持打印头端与字辊的间隙为0.25cm。

4)色带使用一定时间后,表面开始起毛或色带破损,这时应更换色带,千万不要继续使用,否则有可能将打印针头折断。

5)打印头的位置要根据纸张的厚度进行调整。

6)打印机不宜打印蜡纸,因为石蜡与字辊橡胶会起化学反应,使橡胶变形。同时,石蜡进入打印针导向板的针孔内,会使打印针运动时阻力增加,造成断针。如果一定要打印蜡纸时,应在蜡纸上垫一层薄纸,并经常用酒精擦洗字辊。

7)经常检查打印机的机械结构,观察有无螺丝松动或脱落,以及走纸机构与字车运行是否正常等。若发现走纸或小车运动困难,不要强行工作,以免损坏电路及机械部分。

8)经常检查打印机的电源和接口连接电缆线有无破损或接触不良,电源线的接地是否良好。拔插主机或打印机上的电缆时,必须关机,否则容易烧坏接口电路。

9)打印机上不要放置其他物品,以防掉到机器内。

10)不要用手去触摸打印头针表面。

(2)针式打印机常见故障及处理

1)控制面板上“纸空”红灯亮,将纸推入时胶辊“嗡”的转动一下,但不进纸

此故障大多系传动机构部分故障。排除故障时,先将打印机右侧的卷纸旋钮拔出,用起子将打印机后部的三个搭扣撬开即可打开机壳,此时注意观察面对打印机左侧的一堆塑料齿轮,通常是最外面的一个薄齿轮掉下。应仔细观察齿轮是否完好,特别是其中小齿轮常被打坏。

如果是双层齿轮裂开或外层掉下,此时应务必在机箱内找到从该齿轮上掉下的钢丝,以免造成电路短路而扩大故障。

2)开机后打印头移动到左端后就在原地抖动,不能打印

不加电,用手拉着打印头左右移动,应该感到轻松自如。如果移动到某一位置后突然感觉移动困难,此时应仔细查看那根黑色的长长的塑胶“齿条”。这通常是左端某几齿被打缺所致。

3)打印正常,但打印头来回移动的速度明显缓慢,有时还造成死机

若齿条完好,用手拉着打印头来回移动,在整个移动过程中都感到吃力,此时取下色带盒

再试。如果打印头移动轻松了,就是色带盒不佳,更换色带盒即可。如果取下色带盒后移动打印头仍然吃力,多半是打印头导杆太脏,导致摩擦阻力增加而使打印移动困难。

此时应滴少许清机油在导杆上,注意不要多滴以免漏到下面去。来回拉动打印头,把脏东西洗出来,反复几次,直至拉动打印头不吃力了,就把导杆擦干净,最后滴少许清油在导杆上。

4)色带不转

不加电,用右手拉着打印头左右移动,同时将拇指靠在色带盒卷钮上,如果在打印头移动的同时色带盒卷钮不转,取下色带盒,用手卷动色带,如果色带盒内打滑,色带不走,更换色带盒。如果用手卷动色带正常,无时转时不转现象,多半是安装色带盒的黑色塑胶架里面的齿轮磨损。此时应不装色带盒,用手拉着打印头来回移动。拇指靠在齿轮架的卷轴上稍稍用力,如果在打印头移动的同时卷轴不转或者时转时不转,就可确定齿轮架内的某一齿轮磨损。

取下打印头,取下看得见的四颗固定螺丝即可连字车马达一块取下,此时可看见卡在字车马达电路板上的四个塑料搭扣,分别轻轻撬开就可取下齿轮,换上新齿轮架,照原样装好就可恢复正常。

5)开机后打印头在原地有规律地抖动,不复位

此故障虽不多,但也时有发现,其原因是连接打印头的扁平电缆插主电路板的一端松脱。掀开机壳,将扁平电缆重新插好,故障就可排除。

8.3.2　喷墨打印机的维护及故障处理

(1)喷墨打印机日常维护

1)确保使用环境清洁。使用环境灰尘太多,容易导致字车导轴润滑不好,使打印头的运动受阻,引起打印位置不准确或撞击机械框架,造成死机。有时,这种死机会因打印头未回到初始位置,而进行清洗打印头操作,造成墨水不必要的浪费。解决这个问题的根本方法是经常将导轴上的灰尘擦掉,并对字车导轴润滑(选用流动性较好的润滑油,如缝纫机油)。

2)在刚开启喷墨打印机电源开关后,电源指示灯或联机指示灯将会闪烁,这表示喷墨打印机正在预热。在此期间,用户不要进行任何操作,待预热完毕后指示灯不再闪烁时用户方可操作。有些喷墨打印机的预热时间较长,只要在指示灯闪烁期间,用户一定不要着急,应耐心等待。

3)选用质量较好的打印纸。喷墨打印机对纸张的要求比较严,如果纸的质量太差,不但打印效果差,而且会影响打印头的寿命。在装打印纸时应注意正反面,只有正面的打印效果才好。在装纸器上不要上纸太多,以免造成一次进纸数张,损坏进纸装置。喷墨打印机可以打印透明胶片和信封。在打印透明胶片时,必须单张送入打印,而且打印好的透明胶片要及时从纸托盘中取出,并要等它完全干燥后方可保存。在打印信封时,一定要按打印机说明书中规定的尺寸操作。

4)正确设置打印纸张幅面。若使用的纸张比设置值小,则有可能打印到打印平台上而弄脏了下一张打印纸。如果出现打印平台弄脏的情况,要及时用柔布擦拭干净,以免影响打印效果。

5)正确选择及使用打印墨水。液态墨水或固体墨只有在让电阻丝产生的热量加热或熔化后才能实现打印,劣质的墨水汽化(或液化)所需的热量不会正好是电阻丝产生的热量。此外,优质的墨水也要正确使用。墨水是有有效期的,从墨水盒中取出的墨水应立即装在打印机上,

放置太久会影响打印质量。

6)不得随便拆卸墨盒。为保证打印质量,墨盒不要随便拆卸,更不要打开墨盒,这样可能损坏打印头,影响打印质量。

7)墨盒未使用完时,最好不要取下,以免造成墨水浪费或打印机对墨水的计量失误。

8)部分打印机在初始位置时处于机械锁定,此时如果用手移动打印头,将不能使之离开初始位置,此时不要人为移动打印头来更换墨盒,以免引起故障。

9)换墨盒时一定要按照操作手册中的步骤进行,特别注意要在电源打开的状态下进行上述操作。因为重新更换墨盒后,打印机将对墨水输送系统进行充墨,而这一过程在关机状态下将无法进行,使得打印机无法检测到重新安装上的墨盒。特别要防止在关机状态下自行拿下旧墨盒,更换上新的墨盒。这种操作对打印机来说是无效的。

10)不要在喷墨打印机的顶盖、送纸器或接纸器上放置重物。

11)打印头的维护:喷头是打印机的关键部件,因此,我们需要定期对喷头进行维护保养。如果发现打印的图像出现没有预期的清晰或打印的图像丢失墨点,可以通过清洗打印头喷嘴来解决这些问题。

(2)喷墨打印机常见故障及处理

1)开机打印时不进纸

发生这一类问题,最大可能就是机械上的故障,如送纸传感器故障,或者是纸屑和掉进去的物品卡住传感器的重垂杆。此类故障可以关闭电源,将打印机抱起倒置并轻轻摇晃,将纸屑和物品倒出,并让重垂杆自然下垂,一般可以自行解决。另外,如果墨盒里的黑墨或彩色墨用尽后,也可能导致打印时不进纸。

2)联机打印时不出墨

用打印机附带软件清洗打印头无效,引起这种故障的原因很多,但一般说应该是喷头和喷孔堵塞,也不排除电缆线或电路板故障。如果喷头和喷孔故障,通过随机的驱动中的清洗选项也无法解决,那么为了保证打印机今后的正常使用,最好不要自己拆卸维修,建议直接与当地的产品维修中心联系。

3)打印过程中,送纸明显倾斜

原因是放纸时,纸张没有紧靠送纸匣右边或者左边滑动挡板而造成的。当左边的滑动挡板离纸太远,进纸时纸张就容易出现向滑动挡板方向倾斜的现象;而如果挡板离纸张太近,对纸张挤压压力过大,也会增大纸张与挡板之间摩擦力,给送纸带来困难。因此要掌握好纸张与进纸滑动挡板的距离。

4)打印时,字车滑向打印机左侧后不能回位进行正常打印

这类故障与针式打印机故障相同,是字车导轴上灰尘过多而造成阻力增大,引起字车移动时受阻不能回位。可用软布将灰尘擦拭干净后,在导轴上滴几滴缝纫机油滑动字车,使机油涂布均匀即可。

5)换上新墨盒后显示为墨尽,且不能打印

这种现象一般是更换墨盒不当造成的。有些用户在换新墨盒时认为在关机状态下换新墨盒似乎更安全,而实际上在关机状态换上新墨盒,不能被打印机所认可,所以换上的新墨盒实际上“变成”了旧墨盒。这时只要在开机的状态下重新安装墨盒,清洗打印头可解决问题。

6)打印时打印速度较以前明显减慢

这种情况可能是后台打印设置被改动，单击“开始→设置→打印机”，右键单击打印机图标，选中“属性→详细资料→后台打印设置”，选中在“后台执行作业时以加快打印速度”或者“直接输出到打印机”选项，问题可以得到解决。在连续打印多页纸时，送纸器送入几张或多张纸。这一问题，很有可能是打印机纸张厚度调节杆不正确造成的。应该根据打印介质的厚度，合理地选择纸厚度调节杆的位置来打印。

7)打印颜色不正常

当打印出来的颜色与您设定的颜色有所不同时，那就表示您的墨盒内有某种颜色的墨水用完了，或是您在填充墨水时，不小心填错或混错了颜色。

喷墨打印机颜色故障见表 8.6。

表 8.6 喷墨打印机颜色故障对应表

正确颜色	打印颜色	缺少颜色
橘色	红色	黄色
橘色	黄色	洋红色
绿色	蓝色	黄色
紫色	蓝色	洋红色
紫色	红色	洋蓝色
绿色	黄色	洋蓝色

此外，使用喷墨打印机有时会发现打出的图形颜色与显示器上所显示的同一图形颜色相比，颜色偏淡或偏浓，还可能偏向其他相近颜色。这是由于打印机产生颜色的方式与显示器不一样造成的。解决的方法是重新编辑显示器上的原图，调正显示器的颜色，在打印时，最好把图像 RGB 模式转化为 CMYK 模式，再打印，使打印机打出期望颜色的图形；由于墨水含荧光剂，再加光折射，也可能造成颜色不一致；如果打印机打出的图形缺少某种颜色，应清洗打印头，如果多次清洗后仍缺色则说明墨水盒已缺少某种颜色，这时应更换墨水盒。如果更换后仍缺色则说明打印头已完全堵塞。应与维修站联系。如打印出来的彩色跟原装不一样，这跟墨水的色彩饱和度有关。不同的厂家，他们所生产的墨水的饱和度都不一样，有的偏黄，有的偏红，即使是同一个厂家的不同产品也有相差，不一定以原装为标准，主要是看个人的欣赏角度。

8)打印效果差或打印空白

表 8.7　喷墨打印机打印效果故障及解决办法

可能的故障原因	解决方法
墨盒安装不到位	打开墨盒盖子，稍用力移动墨盒，重新安装墨盒
墨盒内有气泡	利用打印机自动清洗程序清洗打印头。如果多次清洗依旧无法改善，不要取出墨盒，等待几小时后，重新测试，一般可以改善
没有将标签撕除干净	将标签完全撕除(如果墨盒落机后再取出撕除标签则无法保证打印质量)
打印头堵塞或老化	清洗打印头，使用年限已到的打印头要更换
控制电路损坏	更换打印头或主板，建议送专业维修

8.3.3 激光打印机的维护与故障处理

(1)激光打印机维护保养

激光打印机在使用过程中,由于用户不重视维护保养,而使打印机出现故障,为避免和减少激光打印机不该发生的故障,现将维护保养简述如下。

1)电极丝的维护

由于打印机内有残余的墨粉、灰尘及纸屑等杂物,充电、转印、分离和消电时电极丝将被污染,使电压下降,而影响正常工作性能。应小心地取出电极丝组件,先用毛刷刷掉其上附着的异物,之后再用脱脂棉将其轻轻地仔细擦拭干净。

2)激光扫描系统的维护

激光扫描系统的激光器及各种工作镜被粉尘等污染后,将造成打印件底灰增加,图像不清。可用脱脂棉将它们擦拭干净,但应注意不要改变它们的原有位置或碰坏。

3)定影加热辊的维护

定影加热辊长期使用后粘上一层墨粉,使打印件出现墨痕。可用脱脂棉蘸无水酒精将其擦拭干净。切忌用刀片去刮,以防损坏定影加热辊。

4)光电传感器的维护

光电传感器被污染,会导致打印机检测失灵。如手动送纸传感器被污染后,打印机控制系统检测不到有纸信号,手动送纸功能便失效。因此,应该用脱脂棉把相关的各传感器表面擦拭干净,使它们保持洁净,始终具备传感器灵敏度。

5)硒鼓的维护

激光打印机的硒鼓为有机硅光导体,存在着工作疲劳问题,可依照下述进行保养维护:

①小心地拆下硒鼓组件,用脱脂棉蘸三氧化二铬将感光鼓表面擦拭干净,但不能用力,以防将硒鼓表层划伤;

②擦拭时应采取螺旋划圈式的方法,擦拭后立即用脱脂棉把三氧化二铬擦干净。

③用装有滑石粉的纱布袋在鼓表面上轻轻地拍一层滑石粉,即可装复使用。

6)传感器条板及传输器锁盘的维护

用软布略蘸清水,将银白色长条板及传输器锁盘上积存的纸尘等异物擦拭干净,以确保传输无阻。

7)输纸导向板的维护

输纸导向板位于墨粉盒下方,其作用是使纸张通过墨粉盒传输到定影组件,进行清洁时,用软布略蘸清水将输纸导纸的表面擦拭干净,以确保打印件清楚洁净。在进行上述清洁工作之前,必须先关掉打印机的电源,清洁感光鼓要避光。

(2)激光打印机常见故障

1)出现平行的白线

一般是由于硒鼓内的碳粉不多所致。可以将硒鼓取出,左右晃动,再放入机内,如打印正常,说明硒鼓内的碳粉余量不多,若打印时还有白线,则需要更换新的硒鼓或加粉。

2)处理卡纸的方法

卡纸的处理很常见。在放置纸张时将纸边用手抹平,用卡纸片紧卡住纸张两边,这样可以有效地避免卡纸。出现卡纸时,先打开打印机面盖,取出硒鼓,将打印机左侧的绿色开关向上扳(有的机型没有开关)，扩大卷纸器的缝隙，再用双手轻轻拉出被卡住的纸张，此时注意不要用力过猛，造成纸张拉断。

3)打印全白

故障分析与排除：首先检查光学系统，这可能是由于激光器或激光控制电路损坏所致，检修该部位；也可能是光学系统被异物遮挡(如纸片)或反光镜损坏、脏污、角度改变或老化等，可清除障碍，清洁、调整或换一个反光镜；扫描驱动电路出现故障，导致没有产生扫描激光束；室内湿度太大使感光鼓及反光镜等表面凝结水雾也可造成页面全白。

其次检查充电电极，如果充电电极损坏(充电电极丝断或充电电极连线断等)高压源无输出，转印电极接触不良等都可能造成该故障。

另外机械系统故障，如传动齿的定位销将内部的咬合部分划断或主传动齿轮的卡销脱落，使轴转而齿轮不转，导致感光鼓不转，输出打印页面全白。

4)打印全黑

页面全黑说明激光器肯定是好的，有可能是控制电路或扫描驱动电路发生故障。拔下打印机电源，拆下 EP 盒，检查它的主电晕电缆线。我们知道，主电晕在感光鼓的表面实现均匀地充电，这些电荷很容易排斥墨粉，除了以扫描系统曝光而特意吸引墨粉以显影的那些点外，主电晕故障将会妨碍感光鼓的充电过程，导致整个感光鼓表面都会吸引墨粉(即使扫描曝光工作完全正常)。如果整个感光鼓表面部吸引墨粉，图像将是全黑的。

5)打印色淡

首先检查墨粉盒中墨粉是否即将用完，可取出墨粉盒轻轻地摇晃几次，使墨粉分布均匀再放入打印机。若字迹仍然淡，需更换墨粉盒；检查电晕放电极有无高压或电晕放电线断开；显影轧辊无直流偏压，墨粉未被熔化带电而无法转移到感光鼓上。

6)打印乱码

这种故障现象一般表现在老机型(如 HP－6L)，造成这种现象是驱动程序错误，出现这种情况用户只需要拔掉电源，数秒钟后插上电即可，或者重新启动电脑即可解决。

7)打印纵向白条

打印纵向白条一般是打印机激光传输系统受到阻挡，使感光鼓的某一区域接受不到激光器，发出的激光束而不能感光。这种现象是由于激光器被墨粉或灰尘污染。打开打印机，拆下激光器用软布擦拭激光器内反射镜片的废墨粉及灰尘。

8)打印黑色线条

首先检查充电辊有无污垢或老化，有污垢用柔软棉布沾酒精轻轻擦拭表面；其次检查感光鼓是否受损伤，如有受损请更换；再次是检查刮板刀口受损状况，如有受损即更换刮刀。

9)打印重影

打印文件文字出现重影一般是打印纸受潮，更换干燥打印纸使用。其次是加热部分不带电，检查打印机加热器是否损坏，如有损坏更换加热器。

10)文件上有规则黑点

打印出规则黑点一般是充电辊表面穿孔或有异物，更换充电辊和清洁充电辊。其次是感光鼓涂层有穿孔，需更换感光鼓方可解决。

8.4 供电系统

8.4.1 UPS维护与故障处理

(1)UPS的维护要点

按照正确的方法维护UPS,可以减少故障率、延长其使用寿命,提高供电质量和工作可靠性。

1)主机维护

应尽量使UPS工作在清洁的环境中。空气中飘浮的灰尘进入UPS,会对其内部器件造成腐蚀或短路,从而影响UPS的正常工作甚至损坏。对于环境较差的机房,应每半年或一年对UPS内部进行除尘和检查,以防止尘埃或大功率器件散热片松动,使机内温度升高,影响UPS正常工作。

2)负载连接

UPS的连接是一个十分重要的环节,由于组合电池组电压很高,存在电击危险,因此装卸导电连接条和输出线时应有安全保障,防止电池接线柱以及连线之间发生短路,使用的工具应绝缘良好,特别是输出接点应有防触摸措施。UPS接入电路时应严格按照规定的极性,以及零线、火线、地线顺序和标识等进行连接,对于三相UPS还应确保相序准确。

3)蓄电池保养

目前使用的UPS蓄电池主要是阀控式铅酸蓄电池。在实际应用中因电池故障而导致UPS不能正常工作的概率达30%以上。因此,正确使用及维护好蓄电池是至关重要的。

①每4～6个月检查一次蓄电池组中各电池的端电压和内阻。若单个电池的端电压低于其最低安全电压或电池内阻大于80mΩ时,应及时更换或进行均衡充电。

②避免过电流充电和过电压充电。前者会损坏电池内部正负极板使电池电量下降;后者会使电池中电解液的水大量电解,使电解液浓度增大,导致蓄电池寿命缩短甚至烧坏。

③避免用快速充电器充电,否则会使蓄电池处于“瞬时过流充电”和“瞬时过压充电”状态。造成蓄电池可供使用电量下降甚至损坏蓄电池,应该使用具有防过流和过压功能的充电器充电。

④避免短路放电或过度放电,否则会严重损坏蓄电池的再充电能力和蓄电能力,缩短其使用寿命。电池放电后要及时进行再充电。

⑤UPS长期处于市电供电状态时,应每隔一段时间对UPS电源进行一次人为断电,使UPS电源在逆变状态下工作一段时间,以激活蓄电池的充放电能力,延长其使用寿命。

⑥UPS长期不用时每隔一段时间须充电一次。蓄电池的充电间隔时间与环境温度密切相关,温度越高充电时间间隔越短。

⑦蓄电池应在0～30℃的环境温度下使用。环境温度过高,会缩短其使用寿命;过低,释放的电量会大大减少。

⑧UPS处在电池供电状态下,会因电池电压过低而自动关机。此时不能再开机继续使用,以免电池因过度放电而损坏。

⑨UPS处于电池供电的状态下,电池放电电流不宜过小。否则会造成电池使用寿命的快

速缩短和电池内阻的反常增大。

(2)UPS常见故障分析处理方法

UPS常见故障分析处理方法见表8.8

表8.8 UPS常见故障分析处理方法

故障现象	故障分析	故障处理方法
在市电正常的情况下，开机以后UPS可输出220V交流电，但处于电池逆变状态	可能是由于连接UPS的馈电线路，包括各个接点、接插座等接触不良导致交流输入不畅通	测量UPS交流输入端是否有电。若无电，则检查交流配电盘至UPS之间的线路、接点、空开、保险、插座是否处于正常状态，凡连接不正常者进行处理
UPS安装完毕，合上电闸或打开UPS"开"键，会烧保险或跳闸	可能是UPS交流输入的三相接错，如零线或火线接到UPS地线(机壳)上或者输出的三线接错	检查火线、零线和保护地线连接情况
开机后UPS显示和输出正常，但接入负载立即停止输出，并且"逆变"灯灭，"旁路"灯亮	一是UPS严重超载或输出回路短路； 二是没有按照负载从大功率设备到小功率设备的开机顺序启动负载所致	一、减轻负载至合适量或查明短路原因，常见的是输出转接插座发生短路或者设备损坏后发生输入短路故障； 二、关断所有负载，重新启动UPS，待UPS稳定后，先启动大功率设备，后启动小功率设备
开机后UPS工作正常，但经若干时间后UPS自动关机	可能是电池组放电后没有及时充电，并且工作在电池逆变供电状态使UPS发生欠压保护	及时关上所有开关，并在市电恢复正常时重新开机对电池充足电，确保电池不欠压
UPS开机后工作一段时间，输入显示正常，但蜂鸣器间歇性鸣叫，同时显示电池欠压	这种现象可能是由于市电电网电压太低所占致，市电电压以低于165V，使得UPS处于电池供电终因电池欠压而保护	可采用适当提升输入交流电压，或加一级交流稳压器，将交流电压提升到UPS的输入范围即可
面板指示灯全部不亮	显示控制板连接不良或故障	检查显示控制板连接情况，或更换显示控制板
UPS开机工作正常一段时间后，市电停电时，UPS无输出	(1)可能是电池故障； (2)可能是电池充电电路故障，平时无法对电池充电； (3)电池连接线未接好或接线端子接触不良	应检查电池组的端电压、电池组至主机的连接线、检查电池充电器是否良好。如果系电池故障，则更换电池或对电池进行必要的容量恢复处理；如果系充电器故障，处理或更换充电器
UPS蜂鸣器长鸣，故障灯亮，UPS转为旁路供电	这是典型的逆变器故障，可能的原因是：(1)输出负载过载或短路UPS自动关机保护；(2)过载造成高速保险丝熔断；(3)驱动板或功率管故障；(4)主控板故障	检查负载、检查高速保险丝、检查驱动板或功率管
UPS与电脑负载操作时，一切均正常，但停电后，UPS正常运行而电脑死机	接地不良，零线与地线浮动电压太高引起电器工作不正常	检查UPS保护接地是否良好，对接地线进行必要的处理

续表

故障现象	故障分析	故障处理方法
UPS在运行中频繁地转换到旁路供电方式	这可能是由于输入电压及频率变动过大所致。或者是由于UPS所带负载过大,而且后面有冲击性负载频繁启动所致	检查输入电压及频率情况 按照正确的方式使用UPS:一是UPS启动后,所带设备按照功率从大到小的顺序依次启动,二是UPS总负载不要超过额定输出的80%
UPS空载时正常,但负载一开机,UPS随即发生故障,转旁路供电	可能是IGBT驱动信号少一路	检查IGBT驱动输出信号电压

8.4.2 发电机维护与故障处理

(1)发电机维护

1)A级保养(日保养)

检查发电机工作日报;

检查发电机机油平面、冷却液平面;

日检发电机有无损坏、渗漏、皮带是否松弛或磨损;

检查空气滤清器,清洁空气滤清器芯子,必要时更换;

放出燃油箱及燃油滤清器的水或沉积物;

检查水过滤清器;

检查启动蓄电池及电池液,必要时添加补充液;

启动发电机并检查有无异响;

用空气枪清洁水箱、冷却器及散热网灰尘。

2)B级保养

重复A级每日的检查;

每100~250小时,要更换柴油滤清器。所有柴油滤清器不可清洗,只可更换。100~250小时只是一个弹性时间,必须要根据柴油实际的清洁程度而更换;

每200~250小时,要更换发电机机油及机油滤清器。机油要符合美国API CF级以上;

更换空气滤清器(机组运行300~400小时)。要重视机房环境而决定更换空气滤清器的时间,此滤清器是可以用气枪清洁的;

更换水过滤清器及添加DCA浓度;

清洁曲轴箱呼吸阀滤网。

3)C级保养

机组运行2000~3000小时,请进行如下工作:

重复A、B级保养;

拆下气门室盖,清洗油污、油泥;

紧固各部螺丝(包括运行部分、固定部分);

用引擎洁霸清洗献花轴箱、油泥、铁屑及沉积物;

检查涡轮增压器的磨损程度并清洗积炭,必要时进行调校;

检查、调整气门间隙;

检查 PT 泵，喷油器工作情况，调整喷油器行程，必要时进行调整；

检查、调整风扇皮带、水泵皮带的松紧，必要时进行调整或更换：清洗水箱散热网，并检查节温器的使用性能。

4)小修(即 D 级保养)(3000～4000 小时)

检查气门，气门座等磨损程度，必要时进行修理或更换；

检查 P 泵，喷油品质的工作善，必要时进行修理、调校；

检查、调整连杆及各紧固螺丝的扭力矩；

检查、调整气门间隙；

调整喷油器行程；

检查调整风扇、充电机皮带的张紧度；

清洗进气支管的积炭；

清洗中冷器芯；

清洗整个机油润滑系统；

清洗摇臂室、油底壳的油泥及金属铁屑。

5)中修(6000～8000 小时)

含小修项目；

分解发动机(除曲轴外)；

检查缸套、活塞、活塞环、进排气门等曲柄连杆机构、配气机构、润滑系统、冷却系统的易损零件，必要时更换；

检查燃料供给系统，调校油泵油嘴；

发电机电球修理检测，清净油污沉积物，润滑电球轴承。

6)大修(9000～15000 小时)

含中修项目；

解体全部发动机；

更换气缸体、活塞、活塞环、大小轴瓦、曲轴止推垫、进排气门、全套发动机大修包；

调校油泵、喷油器、更换泵芯、喷油头；

更换增压器大修包、水泵修理包；

校正连杆、曲轴、机体等部件，必要时修复或更换。

(2)发电机常见故障

1)发动机

发动机常见故障见表 8.9。

表 8.9　发动机常见故障

<table>
<tr><th colspan="2">故　障</th><th>原　因</th><th>解　决　措　施</th></tr>
<tr><td rowspan="3">发动机启动失败</td><td>启动马达没有动作</td><td>电池电压过低
主断路器处于断开位置
电气接线破损/连接脱离
启动触点/启动按钮故障
有故障的启动继电器
有故障的启动马达
发动机燃烧室进水</td><td>充电或更换电池
合上主断路器
维修破损或振松的连线。检查连接处无氧化。如有需要清洁并做防锈处理
更换启动触点/启动按钮
更换启动继电器
与维修工程师联系
与维修工程师联系。不要尝试启动发动机</td></tr>
<tr><td>启动马达转速低</td><td>电池电压低
电气接线破损/连接脱离
燃油系统有空气
缺少燃油：
柴油阀门半关闭
油箱中缺油
柴油滤清器堵塞(脏物或低温时柴油结蜡)</td><td>充电或更换电池
维修破损或振松的连线。检查连接处无氧化。如有需要清洁并做防锈处理
燃油系统放气
打开柴油阀门
加满柴油
更换新的柴油滤清器</td></tr>
<tr><td>启动马达转速正常但发动机不启动</td><td>停油电磁阀连接故障
预热不足
错误的启动程序
预加热器不工作
发动机进气堵塞</td><td>检查停油电磁阀是否动作
检查是否预加热器的断路器跳闸，重合断路器
以说明书要求的程序启动发电机组
检查电线连接及继电器是否正常，如有故障请联系维修工程师
检查房间的进风系统及发电机组空滤</td></tr>
<tr><td colspan="2">发动机启动后又停机或运行不稳定</td><td>燃油系统有空气
缺少燃油
柴油阀门关闭
柴油滤清器堵塞(脏物或低温时柴油结蜡)
停油电磁阀连接故障
预热不足
错误的启动程序
预加热器不工作
发动机进气堵塞
喷油嘴故障</td><td>燃油系统放气
加满柴油
打开柴油阀门
更换新的柴油滤清器
检查停油电磁阀是否动作
检查是否预加热器断路器跳闸，重合断路器
以说明书要求的程序启动发电机组
检查电线连接及继电器是否正常，如有故障请联系维修工程师
检查房间的进风系统及发电机组空滤
检查更换喷油嘴</td></tr>
<tr><td colspan="2">冷却水温过高</td><td>发动机缺水或冷却系统有气
节温器故障
散热器或中冷器堵塞
冷却水泵故障
温度传感器故障
喷油正时不正确</td><td>发动机加满冷却液，系统放气
安装新的节温器
按保养表定期清洁机组散热器
与经授权的维修工程师联系
检查、更换温度传感器
与经授权的维修工程师联系</td></tr>
<tr><td colspan="2">冷却水温过低</td><td>节温器故障</td><td>安装新的节温器</td></tr>
</table>

续表

故　障	原　因	解　决　措　施
发动机运行速度不稳定	发动机过载 燃油供给不足： 柴油滤清器堵塞(脏物或低温时柴油结蜡) 柴油中有水 发动机进气不足： 空气滤清器堵塞 涡轮增压器和进气管之间漏气 涡轮增压器故障 机房内空气流通不足 进风道进风量控制故障 排烟系统背压过高 喷油泵调整不正确 排气净化器故障	如有可能应减少负载 检查供油系统 更换新的柴油滤清器 更换柴油 检查空滤或涡轮增压器 更换新的空气滤清器 检查管路及连接。上紧卡子 与经授权的维修工程师联系 检查通风管不应被堵塞 调整进风道进风量控制 检查排烟系统的任何可能的尖锐拐角 与经授权的维修工程师联系 与经授权的维修工程师联系
发动机不能停机	电气连接故障(连接松动或氧化) 停机按钮故障 停机电磁阀/停油电磁阀故障	维修可能断裂或松动的连接。检查连接处无氧化，如有需要清洁或做防水处理 更换停机按钮 与经授权的维修工程师联系

2)发电机

外部物理故障(过热、振动、异常噪音)见表 8.10。

表 8.10　发电机外部物理故障

故障	解决措施	原因
轴承过热(轴承挡盖温度高于80℃，可能有或没有异常的声音)	拆下滚珠轴承	润滑轴承，如果轴承变蓝色则需更换 轴承转动不良(在轴承座内晃动) 安装倾斜(轴承之间边缘不吻合)
发电机外壳过热 (比环境温度高 40℃)	发电机的进排风 测量设备(电压、电流) 环境温度	进排风系统局部堵塞或有热空气回流现象 发电机电压过高(满负荷时＞105％额定电压) 发电机组过载
过大的振动	检查设备的连接和固定	连接故障 减振器故障或连接松动 某个轴不平衡
过大的振动伴随有异常的噪音(发电机内部的嗡嗡声)	立即关闭发电机组 检查设备的安装 空载启动机组看噪音是否仍存在	发电机单相供电运行(单相负载或空开故障或安装错误) 噪音仍在说明发电机定子短路
猛烈的振动，可能会伴随有嗡嗡声和振动	检查设备的连接和固定	连接故障 减振器故障或连接松动 某个轴不平衡
过大的振动伴随有异常的噪音(发电机内部的嗡嗡声)	立即关闭发电机组 检查设备的安装 空载启动机组看噪音是否仍存在	发电机单相供电运行(单相负载或空开故障或安装错误) 噪音仍在说明发电机定子短路

3)启动蓄电池

启动蓄电池故障见表 8.11。

表 8.11 启动蓄电池故障

故障	可能的原因	采取的措施
启动电瓶故障	电解液液位太低	加满蒸馏水,放电
	电缆缺陷	修理电缆,重新充电
	皮带松或破裂	拉紧皮带或更换皮带,重新充电
	电瓶缺陷	更换电瓶,重新充电
	充电调节器缺陷	更换调节器,重新充电
	充电发电机缺陷	更换充电发电机,重新充电

8.5 雷电防护

8.5.1 雷电灾害种类

雷电灾害种类见图 8.2。

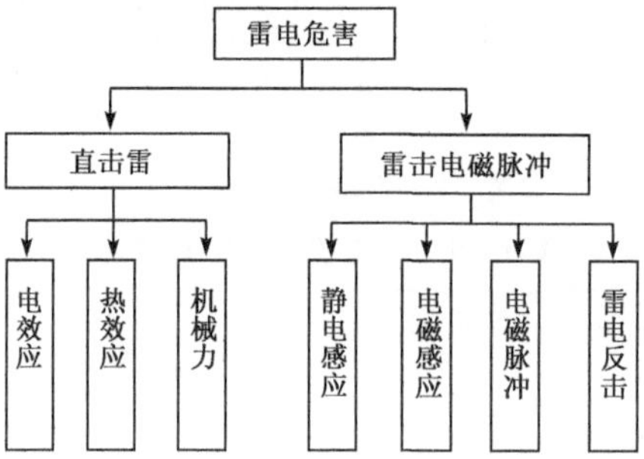

图 8.2 雷电灾害种类

雷电是指一部分带电的云层与另一部分带异种电荷的云层,或者是带电的云层与大地之间的迅猛放电。这种迅猛的放电过程产生强烈的闪光并伴随巨大的声响。雷电的特点是放电时间短,一般为几十微秒,雷电流非常大,常以数千安计。雷电的破坏形式主要有三类:直击雷、雷电感应、雷电波入侵。

(1)直击雷

直击雷是指积雨云对大地和建筑物放电的现象。它以强大的冲击电流、炽热的温度、猛烈的冲击波及强烈的电磁辐射损坏放电通道,直接击在建筑物构架和动植物上,因热效应和机械效应等对地面的建筑物、人员造成损伤。

(2)雷电感应

当积雨云之间放电或雷云对地放电时,在附近的户外传输信号线路、埋地电力线、设备间连接线产生电磁感应并侵入设备,使串联在线路中间或终端的电子设备遭到损坏。雷电感应没有直击雷表现得那么强烈,但是它发生的几率很大,造成的直接和间接损失是不可忽略的。由其产生的电磁脉冲辐射、静电感应,通过室外管线进入设备,导致电气、电子设备感应出高电压而损坏。

(3)雷电波入侵

当雷击发生时，室外的电源线可能遭受直击雷和雷电感应，沿电力线进入低压侧，对室内设备造成破坏。另外，由于雷电流有极大的峰值和陡度，在雷电流周围会产生瞬变电磁场，处在该瞬变电磁场中的导体会感应出较高的电动势，而此瞬变电磁场又会在一定的空间的范围内产生电磁效应，也即是脉冲电磁波辐射。这种辐射以波的形式侵入电子设备，也对设备产生危害。

8.5.2　雷击破坏信息系统的主要途径

雷击破坏信息系统的主要途径见图 8.3。

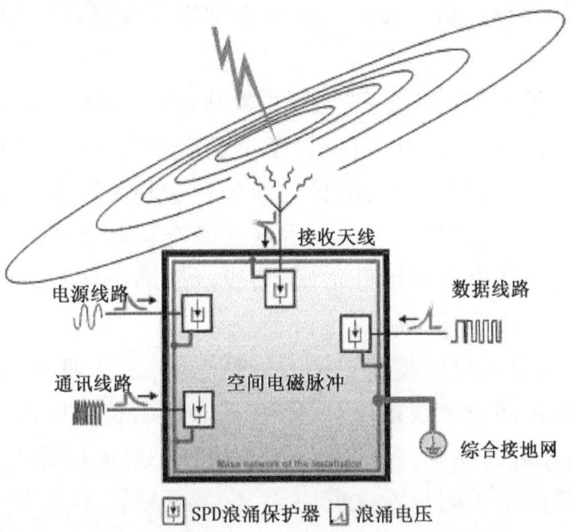

图 8.3　雷击破坏信息系统的主要途径

(1)直击雷、雷电感应在附近产生的电磁脉冲或感应电压对设备造成影响。雷电直接击中电子设备的比较少；当积雨云层之间及积雨云与大地之间放电时，在放电通道周围产生的电磁感应、雷电电磁脉冲，使建筑物的金属结构、供电线路、通信线路等感应出高电压，并通过各种连接线路、金属连接体传到电子设备，引起设备损坏。

(2)雷电波沿供电电源线路、信号线路等进入设备。由于电子信息系统的电源由电力线路引入，在附近落雷时，雷电波沿电力线或者信号线入侵到电子设备。

(3)设备间电位反击和地电位反击引起设备损坏。雷击时，强大的雷电流经过引下线和接地体泻入大地，在接地体附近产生放射型的电位分布，此时电位升高，通过地线传到附近的电气和电子设备，使设备出现过电压现象而损坏。地电位反击是一种干扰，这种干扰常常被人们忽略。其实，不少的电子设备损坏是电位反击造成的。

8.5.3　雷电防护措施

(1)外部防雷

接地系统：在防雷系统的设计和建设工程中，保证有一个良好的接地系统是首要的。信息系统的屏蔽技术、防静电技术等都与接地有直接的联系。根据《建筑物电子信息系统防雷技术规范》(GB 50343—2004)的要求，电子信息系统接地技术应采用共用接地系统，即是把各部分防雷装置、建筑物金属构件、低压配电保护线、等电位连接带、屏蔽接地体、防静电接地及接地装置信息系统的接地和防雷接地连接在一起。这种接地使整个信息系统在防止雷击造成的电位差与抗干扰方面起到了很好的效果，对整个系统的正常运转提供了保障。

接闪器：传统的避雷方法已沿用了 200 多年了，主要沿用富兰克林的避雷针技术，其主要是引雷、分流与泻流，实践也证明该技术在防直击雷方面是可行的。到了现代的信息时代，由于避雷针的二次效应，不但增加了雷击几率，也产生过电压和电磁脉冲，对电气、电子设备造成不可估计的损失。所以，在尽量可以不用避雷针就能解决问题时尽量避免用避雷针，以降低雷击概率(雷击概率与避雷针高度的平方成正比)。

引下线：接闪器接到雷电流后，雷电流要有足够的通道泻放到大地，所以就要利用引下线分流。其数量、间隔距离、大小规格等根据防雷的类别进行设置，但引下线不能少于 2 根。

(2)内部防雷

屏蔽措施：所谓屏蔽，就是把由雷击产生的电磁脉冲从空间感应入侵的通道加以阻拦，消除或者削弱其破坏效应。信息机房内的电子设备灵敏度很高、耐压水平低，容易受到雷电波电磁脉冲的影响。对于计算机信息系统来说，机房应该尽量利用用建筑物混凝土内的钢筋，使其构成六面的网笼(法拉第笼)。金属导体、电线屏蔽层及金属线槽(架)等进入机房时，应做等电位连接。机房屏蔽未达到设备电磁环境要求时，要设金属屏蔽网或金属屏蔽室，并且使金属屏蔽网或金属屏蔽室与等电位接地端子板连接。

综合布线：架空电力线引入建筑物前更换为屏蔽电缆，水平埋地 50m 以上，进入室内的电力线和通信线路尽量避免在同一个线槽内，线路应采取金属护套电缆或套金属管屏蔽埋地进入，屏蔽层应该两点接地。进出线孔，各类缆线的金属外护层的接地引入点也应避免在建筑物外侧柱内作为雷电引下线的柱子附近设立或引入，广域网线缆不要和局域网线缆敷设在同一线槽，交换机等设备避免布置在引下线附近。

等电位连接：等电位连接是指为达到等电位目的而进行的导体连接，它是防止设备过电压的一个有效的措施。根据《建筑物电子信息信筒防雷技术规范》(GB 50343—2004)第 7.2 条，信息机房内的设备，为了达到等电位，应设定等电位连接网络。电器、电子设备的金属外壳、机柜、机架、计算机直流地、防静电接地、安全保护地、电涌保护器(surge protective device，SPD)接地端和信号线路屏蔽外层均以最短的距离就近连接到等电位端子上。接地干线采用多股铜芯线或铜带，截面积不小于 16mm^2。

1)SPD 的选择和安装

现代电子信息系统机房的配电系统一般采用 TN－S 的供电方式，除了电力线的屏蔽埋地以外，还要在电源端进行三级浪涌防护。第一级保护是在配电柜前端安装三相电压开关型 SPD，第二级保护是分配电柜安装限压型 SPD，第三级保护是在电子信息设备前安装限压型 SPD。对于信号传输网络来讲，浪涌防护也是不可缺少的。为了有效地防止各种过电压对电子设备造成损坏，在机房内的服务器、交换机等传输设备的端口安装信号 SPD。

2)SPD 两端的引线应做到最短。根据 GB 50343—2004 中 5.4.1 款：浪涌保护器连接导线应平直，其长度不宜大于 0.5m。导线的长度限制跟其两端感应电压大小有关。

3)合理选择浪涌保护器(SPD)之间的距离。由于在线路中安装了多级 SPD，为了使上一级 SPD 泻放更多的雷电流能量，需要延迟雷电波到达下一级 SPD 的时间，否则下一级 SPD 过早动作，会遭到更多的雷电能量冲击，导致 SPD 和设备损坏。如果浪涌保护器本身没有能量配合功能，电压开关型浪涌保护器至限压型浪涌保护器之间的线路长度小于 10m、限压型浪涌保护器之间的线路长度小于 5m 时，在两级浪涌保护器之间加装退耦装置。

8.5.4　机房、通信系统防雷要点

计算机房、通信系统防雷主要由外部防雷系统和内部防雷系统两部分组成。外部防雷包括空气截雷系统即避雷针或避雷带、引下线或接地系统，外部防雷系统应在建筑物设计、建筑施工阶段给予高度重视，以便利用建筑物自身的金属构件达到经济实用的防雷目的；内部防雷系统主要是对建筑物内易受过电压破坏的设备，如计算机及其通信口、电话机、复印机、UPS、数据传输线及空调机等电子设备加装过电压保护装置，在设备受到过电压侵袭时，保护装置能快速动作将能量泄放，从而保护设备不受损坏。具体防雷要点如下。

(1)机房的防雷接地要求

感应雷侵入机房及计算机网络系统的途径主要有三方面：于交流 380V、220V 的电源线进入、信号传输通道引入、地电位反击等。为了确保机房设备及电脑网络系统稳定可靠运行，以及保障机房工作人员有安全工作环境，根据我国及国际有关规范规定，机房所在的整个楼房建筑体的接地应按均压等电位原则设计，即电子设备的工作接地、保护接地(包括屏蔽接地和建筑物防雷接地)共同合用一组接地体的联合接地方式，机房为防止地电位反击，其接地电阻不应大于 1Ω。

(2)机房及信息系统的防雷保护

配电系统采取防雷措施。

计算机外设采取防雷措施，即电源进线并联压敏电阻和 TVS 管，形成过电压防护，信号线采用信号防雷器引入。

通信系统的信号线经电缆或穿管(埋地)引入室内，在交换机或 Modem 之前，经过信号防雷器，将信号送至收信设备。到达收信设备(传真机、电话机等)后，再采用信号防雷器进行最末端的防护。

计算机网络系统采取防雷措施，主机由 UPS 供电，UPS 经过过电压防护插座插入电源插座，终端服务器如果由 UPS 供电，防护方法同上；如果电源直接取自市电插座，则也必须经过过电压防护插座插入市电电源插座。主机及服务器的输出接口经过信号防雷器再与网络连接，如需集中监控，监控器电源进线也需经过过电压防护插座再插入电源插座，控制信号线经过信号防雷器再与网络连接。

复习思考题

1. 计算机的日常维护有哪些？
2. 计算机主板的常见故障有哪些？
3. 计算机显卡的常见故障有哪些？
4. 简述喷墨式打印机的故障及解决办法。
5. UPS 的日常维护有哪些？
6. 简述机房、通信系统防雷要点。

附录A　电工电子基本知识和基本操作技能

A.1　基础知识

A.1.1　基本概念

(1)直流电路

1)电路

电路的定义:就是电流通过的途径。

电路的组成:电路由电源、负载、导线、开关组成。

内电路:电源内部的一段电路。

外电路:负载、导线、开关。

负载:所有电器。

电源:能将其他形式的能量转换成电能的设备。

2)基本物理量

①电流

电流的形成:导体中的自由电子在电场力的作用下作有规则的定向运动就形成电流。

电流具备的条件:一是有电位差,二是电路一定要闭合。

电流强度:电流的大小用电流强度来表示,其数值等于单位时间内通过导体截面的电荷量,计算公式为

$$I=\frac{Q}{t} \tag{A.1}$$

式中,Q为电荷量,单位是库仑(C);t为时间,单位是秒(s);I为电流强度,单位是安培(A)简称安。

电流强度的单位是“安”,用字母“A”表示,常用单位有:千安(kA)、安(A)、毫安(mA)、微安(μA)。

$$1\text{kA}=10^3\text{A} \qquad 1\text{A}=10^3\text{mA} \qquad 1\text{mA}=10^3\mu\text{A}$$

直流电流(恒定电流)的大小和方向不随时间的变化而变化,用大写字母“I”表示,简称直流电。

②电压

电压的形成:物体带电后具有一定的电位,在电路中任意两点之间的电位差,称为该两点的电压。

电压的方向:一是高电位指向低电位;二是电位随参考点不同而改变。

电压用字母“U”表示，单位是伏特(V)，常用单位有：千伏(kV)、伏(V)、毫伏(mV)、微伏(μV)。

$$1\text{kV}=10^3\text{V} \qquad 1\text{V}=10^3\text{ mV} \qquad 1\text{mV}=10^3\ \mu\text{V}$$

③电动势

电动势的定义：一个电源能够使电流持续不断沿电路流动，就是因为它能使电路两端维持一定的电位差。这种电路两端产生和维持电位差的能力就叫电源电动势。

电动势用字母“E”表示，单位是伏(V)，计算公式为

$$E=\frac{A}{Q} \tag{A.2}$$

式中，E 为电动势，A 为外力所做的功，Q 为电荷量。该公式表明电源将其他形式的能转化成电能的能力。

电源内电动势的方向：由低电位移向高电位。

④电阻

电阻的定义：自由电子在物体中移动受到其他电子的阻碍，对于这种导体所表现的能力就叫电阻。

电阻用字母“R”表示，单位是欧姆(Ω)。电阻的计算公式为

$$R=\rho\frac{l}{s} \tag{A.3}$$

式中，l 为导体长度(m)，s 为截面积(m^2)，ρ 为材料电阻率(Ω·m)。常见的有：$\rho_{铜}=0.017$，$\rho_{铝}=0.028$。

3)欧姆定律

欧姆定律是表示电压、电流、电阻三者关系的基本定律。

部分电路欧姆定律：电路中通过电阻的电流，与电阻两端所加的电压成正比，与电阻成反比，称为部分欧姆定律，计算公式为

$$I=\frac{U}{R} \tag{A.4}$$

$$R=\frac{U}{I} \tag{A.5}$$

$$U=IR \tag{A.6}$$

全电路欧姆定律：在闭合电路中(包括电源)，电路中的电流与电源的电动势成正比，与电路中负载电阻及电源内阻之和成反比，称全电路欧姆定律，计算公式为

$$I=\frac{E}{R+r_0} \tag{A.7}$$

式中，R 为外电阻，r_0 为内电阻，E 为电动势。

4)电路的连接(串连、并连、混连)

①串联电路

电阻串联：将电阻首尾依次相连，但电流只有一条通路的连接方法。

电路串联的特点为电流与总电流相等，即

$$I=I_1=I_2=I_3=\cdots \tag{A.8}$$

总电压等于各电阻上电压之和，即

$$U=U_1+U_2+U_3+\cdots \tag{A.9}$$

总电阻等于负载电阻之和,即

$$R=R_1+R_2+R_3+\cdots \tag{A.10}$$

各电阻上电压降之比等于其电阻比,即

$$\frac{U_1}{U_2}=\frac{R_1}{R_2},\frac{U_1}{U_3}=\frac{R_1}{R_3},\cdots \tag{A.11}$$

电源串联:将前一个电源的负极和后一个电源的正极依次连接起来。特点是可以获得较大的电压与电源。计算公式为

$$E=E_1+E_2+E_3+\cdots+E_n \tag{A.12}$$

$$r_0=r_{01}+r_{02}+r_{03}+\cdots+r_{0n} \tag{A.13}$$

$$I=\frac{E_1+E_2+E_3+\ldots+E_n}{r_{01}+r_{02}+r_{03}+\ldots+r_{0n}} \tag{A.14}$$

②并联电路

电阻的并联:将电路中若干个电阻并列连接起来的接法,称为电阻并联。

并联电路的特点:各电阻两端的电压均相等,即

$$U_1=U_2=U_3=\cdots=U_n \tag{A.15}$$

电路的总电流等于电路中各支路电流之总和,即

$$I=I_1+I_2+I_3+\cdots+I_n \tag{A.16}$$

电路总电阻 R 的倒数等于各支路电阻倒数之和,即

$$\frac{1}{R}=\frac{1}{R_1}+\frac{1}{R_2}+\frac{1}{R_3}+\ldots+\frac{1}{R_n} \tag{A.17}$$

并联负载愈多,总电阻愈小,供应电流愈大,负荷愈重。

通过各支路的电流与各自电阻成反比,即

$$\frac{I_1}{I_2}=\frac{R_2}{R_1} \tag{A.18}$$

电源的并联:把所有电源的正极连接起来作为电源的正极,把所有电源的负极连接起来作为电源的负极,然后接到电路中,称为电源并联。

并联电源的条件:一是电源的电势相等;二是每个电源的内电阻相同。

并联电源的特点:能获得较大的电流,即外电路的电流等于流过各电源的电流之和。

③混联电路

定义:电路中既有元件的串联又有元件的并联称为混联电路。

混联电路的计算:先求出各元件串联和并联的电阻值,再计算电路的点电阻值;由电路总电阻值和电路的端电压,根据欧姆定律计算出电路的总电流;根据元件串联的分压关系和元件并联的分流关系,逐步推算出各部分的电流和电压。

5)电功和电功率

①电功

电流所做的功叫做电功,用符号“A”表示。电功的大小与电路中的电流、电压及通电时间成正比,计算公式为

$$A=U\,I\,t=I^2R\,t \tag{A.19}$$

电功及电能量的单位是焦耳,用符号“J”表示;也称千瓦·时,用符号“kW·h”表示,1kW

· h＝3.6MJ。

②电功率

电流在单位时间内所做的功叫电功率，用符号“P”表示。计算公式为

$$P = \frac{A}{t} = UI = I^2R = \frac{U^2}{R} \tag{A.20}$$

电功率单位是“瓦”或“千瓦”，用符号“W”或“kW”表示；也可称“马力”。

1 马力＝736W　　　1kW＝1.36 马力

6)电流的热效应、短路

①电流的热效应

定义：电流通过导体时，由于自由电子的碰撞，电能不断地转变为热能。这种电流通过导体时会发生热的现象，称为电流的热效应。

电与热的转化关系的计算公式为

$$Q = I^2Rt = W = \frac{U^2}{R}t \tag{A.21}$$

式中，Q 为导体产生的热量，W 为消耗的电能。

②短路

定义：电源通向负载的两根导线，不通过负载而相互直接接通，该现象称之为短路。

短路分析：电阻(R)变小，电流(I)加大，用公式表示为

$$I = \frac{E}{R + r_0} \tag{A.22}$$

短路的危害：温度升高，烧毁设备，发生火灾；产生很大的动力，烧毁电源，电网破裂。

保护措施：安装自动开关；安装熔断器。

(2)交流电路

1)单相交流电路

定义：所谓交流电即指其电动势、电压及电流的大小和方向都随时间按一定规律做周期性的变化，又叫正磁交流电。

单相交流电的产生：线圈在磁场中运动旋转，旋转方向切割磁力线，产生感应电动势。

单相交流发电机：只有一个线圈在磁场中运动旋转，电路里只能产生一个交变电动势，叫单相交流发电机。由单相交流发电机发出的电简称为单相交流电。

交流电与直流电的比较：输送方便、使用安全，价格便宜。

2)交流电的基本物理量

①瞬时值与最大值

电动势、电流、电压每瞬时的值称为瞬时值。符号分别是：电动势“E”，电压“U”，电流“I”。

瞬时值中最大值，叫做交流电动最大值，也叫振幅。符号分别是：E_m，I_m，U_m。

②周期、频率和角频率

周期：交流电每交变一次(或一周)所需时间。用符号“T”表示；单位是“秒”(s)；我们日常生活中使用的交流电周期是 T＝0.02s。

频率：交流电每秒交变的次数或周期叫做频率。用符号“f”表示，单位是赫兹(Hz)。

角频率：交流电单位时间内的变化角度，用符号“ω”表示，单位是弧度/秒(rad/s)。

3)相位、初相位、相位差

相位：两个正弦电动势的最大值是不是在同一时间出现就叫相位，也可称相角。

初相位：不同的相位对应不同的瞬时值，也叫初相角。

相位差：在任一瞬时，两个同频率正弦交流电的相位之差叫相位差。

有效值：正弦交流电的大小和方向随时在变.用与热效应相等的直流电流值来表示交流电流的大小。这个值就叫做交流电的有效值。

纯电阻电路：负载的电路，其电感和电容略去不计称为纯电阻电路。

纯电感电路：由电感组成的电路称为纯电感电路。

纯电容电路：将电容器接在交流电源上组成的电路并略去电路中的一切电阻和电感。这种电路称为纯电容电路。

4)三相交流电路

三相交流电的定义：在磁场里有三个互成角度的线圈同时转动，电路里就产生三个交变电动势。这样的发电机叫三相交流发电机，发出的电叫三相交流电。每一单相称为一相。

三相交流电的特点：

转速相同，电动势相同；

线圈形状、匝数均相同，电动势的最大值(有效值)相等；

三个电动势之间互存相位差；e_A、e_B、e_C 为三相对称电动势。计算公式为

$$e_A = E_m \sin\omega t \tag{A. 23}$$

$$e_B = E_m \sin(\omega t - 120°) \tag{A. 24}$$

$$e_C = E_m \sin(\omega t - 240°) \tag{A. 25}$$

电源的连接(在实际连接中)有如下两种。

①星形(Y 形)连接

三相交流电的星形(Y 形)连接如图 A. 1 所示。

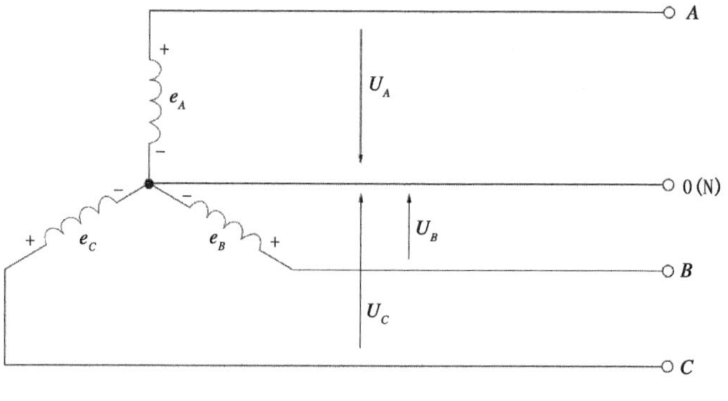

图 A. 1 三相交流电的星形(Y 形)连接

相电压：每个线圈两端的电压，相电压为 220V。

线电压：两条相线之间的电压，线电压为 380V。

相电压与线电压的关系为

$$U_{线} = \sqrt{3}\,U_{相}；U_{相} = 220V；U_{线} = 380V \tag{A. 26}$$

相电流：流过每一相线圈的电流。

用 $I_{相}$ 表示(三相四线输出)线电流：流过端点的电流，用 $I_{线}$ 表示。

相电流等于线电流。

②三角形(△)连接

三角相交流电的三角形(△)连接如图 A.2 所示。并有

$$I_{线} = \sqrt{3} I_{相}; U_{线} = U_{相}(三线三相输出) \tag{A.27}$$

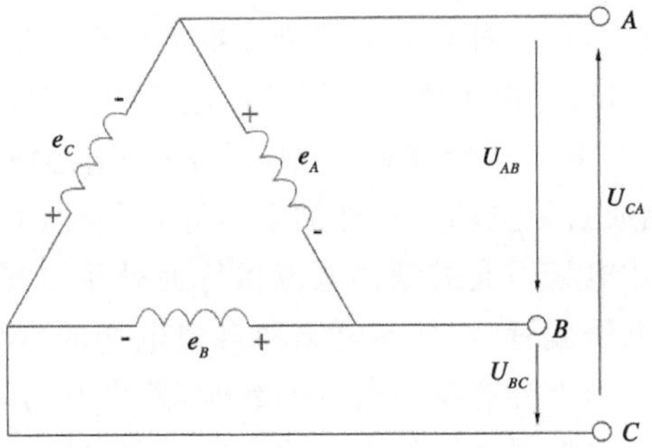

图 A.2　三相交流电的三角形(△)连接

例 1:有一个三相发电机,其每相电动势为 127V,分别求出三相绕组作星形连接和三角形连接时的线电压和相电压。

解:作星形连接时,$U_{Y相} = 127V$,$U_{Y线} = \sqrt{3}U_{Y相} = 127 \times \sqrt{3}$ (V)。

作三角形连接时,$U_{\triangle线} = U_{\triangle相} = U = 127$(V)。

三相电路的功率计算:

单相有功功率:$P = IU$(纯电阻电路)。功率因数:衡量电器设备效率高低的一个系数,用 $\cos\varphi$ 表示。

对于纯电阻电路,$\cos\varphi = 1$

对于非纯电阻电路,$\cos\varphi < 1$

单相有功功率的计算公式为(将公式一般化)

$$P = IU\cos\varphi \tag{A.28}$$

三相有功功率:不论“Y 形”或“Δ 形”接法,总的功率等于各相功率之和

三相总功率计算公式为

$$P = I_A U_A \cos\varphi + I_B U_B \cos\varphi + I_C U_C \cos\varphi = 3$$

对于“Y 形”接法,因 $U_{线} = \sqrt{3} U_{相}$,$I_{线} = I_{相}$,则

$$P = 3 \times I_{相} \times \frac{U_{线}\sqrt{3}}{\sqrt{3} \times \sqrt{3}} = \sqrt{3} I_{线} U_{线} \cos\varphi$$

对于“Δ 形”接法,因 $I_{线} = \sqrt{3} I_{相}$,$U_{线} = U_{相}$,则

$$P = 3 \times U_{线} \times \frac{I_{线}\sqrt{3}}{\sqrt{3} \times \sqrt{3}} = \sqrt{3} I_{线} U_{线} \cos\varphi$$

例 2:某单相电焊机,用钳表测出电流为 7.5A,用万能表测出电压为 380V,设有功因数为 0.5,求有功功率。

解:根据公式 $P = IU\cos\varphi$,已知 $I = 7.5A$,$U = 380V$,$\cos\varphi = 0.5$,则

$$P = IU\cos\varphi = 7.5\times 380\times 0.5 = 1425(\mathrm{W})$$

例 3:某单相电焊机,额定耗电量为 2.5kW,额定电压为 380V,$\cos\varphi$ 为 0.6,求额定电流。

解:根据公式 $P = IU\cos\varphi$,则

$$I=\frac{2500}{380\times 0.6}\approx 11.0\mathrm{A}$$

(3)二极管

晶体二极管,简称二极管,是一种具有单向传导电流的电子器件。在半导体二极管内部有一个 P—N 结两个引线端子,这种电子器件按照外加电压的方向,具备单向电流的转导性。一般来讲,晶体二极管是一个由 P 型半导体和 N 型半导体烧结形成的 P—N 结界面。在其界面的两侧形成空间电荷层,构成自建电场。当外加电压等于零时,由于 P—N 结两边载流子的浓度差引起扩散电流和由自建电场引起的漂移电流相等而处于电平衡状态,这也是常态下的二极管特性。当外界有正向电压偏置时,外界电场和自建电场的互相抵消作用使载流子的扩散电流增加引起了正向电流。当外界有反向电压偏置时,外界电场和自建电场进一步加强,形成在一定反向电压范围内与反向偏置电压值无关的反向饱和电流。当外加的反向电压高到一定程度时,P—N 结空间电荷层中的电场强度达到临界值产生载流子的倍增过程,产生大量电子空穴对,产生了数值很大的反向击穿电流,称为二极管的击穿现象。二极管在电子元件当中,是一种具有两个电极的装置,只允许电流由单一方向流过,最常用到的是其整流的功能。

1)二极管的特性

①导电特性

二极管最重要的特性就是单方向导电性。在电路中,电流只能从二极管的正极流入,负极流出。下面简单说明二极管的正向特性和反向特性。

②正向特性

在电子电路中,将二极管的正极接在高电位端,负极接在低电位端,二极管就会导通,这种连接方式,称为正向偏置。必须说明,当加在二极管两端的正向电压很小时,二极管仍然不能导通,流过二极管的正向电流十分微弱。只有当正向电压达到某一数值(这一数值称为"门槛电压",又称"死区电压",锗管约为 0.1V,硅管约为 0.5V)以后,二极管才能直正导通。导通后二极管两端的电压基本上保持不变(锗管约为 0.3V,硅管约为 0.7V),称为二极管的"正向压降"。

③反向特性

在电子电路中,二极管的正极接在低电位端,负极接在高电位端,此时二极管中几乎没有电流流过,此时二极管处于截止状态,这种连接方式,称为反向偏置。二极管处于反向偏置时,仍然会有微弱的反向电流流过二极管,称为漏电流。当二极管两端的反向电压增大到某一数值,反向电流会急剧增大,二极管将失去单方向导电特性,这种状态称为二极管的击穿。

2)二极管的主要应用

①整流

利用二极管单向导电性,可以把方向交替变化的交流电变换成单一方向的脉冲直流电。

②开关

二极管在正向电压作用下电阻很小,处于导通状态,相当于一只接通的开关;在反向电压作用下,电阻很大,处于截止状态,如同一只断开的开关。利用二极管的开关特性,可以组成各种逻辑电路。

③限幅

二极管正向导通后，它的正向压降基本保持不变（硅管为 0.7V，锗管为 0.3V）。利用这一特性，在电路中作为限幅元件，可以把信号幅度限制在一定范围内。

④续流

在开关电源的电感中和继电器等感性负载中起续流作用。

⑤检波

在收音机中起检波作用。

⑥变容

使用于电视机的高频头中。

⑦显示

用于 VCD、DVD、计算器等显示器上。

⑧稳压

稳压二极管实质上是一个面结型硅二极管，稳压二极管工作在反向击穿状态。在二极管的制造工艺上，使它有低压击穿特性。稳压二极管的反向击穿电压恒定，在稳压电路中串入限流电阻，使稳压管击穿后电流不超过允许值，因此击穿状态可以长期持续并不会损坏。

⑨触发

触发二极管又称双向触发二极管（DIAC），属三层结构，具有对称性的两端半导体器件。常用来触发双向可控硅，在电路中作过压保护等用途。

3）二极管的主要参数

用来表示二极管的性能好坏和适用范围的技术指标，称为二极管的参数。不同类型的二极管有不同的特性参数。对初学者而言，必须了解以下几个主要参数。

①最大整流电流

是指二极管长期连续工作时允许通过的最大正向电流值，其值与 P－N 结面积及外部散热条件等有关。因为电流通过管子时会使管芯发热，温度上升，温度超过容许限度（硅管为 141℃左右，锗管为 90℃左右）时，就会使管芯过热而损坏。所以在规定散热条件下，二极管使用中不要超过二极管最大整流电流值。例如，常用的 IN4001－4007 型锗二极管的额定正向工作电流为 1A。

②反向工作电压

加在二极管两端的反向电压高到一定值时，会将管子击穿，失去单向导电能力。为了保证使用安全，规定了最高反向工作电压值。例如，IN4001 二极管反向耐压为 50V，IN4007 反向耐压为 1000V。

③反向电流

反向电流是指二极管在规定的温度和最高反向电压作用下，流过二极管的反向电流。反向电流越小，管子的单方向导电性能越好。值得注意的是，反向电流与温度有着密切的关系，大约温度每升高 10℃，反向电流增大一倍。例如 2AP1 型锗二极管，在 25℃时反向电流若为 250μA，温度升高到 35℃，反向电流将上升到 500μA，依此类推，在 75℃时，它的反向电流已达 8mA，不仅失去了单方向导电特性，还会使管子过热而损坏。又如，2CP10 型硅二极管，25℃时反向电流仅为 5μA，温度升高到 75℃时，反向电流也不过 160μA。故硅二极管比锗二极管在高温下具有较好的稳定性。

④动态电阻 R_d

二极管特性曲线静态工作点 Q 附近电压的变化与相应电流的变化量之比。

(4)三极管

半导体三极管又称“晶体三极管”或“晶体管”。在半导体锗或硅的单晶上制备两个能相互影响的 PN 结,组成一个 PNP(或 NPN)结构。中间的 N 区(或 P 区)叫基区,两边的区域叫发射区和集电区,这三部分各有一条电极引线,分别叫基极 B、发射极 E 和集电极 C,是能起放大、振荡或开关等作用的半导体电子器件。

1)三极管工作原理

三极管按材料分有两种:锗管和硅管。而每一种又有 NPN 和 PNP 两种结构形式,但使用最多的是硅 NPN 和锗 PNP 两种三极管(其中,N 表示在高纯度硅中加入磷,是指取代一些硅原子,在电压刺激下产生自由电子导电,而 P 是加入硼取代硅,产生大量空穴利于导电)。两者除了电源极性不同外,其工作原理都是相同的,下面仅介绍 NPN 硅管的电流放大原理。对于 NPN 管,它是由 2 块 N 型半导体中间夹着一块 P 型半导体所组成,发射区与基区之间形成的 PN 结称为发射结,而集电区与基区形成的 PN 结称为集电结,三条引线分别称为发射极 e、基极 b 和集电极 c。

当 b 点电位高于 e 点电位零点几伏时,发射结处于正偏状态,而 c 点电位高于 b 点电位几伏时,集电结处于反偏状态,集电极电源 E_c 要高于基极电源 E_{b0}。在制造三极管时,有意识地使发射区的多数载流子浓度大于基区的,同时基区做得很薄,而且,要严格控制杂质含量,这样,一旦接通电源后,由于发射结正偏,发射区的多数载流子(电子)及基区的多数载流子(空穴)很容易地越过发射结互相向对方扩散,但因前者的浓度基大于后者,所以通过发射结的电流基本上是电子流,这股电子流称为发射极电子流。由于基区很薄,加上集电结的反偏,注入基区的电子大部分越过集电结进入集电区而形成集电极电流 I_c,只剩下很少(1%~10%)的电子在基区的空穴进行复合,被复合掉的基区空穴由基极电源 E_b 重新补给,从而形成了基极电流 I_{b0}。根据电流连续性原理得:$I_e=I_b+I_c$,这就是说,在基极补充一个很小的 I_b,就可以在集电极上得到一个较大的 I_c,这就是所谓电流放大作用,I_c 与 I_b 是维持一定的比例关系,即

$$\beta_1=I_c/I_b \tag{A.29}$$

式中,β_1 称为直流放大倍数,集电极电流的变化量 ΔI_c 与基极电流的变化量 ΔI_b 之比为

$$\beta=\Delta I_c/\Delta I_b \tag{A.30}$$

式中,β 称为交流电流放大倍数,由于低频时 β_1 和 β 的数值相差不大,所以有时为了方便起见,对两者不作严格区分,β 值约为几十至一百多。三极管是一种电流放大器件,但在实际使用中常常利用三极管的电流放大作用,通过电阻转变为电压放大作用。

2)三极管的主要参数

①特征频率 f_T:当 $f=f_T$ 时,三极管完全失去电流放大功能。如果工作频率大于 f_T,电路将不能正常工作。

②工作电压/电流:用这个参数可以指定该管的电压电流使用范围。

③h_{FE}:电流放大倍数。

④V_{CEO}:集电极发射极反向击穿电压,表示临界饱和时的饱和电压。

⑤P_{CM}:最大允许耗散功率。

3)三极管的作用

三极管是一种控制元件，三极管的作用非常之大，可以说没有三极管的发明就没有现代信息社会的如此多样化，电子管是它的前身，但是电子管体积大耗电量巨大，现在已经被淘汰。三极管主要用来控制电流的大小，以共发射极接法为例(信号从基极输入，从集电极输出，发射极接地)，当基极电压 U_b 有一个微小的变化时，基极电流 I_b 也会随之有一小的变化，受基极电流 I_b 的控制，集电极电流 I_c 会有一个很大的变化，基极电流 I_b 越大，集电极电流 I_c 也越大，反之，基极电流越小，集电极电流也越小，即基极电流控制集电极电流的变化。但是集电极电流的变化比基极电流的变化大得多，这就是三极管的电流放大作用。

刚才提到电流放大是晶体三极管的作用，其实质是三极管能以基极电流微小的变化量来控制集电极电流较大的变化量。这是三极管最基本的和最重要的特性。我们将 $\Delta I_c/\Delta I_b$ 的比值称为晶体三极管的电流放大倍数，用符号"β"表示。电流放大倍数对于某一只三极管来说是一个定值，但随着三极管工作时基极电流的变化也会有一定的改变。根据三极管的作用我们分析它可以把微弱的电信号变成一定强度的信号，当然这种转换仍然遵循能量守恒，它只是把电源的能量转换成信号的能量罢了。三极管有一个重要参数就是电流放大系数 β。当三极管的基极上加一个微小的电流时，在集电极上可以得到一个是注入电流 β 倍的电流，即集电极电流。集电极电流随基极电流的变化而变化，并且基极电流很小的变化可以引起集电极电流很大的变化，这就是三极管的放大作用。三极管的作用还有电子开关，配合其他元件还可以构成振荡器，此外三极管还有稳压的作用。

A.1.2 常见电子元件

电子元件是组成电子产品的基础，了解常用的电子元件的种类、结构、性能并能正确选用是学习、掌握电子技术的基本。常用的电子元件有：电阻、电容、电感、电位器、变压器、三极管、二极管、IC 等。

(1)电阻

电阻是一个限流元件，将电阻接在电路中后，电阻器的阻值是固定的，一般是两个引脚，它可限制通过它所连支路的电流大小。阻值不能改变的称为固定电阻器。阻值可变的称为电位器或可变电阻器。

电阻的实物外形如图 A.3—图 A.8。

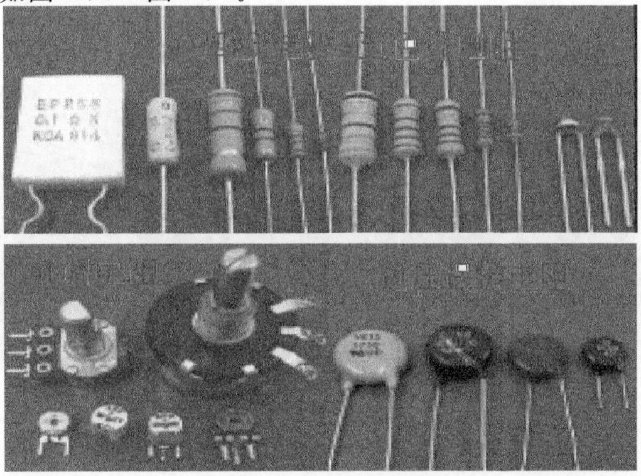

图 A.3 各种电阻

图 A.4 碳膜电阻

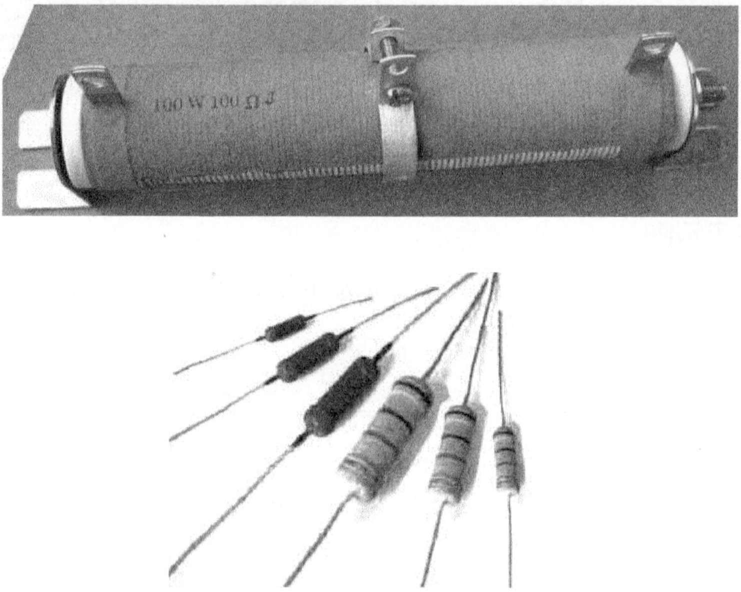

图 A.5 线绕电阻

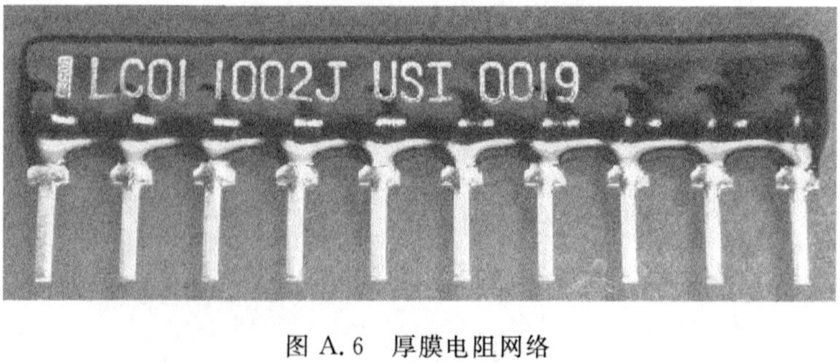

图 A.6 厚膜电阻网络

图 A.7 水泥电阻

图 A.8 贴片电阻

电阻用字母 R 表示，在电路图中图形如图 A.9 所示。

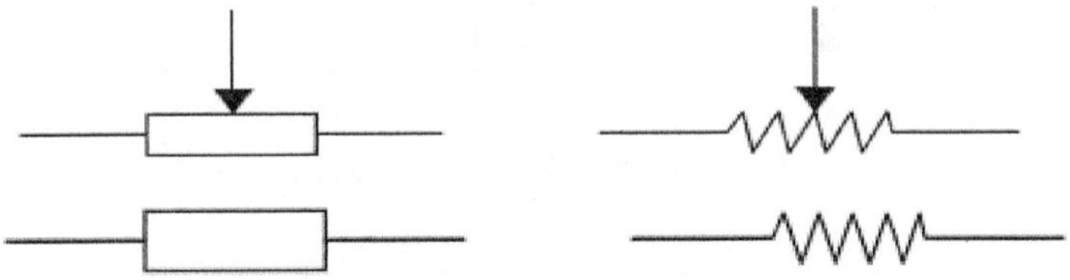

图 A.9 电阻在电路图中的表示

电阻的作用：阻碍电流通过，电阻器在电路中主要用来调节和稳定电流与电压，可作为分流器和分压器，也可作电路匹配负载。根据电路要求，还可用于放大电路的负反馈或正反馈、电压一电流转换、输入过载时的电压或电流保护元件，又可组成 RC 电路作为振荡、滤波、旁路、微分、积分和时间常数元件等。

(2)电容

电容，用字母 C 表示。定义 1：电容器，顾名思义，是“装电的容器”，是一种容纳电荷的器件。电容是电子设备中大量使用的电子元件之一，广泛应用于电路中的隔直通交、耦合、旁路、滤波、调谐回路、能量转换、控制等方面。定义 2：电容器，任何两个彼此绝缘且相隔很近的导体(包括导线)间都构成一个电容器。

电容的实物外形如图 A.10 和图 A.11 所示。

图 A.10 电解电容和瓷片电容

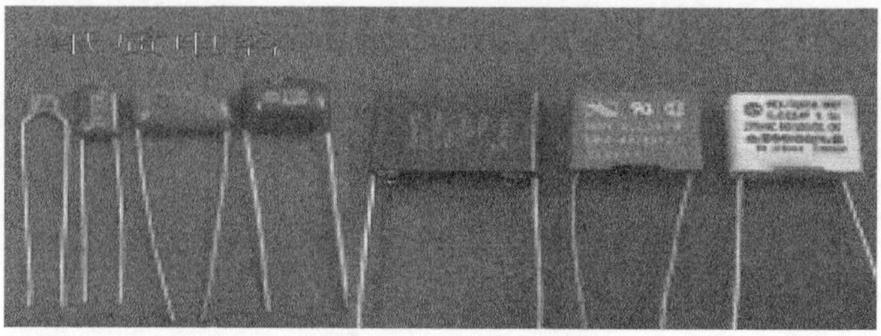

图 A.11 纸质电容

电容用字母 C 表示，在电路图中图形如图 A.12 所示。

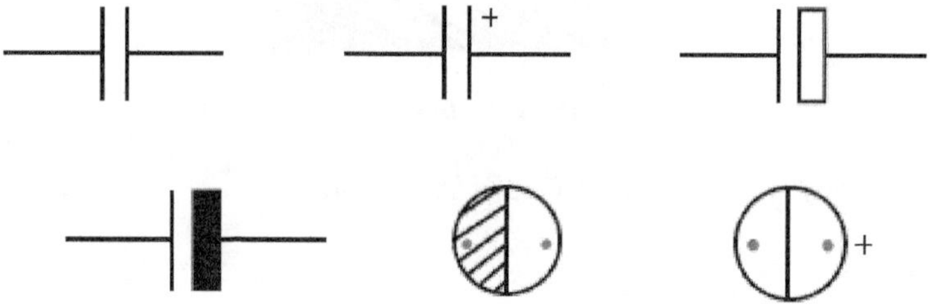

图 A.12 电容在电路图中的表示

电容的作用

滤波作用：在电源电路中，整流电路将交流变成脉动的直流，而在整流电路之后接入一个较大容量的电解电容，利用其充放电特性，使整流后的脉动直流电压变成相对比较稳定的直流电压。在实际中，为了防止电路各部分供电电压因负载变化而产生变化，所以在电源的输出端及负载的电源输入端一般接有数十至数百微法的电解电容.由于大容量的电解电容一般具有一定的电感，对高频及脉冲干扰信号不能有效地滤除，故一般在其两端并联一只容量为 0.001～0.1pF 的电容，以滤除高频及脉冲干扰。

耦合作用：在低频信号的传递与放大过程中，为防止前后两级电路的静态工作点相互影响，常采用电容耦合。为了防止信号中低频分量损失过大，一般总采用容量较大的电解电容。

(3)电感

电感的实物外形如图 A.13—图 A.15 所示。

图 A.13 电感

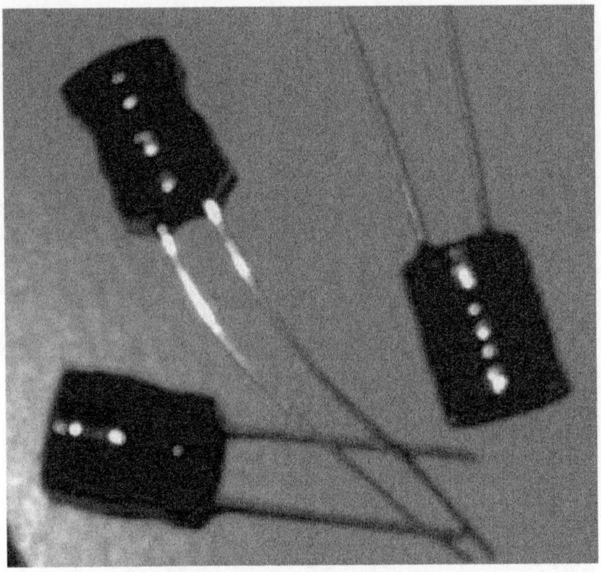

图 A.14　电感

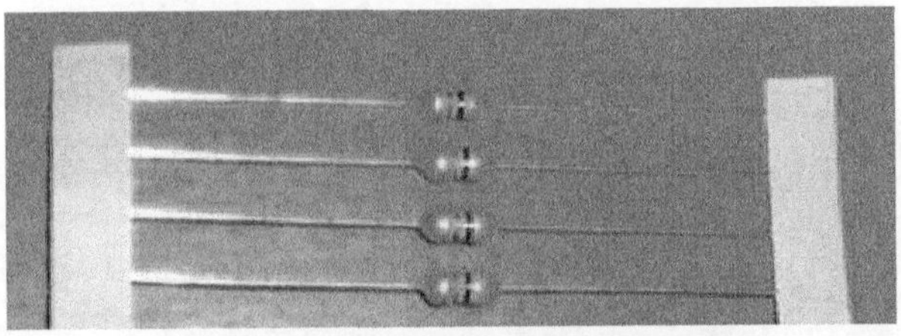

图 A.15　电感

电感用字母 L、T 表示，在电路图中图形如图 A.16 所示。

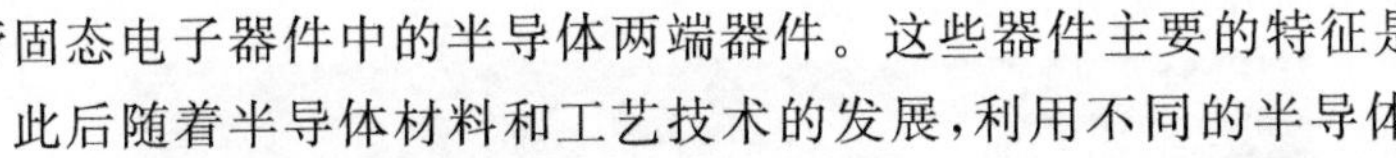

图 A.16　电感在电路图中的表示

电感主要是由漆包线构成的，其作用主要是隔交通直的作用。

(4)晶体二极管

晶体二极管固态电子器件中的半导体两端器件。这些器件主要的特征是具有非线性的电流一电压特性。此后随着半导体材料和工艺技术的发展，利用不同的半导体材料、掺杂分布、几何结构，研制出结构种类繁多、功能用途各异的多种晶体二极管。制造材料有锗、硅及其化合物半导体。晶体二极管可用来产生、控制、接收、变换、放大信号和进行能量转换等。

晶体二极管的实物外形如图 A.17 所示。

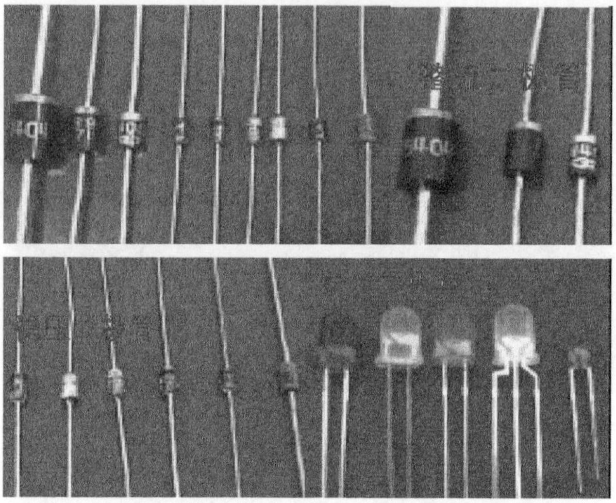

图 A.17 各种二极管

二极管用字母 D、ZD、LED 表示，在电路图中图形如图 A.18 所示。

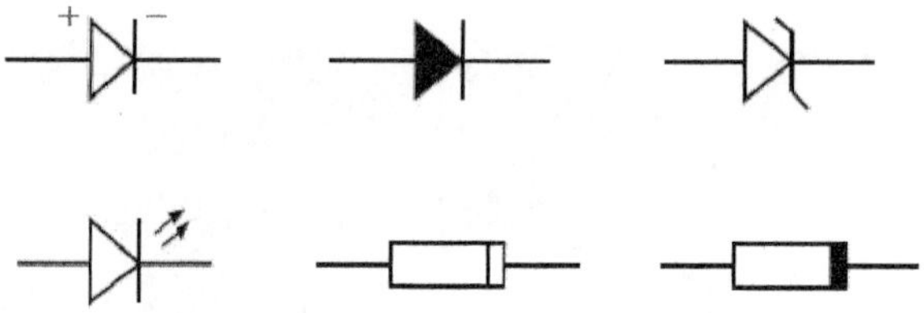

图 A.18 二极管在电路图中的表示

作用：二极管的主要特性是单向导电性，也就是在正向电压的作用下，导通电阻很小；而在反向电压作用下导通电阻极大或无穷大。正因为二极管具有上述特性，常把它用在整流、隔离、稳压、极性保护、编码控制、调频调制和静噪等电路中。

(5)晶体三极管

晶体三极管，是半导体基本元器件之一，具有电流放大作用，是电子电路的核心元件。三极管是在一块半导体基片上制作两个相距很近的 PN 结，两个 PN 结把整块半导体分成三部分，中间部分是基区，两侧部分是发射区和集电区，排列方式有 PNP 和 NPN 两种。

晶体三极管的实物外形如图 A.19 所示。

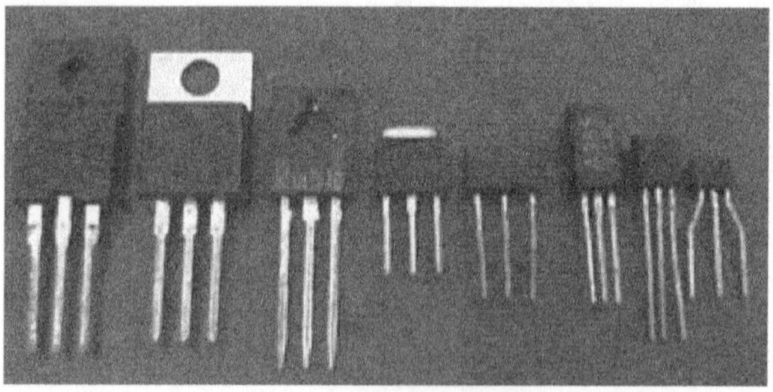

图 A.19 各种三极管

晶体三极管在底板上用字母BG表示，在电路图中图形如图A.20所示。

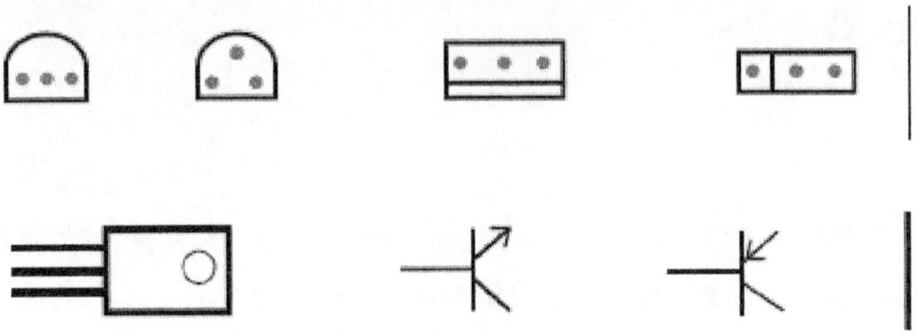

图A.20 三极管在电路图中的表示

作用：三极管是一种控制元件，主要用来控制电流的大小。三极管的放大倍数β一般在几十到几百倍。

(6)集成电路

集成电路(integrated circuit，IC；港台称之为积体电路)是一种微型电子器件或部件。采用一定的工艺，把一个电路中所需的晶体管、二极管、电阻、电容和电感等元件及布线互连一起，制作在一小块或几小块半导体晶片或介质基片上，然后封装在一个管壳内，成为具有所需电路功能的微型结构。

集成电路实际就是将电阻、电容、二极管、三极管等集为一块，实物外形如图A.21和图A.22所示。

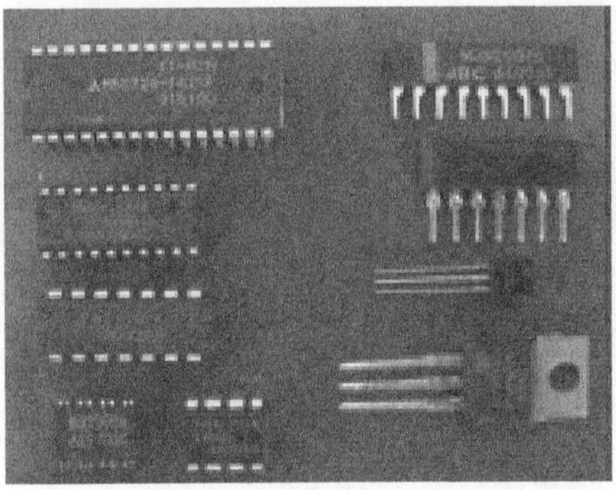

图A.21 各种集成电路

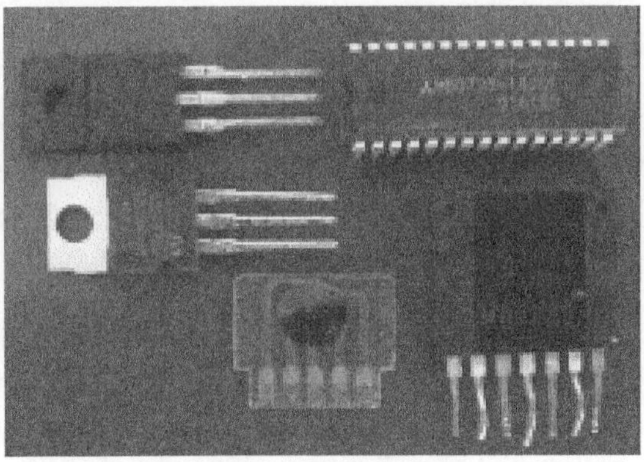

图A.22 各种集成电路

集成块用字母IC表示，在电路图中图形如图A.23所示。

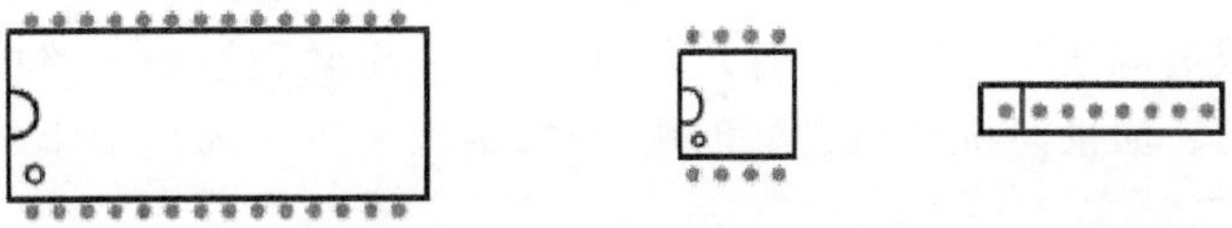

图A.23 集成电路在电路图中的表示

A.2 常用仪表

A.2.1 万用表

万用表又叫多用表、三用表、复用表，万用表分为指针式万用表和数字万用表。是一种多功能、多量程的测量仪表，一般万用表可测量直流电流、直流电压、交流电流、交流电压、电阻和音频电平等，有的还可以测交流电流、电容量、电感量及半导体的一些参数(如 β)。

(1)万用表的外形及结构

万用表由表头、测量线路、转换开关、面板及表壳组成。

(2)万用表常用符号说明

V：直流电压(DCV)	Ω：电阻，欧姆
V：交流电压(ACV)	k：1000
μA、mA：直流电流	∞：无穷大

(3)使用方法

1)熟悉表盘上各符号的意义及各个旋钮和选择开关的主要作用。

2)进行机械调零。

3)根据被测量的种类及大小，选择转换开关的挡位及量程，找出对应的刻度线。

4)选择表笔插孔的位置。

5)测量电压：测量电压(或电流)时要选择好量程，如果用小量程去测量大电压，则会有烧表的危险；如果用大量程去测量小电压，那么指针偏转太小，无法读数。量程的选择应尽量使指针偏转到满刻度的 2/3 左右。如果事先不清楚被测电压的大小时，应先选择最高量程挡，然后逐渐减小到合适的量程。

①交流电压的测量：将万用表的一个转换开关置于交、直流电压挡，另一个转换开关置于交流电压的合适量程上，万用表两表笔和被测电路或负载并联即可。

②直流电压的测量：将万用表的一个转换开关置于交、直流电压挡，另一个转换开关置于直流电压的合适量程上，且“+”表笔(红表笔)接到高电位处，“一”表笔(黑表笔)接到低电位处，即让电流从“+”表笔流入，从“一”表笔流出。若表笔接反，表头指针会反方向偏转，容易撞弯指针。

6)测电流：测量直流电流时，将万用表的一个转换开关置于直流电流挡，另一个转换开关置于 50μA 到 500mA 的合适量程上，电流的量程选择和读数方法与电压一样。测量时必须先断开电路，然后按照电流从“+”到“一”的方向，将万用表串联到被测电路中，即电流从红表笔流入，从黑表笔流出。如果误将万用表与负载并联，则因表头的内阻很小，会造成短路烧毁仪表。其读数方法如下：

$$实际值=指示值\times量程/满偏$$

7)测电阻：用万用表测量电阻时，应按下列方法操作：

①机械调零。在使用之前，应该先调节指针定位螺丝使电流示数为零，避免不必要的误差。

②选择合适的倍率挡。万用表欧姆挡的刻度线是不均匀的，所以倍率挡的选择应使指针

停留在刻度线较稀的部分为宜，且指针越接近刻度尺的中间，读数越准确。一般情况下，应使指针指在刻度尺的 1/3～2/3 之间。

③欧姆调零。测量电阻之前，应将 2 个表笔短接，同时调节“欧姆(电气)调零旋钮”，使指针刚好指在欧姆刻度线右边的零位。如果指针不能调到零位，说明电池电压不足或仪表内部有问题。并且每换一次倍率挡，都要再次进行欧姆调零，以保证测量准确。

④读数：表头的读数乘以倍率，就是所测电阻的电阻值。

8)注意事项

①在测电流、电压时，不能带电换量程。

②选择量程时，要先选大的，后选小的，尽量使被测值接近于量程。

③测电阻时，不能带电测量。因为测量电阻时，万用表由内部电池供电，如果带电测量则相当于接入一个额外的电源，可能损坏表头。

④用毕，应使转换开关在交流电压最大挡位或空挡上。

⑤注意在欧姆表改换量程时，需要进行欧姆调零，无需机械调零。

A.2.2 示波器

示波器是一种用途十分广泛的电子测量仪器。它能把肉眼看不见的电信号变换成看得见的图像，便于人们研究各种电现象的变化过程。示波器利用狭窄的、由高速电子组成的电子束，打在涂有荧光物质的屏面上，就可产生细小的光点。在被测信号的作用下，电子束就好像一支笔的笔尖，可以在屏面上描绘出被测信号的瞬时值的变化曲线。利用示波器能观察各种不同信号幅度随时间变化的波形曲线，还可以用它测试各种不同的电量，如电压、电流、频率、相位差、调幅度等。

(1)示波器工作原理

示波器是利用电子示波管的特性，将人眼无法直接观测的交变电信号转换成图像，显示在荧光屏上以便测量的电子测量仪器。它是观察数字电路实验现象、分析实验中的问题、测量实验结果必不可少的重要仪器。示波器由示波管和电源系统、同步系统、X 轴偏转系统、Y 轴偏转系统、延迟扫描系统、标准信号源组成。

1)示波管

阴极射线管(CRT)简称示波管，是示波器的核心。它将电信号转换为光信号。电子枪、偏转系统和荧光屏三部分密封在一个真空玻璃壳内，构成了一个完整的示波管。

①荧光屏

现在的示波管屏面通常是矩形平面，内表面沉积一层磷光材料构成荧光膜。在荧光膜上常又增加一层蒸发铝膜。高速电子穿过铝膜，撞击荧光粉而发光形成亮点。铝膜具有内反射作用，有利于提高亮点的辉度。铝膜还有散热等其他作用。

当电子停止轰击后，亮点不能立即消失而要保留一段时间。亮点辉度下降到原始值的 10%所经过的时间叫做“余辉时间”。余辉时间短于 10μs 为极短余辉，10～1ms 为短余辉，1ms～0.1s 为中余辉，0.1～1s 为长余辉，大于 1s 为极长余辉。一般的示波器配备中余辉示波管，高频示波器选用短余辉，低频示波器选用长余辉。

由于所用磷光材料不同，荧光屏上能发出不同颜色的光。一般示波器多采用发绿光的示波管，以保护人的眼睛。

②电子枪及聚焦

电子枪由灯丝(F)、阴极(K)、栅极(G1)、前加速极(G2)(或称第二栅极)、第一阳极(A1)和第二阳极(A2)组成。它的作用是发射电子并形成很细的高速电子束。灯丝通电加热阴极,阴极受热发射电子。栅极是一个顶部有小孔的金属圆筒,套在阴极外面。由于栅极电位比阴极低,对阴极发射的电子起控制作用,一般只有运动初速度大的少量电子,在阳极电压的作用下能穿过栅极小孔,奔向荧光屏。初速度小的电子仍返回阴极。如果栅极电位过低,则全部电子返回阴极,即管子截止。调节电路中的 W1 电位器,可以改变栅极电位,控制射向荧光屏的电子流密度,从而达到调节亮点的辉度。第一阳极、第二阳极和前加速极都是与阴极在同一条轴线上的三个金属圆筒。前加速极 G2 与 A2 相连,所加电位比 A1 高。G2 的正电位对阴极电子奔向荧光屏起加速作用。

电子束从阴极奔向荧光屏的过程中,经过两次聚焦过程。第一次聚焦由 K、G1、G2 完成,K、K、G1、G2 叫做示波管的第一电子透镜。第二次聚焦发生在 G2、A1、A2 区域,调节第二阳极 A2 的电位,能使电子束正好会聚于荧光屏上的一点,这是第二次聚焦。A1 上的电压叫做聚焦电压,A1 又被叫做聚焦极。有时调节 A1 电压仍不能满足良好聚焦,需微调第二阳极 A2 的电压,A2 又叫做辅助聚焦极。

③偏转系统

偏转系统控制电子射线方向,使荧光屏上的光点随外加信号的变化描绘出被测信号的波形。Y1、Y2 和 Xl、X2 两对互相垂直的偏转板组成偏转系统。Y 轴偏转板在前,X 轴偏转板在后,因此 Y 轴灵敏度高(被测信号经处理后加到 Y 轴)。两对偏转板分别加上电压,使两对偏转板间各自形成电场,分别控制电子束在垂直方向和水平方向偏转。

③示波管的电源

为使示波管正常工作,对电源供给有一定要求。规定第二阳极与偏转板之间电位相近,偏转板的平均电位为零或接近为零。阴极必须工作在负电位上。栅极 G1 相对阴极为负电位(－30～－100V),而且可调,以实现辉度调节。第一阳极为正电位(约＋100～＋600V),也应可调,用作聚焦调节。第二阳极与前加速极相连,对阴极为正高压(约＋1000V),相对于地电位的可调范围为±50V。由于示波管各电极电流很小,可以用公共高压经电阻分压器供电。

2)示波器的基本组成

从上一小节可以看出,只要控制 X 轴偏转板和 Y 轴偏转板上的电压,就能控制示波管显示的图形形状。我们知道,一个电子信号是时间的函数 $f(t)$,它随时间的变化而变化。因此,只要在示波管的 X 轴偏转板上加一个与时间变量成正比的电压,在 Y 轴加上被测信号(经过比例放大或者缩小),示波管屏幕上就会显示出被测信号随时间变化的图形。电信号中,在一段时间内与时间变量成正比的信号是锯齿波。

示波器由示波管、Y 轴系统、X 轴系统、Z 轴系统和电源等五部分组成。

被测信号①接到“Y”输入端,经 Y 轴衰减器适当衰减后送至 Y1 放大器(前置放大),推挽输出信号②和③。经延迟级延迟 Γ1 时间,到 Y2 放大器。放大后产生足够大的信号④和⑤,加到示波管的 Y 轴偏转板上。为了在屏幕上显示出完整的稳定波形,将 Y 轴的被测信号③引入 X 轴系统的触发电路,在引入信号的正(或者负)极性的某一电平值产生触发脉冲⑥,启动锯齿波扫描电路(时基发生器),产生扫描电压⑦。由于从触发到启动扫描有一时间延迟 Γ2,为保证 Y 轴信号到达荧光屏之前 X 轴开始扫描,Y 轴的延迟时间 Γ1 应稍大于 X 轴的延迟时间Γ2。扫描电压⑦经X轴放大器放大，产生推挽输出⑨和⑩，加到示波管的X轴偏转板上。Z轴系统用于放大扫描电压正程，并且变成正向矩形波，送到示波管栅极。这使得在扫描正程显示的波形有某一固定辉度，而在扫描回程进行抹迹。

以上是示波器的基本工作原理。双踪显示则是利用电子开关将Y轴输入的两个不同的被测信号分别显示在荧光屏上。由于人眼的视觉暂留作用，当转换频率高到一定程度后，看到的是两个稳定的、清晰的信号波形。

示波器中往往有一个精确稳定的方波信号发生器，供校验示波器用。

(2)示波器使用

本节介绍示波器的使用方法。示波器种类、型号很多，功能也不同。数字电路实验中使用较多的是20MHz或者40MHz的双踪示波器。这些示波器用法大同小异。本节不针对某一型号的示波器，只是从概念上介绍示波器在数字电路实验中的常用功能。

1)荧光屏

荧光屏是示波管的显示部分。屏上水平方向和垂直方向各有多条刻度线，指示出信号波形的电压和时间之间的关系。水平方向指示时间，垂直方向指示电压。水平方向分为10格，垂直方向分为8格，每格又分为5份。垂直方向标有0%，10%，90%，100%等标志，水平方向标有10%，90%标志，供测直流电平、交流信号幅度、延迟时间等参数使用。根据被测信号在屏幕上占的格数乘以适当的比例常数(V/DIV，TIME/DIV)能得出电压值与时间值。

2)示波管和电源系统

①电源(Power)

示波器主电源开关。当此开关按下时，电源指示灯亮，表示电源接通。

②辉度(Intensity)

旋转此旋钮能改变光点和扫描线的亮度。观察低频信号时可小些，高频信号时大些。

一般不应太亮，以保护荧光屏。

③聚焦(Focus)

聚焦旋钮调节电子束截面大小，将扫描线聚焦成最清晰状态。

④标尺亮度(Illuminance)

此旋钮调节荧光屏后面的照明灯亮度。正常室内光线下，照明灯暗一些好。室内光线不足的环境中，可适当调亮照明灯。

3)垂直偏转因数和水平偏转因数

①垂直偏转因数选择(VOLTS/DIV)和微调

在单位输入信号作用下，光点在屏幕上偏移的距离称为偏移灵敏度，这一定义对X轴和Y轴都适用。灵敏度的倒数称为偏转因数。垂直灵敏度的单位是为cm/V、cm/mV或者DIV/mV、DIV/V、垂直偏转因数的单位是V/cm、mV/cm或者V/DIV、mV/DIV。实际上因习惯用法和测量电压读数的方便，有时也把偏转因数当灵敏度。

双踪示波器中每个通道各有一个垂直偏转因数选择波段开关。一般按1，2，5方式从5mV/DIV到5V/DIV分为10档。波段开关指示的值代表荧光屏上垂直方向一格的电压值。例如波段开关置于1V/DIV档时，如果屏幕上信号光点移动一格，则代表输入信号电压变化1V。

每个波段开关上往往还有一个小旋钮，微调每档垂直偏转因数。将它沿顺时针方向旋到底，处于“校准”位置，此时垂直偏转因数值与波段开关所指示的值一致。逆时针旋转此旋钮，能够微调垂直偏转因数。垂直偏转因数微调后，会造成与波段开关的指示值不一致，这点应引起注意。许多示波器具有垂直扩展功能，当微调旋钮被拉出时，垂直灵敏度扩大若干倍（偏转因数缩小若干倍）。例如，如果波段开关指示的偏转因数是 1V/DIV，采用×5 扩展状态时，垂直偏转因数是 0.2V/DIV。

在做数字电路实验时，在屏幕上被测信号的垂直移动距离与+5V 信号的垂直移动距离之比常被用于判断被测信号的电压值。

②时基选择（TIME/DIV）和微调

时基选择和微调的使用方法与垂直偏转因数选择和微调类似。时基选择也通过一个波段开关实现，按 1、2、5 方式把时基分为若干档。波段开关的指示值代表光点在水平方向移动一格的时间值。例如在 1μs/DIV 档，光点在屏上移动一格代表时间值 1μs。

“微调”旋钮用于时基校准和微调。沿顺时针方向旋到底处于校准位置时，屏幕上显示的时基值与波段开关所示的标称值一致。逆时针旋转旋钮，则对时基微调。旋钮拔出后处于扫描扩展状态。通常为×10 扩展，即水平灵敏度扩大 10 倍，时基缩小到 1/10。例如在 2μs/DIV 档，扫描扩展状态下荧光屏上水平一格代表的时间值等于

$$2\mu s\times(1/10)=0.2\mu s$$

TDS 实验台上有 10MHz、1MHz、500kHz、100kHz 的时钟信号，由石英晶体振荡器和分频器产生，准确度很高，可用来校准示波器的时基。

示波器的标准信号源 CAL，专门用于校准示波器的时基和垂直偏转因数。例如 COS5041 型示波器标准信号源提供一个 $V_{P-P}=2V$，$f=1kHz$ 的方波信号。

示波器前面板上的位移（Position）旋钮调节信号波形在荧光屏上的位置。旋转水平位移旋钮（标有水平双向箭头）左右移动信号波形，旋转垂直位移旋钮（标有垂直双向箭头）上下移动信号波形。

4）输入通道和输入耦合选择

①输入通道选择

输入通道至少有三种选择方式：通道 1（CH1）、通道 2（CH2）、双通道（DUAL）。选择通道 1 时，示波器仅显示通道 1 的信号。选择通道 2 时，示波器仅显示通道 2 的信号。选择双通道时，示波器同时显示通道 1 信号和通道 2 信号。测试信号时，首先要将示波器的地与被测电路的地连接在一起。根据输入通道的选择，将示波器探头插到相应通道插座上，示波器探头上的地与被测电路的地连接在一起，示波器探头接触被测点。示波器探头上有一双位开关。此开关拨到“×1”位置时，被测信号无衰减地送到示波器，从荧光屏上读出的电压值是信号的实际电压值。此开关拨到“×10”位置时，被测信号衰减为 1/10，然后送往示波器，从荧光屏上读出的电压值乘以 10 才是信号的实际电压值。

②输入耦合方式

输入耦合方式有三种选择：交流（AC）、地（GND）、直流（DC）。当选择“地”时，扫描线显示出“示波器地”在荧光屏上的位置。直流耦合用于测定信号直流绝对值和观测极低频信号。交流耦合用于观测交流和含有直流成分的交流信号。在数字电路实验中，一般选择“直流”方式，以便观测信号的绝对电压值。

5）触发

第一节指出，被测信号从 Y 轴输入后，一部分送到示波管的 Y 轴偏转板上，驱动光点在荧光屏上按比例沿垂直方向移动；另一部分分流到 X 轴偏转系统产生触发脉冲，触发扫描发生器，产生重复的锯齿波电压加到示波管的 X 偏转板上，使光点沿水平方向移动，两者合一，光点在荧光屏上描绘出的图形就是被测信号图形。由此可知，正确的触发方式直接影响到示波器的有效操作。为了在荧光屏上得到稳定的、清晰的信号波形，掌握基本的触发功能及其操作方法是十分重要的。

①触发源(Source)选择

要使屏幕上显示稳定的波形，则需将被测信号本身或者与被测信号有一定时间关系的触发信号加到触发电路。触发源选择确定触发信号由何处供给。通常有三种触发源：内触发(INT)、电源触发(LINE)、外触发(EXT)。

内触发使用被测信号作为触发信号，是经常使用的一种触发方式。由于触发信号本身是被测信号的一部分，在屏幕上可以显示出非常稳定的波形。双踪示波器中通道 1 或者通道 2 都可以选作触发信号。

电源触发使用交流电源频率信号作为触发信号。这种方法在测量与交流电源频率有关的信号时是有效的。特别在测量音频电路、闸流管的低电平交流噪音时更为有效。

外触发使用外加信号作为触发信号，外加信号从外触发输入端输入。外触发信号与被测信号间应具有周期性的关系。由于被测信号没有用作触发信号，所以何时开始扫描与被测信号无关。

正确选择触发信号对波形显示的稳定、清晰有很大关系。例如在数字电路的测量中，对一个简单的周期信号而言，选择内触发可能好一些，而对于一个具有复杂周期的信号，且存在一个与它有周期关系的信号时，选用外触发可能更好。

②触发耦合(Coupling)方式选择

触发信号到触发电路的耦合方式有多种，目的是为了触发信号的稳定、可靠。这里介绍常用的几种。

AC 耦合又称电容耦合。它只允许用触发信号的交流分量触发，触发信号的直流分量被隔断。通常在不考虑 DC 分量时使用这种耦合方式，以形成稳定触发。但是如果触发信号的频率小于 10Hz，会造成触发困难。

直流耦合(DC)不隔断触发信号的直流分量。当触发信号的频率较低或者触发信号的占空比很大时，使用直流耦合较好。

低频抑制(LFR)触发时触发信号经过高通滤波器加到触发电路，触发信号的低频成分被抑制；高频抑制(HFR)触发时，触发信号通过低通滤波器加到触发电路，触发信号的高频成分被抑制。此外还有用于电视维修的电视同步(TV)触发。这些触发耦合方式各有自己的适用范围，需在使用中去体会。

③触发电平(Level)和触发极性(Slope)

触发电平调节又叫同步调节，它使得扫描与被测信号同步。电平调节旋钮调节触发信号的触发电平。一旦触发信号超过由旋钮设定的触发电平时，扫描即被触发。顺时针旋转旋钮，触发电平上升；逆时针旋转旋钮，触发电平下降。当电平旋钮调到电平锁定位置时，触发电平自动保持在触发信号的幅度之内，不需要电平调节就能产生一个稳定的触发。当信号波形复杂，用电平旋钮不能稳定触发时，用释抑(Hold Off)旋钮调节波形的释抑时间(扫描暂停时间)，能使扫描与波形稳定同步。

极性开关用来选择触发信号的极性。拨在“+”位置上时，在信号增加的方向上，当触发信号超过触发电平时就产生触发。拨在“−”位置上时，在信号减少的方向上，当触发信号超过触发电平时就产生触发。触发极性和触发电平共同决定触发信号的触发点。

6)扫描方式(Sweep Mode)

扫描有自动(Auto)、常态(Norm)和单次(Single)三种扫描方式。

自动：当无触发信号输入，或者触发信号频率低于50Hz时，扫描为自激方式。

常态：当无触发信号输入时，扫描处于准备状态，没有扫描线。触发信号到来后，触发扫描。

单次：单次按钮类似复位开关。单次扫描方式下，按单次按钮时扫描电路复位，此时准备好(Ready)灯亮。触发信号到来后产生一次扫描。单次扫描结束后，准备灯灭。单次扫描用于观测非周期信号或者单次瞬变信号，往往需要对波形拍照。

上面扼要介绍了示波器的基本功能及操作。示波器还有一些更复杂的功能，如延迟扫描、触发延迟、X−Y工作方式等，这里就不介绍了。示波器的入门操作是容易的，真正熟练则要在应用中掌握。值得指出的是，示波器虽然功能较多，但许多情况下用其他仪器、仪表更好。例如，在数字电路实验中，判断一个脉宽较窄的单脉冲是否发生时，用逻辑笔就简单得多；测量单脉冲脉宽时，用逻辑分析仪更好一些。

(3)基本使用流程

1)获得基线

当操作者在使用无使用说明书的示波器时，首先要获得一条最细的水平基线，然后才能用探头进行其他测量，其具体方法如下。

①预置面板各开关、旋钮。

亮度置适中，聚焦和辅助聚焦置适中，垂直输入耦合置“AC”，垂直电压量程选择置“5mV/DIV”，垂直工作方式选择置“CH1”，垂直灵敏度微调校准位置置“CAL"，垂直通道同步源选择置中间位置，垂直位置置中间位置，A和B扫描时间因数一起预置在“0.5ms/DIV”，A扫描时间微调置校准位置“CAL”，水平位移置中间位置，扫描工作方式置“A”，触发同步方式置“AUTO”，斜率开关置“+”，触发耦合开关置“AC”，触发源选择置“INT”。

②按下电源开关，电源指示灯点亮。

③调节A亮度聚焦等有关控制旋钮，可出现纤细明亮的扫描基线，调节基线使其位置于屏幕中间与水平坐标刻度基本重合。

④调节轨迹平行度控制使基线与水平坐标平行。

2)显示信号

一般情况下，示波器本身均有一个 $0.5V_{p-p}$ 标准方波信号输出口，当获得基线后，即可将探头接到此处，此时屏幕应有一串方波信号，调节电压量程和扫描时间因数旋钮，方波的幅度和宽窄应变化，至此说明示波器基本调整完毕可以投入使用。

3)测量信号

将测试线接在CH1或CH2输入插座，测试探头触及测试点，即可在示波器上观察到波形。如果波形幅度太大或太小，可调整电压量程旋钮；如果波形周期显示不适合，可调整扫描速度旋钮。

(4)特殊使用方法

1)交流峰值电压测量

①获得基线。

②调整 V/DIV 旋钮,使波形在垂直方向显示 5div(即 5 格)。

③调节“A 触发电平”获得稳定显示。

④用以下公式计算峰值电压(V_{p-p})。

垂直偏转幅度/度×(Volts/DIV)/开关挡极×探极衰减倍率

例如:测得上峰到下峰偏转是 5.6 度,Volts/DIV 开关置 0.5,用×10 探极衰减倍率,将数据代入:　　　　电压=5.6×0.5×10=28 V。

2)上升时间测量

上升时间:水平距离(度)×时间/度(档极)/扩展系数。

例如:波形两点间的距离为 5 度,时间/度挡级为 1μs,×10 扩展未扩展(即×1),将给定值代入:上升时间=5×1/1=5μs。

3)相位差测量

相位差:水平差值(度)×水平刻度校准值(度/度)。

例如:水平差值为 0.6 度,每度校准到 45 度,将给定值代入公式:相位差=0.6×45=27 度。

A.3　常用电子元器件检测方法与经验

元器件的检测是电器维修的一项基本功,如何准确有效地检测元器件的相关参数,判断元器件是否正常,不是一件千篇一律的事,必须根据不同的元器件采用不同的方法,从而判断元器件的正常与否。特别对初学者来说,熟练掌握常用元器件的检测方法和经验很有必要,以下对常用电子元器件的检测经验和方法进行介绍。

(1)电阻器的检测方法与经验

1)固定电阻器的检测

将两表笔(不分正负)分别与电阻的两端引脚相接即可测出实际电阻值。为了提高测量精度,应根据被测电阻标称值的大小来选择量程。由于欧姆挡刻度的非线性关系,它的中间一段分度较为精细,因此应使指针指示值尽可能落到刻度中段位置,即全刻度起始的 20%～80% 弧度范围内,以使测量更准确。根据电阻误差等级不同。读数与标称阻值之间分别允许有±5%、±10%或±20%的误差。如不相符,超出误差范围,则说明该电阻值变值了。注意:测试时,特别是在测几十 kΩ 以上阻值的电阻时,手不要触及表笔和电阻的导电部分;被检测的电阻从电路中焊下来,至少要焊开一个头,以免电路中的其他元件对测试产生影响,造成测量误差;色环电阻的阻值虽然能以色环标志来确定,但在使用时最好还是用万用表测试一下其实际阻值。

2)水泥电阻的检测

检测水泥电阻的方法及注意事项与检测普通固定电阻完全相同。

3)熔断电阻器的检测

在电路中,当熔断电阻器熔断开路后,可根据经验作出判断:若发现熔断电阻器表面发黑或烧焦，可断定是其负荷过重，通过它的电流超过额定值很多倍所致；如果其表面无任何痕迹而开路，则表明流过的电流刚好等于或稍大于其额定熔断值。对于表面无任何痕迹的熔断电阻器好坏的判断，可借助万用表 R×1 挡来测量，为保证测量准确，应将熔断电阻器一端从电路上焊下。若测得的阻值为无穷大，则说明此熔断电阻器已失效开路，若测得的阻值与标称值相差甚远，表明电阻变值，也不宜再使用。在维修实践中发现，也有少数熔断电阻器在电路中被击穿短路的现象，检测时也应予以注意。

4)电位器的检测

检查电位器时，首先要转动旋柄，看看旋柄转动是否平滑，开关是否灵活，开关通、断时“喀哒”声是否清脆，并听一听电位器内部接触点和电阻体摩擦的声音，如有“沙沙”声，说明质量不好。用万用表测试时，先根据被测电位器阻值的大小，选择好万用表的合适电阻挡位，然后可按下述方法进行检测。

用万用表的欧姆挡测“1”、“2”两端，其读数应为电位器的标称阻值，如万用表的指针不动或阻值相差很多，则表明该电位器已损坏。

检测电位器的活动臂与电阻片的接触是否良好。用万用表的欧姆挡测“1”、“2”(或“2”、“3”)两端，将电位器的转轴按逆时针方向旋至接近“关”的位置，这时电阻值越小越好。再顺时针慢慢旋转轴柄，电阻值应逐渐增大，表头中的指针应平稳移动。当轴柄旋至极端位置“3”时，阻值应接近电位器的标称值。如万用表的指针在电位器的轴柄转动过程中有跳动现象，说明活动触点有接触不良的故障。

5)正温度系数热敏电阻(PTC)的检测

检测时，用万用表 R×1 挡，具体可分两步操作。

①常温检测(室内温度接近 25℃)；将两表笔接触 PTC 热敏电阻的两引脚测出其实际阻值，并与标称阻值相对比，二者相差在±2Ω 内即为正常。实际阻值若与标称阻值相差过大，则说明其性能不良或已损坏。

②加温检测；在常温测试正常的基础上，即可进行第二步测试——加温检测，将一热源(例如电烙铁)靠近 PTC 热敏电阻对其加热，同时用万用表监测其电阻值是否随温度的升高而增大，如是，说明热敏电阻正常，若阻值无变化，说明其性能变劣，不能继续使用。注意不要使热源与 PTC 热敏电阻靠得过近或直接接触热敏电阻，以防止将其烫坏。

6)负温度系数热敏电阻(NTC)的检测

①测量标称电阻值 R_t

用万用表测量 NTC 热敏电阻的方法与测量普通固定电阻的方法相同，即根据 NTC 热敏电阻的标称阻值选择合适的电阻挡可直接测出 R_t 的实际值。但因 NTC 热敏电阻对温度很敏感，故测试时应注意以下几点：R_t 是生产厂家在环境温度为 25℃时所测得的，所以用万用表测量 R_t 时，亦应在环境温度接近 25℃时进行，以保证测试的可信度。测量功率不得超过规定值，以免电流热效应引起测量误差。注意正确操作，测试时，不要用手捏住热敏电阻体，以防止人体温度对测试产生影响。

②估测温度系数 α_t

先在室温 t_1 下测得电阻值 R_{t1}，再用电烙铁作热源，靠近热敏电阻 R_t，测出电阻值 R_{t2}，同时用温度计测出此时热敏电阻 R_t 表面的平均温度 t_2 再进行计算。

7)压敏电阻的检测

用万用表的 R×1k 挡测量压敏电阻两引脚之间的正、反向绝缘电阻，均为无穷大，否则，说明漏电流大。若所测电阻很小，说明压敏电阻已损坏，不能使用。

8)光敏电阻的检测

①用一黑纸片将光敏电阻的透光窗口遮住，此时万用表的指针基本保持不动，阻值接近无穷大。此值越大说明光敏电阻性能越好。若此值很小或接近为零，说明光敏电阻已烧穿损坏，不能再继续使用。

②将一光源对准光敏电阻的透光窗口，此时万用表的指针应有较大幅度的摆动，阻值明显减小。此值越小说明光敏电阻性能越好。若此值很大甚至无穷大，表明光敏电阻内部开路损坏，也不能再继续使用。

③将光敏电阻透光窗口对准入射光线，用小黑纸片在光敏电阻的遮光窗上部晃动，使其间断受光，此时万用表指针应随黑纸片的晃动而左右摆动。如果万用表指针始终停在某一位置不随纸片晃动而摆动，说明光敏电阻的光敏材料已经损坏。

(2)电容器的检测方法与经验

1)固定电容器的检测

①检测 10pF 以下的小电容。因 10pF 以下的固定电容器容量太小，用万用表进行测量，只能定性地检查其是否有漏电，内部短路或击穿现象。测量时，可选用万用表 R×10k 挡，用两表笔分别任意接电容的两个引脚，阻值应为无穷大。若测出阻值(指针向右摆动)为零，则说明电容漏电损坏或内部击穿。

②检测 10pF～0.01μF 固定电容器是否有充电现象，进而判断其好坏。万用表选用 R×1k 挡。两只三极管的 β 值均为 100 以上，且穿透电流要小。可选用 3DG6 等型号硅三极管组成复合管。万用表的红和黑表笔分别与复合管的发射极 e 和集电极 c 相接。由于复合三极管的放大作用，把被测电容的充放电过程予以放大，使万用表指针摆幅度加大，从而便于观察。应注意的是：在测试操作时，特别是在测较小容量的电容时，要反复调换被测电容引脚接触 A、B 两点，才能明显地看到万用表指针的摆动。

③对于 0.01μF 以上的固定电容，可用万用表的 R×10k 挡直接测试电容器有无充电过程以及有无内部短路或漏电，并可根据指针向右摆动的幅度大小估计出电容器的容量。

2)电解电容器的检测

①因为电解电容的容量较一般固定电容大得多，所以，测量时，应针对不同容量选用合适的量程。根据经验，一般情况下，1～47μF 的电容，可用 R×1k 挡测量，大于 47μF 的电容可用 R×100 挡测量。

②将万用表红表笔接负极，黑表笔接正极，在刚接触的瞬间，万用表指针即向右偏转较大偏度(对于同一电阻挡，容量越大，摆幅越大)，接着逐渐向左回转，直到停在某一位置。此时的阻值便是电解电容的正向漏电阻，此值略大于反向漏电阻。实际使用经验表明，电解电容的漏电阻一般应在几百 kΩ 以上，否则，将不能正常工作。在测试中，若正向、反向均无充电的现象，即表针不动，则说明容量消失或内部断路；如果所测阻值很小或为零，说明电容漏电大或已击穿损坏，不能再使用。

③对于正、负极标志不明的电解电容器，可利用上述测量漏电阻的方法加以判别。即先任意测一下漏电阻，记住其大小，然后交换表笔再测出一个阻值。两次测量中阻值大的那一次便是正向接法，即黑表笔接的是正极，红表笔接的是负极。

④使用万用表电阻挡，采用给电解电容进行正、反向充电的方法，根据指针向右摆动幅度的大小，可估测出电解电容的容量。

3)可变电容器的检测

①用手轻轻旋动转轴，应感觉十分平滑，不应感觉有时松时紧甚至有卡滞现象。将载轴向前、后、上、下、左、右等各个方向推动时，转轴不应有松动的现象。

②用一只手旋动转轴，另一只手轻摸动片组的外缘，不应感觉有任何松脱现象。转轴与动片之间接触不良的可变电容器，是不能再继续使用的。

③将万用表置于 R×10k 挡，一只手将两个表笔分别接可变电容器的动片和定片的引出端，另一只手将转轴缓缓旋动几个来回，万用表指针都应在无穷大位置不动。在旋动转轴的过程中，如果指针有时指向零，说明动片和定片之间存在短路点；如果碰到某一角度，万用表读数不为无穷大而是出现一定阻值，说明可变电容器动片与定片之间存在漏电现象。

(3)电感器、变压器检测方法与经验

1)色码电感器的检测

将万用表置于 R×1 挡，红、黑表笔各接色码电感器的任一引出端，此时指针应向右摆动。根据测出的电阻值大小，可具体分下述两种情况进行鉴别：

①被测色码电感器电阻值为零，其内部有短路性故障。

②被测色码电感器直流电阻值的大小与绕制电感器线圈所用的漆包线径、绕制圈数有直接关系，只要能测出电阻值，则可认为被测色码电感器是正常的。

2)中周变压器的检测

①将万用表拨至 R×1 挡，按照中周变压器的各绕组引脚排列规律，逐一检查各绕组的通断情况，进而判断其是否正常。

②检测绝缘性能，将万用表置于 R×10k 挡，做如下几种状态测试：

a)初级绕组与次级绕组之间的电阻值；

b)初级绕组与外壳之间的电阻值；

c)次级绕组与外壳之间的电阻值。

上述测试结果分出现三种情况：

①阻值为无穷大：正常；

②阻值为零：有短路性故障；

③阻值小于无穷大，但大于零：有漏电性故障。

3)电源变压器的检测

①通过观察变压器的外貌来检查其是否有明显异常现象。如线圈引线是否断裂，脱焊，绝缘材料是否有烧焦痕迹，铁心紧固螺杆是否有松动，硅钢片有无锈蚀，绕组线圈是否有外露等。

②绝缘性测试。用万用表 R×10k 挡分别测量铁心与初级，初级与各次级、铁心与各次级、静电屏蔽层与各次级、次级各绕组间的电阻值，万用表指针均应指在无穷大位置不动。否则，说明变压器绝缘性能不良。

③线圈通断的检测。将万用表置于 R×1 挡，测试中，若某个绕组的电阻值为无穷大，则说明此绕组有断路性故障。

④判别初、次级线圈。电源变压器初级引脚和次级引脚一般都是分别从两侧引出的，并且初级绕组多标有 220V 字样，次级绕组则标出额定电压值，如 15V、24V、35V 等。再根据这些

标记进行识别。

⑤空载电流的检测。

a)直接测量法。将次级所有绕组全部开路,把万用表置于交流电流挡(500mA,串入初级绕组。当初级绕组的插头插入 220V 交流市电时,万用表所指示的便是空载电流值。此值不应大于变压器满载电流的 10%～20%。一般常见电子设备电源变压器的正常空载电流应在 100mA 左右。如果超出太多,则说明变压器有短路性故障。

b)间接测量法。在变压器的初级绕组中串联一个 10V/5W 的电阻,次级仍全部空载。把万用表拨至交流电压挡。加电后,用两表笔测出电阻 R 两端的电压降 U,然后用欧姆定律算出空载电流 $I_{空}$,即 $I_{空}=U/R$。

⑥空载电压的检测。将电源变压器的初级接 220V 市电,用万用表交流电压接依次测出各绕组的空载电压值(U_{21}、U_{22}、U_{23}、U_{24})应符合要求值,允许误差范围一般为:高压绕组≤±10%,低压绕组≤±5%,带中心抽头的两组对称绕组的电压差应≤±2%。

⑦一般小功率电源变压器允许温升为 40～50℃,如果所用绝缘材料质量较好,允许温升还可提高。

⑧检测判别各绕组的同名端。在使用电源变压器时,有时为了得到所需的次级电压,可将两个或多个次级绕组串联起来使用。采用串联法使用电源变压器时,参加串联的各绕组的同名端必须正确连接,不能搞错。否则,变压器不能正常工作。

⑨电源变压器短路性故障的综合检测判别。电源变压器发生短路性故障后的主要症状是发热严重和次级绕组输出电压失常。通常,线圈内部匝间短路点越多,短路电流就越大,而变压器发热就越严重。检测判断电源变压器是否有短路性故障的简单方法是测量空载电流(测试方法前面已经介绍)。存在短路故障的变压器,其空载电流值将远大于满载电流的 10%。当短路严重时,变压器在空载加电后几十秒钟之内便会迅速发热,用手触摸铁心会有烫手的感觉。此时不用测量空载电流便可断定变压器有短路点存在。

(4)二极管的检测方法与经验

1)检测小功率晶体二极管

①判别正、负电极

a)观察外壳上的符号标记。通常在二极管的外壳上标有二极管的符号,带有三角形箭头的一端为正极,另一端是负极。

b)观察外壳上的色点。在点接触二极管的外壳上,通常标有极性色点(白色或红色)。一般标有色点的一端即为正极。还有的二极管上标有色环,带色环的一端则为负极。

c)以阻值较小的一次测量为准,黑表笔所接的一端为正极,红表笔所接的一端则为负极。

②检测最高工作频率 f_M。晶体二极管工作频率,除了可从有关特性表中查阅出外,实用中常常用眼睛观察二极管内部的触丝来加以区分,如点接触型二极管属于高频管,面接触型二极管多为低频管。另外,也可以用万用表 R×1k 挡进行测试,一般正向电阻小于 1k 的多为高频管。

③检测最高反向击穿电压 V_{RM}。对于交流电来说,因为不断变化,因此,最高反向工作电压也就是二极管承受的交流峰值电压。需要指出的是,最高反向工作电压并不是二极管的击穿电压。一般情况下,二极管的击穿电压要比最高反向工作电压高得多(约高一倍)。

2)检测玻封硅高速开关二极管

检测硅高速开关二极管的方法与检测普通二极管的方法相同。不同的是，这种管子的正向电阻较大。用 R×1k 电阻挡测量，一般正向电阻值为 5～10kΩ，反向电阻值为无穷大。

3)检测快恢复、超快恢复二极管

用万用表检测快恢复、超快恢复二极管的方法基本与检测塑封硅整流二极管的方法相同。即先用 R×1k 挡检测一下其单向导电性，一般正向电阻为 4～5kΩ，反向电阻为无穷大；再用 R×1 挡复测一次，一般正向电阻为几 kΩ，反向电阻仍为无穷大。

4)检测双向触发二极管

①将万用表置于 R×1k 挡，测双向触发二极管的正、反向电阻值都应为无穷大。若交换表笔进行测量，万用表指针向右摆动，说明被测管有漏电性故障。

②将万用表置于相应的直流电压挡。测试电压由兆欧表提供。测试时，摇动兆欧表，万用表所指示的电压值即为被测管子的 V_{BO} 值。然后调换被测管子的两个引脚，用同样的方法测出 V_{BR} 值。最后将 V_{BO} 与 V_{BR} 进行比较，两者的绝对值之差越小，说明被测双向触发二极管的对称性越好。

5)瞬态电压抑制二极管(TVS)的检测

①用万用表 R×1k 挡测量管子的好坏。

②对于单极型的 TVS，按照测量普通二极管的方法，可测出其正、反向电阻，一般正向电阻为 4kΩ 左右，反向电阻为无穷大。

③对于双向极型的 TVS，任意调换红、黑表笔测量其两引脚间的电阻值均应为无穷大，否则，说明管子性能不良或已经损坏。

6)高频变阻二极管的检测

①识别正、负极

高频变阻二极管与普通二极管在外观上的区别是其色标颜色不同，普通二极管的色标颜色一般为黑色，而高频变阻二极管的色标颜色则为浅色。其极性规律与普通二极管相似，即带绿色环的一端为负极，不带绿色环的一端为正极。

②测量正、反向电阻来判断其好坏

具体方法与测量普通二极管正、反向电阻的方法相同，当使用 500 型万用表 R×1k 挡测量时，正常的高频变阻二极管的正向电阻为 5～5.5kΩ，反向电阻为无穷大。

7)变容二极管的检测

将万用表置于 R×10k 挡，无论红、黑表笔怎样对调测量，变容二极管的两引脚间的电阻值均应为无穷大。如果在测量中，发现万用表指针向右有轻微摆动或阻值为零，说明被测变容二极管有漏电故障或已经击穿损坏。对于变容二极管容量消失或内部的开路性故障，用万用表是无法检测判别的。必要时，可用替换法进行检查判断。

8)单色发光二极管的检测

在万用表外部附接一节 1.5V 干电池，将万用表置 R×10 或 R×100 挡。这种接法就相当于给万用表串接上了 1.5V 电压，使检测电压增加至 3V(发光二极管的开启电压为 2V)。检测时，用万用表两表笔轮换接触发光二极管的两管脚。若管子性能良好，必定有一次能正常发光，此时，黑表笔所接的为正极，红表笔所接的为负极。

9)红外发光二极管的检测

①判别红外发光二极管的正、负电极。红外发光二极管有两个引脚，通常长引脚为正极，

短引脚为负极。因红外发光二极管呈透明状，所以管壳内的电极清晰可见，内部电极较宽较大的一个为负极，而较窄且小的一个为正极。

②将万用表置于R×1k挡，测量红外发光二极管的正、反向电阻，通常，正向电阻应在30kΩ左右，反向电阻要在500kΩ以上，这样的管子才可正常使用。要求反向电阻越大越好。

10)红外接收二极管的检测

①识别管脚极性

从外观上识别。常见的红外接收二极管外观颜色呈黑色。识别引脚时，面对受光窗口，从左至右，分别为正极和负极。另外，在红外接收二极管的管体顶端有一个小斜切平面，通常带有此斜切平面一端的引脚为负极，另一端为正极。

将万用表置于R×1k挡，用来判别普通二极管正、负电极的方法进行检查，即交换红、黑表笔两次测量管子两引脚间的电阻值，正常时，所得阻值应为一大一小。以阻值较小的一次为准，红表笔所接的管脚为负极，黑表笔所接的管脚为正极。

②检测性能好坏

用万用表电阻挡测量红外接收二极管正、反向电阻，根据正、反向电阻值的大小，即可初步判定红外接收二极管的好坏。

11)激光二极管的检测

将万用表置于R×1k挡，按照检测普通二极管正、反向电阻的方法，即可将激光二极管的管脚排列顺序确定。但检测时要注意，由于激光二极管的正向压降比普通二极管要大，所以检测正向电阻时，万用表指针仅略微向右偏转而已，而反向电阻则为无穷大。

(5)三极管的检测方法与经验

1)中、小功率三极管的检测

①已知型号和管脚排列的三极管，可按下述方法来判断其性能好坏

a)测量极间电阻。将万用表置于R×100或R×1k挡，按照红、黑表笔的六种不同接法进行测试。其中，发射结和集电结的正向电阻值比较低，其他四种接法测得的电阻值都很高，约为几百千欧至无穷大。但不管是低阻还是高阻，硅材料三极管的极间电阻要比锗材料三极管的极间电阻大得多。

b)三极管的穿透电流I_{CEO}的数值近似等于管子的倍数β和集电结的反向电流I_{CBO}的乘积。I_{CBO}随着环境温度的升高而增长很快，I_{CBO}的增加必然造成I_{CEO}的增大。而I_{CEO}的增大将直接影响管子工作的稳定性，所以在使用中应尽量选用I_{CEO}小的管子。

通过用万用表电阻直接测量三极管e—c极之间的电阻方法，可间接估计I_{CEO}的大小，具体方法如下：

万用表电阻的量程一般选用R×100或R×1k挡，对于PNP管，黑表笔接e极，红表笔接c极，对于NPN型三极管，黑表笔接c极，红表笔接e极。要求测得的电阻越大越好。e—c间的阻值越大，说明管子的I_{CEO}越小；反之，所测阻值越小，说明被测管的I_{CEO}越大。一般说来，中、小功率硅管、锗材料低频管，其阻值应分别在几百千欧、几十千欧及十几千欧以上，如果阻值很小或测试时万用表指针来回晃动，则表明I_{CEO}很大，管子的性能不稳定。

c)测量放大能力(β)。目前有些型号的万用表具有测量三极管h_{FE}的刻度线及其测试插座，可以很方便地测量三极管的放大倍数。先将万用表功能开关拨至电流挡，量程开关拨到ADJ位置，把红、黑表笔短接，调整调零旋钮，使万用表指针指示为零，然后将量程开关拨到

h_{FE}位置，并使两短接的表笔分开，把被测三极管插入测试插座，即可从 h_{FE}刻度线上读出管子的放大倍数。

另外：有此型号的中、小功率三极管，生产厂家直接在其管壳顶部标示出不同色点来表明管子的放大倍数 β 值，其颜色和 β 值的对应关系如表所示，但要注意，各厂家所用色标并不一定完全相同。

2)检测判别电极

①判定基极。用万用表 R×100 或 R×1k 挡测量三极管三个电极中每两个极之间的正、反向电阻值。当用第一根表笔接某一电极，而第二表笔先后接触另外两个电极均测得低阻值时，则第一根表笔所接的那个电极即为基极 b。这时，要注意万用表表笔的极性，如果红表笔接的是基极 b。黑表笔分别接在其他两极时，测得的阻值都较小，则可判定被测三极管为 PNP 型管；如果黑表笔接的是基极 b，红表笔分别接触其他两极时，测得的阻值较小，则被测三极管为 NPN 型管。

②判定集电极 c 和发射极 e。（以 PNP 为例）将万用表置于 R×100 或 R×1k 挡，红表笔基极 b，用黑表笔分别接触另外两个管脚时，所测得的两个电阻值会是一个大一些，一个小一些。在阻值小的一次测量中，黑表笔所接管脚为集电极；在阻值较大的一次测量中，黑表笔所接管脚为发射极。

③判别高频管与低频管

高频管的截止频率大于 3MHz，而低频管的截止频率则小于 3MHz，一般情况下，二者是不能互换的。

④在路电压检测判断法

在实际应用中、小功率三极管多直接焊接在印刷电路板上，由于元件的安装密度大，拆卸比较麻烦，所以在检测时常常通过用万用表直流电压挡，去测量被测三极管各引脚的电压值，来推断其工作是否正常，进而判断其好坏。

3)大功率晶体三极管的检测

利用万用表检测中、小功率三极管的极性、管型及性能的各种方法，对检测大功率三极管来说基本上适用。但是，由于大功率三极管的工作电流比较大，因而其 PN 结的面积也较大。PN 结较大，其反向饱和电流也必然增大。所以，若像测量中、小功率三极管极间电阻那样，使用万用表的 R×1k 挡测量，必然测得的电阻值很小，好像极间短路一样，所以通常使用 R×10 或 R×1 挡检测大功率三极管。

4)普通达林顿管的检测

用万用表对普通达林顿管的检测包括识别电极、区分 PNP 和 NPN 类型、估测放大能力等项内容。因为达林顿管的 e－b 极之间包含多个发射结，所以应该使用万用表能提供较高电压的 R×10k 挡进行测量。

5)大功率达林顿管的检测

检测大功率达林顿管的方法与检测普通达林顿管基本相同。但由于大功率达林顿管内部设置了 V_3、R_1、R_2 等保护和泄放漏电流元件，所以在检测量应将这些元件对测量数据的影响加以区分，以免造成误判。具体可按下述几个步骤进行：

①用万用表 R×10k 挡测量 b、c 之间 PN 结电阻值，应明显测出具有单向导电性能。正、反向电阻值应有较大差异。

②在大功率达林顿管 b—e 之间有两个 PN 结，并且接有电阻 R_1 和 R_2。用万用表电阻挡检测时，当正向测量时，测到的阻值是 b—e 结正向电阻与 R_1、R_2 阻值并联的结果；当反向测量时，发射结截止，测出的则是（R_1+R_2）电阻之和，大约为几百欧，且阻值固定，不随电阻挡位的变换而改变。但需要注意的是，有些大功率达林顿管在 R_1、R_2、上还并有二极管，此时所测得的则不是（R_1+R_2）之和，而是（R_1+R_2）与两只二极管正向电阻之和的并联电阻值。

6）带阻尼行输出三极管的检测

将万用表置于 R×1 挡，通过单独测量带阻尼行输出三极管各电极之间的电阻值，即可判断其是否正常。具体测试原理，方法及步骤如下：

①将红表笔接 e，黑表笔接 b，此时相当于测量大功率管 b—e 结的等效二极管与保护电阻 R 并联后的阻值，由于等效二极管的正向电阻较小，而保护电阻 R 的阻值一般也仅有 20～50Ω，所以，二者并联后的阻值也较小；反之，将表笔对调，即红表笔接 b，黑表笔接 e，则测得的是大功率管 b—e 结等效二极管的反向电阻值与保护电阻 R 的并联阻值，由于等效二极管反向电阻值较大，所以，此时测得的阻值即是保护电阻 R 的值，此值仍然较小。

②将红表笔接 c，黑表笔接 b，此时相当于测量管内大功率管 b—c 结等效二极管的正向电阻，一般测得的阻值也较小；将红、黑表笔对调，即将红表笔接 b，黑表笔接 c，则相当于测量管内大功率管 b—c 结等效二极管的反向电阻，测得的阻值通常为无穷大。

③将红表笔接 e，黑表笔接 c，相当于测量管内阻尼二极管的反向电阻，测得的阻值一般都较大，约 300Ω～∞；将红、黑表笔对调，即红表笔接 c，黑表笔接 e，则相当于测量管内阻尼二极管的正向电阻，测得的阻值一般都较小，约几至几十欧。

（6）集成电路的检测常识

检测前要了解集成电路及其相关电路的工作原理。

检查和修理集成电路前首先要熟悉所用集成电路的功能、内部电路、主要电气参数、各引脚的作用以及引脚的正常电压、波形与外围元件组成电路的工作原理。如果具备以上条件，那么分析和检查会容易许多。

测试不要造成引脚间短路。

普通 IC 集成电路的好坏判别测法

1）不在路检测

这种方法是在 IC 未焊入电路时进行的，一般情况下可用万用表测量各引脚对应于接地引脚之间的正、反向电阻值，并和完好的 IC 进行比较。

2）在路检测

这是一种通过万用表检测 IC 各引脚在路（IC 在电路中）直流电阻、对地交直流电压以及总工作电流的检测方法。这种方法克服了代换试验法需要有可代换 IC 的局限性和拆卸 IC 的麻烦，是检测 IC 最常用和实用的方法。

附录 B　自动气象站连线图

B.1　CAWS600 系列自动气象站连线图

B.1.1　CAWS600－B 接线图

(1)内部接线图

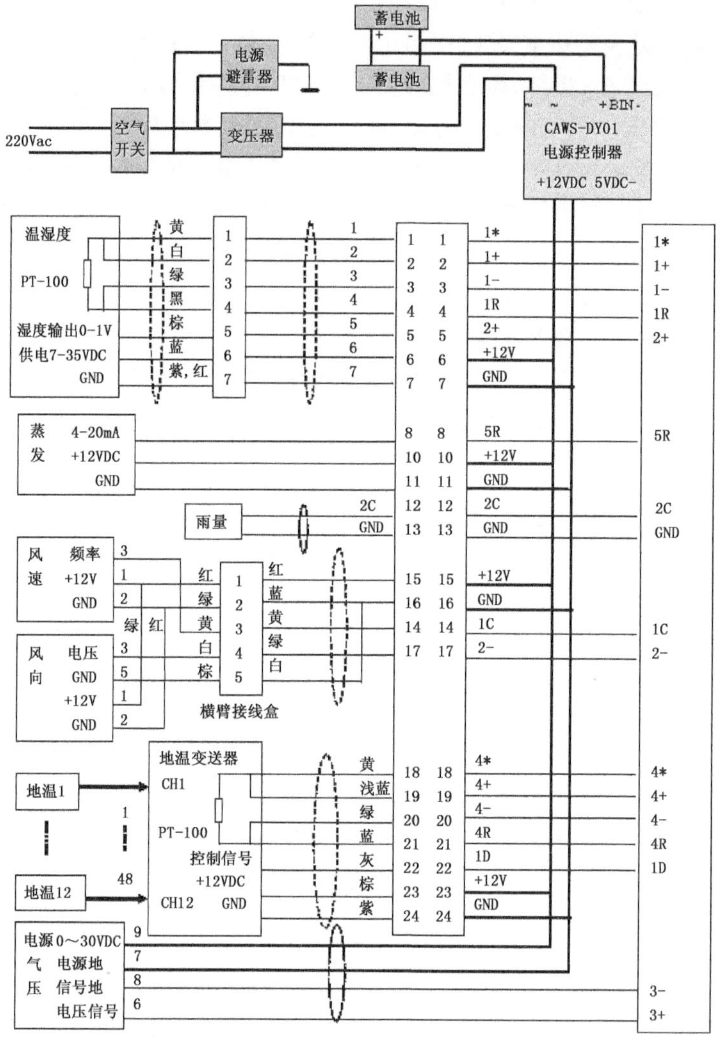

图 B.1　CAWS600－B 接线图

(2)采集器与计算机之间的连线

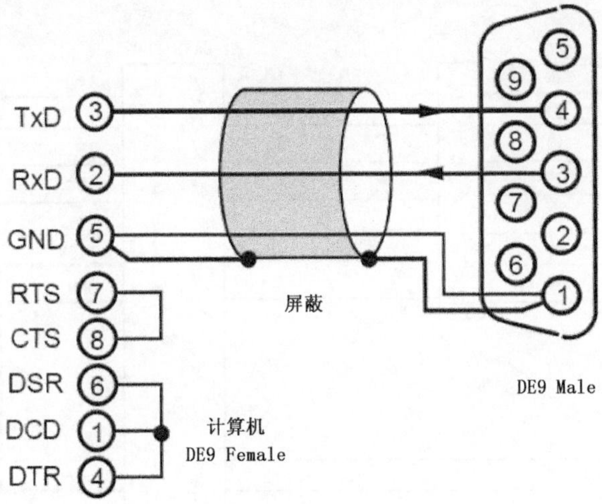

图 B.2　采集器与计算机连接

采集器管脚定义为：

1　　地

3　　Txd

4　　Rxd

B.1.2　CAWS600－SE 接线图

(1)内部接线图

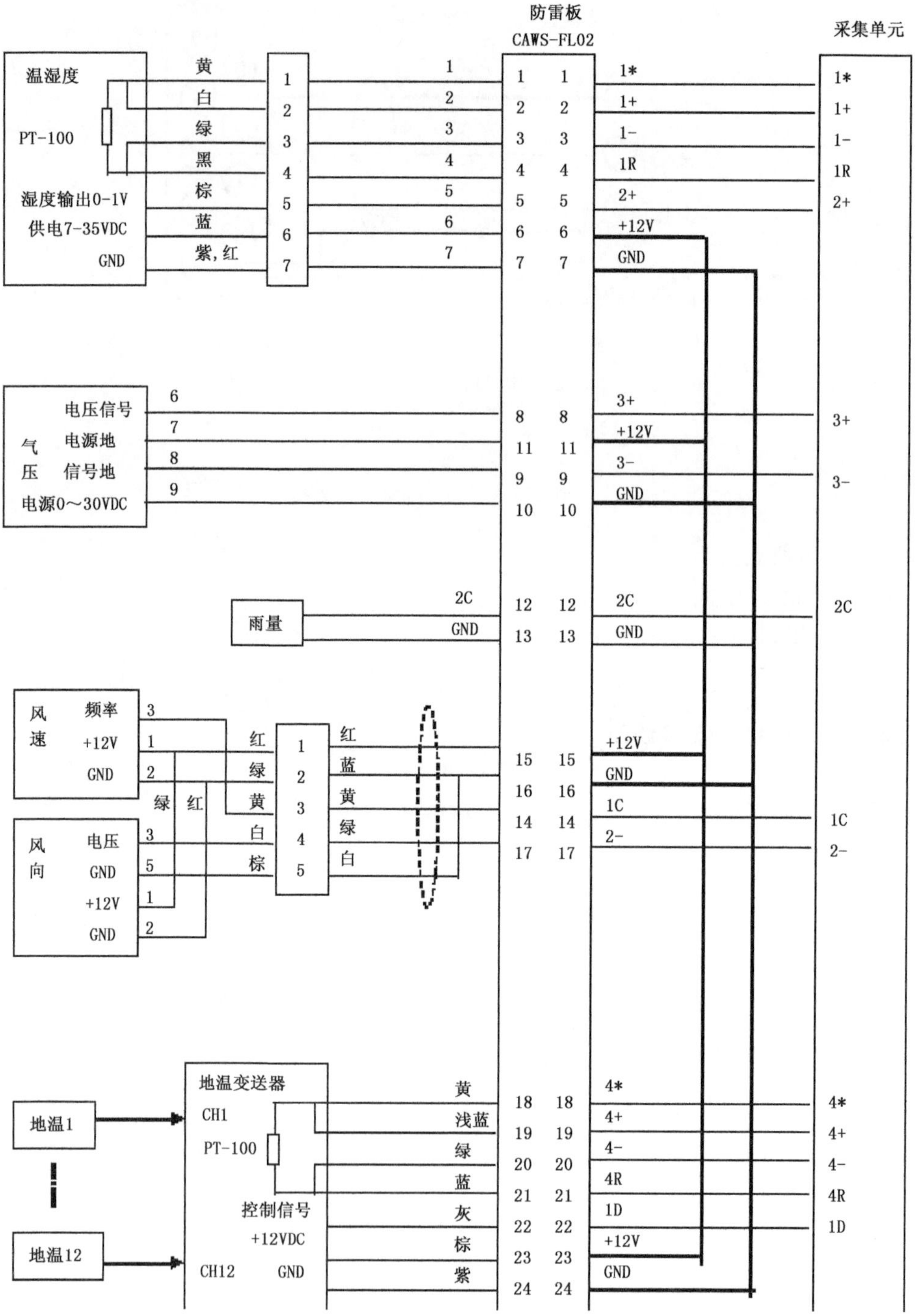
防雷板
CAWS-FL02
采集单元
温湿度
PT-100
湿度输出0-1V
供电7-35VDC
GND
黄
白
绿
黑
棕
蓝
紫,红
1*
1+
1-
1R
2+
+12V
GND
气压
电压信号
电源地
信号地
电源0～30VDC
3+
3-
雨量
2C
风速
频率
+12V
GND
风向
电压
红
绿
黄
白
棕
蓝
1C
2-
地温1
地温12
地温变送器
CH1
CH12
控制信号
+12VDC
浅蓝
灰
紫
4*
4+
4-
4R
1D

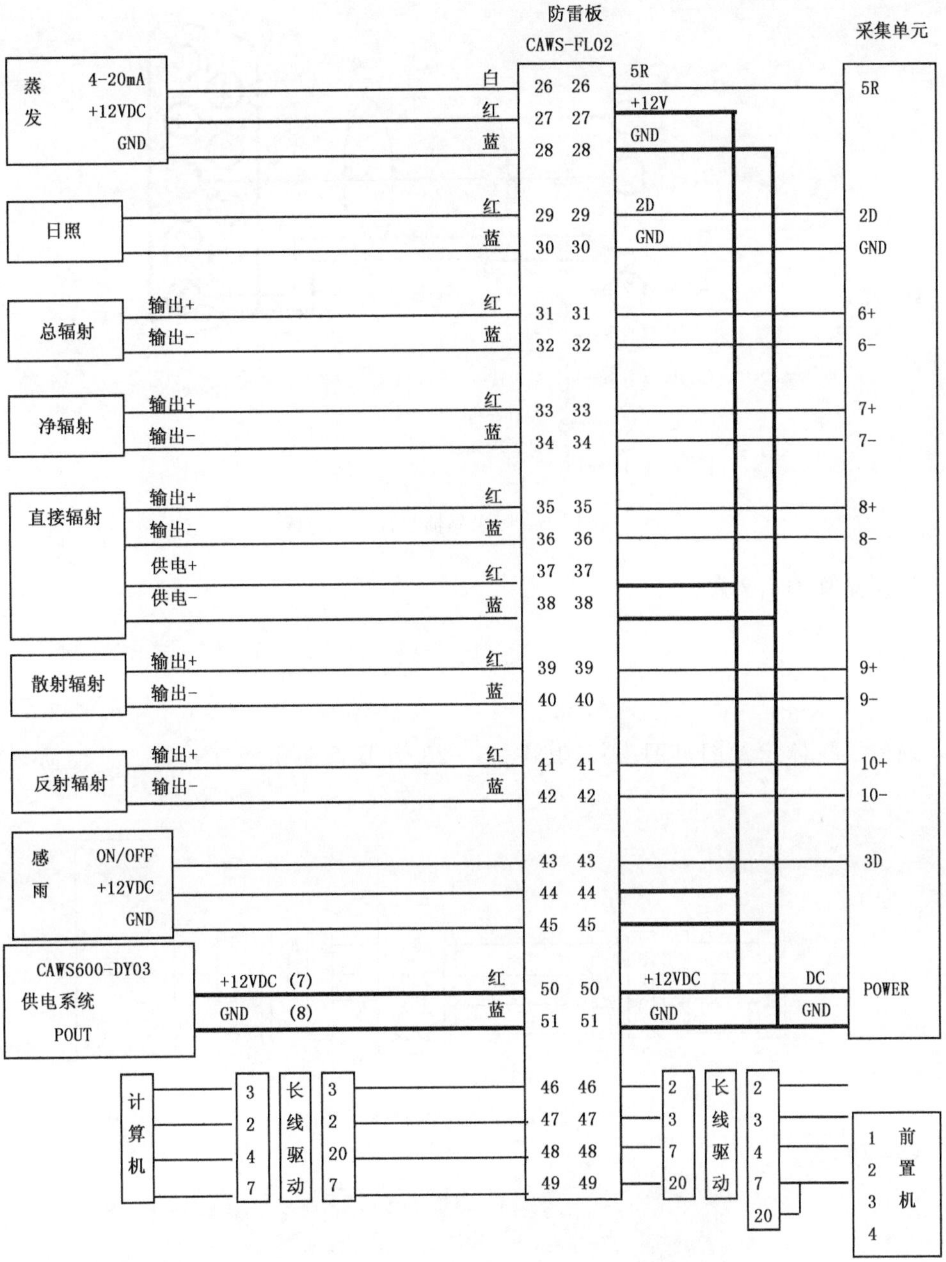

图 B.3 CAWS600-SE 内部连线

(2)采集器与计算机之间的连线

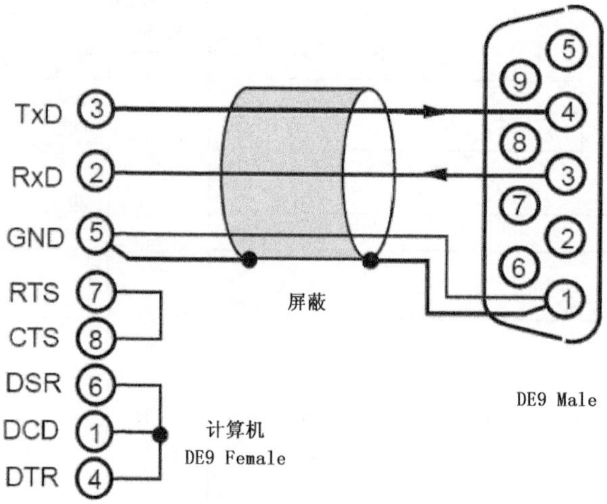

图 B.4 采集器与计算机连线

采集器管脚定义为：

1 地

3 Txd

4 Rxd

通信线整体示意图见图 B.5，其中 25—28 为 B 型防雷板序号，S/SE 型防雷板序号为 46—49。

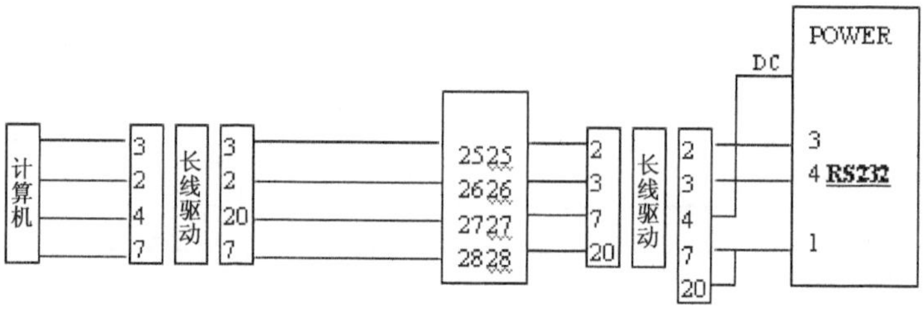

图 B.5 通信线整体示意图

第一段：

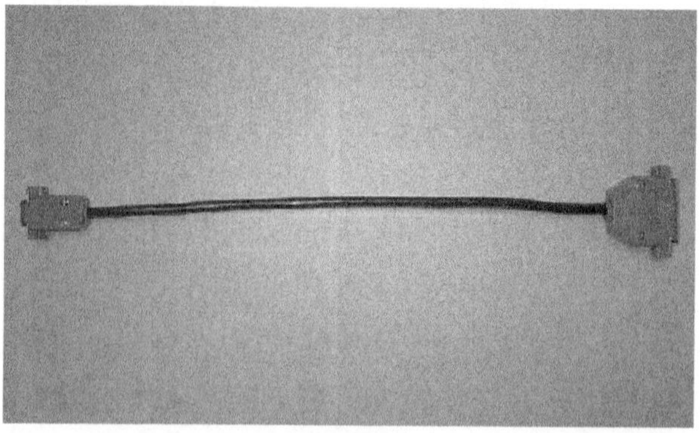

图 B.6

图 B.7

第二段：

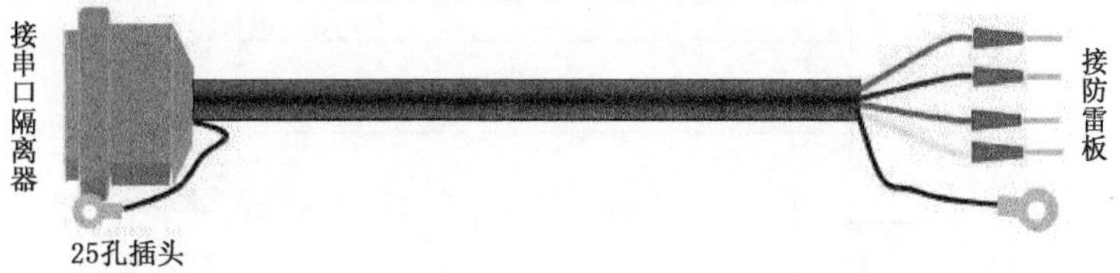

图 B.8

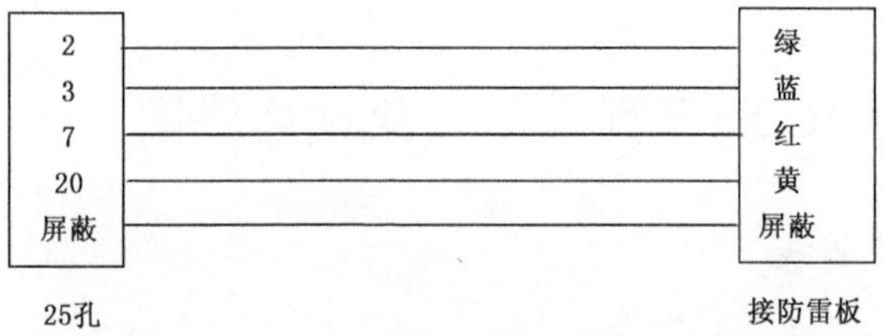

图 B.9

第三段：

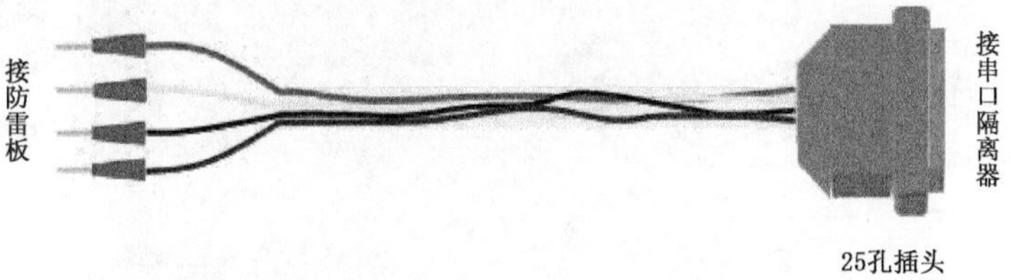

图 B.10

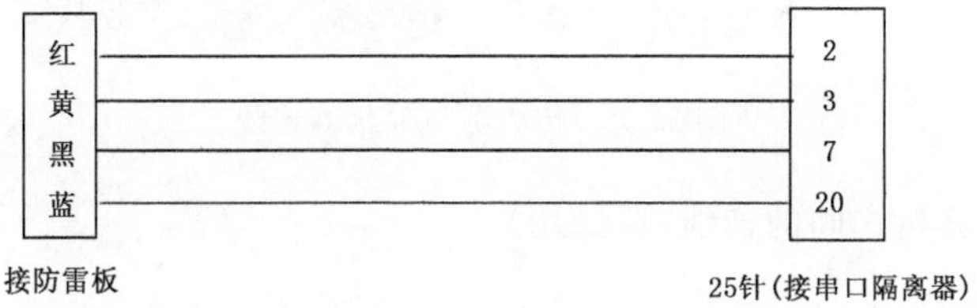

图 B.11

第四段：

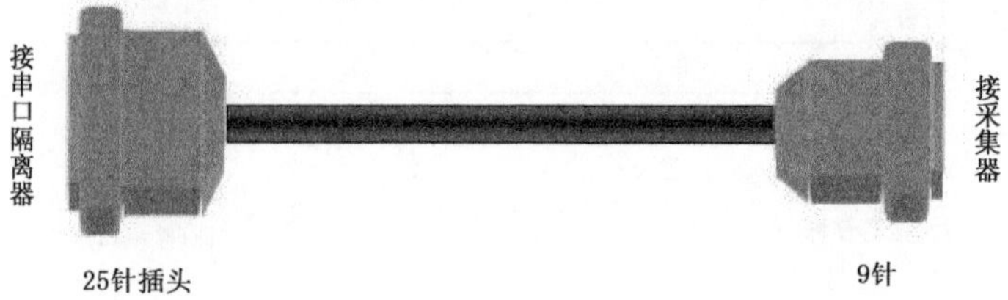

图 B.12

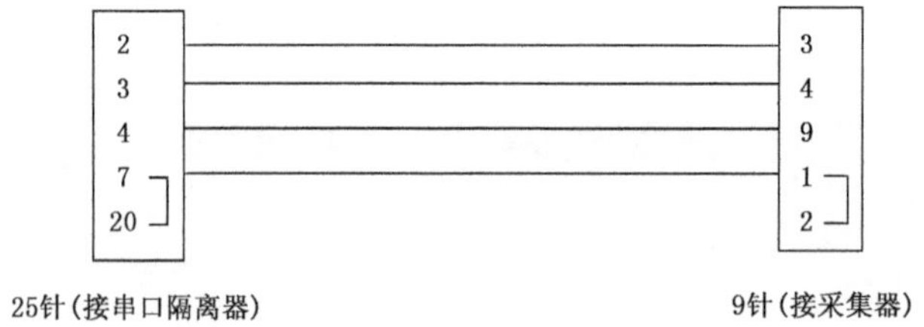

图 B.13

B.2 CAWS600－R(X)系列自动气象站连线图

(1)传感器与采集器连线

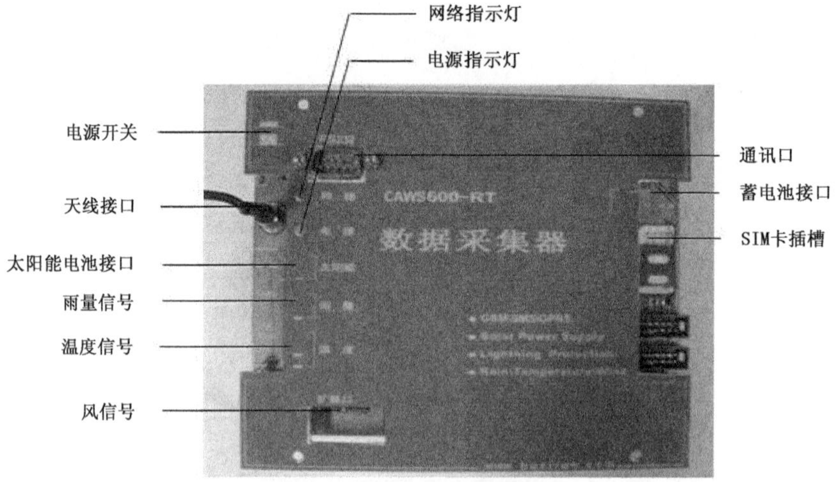

图 B.14 传感器与采集器连线

(2)采集器与计算机之间的连线(调试用)

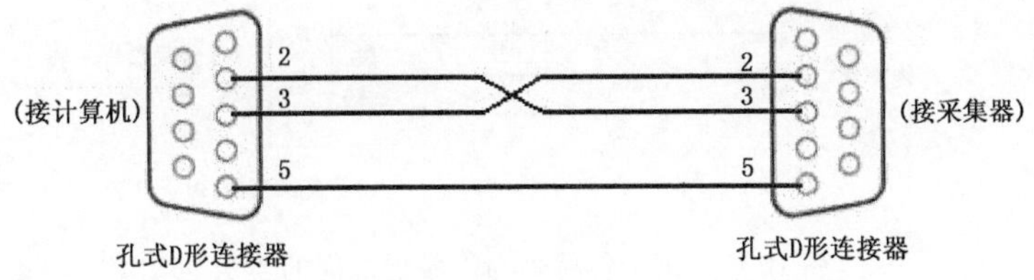

图 B.15　采集器与计算机之间的连线(调试用)

B.3　ZQZ－CⅡ型自动气象站连线图

(1)风传感器与采集器连线

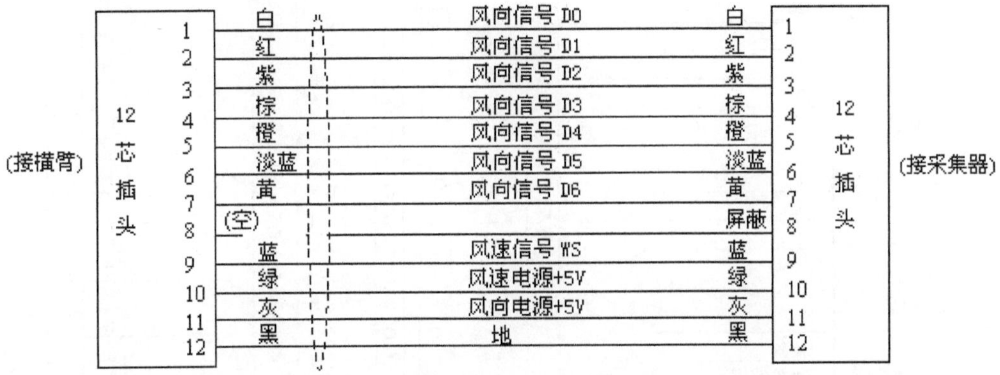

图 B.16　风传感器与采集器连线

(2)温湿度传感器与采集器之间的连线

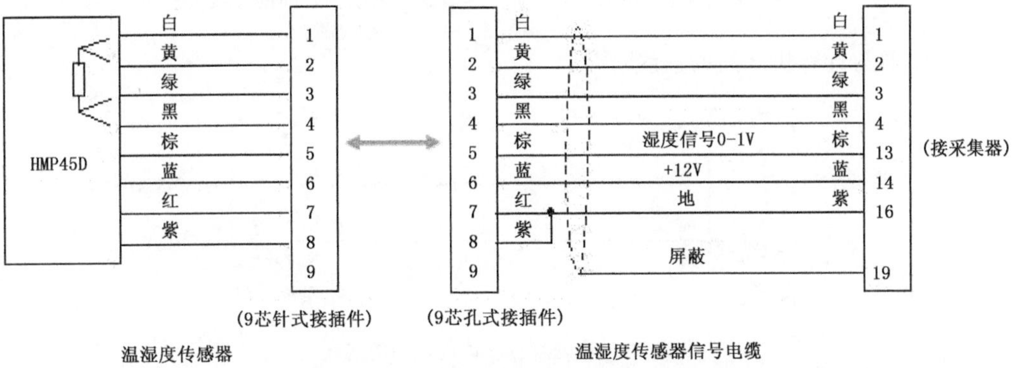

图 B.17　温湿度传感器与采集器之间的连线

(3)雨量传感器与采集器之间的连线

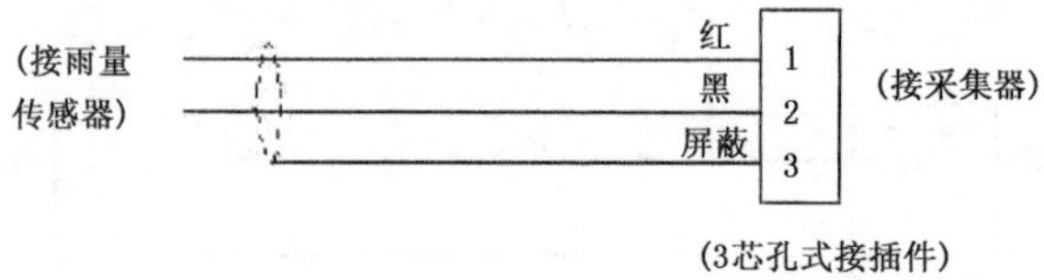

图 B.18 雨量传感器与采集器之间的连线

(4)地温及草面/雪面温度传感器与采集器之间的连线

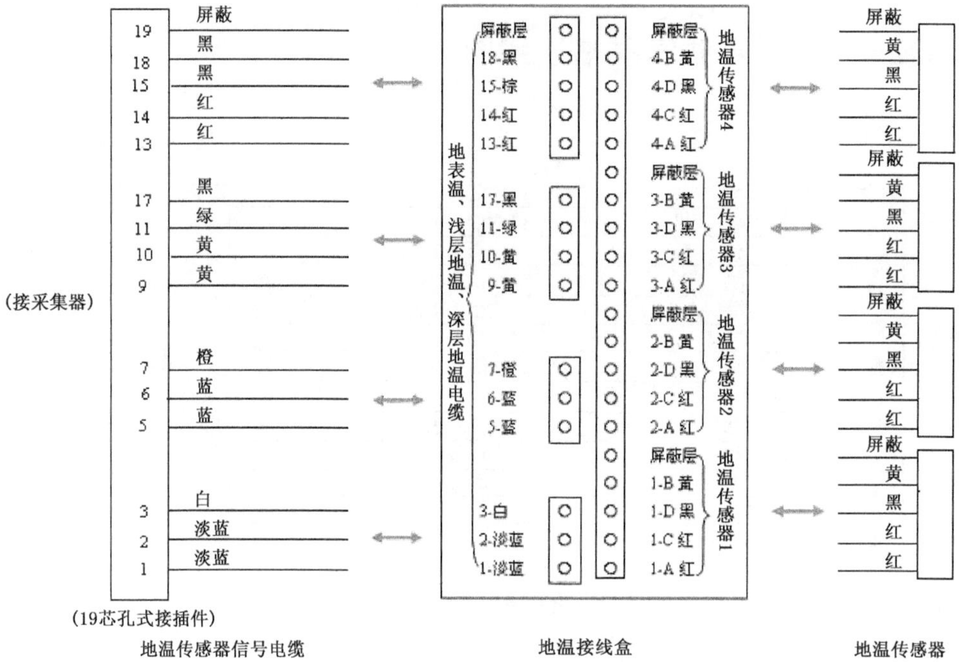

图 B.19 地温及草面/雪面温度传感器与采集器之间的连线

(5)采集器与计算机之间的连线

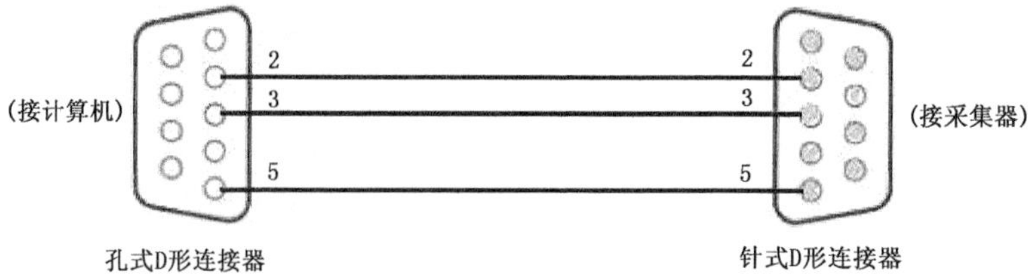

图 B.20 采集器与计算机之间的连线

B.4　ZQZ—A 型自动气象站连线图

(1)风传感器与采集器之间的连线

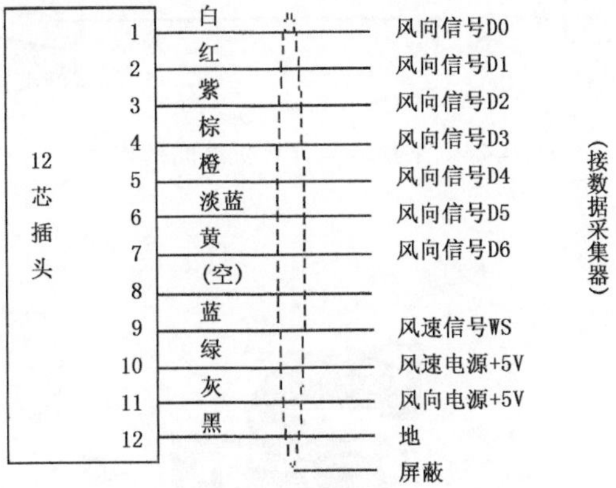

图 B.21　风传感器与采集器之间的连线

(2)温度传感器与采集器之间的连线

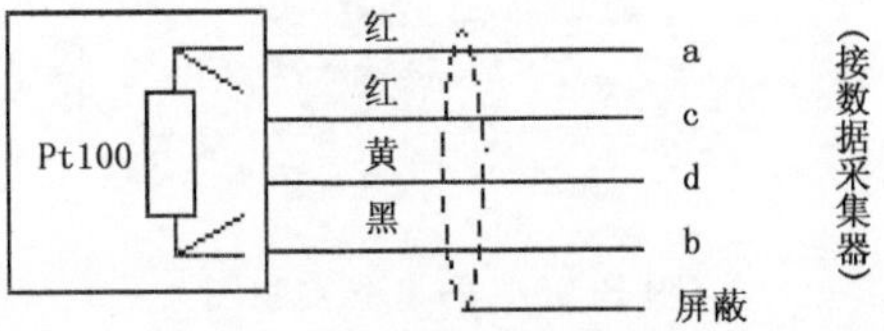

图 B.22　温度传感器与采集器之间的连线

(3)湿度传感器与采集器之间的连线

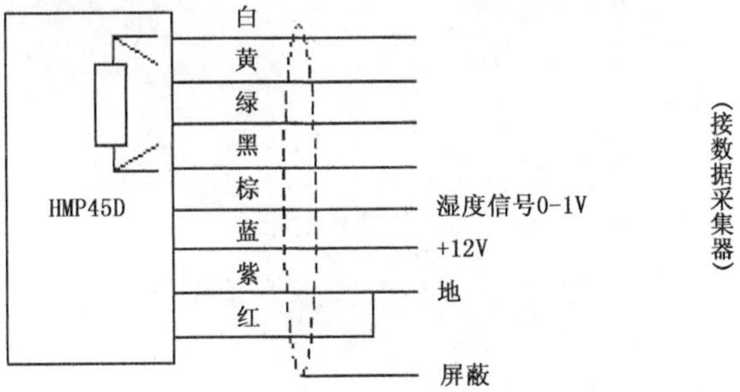

图 B.23　湿度传感器与采集器之间的连线

(4)雨量传感器与采集器之间的连线

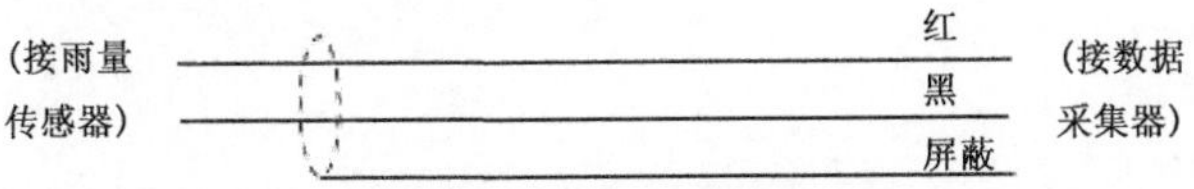

图 B.24　雨量传感器与采集器之间的连线

(5)采集器与计算机之间的连线

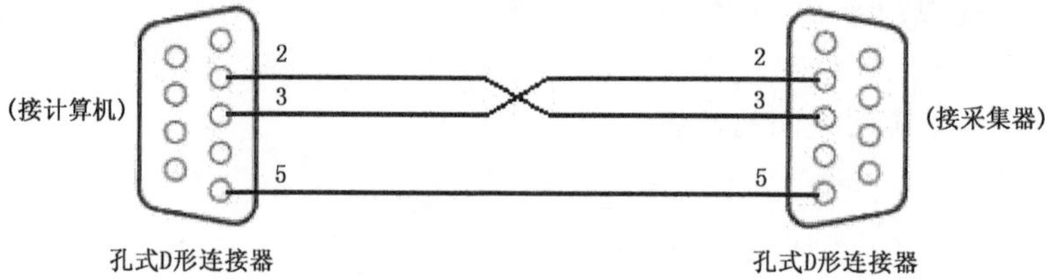

图 B.25 采集器与计算机之间的连线

(6)采集器实物图

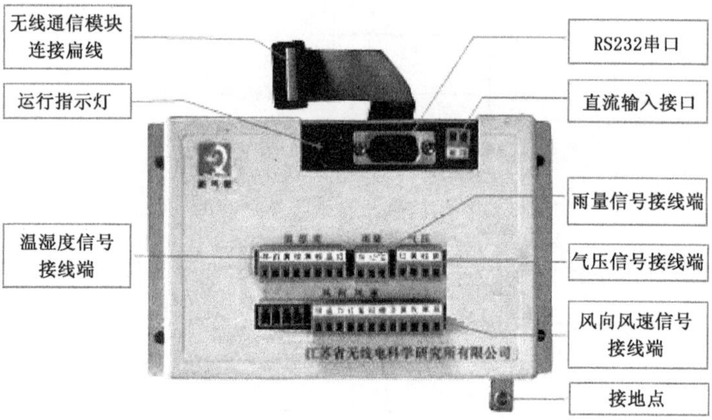

图 B.26 采集器实物图

(7)无线传输模块接线

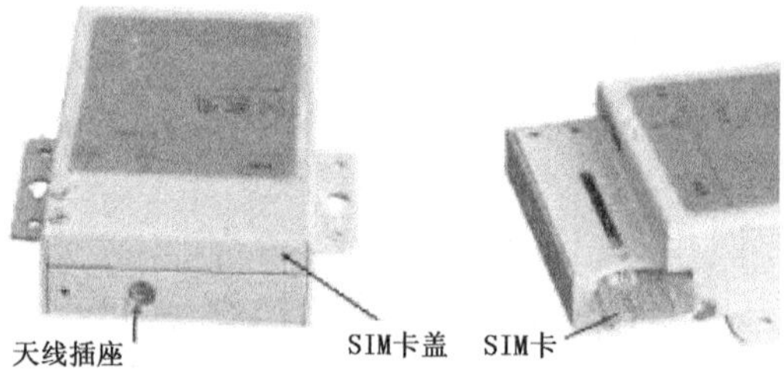

图 B.27 无线传输模块接线

B.5　DZZ2 型自动气象站连线图

(1)内部接线图

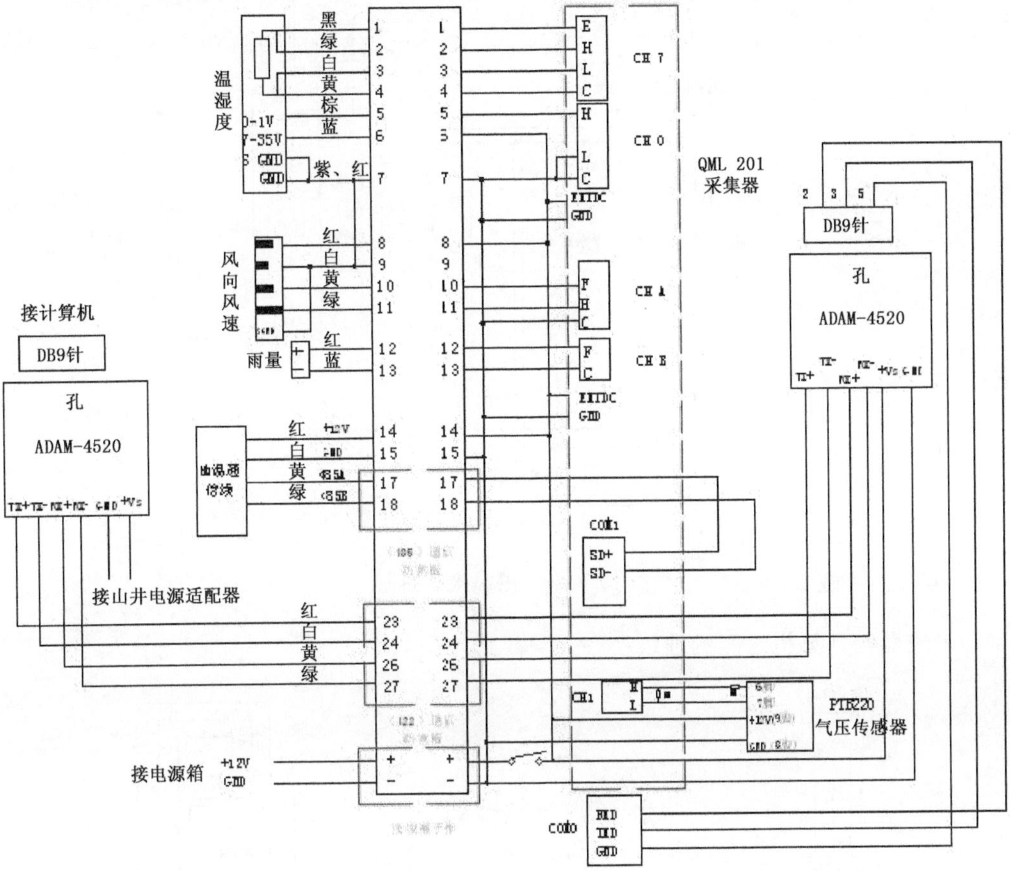

图 B.28　内部接线图

(2)电源接线图

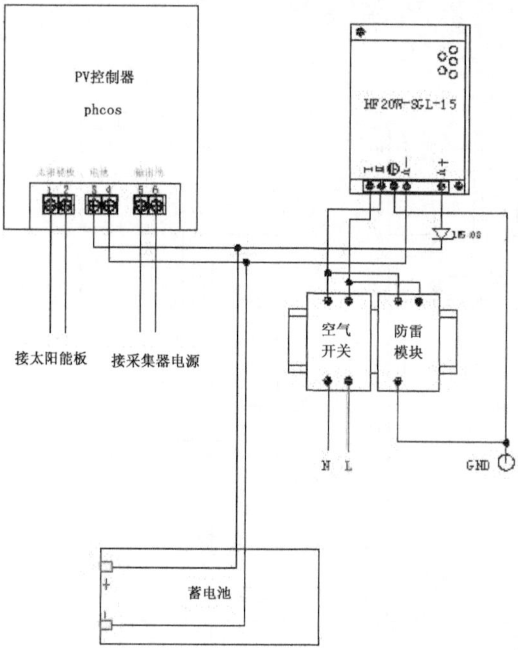

图 B.29 电源接线图

(3)采集器与计算机之间的连线

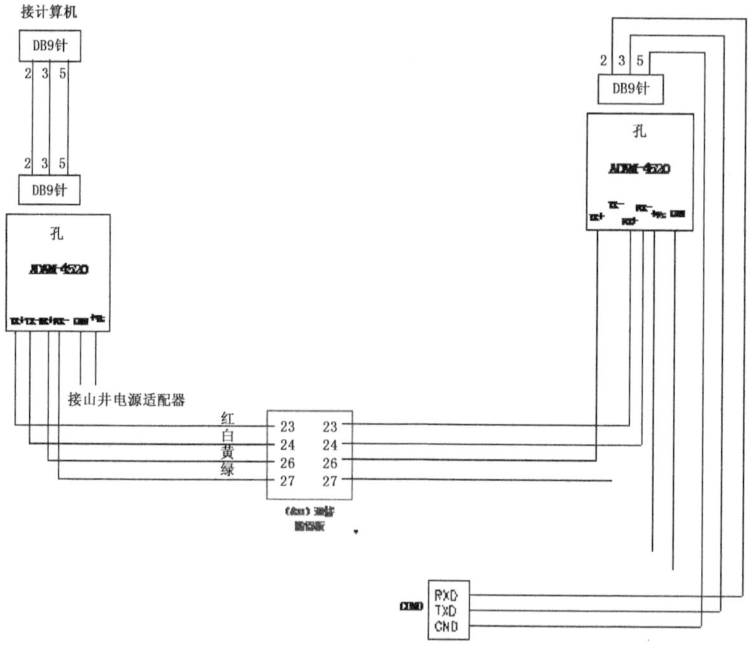

图 B.30 采集器与计算机之间的连线

B.6　DZZ2 区域自动气象站连线图

(1)采集器连线图

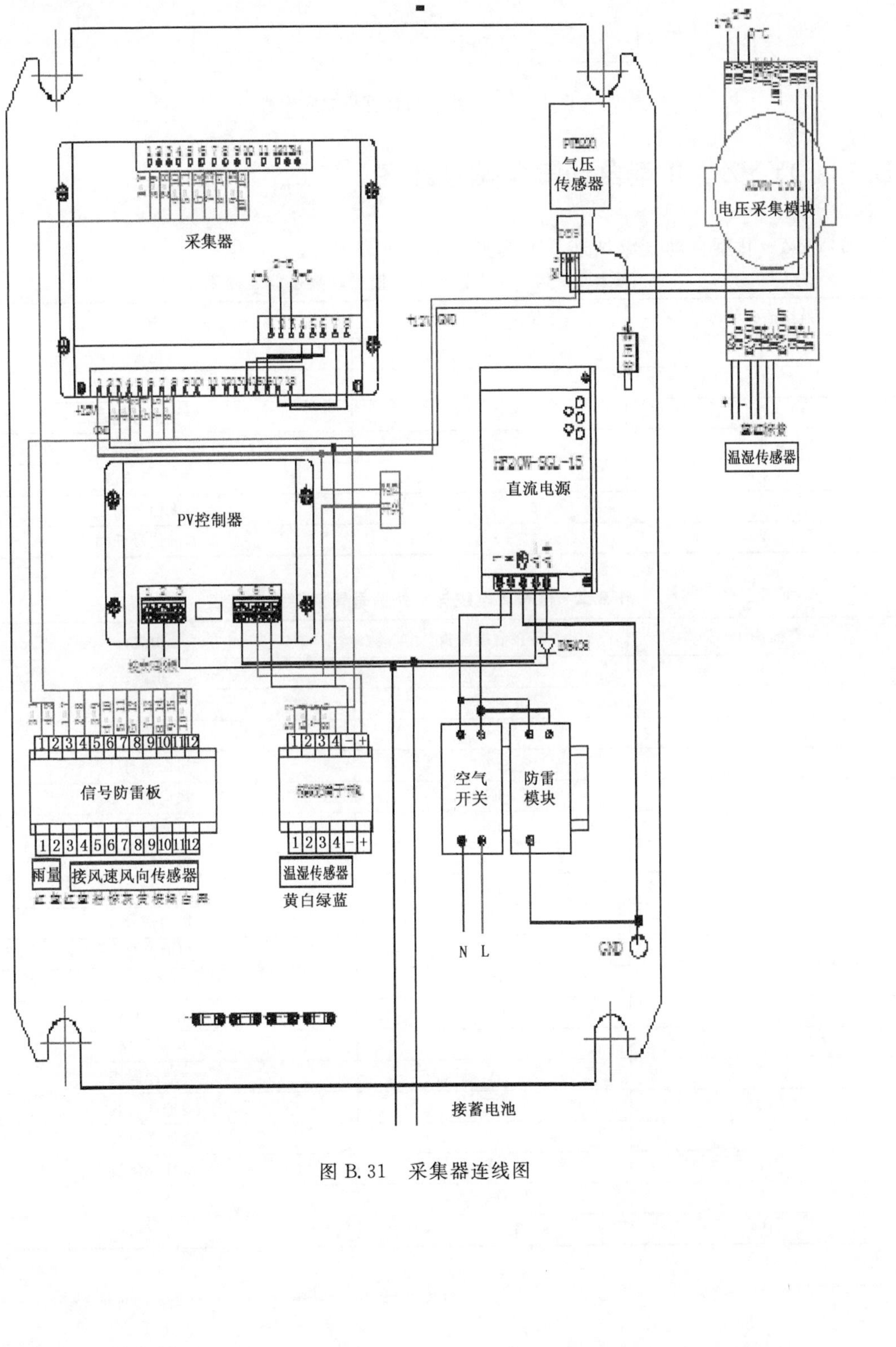

图 B.31　采集器连线图

(2)采集器与计算机之间连线

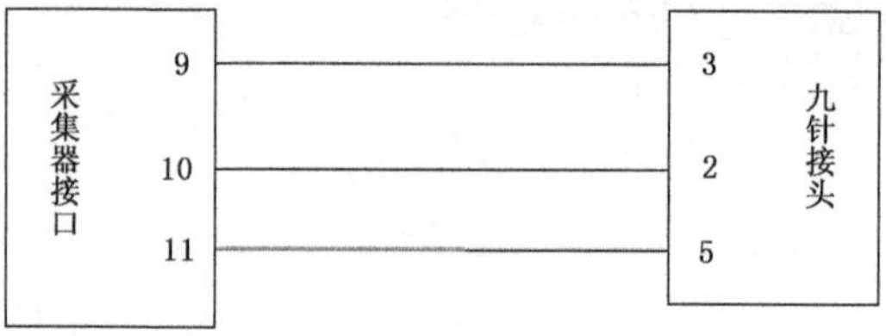

图 B.32 采集器与计算机之间连线

B.7 DYYZ－Ⅱ型自动气象站连线图

DYYZ－Ⅱ型自动气象站连线说明见表 B.1—表 B.7。

表 B.1 信号 1 电缆与室外信号转换接盒连接表

航空插头 7 芯	转接盒线路板	用途
1	V	电源
2	G+P	地＋屏蔽
3	C+	湿度信号高端
4	C−	湿度信号低端
5	*	温度恒流源
6	+	温度信号高端
7	−	温度信号低端

表 B.2 信号 2 电缆与室外信号转换接盒连接表

航空插头 19 芯	转接盒线路板	用途
1	V	电源
2	G+P	地＋屏蔽
3	F+	电源
4	E0	风向信号 1
5	E1	风向信号 2
6	E2	风向信号 3
7	E3	风向信号 4
8	E4	风向信号 5
9	E5	风向信号 6
10	E6	风向信号 7
11	FS	风速信号
12	K−	雨量回路
13	K+	雨量回路
14	A	地址译码线
15	B	地址译码线
16	C	地址译码线
17	D	地址译码线
18	P	屏蔽
19	INNH	片选信号

表 B.3 地温传感器电缆(4 芯)与室外信号转接盒连线表

线色	线路板上标记	用途
地(屏蔽)	P	屏蔽
黄色	G	地
绿色	−	低端
红色	+	高端
黑色	*	恒流源

表 B.4 温湿传感器电缆(8 芯)与室外信号转接盒连线表

DB9 芯插头	转接盒线路板	用途
1	C+	湿度信号高端
2	C−	湿度信号低端
3	V	电源
4	G	地
5	*	恒流源
6	G	地
7	+	高端
8	−	低端
外壳	P	屏蔽

表 B.5 风电缆与室外信号转接盒连线表

航空插头 12 芯	转接盒线路板	用途
1	V	电源
2	G+P	地+屏蔽
3	E0	风向信号 1
4	E1	风向信号 2
5	E2	风向信号 3
6	E3	风向信号 4
7	E4	风向信号 5
8	E5	风向信号 6
9	E6	风向信号 7
10	FS	风速信号
11		
12		

表 B.6 雨量传感器电缆(2 芯)与室外信号转接盒连线表

线色	线路板上标记	用途
地(屏蔽)	P	屏蔽
红色	K+	回路
黑色	K−	回路

表 B.7 气压传感器与线路板连接表(采集器机箱内)

DB9 芯管脚	线路板上标记	用途
2	R(数字板)	数据接收端
3	T(数字板)	数据发送端
5	G(数字板)	地
9	V+(模拟板)	电源
7	G(模拟板)	地

采集器与计算机之间的连线见图 B.33。

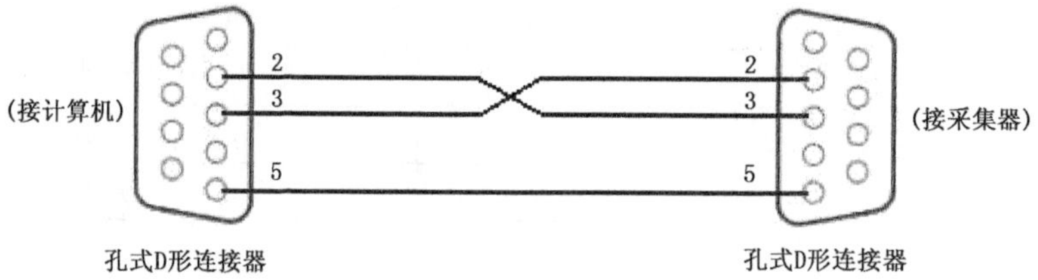

图 B.33 采集器与计算机之间的连线

B.8 DYYZ 中小尺度自动气象站连线图

DYYZ 中小尺度自动气象站连线见图 B.34。说明见表 B.8。

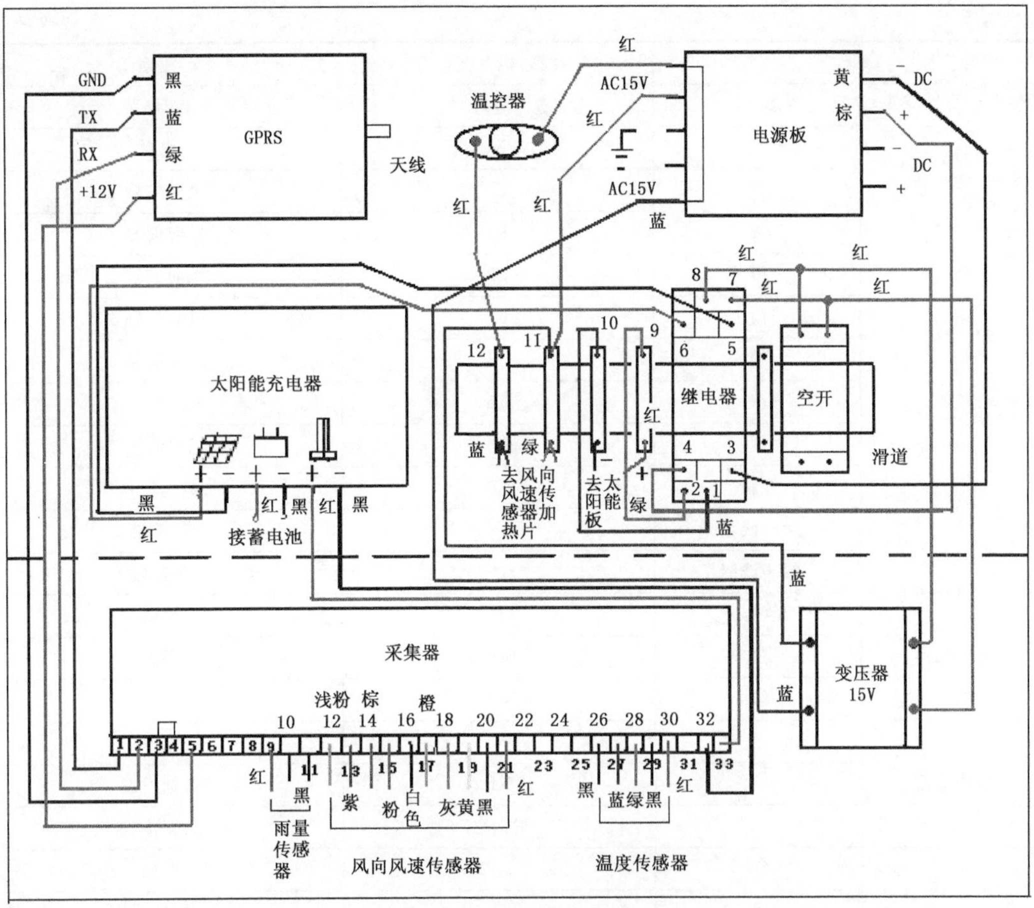

图 B. 34　DYYZ 中小尺度自动气象站连线

表 B. 8

端子	线色	线路板上标记	用途
电源输入	红	VIN	电源
	黑	G	地
	绿	F	屏蔽
温度传感器	红	*	恒流源
	黑	+	信号高端
	兰	—	信号低端
	绿	R	信号地
	黑(屏)	P	屏蔽
湿度传感器		V	电源
		G_m	地
		C+	信号高端
		C−	信号低端

续表

端子	线色	线路板上标记	用途
风传感器	黑/屏	G/P	地/屏蔽
	红	V	电源
	黄	E0	风向信号 1
	灰	E1	风向信号 2
	橙	E2	风向信号 3
	白	E3	风向信号 4
	粉	E4	风向信号 5
	棕	E5	风向信号 6
	紫	E6	风向信号 7
	浅粉	Fa	风速信号
	兰+浅兰	H+	加热端
	绿+浅绿	H−	加热端
雨量传感器	黑(屏)	P	屏蔽
	黑	K−	回路
	红	K+	回路
气压传感器		V	电源
		TXD2	数据发送
		RXD2	数据接收
通讯口	红	+12	电源
	黑	G	地
		G	炮
		TXD	串行口发送
		RXD	串行口接收

采集器与计算机之间的连线见图 B.35。

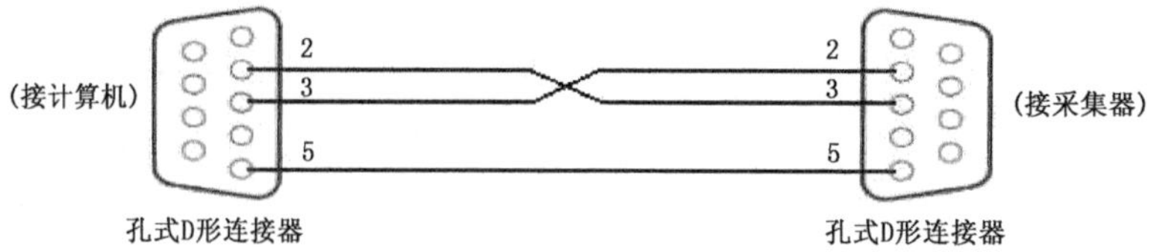

图 B.35　采集器与计算机之间的连线

B.9　DZZ1—2型自动气象站连线图

(1)温度信号线转接板

温度信号线转接板说明见表B.9。

表B.9　温度信号线转接板

温度插座(P1—P10)			湿度插座(P16)			CAN接口插座			电源插座			RS232接口插座		
脚	信号	电缆颜色	脚	信号	电缆颜色	脚	信号	电缆颜色	脚	信号	电缆颜色	脚	信号	电缆颜色
1	I+	白	1	V+	白	1	CANH	白	1	GND	白	1	+12V	白
2	V+	绿	2	信号	绿	2	V+	绿	2	GND	绿	2	RXD	绿
3	V−	黑	3	地	黑	3	V−	黑	3	V+	黑	3	TXD	黑
4	I−	红	4	地	红	4	CANL	红	4	V+	红	4	GND	给

(2)采集器与计算机之间的连线

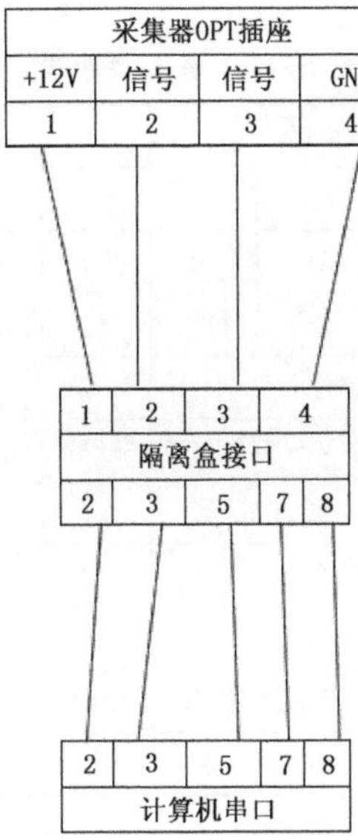

图B.36　采集器与计算机之间的连线

(3)采集器信号线转接板

采集器信号线转接板说明见表B.10。

表B.10　采集器信号线转接板

气压插座(A1)			风传感器接口(A2)			风传感器接口23(A3)			风传感器接口头(A4)			雨量传感器接口(A5)		
脚	信号	电缆颜色	脚	信号	电缆颜色	脚	信号	电缆颜色	脚	信号	电缆颜色	脚	信号	电缆颜色
1	+12V	白	1	V+	红、橙	1	D2	黄	1	D6	灰	1	RF+	黑、红
2	RXD	绿	2	V−	白、黑	1	D3	绿	2	WS	紫	2	RF−	白、绿
3	TXD	黑	3	D0	浅蓝	3	D4	深蓝	3	/	空	3	/	空
4	GND	红	4	DI	粉红	4	D5	粽	4	/	空	4	/	空

续表

隔离 RS232(A6)			标准 RS232 插座(A7)			CAN 通信插座(B6、C6)			电源输入插座(B7)			电源输出插座(C7)		
1	V+	白	1	+	白	1	CANH	白	1	检测	黑	1	GND	白
2	TX	绿	2	RXD	绿	2	V+	绿	2	GND	篮	2	GND	绿
3	RX	黑	3	TXD	黑	3	V−	黑	3	GND	白	3	V+	黑
4	GND	红	4	GND	红	4	CANL	红	4	+12V	红	4	V+	红

(4)交流电源输入

1——GND　接地

2——N　接中线

3——L　接相线(火线)

B.10　WP3103 型自动气象站连线图

采集器连线说明见表 B.11。

表 B.11　采集器连线

气压插座				风传感器插座 1				风传感器插座 2				风传感器插座 3			
1	2	3	4	1	2	3	4	1	2	3	4	1	2	3	4
+12V	TRI	Pulse	GND	V+	V−	D0	D1	D2	D3	D4	D5	D6	Ws		
白	绿	黑	红	红橙	白黑	浅蓝	粉红	黄	绿	深蓝	粽	灰	紫		
GPRS 插座				温度插座				湿度插座				雨量传感器插座			
	RXD	TXD	GND	V+	I+	V−	I−	12V	信号	GND	GND	RF+	RF−		
白	绿	黑	红	白	绿	黑	红	白	绿	黑	红	白绿	黑红		
GPRS 电源				通信插座				电源插座							
1	2	3	4	1	2	3	4	1	2	3	4				
+5V			GND	+12V	Txd	Rxd	GND	检测	GND	GND	+12V				
黑白			黑	白	绿	黑	红	白	绿	黑	红				

采集器与计算机之间的连线见图 B.37。

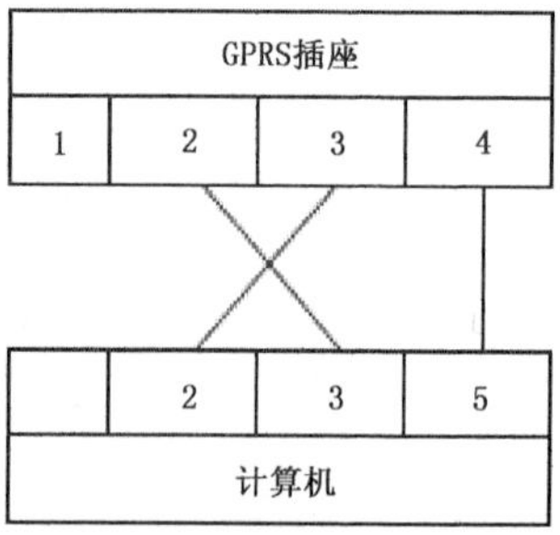

图 B.37　采集器与计算机之间的连线

附录C 规范化范例

C.1 标牌标识

C.1.1 地面气象观测站标牌

各气象观测站应根据需要设置与本站站类相符的标牌，标牌中同时使用中、英文名称。站牌分大门竖牌和室内横牌，大门竖牌悬挂于气象局大门或院门右侧（进门方向），与××××气象局并列并位于左侧，室内横牌悬挂于地面气象观测站大门左侧。

（1）制作标准

大门竖牌和室内横排均需用中英文两种文字标示站类名称，少数民族地区的台站还需标示当地政府规定的少数民族文字。其中大门竖牌背景色为白色，字体颜色为黑色；室内横排需在标牌上方正中央加气象行业徽标，背景色为科技蓝色（c100，m55，y0，k0），字体颜色为白色，寓意为蓝天白云。

标牌文字使用方正大黑简体，英文字体为 Arial Bold，字母一律大写，单词间的间隔应大于一个大写英文字母。

标牌尺寸大小根据建筑实际情况，符合协调、实用、美观原则。一般台站竖牌长宽比为6∶1，需书写少数民族文字的台站竖牌长宽比为5∶1；室内横牌牌体高度与宽度之比保持2∶3。

标牌制作材料要符合国家标准要求，要求采用不锈钢或 PVC 板材、木质板材。

（2）图例

1）设计图例如图 C.1—图 C.3 所示。

地面气象观测站

竖标牌方案

长宽比列：1:6（按照竖式标牌制作视觉黄金分割比例)或1:5

材质：不锈钢或PVC板材或木质板材

规格：根据实际情况制作

色彩：按规定标准色、辅助色应用

工艺：金属板材腐蚀添漆工艺，烤漆或丝网印刷

设计说明

采用白色作为底色，字体颜色使用黑色！

整个标牌稳重大气！

左边放中文名称，右边放英文名称（少数民族地区增加民族语言）

中文字体：方正大黑简体

英文字体：Arial Bold

图 C.1

地面气象观测站

横标牌方案

长宽比列：3:2（按照横式标牌制作视觉黄金分割比例）

材质：不锈钢或PVC板材或木质板材

规格：根据实际情况制作

色彩：按规定标准色、辅助色应用

工艺：金属板材腐蚀添漆工艺，烤漆或丝网印刷

设计说明

采用科技蓝作为底色，字体颜色使用白；

蓝色代表蓝天，白色代表白云！寓意蓝天白云，凸显行业特性！

C100 M55 Y0 K0

中文字体：方正大黑简体

英文字体：Arial Bold

气象行业徽标：使用气象部门标准徽标和标准字体

图 C.2

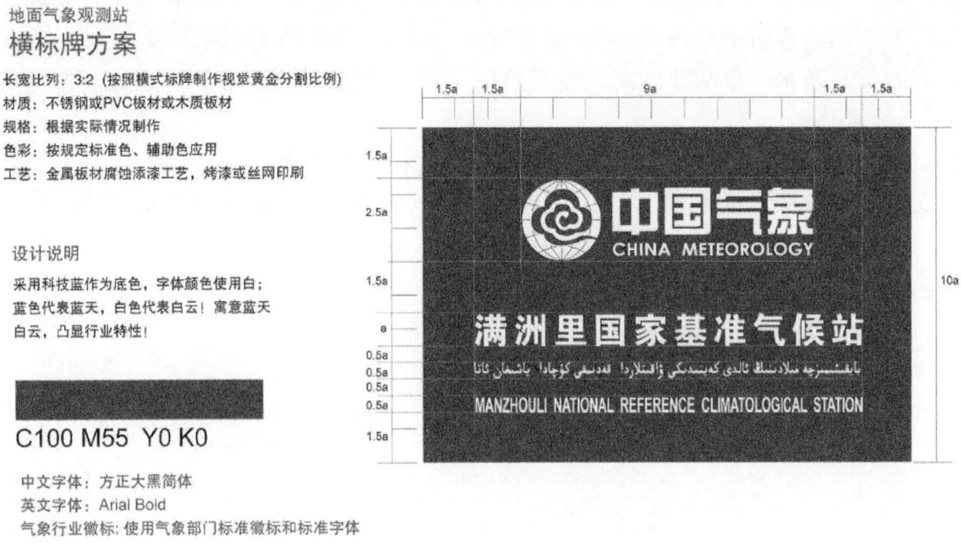

图 C.3

2)效果实例如图 C.4,图 C.5 所示。

图 C.4

图 C.5

C.1.2　测站标志(测站标牌及观测场中心地理标志)

按照《地面气象观测场值班室建设规范》(气发〔2008〕491 号),台站需在观测场外的进门处设置测站标牌,在观测场几何中心位置设中心地理标志。

(1)制作标准

测站标牌使用亚光不锈钢或其他材料制作，大小为 40cm（长）×65cm（高），安装高度不高于 1.2m。标牌的内容包括观测站类别、建站时间。其中，观测站类别格式为××××国家基准气候站（或国家基本气象站或国家一般气象站，如寿县国家基准气候站），建站时间格式为××××年××月。

观测场中心地理标志用水泥混凝土或其他石材制作，大小为 30cm×30cm，与地面齐平或不高出 3cm，中心位置标识出南北、东西向的十字线，在北、东的方位分别标注 N、E，并雕刻经、纬度（精确到分，格式为度分）和海拔高度（精确到 0.1m）。

（2）图例

1）设计图如图 C.6，图 C.7 所示。

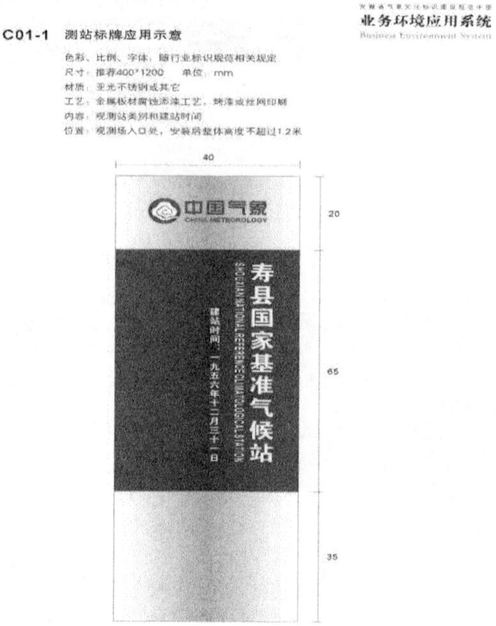

图 C.6

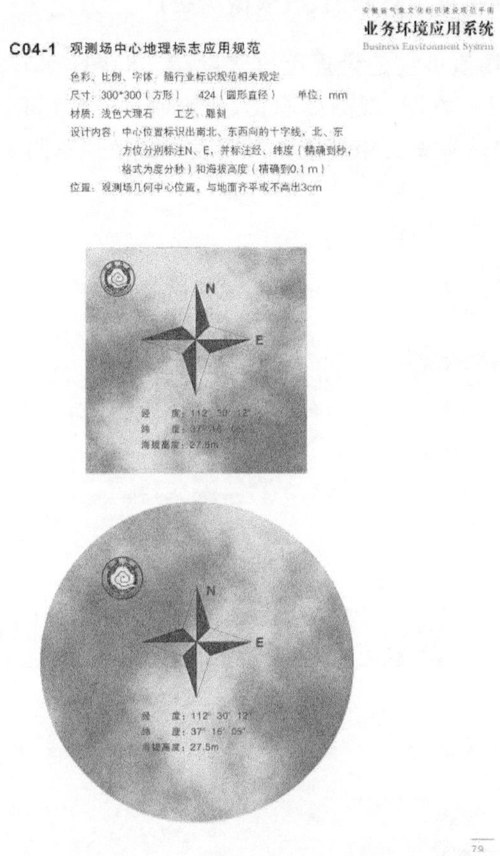

图 C.7

2)效果图如图 C.8 所示。

图 C.8

C.1.3 规章制度标牌(能见度目标物图、气候概况图)

按照《地面气象观测场值班室建设规范》(气发〔2008〕491 号)及相关技术要求,观测室内墙面上必须悬挂能见度目标物图、观测员职责、值班制度、交接班制度、场地仪器设备维护制度。还可根据需要悬挂本站常规历年气象资料图表和其他规章制度、工作流程等。

(1)制作标准

由各省按照有关要求统一制作。

1)设计图例如图 C.9 所示。

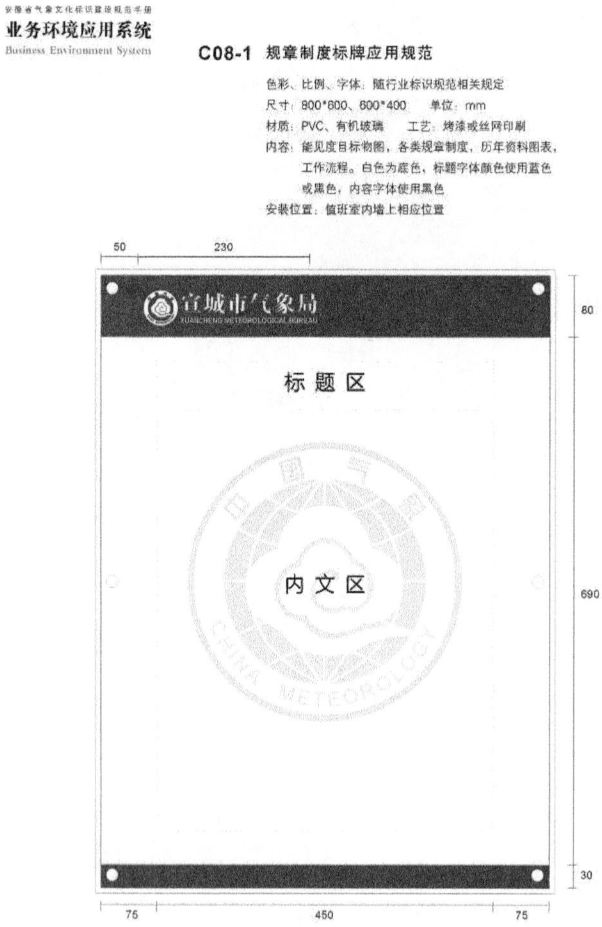

图 C.9

2)效果图如图 C.10 所示。

安徽省气象文化标识建设规范手册
业务环境应用系统
Business Environment System

C08-3 规章制度标牌应用规范（实例）

图 C.10

C.1.4　探测环境标牌

按照《地面气象观测场值班室建设规范》(气发〔2008〕491 号)的要求,台站需在本站的醒目位置设置警示标志、标牌,告示气象探测环境和设施保护标准;要设置地面气象观测环境评估的公示牌,按照中国气象局统一要求公示观测环境状况证书的内容。

(1)制作标准

测站警示标志标牌和公示牌由各省按照有关要求统一制作。

(2)图例

1)设计图例如图 C.11,图 C.12 所示。

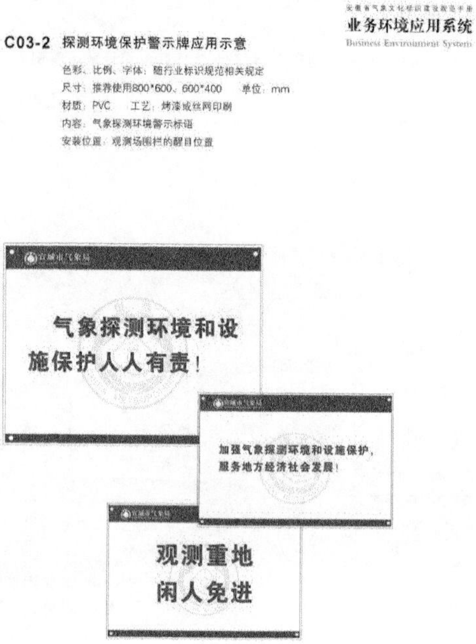
安徽省气象文化标识建设规范手册
业务环境应用系统
Business Environment System
C03-2 探测环境保护警示牌应用示意
色彩、比例、字体：随行业标识规范相关规定
尺寸：推荐使用800*600、600*400 单位：mm
材质：PVC 工艺：烤漆或丝网印刷
内容：气象探测环境警示标语
安装位置：观测场围栏的醒目位置
宣城市气象局
气象探测环境和设施保护人人有责！
加强气象探测环境和设施保护，服务地方经济社会发展！
观测重地
闲人免进

图 C.11

安徽省气象文化标识建设规范手册
业务环境应用系统
Business Environment System
C02-2 探测环境现状公示牌应用规范
色彩、比例、字体：随行业标识规范相关规定
长宽比例：1600*1900 单位：mm
材质：PVC或其它 工艺：喷塑或其它
设计内容：证书、基本情况和平面图：21*25 cm；
观测场四周照片：52*35cm
仰角记录表、障碍物仰角图：26*10cm
障碍物登记表、变化登记表：26*10 cm
位置：观测场入口处小路左侧、距观测场围栏4米以外的醒目位置
宣城市气象局

图 C.12

2)效果图例如图 C.13 所示。

图 C.13

C.1.5　仪器南北标志

按照《地面气象观测场值班室建设规范》(气发〔2008〕491 号)的要求,台站需在风传感器、日照计的正南方分别设置南北标志。

(1)制作及安装标准

南北标志位于观测场南边围栏内侧的地面上,用水泥混凝土或其他石材制作,大小为 10cm×10cm,与地面齐平或不高出 3cm,地桩应平整,安装应牢固,中心分别与风传感器、日照计相对应。

(2)图例

设计图例如图 C.14 所示。

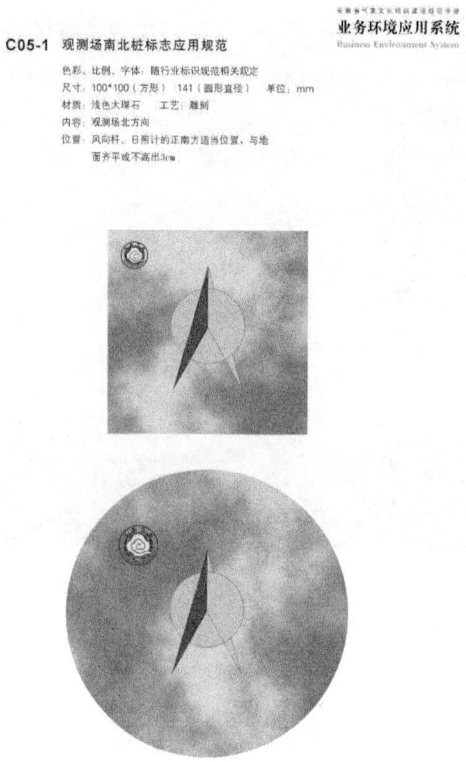

图 C.14

C.1.6 值班室内业务系统铭牌

C.1.6 值班室内业务系统铭牌如图 C.15 所示。

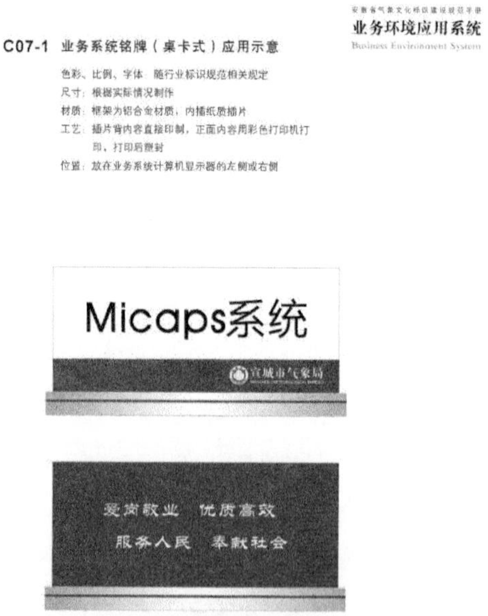

图 C.15

C.2　仪器基础及支架、观测专用踏梯

按照《地面气象观测规范》、《地面气象观测场值班室建设规范》(气发〔2008〕491号)等技术规范规章的要求，对于各种仪器支架(温湿传感器支架、曲管地温表支架、酸雨采样架、蒸发皿支架等)和基础、观测专用踏梯、踏板(百叶箱观测专用踏梯、电线积冰观测专用踏梯、地温观测踏板等)等均需按要求统一制作。

C.2.1　制作标准

各类仪器的支架(支柱，包括地温表支撑架)、踏板应牢固、美观，用油漆涂刷为白色(除自动气象站配套风杆、观测仪器及出厂配套设备外)，不得使用对要素测量有影响的材质(如反光的不锈钢等)。各仪器支架的安装基座用水泥混凝土浇筑，和观测场平齐或高出观测场3～5cm；浇注水泥基座时，应预留电源线和信号线管，线管通至地沟，有预埋件的，应预先按照说明书埋进预埋件。各类仪器的安装基座制作标准见表C.1。各种仪器支架、踏板或踏梯制作标准见表C.2。

表C.1　仪器基座制作标准

仪器名称		基座大小
百叶箱	四角安装	20cm×20cm(共4个)
	独立支柱安装	45cm×45cm或直径45cm的正圆
降水量观测仪器		约为35cm×35cm或直径为35cm的正圆
闪电定位仪		约为40cm×40cm
日照计		30cm×30cm
辐射		30cm×30cm
酸雨采样架		大小为60cm×60cm，厚度40cm

表C.2　各种仪器支架、踏板或踏梯制作标准

仪器名称	制作标准	材质	安装
百叶箱(无配套独立支柱，四角安装)	支架顶部和底部为四边形，四个侧面为梯形，上小下大，顶部大小依据百叶箱箱底的大小而定，底部四边形的长、宽约为顶部的1.3倍	木质、角钢或亚光不锈钢	
温湿传感器支架		用圆形不锈钢管制作	位于百叶箱水平面的中心，电缆线由支架底部穿入管内，管顶取出，传感器固定在横臂的夹子中，头部向下
温、湿度计支架		方形不锈钢管等	保证温、湿度计安放水平和观测方便，温度计感应部分1.5m

续表

仪器名称	制作标准	材质	安装
酸雨采样支架	支柱高度为75cm,外径为8cm	亚光不锈钢材料	既能方便地安放、收取,又能稳妥地固定放置
日照计或单独安装总辐射表的支架		钢管、铸铁、亚光不锈钢管或木质	
曲管地温表支架	大小适宜	木质	
百叶箱专用踏梯	长约60cm,两级台阶,每级高约20cm、宽约30cm	木质、角钢	大小一致、踏梯放置在地面应平稳。
电线积冰观测用踏梯	长约60cm,2～3级台阶,每级高约20cm、宽约30cm	木质、角钢	东西向、南北向各一个,大小一致;踏梯放置在地面应平稳
深层地温台架	架宽为30～40cm,长度以方便观测为准	木质,也可角钢或不锈钢	
地表温及浅层地温踏板	大小为30cm×100cm、栅条式	木制	

C.2.2 图例

(1)自动气象站雨量传感器支架示意图如图C.16所示。

图C.16

(2)小型蒸发器支架示意图如图C.17所示。

图C.17

(3)酸雨采样支架如图C.18所示。

图C.18

C.3　工作流程范例

C.3.1　值班工作流程示例

以国家基本气象站为例,每天按2个班安排:夜班(20:30—08:30)、白班(08:30—20:30)。

(1)日业务工作流程见表C.3和表C.4。

表 C.3 夜班(20:30—08:30)日业务工作流程

20:30—20:40	交接班,共同巡视观测场和仪器设备
20:50—21:05	检查自动站数据和正点数据上传情况,填写数据上传情况登记表
21:05—21:50	校对白天班全部记录
	进行人工观测与自动观测数据的对比分析
	数据拷盘备份
	每10日、20日、月末校发气象旬月报;每月3日校发气候月报
21:50—22:05	检查自动站数据和正点数据上传情况,填写数据上传情况登记表
22:50—23:05	50分检查自动站数据,遇自动站故障无法恢复及时人工观测
	云能天观测、录入人工观测项目数据并进行酎空保存
	检查正点数据上传情况,填写数据上传情况登记表
23:50—00:05	检查自动站数据和正点数据上传情况,填写数据上传情况登记表
00:50—01:05	检查自动站数据和正点数据上传情况,填写数据上传情况登记表
01:45—02:05	冬季观测降水量
	50分检查自动站数据,遇自动站故障无法恢复及时人工观测
	云能天观测、录入人工观测项目数据并进行酎空保存
	检查自动站数据和正点数据上传情况,填写数据上传情况登记表
02:50—03:05	检查自动站数据和正点数据上传情况,填写数据上传情况登记表
03:50—04:05	检查自动站数据和正点数据上传情况,填写数据上传情况登记表
04:45—05:05	冬季观测降水量
	50分检查自动站数据,遇自动站故障无法恢复及时人工观测
	云能天观测、录入人工观测项目数据并进行酎空保存(注意校对24小时降水量)
	检查正点数据上传情况,填写数据上传情况登记表
05:50—06:05	检查自动站数据和正点数据上传情况,填写数据上传情况登记表
06:50—07:05	检查自动站数据和正点数据上传情况,填写数据上传情况登记表
07:30	进行ASOM系统例行日维护填报、巡视观测场和仪器设备,维护辐射表
07:40—08:05	定时降水量观测(冬季冻土、雪深、雪压、电线积冰)
	检查自动站数据,遇自动站故障无法恢复及时人工观测
	云能天观测、录入人工观测项目数据并进行酎空保存
	检查自动站数据和正点数据上传情况,填写数据上传情况登记表
不定时	辐射连续观测(发现异常,及时人工补测),遇强降水时小型蒸发器取水,大型蒸发取水或加盖有重要天气达到发报标准时,发不定时重要天气报,不定时巡视ASOM系统,发现问题及时报告、干预、反馈
08:30	之前完成所有交班准备工作

表 C.4　白班(08:30—20:30)日业务工作流程

08:30—08:50	交接班,共同巡视观测场和仪器设备
08:50—09:05	检查自动站数据和正点数据上传情况,填写数据上传情况登记表
09:05—09:50	校对夜班全部记录
	进行探测环境巡查并将巡查结果登记入值班日记
	酸雨观测、发报
09:50—10:05	检查自动站数据和正点数据上传情况,填写数据上传情况登记表
10:05—10:15	仪器设备小清洁、打扫值班室卫生
10:15—10:50	检查 GPS/MET、实景观测等系统的运行情况,遇故障及时联系汇报并记录
10:50—11:05	50 分检查自动站数据,遇自动站故障无法恢复及时人工观测
	云能天观测、录入人工观测项目数据并进行质控保存
	检查正点数据上传情况,填写数据上传情况登记表
11:50—12:05	检查自动站数据和正点数据上传情况,填写数据上传情况登记表
12:50—13:05	检查自动站数据和正点数据上传情况,填写数据上传情况登记表
13:45—14:05	观测 08－320 厘米深层地温;冬季观测降水量
	50 分检查自动站数据,遇自动站故障无法恢复及时人工观测
	云能天观测、录入人工观测项目数据并进行质控保存
	检查自动站数据和正点数据上传情况,填写数据上传情况登记表
15:00—15:50	对本班全部记录再次进行检查、校对,力争错误在班内发现,并及时纠正或处理
15:50—16:05	检查自动站数据和正点数据上传情况,填写数据上传情况登记表
16:50—17:05	50 分检查自动站数据,遇自动站故障无法恢复及时人工观测
	云能天观测、录入人工观测项目数据并进行质控保存
	检查正点数据上传情况,填写数据上传情况登记表
17:50—18:05	检查自动站数据和正点数据上传情况,填写数据上传情况登记表
18:50—19:05	检查自动站数据和正点数据上传情况,填写 VP 报登记表
	19 时校调自动气象站采集器时钟和计算机时钟
19:30	巡视观测场和仪器设备
19:40—20:05	更换日照自记纸、观测 E601 蒸发
	观测人工项目(注意温度表读数调整、1—5 日观测最低表酒精柱、14 时后形成的积雪补测雪深、雪压)
	检查自动站数据(异常时进行人工仪器补测)
	观测气压表(降水大时接近正点观测降水、蒸发量
	录入人工观测项目数据并进行质控保存
	检查正点数据上传情况,填写数据上传情况登记表
不定时	辐射连续观测(发现异常,及时人工补测),遇强降水时小型蒸发器取水,大型蒸发取水或加盖,有重要天气达到发报标准时,发不定时重要天气报,不定时巡视 ASOM 系统,发现问题及时报告、干预、反馈
20:05—20:30	进行日数据整理,开当日上传数据文件;完成所有交班准备工作

(2)周、旬、月、年、季、年业务工作流程见表 C.5。

表 C.5 周、旬、月、季、年业务工作流程

<table>
<tr><td rowspan="2">周</td><td>周一</td><td>更换湿球纱布,更换水杯蒸馏水</td></tr>
<tr><td>周五</td><td>集体观测、学习(基础理论、政治、业务质量分析等)
用毛刷清洁采集器、UPS 电源、计算机、打印机</td></tr>
<tr><td>旬</td><td></td><td>注意气象旬月报的编发</td></tr>
<tr><td rowspan="5">月</td><td rowspan="2">1 日</td><td>更换辐射净表薄膜罩、总净表干燥剂</td></tr>
<tr><td>测量纯水电导率(K)值</td></tr>
<tr><td>5 日</td><td>通过“实时业务管理系统”上报测报业务质量
上传酸雨月数据文件(S58321－YYYYMM.TXT)</td></tr>
<tr><td>10 日</td><td>预审员制作、预审并上传上一月地面、辐射月数据文件(ZD58321YYYYMM.RAR、ZR58321YYYYMM.RAR)</td></tr>
<tr><td>不定</td><td>E－601B 蒸发器:每月换水 1～2 次,月末若结冰敲离冰盖观测
对现有仪器全面检查清洁一次
检查各电缆是否有破损,各接线处是否有松动现象
检查供电设施,保证供电安全
收到查询单 5 日内查复、订正</td></tr>
<tr><td>季</td><td colspan="2">冬季出现霜情(即每年 3 月 15 日至 11 月 15 日期间出现霜或 11 月 15 日之后出现初霜)之日的 08 时 10 分前编发霜的重要天气报
春季对防雷设施进行全面检查,对接地电阻进行复测</td></tr>
<tr><td rowspan="3">年</td><td>1 月 20 日</td><td>上报年报 Y58321－YYYY.TXT 文件和疑问单至省气象信息中心</td></tr>
<tr><td>11 月 15 日</td><td>上报年终检查登记表</td></tr>
<tr><td></td><td>自动站风:维护风传感器,清洗风传感器轴承,检查、校准风向标指北方位
E－601B 蒸发器:汛期前后,各检查一次蒸发器的渗漏情况
每年 4 月份对雨量传感器进行一次标校
每两年配合省大气探测中心进行一次自动站年检
每年 3 月份对上一年度的所有数据进行一次整理、归档、拷盘等</td></tr>
</table>

(3)校对上一班记录工作流程见表 C.6。

表 C.6　校对上一班记录工作流

项目	上班校对上上班的工作	上一班期间应做的工作
日志	校对员栏是否签名？	值班员栏是否签名？白班探测环境巡查有无记录？电子交接班、电子值班日记是否填写？
气簿－1	校对员栏是否签名？	值班员栏是否签名？ 云、能、天及其配合是否正确？电码是否正确？ 日照合计栏可抄？蒸发计算可对？气温、地温极值统计可对？各定时器测项目器差订正可对？日统计栏统计结果可对？（与打印纸一一校对，同时校对报文） 是否遗漏了观测项目（如酒精柱等）？ 温度表、地温表最高最低是否按规定进行调整？ 当天蒸发原量可填？
计算机数据输入		与气簿－1对照，校对各定时记录、天气现象、蒸发、温度、地温极值、日统计值等 调入上上班数据

C.3.2　定时观测流程示例

定时观测流程示例见表C.7。

表 C.7　定时观测流程示例

时　　间		操　作　项　目	注 意 事 项
正点前	40～45分	测蒸发、日照换纸、冻土等	
	45～48分	测量雪深、观测地温	由浅到深，按地表、曲管、直管顺序
	48～49分	观测干球、湿球，调整最高、最低温度表	
	50～52分	观测降水	
	53～56分	观测平台观测云能天	二楼平台
	58～59分	观测气压	
正点	正点～正点后5分	采集数据，录入人工观测项目、质控保存	
	正点5分后	测量雪压	

C.3.3　手工查算流程示例

（1）查算流程

1）对干湿球的读数进行器差订正。

2）根据订正后的干湿球数值查湿度查算表表1（湿球结冰，或表2湿球未结冰），查出 n 值。

3）对附温和气压读数进行器差订正。

4）根据订正后的附温（整数部分）和气压读数（整数部分），查本站气压查算简表，得出本站气压的整数部分；再用订正后的附温（小数部分）和气压读数（小数部分），查本站气压查算简表小数表，得出本站气压的小数部分，两者相加得出本站气压。

5）用本站气压和 n 值查湿度查算表的附表5，查出湿球温度的订正值 Δt_w。

6)将湿球温度再次订正后，查表1或表2，得出e，U，t_d。

7)$(T_{12}+T)/2+0.1=T_m$，用T_m(四舍五入)和本站气压整数部分查海平面查算简表，得到海平面气压的整数值，然后直接加上本站气压的小数值，得到最终的海平面气压。

(2)查算举例

干球读数：27.8；湿球读数：20.2；附温读数：24.3；气压读数：1009.9。

1)器差订正，干球：27.6；湿球：20.2；附温：24.3；气压读数：1010.0。

2)用订正后的附温整数24和订正后的气压读数整数1010查本站气压查算简表得：1004.8；用订正后的附温小数0.3和订正后的气压读数小数0.0查本站气压查算简表小数表得：0.0；本站气压$P=1004.8+0.0$。

3)用订正后的干球27.6和订正后的湿球20.2查《湿度差算表》表1或表2查出n值；用n值和查算出的本站气压1004.8(靠近法)查《湿度差算表》附表5，查出Δt_w值；再用湿球温度$20.2+\Delta t_w$和干球温度27.6查《湿度差算表》表1或表2查算出e，U，t_d。

4)计算出$T_m=(T_{12}+T)/2+0.1=25.1$，用$T_m$(四舍五入)25和查算出的本站气压的整数部分1004查海平面气压查算简表，得到海平面气压1007.2，再直接加上本站气压的小数部分0.8，得1008.0，即为海平面气压。

C.3.4 应急工作预案示例

为了保障安徽省合肥站探测资料的完整性、准确性和通信传输及时性和可靠性，提高监测网络业务突发事件的应急处置能力，做到临危不乱，有序开展。成立合肥市监测网络业务应急领导小组，组长：分管业务副局长；副组长：业务科长、观测站长；成员：全体测报人员。当出现应急情况时首先向应急领导小组进行汇报，寻求解决办法。现制定自动站系统故障、通信网络故障、仪器设备及耗材备份、恶劣天气应急、停电等5种应急工作方案。

(1)自动站系统(含计算机)故障应急方案

1)自动站系统发生故障，10分钟内向站长和系统管理员汇报。在系统管理员的指导下进行故障分析排查，确定故障原因。无法立即解决的故障，站长和系统管理员第一时间赶到值班室排查，同时1小时内值班员以电话向省局大气探测中心申报，并在安徽省气象装备信息系统网站和ASOM系统网站详细填报，请求立即解决。同时做好人工观测准备工作。

2)自动站正点数据卸载出现问题(在机器正常工作的情况下，查看当前时次前的某个正点数据发现缺测)：可以先人工卸载该时次数据，若卸载成功，则按正常情况处理。若人工卸载不成功，发生在非定时观测时次的，则无需补测，只需记录下相关故障情况并及时汇报；若发生在定时观测时次，只要实时数据显示正常，应立即在第一时间记录下屏幕显示的相关发报数据(温度、露点、本站气压、2分钟风向、风速等)，手工输入至发报程序中进行发报(相关发报极值需手工从各定时数据中挑取)，并在值班日记中作出详细的说明。

3)自动站采集器故障。若全部数据均无法采集，则在定时观测时次需按人工观测流程进行人工观测发报(一般不需人工查算，若遇停电，具体人工查算方法和步骤可参看台板下的相关人工查算方法说明)；若只是某个或几个要素缺测，则及时人工补测。

4)自动站主机发生故障，机器无法重新启动。应及时将自动站采集通信串口拔下插至测报备份机上，启动自动站采集通信程序采集最新数据，启动相关发报程序进行发报(P3、T12、P24、T24数据和相关极值、总量数据等要人工校对，若无，则手工输入)。

(2)通信网络故障应急方案

1)若10M VPN通信网络发生故障,及时查看备份GPRS线路是否通畅,并于10分钟内向站长和网络管理员汇报。平时严格确保GPRS手机的正常使用。

2)网络管理员第一时间赶到值班室进行故障排查。

3)正点后11分钟报文传输仍不成功,使用电话口传至省大气探测技术保障中心通信科(电话:0551—2290268/9)。

4)电信线路故障导致电话打不出,使用移动电话口传。同时向电信公司申报故障请求立即解决。电信局宽带维修电话:0551—5131406。

5)确保业务用机的网络安全。严禁在业务机上启用一切与测报业务软件无关的程序,做好对业务用机的维护与保养。

(3)仪器设备及耗材备份应急方案

1)日常工作中由仪器管理员定期检查,确保所有易损设备有两套以上备份,一套在站内库房,一套在市局库房;常规耗材预留一套专门作应急之用。

2)遇耗材用完及时通知仪器管理员,启用预留耗材。

3)遇设备损坏及时更换备份设备,并及时通知仪器管理员。

4)对于资料备份,除备份机外,另配备一移动硬盘作为气象资料的第二备份。

(4)恶劣天气条件下的应急方案

1)遇到恶劣天气,值班员加强监测。

2)监测到恶劣天气,值班员10分钟内及时向值班局领导、站长、市气象台值班员报告天气实况。

3)根据实际情况启动与上级部门相对应的应急预案,安排24小时主、副班制。

4)加强值班员对恶劣天气条件下的学习,除每两周一次的业务学习外,还不定期对学习成果进行检查。

(5)停电应急方案

由于骆岗机场实行双路供电,故停电次数极少,一年少于三次(多为检修或切换电路导致停电,时间一般为1小时以内)。做到设备到位,责任到人。

1)值班期间若遇停电,第一时间电话询问空管中心电力保障部门(电话:0551—3401187),查询停电时间和停电缘由。

2)若停电时间不长(1～2个小时以内),检查UPS不间断电源的工作情况,关闭打印机、非工作电脑等非必需使用的电器,不发报时关闭显示器,减小UPS的负荷。

3)若长时间停电,由当值人员启用发电机。

(6)应急工作组及部分应急联系单位电话见表C.8。

表 C.8 应急工作组及部分应急联系单位电话

应急工作组电话			
组内职务	姓名	办公电话	手机
组长	张××	5685002	1332××××
……			

应急联系单位	
单位	联系电话
网络故障维修	
大气探测中心保障科	

(7)应急演练工作流程

第 1 步，应急组织机构确定本次应急演练的项目内容，发布应急演练指令；

第 2 步，参加演练人员，根据演练项目内容，参照本方案相关条款，独立或协同完成各步应急工作；

第 3 步，演练结束后，演练人员向应急组织机构报告本次应急演练完成情况，侧重于经验体会、发现的问题、对应急方案的改进意见和建议；

第 4 步，应急组织机构对本次应急演练进行总结，对应急方案不足之处进行修订，演练总结和应急方案修改情况报上级备案。

(8)合肥国家气象观测站应急预案流程见图 C.19。

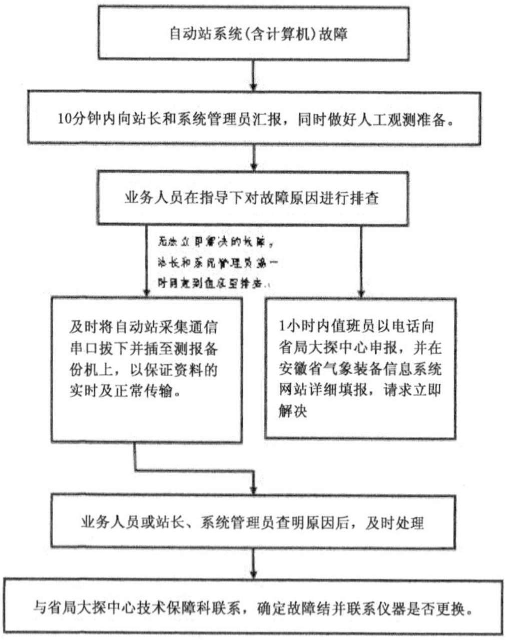

图 C.19 合肥国家气象观测站应急预案流程

C.4　值班室必备资料和工具

(1)必备工具书
地面气象观测规范(软件操作手册)
气象电码
湿度查算表
地面气象观测数据文件格式和记录簿表格式
中国云图
《气象仪器和观测方法指南(第 6 版)》(世界气象组织)
《地面气象测报业务规章制度》
《自动气象站业务规章制度》
《中华人民共和国气象法》
《气象探测环境与设施保护办法》
《酸雨观测业务规范》
《ADTD 雷电探测仪用户手册》
相关气象观测基础理论知识
(2)地面值班室工作台板必备内容
现用仪器号码表
仪器检定证数据和器差订正表
本站气压订正简表
海平面气压订正简表
旬月历史数据表
逐日日出日落时间表
天气现象电码和强度表
重要天气报发报项目和标准表
CL、CM、CH 电码表
云高编码表
VV 电码表
风向方位、度数、电码表